N. BOURI

ÉLÉMENTS DE MATHÉMATIQUE

N. BOURBAKI

ÉLÉMENTS DE MATHÉMATIQUE

GROUPES ET ALGÈBRES DE LIE

Chapitres 7 et 8

Springer

Réimpression inchangée de l'édition originale de 1975

ISBN-10 3-540-33939-6 Springer Berlin Heidelberg New York
ISBN-13 978-3-540-33939-7 Springer Berlin Heidelberg New York

Springer est membre du Springer Science+Business Media
springer.com

Maquette de couverture: *design & production*, Heidelberg
Imprimé sur papier non acide   41/3100/YL - 5 4 3 2 1 0 -

SOUS-ALGÈBRES DE CARTAN ÉLÉMENTS RÉGULIERS

Dans ce chapitre, k désigne un corps commutatif. Par « espace vectoriel », on entend « espace vectoriel sur k »; de même pour « algèbre de Lie », etc. Toutes les algèbres de Lie sont supposées de dimension finie.

§ 1. Décomposition primaire des représentations linéaires

1. Décomposition d'une famille d'endomorphismes

Soient V un espace vectoriel, S un ensemble, et r une application de S dans End(V). Notons P l'ensemble des applications de S dans k. Si $\lambda \in P$, on note $V_\lambda(S)$ (resp. $V^\lambda(S)$) l'ensemble des $v \in V$ tels que, pour tout $s \in S$, on ait $r(s)v = \lambda(s)v$ (resp. $(r(s) - \lambda(s))^n v = 0$ pour n assez grand). Les ensembles $V_\lambda(S)$ et $V^\lambda(S)$ sont des sous-espaces vectoriels de V, et l'on a $V_\lambda(S) \subset V^\lambda(S)$. On dit que $V_\lambda(S)$ est le *sous-espace propre* de V relatif à λ (et à r), que $V^\lambda(S)$ est le *sous-espace primaire* de V relatif à λ (et à r), que $V^0(S)$ est le *nilespace* de V (relatif à r). On dit que λ est un *poids* de S dans V si $V^\lambda(S) \neq 0$.

En particulier, quand S est réduit à un seul élément s, P s'identifie à k; on emploie les notations $V_{\lambda(s)}(s)$ et $V^{\lambda(s)}(s)$, ou $V_{\lambda(s)}(r(s))$ et $V^{\lambda(s)}(r(s))$, au lieu des notations $V_\lambda(\{s\})$, $V^\lambda(\{s\})$; on parle des sous-espaces propres, des sous-espaces primaires, du nilespace de $r(s)$; un élément v de $V_{\lambda(s)}(s)$ est appelé un *vecteur propre* de $r(s)$, et, si $v \neq 0$, $\lambda(s)$ est appelé la *valeur propre* correspondante (cf. A, VII, § 5).

On a aussitôt, pour tout $\lambda \in P$, les relations

$$V^\lambda(S) = \bigcap_{s \in P} V^{\lambda(s)}(s), \tag{1}$$

$$V_\lambda(S) = \bigcap_{s \in P} V_{\lambda(s)}(s). \tag{2}$$

Soit k' une extension de k. L'application canonique de End(V) dans $\mathrm{End}(V \otimes_k k')$, donne par composition avec r, une application $r' : S \to \mathrm{End}(V \otimes_k k')$. De même, toute application λ de S dans k définit canoniquement une application, notée encore λ, de S dans k'. Avec ces notations, on a la proposition suivante:

PROPOSITION 1. — *Pour tout* $\lambda \in P$, *on a*

$$(V \otimes_k k')^\lambda(S) = V^\lambda(S) \otimes_k k' \quad \textit{et} \quad (V \otimes_k k')_\lambda(S) = V_\lambda(S) \otimes_k k'.$$

Soit (a_i) une base du k-espace vectoriel k'. Si $v \in V \otimes_k k'$, v se met de manière unique sous la forme $\sum v_i \otimes a_i$, où (v_i) est une famille à support fini d'éléments de V. On a, pour tout $s \in S$,

$$(r'(s) - \lambda(s))^n(v) = \sum (r(s) - \lambda(s))^n v_i \otimes a_i.$$

Il s'ensuit que

$$v \in (V \otimes_k k')^\lambda(S) \Leftrightarrow v_i \in V^\lambda(S) \quad \text{pour tout } i,$$
$$v \in (V \otimes_k k')_\lambda(S) \Leftrightarrow v_i \in V_\lambda(S) \quad \text{pour tout } i,$$

ce qui entraîne la proposition.

PROPOSITION 2. — *Soient* V, V′, W *des espaces vectoriels. Soient* $r: S \to \mathrm{End}(V)$, $r': S \to \mathrm{End}(V')$ *et* $q: S \to \mathrm{End}(W)$ *des applications.*

(i) *Soit* $f: V \to W$ *une application linéaire telle que* $q(s)f(v) = f(r(s)v)$ *pour* $s \in S$ *et* $v \in V$. *Alors, pour tout* $\lambda \in P$, f *applique* $V^\lambda(S)$ (resp. $V_\lambda(S)$) *dans* $W^\lambda(S)$ (resp. $W_\lambda(S)$).

(ii) *Soit* $B: V \times V' \to W$ *une application bilinéaire telle que*

$$q(s)B(v, v') = B(r(s)v, v') + B(v, r'(s)v')$$

pour $s \in S$, $v \in V$, $v' \in V'$. *Alors, pour tous* λ, $\mu \in P$, B *applique* $V^\lambda(S) \times V'^\mu(S)$ (resp. $V_\lambda(S) \times V'_\mu(S)$) *dans* $W^{\lambda+\mu}(S)$ (resp. $W_{\lambda+\mu}(S)$).

(iii) *Soit* $B: V \times V' \to W$ *une application bilinéaire telle que*

$$q(s)B(v, v') = B(r(s)v, r'(s)v')$$

pour $s \in S$, $v \in V$, $v' \in V'$. *Alors, pour tous* λ, $\mu \in P$, B *applique* $V^\lambda(S) \times V'^\mu(S)$ (resp. $V_\lambda(S) \times V'_\mu(S)$) *dans* $W^{\lambda\mu}(S)$ (resp. $W_{\lambda\mu}(S)$).

Dans le cas (i), on a $(q(s) - \lambda(s))^n f(v) = f((r(s) - \lambda(s))^n v)$ pour $s \in S$ et $v \in V$, et l'on conclut aussitôt. Dans le cas (ii), on a

$$(q(s) - \lambda(s) - \mu(s))B(v, v') = B((r(s) - \lambda(s))v, v') + B(v, (r'(s) - \mu(s))v')$$

pour $s \in S$, $v \in V$, $v' \in V'$, d'où par récurrence sur n

$$(q(s) - \lambda(s) - \mu(s))^n B(v, v') = \sum_{i+j=n} \binom{n}{i} B((r(s) - \lambda(s))^i v, (r'(s) - \mu(s))^j v').$$

On en déduit immédiatement les assertions de (ii). Dans le cas (iii), on a

$$(q(s) - \lambda(s)\mu(s))B(v, v') = B((r(s) - \lambda(s))v, r'(s)v') + B(\lambda(s)v, (r'(s) - \mu(s))v')$$

pour $s \in S$, $v \in V$, $v' \in V'$, d'où par récurrence sur n

$$(q(s) - \lambda(s)\mu(s))^n B(v, v') = \sum_{i+j=n} \binom{n}{i} B(\lambda(s)^j (r(s) - \lambda(s))^i v, r'(s)^i (r'(s) - \mu(s))^j v').$$

On en déduit immédiatement les assertions de (iii).

PROPOSITION 3. — *La somme* $\sum_{\lambda \in P} V^{\lambda}(S)$ *est directe. La somme* $\sum_{\lambda \in P} V_{\lambda}(S)$ *est directe.*

La seconde assertion est conséquence de la première; il suffit de prouver celle-ci. Distinguons plusieurs cas.

a) S *est vide*. L'assertion est triviale.

b) S *est réduit à un élément s*. Soient $\lambda_0, \lambda_1, \ldots, \lambda_n$ des éléments distincts de k. Pour $i = 0, 1, \ldots, n$, soit $v_i \in V^{\lambda_i}(s)$ et supposons que $v_0 = v_1 + \cdots + v_n$. Il s'agit de prouver que $v_0 = 0$. Pour $i = 0, \ldots, n$, il existe un entier $q_i > 0$ tel que $(r(s) - \lambda_i)^{q_i} v_i = 0$. Considérons les polynômes $P(X) = \prod_{i \geq 1} (X - \lambda_i)^{q_i}$ et $Q(X) = (X - \lambda_0)^{q_0}$. On a $Q(r(s))v_0 = 0$, et $P(r(s))v_0 = \sum_{i=1}^{n} P(r(s))v_i = 0$. Comme P et Q sont premiers entre eux, l'identité de Bezout prouve que $v_0 = 0$.

c) S *est fini non vide*. Raisonnons par récurrence sur le cardinal de S. Soient $s \in S$ et $S' = S - \{s\}$. Soit $(v_\lambda)_{\lambda \in P}$ une famille à support fini d'éléments de V tels que $\sum_{\lambda \in P} v_\lambda = 0$ et $v_\lambda \in V^{\lambda}(S)$. Soit $\lambda_0 \in P$. Notons P' l'ensemble des $\lambda \in P$ tels que $\lambda | S' = \lambda_0 | S'$. D'après l'hypothèse de récurrence appliquée à S', on a $\sum_{\lambda \in P'} v_\lambda = 0$. Si λ, μ sont des éléments distincts de P', on a $\lambda(s) \neq \mu(s)$. Comme la somme $\sum_{\alpha \in k} V^{\alpha}(s)$ est directe d'après *b*), et que $v_\lambda \in V^{\lambda(s)}(s)$, on a $v_\lambda = 0$ pour tout $\lambda \in P'$, et en particulier $v_{\lambda_0} = 0$, ce qu'il fallait démontrer.

d) *Cas général*. Soit $(v_\lambda)_{\lambda \in P}$ une famille à support fini d'éléments de V telle que $\sum_{\lambda \in P} v_\lambda = 0$ et $v_\lambda \in V^{\lambda}(S)$. Soit P' l'ensemble fini des $\lambda \in P$ tels que $v_\lambda \neq 0$, et soit S' une partie finie de S telle que les conditions $\lambda \in P'$, $\mu \in P'$, $\lambda | S' = \mu | S'$ entraînent $\lambda = \mu$. On a $v_\lambda \in V^{\lambda | S'}(S')$; appliquant *c*), on voit que $v_\lambda = 0$ pour $\lambda \in P'$, ce qui achève la démonstration.

Rappelons que, si $x \in \text{End}(V)$, on note ad x l'application $y \mapsto xy - yx = [x, y]$ de End(V) dans lui-même.

Lemme 1. — *Soient* $x, y \in \text{End}(V)$.

(i) *Supposons* V *de dimension finie. Pour que x soit trigonalisable, il faut et il suffit que* $V = \sum_{a \in k} V^{a}(x)$.

(ii) *S'il existe un entier n tel que* $(\text{ad}\, x)^n y = 0$, *chaque* $V^{a}(x)$ *est stable par y*.

(iii) *Supposons* V *de dimension finie. Si* $V = \sum_{a \in k} V^{a}(x)$ *et si chaque* $V^{a}(x)$ *est stable par y, il existe un entier n tel que* $(\text{ad}\, x)^n y = 0$.

La partie (i) résulte de A, VII, § 5, n° 2, prop. 3.

Soit $E = \text{End}(V)$. Soit B l'application bilinéaire $(u, v) \mapsto u(v)$ de $E \times V$ dans V. Par définition de ad x, on a

$$x(B(u, v)) = B(u, x(v)) + B((\text{ad}\, x)(u), v)$$

pour $x \in E$, $u \in E$, $v \in V$. Faisons opérer x sur E par ad x. D'après la prop. 2 (ii), on a $B(E^0(x), V^a(x)) \subset V^a(x)$ pour tout $a \in k$. Si $(\mathrm{ad}\, x)^n y = 0$, alors $y \in E^0(x)$, donc $y(V^a(x)) \subset V^a(x)$, ce qui prouve (ii).

Pour prouver (iii), on peut remplacer V par $V^a(x)$, x (resp. y) par sa restriction à $V^a(x)$. Quitte à remplacer x par $x - a$, on peut donc supposer x nilpotent. Alors $(\mathrm{ad}\, x)^{2 \dim V - 1} = 0$ (I, § 4, n° 2), ce qui prouve (iii).

Remarque. — La démonstration prouve que, si V est de dimension finie et s'il existe un entier n tel que $(\mathrm{ad}\, x)^n y = 0$, alors $(\mathrm{ad}\, x)^{2 \dim V - 1} y = 0$.

Dans la suite, nous dirons que l'application $r \colon S \to \mathrm{End}(V)$ satisfait à la condition (PC) (de « presque commutativité ») si l'on a :

(PC) *Pour tout couple* (s, s') *d'éléments de* S, *il existe un entier* n *tel que*

$$(\mathrm{ad}\, r(s))^n r(s') = 0.$$

THÉORÈME 1. — *Supposons* V *de dimension finie. Les conditions suivantes sont équivalentes :*

(i) *La condition* (PC) *est vérifiée et, pour tout* $s \in S$, $r(s)$ *est trigonalisable.*

(ii) *Pour tout* $\lambda \in P$, $V^\lambda(S)$ *est stable par* $r(S)$, *et l'on a* $V = \sum_{\lambda \in P} V^\lambda(S)$.

Si $V = \sum_{\lambda \in P} V^\lambda(S)$, on a $V = \sum_{a \in k} V^a(s)$ pour tout $s \in S$, et il résulte du lemme 1 que (ii) entraîne (i). Supposons la condition (i) vérifiée. Le lemme 1 et la formule (1) entraînent que chaque $V^\lambda(S)$ est stable par $r(S)$. Reste à prouver que $V = \sum_{\lambda \in P} V^\lambda(S)$. Nous raisonnerons par récurrence sur dim V. Distinguons deux cas.

a) Pour tout $s \in S$, $r(s)$ admet une seule valeur propre $\lambda(s)$. Alors $V = V^\lambda(S)$.

b) Il existe $s \in S$ tel que $r(s)$ admette au moins deux valeurs propres distinctes. Alors V est somme directe des $V^a(s)$ pour $a \in k$, et $\dim V^a(s) < \dim V$ pour tout a. Chaque $V^a(s)$ est stable par $r(S)$, et il suffit d'appliquer l'hypothèse de récurrence.

COROLLAIRE 1. — ***Supposons* V *de dimension finie et la condition* (PC) *vérifiée. Soit* k' *une extension de* k. *On suppose que, pour tout* $s \in S$, *l'endomorphisme* $r(s) \otimes 1$ *de* $V \otimes_k k'$ *est trigonalisable. Soit* P' *l'ensemble des applications de* S *dans* k'. *Alors*** $V \otimes_k k' = \sum_{\lambda' \in P'} (V \otimes_k k')^{\lambda'}(S)$.

Soit $r' \colon S \to \mathrm{End}(V \otimes_k k')$ l'application définie par r. Si $s_1, s_2 \in S$, il existe un entier n tel que $(\mathrm{ad}\, r(s_1))^n r(s_2) = 0$, d'où $(\mathrm{ad}\, r'(s_1))^n r'(s_2) = 0$. Il suffit alors d'appliquer le th. 1.

COROLLAIRE 2. — *Supposons* V *de dimension finie et la condition* (PC) *vérifiée. Notons* $V^+(S)$ *le sous-espace vectoriel* $\sum_{s \in S} \Big(\bigcap_{i \geqslant 1} r(s)^i V\Big)$. *Alors :*

(i) $V^0(S)$ *et* $V^+(S)$ *sont stables par* $r(S)$;

(ii) $V = V^0(S) \oplus V^+(S)$;

(iii) *tout sous-espace vectoriel* W *de* V, *stable par* $r(S)$ *et tel que* $W^0(S) = 0$, *est contenu dans* $V^+(S)$;

(iv) *on a* $\sum_{s \in S} r(s)V^+(S) = V^+(S)$.

En outre, $V^+(S)$ *est le seul sous-espace vectoriel de* V *possédant les propriétés* (i) *et* (ii). *Pour toute extension* k' *de* k, *on a* $(V \otimes_k k')^+(S) = V^+(S) \otimes_k k'$.

La dernière assertion est immédiate. Pour prouver les autres, on peut alors, compte tenu de la prop. 1, supposer k algébriquement clos. On a, d'après le th. 1, $V = \sum_{\lambda \in P} V^\lambda(S)$, et les $V^\lambda(S)$ sont stables par $r(S)$. Si $s \in S$, le polynôme caractéristique de $r(s) \mid V^\lambda(S)$ est $(X - \lambda(s))^{\dim V^\lambda(S)}$; il s'ensuit que $\bigcap_{i \geqslant 1} r(s)^i V^\lambda(s)$ est nul si $\lambda(s) = 0$ et égal à $V^\lambda(S)$ si $\lambda(s) \neq 0$; par conséquent

$$V^+(S) = \sum_{\lambda \in P, \lambda \neq 0} V^\lambda(S), \tag{3}$$

ce qui prouve (i), (ii) et (iv). Si W est un sous-espace vectoriel de V stable par $r(S)$, on a $W = \sum_{\lambda \in P} W^\lambda(S)$ et $W^\lambda(S) = W \cap V^\lambda(S)$. Si $W^0(S) = 0$, on voit que $W \subset V^+(S)$, ce qui prouve (iii).

Soit V' un sous-espace vectoriel de V stable par $r(S)$ et tel que $V' \cap V^0(S) = 0$. On a $V'^0(S) = 0$, donc $V' \subset V^+(S)$ d'après (iii). Si de plus $V = V^0(S) + V'$, on voit que $V' = V^+(S)$. C.Q.F.D.

On dit parfois que $(V^0(S), V^+(S))$ est la *décomposition de Fitting* de V, ou de l'application $r\colon S \to \mathrm{End}(V)$. Si S est réduit à un seul élément s, on écrit $V^+(s)$ ou $V^+(r(s))$ au lieu de $V^+(\{s\})$. On a $V = V^0(s) \oplus V^+(s)$, $V^0(s)$ et $V^+(s)$ sont stables par $r(s)$, $r(s) \mid V^0(s)$ est nilpotent et $r(s) \mid V^+(s)$ est bijectif.

Corollaire 3. — *Soient* V *et* V′ *des espaces vectoriels de dimension finie,* $r\colon S \to \mathrm{End}(V)$ *et* $r'\colon S \to \mathrm{End}(V')$ *des applications vérifiant la condition* (PC). *Soit* $f\colon V \to V'$ *une application linéaire surjective telle que* $f(r(s)v) = r'(s)f(v)$ *pour* $s \in S$ *et* $v \in V$. *Alors* $f(V^\lambda(S)) = V'^\lambda(S)$ *pour tout* $\lambda \in P$.

Grâce à la prop. 1, on se ramène au cas où k est algébriquement clos. On a $V = \bigoplus_{\lambda \in P} V^\lambda(S)$, $V' = \bigoplus_{\lambda \in P} V'^\lambda(S)$ d'après le th. 1, et $V' = f(V) = \sum_{\lambda \in P} f(V^\lambda(S))$. Enfin, $f(V^\lambda(S)) \subset V'^\lambda(S)$ d'après la prop. 2 (i), d'où le corollaire.

Proposition 4. — *Supposons* k *parfait. Soient* V *un espace vectoriel de dimension finie,* u *un élément de* End(V), u_s, u_n *les composantes semi-simple et nilpotente de* u (A, VII, § 5, n° 8).

(i) *Pour tout* $\lambda \in k$, *on a* $V^\lambda(u) = V^\lambda(u_s) = V_\lambda(u_s)$.

(ii) *Si* V *est muni d'une structure d'algèbre et si* u *est une dérivation de* V, u_s *et* u_n *sont des dérivations de* V.

(iii) *Si* V *est muni d'une structure d'algèbre et si* u *est un automorphisme de* V, *alors* u_s *et* $1 + u_s^{-1}u_n$ *sont des automorphismes de* V.

Grâce à la prop. 1, on peut supposer k algébriquement clos, d'où

$$V = \sum_{\lambda \in k} V^{\lambda}(u).$$

La composante semi-simple de $u|V^{\lambda}(u)$ est l'homothétie de rapport λ dans $V^{\lambda}(u)$. Cela prouve (i).

Supposons désormais V muni d'une structure d'algèbre. Soient $x \in V^{\lambda}(u)$, $y \in V^{\mu}(u)$.

Si u est une dérivation de V, on a $xy \in V^{\lambda+\mu}(u)$ (prop. 2 (ii)), donc

$$u_s(xy) = (\lambda + \mu)(xy) = (\lambda x)y + x(\mu y) = (u_s x)y + x(u_s y).$$

Cela prouve que u_s est une dérivation de V. Alors $u_n = u - u_s$ est aussi une dérivation de V.

Si u est un automorphisme de V, on a $\text{Ker}(u_s) = V^0(u) = 0$, donc u_s est bijectif. D'autre part, $xy \in V^{\lambda\mu}(u)$ (prop. 2 (iii)), donc

$$u_s(xy) = (\lambda\mu)(xy) = (\lambda x)(\mu y) = u_s(x).u_s(y).$$

Cela prouve que u_s est un automorphisme de V; il en est de même de

$$1 + u_s^{-1}u_n = u_s^{-1}u.$$

2. Cas d'une famille linéaire d'endomorphismes

Nous supposons maintenant que S est muni d'une structure d'*espace vectoriel*, que l'application $r: S \to \text{End}(V)$ est *linéaire*, et que V et S sont de *dimension finie*.

PROPOSITION 5. — *Supposons la condition* (PC) *vérifiée, et soit* $\lambda: S \to k$ *tel que* $V^{\lambda}(S) \neq 0$. *Si* k *est de caractéristique* 0, *l'application* λ *est linéaire. Si* k *est de caractéristique* $p \neq 0$, *il existe une puissance* q *de* p *divisant* $\dim V^{\lambda}(S)$, *et une fonction polynomiale homogène* $P: S \to k$ *de degré* q, *telles que* $\lambda(s)^q = P(s)$ *pour tout* $s \in S$.

Comme $V^{\lambda}(S)$ est stable par $r(S)$ (lemme 1 et formule (1) du nº 1), on peut supposer que $V = V^{\lambda}(S)$. Soit $n = \dim V$. Pour $s \in S$, on a alors

$$\det(X - r(s)) = (X - \lambda(s))^n.$$

D'autre part, le développement du déterminant prouve que

$$\det(X - r(s)) = X^n + a_1(s)X^{n-1} + \cdots + a_i(s)X^{n-i} + \cdots$$

où $a_i: S \to k$ est une fonction polynomiale homogène de degré i. Ecrivons $n = qm$ où q est une puissance de l'exposant caractéristique de k et où $(q, m) = 1$. On a alors $(X - \lambda(s))^n = (X^q - \lambda(s)^q)^m$; d'où $-m\lambda(s)^q = a_q(s)$, ce qui entraîne le résultat.

PROPOSITION 6. — *Supposons k infini et la condition* (PC) *vérifiée. Soit k' une extension de k. Posons* $V' = V \otimes_k k'$, $S' = S \otimes_k k'$. *Soit* $r' : S' \to \mathrm{End}(V')$ *l'application déduite de r par extension des scalaires. Alors*

$$V^0(S) \otimes_k k' = V'^0(S) = V'^0(S').$$

La première égalité résulte de la prop. 1. Pour prouver la deuxième, on peut supposer $V = V^0(S)$ d'où $V' = V'^0(S)$. Soient $(s_1, \ldots, s_m)$ une base de S et $(e_1, \ldots, e_n)$ une base de V. Il existe des polynômes $P_{ij}(X_1, \ldots, X_m)$ tels que

$$r'(a_1 s_1 + \cdots + a_m s_m)^n e_j = \sum_{i=1}^{n} P_{ij}(a_1, \ldots, a_m) e_i$$

pour $1 \leqslant j \leqslant n$ et $a_1', \ldots, a_m' \in k'$. Par hypothèse, on a $r'(s)^n = 0$ pour tout $s \in S$, c'est-à-dire $P_{ij}(a_1, \ldots, a_m) = 0$ pour $1 \leqslant i, j \leqslant n$ et $a_1, \ldots, a_m \in k$. Comme k est infini, on a donc $P_{ij} = 0$. Par suite, tout élément de $r'(S')$ est nilpotent et $V' = V'^0(S')$.

PROPOSITION 7. — *Supposons k infini et la condition* (PC) *vérifiée. Soit $\tilde{S}$ l'ensemble des $s \in S$ tels que $V^0(s) = V^0(S)$. Si $s \in S$, soit $P(s)$ le déterminant de l'endomorphisme de* $V/V^0(S)$ *défini par $r(s)$* (n° 1, cor. 2 (i) au th. 1).

(i) *La fonction $s \mapsto P(s)$ est polynomiale sur* S. *On a* $\tilde{S} = \{s \in S \mid P(s) \neq 0\}$; *c'est un ouvert de* S *pour la topologie de Zariski* (App. I).

(ii) $\tilde{S}$ *est non vide, et, pour tout $s \in \tilde{S}$, on a* $V^+(s) = V^+(S)$.

Le fait que $s \mapsto P(s)$ soit polynomiale résulte de la linéarité de r. Si $s \in S$, on a $V^0(s) \supset V^0(S)$, avec égalité si et seulement si $r(s)$ définit un automorphisme de $V/V^0(S)$, d'où (i).

Soit maintenant k' une clôture algébrique de k, et introduisons V', S', r' comme dans la prop. 6. Remarquons que S' vérifie la condition (PC) par prolongement de l'identité polynomiale $\mathrm{ad}(r(s_1))^{2\dim V - 1} r(s_2) = 0$ valable pour $s_1, s_2 \in S$ (n° 1, remarque). Appliquant le th. 1, on en déduit une décomposition

$$V' = V'^0(S') \oplus \sum_{i=1}^{m} V'^{\lambda_i}(S')$$

avec $\lambda_i \neq 0$ pour $1 \leqslant i \leqslant m$. Pour $1 \leqslant i \leqslant m$, il existe une fonction polynomiale P_i non nulle sur S' et un entier q_i tels que $\lambda_i^{q_i} = P_i$ (prop. 5). Puisque k est infini, il existe $s \in S$ tel que $(P_1 \ldots P_m)(s) \neq 0$, cf. A, IV, § 2, n° 3, cor. 2 à la prop. 9. On a alors $\lambda_i(s) \neq 0$ pour tout i, d'où $V'^0(S') = V'^0(s)$ et par suite $V^0(S) = V^0(s)$ (prop. 6), ce qui montre que $\tilde{S} \neq \emptyset$. Si $s \in \tilde{S}$, le fait que $V^+(S)$ soit stable par $r(s)$ et supplémentaire de $V^0(s)$ dans V entraîne que $V^+(S) = V^+(s)$ (cor. 2 au th. 1).

3. Décomposition des représentations d'une algèbre de Lie nilpotente

Soient $\mathfrak{h}$ une algèbre de Lie et M un $\mathfrak{h}$-module. Pour toute application λ de $\mathfrak{h}$ dans k, on a défini au n° 1 les sous-espaces vectoriels $M^\lambda(\mathfrak{h})$ et $M_\lambda(\mathfrak{h})$ de M. En particulier, si $\mathfrak{g}$ est une algèbre de Lie contenant $\mathfrak{h}$ comme sous-algèbre, et si $x \in \mathfrak{g}$, on emploiera souvent les notations $\mathfrak{g}^\lambda(\mathfrak{h})$ et $\mathfrak{g}_\lambda(\mathfrak{h})$ $\mathfrak{g}^\alpha(x)$ et $\mathfrak{g}_\alpha(x)$; il sera alors sous-entendu qu'on fait opérer $\mathfrak{h}$ dans $\mathfrak{g}$ par la représentation adjointe $\mathrm{ad}_\mathfrak{g}$.

PROPOSITION 8. — *Soient* $\mathfrak{h}$ *une algèbre de Lie, et* L, M, N *des* $\mathfrak{h}$*-modules. Notons* P *l'ensemble des applications de* $\mathfrak{h}$ *dans* k.

(i) *La somme* $\sum_{\lambda \in P} L^\lambda(\mathfrak{h})$ *est directe.*

(ii) *Si* $f: L \to M$ *est un homomorphisme de* $\mathfrak{h}$*-modules, on a* $f(L^\lambda(\mathfrak{h})) \subset M^\lambda(\mathfrak{h})$ *pour tout* $\lambda \in P$.

(iii) *Si* $f: L \times M \to N$ *est une application bilinéaire* $\mathfrak{h}$*-invariante, on a*

$$f(L^\lambda(\mathfrak{h}) \times M^\mu(\mathfrak{h})) \subset N^{\lambda+\mu}(\mathfrak{h})$$

quels que soient $\lambda, \mu \in P$.

Cela résulte des prop. 2 et 3.

PROPOSITION 9. — *Soient* $\mathfrak{h}$ *une algèbre de Lie nilpotente et* M *un* $\mathfrak{h}$*-module de dimension finie. Notons* P *l'ensemble des applications de* $\mathfrak{h}$ *dans* k.

(i) *Chaque* $M^\lambda(\mathfrak{h})$ *est un sous-*$\mathfrak{h}$*-module de* M. *Si, pour tout* $x \in \mathfrak{h}$, x_M *est trigonalisable, alors* $M = \sum_{\lambda \in P} M^\lambda(\mathfrak{h})$.

(ii) *Si* k *est infini, il existe* $x \in \mathfrak{h}$ *tel que* $M^0(x) = M^0(\mathfrak{h})$.

(iii) *Si* k *est de caractéristique* 0, *et si* $\lambda \in P$ *est tel que* $M^\lambda(\mathfrak{h}) \neq 0$, *alors* λ *est une forme linéaire sur* $\mathfrak{h}$ *nulle sur* $[\mathfrak{h}, \mathfrak{h}]$, *et* $M_\lambda(\mathfrak{h}) \neq 0$.

(iv) *Si* $f: M \to N$ *est un homomorphisme surjectif de* $\mathfrak{h}$*-modules de dimension finie, on a* $f(M^\lambda(\mathfrak{h})) = N^\lambda(\mathfrak{h})$ *pour tout* $\lambda \in P$.

(v) *Si* N *est un* $\mathfrak{h}$*-module de dimension finie, et* B *une forme bilinéaire sur* $M \times N$ *invariante par* $\mathfrak{h}$, *alors* $M^\lambda(\mathfrak{h})$ *et* $N^\mu(\mathfrak{h})$ *sont orthogonaux relativement à* B *si* $\lambda + \mu \neq 0$. *Si, en outre,* B *est non dégénérée, il en est de même de sa restriction à* $M^\lambda(\mathfrak{h}) \times N^{-\lambda}(\mathfrak{h})$ *pour tout* $\lambda \in P$.

La partie (i) résulte du n° 1, lemme 1 et th. 1. La partie (ii) résulte du n° 2, prop. 7. La partie (iv) résulte du n° 1, cor. 3 du th. 1. Prouvons (iii). On peut supposer que $M = M^\lambda(\mathfrak{h})$. Alors, pour tout $x \in \mathfrak{h}$, on a $\lambda(x) = (\dim V)^{-1} \operatorname{Tr}(x_M)$; cela prouve que λ est linéaire (ce qui résulte aussi de la prop. 5) et que λ s'annule sur $[\mathfrak{h}, \mathfrak{h}]$. Considérons l'application $\rho: \mathfrak{h} \to \operatorname{End}_k(M)$ définie par

$$\rho(x) = x_M - \lambda(x) 1_M;$$

en vertu de ce qui précède, c'est une représentation de $\mathfrak{h}$ dans M, et $\rho(x)$ est nilpotent pour tout $x \in \mathfrak{h}$. D'après le th. d'Engel (I, § 4, n° 2, th. 1), il existe $m \neq 0$ dans M tel que $\rho(x)m = 0$ pour tout $x \in \mathfrak{h}$, d'où $m \in M_\lambda(\mathfrak{h})$.

La première assertion de (v) résulte du n° 1, prop. 2, (ii). Pour prouver la deuxième, on peut supposer k algébriquement clos, vu la prop. 1 du n° 1; elle résulte alors de la première et du fait que $M = \sum_\lambda M^\lambda(\mathfrak{h})$, $N = \sum_\mu N^\mu(\mathfrak{h})$, cf. (i).

Remarque. — Supposons k parfait de caractéristique 2. Soient $\mathfrak{h} = \mathfrak{sl}(2, k)$, et M le $\mathfrak{h}$-module k^2 (pour l'application identique de $\mathfrak{h}$). Si $x = \begin{pmatrix} a & b \\ c & a \end{pmatrix}$ est un élément quelconque de $\mathfrak{h}$, notons $\lambda(x)$ l'unique $\lambda \in k$ tel que $\lambda^2 = a^2 + bc$. Alors $M = M^{\lambda}(\mathfrak{h})$ comme le montre un calcul immédiat; en revanche, $M_{\lambda}(\mathfrak{h}) = 0$ et λ n'est ni linéaire, ni nulle sur $[\mathfrak{h}, \mathfrak{h}]$, bien que $\mathfrak{h}$ soit nilpotente.

COROLLAIRE. — *Soient $\mathfrak{h}$ une algèbre de Lie nilpotente, et* M *un $\mathfrak{h}$-module de dimension finie tel que* $M^0(\mathfrak{h}) = 0$. *Soit* $f: \mathfrak{h} \to M$ *une application linéaire telle que*

$$f([x, y]) = x.f(y) - y.f(x) \qquad \textit{pour} \quad x, y \in \mathfrak{h}.$$

Il existe $a \in M$ *tel que* $f(x) = x.a$ *pour tout* $x \in \mathfrak{h}$.

Soit $N = M \times k$. Faisons opérer $\mathfrak{h}$ sur N par la formule

$$x.(m, \lambda) = (xm - \lambda f(x), 0).$$

L'identité vérifiée par f entraîne que N est un $\mathfrak{h}$-module (I, § 1, n° 8, exemple 2). L'application $(m, \lambda) \mapsto \lambda$ de N dans k est un homomorphisme de N dans le $\mathfrak{h}$-module trivial k. D'après la prop. 9 (iv), il en résulte que $N^0(\mathfrak{h})$ contient un élément de la forme $(a, 1)$ où $a \in M$. Vu l'hypothèse faite sur M, on a

$$(M \times 0) \cap N^0(\mathfrak{h}) = 0,$$

donc $N^0(\mathfrak{h})$ est de dimension 1 et par suite est annulé par $\mathfrak{h}$. Ainsi, on a $xa - f(x) = 0$ pour tout $x \in \mathfrak{h}$, ce qui prouve le corollaire.

PROPOSITION 10. — *Soient $\mathfrak{g}$ une algèbre de Lie, $\mathfrak{h}$ une sous-algèbre nilpotente de $\mathfrak{g}$. Notons* P *l'ensemble des applications de $\mathfrak{h}$ dans k.*

(i) *Pour* $\lambda, \mu \in P$, *on a* $[\mathfrak{g}^{\lambda}(\mathfrak{h}), \mathfrak{g}^{\mu}(\mathfrak{h})] \subset \mathfrak{g}^{\lambda+\mu}(\mathfrak{h})$; *en particulier,* $\mathfrak{g}^0(\mathfrak{h})$ *est une sous-algèbre de Lie de $\mathfrak{g}$ contenant $\mathfrak{h}$, et les* $\mathfrak{g}^{\lambda}(\mathfrak{h})$ *sont stables par* ad $\mathfrak{g}^0(\mathfrak{h})$. *De plus,* $\mathfrak{g}^0(\mathfrak{h})$ *est son propre normalisateur dans $\mathfrak{g}$.*

(ii) *Si* M *est un $\mathfrak{g}$-module, on a* $\mathfrak{g}^{\lambda}(\mathfrak{h})M^{\mu}(\mathfrak{h}) \subset M^{\lambda+\mu}(\mathfrak{h})$ *pour* $\lambda, \mu \in P$; *en particulier, chaque* $M^{\lambda}(\mathfrak{h})$ *est un* $\mathfrak{g}^0(\mathfrak{h})$*-module.*

(iii) *Si* B *est une forme bilinéaire sur $\mathfrak{g}$ invariante par $\mathfrak{h}$,* $\mathfrak{g}^{\lambda}(\mathfrak{h})$ *et* $\mathfrak{g}^{\mu}(\mathfrak{h})$ *sont orthogonaux relativement à* B *pour* $\lambda + \mu \neq 0$. *Supposons* B *non dégénérée. Alors, pour tout* $\lambda \in P$, *la restriction de* B *à* $\mathfrak{g}^{\lambda}(\mathfrak{h}) \times \mathfrak{g}^{-\lambda}(\mathfrak{h})$ *est non dégénérée; en particulier, la restriction de* B *à* $\mathfrak{g}^0(\mathfrak{h}) \times \mathfrak{g}^0(\mathfrak{h})$ *est non dégénérée.*

(iv) *Supposons k de caractéristique* 0. *Alors, si* $x \in \mathfrak{g}^{\lambda}(\mathfrak{h})$ *avec* $\lambda \neq 0$, ad x *est nilpotent.*

L'application $(x, y) \mapsto [x, y]$ de $\mathfrak{g} \times \mathfrak{g}$ dans $\mathfrak{g}$ est $\mathfrak{g}$-invariante d'après l'identité de Jacobi, donc $\mathfrak{h}$-invariante. La première partie de (i) résulte alors de la prop. 2 (ii). On démontre (ii) de manière analogue.

Si x appartient au normalisateur de $\mathfrak{g}^0(\mathfrak{h})$ dans $\mathfrak{g}$, on a, pour tout $y \in \mathfrak{h}$, $(\mathrm{ad}\, y).x = -[x, y] \in \mathfrak{g}^0(\mathfrak{h})$, donc $(\mathrm{ad}\, y)^n . x = 0$ pour n assez grand. Cela prouve que $x \in \mathfrak{g}^0(\mathfrak{h})$. L'assertion (i) est ainsi entièrement établie.

L'assertion (iii) résulte de la prop. 9 (v).

Pour démontrer (iv), on peut supposer k algébriquement clos. Soit $x \in \mathfrak{g}^\lambda(\mathfrak{h})$, avec $\lambda \neq 0$. Pour tout $\mu \in \mathrm{P}$ et tout entier $n \geqslant 0$, on a $(\mathrm{ad}\, x)^n \mathfrak{g}^\mu(\mathfrak{h}) \subset \mathfrak{g}^{\mu+n\lambda}(\mathfrak{h})$; soit P_1 l'ensemble fini des $\mu \in \mathrm{P}$ tels que $\mathfrak{g}^\mu(\mathfrak{h}) \neq 0$; si k est de caractéristique 0 et $\lambda \neq 0$, on a $(\mathrm{P}_1 + n\lambda) \cap \mathrm{P}_1 = \emptyset$ pour n assez grand, d'où $(\mathrm{ad}\, x)^n = 0$.

Lemme 2. — *On suppose k de caractéristique* 0. *Soient* $\mathfrak{g}$ *une algèbre de Lie semi-simple sur k*, B *la forme de Killing de* $\mathfrak{g}$, $\mathfrak{m}$ *une sous-algèbre de* $\mathfrak{g}$. *On suppose que les conditions suivantes sont satisfaites:*

1) *la restriction de* B *à* $\mathfrak{m}$ *est non dégénérée;*

2) *si* $x \in \mathfrak{m}$, *les composantes semi-simple et nilpotente*[1] *de x dans* $\mathfrak{g}$ *appartiennent à* $\mathfrak{m}$.

Alors $\mathfrak{m}$ *est réductive dans* $\mathfrak{g}$ (I, § 6, n° 6).

D'après I, § 6, n° 4, prop. 5 *d*), $\mathfrak{m}$ est réductive. Soit $\mathfrak{c}$ le centre de $\mathfrak{m}$. Si $x \in \mathfrak{c}$ est nilpotent, alors $x = 0$; en effet, pour tout $y \in \mathfrak{m}$, ad x et ad y commutent, leur composé $\mathrm{ad}\, x \circ \mathrm{ad}\, y$ est nilpotent, et $\mathrm{B}(x, y) = 0$, d'où $x = 0$. Soit maintenant x un élément quelconque de $\mathfrak{c}$; soient s et n ses composantes semi-simple et nilpotente. On a $n \in \mathfrak{m}$. Comme ad n est de la forme $\mathrm{P}(\mathrm{ad}\, x)$, où P est un polynôme sans terme constant, on a $(\mathrm{ad}\, n).\mathfrak{m} = 0$, donc $n \in \mathfrak{c}$, et alors $n = 0$ d'après ce qui précède. Donc ad x est semi-simple. Par suite, la restriction à $\mathfrak{m}$ de la représentation adjointe de $\mathfrak{g}$ est semi-simple (I, § 6, n° 5, th. 4 *b*)).

PROPOSITION 11. — *On suppose k de caractéristique* 0. *Soient* $\mathfrak{g}$ *une algèbre de Lie semi-simple*, $\mathfrak{h}$ *une sous-algèbre nilpotente de* $\mathfrak{g}$. *L'algèbre* $\mathfrak{g}^0(\mathfrak{h})$ *satisfait aux conditions* (1) *et* (2) *du lemme* 2; *elle est réductive dans* $\mathfrak{g}$.

Soient $x, x' \in \mathfrak{g}$, s et s' leurs composantes semi-simples, n et n' leurs composantes nilpotentes. On a

$$\begin{aligned} x' \in \mathfrak{g}^0(x) &\Leftrightarrow (\mathrm{ad}\, s)(x') = 0 && \text{(prop. 4)} \\ &\Leftrightarrow (\mathrm{ad}\, x')(s) = 0 \\ &\Rightarrow (\mathrm{ad}\, s')(s) = 0 \\ &\Leftrightarrow (\mathrm{ad}\, s)(s') = 0 \\ &\Leftrightarrow s' \in \mathfrak{g}^0(x) && \text{(prop. 4)} \end{aligned}$$

donc $x' \in \mathfrak{g}^0(x) \Rightarrow n' \in \mathfrak{g}^0(x)$ et l'on a prouvé (2). La forme de Killing de $\mathfrak{g}$ est non dégénérée, donc sa restriction à $\mathfrak{g}^0(\mathfrak{h})$ est non dégénérée (prop. 10 (iii)). Le fait que $\mathfrak{g}^0(\mathfrak{h})$ soit réductive dans $\mathfrak{g}$ résulte alors du lemme 2.

4. Décomposition d'une algèbre de Lie relativement à un automorphisme

PROPOSITION 12. — *Soient* $\mathfrak{g}$ *une algèbre de Lie, a un automorphisme de* $\mathfrak{g}$.

(i) *Pour* $\lambda, \mu \in k$, *on a* $[\mathfrak{g}^\lambda(a), \mathfrak{g}^\mu(a)] \subset \mathfrak{g}^{\lambda\mu}(a)$; *en particulier*, $\mathfrak{g}^1(a)$ *est une sous-algèbre de* $\mathfrak{g}$.

[1] D'après I, § 6, n° 3, th. 3, tout $x \in \mathfrak{g}$ s'écrit de manière unique comme somme d'un élément semi-simple s et d'un élément nilpotent n commutant entre eux; l'élément s (resp. n) s'appelle la *composante semi-simple* (resp. *nilpotente*) de x.

(ii) *Si* B *est une forme bilinéaire symétrique sur* $\mathfrak{g}$ *invariante par* a, $\mathfrak{g}^{\lambda}(a)$ *et* $\mathfrak{g}^{\mu}(a)$ *sont orthogonaux relativement à* B *pour* $\lambda\mu \neq 1$. *Supposons* B *non dégénérée. Alors, si* $\lambda \neq 0$, *la restriction de* B *à* $\mathfrak{g}^{\lambda}(a) \times \mathfrak{g}^{1/\lambda}(a)$ *est non dégénérée.*

L'assertion (i) et la première moitié de (ii) résultent de la prop. 2 (iii) appliquée à la loi de composition $\mathfrak{g} \times \mathfrak{g} \to \mathfrak{g}$ et à la forme bilinéaire B. Pour démontrer la seconde moitié de (ii), on peut supposer k algébriquement clos. On a alors $\mathfrak{g} = \bigoplus_{\nu \in k} \mathfrak{g}^{\nu}(a)$. Vu ce qui précède, $\mathfrak{g}^{\lambda}(a)$ est orthogonal aux $\mathfrak{g}^{\nu}(a)$ si $\lambda\nu \neq 1$; comme B est non dégénérée, il en résulte que sa restriction à $\mathfrak{g}^{\lambda}(a) \times \mathfrak{g}^{1/\lambda}(a)$ l'est aussi.

Corollaire. — *Supposons* k *de caractéristique zéro et* $\mathfrak{g}$ *semi-simple. Alors la sous-algèbre* $\mathfrak{g}^{1}(a)$ *satisfait aux conditions* (1) *et* (2) *du lemme* 2; *elle est réductive dans* $\mathfrak{g}$.

La condition (1) résulte de la partie (ii) de la prop. 12; la condition (2) résulte de la prop. 4 du n° 1.

5. Invariants d'une algèbre de Lie semi-simple relativement à une action semi-simple

Dans ce n°, on suppose k *de caractéristique zéro.*

Proposition 13. — *Soient* $\mathfrak{g}$ *une algèbre de Lie semi-simple,* $\mathfrak{a}$ *une sous-algèbre de* $\mathfrak{g}$ *réductive dans* $\mathfrak{g}$, *et* $\mathfrak{m}$ *le commutant de* $\mathfrak{a}$ *dans* $\mathfrak{g}$. *La sous-algèbre* $\mathfrak{m}$ *satisfait aux conditions* (1) *et* (2) *du lemme* 2 *du* n° 3; *elle est réductive dans* $\mathfrak{g}$.

D'après la prop. 6 de I, § 3, n° 5, appliquée au $\mathfrak{a}$-module $\mathfrak{g}$, on a $\mathfrak{g} = \mathfrak{m} \oplus [\mathfrak{a}, \mathfrak{g}]$. Soit B la forme de Killing de $\mathfrak{g}$, et soient $x \in \mathfrak{a}$, $y \in \mathfrak{m}$, $z \in \mathfrak{g}$. On a

$$B([z, x], y) = B(z, [x, y]) = 0 \quad \text{puisque} \quad [x, y] = 0,$$

ce qui montre que $\mathfrak{m}$ est orthogonal à $[\mathfrak{a}, \mathfrak{g}]$ relativement à B. Comme B est non dégénérée, et que $\mathfrak{g} = \mathfrak{m} \oplus [\mathfrak{a}, \mathfrak{g}]$, cela entraîne que la restriction de B à $\mathfrak{m}$ est non dégénérée; la condition (1) du lemme 2 est donc vérifiée.

Soit maintenant $x \in \mathfrak{m}$ et soient s et n ses composantes semi-simple et nilpotente. La composante semi-simple de $\operatorname{ad} x$ est $\operatorname{ad} s$, cf. I, § 6, n° 3. Comme $\operatorname{ad} x$ est nul sur $\mathfrak{a}$, il en est de même de $\operatorname{ad} s$, d'après la prop. 4 (i). On a donc $s \in \mathfrak{m}$, d'où $n = x - s \in \mathfrak{m}$, et la condition 2 du lemme 2 est satisfaite.

Remarque. — Le commutant de $\mathfrak{m}$ dans $\mathfrak{g}$ n'est pas nécessairement réduit à $\mathfrak{a}$, cf. Exerc. 4.

Proposition 14. — *Soient* $\mathfrak{g}$ *une algèbre de Lie semi-simple,* A *un groupe et* r *un homomorphisme de* A *dans* $\operatorname{Aut}(\mathfrak{g})$. *Soit* $\mathfrak{m}$ *la sous-algèbre de* $\mathfrak{g}$ *formée des éléments invariants par* $r(\mathrm{A})$. *Supposons que la représentation linéaire* r *soit semi-simple. Alors* $\mathfrak{m}$ *satisfait aux conditions* (1) *et* (2) *du lemme* 2 *du* n° 3; *elle est réductive dans* $\mathfrak{g}$.

La démonstration est analogue à celle de la proposition précédente:

Soit $\mathfrak{g}^+$ le sous-espace vectoriel de $\mathfrak{g}$ engendré par les $r(a)x - x$, $a \in A$, $x \in \mathfrak{g}$. L'espace vectoriel $\mathfrak{g}' = \mathfrak{m} + \mathfrak{g}^+$ est stable par $r(A)$. Soit $\mathfrak{n}$ un supplémentaire de $\mathfrak{g}'$ dans $\mathfrak{g}$ stable par $r(A)$. Si $x \in \mathfrak{n}$, $a \in A$, on a $r(a)x - x \in \mathfrak{n} \cap \mathfrak{g}^+ = 0$, d'où $x \in \mathfrak{m}$ et $x = 0$ puisque $\mathfrak{m} \cap \mathfrak{n} = 0$. Ainsi, $\mathfrak{g} = \mathfrak{g}' = \mathfrak{m} + \mathfrak{g}^+$. Soit B la forme de Killing de $\mathfrak{g}$ et soient $y \in \mathfrak{m}$, $a \in A$, $x \in \mathfrak{g}$. On a

$$\begin{aligned} B(y, r(a)x - x) &= B(y, r(a)x) - B(y, x) \\ &= B(r(a^{-1})y, x) - B(y, x) \\ &= B(y, x) - B(y, x) = 0. \end{aligned}$$

Ainsi $\mathfrak{m}$ et $\mathfrak{g}^+$ sont orthogonaux relativement à B. Il en résulte que la restriction de B à $\mathfrak{m}$ est non dégénérée; d'où la condition (1) du lemme 2. La condition (2) est immédiate par transport de structure.

§ 2. Sous-algèbres de Cartan et éléments réguliers d'une algèbre de Lie

A partir du n° 2, *le corps k est supposé infini.*

1. Sous-algèbres de Cartan

DÉFINITION 1. — *Soit $\mathfrak{g}$ une algèbre de Lie. On appelle sous-algèbre de Cartan de $\mathfrak{g}$ une sous-algèbre nilpotente de $\mathfrak{g}$ égale à son normalisateur.*

Nous obtiendrons plus loin les résultats suivants:

1) si k est infini, $\mathfrak{g}$ possède des sous-algèbres de Cartan (n° 3, cor. 1 du th. 1);

2) si k est de caractéristique 0, toutes les sous-algèbres de Cartan de $\mathfrak{g}$ ont même dimension (§ 3, n° 3, th. 2);

3) si k est algébriquement clos de caractéristique 0, toutes les sous-algèbres de Cartan de $\mathfrak{g}$ sont conjuguées par le groupe des automorphismes élémentaires de $\mathfrak{g}$ (§ 3, n° 2, th. 1).

Exemples. — 1) Si $\mathfrak{g}$ est nilpotente, la seule sous-algèbre de Cartan de $\mathfrak{g}$ est $\mathfrak{g}$ elle-même (I, § 4, n° 1, prop. 3).

2) Soient $\mathfrak{g} = \mathfrak{gl}(n, k)$, et $\mathfrak{h}$ l'ensemble des matrices diagonales appartenant à $\mathfrak{g}$. Montrons que $\mathfrak{h}$ est une sous-algèbre de Cartan de $\mathfrak{g}$. D'abord $\mathfrak{h}$ est commutative, donc nilpotente. Soit (E_{ij}) la base canonique de $\mathfrak{gl}(n, k)$, et soit $x = \sum \mu_{ij}E_{ij}$ un élément du normalisateur de $\mathfrak{h}$ dans $\mathfrak{g}$. Si $i \neq j$, les formules (5) de I, § 1, n° 2 montrent que le coefficient de E_{ij} dans $[E_{ii}, x]$ est μ_{ij}. Puisque $E_{ii} \in \mathfrak{h}$, on a $[E_{ii}, x] \in \mathfrak{h}$, et le coefficient en question est nul. On a donc $\mu_{ij} = 0$ pour $i \neq j$, d'où $x \in \mathfrak{h}$, ce qui montre bien que $\mathfrak{h}$ est une sous-algèbre de Cartan de $\mathfrak{g}$.

3) Soit $\mathfrak{h}$ une sous-algèbre de Cartan de $\mathfrak{g}$ et soit $\mathfrak{g}_1$ une sous-algèbre de $\mathfrak{g}$ contenant $\mathfrak{h}$. Alors $\mathfrak{h}$ est une sous-algèbre de Cartan de $\mathfrak{g}_1$; cela résulte aussitôt de la déf. 1.

PROPOSITION 1. — *Soit $\mathfrak{g}$ une algèbre de Lie et soit $\mathfrak{h}$ une sous-algèbre de Cartan de $\mathfrak{g}$. Alors $\mathfrak{h}$ est une sous-algèbre nilpotente maximale de $\mathfrak{g}$.*

Soit $\mathfrak{h}'$ une sous-algèbre nilpotente de $\mathfrak{g}$ contenant $\mathfrak{h}$. Alors $\mathfrak{h}$ est sous-algèbre de Cartan de $\mathfrak{h}'$ (exemple 3), donc $\mathfrak{h} = \mathfrak{h}'$ (exemple 1).

Il existe des sous-algèbres nilpotentes maximales qui ne sont pas des sous-algèbres de Cartan (exerc. 2).

PROPOSITION 2. — *Soient $(\mathfrak{g})_{i \in I}$ une famille finie d'algèbres de Lie et $\mathfrak{g} = \prod_{i \in I} \mathfrak{g}_i$. Les sous-algèbres de Cartan de $\mathfrak{g}$ sont les sous-algèbres de la forme $\prod_{i \in I} \mathfrak{h}_i$ où $\mathfrak{h}_i$ est une sous-algèbre de Cartan de $\mathfrak{g}_i$.*

Si $\mathfrak{h}_i$ est une sous-algèbre de $\mathfrak{g}_i$ de normalisateur $\mathfrak{n}_i$, alors $\prod \mathfrak{h}_i$ est une sous-algèbre de $\mathfrak{g}$ de normalisateur $\prod \mathfrak{n}_i$; si les $\mathfrak{h}_i$ sont nilpotentes, $\prod \mathfrak{h}_i$ est nilpotente; donc si, pour tout i, $\mathfrak{h}_i$ est une sous-algèbre de Cartan de $\mathfrak{g}_i$, $\prod \mathfrak{h}_i$ est une sous-algèbre de Cartan de $\mathfrak{g}$. Réciproquement, soit $\mathfrak{h}$ une sous-algèbre de Cartan de $\mathfrak{g}$; la projection $\mathfrak{h}_i$ de $\mathfrak{h}$ sur $\mathfrak{g}_i$ est une sous-algèbre nilpotente de $\mathfrak{g}_i$, et $\prod \mathfrak{h}_i$ est une sous-algèbre nilpotente de $\mathfrak{g}$ contenant $\mathfrak{h}$; on a donc $\mathfrak{h} = \prod \mathfrak{h}_i$ (prop. 1); pour tout i, $\mathfrak{h}_i$ est alors son propre normalisateur dans $\mathfrak{g}_i$, donc est une sous-algèbre de Cartan de $\mathfrak{g}_i$.

Exemple 4. — Si k est de caractéristique 0, $\mathfrak{gl}(n, k)$ est produit des idéaux $\mathfrak{sl}(n, k)$ et $k.1$. Il résulte de l'exemple 2 et de la prop. 2 que l'ensemble des matrices diagonales de trace 0 dans $\mathfrak{sl}(n, k)$ est une sous-algèbre de Cartan de $\mathfrak{sl}(n, k)$.

PROPOSITION 3. — *Soient $\mathfrak{g}$ une algèbre de Lie, $\mathfrak{h}$ une sous-algèbre de $\mathfrak{g}$, k' une extension de k. Alors $\mathfrak{h}$ est une sous-algèbre de Cartan de $\mathfrak{g}$ si et seulement si $\mathfrak{h} \otimes_k k'$ est une sous-algèbre de Cartan de $\mathfrak{g} \otimes_k k'$.*

En effet, $\mathfrak{h}$ est nilpotente si et seulement si $\mathfrak{h} \otimes_k k'$ l'est (I, § 4, n° 5). D'autre part, si $\mathfrak{n}$ est le normalisateur de $\mathfrak{h}$ dans $\mathfrak{g}$, le normalisateur de $\mathfrak{h} \otimes_k k'$ dans $\mathfrak{g} \otimes_k k'$ est $\mathfrak{n} \otimes_k k'$ (I, § 3, n° 8).

PROPOSITION 4. — *Soient $\mathfrak{g}$ une algèbre de Lie, $\mathfrak{h}$ une sous-algèbre nilpotente de $\mathfrak{g}$. Pour que $\mathfrak{h}$ soit sous-algèbre de Cartan de $\mathfrak{g}$, il faut et il suffit que $\mathfrak{g}^0(\mathfrak{h}) = \mathfrak{h}$.*

Si $\mathfrak{g}^0(\mathfrak{h}) = \mathfrak{h}$, $\mathfrak{h}$ est son propre normalisateur (§ 1, prop. 10 (i)), donc $\mathfrak{h}$ est une sous-algèbre de Cartan de $\mathfrak{g}$. Supposons $\mathfrak{g}^0(\mathfrak{h}) \neq \mathfrak{h}$. Considérons la représentation de $\mathfrak{h}$ dans $\mathfrak{g}^0(\mathfrak{h})/\mathfrak{h}$ déduite par passage au quotient de la représentation adjointe. En lui appliquant le théorème d'Engel (I, § 4, n° 2, th. 1), on voit qu'il existe

$x \in \mathfrak{g}^0(\mathfrak{h})$ tel que $x \notin \mathfrak{h}$ et $[\mathfrak{h}, x] \subset \mathfrak{h}$; alors x appartient au normalisateur de $\mathfrak{h}$ dans $\mathfrak{g}$, de sorte que $\mathfrak{h}$ n'est pas une sous-algèbre de Cartan de $\mathfrak{g}$.

COROLLAIRE 1. — *Soient* $\mathfrak{g}$ *une algèbre de Lie,* $\mathfrak{h}$ *une sous-algèbre de Cartan de* $\mathfrak{g}$. *Si* k *est infini, il existe* $x \in \mathfrak{h}$ *tel que* $\mathfrak{h} = \mathfrak{g}^0(x)$.

En effet, on a $\mathfrak{h} = \mathfrak{g}^0(\mathfrak{h})$, et on applique la prop. 9 (ii) du § 1.

COROLLAIRE 2. — *Soit* $f: \mathfrak{g} \to \mathfrak{g}'$ *un homomorphisme surjectif d'algèbres de Lie. Si* $\mathfrak{h}$ *est une sous-algèbre de Cartan de* $\mathfrak{g}$, $f(\mathfrak{h})$ *est une sous-algèbre de Cartan de* $\mathfrak{g}'$.

En effet, $f(\mathfrak{h})$ est une sous-algèbre nilpotente de $\mathfrak{g}'$. D'autre part, considérons la représentation $x \mapsto \operatorname{ad} f(x)$ de $\mathfrak{h}$ dans $\mathfrak{g}'$. D'après la prop. 9 (iv) du § 1, n° 3, on a $f(\mathfrak{g}^0(\mathfrak{h})) = \mathfrak{g}'^0(\mathfrak{h})$. Or $\mathfrak{g}^0(\mathfrak{h}) = \mathfrak{h}$, et d'autre part, il est clair que $\mathfrak{g}'^0(\mathfrak{h}) = \mathfrak{g}'^0(f(\mathfrak{h}))$. Donc $f(\mathfrak{h}) = \mathfrak{g}'^0(f(\mathfrak{h}))$ et il suffit d'appliquer la prop. 4.

COROLLAIRE 3. — *Soit* $\mathfrak{h}$ *une sous-algèbre de Cartan d'une algèbre de Lie* $\mathfrak{g}$, *et soit* $\mathscr{C}^n\mathfrak{g}$ $(n \geqslant 1)$ *un terme de la série centrale descendante de* $\mathfrak{g}$ (I, § 1, n° 5, 2ème édition). *On a* $\mathfrak{g} = \mathfrak{h} + \mathscr{C}^n\mathfrak{g}$.

En effet, le corollaire 2 montre que l'image de $\mathfrak{h}$ dans $\mathfrak{g}/\mathscr{C}^n\mathfrak{g}$ est une sous-algèbre de Cartan de $\mathfrak{g}/\mathscr{C}^n\mathfrak{g}$, donc est égale à $\mathfrak{g}/\mathscr{C}^n\mathfrak{g}$ puisque $\mathfrak{g}/\mathscr{C}^n\mathfrak{g}$ est nilpotente (exemple 1).

COROLLAIRE 4. — *Soient* $\mathfrak{g}$ *une algèbre de Lie,* $\mathfrak{h}$ *une sous-algèbre de Cartan de* $\mathfrak{g}$, $\mathfrak{a}$ *une sous-algèbre de* $\mathfrak{g}$ *contenant* $\mathfrak{h}$.

(i) $\mathfrak{a}$ *est égale à son normalisateur dans* $\mathfrak{g}$.

(ii) *Supposons* $k = \mathbf{R}$ *ou* $\mathbf{C}$; *soient* G *un groupe de Lie d'algèbre de Lie* $\mathfrak{g}$, A *le sous-groupe intégral de* G *d'algèbre de Lie* $\mathfrak{a}$. *Alors* A *est un sous-groupe de Lie de* G, *et c'est la composante neutre du normalisateur de* A *dans* G.

Soit $\mathfrak{n}$ le normalisateur de $\mathfrak{a}$ dans $\mathfrak{g}$. Comme $\mathfrak{h}$ est une sous-algèbre de Cartan de $\mathfrak{n}$ (exemple 3), $\{0\}$ est une sous-algèbre de Cartan de $\mathfrak{n}/\mathfrak{a}$ (cor. 2), donc est égal à son normalisateur dans $\mathfrak{n}/\mathfrak{a}$; autrement dit, $\mathfrak{n} = \mathfrak{a}$. L'assertion (ii) résulte de (i) et de III, § 9, n°4, cor. de la prop. 11.

COROLLAIRE 5. — *Soient* $\mathfrak{g}$ *une algèbre de Lie,* E *une partie de* $\mathfrak{g}$. *Faisons opérer* E *dans* $\mathfrak{g}$ *par la représentation adjointe. Pour que* E *soit une sous-algèbre de Cartan de* $\mathfrak{g}$, *il faut et il suffit que* $\mathrm{E} = \mathfrak{g}^0(\mathrm{E})$.

La condition est nécessaire (prop. 4). Supposons maintenant que $\mathrm{E} = \mathfrak{g}^0(\mathrm{E})$. D'après la prop. 2 (ii) du § 1, n° 1, E est alors une sous-algèbre de $\mathfrak{g}$. Si $x \in \mathrm{E}$, $\operatorname{ad}_{\mathrm{E}} x$ est nilpotent puisque $\mathrm{E} \subset \mathfrak{g}^0(\mathrm{E})$; donc l'algèbre E est nilpotente. Alors E est une sous-algèbre de Cartan d'après la prop. 4.

COROLLAIRE 6. — *Soient* $\mathfrak{g}$ *une algèbre de Lie,* k_0 *un sous-corps de* k *tel que* $[k:k_0] < +\infty$, $\mathfrak{g}_0$ *l'algèbre de Lie déduite de* $\mathfrak{g}$ *par restriction à* k_0 *du corps des scalaires. Soit* $\mathfrak{h}$ *une partie de*

$\mathfrak{g}$. *Pour que* $\mathfrak{h}$ *soit une sous-algèbre de Cartan de* $\mathfrak{g}$, *il faut et il suffit que* $\mathfrak{h}$ *soit une sous-algèbre de Cartan de* $\mathfrak{g}_0$.

Cela résulte du cor. 5, car la condition $\mathfrak{h} = \mathfrak{g}^0(\mathfrak{h})$ ne fait pas intervenir le corps de base.

PROPOSITION 5. — *Soient* $\mathfrak{g}$ *une algèbre de Lie,* $\mathfrak{c}$ *son centre,* $\mathfrak{h}$ *un sous-espace vectoriel de* $\mathfrak{g}$. *Pour que* $\mathfrak{h}$ *soit une sous-algèbre de Cartan de* $\mathfrak{g}$, *il faut et il suffit que* $\mathfrak{h}$ *contienne* $\mathfrak{c}$ *et que* $\mathfrak{h}/\mathfrak{c}$ *soit une sous-algèbre de Cartan de* $\mathfrak{g}/\mathfrak{c}$.

Supposons que $\mathfrak{h}$ soit une sous-algèbre de Cartan de $\mathfrak{g}$. Puisque $[\mathfrak{c}, \mathfrak{g}] \subset \mathfrak{h}$, on a $\mathfrak{c} \subset \mathfrak{h}$. D'autre part, $\mathfrak{h}/\mathfrak{c}$ est une sous-algèbre de Cartan de $\mathfrak{g}/\mathfrak{c}$ d'après le cor. 2 de la prop. 4.

Supposons que $\mathfrak{h} \supset \mathfrak{c}$ et que $\mathfrak{h}/\mathfrak{c}$ soit une sous-algèbre de Cartan de $\mathfrak{g}/\mathfrak{c}$. Soit f le morphisme canonique de $\mathfrak{g}$ sur $\mathfrak{g}/\mathfrak{c}$. L'algèbre $\mathfrak{h}$, qui est extension centrale de $\mathfrak{h}/\mathfrak{c}$, est nilpotente. Soit $\mathfrak{n}$ le normalisateur de $\mathfrak{h}$ dans $\mathfrak{g}$. Si $x \in \mathfrak{n}$, on a $[f(x), \mathfrak{h}/\mathfrak{c}] \subset \mathfrak{h}/\mathfrak{c}$, donc $f(x) \in \mathfrak{h}/\mathfrak{c}$, donc $x \in \mathfrak{h}$. Cela prouve que $\mathfrak{h}$ est une sous-algèbre de Cartan de $\mathfrak{g}$.

COROLLAIRE. — *Soit* $\mathscr{C}_\infty\mathfrak{g}$ *la réunion de la série centrale ascendante de l'algèbre de Lie* $\mathfrak{g}$ (I, § 1, n° 6). *Les sous-algèbres de Cartan de* $\mathfrak{g}$ *sont les images réciproques des sous-algèbres de Cartan de* $\mathfrak{g}/\mathscr{C}_\infty\mathfrak{g}$.

En effet, le centre de $\mathfrak{g}/\mathscr{C}_i\mathfrak{g}$ est $\mathscr{C}_{i+1}\mathfrak{g}/\mathscr{C}_i\mathfrak{g}$, et le corollaire se déduit de la prop. 5 par une récurrence immédiate.

Remarque. — $\mathscr{C}_\infty\mathfrak{g}$ est le plus petit idéal $\mathfrak{n}$ de $\mathfrak{g}$ tel que le centre de $\mathfrak{g}/\mathfrak{n}$ soit nul; c'est un idéal caractéristique et nilpotent de $\mathfrak{g}$.

2. Eléments réguliers d'une algèbre de Lie

[Rappelons que désormais k est supposé infini.]

Soit $\mathfrak{g}$ une algèbre de Lie de dimension n. Si $x \in \mathfrak{g}$, écrivons le polynôme caractéristique de ad x sous la forme

$$\det(\mathrm{T} - \operatorname{ad} x) = \sum_{i=0}^{n} a_i(x)\mathrm{T}^i, \qquad \text{avec} \quad a_i(x) \in k.$$

On a $a_i(x) = (-1)^{n-i}\,\mathrm{Tr}\left(\bigwedge^{n-i} \operatorname{ad} x\right)$, cf. A, III, p. 107. Ceci montre que $x \mapsto a_i(x)$ est une application polynomiale homogène de degré $n - i$ de $\mathfrak{g}$ dans k (A, IV, § 5, n° 9).

Remarques. — 1) Si $\mathfrak{g} \neq \{0\}$, on a $a_0 = 0$ car $(\operatorname{ad} x)(x) = 0$ pour tout $x \in \mathfrak{g}$.

2) Soit k' une extension de k. Ecrivons $\det(\mathrm{T} - \operatorname{ad} x') = \sum_{i=0}^{n} a'_i(x')\mathrm{T}^i$ pour $x' \in \mathfrak{g} \otimes_k k'$. Alors $a'_i | \mathfrak{g} = a_i$ pour tout i.

DÉFINITION 2. — *On appelle rang de* $\mathfrak{g}$ *et on note* $\mathrm{rg}(\mathfrak{g})$ *le plus petit entier* l *tel que* $a_l \neq 0$. *Un élément* x *de* $\mathfrak{g}$ *est dit régulier si* $a_l(x) \neq 0$.

Pour tout $x \in \mathfrak{g}$, on a donc $\mathrm{rg}(\mathfrak{g}) \leqslant \dim \mathfrak{g}^0(x)$, et l'égalité a lieu si et seulement si x est régulier.

L'ensemble des éléments réguliers est ouvert et dense dans $\mathfrak{g}$ pour la topologie de Zariski (App. I).

Exemples. — 1) Si $\mathfrak{g}$ est nilpotente, on a $\mathrm{rg}(\mathfrak{g}) = \dim \mathfrak{g}$ et tous les éléments de $\mathfrak{g}$ sont réguliers.

2) Soit $\mathfrak{g} = \mathfrak{sl}(2, k)$. Si $x = \begin{pmatrix} \gamma & \alpha \\ \beta & -\gamma \end{pmatrix} \in \mathfrak{g}$, un calcul facile donne

$$\det(\mathrm{T} - \operatorname{ad} x) = \mathrm{T}^3 - 4(\alpha\beta + \gamma^2)\mathrm{T}.$$

Si la caractéristique de k est $\neq 2$, alors $\mathrm{rg}(\mathfrak{g}) = 1$ et les éléments réguliers sont les x tels que $\alpha\beta + \gamma^2 \neq 0$.

3) Soient V un espace vectoriel de dimension finie n, et $\mathfrak{g} = \mathfrak{gl}(\mathrm{V})$. Soit $\bar{k}$ une clôture algébrique de k. Soient $x \in \mathfrak{g}$, et $\lambda_1, \ldots, \lambda_n$ les racines dans $\bar{k}$ du polynôme caractéristique de x (chaque racine étant écrite un nombre de fois égal à sa multiplicité). L'isomorphisme canonique de $\mathrm{V}^* \otimes \mathrm{V}$ sur $\mathfrak{g}$ est compatible avec les structures de $\mathfrak{g}$-module de ces deux espaces, autrement dit transforme $1 \otimes x - {}^t x \otimes 1$ en $\operatorname{ad} x$ (I, § 3, n° 3, prop. 4). Compte tenu du § 1, prop. 4 (i), on en déduit que les racines du polynôme caractéristique de $\operatorname{ad} x$ sont les $\lambda_i - \lambda_j$ pour $1 \leqslant i \leqslant n$, $1 \leqslant j \leqslant n$ (chaque racine étant écrite un nombre de fois égal à sa multiplicité). Le rang de $\mathfrak{g}$ est donc n et, pour que x soit régulier, il faut et il suffit que chaque λ_i soit racine simple du polynôme caractéristique de x.

PROPOSITION 6. — *Soient* $\mathfrak{g}$ *une algèbre de Lie,* k' *une extension de* k, *et* $\mathfrak{g}' = \mathfrak{g} \otimes_k k'$.

(i) *Pour qu'un élément* x *de* $\mathfrak{g}$ *soit régulier dans* $\mathfrak{g}$, *il faut et il suffit que* $x \otimes 1$ *soit régulier dans* $\mathfrak{g}'$.

(ii) *On a* $\mathrm{rg}(\mathfrak{g}) = \mathrm{rg}(\mathfrak{g}')$.

Cela résulte de la remarque 2.

PROPOSITION 7. — *Soient* $(\mathfrak{g}_i)_{i \in \mathrm{I}}$ *une famille finie d'algèbres de Lie, et* $\mathfrak{g} = \prod_{i \in \mathrm{I}} \mathfrak{g}_i$.

(i) *Pour qu'un élément* $(x_i)_{i \in \mathrm{I}}$ *de* $\mathfrak{g}$ *soit régulier dans* $\mathfrak{g}$, *il faut et il suffit que, pour tout* $i \in \mathrm{I}$, x_i *soit régulier dans* $\mathfrak{g}_i$.

(ii) *On a* $\mathrm{rg}(\mathfrak{g}) = \sum_{i \in \mathrm{I}} \mathrm{rg}(\mathfrak{g}_i)$.

En effet, pour tout $x = (x_i)_{i \in \mathrm{I}} \in \mathfrak{g}$, le polynôme caractéristique de $\operatorname{ad}_{\mathfrak{g}} x$ est le produit des polynômes caractéristiques des $\operatorname{ad}_{\mathfrak{g}_i} x_i$.

PROPOSITION 8. — *Soit* $f \colon \mathfrak{g} \to \mathfrak{g}'$ *un homomorphisme surjectif d'algèbres de Lie.*

(i) *Si* x *est un élément régulier de* $\mathfrak{g}$, $f(x)$ *est régulier dans* $\mathfrak{g}'$. *La réciproque est vraie si* $\operatorname{Ker} f$ *est contenu dans le centre de* $\mathfrak{g}$.

(ii) *On a* $\mathrm{rg}(\mathfrak{g}) \geqslant \mathrm{rg}(\mathfrak{g}')$.

Posons $\mathrm{rg}(\mathfrak{g}) = r$, $\mathrm{rg}(\mathfrak{g}') = r'$. Soit $x \in \mathfrak{g}$. Les polynômes caractéristiques de $\mathrm{ad}\, x$, $\mathrm{ad} f(x)$ et $\mathrm{ad}\, x | \mathrm{Ker} f$ sont de la forme

$$\begin{aligned} \mathrm{P(T)} &= \mathrm{T}^n + a_{n-1}(x)\mathrm{T}^{n-1} + \cdots + a_r(x)\mathrm{T}^r, \\ \mathrm{Q(T)} &= \mathrm{T}^{n'} + b_{n'-1}(x)\mathrm{T}^{n'-1} + \cdots + b_{r'}(x)\mathrm{T}^{r'}, \\ \mathrm{R(T)} &= \mathrm{T}^{n''} + c_{n''-1}(x)\mathrm{T}^{n''-1} + \cdots + c_{r''}(x)\mathrm{T}^{r''}, \end{aligned}$$

où les a_i, b_i, c_i sont des fonctions polynomiales sur $\mathfrak{g}$, avec $a_r \neq 0$, $b_{r'} \neq 0$, $c_{r''} \neq 0$. On a $\mathrm{P} = \mathrm{QR}$, donc $r = r' + r''$ et $a_r(x) = b_{r'}(x)c_{r''}(x)$, ce qui prouve (ii) et la première assertion de (i). Si $\mathrm{Ker} f$ est contenu dans le centre de $\mathfrak{g}$, on a $\mathrm{R(T)} = \mathrm{T}^{n''}$, donc $a_r(x) = b_{r'}(x)$, d'où la deuxième assertion de (i).

Corollaire. — *Soit* $\mathscr{C}_n\mathfrak{g}$ $(n \geqslant 0)$ *un terme de la série centrale ascendante de* $\mathfrak{g}$ (I, § 1, n° 6). *Les éléments réguliers de* $\mathfrak{g}$ *sont ceux dont l'image dans* $\mathfrak{g}/\mathscr{C}_n\mathfrak{g}$ *est régulière.*

Proposition 9. — *Soient* $\mathfrak{g}$ *une algèbre de Lie,* $\mathfrak{g}'$ *une sous-algèbre de* $\mathfrak{g}$. *Tout élément de* $\mathfrak{g}'$ *régulier dans* $\mathfrak{g}$ *est régulier dans* $\mathfrak{g}'$.

Pour $x \in \mathfrak{g}'$, $\mathrm{ad}_{\mathfrak{g}}\, x$ admet $\mathrm{ad}_{\mathfrak{g}'}\, x$ pour restriction à $\mathfrak{g}'$, et définit par passage au quotient un endomorphisme $u(x)$ de l'espace vectoriel $\mathfrak{g}/\mathfrak{g}'$. Soit $d_0(x)$ (resp. $d_1(x)$) la dimension du nilespace de $\mathrm{ad}_{\mathfrak{g}'}\, x$ (resp. de $u(x)$), et soit c_0 (resp. c_1) le minimum de $d_0(x)$ (resp. $d_1(x)$) quand x parcourt $\mathfrak{g}'$. Il existe des applications polynomiales non nulles p_0, p_1 de $\mathfrak{g}'$ dans k telles que

$$d_0(x) = c_0 \Leftrightarrow p_0(x) \neq 0, \qquad d_1(x) = c_1 \Leftrightarrow p_1(x) \neq 0.$$

Comme k est infini, l'ensemble S des $x \in \mathfrak{g}'$ tels que $d_0(x) = c_0$ et $d_1(x) = c_1$ est non vide. Tout élément de S est régulier dans $\mathfrak{g}'$. D'autre part, S est l'ensemble des éléments de $\mathfrak{g}'$ tels que le nilespace de $\mathrm{ad}_{\mathfrak{g}}\, x$ soit de dimension minimum, et contient donc tout élément de $\mathfrak{g}'$ qui est régulier dans $\mathfrak{g}$.

Remarque. — 3) Il n'existe pas nécessairement d'élément de $\mathfrak{g}'$ régulier dans $\mathfrak{g}$. S'il en existe au moins un, l'ensemble de ces éléments n'est autre que l'ensemble noté S dans la démonstration ci-dessus.

3. Sous-algèbres de Cartan et éléments réguliers

Théorème 1. — *Soit* $\mathfrak{g}$ *une algèbre de Lie.*

(i) *Si* x *est un élément régulier de* $\mathfrak{g}$, $\mathfrak{g}^0(x)$ *est une sous-algèbre de Cartan de* $\mathfrak{g}$.

(ii) *Si* $\mathfrak{h}$ *est une sous-algèbre nilpotente maximale de* $\mathfrak{g}$, *et si* $x \in \mathfrak{h}$ *est régulier dans* $\mathfrak{g}$, *alors* $\mathfrak{h} = \mathfrak{g}^0(x)$.

(iii) *Si* $\mathfrak{h}$ *est une sous-algèbre de Cartan de* $\mathfrak{g}$, *on a* $\dim(\mathfrak{h}) \geqslant \mathrm{rg}(\mathfrak{g})$.

(iv) *Les sous-algèbres de Cartan de* $\mathfrak{g}$ *de dimension* $\mathrm{rg}(\mathfrak{g})$ *sont les* $\mathfrak{g}^0(x)$ *où* x *est un élément régulier.*

Soit x un élément régulier de $\mathfrak{g}$ et soit $\mathfrak{h} = \mathfrak{g}^0(x)$. On a évidemment $\mathfrak{h}^0(x) = \mathfrak{h}$. Comme x est régulier dans $\mathfrak{h}$ (prop. 9), on a $\mathrm{rg}(\mathfrak{h}) = \dim(\mathfrak{h})$, de sorte que $\mathfrak{h}$ est nilpotente. D'autre part, $\mathfrak{h} = \mathfrak{g}^0(x) \supset \mathfrak{g}^0(\mathfrak{h}) \supset \mathfrak{h}$, donc $\mathfrak{h} = \mathfrak{g}^0(\mathfrak{h})$ est une sous-algèbre de Cartan de $\mathfrak{g}$ (prop. 4). Cela prouve (i).

Si $\mathfrak{h}$ est une sous-algèbre nilpotente maximale de $\mathfrak{g}$, et si $x \in \mathfrak{h}$ est régulier dans $\mathfrak{g}$, on a $\mathfrak{h} \subset \mathfrak{g}^0(x)$, et $\mathfrak{g}^0(x)$ est nilpotente d'après (i), donc $\mathfrak{h} = \mathfrak{g}^0(x)$, ce qui établit (ii).

Si $\mathfrak{h}$ est une sous-algèbre de Cartan de $\mathfrak{g}$, il existe $x \in \mathfrak{h}$ tel que $\mathfrak{h} = \mathfrak{g}^0(x)$ (cor. 1 de la prop. 4), d'où $\dim(\mathfrak{h}) \geqslant \mathrm{rg}(\mathfrak{g})$, ce qui prouve (iii). Si en outre $\dim(\mathfrak{h}) = \mathrm{rg}(\mathfrak{g})$, x est régulier. Enfin, si x' est régulier dans $\mathfrak{g}$, $\mathfrak{g}^0(x')$ est une sous-algèbre de Cartan d'après (i), évidemment de dimension $\mathrm{rg}(\mathfrak{g})$. Cela prouve (iv).

Nous verrons au § 3, th. 2, que, lorsque k est de caractéristique zéro, toutes les sous-algèbres de Cartan de $\mathfrak{g}$ ont pour dimension $\mathrm{rg}(\mathfrak{g})$.

COROLLAIRE 1. — *Toute algèbre de Lie $\mathfrak{g}$ possède des sous-algèbres de Cartan, et le rang de $\mathfrak{g}$ est la dimension minimum des sous-algèbres de Cartan.*

COROLLAIRE 2. — *Soit $f\colon \mathfrak{g} \to \mathfrak{g}'$ un homomorphisme surjectif d'algèbres de Lie. Si $\mathfrak{h}'$ est une sous-algèbre de Cartan de $\mathfrak{g}'$, il existe une sous-algèbre de Cartan $\mathfrak{h}$ de $\mathfrak{g}$ telle que $\mathfrak{h}' = f(\mathfrak{h})$.*

Soit $\mathfrak{a} = f^{-1}(\mathfrak{h}')$. D'après le cor. 1, $\mathfrak{a}$ possède une sous-algèbre de Cartan $\mathfrak{h}$. D'après le cor. 2 de la prop. 4, on a $f(\mathfrak{h}) = \mathfrak{h}'$. Montrons que $\mathfrak{h}$ est une sous-algèbre de Cartan de $\mathfrak{g}$. Soit $\mathfrak{n}$ le normalisateur de $\mathfrak{h}$ dans $\mathfrak{g}$. Il s'agit de prouver que $\mathfrak{h} = \mathfrak{n}$. Si $x \in \mathfrak{n}$, $f(x)$ appartient au normalisateur de $\mathfrak{h}'$ dans $\mathfrak{g}'$, donc $f(x) \in \mathfrak{h}'$ et $x \in \mathfrak{a}$; mais $\mathfrak{h}$ est son propre normalisateur dans $\mathfrak{a}$, donc $x \in \mathfrak{h}$.

COROLLAIRE 3. — *Toute algèbre de Lie $\mathfrak{g}$ est somme de ses sous-algèbres de Cartan.*

La somme $\mathfrak{s}$ des sous-algèbres de Cartan de $\mathfrak{g}$ contient l'ensemble des éléments réguliers de $\mathfrak{g}$ (th. 1 (i)). Comme cet ensemble est dense dans $\mathfrak{g}$ pour la topologie de Zariski, on a $\mathfrak{s} = \mathfrak{g}$.

PROPOSITION 10. — *Soient $\mathfrak{g}$ une algèbre de Lie, $\mathfrak{a}$ une sous-algèbre commutative de $\mathfrak{g}$ et $\mathfrak{c}$ le commutant de $\mathfrak{a}$ dans $\mathfrak{g}$. On suppose que $\mathrm{ad}_{\mathfrak{g}}\, x$ est semi-simple pour tout $x \in \mathfrak{a}$. Alors les sous-algèbres de Cartan de $\mathfrak{c}$ sont les sous-algèbres de Cartan de $\mathfrak{g}$ contenant $\mathfrak{a}$.*

Soit $\mathfrak{h}$ une sous-algèbre de Cartan de $\mathfrak{c}$. Comme $\mathfrak{a}$ est contenue dans le centre $\mathfrak{z}$ de $\mathfrak{c}$, on a $\mathfrak{a} \subset \mathfrak{z} \subset \mathfrak{h}$ (prop. 5). Soit $\mathfrak{n}$ le normalisateur de $\mathfrak{h}$ dans $\mathfrak{g}$. On a

$$[\mathfrak{a}, \mathfrak{n}] \subset [\mathfrak{h}, \mathfrak{n}] \subset \mathfrak{h}.$$

Comme les $\mathrm{ad}_{\mathfrak{g}}\, x$, $x \in \mathfrak{a}$, sont semi-simples et commutent entre eux, il résulte de A, VIII, § 5, n° 1, qu'il existe un sous-espace vectoriel $\mathfrak{d}$ de $\mathfrak{n}$ stable par $\mathrm{ad}_{\mathfrak{g}}\, \mathfrak{a}$ et tel que $\mathfrak{n} = \mathfrak{h} \oplus \mathfrak{d}$. On a $[\mathfrak{a}, \mathfrak{d}] \subset \mathfrak{h} \cap \mathfrak{d} = 0$, donc $\mathfrak{d} \subset \mathfrak{c}$. Ainsi, $\mathfrak{n}$ est le normalisateur de $\mathfrak{h}$ dans $\mathfrak{c}$, et par suite $\mathfrak{n} = \mathfrak{h}$, de sorte que $\mathfrak{h}$ est une sous-algèbre de Cartan de $\mathfrak{g}$ contenant $\mathfrak{a}$.

Inversement, soit $\mathfrak{h}$ une sous-algèbre de Cartan de $\mathfrak{g}$ contenant $\mathfrak{a}$. On a $\mathfrak{h} = \mathfrak{g}^0(\mathfrak{h}) \subset \mathfrak{g}^0(\mathfrak{a})$, et par hypothèse $\mathfrak{g}_0(\mathfrak{a}) = \mathfrak{g}^0(\mathfrak{a}) = \mathfrak{c}$. D'où $\mathfrak{a} \subset \mathfrak{h} \subset \mathfrak{c}$ et $\mathfrak{h}$ est une sous-algèbre de Cartan de $\mathfrak{c}$ (car égale à son normalisateur dans $\mathfrak{g}$, donc *a fortiori* dans $\mathfrak{c}$).

PROPOSITION 11. — *Soit* $\mathfrak{n}$ *une sous-algèbre nilpotente d'une algèbre de Lie* $\mathfrak{g}$. *Il existe une sous-algèbre de Cartan de* $\mathfrak{g}$ *contenue dans* $\mathfrak{g}^0(\mathfrak{n})$.

Posons $\mathfrak{a} = \mathfrak{g}^0(\mathfrak{n})$. On a $\mathfrak{n} \subset \mathfrak{a}$ puisque $\mathfrak{n}$ est nilpotente. Si $x \in \mathfrak{a}$, soit $P(x)$ le déterminant de l'endomorphisme de $\mathfrak{g}/\mathfrak{a}$ défini par ad x. Notons $\mathfrak{a}'$ l'ensemble des $x \in \mathfrak{a}$ tels que $P(x) \neq 0$, c'est un ouvert de $\mathfrak{a}$ pour la topologie de Zariski; les relations $x \in \mathfrak{a}'$ et $\mathfrak{g}^0(x) \subset \mathfrak{a}$ sont équivalentes. D'après la prop. 7 (ii) du § 1, n° 2, il existe $y \in \mathfrak{n}$ tel que $\mathfrak{g}^0(y) = \mathfrak{a}$, et l'on a $y \in \mathfrak{a}'$, ce qui montre que $\mathfrak{a}'$ est non vide. Comme $\mathfrak{a}'$ est ouvert, son intersection avec l'ensemble des éléments réguliers de $\mathfrak{a}$ est non vide. Soit x un élément de cette intersection. On a $\mathfrak{g}^0(x) \subset \mathfrak{a}$ et $\mathfrak{g}^0(x)$ est une sous-algèbre de Cartan de $\mathfrak{a}$, donc est nilpotente. D'autre part, la prop. 10 (i) du § 1, n° 3, montre que $\mathfrak{g}^0(x)$ est son propre normalisateur dans $\mathfrak{g}$; c'est donc une sous-algèbre de Cartan de $\mathfrak{g}$, ce qui achève la démonstration.

4. Sous-algèbres de Cartan des algèbres de Lie semi-simples

THÉORÈME 2. — *Supposons k de caractéristique* 0. *Soient* $\mathfrak{g}$ *une algèbre de Lie semi-simple,* $\mathfrak{h}$ *une sous-algèbre de Cartan de* $\mathfrak{g}$. *Alors* $\mathfrak{h}$ *est commutative, et tous ses éléments sont semi-simples dans* $\mathfrak{g}$ (I, § 6, n° 3, déf. 3).

Comme $\mathfrak{h} = \mathfrak{g}^0(\mathfrak{h})$, $\mathfrak{h}$ est réductive (§ 1, prop. 11), donc commutative puisque nilpotente. D'autre part, la restriction à $\mathfrak{h}$ de la représentation adjointe de $\mathfrak{g}$ est semi-simple (*loc. cit.*), donc les éléments de $\mathfrak{h}$ sont semi-simples dans $\mathfrak{g}$ (A, VIII, § 5, n° 1).

COROLLAIRE 1. — *Si* $x \in \mathfrak{h}$ *et* $y \in \mathfrak{g}^\lambda(\mathfrak{h})$, *on a* $[x, y] = \lambda(x)y$.

En effet, puisque ad x est semi-simple, on a $\mathfrak{g}^{\lambda(x)}(x) = \mathfrak{g}_{\lambda(x)}(x)$.

COROLLAIRE 2. — *Tout élément régulier de* $\mathfrak{g}$ *est semi-simple.*

En effet, un tel élément appartient à une sous-algèbre de Cartan (n° 3, th. 1 (i)).

COROLLAIRE 3. — *Soit* $\mathfrak{h}$ *une sous-algèbre de Cartan d'une algèbre de Lie réductive* $\mathfrak{g}$.

a) $\mathfrak{h}$ *est commutative.*

b) *Si* ρ *est une représentation semi-simple de dimension finie de* $\mathfrak{g}$, *les éléments de* $\rho(\mathfrak{h})$ *sont semi-simples.*

Soient $\mathfrak{c}$ le centre de $\mathfrak{g}$, et $\mathfrak{s}$ son algèbre dérivée. On a $\mathfrak{g} = \mathfrak{c} \times \mathfrak{s}$, d'où $\mathfrak{h} = \mathfrak{c} \times \mathfrak{h}'$, où $\mathfrak{h}'$ est une sous-algèbre de Cartan de $\mathfrak{s}$ (prop. 2). Vu le th. 2, $\mathfrak{h}'$ est commutative, et il en est de même de $\mathfrak{h}$. De plus, $\rho(\mathfrak{h}')$ est formée d'éléments semi-simples et il en est de même de $\rho(\mathfrak{c})$ (I, § 6, n° 5, th. 4); l'assertion (*b*) en résulte.

§ 3. Théorèmes de conjugaison

Dans ce paragraphe, le corps de base k est de caractéristique 0.

1. Automorphismes élémentaires

Soit $\mathfrak{g}$ une algèbre de Lie. Nous noterons $\mathrm{Aut}(\mathfrak{g})$ le groupe de ses automorphismes. Si $x \in \mathfrak{g}$ et si $\mathrm{ad}(x)$ est nilpotent, on a $e^{\mathrm{ad}\,x} \in \mathrm{Aut}(\mathfrak{g})$ (I, § 6, n° 8).

DÉFINITION 1. — *On appelle automorphisme élémentaire de* $\mathfrak{g}$ *tout produit fini d'automorphismes de* $\mathfrak{g}$ *de la forme* $e^{\mathrm{ad}\,x}$ *avec* $\mathrm{ad}\,x$ *nilpotent. On note* $\mathrm{Aut}_e(\mathfrak{g})$ *le groupe des automorphismes élémentaires de* $\mathfrak{g}$.

Si $u \in \mathrm{Aut}(\mathfrak{g})$, on a $ue^{\mathrm{ad}\,x}u^{-1} = e^{\mathrm{ad}\,u(x)}$. Il en résulte que $\mathrm{Aut}_e(\mathfrak{g})$ est un sous-groupe distingué de $\mathrm{Aut}(\mathfrak{g})$. Si $k = \mathbf{R}$ ou $\mathbf{C}$, $\mathrm{Aut}_e(\mathfrak{g})$ est contenu dans le groupe $\mathrm{Int}(\mathfrak{g})$ des automorphismes intérieurs de $\mathfrak{g}$ (III, § 6, n° 2, déf. 2).

* Dans le cas général, $\mathrm{Aut}_e(\mathfrak{g})$ est contenu dans la composante neutre du groupe algébrique $\mathrm{Aut}(\mathfrak{g})$. *

Lemme 1. — *Soient* V *un espace vectoriel de dimension finie,* $\mathfrak{n}$ *une sous-algèbre de Lie de* $\mathfrak{a} = \mathfrak{gl}(\mathrm{V})$ *formée d'éléments nilpotents.*

(i) *L'application* $x \mapsto \exp x$ *est une bijection de* $\mathfrak{n}$ *sur un sous-groupe* N *de* $\mathbf{GL}(\mathrm{V})$ *formé d'éléments unipotents* (II, § 6, n° 1, remarque 4). *On a* $\mathfrak{n} = \log(\exp \mathfrak{n})$. *L'application* $f \mapsto f \circ \log$ *est un isomorphisme de l'algèbre des fonctions polynomiales sur* $\mathfrak{n}$ *sur l'algèbre des restrictions à* N *des fonctions polynomiales sur* $\mathrm{End}(\mathrm{V})$.

(ii) *Si* $x \in \mathfrak{n}$ *et* $a \in \mathfrak{a}$, *on a*

$$(\exp \mathrm{ad}_{\mathfrak{a}}\, x).a = (\exp x)a(\exp(-x)).$$

(iii) *Soient* V' *un espace vectoriel de dimension finie,* $\mathfrak{n}'$ *une sous-algèbre de Lie de* $\mathfrak{gl}(\mathrm{V}')$ *formée d'éléments nilpotents,* ρ *un homomorphisme de* $\mathfrak{n}$ *dans* $\mathfrak{n}'$. *Soit* π *l'application* $\exp x \mapsto \exp \rho(x)$ *de* $\exp \mathfrak{n}$ *dans* $\exp \mathfrak{n}'$. *Alors* π *est un homomorphisme de groupes.*

D'après le th. d'Engel, on peut identifier V à k^n de telle sorte que $\mathfrak{n}$ soit une sous-algèbre de $\mathfrak{n}(n, k)$ (sous-algèbre de Lie de $\mathbf{M}_n(k)$ formée des matrices triangulaires inférieures de diagonale nulle). Pour $s \geqslant 0$, soit $\mathfrak{n}_s(n, k)$ l'ensemble des $(x_{ij})_{1 \leqslant i,j \leqslant n} \in \mathbf{M}_n(k)$ telles que $x_{ij} = 0$ pour $i - j < s$. Alors

$$[\mathfrak{n}_s(n, k), \mathfrak{n}_{s'}(n, k)] \subset \mathfrak{n}_{s+s'}(n, k)$$

(II, § 4, n° 6, remarque), et la série de Hausdorff définit une application polynomiale $(a, b) \mapsto \mathrm{H}(a, b)$ de $\mathfrak{n}(n, k) \times \mathfrak{n}(n, k)$ dans $\mathfrak{n}(n, k)$ (II, § 6, n° 5, remarque 3); muni de cette application, $\mathfrak{n}(n, k)$ est un groupe (II, § 6, n° 5, prop. 4). D'après II, § 6, n° 1, remarque 4, les applications $x \mapsto \exp x$ de $\mathfrak{n}(n, k)$ dans $1 + \mathfrak{n}(n, k)$ et $y \mapsto \log y$ de $1 + \mathfrak{n}(n, k)$ dans $\mathfrak{n}(n, k)$ sont des bijections réciproques l'une de l'autre et sont polynomiales; d'après II, § 6, n° 5, prop. 3, ces bijections sont des isomorphismes de groupes si l'on munit $\mathfrak{n}(n, k)$ de la loi $(a, b) \mapsto \mathrm{H}(a, b)$ et si l'on considère $1 + \mathfrak{n}(n, k)$ comme sous-groupe de $\mathbf{GL}_n(k)$. Les assertions (i) et (iii) du lemme résultent de là. Soit $x \in \mathfrak{n}$. Notons L_x, R_x les applications $u \mapsto xu$, $u \mapsto ux$ de $\mathfrak{a}$ dans $\mathfrak{a}$, qui sont permutables et nilpotentes. On a $\mathrm{ad}_{\mathfrak{a}}\, x = \mathrm{L}_x - \mathrm{R}_x$, donc, pour tout $a \in \mathfrak{a}$,

$$(1) \qquad (\exp \mathrm{ad}_{\mathfrak{a}}\, x)a = (\exp(\mathrm{L}_x - \mathrm{R}_x))a = (\exp \mathrm{L}_x)(\exp \mathrm{R}_{-x})a$$
$$= \sum_{i,j \geqslant 0} \frac{\mathrm{L}_x^i}{i!} \frac{\mathrm{R}_{-x}^j}{j!} a = (\exp x)a(\exp(-x)).$$

Avec les notations du lemme 1, on dit que π est la représentation linéaire de $\exp \mathfrak{n}$ *compatible* avec la représentation donnée ρ de $\mathfrak{n}$ dans V'. Lorsque k est **R**, **C**, ou un corps ultramétrique complet non discret, on a $\rho = \mathrm{L}(\pi)$ d'après les propriétés des applications exponentielles (III, § 4, n° 4, cor. 2 à la prop. 8).

PROPOSITION 1. — *Soient* $\mathfrak{g}$ *une algèbre de Lie,* $\mathfrak{n}$ *une sous-algèbre de* $\mathfrak{g}$ *telle que* $\mathrm{ad}_{\mathfrak{g}}\, x$ *soit nilpotent pour tout* $x \in \mathfrak{n}$. *Alors* $e^{\mathrm{ad}_{\mathfrak{g}} \mathfrak{n}}$ *est un sous-groupe de* $\mathrm{Aut}_e(\mathfrak{g})$.

Cela résulte aussitôt du lemme 1 (i).

En particulier, si on prend pour $\mathfrak{n}$ le radical nilpotent de $\mathfrak{g}$, $e^{\mathrm{ad}_{\mathfrak{g}} \mathfrak{n}}$ est le groupe des *automorphismes spéciaux* de $\mathfrak{g}$ (I, § 6, n° 8, déf. 6).

Remarques. — 1) Soient V un espace vectoriel de dimension finie, $\mathfrak{g}$ une sous-algèbre de Lie de $\mathfrak{a} = \mathfrak{gl}(\mathrm{V})$, x un élément de $\mathfrak{g}$ tel que $\mathrm{ad}_{\mathfrak{g}}\, x$ soit nilpotent. Alors il existe un élément nilpotent n de $\mathfrak{a}$ tel que $\mathrm{ad}_{\mathfrak{a}}\, n$ prolonge $\mathrm{ad}_{\mathfrak{g}}\, x$. En effet, soient s, n les composantes semi-simple et nilpotente de x; alors $\mathrm{ad}_{\mathfrak{a}}\, s$ et $\mathrm{ad}_{\mathfrak{a}}\, n$ sont les composantes semi-simple et nilpotente de $\mathrm{ad}_{\mathfrak{a}}\, x$ (I, § 5, n° 4, lemme 2), donc $\mathrm{ad}_{\mathfrak{a}}\, s$ et $\mathrm{ad}_{\mathfrak{a}}\, n$ laissent stables $\mathfrak{g}$, et $\mathrm{ad}_{\mathfrak{a}}\, s \,|\, \mathfrak{g}$, $\mathrm{ad}_{\mathfrak{a}}\, n \,|\, \mathfrak{g}$ sont les composantes semi-simple et nilpotente de $\mathrm{ad}_{\mathfrak{g}}\, x$; par suite, $\mathrm{ad}_{\mathfrak{g}}\, x = \mathrm{ad}_{\mathfrak{a}}\, n \,|\, \mathfrak{g}$, ce qui prouve notre assertion. Compte tenu du lemme 1 (ii), on voit que tout automorphisme élémentaire de $\mathfrak{g}$ se prolonge en un automorphisme de $\mathfrak{a}$ de la forme $u \mapsto mum^{-1}$ où $m \in \mathbf{GL}(\mathrm{V})$.

2) Soit V un espace vectoriel de dimension finie. Pour tout $g \in \mathbf{SL}(\mathrm{V})$, notons $\varphi(g)$ l'automorphisme $x \mapsto gxg^{-1}$ de $\mathfrak{gl}(\mathrm{V})$. On a

$$\mathrm{Aut}_e(\mathfrak{gl}(\mathrm{V})) = \varphi(\mathbf{SL}(\mathrm{V})).$$

En effet, d'après (1), $\mathrm{Aut}_e(\mathfrak{gl}(\mathrm{V}))$ est contenu dans $\varphi(\mathbf{SL}(\mathrm{V}))$, et l'inclusion opposée résulte de A, III, p. 104, prop. 17 et de (1). Un argument analogue montre que $\mathrm{Aut}_e(\mathfrak{sl}(V))$ est l'ensemble des restrictions à $\mathfrak{sl}(V)$ des éléments de $\varphi(\mathbf{SL}(V))$.

2. Conjugaison des sous-algèbres de Cartan

Soient $\mathfrak{g}$ une algèbre de Lie, $\mathfrak{h}$ une sous-algèbre nilpotente de $\mathfrak{g}$ et R l'ensemble des poids non nuls de $\mathfrak{h}$ dans $\mathfrak{g}$, autrement dit l'ensemble des formes linéaires $\lambda \neq 0$ sur $\mathfrak{h}$ telles que $\mathfrak{g}^\lambda(\mathfrak{h}) \neq 0$, cf. § 1, nº 3, prop. 9 (iii). Supposons que

$$\mathfrak{g} = \mathfrak{g}^0(\mathfrak{h}) \oplus \sum_{\lambda \in R} \mathfrak{g}^\lambda(\mathfrak{h}),$$

ce qui est le cas si k est algébriquement clos (§ 1, nº 3, prop. 9 (i)). Pour $\lambda \in R$ et $x \in \mathfrak{g}^\lambda(\mathfrak{h})$, ad x est nilpotent (§ 1, nº 3, prop. 10 (iv)). On note $E(\mathfrak{h})$ le sous-groupe de $\mathrm{Aut}_e(\mathfrak{g})$ engendré par les $e^{\mathrm{ad}\,x}$ où x est de la forme précédente. Si $u \in \mathrm{Aut}(\mathfrak{g})$, on a aussitôt $uE(\mathfrak{h})u^{-1} = E(u(\mathfrak{h}))$.

Lemme 2. — (i) *Soit* $\mathfrak{h}_r$ *l'ensemble des* $x \in \mathfrak{h}$ *tels que* $\mathfrak{g}^0(x) = \mathfrak{g}^0(\mathfrak{h})$; *c'est l'ensemble des* $x \in \mathfrak{h}$ *tels que* $\lambda(x) \neq 0$ *pour tout* $\lambda \in R$, *et* $\mathfrak{h}_r$ *est ouvert dense dans* $\mathfrak{h}$ *pour la topologie de Zariski.*

(ii) *Posons* $R = \{\lambda_1, \lambda_2, \dots, \lambda_p\}$ *où les* λ_i *sont deux à deux distincts. Soit* F *l'application de* $\mathfrak{g}^0(\mathfrak{h}) \times \mathfrak{g}^{\lambda_1}(\mathfrak{h}) \times \dots \times \mathfrak{g}^{\lambda_p}(\mathfrak{h})$ *dans* $\mathfrak{g}$ *définie par la formule*

$$F(h, x_1, \dots, x_p) = e^{\mathrm{ad}\,x_1} \dots e^{\mathrm{ad}\,x_p} h.$$

Alors F *est une application polynomiale dominante* (App. I).

L'assertion (i) est évidente. Prouvons (ii). Soit $n = \dim \mathfrak{g}$. Si $\lambda \in R$ et $x \in \mathfrak{g}^\lambda(\mathfrak{h})$, on a $(\mathrm{ad}\,x)^n = 0$. Il en résulte que $(y, x) \mapsto e^{\mathrm{ad}\,x} y$ est une application polynomiale de $\mathfrak{g} \times \mathfrak{g}^\lambda(\mathfrak{h})$ dans $\mathfrak{g}$; on en déduit par récurrence que F est polynomiale. Soit $h_0 \in \mathfrak{h}_r$ et soit DF l'application linéaire tangente à F en $(h_0, 0, \dots, 0)$; montrons que DF est surjective. Pour $h \in \mathfrak{g}^0(\mathfrak{h})$, on a $F(h_0 + h, 0, \dots, 0) = h_0 + h$, donc $(\mathrm{DF})\ (h, 0, \dots, 0) = h$ et $\mathrm{Im}(\mathrm{DF}) \supset \mathfrak{g}^0(\mathfrak{h})$. D'autre part, pour $x \in \mathfrak{g}^{\lambda_1}(\mathfrak{h})$, on a

$$F(h_0, x, 0, \dots, 0) = e^{\mathrm{ad}\,x} h_0 = h_0 + (\mathrm{ad}\,x).h_0 + \frac{(\mathrm{ad}\,x)^2}{2!} h_0 + \cdots$$

donc $(\mathrm{DF})\ (0, x, 0, \dots, 0) = (\mathrm{ad}\,x).h_0 = -(\mathrm{ad}\,h_0)x$; comme ad h_0 induit un automorphisme de $\mathfrak{g}^{\lambda_1}(\mathfrak{h})$, on a $\mathrm{Im}(\mathrm{DF}) \supset \mathfrak{g}^{\lambda_1}(\mathfrak{h})$. On voit de même que

$$\mathrm{Im}(\mathrm{DF}) \supset \mathfrak{g}^{\lambda_i}(\mathfrak{h})$$

pour tout i, d'où la surjectivité de DF. La prop. 4 de l'App. I montre alors que F est dominante.

Proposition 2. — *Supposons* k *algébriquement clos. Soient* $\mathfrak{g}$ *une algèbre de Lie,* $\mathfrak{h}$ *et* $\mathfrak{h}'$ *des sous-algèbres de Cartan de* $\mathfrak{g}$. *Il existe* $u \in E(\mathfrak{h})$ *et* $u' \in E(\mathfrak{h}')$ *tels que* $u(\mathfrak{h}) = u'(\mathfrak{h}')$.

Conservons les notations du lemme 2. Du fait que $\mathfrak{h}$ et $\mathfrak{h}'$ sont des sous-algèbres de Cartan, on a $\mathfrak{g}^0(\mathfrak{h}) = \mathfrak{h}$ et $\mathfrak{g}^0(\mathfrak{h}') = \mathfrak{h}'$. D'après le lemme 2 et la prop. 3 de l'App. I, $E(\mathfrak{h})\mathfrak{h}_r$ et $E(\mathfrak{h}')\mathfrak{h}'_r$ contiennent des parties de $\mathfrak{g}$ qui sont ouvertes et denses pour la topologie de Zariski. On a donc $E(\mathfrak{h})\mathfrak{h}_r \cap E(\mathfrak{h}')\mathfrak{h}'_r \neq \emptyset$. Autrement dit, il existe $u \in E(\mathfrak{h})$, $u' \in E(\mathfrak{h}')$, $h \in \mathfrak{h}_r$, $h' \in \mathfrak{h}'_r$ tels que $u(h) = u'(h')$; on a alors

$$u(\mathfrak{h}) = u(\mathfrak{g}^0(\mathfrak{h})) = \mathfrak{g}^0(u(h)) = \mathfrak{g}^0(u'(h')) = u'(\mathfrak{h}').$$

COROLLAIRE. — *On a* $E(\mathfrak{h}) = E(\mathfrak{h}')$.

Soient u, u' comme dans la prop. 2. On a

$$E(\mathfrak{h}) = uE(\mathfrak{h})u^{-1} = E(u(\mathfrak{h})) = E(u'(\mathfrak{h}')) = u'E(\mathfrak{h}')u'^{-1} = E(\mathfrak{h}'),$$

d'où le corollaire.

En raison de ce résultat, si k est algébriquement clos, nous noterons simplement E le groupe $E(\mathfrak{h})$, où $\mathfrak{h}$ est une sous-algèbre de Cartan de $\mathfrak{g}$.

En général, $\mathrm{Aut}_e(\mathfrak{g}) \neq E$ (par exemple, si $\mathfrak{g}$ est nilpotente, E est réduit à l'élément neutre, tandis qu'il existe des automorphismes élémentaires non triviaux pourvu que $\mathfrak{g}$ soit non commutative). On peut montrer cependant (VIII, § 10, exerc. 5) que $\mathrm{Aut}_e(\mathfrak{g}) = E$ pour $\mathfrak{g}$ semi-simple.

THÉORÈME 1. — *Supposons k algébriquement clos. Soit $\mathfrak{g}$ une algèbre de Lie. Le groupe* E *est distingué dans* $\mathrm{Aut}(\mathfrak{g})$ *et opère transitivement sur l'ensemble des sous-algèbres de Cartan de* $\mathfrak{g}$.

Soient $\mathfrak{h}$ une sous-algèbre de Cartan de $\mathfrak{g}$, et $v \in \mathrm{Aut}(\mathfrak{g})$. On a

$$vE(\mathfrak{h})v^{-1} = E(v(\mathfrak{h})) = E(\mathfrak{h}),$$

donc $E(\mathfrak{h}) = E$ est distingué dans $\mathrm{Aut}(\mathfrak{g})$. Si $\mathfrak{h}'$ est une autre sous-algèbre de Cartan de $\mathfrak{g}$, on a, avec les notations de la prop. 2, $u'^{-1}u(\mathfrak{h}) = \mathfrak{h}'$, et $u'^{-1}u \in E$.

3. Applications de la conjugaison

THÉORÈME 2. — *Soit $\mathfrak{g}$ une algèbre de Lie.*

(i) *Les sous-algèbres de Cartan de $\mathfrak{g}$ ont même dimension, à savoir* $\mathrm{rg}(\mathfrak{g})$, *et même classe de nilpotence.*

(ii) *Pour qu'un élément $x \in \mathfrak{g}$ soit régulier, il faut et il suffit que $\mathfrak{g}^0(x)$ soit une sous-algèbre de Cartan de $\mathfrak{g}$; toute sous-algèbre de Cartan s'obtient de cette façon.*

Pour démontrer (i), on peut supposer k algébriquement clos (cf. § 2, prop. 3 et prop. 6), auquel cas cela résulte du th. 1 du n° 2. L'assertion (ii) résulte de (i) et du § 2, th. 1, (i) et (iv).

PROPOSITION 3. — *Soient $\mathfrak{g}$ une algèbre de Lie, $\mathfrak{g}'$ une sous-algèbre de $\mathfrak{g}$. Les conditions suivantes sont équivalentes :*

(i) *$\mathfrak{g}'$ contient un élément régulier de $\mathfrak{g}$, et* $\mathrm{rg}(\mathfrak{g}) = \mathrm{rg}(\mathfrak{g}')$;

(ii) *$\mathfrak{g}'$ contient une sous-algèbre de Cartan de $\mathfrak{g}$;*

(iii) *toute sous-algèbre de Cartan de $\mathfrak{g}'$ est une sous-algèbre de Cartan de $\mathfrak{g}$.*

(i) $\Rightarrow$ (ii) : Supposons que $\mathrm{rg}(\mathfrak{g}) = \mathrm{rg}(\mathfrak{g}')$, et qu'il existe $x \in \mathfrak{g}'$ régulier dans $\mathfrak{g}$. Posons $\mathfrak{h} = \mathfrak{g}^0(x)$, $\mathfrak{h}' = \mathfrak{g}'^0(x) = \mathfrak{h} \cap \mathfrak{g}'$. On a

$$\mathrm{rg}(\mathfrak{g}') \leqslant \dim \mathfrak{h}' \leqslant \dim \mathfrak{h} = \mathrm{rg}(\mathfrak{g}) = \mathrm{rg}(\mathfrak{g}')$$

donc $\mathfrak{h} = \mathfrak{h}' \subset \mathfrak{g}'$. Cela prouve (ii).

(ii) $\Rightarrow$ (iii) : Supposons que $\mathfrak{g}'$ contienne une sous-algèbre de Cartan $\mathfrak{h}$ de $\mathfrak{g}$, et soit $\mathfrak{h}_1$ une sous-algèbre de Cartan de $\mathfrak{g}'$. Pour prouver que $\mathfrak{h}_1$ est une sous-algèbre de Cartan de $\mathfrak{g}$, on peut supposer k algébriquement clos. Soient alors $\mathrm{E}(\mathfrak{h})$ et $\mathrm{E}'(\mathfrak{h})$ les groupes d'automorphismes de $\mathfrak{g}$ et $\mathfrak{g}'$ associés à $\mathfrak{h}$ (n° 2). D'après le th. 1, il existe $f \in \mathrm{E}'(\mathfrak{h})$ tel que $f(\mathfrak{h}) = \mathfrak{h}_1$. Or tout élément de $\mathrm{E}'(\mathfrak{h})$ est induit par un élément de $\mathrm{E}(\mathfrak{h})$; en effet, il suffit de le vérifier pour $e^{\mathrm{ad}\, x}$, avec $x \in \mathfrak{g}'^{\lambda}(\mathfrak{h})$, $\lambda \neq 0$, auquel cas cela résulte de l'inclusion $\mathfrak{g}'^{\lambda}(\mathfrak{h}) \subset \mathfrak{g}^{\lambda}(\mathfrak{h})$. Donc $\mathfrak{h}_1$ est une sous-algèbre de Cartan de $\mathfrak{g}$.

(iii) $\Rightarrow$ (i) : Supposons la condition (iii) vérifiée. Soit $\mathfrak{h}$ une sous-algèbre de Cartan de $\mathfrak{g}'$. Comme c'est une sous-algèbre de Cartan de $\mathfrak{g}$, elle contient un élément régulier de $\mathfrak{g}$ (th. 2 (ii)), et d'autre part $\mathrm{rg}(\mathfrak{g}) = \dim(\mathfrak{h}) = \mathrm{rg}(\mathfrak{g}')$.

COROLLAIRE. — *Soit $\mathfrak{h}$ une sous-algèbre nilpotente de $\mathfrak{g}$. La sous-algèbre $\mathfrak{g}^0(\mathfrak{h})$ possède les propriétés* (i), (ii), (iii) *de la prop.* 3.

En effet, la prop. 11 du § 2, n° 3, montre que $\mathfrak{g}^0(\mathfrak{h})$ possède la propriété (ii).

PROPOSITION 4. — *Soient $\mathfrak{g}$ une algèbre de Lie, l le rang de $\mathfrak{g}$, c la classe de nilpotence des sous-algèbres de Cartan de $\mathfrak{g}$, et $x \in \mathfrak{g}$. Il existe une sous-algèbre de $\mathfrak{g}$ de dimension l, dont la classe de nilpotence est $\leqslant c$, et qui contient x.*

Soit T une indéterminée. Soient $k' = k(\mathrm{T})$ et $\mathfrak{g}' = \mathfrak{g} \otimes_k k'$. Si $\mathfrak{h}$ est une sous-algèbre de Cartan de $\mathfrak{g}$, $\mathfrak{h} \otimes_k k'$ est une sous-algèbre de Cartan de $\mathfrak{g}'$, donc le rang de $\mathfrak{g}'$ est l et la classe de nilpotence de toute sous-algèbre de Cartan de $\mathfrak{g}'$ est c.

Choisissons un élément régulier y de $\mathfrak{g}$. Avec les notations du § 2, n° 2, on a $a_l(y) \neq 0$. Notons encore a_l la fonction polynomiale sur $\mathfrak{g}'$ qui prolonge a_l. Alors l'élément $a_l(x + \mathrm{T}y)$ de $k[\mathrm{T}]$ admet $a_l(y)$ pour coefficient dominant. En particulier, $x + \mathrm{T}y$ est régulier dans $\mathfrak{g}'$. Soit $\mathfrak{h}'$ le nilespace de $\mathrm{ad}(x + \mathrm{T}y)$ dans $\mathfrak{g}'$. Alors $\dim \mathfrak{h}' = l$ et la classe de nilpotence de $\mathfrak{h}'$ est c. Posons $\mathfrak{k} = \mathfrak{h}' \cap (\mathfrak{g} \otimes_k k[\mathrm{T}])$; on a $\mathfrak{k} \otimes_{k[\mathrm{T}]} k(\mathrm{T}) = \mathfrak{h}'$.

Soit φ l'homomorphisme de $k[\mathrm{T}]$ sur k tel que $\varphi(\mathrm{T}) = 0$, et soit ψ l'homomorphisme $1 \otimes \varphi$ de $\mathfrak{g} \otimes_k k[\mathrm{T}]$ sur $\mathfrak{g}$. Alors $\psi(\mathfrak{k})$ est une sous-algèbre de $\mathfrak{g}$, dont la classe de nilpotence est $\leqslant c$, et qui contient $\psi(x + \mathrm{T}y) = x$.

Dans le $k[\mathrm{T}]$-module libre $\mathfrak{g} \otimes_k k[\mathrm{T}]$, $\mathfrak{k}$ est un sous-module de rang l, et $(\mathfrak{g} \otimes_k k[\mathrm{T}])/\mathfrak{k}$ est sans torsion, de sorte que $\mathfrak{k}$ est un sous-module facteur direct dans $\mathfrak{g} \otimes_k k[\mathrm{T}]$ (A, VII, § 4, n° 2, th. 1). Donc $\dim_k \psi(\mathfrak{k}) = l$, ce qui achève la démonstration.

4. Conjugaison des sous-algèbres de Cartan des algèbres de Lie résolubles

Soit $\mathfrak{g}$ une algèbre de Lie résoluble. Notons $\mathscr{C}^\infty(\mathfrak{g})$ l'intersection des termes de la série centrale descendante de $\mathfrak{g}$ (I, § 1, n° 5). C'est un idéal caractéristique de $\mathfrak{g}$, et c'est le plus petit idéal $\mathfrak{m}$ de $\mathfrak{g}$ tel que $\mathfrak{g}/\mathfrak{m}$ soit nilpotente. Comme $\mathscr{C}^\infty(\mathfrak{g}) \subset [\mathfrak{g}, \mathfrak{g}]$, $\mathscr{C}^\infty(\mathfrak{g})$ est un idéal nilpotent de $\mathfrak{g}$ (I, § 5, n° 3, cor. 5 au th. 1). D'après la prop. 1 du n° 1, l'ensemble des $e^{\mathrm{ad}\, x}$, pour $x \in \mathscr{C}^\infty(\mathfrak{g})$, est un sous-groupe de $\mathrm{Aut}(\mathfrak{g})$, contenu dans le groupe des automorphismes spéciaux (I, § 6, n° 8, déf. 6).

THÉORÈME 3. — *Soit $\mathfrak{g}$ une algèbre de Lie résoluble, et soient $\mathfrak{h}$, $\mathfrak{h}'$ des sous-algèbres de Cartan de $\mathfrak{g}$. Il existe $x \in \mathscr{C}^\infty(\mathfrak{g})$ tel que $e^{\mathrm{ad}\, x}\mathfrak{h} = \mathfrak{h}'$.*

Raisonnons par récurrence sur $\dim \mathfrak{g}$, le cas où $\mathfrak{g} = 0$ étant trivial. Soit $\mathfrak{n}$ un idéal commutatif non nul minimal de $\mathfrak{g}$. Soit $\varphi : \mathfrak{g} \to \mathfrak{g}/\mathfrak{n}$ le morphisme canonique. On a $\varphi(\mathscr{C}^\infty\mathfrak{g}) = \mathscr{C}^\infty(\mathfrak{g}/\mathfrak{n})$ (I, § 1, n° 5, prop. 4). Puisque $\varphi(\mathfrak{h})$ et $\varphi(\mathfrak{h}')$ sont des sous-algèbres de Cartan de $\mathfrak{g}/\mathfrak{n}$ (§ 2, n° 1, cor. 2 de la prop. 4), il existe, d'après l'hypothèse de récurrence, un $x \in \mathscr{C}^\infty(\mathfrak{g})$ tel que $e^{\mathrm{ad}\, \varphi(x)}\varphi(\mathfrak{h}) = \varphi(\mathfrak{h}')$. Quitte à remplacer $\mathfrak{h}$ par $e^{\mathrm{ad}\, x}\mathfrak{h}$, on peut donc supposer $\varphi(\mathfrak{h}) = \varphi(\mathfrak{h}')$, c'est-à-dire

$$\mathfrak{h} + \mathfrak{n} = \mathfrak{h}' + \mathfrak{n}.$$

Alors $\mathfrak{h}$ et $\mathfrak{h}'$ sont des sous-algèbres de Cartan de $\mathfrak{h} + \mathfrak{n}$. Si $\mathfrak{h} + \mathfrak{n} \neq \mathfrak{g}$, l'assertion à démontrer résulte de l'hypothèse de récurrence. Nous supposerons donc désormais que $\mathfrak{h} + \mathfrak{n} = \mathfrak{h}' + \mathfrak{n} = \mathfrak{g}$.

D'après la minimalité de $\mathfrak{n}$, on a $[\mathfrak{g}, \mathfrak{n}] = \{0\}$ ou $[\mathfrak{g}, \mathfrak{n}] = \mathfrak{n}$. Si $[\mathfrak{g}, \mathfrak{n}] = \{0\}$, alors $\mathfrak{n} \subset \mathfrak{h}$ et $\mathfrak{n} \subset \mathfrak{h}'$ (§ 2, n° 1, prop. 5), donc $\mathfrak{h} = \mathfrak{h} + \mathfrak{n} = \mathfrak{h}' + \mathfrak{n} = \mathfrak{h}'$. Reste à considérer le cas où $[\mathfrak{g}, \mathfrak{n}] = \mathfrak{n}$, d'où $\mathfrak{n} \subset \mathscr{C}^\infty(\mathfrak{g})$. L'idéal $\mathfrak{n}$ est un $\mathfrak{g}$-module simple; comme $\mathfrak{g} = \mathfrak{h} + \mathfrak{n}$, et que $[\mathfrak{n}, \mathfrak{n}] = \{0\}$, il en résulte que $\mathfrak{n}$ est un $\mathfrak{h}$-module simple. Si $\mathfrak{h} \cap \mathfrak{n} \neq \{0\}$, on a donc $\mathfrak{n} \subset \mathfrak{h}$, d'où $\mathfrak{g} = \mathfrak{h}$ et $\mathfrak{h}' = \mathfrak{h}$. Supposons maintenant que $\mathfrak{h} \cap \mathfrak{n} = \{0\}$. On a $\mathfrak{g} = \mathfrak{h} \oplus \mathfrak{n}$ et par suite $\mathfrak{g} = \mathfrak{h}' \oplus \mathfrak{n}$, puisque $\mathfrak{h}$ et $\mathfrak{h}'$ ont même dimension.

Pour tout $x \in \mathfrak{h}$, soit $f(x)$ l'unique élément de $\mathfrak{n}$ tel que $x - f(x) \in \mathfrak{h}'$; si x, $y \in \mathfrak{h}$, on a

$$[x, y] - [x, f(y)] - [f(x), y] = [x - f(x), y - f(y)] \in \mathfrak{h}',$$

donc $f([x, y]) = [x, f(y)] + [f(x), y]$. D'après le § 1, n° 3, cor. de la prop. 9, il existe $a \in \mathfrak{n}$ tel que $f(x) = [x, a]$ pour tout $x \in \mathfrak{h}$. On a $(\mathrm{ad}\, a)^2(\mathfrak{g}) \subset (\mathrm{ad}\, a)(\mathfrak{n}) = 0$, donc, pour tout $x \in \mathfrak{h}$,

$$e^{\mathrm{ad}\, a}x = x + [a, x] = x - f(x).$$

On voit que $e^{\mathrm{ad}\, a}(\mathfrak{h}) = \mathfrak{h}'$. Comme $a \in \mathscr{C}^\infty(\mathfrak{g})$, cela achève la démonstration.

Lemme 3. — *Soient $\mathfrak{g}$ une algèbre de Lie, $\mathfrak{r}$ son radical, φ l'homomorphisme canonique de $\mathfrak{g}$ sur $\mathfrak{g}/\mathfrak{r}$, v un automorphisme élémentaire de $\mathfrak{g}/\mathfrak{r}$. Il existe un automorphisme élémentaire u de $\mathfrak{g}$ tel que $\varphi \circ u = v \circ \varphi$.*

On peut supposer que v est de la forme $e^{\mathrm{ad}\, b}$, où $b \in \mathfrak{g}/\mathfrak{r}$ et ad b est nilpotent. Soit $\mathfrak{s}$ une sous-algèbre de Levi de $\mathfrak{g}$ (I, § 6, n° 8, déf. 7) et soit a l'élément de $\mathfrak{s}$ tel que $\varphi(a) = b$. Comme $\mathrm{ad}_{\mathfrak{s}}\, a$ est nilpotent, $\mathrm{ad}_{\mathfrak{g}}\, a$ est nilpotent (I, § 6, n° 3, cor. de la prop. 3), et $u = e^{\mathrm{ad}_{\mathfrak{g}} a}$ est un automorphisme élémentaire de $\mathfrak{g}$ tel que $\varphi \circ u = v \circ \varphi$.

PROPOSITION 5. — *Soient $\mathfrak{g}$ une algèbre de Lie, $\mathfrak{r}$ son radical, $\mathfrak{h}$ et $\mathfrak{h}'$ des sous-algèbres de Cartan de $\mathfrak{g}$, et φ l'homomorphisme canonique de $\mathfrak{g}$ sur $\mathfrak{g}/\mathfrak{r}$. Les conditions suivantes sont équivalentes:*

(i) *$\mathfrak{h}$ et $\mathfrak{h}'$ sont conjuguées par un automorphisme élémentaire de $\mathfrak{g}$;*

(ii) *$\varphi(\mathfrak{h})$ et $\varphi(\mathfrak{h}')$ sont conjuguées par un automorphisme élémentaire de $\mathfrak{g}/\mathfrak{r}$.*

(i) $\Rightarrow$ (ii): C'est évident.

(ii) $\Rightarrow$ (i): Supposons la condition (ii) vérifiée, et prouvons (i). Grâce au lemme 3, on se ramène au cas où $\varphi(\mathfrak{h}) = \varphi(\mathfrak{h}')$. Posons $\mathfrak{k} = \mathfrak{h} + \mathfrak{r} = \mathfrak{h}' + \mathfrak{r}$, qui est une sous-algèbre résoluble de $\mathfrak{g}$. Alors $\mathfrak{h}$ et $\mathfrak{h}'$ sont des sous-algèbres de Cartan de $\mathfrak{k}$, donc il existe $x \in \mathscr{C}^\infty(\mathfrak{k})$ tel que $e^{\mathrm{ad}_{\mathfrak{k}} x}\mathfrak{h} = \mathfrak{h}'$ (th. 3). Comme $\mathfrak{k}/\mathfrak{r}$ est nilpotente, on a $\mathscr{C}^\infty(\mathfrak{k}) \subset \mathfrak{r}$; d'autre part, $\mathscr{C}^\infty\mathfrak{k} \subset [\mathfrak{k}, \mathfrak{k}] \subset [\mathfrak{g}, \mathfrak{g}]$, d'où $x \in \mathfrak{r} \cap [\mathfrak{g}, \mathfrak{g}]$; d'après I, § 5, n° 3, th. 1, $\mathrm{ad}_{\mathfrak{g}}\, x$ est nilpotent, donc $e^{\mathrm{ad}_{\mathfrak{g}} x}$ est un automorphisme élémentaire de $\mathfrak{g}$ transformant $\mathfrak{h}$ en $\mathfrak{h}'$.

5. Cas des groupes de Lie

PROPOSITION 6. — *Supposons que k soit* **R**, *ou* **C**, *ou un corps ultramétrique complet non discret de caractéristique* 0. *Soient* G *un groupe de Lie de dimension finie sur k, e son élément neutre, $\mathfrak{g}$ son algèbre de Lie, $\mathfrak{h}$ une sous-algèbre de Cartan de $\mathfrak{g}$, $\mathfrak{h}_r$ l'ensemble des éléments réguliers de $\mathfrak{g}$ appartenant à $\mathfrak{h}$.*

(i) *Soient $\mathfrak{s}$ un sous-espace vectoriel supplémentaire de $\mathfrak{h}$ dans $\mathfrak{g}$, $\mathfrak{s}_0$ un voisinage de* 0 *dans $\mathfrak{s}$ dans lequel une application exponentielle est définie, et $h_0 \in \mathfrak{h}_r$. L'application $(s, h) \mapsto$* $\mathrm{F}(s, h) = (\exp \mathrm{ad}\, s).h$ *de $\mathfrak{s}_0 \times \mathfrak{h}$ dans $\mathfrak{g}$ est étale en* $(0, h_0)$.

(ii) *L'application* $(g, h) \mapsto \mathrm{F}'(g, h) = (\mathrm{Ad}\, g).h$ *de* $\mathrm{G} \times \mathfrak{h}_r$ *dans $\mathfrak{g}$ est une submersion. En particulier, son image* Ω *est ouverte. Pour tout* $x \in \Omega, \mathfrak{g}^0(x)$ *est une sous-algèbre de Cartan de $\mathfrak{g}$ conjuguée de $\mathfrak{h}$ par* Ad(G).

(iii) *Soit $h_0 \in \mathfrak{h}_r$. Pour tout voisinage* U *de e dans* G, *l'ensemble* $\bigcup_{a \in \mathrm{U}} (\mathrm{Ad}\, a)(\mathfrak{h}_r)$ *est un voisinage de h_0 dans $\mathfrak{g}$.*

Soient h_0 et $\mathfrak{s}$ comme dans (i). Soit T l'application linéaire tangente à F en $(0, h_0)$. On a F $(0, h) = h$ pour tout $h \in \mathfrak{h}$, donc $\mathrm{T}(0, h) = h$ pour tout $h \in \mathfrak{h}$. D'autre part, pour $\mathfrak{s}_0$ assez petit, l'application $s \mapsto \exp \mathrm{ad}\, s$ de $\mathfrak{s}_0$ dans $\mathrm{End}(\mathfrak{g})$ a pour application tangente en 0 l'application $s \mapsto \mathrm{ad}\, s$ de $\mathfrak{s}$ dans $\mathrm{End}(\mathfrak{g})$. Donc $\mathrm{T}(s, 0) = [s, h_0]$ pour tout $s \in \mathfrak{s}$. Or l'application de $\mathfrak{g}/\mathfrak{h}$ dans $\mathfrak{g}/\mathfrak{h}$ déduite de ad h_0 par passage au quotient est bijective. On en déduit que T est bijective, d'où (i). Comme $\exp \mathrm{ad}\, s = \mathrm{Ad}\exp s$ pour tout $s \in \mathfrak{s}$ assez voisin de 0, on en déduit (iii), et la première assertion de (ii). Tout $x \in \Omega$ est de la forme $(\mathrm{Ad}\, a)(h)$ avec $a \in \mathrm{G}$ et $h \in \mathfrak{h}_r$, donc $\mathfrak{g}^0(x) = (\mathrm{Ad}\, a)(\mathfrak{g}^0(h)) = (\mathrm{Ad}\, a)(\mathfrak{h})$ est une sous-algèbre de $\mathfrak{g}$ conjuguée de $\mathfrak{h}$ par $\mathrm{Ad}(\mathrm{G})$.

§ 4. Eléments réguliers d'un groupe de Lie

Dans les nos 1, 2 et 3 de ce paragraphe, on suppose que k est **R**, *ou* **C**, *ou un corps ultramétrique complet non discret de caractéristique zéro. On désigne par* G *un groupe de Lie de dimension finie sur k, par* $\mathfrak{g}$ *son algèbre de Lie, par e son élément neutre. Si* $a \in \mathrm{G}$, *on note* $\mathfrak{g}^1(a)$ *le nilespace de* $\mathrm{Ad}(a) - 1$, *autrement dit l'espace* $\mathfrak{g}^1(\mathrm{Ad}(a))$ (cf. § 1, n° 1).

1. Eléments réguliers pour une représentation linéaire

Lemme 1. — *Soient* M *une variété analytique sur k et* $a = (a_0, \ldots, a_{n-1}, a_n = 1)$ *une suite de fonctions analytiques sur* M. *Pour tout* $x \in \mathrm{M}$, *soit* $r_a(x)$ *la borne supérieure des* $i \in [0, n]$ *tels que* $a_j(x) = 0$ *pour* $j < i$ *et soit* $r_a^0(x)$ *la borne supérieure des* $i \in [0, n]$ *tels que* a_j *soit nulle sur un voisinage de x pour* $j < i$.

(i) *La fonction* r_a *est semi-continue supérieurement.*

(ii) *Pour tout* $x \in \mathrm{M}$, $r_a^0(x) = \liminf_{y \to x} r_a(y)$.

(iii) *La fonction* r_a^0 *est localement constante.*

(iv) *L'ensemble des points* $x \in \mathrm{M}$ *tels que* $r_a^0(x) = r_a(x)$ *est l'ensemble des points de* M *au voisinage desquels la fonction* r_a *est constante. C'est un ouvert dense dans* M. *Si* $k = \mathbf{C}$ *et et si* M *est connexe de dimension finie, cet ouvert est connexe.*

(i) Si $r_a(x) = i$, alors $a_i(x) \neq 0$ et pour tout y appartenant à un voisinage de x, on a $a_i(y) \neq 0$, donc $r_a(y) \leqslant i$.

(ii) Si $r_a^0(x) = i$, alors les fonctions $a_0, \ldots, a_{i-1}$ sont nulles sur un voisinage de x et, pour tout point y appartenant à ce voisinage, on a $r_a(y) \geqslant i$. Par conséquent, $\liminf_{y \to x} r_a(y) \geqslant i$. Tout voisinage de x contient un point y tel que $a_i(y) \neq 0$ et par suite $r_a(y) \leqslant i$. On a donc $\liminf_{y \to x} r_a(y) = i$.

(iii) Soit $i = r_a^0(x)$ et soit V un voisinage de x tel que $a_j(y) = 0$ pour tout $y \in \mathrm{V}$ et tout $j < i$. On a $x \in \mathrm{M} - \mathrm{Z}$ où Z désigne l'ensemble des points de M au voisinage desquels la fonction a_i est nulle. Puisque Z est fermé dans M (VAR, R, 5.3.5), $\mathrm{V} \cap (\mathrm{M} - \mathrm{Z})$ est un voisinage de x. Pour tout point y appartenant à ce voisinage, on a $r_a^0(y) = i$.

(iv) La fonction $r_a - r_a^0$ est semi-continue supérieurement et sa valeur en tout point est $\geqslant 0$. Si $r_a(x) = r_a^0(x)$, alors $r_a - r_a^0$ est nulle au voisinage de x, ce qui montre que r_a est constante au voisinage de x d'après (iii). Réciproquement, si r_a est constante au voisinage de x, on a $r_a^0(x) = r_a(x)$ d'après (ii). L'ensemble des points $x \in \mathrm{M}$ tels que $r_a^0(x) = r_a(x)$ est donc un ouvert Ω de M. Si $x \in \mathrm{M}$ et si

$r_a^0(x) < r_a(x)$, tout voisinage de x contient un point y tel que $r_a(y) < r_a(x)$ et $r_a^0(y) = r_a^0(x)$. Tout voisinage de x contient donc un point y tel que

$$r_a(y) - r_a^0(y) < r_a(x) - r_a^0(x).$$

Il en résulte que Ω est dense dans M.

Si M est connexe et si p est la valeur de r_a^0 sur M, les points de Ω sont les points $x \in \mathrm{M}$ tels que $a_p(x) \neq 0$. Si $k = \mathbf{C}$, ceci entraîne que Ω est connexe d'après le lemme 3 de l'Appendice II.

Soit ρ une représentation linéaire analytique de G dans un espace vectoriel V de dimension finie n sur k. Posons

$$\det(\mathrm{T} - \rho(g) + 1) = a_0(g) + a_1(g)\mathrm{T} + \cdots + a_{n-1}(g)\mathrm{T}^{n-1} + \mathrm{T}^n.$$

Les fonctions r_a et r_a^0 associées à la suite $(a_0, a_1, \ldots, a_{n-1}, 1)$ seront notées respectivement r_ρ et r_ρ^0. On a alors, pour tout $g \in \mathrm{G}$:

$$r_\rho(g) = \dim \mathrm{V}^1(\rho(g))$$
$$r_\rho^0(g) = \liminf_{g' \to g} \dim \mathrm{V}^1(\rho(g')).$$

Lemme 2. — *Soit* $0 \to \mathrm{V}' \to \mathrm{V} \to \mathrm{V}'' \to 0$ *une suite exacte de* G-*modules définis respectivement par les représentations linéaires analytiques* ρ', ρ, ρ'' *de* G. *On a alors*:

$$r_\rho = r_{\rho'} + r_{\rho''} \quad et \quad r_\rho^0 = r_{\rho'}^0 + r_{\rho''}^0.$$

En effet, pour tout $g \in \mathrm{G}$, on a (§ 1, n° 1, cor. 3 du th. 1) une suite exacte

$$0 \to (\mathrm{V}')^1(\rho'(g)) \to \mathrm{V}^1(\rho(g)) \to (\mathrm{V}'')^1(\rho''(g)) \to 0,$$

ce qui prouve la première assertion. La seconde en résulte puisque, d'après le lemme 1 (iv), sur un ouvert dense de G, on a $r_\rho^0 = r_\rho$, $r_{\rho'}^0 = r_{\rho'}$, et $r_{\rho''}^0 = r_{\rho''}$.

DÉFINITION 1. — *Un élément* $g \in \mathrm{G}$ *est dit* régulier *pour la représentation linéaire* ρ *si* $r_\rho(g) = r_\rho^0(g)$.

PROPOSITION 1. — *Les points réguliers pour une représentation linéaire analytique* ρ *de* G *sont les points de* G *au voisinage desquels la fonction* r_ρ *est constante. Ils forment un ouvert dense dans* G. *Si* $k = \mathbf{C}$ *et si* G *connexe, l'ensemble des points réguliers pour* ρ *est connexe.*

Cela résulte du lemme 1 (iv).

Remarque. — Soit G* un sous-groupe ouvert de G. Pour qu'un élément $a \in \mathrm{G}^*$ soit un élément régulier de G pour la représentation linéaire ρ de G, il faut et il suffit que ce soit un élément régulier de G* pour la représentation linéaire $\rho | \mathrm{G}^*$.

2. Eléments réguliers d'un groupe de Lie

DÉFINITION 2. — *On dit qu'un élément de* G *est régulier s'il est régulier pour la représentation adjointe de* G.

En d'autres termes (prop. 1), un élément $g \in G$ est régulier si, pour tous les éléments g' d'un voisinage de g dans G, la dimension du nilespace de $\mathrm{Ad}(g') - 1$ est égale à la dimension du nilespace de $\mathrm{Ad}(g) - 1$.

PROPOSITION 2. — *Soient* G' *un groupe de Lie de dimension finie sur* k *et* f *un morphisme surjectif de* G *dans* G'. *L'image par* f *d'un élément régulier de* G *est un élément régulier de* G'. *Si le noyau de* f *est contenu dans le centre de* G, *pour qu'un élément* $g \in G$ *soit régulier, il faut et il suffit que* $f(g)$ *soit régulier.*

Soient en effet $\mathfrak{g}'$ l'algèbre de Lie de G' et $\mathfrak{h}$ l'idéal de $\mathfrak{g}$ noyau de $\mathrm{T}f \mid \mathfrak{g}$. Soit ρ la représentation linéaire de G dans $\mathfrak{h}$, définie par $\rho(g) = \mathrm{Ad}\, g \mid \mathfrak{h}$ pour tout $g \in G$, et soit $\mathrm{Ad} \circ f$ la représentation linéaire de G dans $\mathfrak{g}'$ composée de f et de la représentation adjointe de G'. Ces représentations linéaires définissent une suite exacte de G-modules: $0 \to \mathfrak{h} \to \mathfrak{g} \to \mathfrak{g}' \to 0$. D'après le lemme 2, on a $r_{\mathrm{Ad}} = r_\rho + r_{\mathrm{Ad}\circ f}$ et $r^0_{\mathrm{Ad}} = r^0_\rho + r^0_{\mathrm{Ad}\circ f}$. Puisque $r_{\mathrm{Ad}\circ f} = r_{\mathrm{Ad}} \circ f$ et que f est une application ouverte, on a $r^0_{\mathrm{Ad}\circ f} = r^0_{\mathrm{Ad}} \circ f$. Par conséquent:

$$r_{\mathrm{Ad}} - r^0_{\mathrm{Ad}} = r_\rho - r^0_\rho + (r_{\mathrm{Ad}} - r^0_{\mathrm{Ad}}) \circ f.$$

Si g est régulier, on a donc $(r_{\mathrm{Ad}} - r^0_{\mathrm{Ad}})(f(g)) = 0$ ce qui signifie que $f(g)$ est régulier. Si le noyau de f est contenu dans le centre de G, alors

$$r_\rho(g) = r^0_\rho(g) = \dim \mathfrak{h}$$

pour tout $g \in G$. Par suite, si $f(g)$ est régulier, on a $r_{\mathrm{Ad}}(g) = r^0_{\mathrm{Ad}}(g)$, autrement dit, g est régulier.

PROPOSITION 3. — *Soient* G_1 *et* G_2 *deux groupes de Lie de dimension finie sur* k. *Pour qu'un élément* (g_1, g_2) *de* $G_1 \times G_2$ *soit régulier, il faut et il suffit que* g_1 *et* g_2 *soient respectivement des éléments réguliers de* G_1 *et* G_2.

La condition est nécessaire d'après la prop. 2. Montrons qu'elle est suffisante. Pour tout $g = (g_1, g_2) \in G_1 \times G_2$, on a $r_{\mathrm{Ad}}(g) = r_{\mathrm{Ad}}(g_1) + r_{\mathrm{Ad}}(g_2)$. Compte tenu du lemme 1, (ii), il en résulte que $r^0_{\mathrm{Ad}}(g) = r^0_{\mathrm{Ad}}(g_1) + r^0_{\mathrm{Ad}}(g_2)$. Si g_1 et g_2 sont réguliers, $r^0_{\mathrm{Ad}}(g_1) = r_{\mathrm{Ad}}(g_1)$ et $r^0_{\mathrm{Ad}}(g_2) = r_{\mathrm{Ad}}(g_2)$, donc $r^0_{\mathrm{Ad}}(g) = r_{\mathrm{Ad}}(g)$, ce qui signifie que g est régulier.

Lemme 3. — *Soient* $a \in G$ *et* $\mathfrak{m}$ *un supplémentaire de* $\mathfrak{g}^1(a)$ *dans* $\mathfrak{g}$. *Soient* U *un voisinage de* 0 *dans* $\mathfrak{g}$ *et* exp *une application exponentielle de* U *dans* G. *L'application*

$$f\colon (x, y) \mapsto (\exp y) a (\exp x) (\exp y)^{-1}$$

de $(\mathfrak{g}^1(a) \times \mathfrak{m}) \cap U$ *dans* G *est étale en* $(0, 0)$.

Les applications $x \mapsto a(\exp x)$ et $y \mapsto (\exp y)a(\exp y)^{-1}$ ont respectivement pour applications linéaires tangentes en 0 les applications $x \mapsto ax$ et $y \mapsto ya - ay = a(a^{-1}ya - y)$ de $\mathfrak{g}$ dans $T_aG = a\mathfrak{g}$ (III, § 3, n° 12, prop. 46). Par suite, l'application tangente à f en $(0, 0)$ est l'application $(x, y) \mapsto ax + a(a^{-1}ya - y) = a(x + a^{-1}ya - y)$ de $\mathfrak{g}^1(a) \times \mathfrak{m}$ dans $a\mathfrak{g}$. Cette application est injective. En effet, si $x \in \mathfrak{g}^1(a)$, $y \in \mathfrak{m}$ et si $x + a^{-1}ya - y = 0$, alors $(\mathrm{Ad}(a) - 1)y = \mathrm{Ad}(a)x \in \mathfrak{g}^1(a)$ puisque $\mathrm{Ad}(a)\,\mathfrak{g}^1(a) \subset \mathfrak{g}^1(a)$. Ceci entraîne que $y \in \mathfrak{g}^1(a)$ et par suite que $y = 0$. Puisque $\mathrm{Ad}(a)$ est injectif sur $\mathfrak{g}^1(a)$, il en résulte que $x = 0$. Puisque $\dim \mathfrak{g} = \dim \mathfrak{g}^1(a) + \dim \mathfrak{m}$, ceci montre que f est étale en $(0, 0)$.

PROPOSITION 4. — *Soient $a \in G$ et H un sous-groupuscule de Lie de G ayant $\mathfrak{g}^1(a)$ pour algèbre de Lie. L'application $(b, c) \mapsto cabc^{-1}$ de $H \times G$ dans G est une submersion en (e, e).*

Soient en effet $\mathfrak{m}$ un supplémentaire de $\mathfrak{g}^1(a)$ dans $\mathfrak{g}$ et exp une application exponentielle de G définie sur un voisinage ouvert U de 0 dans $\mathfrak{g}$. On peut choisir U de sorte que $\exp(U \cap \mathfrak{g}^1(a)) \subset H$. L'application f: $(x, y) \mapsto (\exp x, \exp y)$ est alors une application analytique d'un voisinage de $(0, 0)$ dans $\mathfrak{g}^1(a) \times \mathfrak{m}$ à valeurs dans $H \times G$. D'après le lemme 3, l'application composée de f et de l'application φ: $(b, c) \mapsto cabc^{-1}$ est étale en $(0, 0)$. Il en résulte que φ est une submersion en $f(0, 0) = (e, e)$.

PROPOSITION 5. — *Soient $a \in G$ et W un voisinage de e dans G. Il existe un voisinage V de a ayant la propriété suivante: pour tout $a' \in V$, il existe un élément $g \in W$ tel que $\mathfrak{g}^1(a') \subset \mathrm{Ad}(g)\mathfrak{g}^1(a)$.*

Posons $\mathfrak{g}^1 = \mathfrak{g}^1(a)$ et soit $\mathfrak{g} = \mathfrak{g}^1 + \mathfrak{g}^+$ la décomposition de Fitting de $\mathrm{Ad}(a) - 1$ (§ 1, n° 1). Soit H un sous-groupuscule de Lie de G ayant $\mathfrak{g}^1$ pour algèbre de Lie. Pour tout $h \in H$, on a $\mathrm{Ad}(h)\mathfrak{g}^1 \subset \mathfrak{g}^1$. Puisque $[\mathfrak{g}^1, \mathfrak{g}^+] \subset \mathfrak{g}^+$, il existe un voisinage U de e dans H tel que $\mathrm{Ad}(h)\mathfrak{g}^+ \subset \mathfrak{g}^+$ pour tout $h \in U$. Puisque la restriction de $\mathrm{Ad}(a) - 1$ à $\mathfrak{g}^+$ est bijective, on peut choisir U de sorte que, pour tout $h \in U$, la restriction de $\mathrm{Ad}(ah) - 1$ à $\mathfrak{g}^+$ soit bijective. On a alors $\mathfrak{g}^1(ah) \subset \mathfrak{g}^1(a) = \mathfrak{g}^1$ pour tout $h \in U$. D'après la proposition 4, $\mathrm{Int}(W)\,(aU)$ est un voisinage de a dans G. Si $a' \in \mathrm{Int}(W)(aU)$, alors $a' = g(ah)g^{-1}$ avec $g \in W$ et $h \in U$; il en résulte que $\mathfrak{g}^1(a') = \mathrm{Ad}(g)\mathfrak{g}^1(ah) \subset \mathrm{Ad}(g)\mathfrak{g}^1(a)$.

COROLLAIRE. — *Soit G^* un sous-groupe ouvert de G. Si $a \in G$ est régulier, il existe un voisinage V de a tel que, pour tout $a' \in V$, $\mathfrak{g}^1(a')$ soit conjugué de $\mathfrak{g}^1(a)$ par $\mathrm{Ad}(G^*)$*

3. Relations avec les éléments réguliers de l'algèbre de Lie

PROPOSITION 6. — *Soient V un sous-groupe ouvert de $\mathfrak{g}$ et $\exp\colon V \to G$ une application exponentielle définie sur V.*

(i) *Il existe un voisinage* W *de* 0 *dans* V *tel que* $\mathfrak{g}^1(\exp x) = \mathfrak{g}^0(x)$ *pour tout* $x \in$ W.

(ii) *Si* $k =$ **R** *ou* **C**, *on a* $\mathfrak{g}^1(\exp x) \supset \mathfrak{g}^0(x)$ *pour tout* $x \in \mathfrak{g}$.

D'après le cor. 3 à la prop. 8 du chap. III, § 4, n° 4, il existe un voisinage V′ de 0 dans V tel que, pour tout $x \in$ V′, $\exp(\mathrm{ad}(x)) = \sum_{n=0}^{\infty} \frac{1}{n!}\,\mathrm{ad}(x)^n$ soit défini et $\mathrm{Ad}(\exp x) = \exp(\mathrm{ad}(x))$. Si $\mathrm{P} \in k[\mathrm{X}]$ et si $\alpha \in \mathrm{End}(\mathfrak{g})$, on vérifie facilement que, pour tout $\lambda \in k$, on a $\mathfrak{g}^\lambda(\alpha) \subset \mathfrak{g}^{\mathrm{P}(\lambda)}(\mathrm{P}(\alpha))$. Par suite

$$\mathfrak{g}^0(\mathrm{ad}(x)) \subset \mathfrak{g}^1(\exp(\mathrm{ad}(x))) = \mathfrak{g}^1(\mathrm{Ad}(\exp x)) = \mathfrak{g}^1(\exp x)$$

pour tout $x \in$ V′. Si $k =$ **R** ou **C**, on a $\mathrm{V} = \mathfrak{g}$ et on peut choisir $\mathrm{V}' = \mathrm{V}$ ce qui prouve (ii). Démontrons (i). Soit U un voisinage de 0 dans $\mathrm{End}(\mathfrak{g})$ tel que, pour tout $\alpha \in$ U, $\mathrm{Log}(1 + \alpha) = \sum_{n>0} (-1)^{n+1} \frac{1}{n} \alpha^n$ soit défini. On a $\mathrm{Log} \circ \exp = 1$ sur un voisinage de 0 et, pour tout $\alpha \in$ U, $\mathfrak{g}^1(1 + \alpha) \subset \mathfrak{g}^0(\mathrm{Log}(1 + \alpha))$. Soit W le voisinage de 0 dans $\mathfrak{g}$ formé par les $x \in$ V′ tels que $\exp \mathrm{ad}\, x \in 1 + \mathrm{U}$ et

$$\mathrm{Log}(\exp(\mathrm{ad}(x))) = \mathrm{ad}(x).$$

Pour tout $x \in$ W, on a

$$\mathfrak{g}^1(\exp x) = \mathfrak{g}^1(\mathrm{Ad}(\exp x)) = \mathfrak{g}^1(\exp(\mathrm{ad}(x))) \subset \mathfrak{g}^0(\mathrm{Log}(\exp(\mathrm{ad}(x)))) = \mathfrak{g}^0(\mathrm{ad}(x)) = \mathfrak{g}^0(x).$$

Ceci montre que $\mathfrak{g}^1(\exp x) = \mathfrak{g}^0(x)$ pour tout $x \in$ W.

Lemme 4. — *Soient* U *un voisinage de* 0 *dans* $\mathfrak{g}$ *et* exp *une application exponentielle de* U *dans* G, *étale en tout point de* U *et telle que* $\mathfrak{g}^1(\exp x) = \mathfrak{g}^0(x)$ *quel que soit* $x \in$ U.

(i) *La fonction* r^0_{Ad} *est constante et égale au rang de* $\mathfrak{g}$ *sur* exp(U).

(ii) *Si* $x \in$ U, *pour que* $\exp x$ *soit régulier, il faut et il suffit que* x *soit un élément régulier de* $\mathfrak{g}$.

(iii) *Si* $a \in \exp(\mathrm{U})$, *pour que* a *soit régulier, il faut et il suffit que* $\mathfrak{g}^1(a)$ *soit une sous-algèbre de Cartan de* $\mathfrak{g}$.

Soit $l = \mathrm{rg}(\mathfrak{g})$. Si $x \in$ U est un élément régulier de $\mathfrak{g}$, on a

$$r_{\mathrm{Ad}}(\exp x) = \dim \mathfrak{g}^1(\exp x) = \dim \mathfrak{g}^0(x) = l.$$

Puisque les éléments réguliers de $\mathfrak{g}$ appartenant à U forment un voisinage de x et que exp est étale en x, ceci montre que $\exp x$ est régulier et que $r^0_{\mathrm{Ad}}(\exp x) = l$. Les éléments réguliers de $\mathfrak{g}$ appartenant à U étant denses dans U, on a $r^0_{\mathrm{Ad}}(a) = l$ pour tout $a \in \exp(\mathrm{U})$. Soit $a \in \exp(\mathrm{U})$ un élément régulier de G et soit $x \in$ U tel que $a = \exp x$. Puisque $\mathfrak{g}^0(x) = \mathfrak{g}^1(a)$, on a $\dim \mathfrak{g}^0(x) = r^0_{\mathrm{Ad}}(a) = l$. Par suite, x est un élément régulier de $\mathfrak{g}$ et $\mathfrak{g}^1(a)$ est une sous-algèbre de Cartan de $\mathfrak{g}$. Enfin si $a \in \exp(\mathrm{U})$ et si $\mathfrak{g}^1(a)$ est une sous-algèbre de Cartan de $\mathfrak{g}$, on a

$$r_{\mathrm{Ad}}(a) = \dim \mathfrak{g}^1(a) = l = r^0_{\mathrm{Ad}}(a),$$

donc a est régulier.

PROPOSITION 7. — *Soit* V *un voisinage de* e *dans* G. *Toute sous-algèbre de Cartan de* $\mathfrak{g}$ *est de la forme* $\mathfrak{g}^1(a)$ *où* a *est un élément régulier de* G *appartenant à* V.

D'après la prop. 6, il existe un voisinage ouvert U de 0 dans $\mathfrak{g}$ et une application exponentielle exp: U $\rightarrow$ G vérifiant les conditions du lemme 4. Si $\mathfrak{h}$ est une sous-algèbre de Cartan de $\mathfrak{g}$, il existe un élément régulier $x \in \mathfrak{h}$ tel que $\mathfrak{h} = \mathfrak{g}^0(x)$ (§ 3, th. 2). Il existe d'autre part un élément $t \in k^*$ tel que $tx \in$ U et $\exp(tx) \in$ V. On a alors $\mathfrak{h} = \mathfrak{g}^0(x) = \mathfrak{g}^0(tx) = \mathfrak{g}^1(\exp(tx))$, et d'après le lemme 4 (ii), $\exp(tx)$ est un élément régulier de G.

PROPOSITION 8. — *Soit* l *le rang de* $\mathfrak{g}$. *Il existe un sous-groupe ouvert* G* *de* G *tel que*:

(i) *la fonction* r^0_{Ad} *est constante sur* G* *et sa valeur est* l;

(ii) *pour qu'un élément* $a \in$ G* *soit régulier, il faut et il suffit que* $\mathfrak{g}^1(a)$ *soit une sous-algèbre de Cartan de* $\mathfrak{g}$;

(iii) *si* $a \in$ G*, *toute sous-algèbre de Cartan de* $\mathfrak{g}^1(a)$ *est une sous-algèbre de Cartan de* $\mathfrak{g}$.

(i) D'après la prop. 6, il existe un voisinage ouvert U de 0 dans $\mathfrak{g}$ et une application exp de U dans G vérifiant les conditions du lemme 4. Dans la suite, on désignera par G* la composante neutre de G si k = **R** ou **C** et un sous-groupe ouvert de G contenu dans exp(U) si k est ultramétrique. Puisque r^0_{Ad} est localement constante et que sa valeur en tout point de exp(U) est l (lemme 4 (i)), on voit que r^0_{Ad} est constante et égale à l sur G*.

(ii) Soit R* (resp. S*) l'ensemble des éléments réguliers de G* (resp. l'ensemble des éléments $a \in$ G* tels que $\mathfrak{g}^1(a)$ soit une sous-algèbre de Cartan de $\mathfrak{g}$). On a S* $\subset$ R*. En effet, si $a \in$ S*, alors $r_{\mathrm{Ad}}(a) = l = r^0_{\mathrm{Ad}}(a)$. Montrons que R* $\subset$ S*. Si k est ultramétrique, cela résulte de l'inclusion G* $\subset$ exp(U) et du lemme 4 (iii). Supposons k = **C**. D'après le cor. à la prop. 5, si $a \in$ R*, alors pour tout a' appartenant à un voisinage de a, $\mathfrak{g}^1(a')$ est conjugué de $\mathfrak{g}^1(a)$ par un automorphisme de $\mathfrak{g}$. Ceci prouve que S* et R* — S* sont ouverts dans G*. On a vu que S* contient tous les éléments réguliers d'un voisinage de e (lemme 4 (iii)); par conséquent S* est non vide. Puisque G* est connexe, il en est de même de R* (prop. 1) et par conséquent S* = R*.

Il reste à étudier le cas k = **R**. Supposons d'abord que G* soit un sous-groupe intégral de **GL**(E) où E désigne un espace vectoriel réel de dimension finie. Soit G^*_c le sous-groupe intégral de **GL**($\mathrm{E} \otimes_{\mathbf{R}} \mathbf{C}$) ayant pour algèbre de Lie $\mathfrak{g}_c = \mathfrak{g} \otimes \mathbf{C}$. Il existe une fonction analytique sur G^*_c dont l'ensemble des zéros est le complémentaire de l'ouvert des éléments réguliers de G^*_c. D'après VAR, R, 3.2.5, cette fonction ne peut être nulle en tout point de G*. Par conséquent, G* contient des éléments réguliers de G^*_c. Soit Ad_c la représentation adjointe de G^*_c. Pour tout $a \in$ G*, on a $\mathfrak{g}^1_c(a) = \mathfrak{g}^1(a) \otimes \mathbf{C}$, donc $r_{\mathrm{Ad}_c}(a) = r_{\mathrm{Ad}}(a)$. Si $a \in$ G* est un élément régulier de G^*_c, alors c'est un élément régulier de G* et $r^0_{\mathrm{Ad}_c}(a) = r^0_{\mathrm{Ad}}(a)$. Les fonctions $r^0_{\mathrm{Ad}_c}$ et r^0_{Ad} étant constantes respectivement sur G^*_c et sur G*, il en résulte que les éléments réguliers de G* sont les éléments réguliers de G^*_c appartenant à

G*. D'après ce qui a été vu plus haut, si a est un élément régulier de G*, alors $\mathfrak{g}_c^1(a) = \mathfrak{g}^1(a) \otimes \mathbf{C}$ est une sous-algèbre de Cartan de $\mathfrak{g}_c$; ceci implique que $\mathfrak{g}^1(a)$ est une sous-algèbre de Cartan de $\mathfrak{g}$ (§ 2, prop. 3).

Supposons maintenant G simplement connexe. Il existe un espace vectoriel réel de dimension finie E et un morphisme étale f de G sur un sous-groupe intégral G′ de $\mathbf{GL}(E)$ (III, § 6, n° 1, cor. au th. 1). D'après la prop. 2, si $a \in G$ est régulier, alors $f(a)$ est régulier. D'après ce qui précède, $\mathfrak{g}'^1(f(a))$ est une sous-algèbre de Cartan de l'algèbre de Lie $\mathfrak{g}'$ de G′. Puisque $\mathfrak{g}'^1(f(a)) = (Tf)\mathfrak{g}^1(a)$ et que Tf est un isomorphisme de $\mathfrak{g}$ sur $\mathfrak{g}'$, ceci prouve que $\mathfrak{g}^1(a)$ est une sous-algèbre de Cartan de $\mathfrak{g}$.

Passons enfin au cas général ($k = \mathbf{R}$). Soient $\tilde{G}$ un revêtement universel de G*, $\tilde{\mathfrak{g}} = L(\tilde{G})$, et q l'application canonique de $\tilde{G}$ sur G*. Puisque le noyau de q est contenu dans le centre de $\tilde{G}$, si $a \in G^*$ est régulier et si $a' \in q^{-1}(a)$, alors a' est régulier (prop. 2). D'après ce qui précède, $\tilde{\mathfrak{g}}^1(a')$ est une sous-algèbre de Cartan de $\tilde{\mathfrak{g}}$. Puisque $\mathfrak{g}^1(a) = (Tq)\tilde{\mathfrak{g}}^1(a')$ et que Tq est un isomorphisme de $\tilde{\mathfrak{g}}$ sur $\mathfrak{g}$, ceci prouve que $\mathfrak{g}^1(a)$ est une sous-algèbre de Cartan de $\mathfrak{g}$.

(iii) D'après la prop. 5, il existe un voisinage V de a tel que, pour tout $a' \in V$, $\mathfrak{g}^1(a')$ soit conjugué d'une sous-algèbre de $\mathfrak{g}^1(a)$ par un automorphisme de $\mathfrak{g}$. Puisque tout voisinage de a contient un élément régulier de G*, il résulte de (ii) que $\mathfrak{g}^1(a)$ contient une sous-algèbre de Cartan de $\mathfrak{g}$. D'après la prop. 3 du § 3, toute sous-algèbre de Cartan de $\mathfrak{g}^1(a)$ est donc une sous-algèbre de Cartan de $\mathfrak{g}$.

Remarque. — Si $k = \mathbf{C}$, les sous-algèbres $\mathfrak{g}^1(a)$ pour a régulier appartenant à une composante connexe M de G sont conjuguées par $\mathrm{Int}(\mathfrak{g})$. Soit en effet R l'ensemble des éléments réguliers de G. Pour tout $a \in R \cap M$, soit M_a l'ensemble des $b \in R \cap M$ tels que $\mathfrak{g}^1(b)$ soit conjugué de $\mathfrak{g}^1(a)$ par $\mathrm{Int}(\mathfrak{g})$. On a $\mathrm{Int}(\mathfrak{g}) = \mathrm{Ad}(G^0)$, où G^0 est la composante neutre de G. D'après le corollaire à la prop. 5, M_a est ouvert dans R. Il en résulte que M_a est ouvert et fermé dans R. Puisque $k = \mathbf{C}$, $R \cap M$ est connexe (lemme 1) et par conséquent, $M_a = R \cap M$.

4. Application aux automorphismes élémentaires

PROPOSITION 9. — *Soient k un corps de caractéristique* 0 *et* $\mathfrak{g}$ *une algèbre de Lie sur* k. *Si* $a \in \mathrm{Aut}_e(\mathfrak{g})$, *la dimension du nilespace de* $a - 1$ *est au moins égale au rang de* $\mathfrak{g}$.

D'après le « principe de Lefschetz » (A, V, § 14, n° 7, prop. 18), k est réunion filtrante croissante d'une famille de sous-corps $(k_i)_{i \in I}$ qui admettent $\mathbf{C}$ pour extension. Soient (e_α) une base de $\mathfrak{g}$ sur k et $x_1, \ldots, x_m$ des éléments de $\mathfrak{g}$ tels que $\mathrm{ad}(x_1), \ldots, \mathrm{ad}(x_m)$ soient nilpotents et que $a = e^{\mathrm{ad}(x_1)} \ldots e^{\mathrm{ad}(x_m)}$. Soient $c_{\alpha\beta}^{\gamma}$ les constantes de structure de $\mathfrak{g}$ par rapport à la base (e_α) et (x_r^α) les composantes de x_r par rapport à cette base ($1 \leqslant r \leqslant m$). Il existe un indice $j \in I$ tel que les $c_{\alpha\beta}^{\gamma}$

et les x_r^α appartiennent tous à k_j. Soit $\mathfrak{g}_j = \sum_\alpha k_j e_\alpha$; c'est une algèbre de Lie sur k_j contenant $x_1, \ldots, x_m$, et la restriction a_j de a à $\mathfrak{g}_j$ est un automorphisme élémentaire de $\mathfrak{g}_j$. L'extension de a_j à $\mathfrak{g}_j \otimes_{k_j} \mathbf{C}$ est un automorphisme élémentaire $a_j \otimes 1$ de $\mathfrak{g}_j \otimes \mathbf{C}$. Soit alors G_j un groupe de Lie complexe connexe d'algèbre de Lie $\mathfrak{g}_j \otimes \mathbf{C}$, et s un élément de G_j tel que $\mathrm{Ad}(s) = a_j \otimes 1$. La prop. 8, appliquée au couple (G_j, s), montre que le nilespace de $a_j \otimes 1 - 1$ est de dimension n, où

$$n \geqslant \mathrm{rg}(\mathfrak{g}_j \otimes \mathbf{C}) = \mathrm{rg}(\mathfrak{g}_j) = \mathrm{rg}(\mathfrak{g}).$$

Or ce nilespace a même dimension que celui de $a_j - 1$ et que celui de $a - 1$. D'où la proposition.

§ 5. Algèbres de Lie linéaires scindables

Dans ce paragraphe, on suppose k de caractéristique 0. *On désigne par* V *un espace vectoriel de dimension finie.*

1. Algèbres de Lie linéaires scindables

DÉFINITION 1. — *Soit $\mathfrak{g}$ une sous-algèbre de Lie de $\mathfrak{gl}(V)$. On dit que $\mathfrak{g}$ est scindable si $\mathfrak{g}$ contient les composantes semi-simple et nilpotente de chacun de ses éléments* (A, VII, § 5, n° 8).

Exemples. — 1) Soient V' et V'' des sous-espaces vectoriels de V tels que $V'' \supset V'$. L'ensemble des $x \in \mathfrak{gl}(V)$ tels que $x(V'') \subset V'$ est une sous-algèbre de Lie scindable de $\mathfrak{gl}(V)$; en effet, pour tout $x \in \mathfrak{gl}(V)$, les composantes semi-simple et nilpotente de x sont de la forme $P(x)$ et $Q(x)$, où P et Q sont des polynômes sans terme constant.

2) Supposons V muni d'une structure d'algèbre. L'ensemble des dérivations de V est une sous-algèbre de Lie scindable de $\mathfrak{gl}(V)$ (§ 1, n° 1, prop. 4 (ii)).

3) $_*$Plus généralement, on peut montrer que l'algèbre de Lie d'un sous-groupe algébrique de $\mathbf{GL}(V)$ est scindable.$_*$

PROPOSITION 1. — *Soient $\mathfrak{g}$ une sous-algèbre de Lie scindable de $\mathfrak{gl}(V)$, $x \in \mathfrak{g}$, s et n les composantes semi-simple et nilpotente de x.*

(i) *Les composantes semi-simple et nilpotente de $\mathrm{ad}_\mathfrak{g}\, x$ sont respectivement $\mathrm{ad}_\mathfrak{g}\, s$ et $\mathrm{ad}_\mathfrak{g}\, n$.*

(ii) *Pour que x soit régulier dans $\mathfrak{g}$, il faut et il suffit que s le soit.*

(iii) *Si $\mathfrak{g}'$ est une sous-algèbre de $\mathfrak{gl}(V)$ contenant $\mathfrak{g}$, tout automorphisme élémentaire de $\mathfrak{g}$ se prolonge en un automorphisme élémentaire de $\mathfrak{g}'$.*

Posons $\mathfrak{a} = \mathfrak{gl}(V)$. D'après I, § 5, n° 4, lemme 2, les composantes semi-simple et nilpotente de $\mathrm{ad}_\mathfrak{a}\, x$ sont $\mathrm{ad}_\mathfrak{a}\, s$ et $\mathrm{ad}_\mathfrak{a}\, n$; l'assertion (i) résulte de là. On en déduit que les polynômes caractéristiques de $\mathrm{ad}_{\mathfrak{g}}\, x$ et $\mathrm{ad}_{\mathfrak{g}}\, s$ sont les mêmes; d'où (ii). Si $\mathrm{ad}_{\mathfrak{g}}\, x$ est nilpotent, on a $\mathrm{ad}_{\mathfrak{g}}\, x = \mathrm{ad}_{\mathfrak{g}}\, n$, donc $\mathrm{ad}_{\mathfrak{g}'}\, n$ prolonge $\mathrm{ad}_{\mathfrak{g}}\, x$, et n est un élément nilpotent de $\mathfrak{g}'$, d'où (iii).

Soit $\mathfrak{g}$ une sous-algèbre de Lie de $\mathfrak{gl}(V)$. On sait (I, § 6, n° 5, th. 4) que les conditions suivantes sont équivalentes:

(i) la représentation identique de $\mathfrak{g}$ est semi-simple;

(ii) $\mathfrak{g}$ est réductive et tout élément du centre de $\mathfrak{g}$ est un endomorphisme semi-simple.

Ces conditions sont encore équivalentes à la suivante:

(iii) $\mathfrak{g}$ est une sous-algèbre réductive dans $\mathfrak{gl}(V)$.

En effet, (i) $\Rightarrow$ (iii) d'après I, § 6, n° 5, cor. 3 du th. 4, et (iii) $\Rightarrow$ (i) d'après I, § 6, n° 6, cor. 1 de la prop. 7. Nous allons voir que si $\mathfrak{g}$ vérifie ces conditions, $\mathfrak{g}$ est scindable. Plus généralement:

Proposition 2. — *Soient $\mathfrak{g}$ une sous-algèbre de Lie de $\mathfrak{gl}(V)$ réductive dans $\mathfrak{gl}(V)$, E un espace vectoriel de dimension finie et $\pi\colon \mathfrak{g} \to \mathfrak{gl}(E)$ une représentation linéaire semi-simple de $\mathfrak{g}$ dans E. Alors:*

(i) *$\mathfrak{g}$ et $\pi(\mathfrak{g})$ sont scindables.*

(ii) *Les éléments semi-simples* (resp. *nilpotents*) *de $\pi(\mathfrak{g})$ sont les images par π des éléments semi-simples* (resp. *nilpotents*) *de $\mathfrak{g}$.*

(iii) *Si $\mathfrak{h}$ est une sous-algèbre scindable de $\mathfrak{gl}(V)$ contenue dans $\mathfrak{g}$, $\pi(\mathfrak{h})$ est une sous-algèbre scindable de $\mathfrak{gl}(E)$.*

(iv) *Si $\mathfrak{h}'$ est une sous-algèbre scindable de $\mathfrak{gl}(E)$, $\pi^{-1}(\mathfrak{h}')$ est une sous-algèbre scindable de $\mathfrak{gl}(V)$.*

Soit $\mathfrak{s} = [\mathfrak{g}, \mathfrak{g}]$ et soit $\mathfrak{c}$ le centre de $\mathfrak{g}$. On a $\mathfrak{g} = \mathfrak{s} \times \mathfrak{c}$, et $\pi(\mathfrak{g}) = \pi(\mathfrak{s}) \times \pi(\mathfrak{c})$ d'après I, § 6, n° 4, cor. de la prop. 5. Soient $y \in \mathfrak{s}$, $z \in \mathfrak{c}$, y_s et y_n les composantes semi-simple et nilpotente de y. Alors $y_s, y_n \in \mathfrak{s}$ (I, § 6, n° 3, prop. 3), $y_s + z$ est semi-simple (A, VII, § 5, n° 7, cor. de la prop. 16), et y_n commute à $y_s + z$. Donc les composantes semi-simple et nilpotente de $y + z$ sont $y_s + z$ et y_n. Ainsi, $\mathfrak{g}$ est scindable. Comme $\pi(\mathfrak{g})$ est réductive dans $\mathfrak{gl}(E)$, le même argument s'applique à $\pi(\mathfrak{g})$ et montre que $\pi(\mathfrak{g})$ est scindable. En outre, les éléments nilpotents de $\mathfrak{g}$ (resp. $\pi(\mathfrak{g})$) sont les éléments nilpotents de $\mathfrak{s}$ (resp. $\pi(\mathfrak{s})$). Donc les éléments nilpotents de $\pi(\mathfrak{g})$ sont les images par π des éléments nilpotents de $\mathfrak{g}$ (I, § 6, n° 3, prop. 4). Les éléments semi-simples de $\mathfrak{g}$ (resp. $\pi(\mathfrak{g})$) sont les sommes d'éléments semi-simples de $\mathfrak{s}$ (resp. $\pi(\mathfrak{s})$) et d'éléments de $\mathfrak{c}$ (resp. $\pi(\mathfrak{c})$). Donc les éléments semi-simples de $\pi(\mathfrak{g})$ sont les images par π des éléments semi-simples de $\mathfrak{g}$ (I, *loc. cit.*). D'où (ii).

Les assertions (iii) et (iv) résultent immédiatement de (i) et (ii).

Remarques. — 1) L'hypothèse de semi-simplicité faite sur π équivaut à dire que $\pi(x)$ est semi-simple pour tout $x \in \mathfrak{c}$. Cette hypothèse est notamment vérifiée lorsque π se déduit de la représentation identique $\mathfrak{g} \to \mathfrak{gl}(\mathrm{V})$ par application successive des opérations suivantes: produit tensoriel, passage au dual, à une sous-représentation, à un quotient, à une somme directe.

2) Soient $\mathfrak{g} \subset \mathfrak{gl}(\mathrm{V})$, $\mathfrak{g}' \subset \mathfrak{gl}(\mathrm{V}')$ des algèbres de Lie scindables, φ un isomorphisme de $\mathfrak{g}$ sur $\mathfrak{g}'$. On prendra garde que φ ne transforme pas nécessairement les éléments semi-simples (resp. nilpotents) de $\mathfrak{g}$ en éléments semi-simples (resp. nilpotents) de $\mathfrak{g}'$ (exerc. 2). Il en est toutefois ainsi si $\mathfrak{g}$ est semi-simple (I, § 6, n° 3, th. 3).

PROPOSITION 3. — *Soit* $\mathfrak{a}$ *une sous-algèbre de Lie scindable de* $\mathfrak{gl}(\mathrm{V})$ *et soient* $\mathfrak{b}$ *et* $\mathfrak{c}$ *des sous-espaces vectoriels de* $\mathfrak{gl}(\mathrm{V})$ *tels que* $\mathfrak{b} \subset \mathfrak{c}$. *Soit* $\mathfrak{a}'$ *l'ensemble des* $x \in \mathfrak{a}$ *tels que* $[x, \mathfrak{c}] \subset \mathfrak{b}$. *Alors* $\mathfrak{a}'$ *est scindable.*

Posons $\mathfrak{g} = \mathfrak{gl}(\mathrm{V})$; la sous-algèbre $\mathfrak{h}'$ de $\mathfrak{gl}(\mathfrak{g})$ formée des $z \in \mathfrak{gl}(\mathfrak{g})$ tels que $z(\mathfrak{c}) \subset \mathfrak{b}$ est scindable (Exemple 1). Soit $\pi\colon \mathfrak{g} \to \mathfrak{gl}(\mathfrak{g})$ la représentation adjointe de $\mathfrak{g}$. La prop. 2 (iv), appliquée à π, montre que $\pi^{-1}(\mathfrak{h}')$ est scindable. Il en est donc de même de $\mathfrak{a}' = \mathfrak{a} \cap \pi^{-1}(\mathfrak{h}')$.

COROLLAIRE 1. — *Si* $\mathfrak{a}$ *est une sous-algèbre de Lie scindable de* $\mathfrak{gl}(\mathrm{V})$, *et* $\mathfrak{n}$ *une sous-algèbre de Lie de* $\mathfrak{a}$, *le normalisateur* (resp. *le centralisateur*) *de* $\mathfrak{n}$ *dans* $\mathfrak{a}$ *est scindable.*

Cela résulte de la prop. 3 en prenant $\mathfrak{c} = \mathfrak{n}$, $\mathfrak{b} = \mathfrak{n}$ (resp. $\mathfrak{c} = \mathfrak{n}$, $\mathfrak{b} = \{0\}$).

COROLLAIRE 2. — *Les sous-algèbres de Cartan d'une sous-algèbre de Lie scindable de* $\mathfrak{gl}(\mathrm{V})$ *sont scindables.*

Cela résulte du corollaire 1.

Remarque. — Nous démontrerons plus loin (n° 5, th. 2) une réciproque au cor. 2.

2. Enveloppe scindable

L'intersection d'une famille de sous-algèbres de Lie scindables de $\mathfrak{gl}(\mathrm{V})$ est évidemment scindable. Par suite, si $\mathfrak{g}$ est une sous-algèbre de Lie de $\mathfrak{gl}(\mathrm{V})$, l'ensemble des sous-algèbres de Lie scindables de $\mathfrak{gl}(\mathrm{V})$ contenant $\mathfrak{g}$ possède un plus petit élément, appelé *l'enveloppe scindable* de $\mathfrak{g}$; dans ce paragraphe, cette enveloppe sera notée $e(\mathfrak{g})$.

PROPOSITION 4. — *Soient* $\mathfrak{g}$ *une sous-algèbre de Lie de* $\mathfrak{gl}(\mathrm{V})$ *et* $\mathfrak{n}$ *un idéal de* $\mathfrak{g}$. *Alors* $\mathfrak{n}$ *et* $e(\mathfrak{n})$ *sont des idéaux de* $e(\mathfrak{g})$, *et l'on a* $[e(\mathfrak{g}), e(\mathfrak{n})] = [\mathfrak{g}, \mathfrak{n}]$.

Soit $\mathfrak{g}_1$ l'ensemble des $x \in \mathfrak{gl}(\mathrm{V})$ tels que $[x, \mathfrak{n}] \subset [\mathfrak{g}, \mathfrak{n}]$. C'est une sous-algèbre de Lie scindable de $\mathfrak{gl}(\mathrm{V})$, contenant $\mathfrak{g}$ donc $e(\mathfrak{g})$, cf. n° 1, prop. 3; autrement dit, $[e(\mathfrak{g}), \mathfrak{n}] \subset [\mathfrak{g}, \mathfrak{n}]$. Soit $\mathfrak{n}_1$ l'ensemble des $y \in \mathfrak{gl}(V)$ tels que

$$[e(\mathfrak{g}), y] \subset [\mathfrak{g}, \mathfrak{n}].$$

C'est une sous-algèbre de Lie scindable de $\mathfrak{gl}(V)$ contenant $\mathfrak{n}$ d'après ce qui précède, donc contenant $e(\mathfrak{n})$; autrement dit $[e(\mathfrak{g}), e(\mathfrak{n})] \subset [\mathfrak{g}, \mathfrak{n}]$, d'où

$$[e(\mathfrak{g}), e(\mathfrak{n})] = [\mathfrak{g}, \mathfrak{n}].$$

On en déduit $[e(\mathfrak{g}), \mathfrak{n}] \subset [e(\mathfrak{g}), e(\mathfrak{n})] \subset \mathfrak{n}$, de sorte que $\mathfrak{n}$ et $e(\mathfrak{n})$ sont des idéaux de $e(\mathfrak{g})$.

COROLLAIRE 1. — (i) *On a* $\mathscr{D}^i\mathfrak{g} = \mathscr{D}^i e(\mathfrak{g})$ *pour* $i \geqslant 1$, *et* $\mathscr{C}^i\mathfrak{g} = \mathscr{C}^i e(\mathfrak{g})$ *pour* $i \geqslant 2$.

(ii) *Si* $\mathfrak{g}$ *est commutative* (resp. *nilpotente*, resp. *résoluble*), *alors* $e(\mathfrak{g})$ *est commutative* (resp. *nilpotente*, resp. *résoluble*).

L'assertion (i) résulte de la prop. 4 par récurrence sur i et (ii) résulte de (i).

COROLLAIRE 2. — *Soit* $\mathfrak{r}$ *le radical de* $\mathfrak{g}$. *Si* $\mathfrak{g}$ *est scindable*, $\mathfrak{r}$ *est scindable.*

En effet, $e(\mathfrak{r})$ est un idéal résoluble de $\mathfrak{g}$ d'après la prop. 4 et le cor. 1, donc $e(\mathfrak{r}) = \mathfrak{r}$.

3. Décompositions des algèbres scindables

Si $\mathfrak{g}$ est une sous-algèbre de Lie de $\mathfrak{gl}(V)$ de radical $\mathfrak{r}$, l'ensemble des éléments nilpotents de $\mathfrak{r}$ est un idéal nilpotent de $\mathfrak{g}$, le plus grand idéal de nilpotence de la représentation identique de $\mathfrak{g}$ (I, § 5, n° 3, cor. 6 du th. 1). Dans ce paragraphe, nous noterons $\mathfrak{n}_V(\mathfrak{g})$ cet idéal. Il contient le radical nilpotent $[\mathfrak{g}, \mathfrak{g}] \cap \mathfrak{r}$ de $\mathfrak{g}$ (I, § 5, n° 3, th. 1).

PROPOSITION 5. — *Soit* $\mathfrak{g}$ *une sous-algèbre de Lie nilpotente scindable de* $\mathfrak{gl}(V)$. *Soit* $\mathfrak{t}$ *l'ensemble des éléments semi-simples de* $\mathfrak{g}$. *Alors* $\mathfrak{t}$ *est une sous-algèbre centrale de* $\mathfrak{g}$, *et* $\mathfrak{g}$ *est l'algèbre de Lie produit de* $\mathfrak{t}$ *et de* $\mathfrak{n}_V(\mathfrak{g})$.

Si $x \in \mathfrak{t}$, $\mathrm{ad}_{\mathfrak{g}}\, x$ est semi-simple et nilpotent, donc nul, de sorte que x est central dans $\mathfrak{g}$. Par suite, $\mathfrak{t}$ est un idéal de $\mathfrak{g}$, et $\mathfrak{t} \cap \mathfrak{n}_V(\mathfrak{g}) = 0$. Comme $\mathfrak{g}$ est scindable, on a $\mathfrak{g} = \mathfrak{t} \dotplus \mathfrak{n}_V(\mathfrak{g})$, d'où la proposition.

PROPOSITION 6. — *Soit* $\mathfrak{g}$ *une sous-algèbre de Lie scindable de* $\mathfrak{gl}(V)$. *Soient* $\mathscr{T}$ *l'ensemble des sous-algèbres commutatives de* $\mathfrak{g}$ *formées d'éléments semi-simples, et* $\mathscr{T}_1$ *l'ensemble des éléments maximaux de* $\mathscr{T}$. *Soit* $\mathscr{H}$ *l'ensemble des sous-algèbres de Cartan de* $\mathfrak{g}$.

(i) *Pour* $\mathfrak{h} \in \mathscr{H}$, *soit* $\varphi(\mathfrak{h})$ *l'ensemble des éléments semi-simples de* $\mathfrak{h}$. *Alors* $\varphi(\mathfrak{h}) \in \mathscr{T}_1$.

(ii) *Pour* $\mathfrak{t} \in \mathscr{T}_1$, *soit* $\psi(\mathfrak{t})$ *le commutant de* $\mathfrak{t}$ *dans* $\mathfrak{g}$. *Alors* $\psi(\mathfrak{t}) \in \mathscr{H}$.

(iii) *Les applications* φ *et* ψ *sont des bijections réciproques de* $\mathscr{H}$ *sur* $\mathscr{T}_1$ *et de* $\mathscr{T}_1$ *sur* $\mathscr{H}$.

(iv) *Si* k *est algébriquement clos*, $\mathrm{Aut}_e(\mathfrak{g})$ *opère transitivement dans* $\mathscr{T}_1$.

Soit $\mathfrak{h} \in \mathscr{H}$, et posons $\mathfrak{t} = \varphi(\mathfrak{h})$. D'après la prop. 5 et le cor. 2 de la prop. 3, on a $\mathfrak{t} \in \mathscr{T}$ et $\mathfrak{h} = \mathfrak{t} \times \mathfrak{n}_V(\mathfrak{h})$. Pour toute sous-algèbre $\mathfrak{u}$ de $\mathfrak{g}$, notons encore $\psi(\mathfrak{u})$ le commutant de $\mathfrak{u}$ dant $\mathfrak{g}$. Alors $\mathfrak{h} \subset \psi(\mathfrak{t})$, et $\psi(\mathfrak{t}) \subset \mathfrak{g}^0(\mathfrak{h})$ puisque les éléments de $\mathfrak{n}_V(\mathfrak{h})$ sont nilpotents, donc $\mathfrak{h} = \psi(\mathfrak{t})$. Si $\mathfrak{t}' \in \mathscr{T}$ et $\mathfrak{t} \subset \mathfrak{t}'$, on a $\mathfrak{t}' \subset \psi(\mathfrak{t}) = \mathfrak{h}$ d'où $\mathfrak{t}' = \mathfrak{t}$, de sorte que $\mathfrak{t} \in \mathscr{T}_1$.

Soit $\mathfrak{t} \in \mathscr{T}_1$, et posons $\mathfrak{c} = \psi(\mathfrak{t})$. Soit $\mathfrak{h}$ une sous-algèbre de Cartan de $\mathfrak{c}$. D'après le § 2, n° 3, prop. 10, on a $\mathfrak{h} \in \mathscr{H}$ et $\mathfrak{t} \subset \mathfrak{h}$. Posons $\mathfrak{t}_1 = \varphi(\mathfrak{h}) \in \mathscr{T}$. On a $\mathfrak{t} \subset \mathfrak{t}_1$ donc $\mathfrak{t} = \mathfrak{t}_1$, et $\mathfrak{h} = \psi(\mathfrak{t}_1) = \psi(\mathfrak{t}) = \mathfrak{c}$ d'après ce qui précède. Ainsi, $\psi(\mathfrak{t}) \in \mathscr{H}$, et $\varphi(\psi(\mathfrak{t})) = \mathfrak{t}$.

On a donc prouvé (i), (ii), (iii). Supposons k algébriquement clos. Comme $\mathrm{Aut}_e(\mathfrak{g})$ opère transitivement sur $\mathscr{H}$ (§ 3, n° 2, th. 1), $\mathrm{Aut}_e(\mathfrak{g})$ opère transitivement sur $\mathscr{T}_1$.

Corollaire 1. — *Les sous-algèbres de Cartan de* $\mathfrak{g}$ *sont les centralisateurs des éléments réguliers semi-simples de* $\mathfrak{g}$.

Si $x \in \mathfrak{g}$ est régulier, $\mathfrak{g}^0(x)$ est une sous-algèbre de Cartan de $\mathfrak{g}$ (§ 2, n° 3, th. 1 (i)) ; si en outre x est semi-simple, $\mathfrak{g}^0(x)$ est le centralisateur de x dans $\mathfrak{g}$. Réciproquement, soit $\mathfrak{h}$ une sous-algèbre de Cartan de $\mathfrak{g}$. Il existe $\mathfrak{t} \in \mathscr{T}_1$, tel que $\mathfrak{h} = \psi(\mathfrak{t})$. D'après le § 1, n° 2, prop. 7, il existe $x \in \mathfrak{t}$ tel que $\mathfrak{h} = \mathfrak{g}^0(x)$; puisque $x \in \mathfrak{t}$, on a $\mathfrak{g}^0(x) = \mathfrak{g}_0(x)$. Alors x est régulier (§ 3, n° 3, th. 2 (ii)).

Corollaire 2. — *Supposons en outre que* $\mathfrak{g}$ *soit résoluble. Alors :*

(i) *Le sous-groupe de* $\mathrm{Aut}(\mathfrak{g})$ *formé des* $e^{\mathrm{ad}\, x}$, $x \in \mathscr{C}^\infty\mathfrak{g}$ (cf. § 3, n° 4), *opère transitivement dans* $\mathscr{T}_1$.

(ii) *Si* $\mathfrak{t} \in \mathscr{T}_1$, $\mathfrak{g}$ *est produit semi-direct de* $\mathfrak{t}$ *et de* $\mathfrak{n}_V(\mathfrak{g})$.

L'assertion (i) résulte de ce que le groupe des $e^{\mathrm{ad}\, x}$, $x \in \mathscr{C}^\infty\mathfrak{g}$, opère transitivement dans $\mathscr{H}$ (§ 3, n° 4, th. 3).

Prouvons (ii). Soit $\mathfrak{t} \in \mathscr{T}_1$, et soit $\mathfrak{h} = \psi(\mathfrak{t})$ la sous-algèbre de Cartan correspondante de $\mathfrak{g}$. Vu la prop. 5, on a $\mathfrak{h} = \mathfrak{t} + \mathfrak{n}_V(\mathfrak{h}) \subset \mathfrak{t} + \mathfrak{n}_V(\mathfrak{g})$. On a d'autre part $\mathfrak{g} = \mathfrak{h} + [\mathfrak{g}, \mathfrak{g}]$ (§ 2, n° 1, cor. 3 de la prop. 4) et $[\mathfrak{g}, \mathfrak{g}] \subset \mathfrak{n}_V(\mathfrak{g})$, d'où $\mathfrak{g} = \mathfrak{t} + \mathfrak{n}_V(\mathfrak{g})$. D'autre part, il est clair que $\mathfrak{t} \cap \mathfrak{n}_V(\mathfrak{g}) = \{0\}$. L'algèbre $\mathfrak{g}$ est donc bien produit semi-direct de $\mathfrak{t}$ par l'idéal $\mathfrak{n}_V(\mathfrak{g})$.

Proposition 7. — *Soit* $\mathfrak{g}$ *une sous-algèbre de Lie scindable de* $\mathfrak{gl}(V)$.

(i) *Il existe une sous-algèbre de Lie* $\mathfrak{m}$ *de* $\mathfrak{g}$, *réductive dans* $\mathfrak{gl}(V)$, *telle que* $\mathfrak{g}$ *soit produit semi-direct de* $\mathfrak{m}$ *et de* $\mathfrak{n}_V(\mathfrak{g})$.

(ii) *Deux sous-algèbres de Lie de* $\mathfrak{g}$ *ayant les propriétés de* (i) *sont conjuguées par* $\mathrm{Aut}_e(\mathfrak{g})$.

Le radical $\mathfrak{r}$ de $\mathfrak{g}$ est scindable (n° 2, cor. 2 de la prop. 4). D'après le cor. 2 à la prop. 6, il existe une sous-algèbre commutative $\mathfrak{t}$ de $\mathfrak{r}$, formée d'éléments semi-simples, telle que $\mathfrak{r} = \mathfrak{t} \oplus \mathfrak{n}_V(\mathfrak{r})$. Comme $\mathrm{ad}_{\mathfrak{g}}\, \mathfrak{t}$ est formée d'éléments semi-simples, $\mathfrak{g}$ est somme directe de $[\mathfrak{t}, \mathfrak{g}]$ et du centralisateur $\mathfrak{z}$ de $\mathfrak{t}$ (I, § 3, n° 5, prop. 6). Comme $[\mathfrak{t}, \mathfrak{g}] \subset \mathfrak{r}$, on a $\mathfrak{g} = \mathfrak{z} + \mathfrak{r}$. Par suite, si $\mathfrak{s}$ est une sous-algèbre de Levi de $\mathfrak{z}$ (I, § 6, n° 8), on a $\mathfrak{g} = \mathfrak{s} + \mathfrak{r}$, de sorte que $\mathfrak{s}$ est une sous-algèbre de Levi de $\mathfrak{g}$. Posons $\mathfrak{m} = \mathfrak{s} \oplus \mathfrak{t}$. Comme $[\mathfrak{s}, \mathfrak{t}] = \{0\}$, $\mathfrak{m}$ est une sous-algèbre de Lie de $\mathfrak{g}$, réductive dans $\mathfrak{gl}(V)$ d'après I, § 6, n° 5, th. 4. En outre,

$$\mathfrak{g} = \mathfrak{s} \oplus \mathfrak{r} = \mathfrak{s} \oplus \mathfrak{t} \oplus \mathfrak{n}_V(\mathfrak{r}) = \mathfrak{s} \oplus \mathfrak{t} \oplus \mathfrak{n}_V(\mathfrak{g}) = \mathfrak{m} \oplus \mathfrak{n}_V(\mathfrak{g})$$

puisque $\mathfrak{n}_V(\mathfrak{g}) = \mathfrak{n}_V(\mathfrak{r})$. D'où (i).

Soit maintenant $\mathfrak{m}'$ une sous-algèbre de Lie de $\mathfrak{g}$ supplémentaire de $\mathfrak{n}_V(\mathfrak{g})$ et réductive dans $\mathfrak{gl}(V)$. Montrons que $\mathfrak{m}'$ est conjuguée de $\mathfrak{m}$ par $\mathrm{Aut}_e(\mathfrak{g})$. On a $\mathfrak{m}' = \mathfrak{s}' \oplus \mathfrak{t}'$ où $\mathfrak{s}' = [\mathfrak{m}', \mathfrak{m}']$ est semi-simple, et où le centre $\mathfrak{t}'$ de $\mathfrak{m}'$ est formé d'éléments semi-simples. Alors $\mathfrak{r} = \mathfrak{t} \oplus \mathfrak{n}_V(\mathfrak{g}) = \mathfrak{t}' \oplus \mathfrak{n}_V(\mathfrak{g})$. Compte tenu du cor. 2 à la prop. 6, on est ramené au cas où $\mathfrak{t} = \mathfrak{t}'$. Alors $\mathfrak{s}' \subset \mathfrak{z}$; comme $\dim \mathfrak{s}' = \dim \mathfrak{s}$, $\mathfrak{s}'$ est une sous-algèbre de Levi de $\mathfrak{z}$. D'après I, § 6, n° 8, th. 5, il existe $x \in \mathfrak{n}_V(\mathfrak{z})$ tel que $e^{\mathrm{ad}\, x}(\mathfrak{s}) = \mathfrak{s}'$; comme x commute à $\mathfrak{t}$, on a en même temps $e^{\mathrm{ad}\, x}(\mathfrak{t}) = \mathfrak{t}$.

4. Algèbres de Lie linéaires d'endomorphismes nilpotents

Lemme 1. — *Soient* $\mathfrak{n}$ *une sous-algèbre de Lie de* $\mathfrak{gl}(V)$ *formée d'endomorphismes nilpotents, et* N *le sous-groupe* $\exp \mathfrak{n}$ *de* $\mathbf{GL}(V)$ (§ 3, n° 1, lemme 1).

(i) *Soient* ρ *une représentation linéaire de dimension finie de* $\mathfrak{n}$ *dans* W, *telle que les éléments de* $\rho(\mathfrak{n})$ *soient nilpotents,* W′ *un sous-espace vectoriel de* W *stable pour* ρ, ρ_1 *et* ρ_2 *la sous-représentation et la représentation quotient de* ρ *définies par* W′, π, π_1, π_2 *les représentations de* N *compatibles avec* ρ, ρ_1, ρ_2 (§ 3, n° 1). *Alors* π_1, π_2 *sont la sous-représentation et la représentation quotient de* π *définies par* W′.

(ii) *Soient* ρ_1, ρ_2 *des représentations linéaires de dimension finie de* $\mathfrak{n}$ *telles que les éléments de* $\rho_1(\mathfrak{n})$ *et de* $\rho_2(\mathfrak{n})$ *soient nilpotents, et* π_1, π_2 *les représentations de* N *compatibles avec* ρ_1, ρ_2. *Alors* $\pi_1 \otimes \pi_2$ *est la représentation de* N *compatible avec* $\rho_1 \otimes \rho_2$.

(iii) *Soient* ρ_1, ρ_2 *des représentations linéaires de dimension finie de* $\mathfrak{n}$ *dans des espaces vectoriels* V_1, V_2, *telles que les éléments de* $\rho_1(\mathfrak{n})$ *et de* $\rho_2(\mathfrak{n})$ *soient nilpotents,* ρ *la représentation de* $\mathfrak{n}$ *dans* $\mathrm{Hom}(V_1, V_2)$ *déduite de* ρ_1, ρ_2. *Soient* π_1, π_2 *les représentations de* N *compatibles avec* ρ_1, ρ_2, *et* π *la représentation de* N *dans* $\mathrm{Hom}(V_1, V_2)$ *déduite de* π_1, π_2. *Alors* π *est la représentation de* N *compatible avec* ρ.

L'assertion (i) est évidente. Soient ρ_1, ρ_2, π_1, π_2 comme dans (ii). Si $x \in \mathfrak{n}$, on a, puisque $\rho_1(x) \otimes 1$ et $1 \otimes \rho_2(x)$ commutent,

$$\begin{aligned}\exp(\rho_1(x) \otimes 1 + 1 \otimes \rho_2(x)) &= \exp(\rho_1(x) \otimes 1) \,.\, \exp(1 \otimes \rho_2(x)) \\ &= (\exp \rho_1(x)) \otimes 1 \,.\, 1 \otimes (\exp \rho_2(x)) \\ &= (\exp \rho_1(x)) \otimes (\exp \rho_2(x)) \\ &= \pi_1(\exp x) \otimes \pi_2(\exp x) \\ &= (\pi_1 \otimes \pi_2)(\exp x)\end{aligned}$$

d'où (ii). Soient ρ_1, ρ_2, ρ, π_1, π_2, π, V_1, V_2 comme dans (iii). Si $v_1 \in \mathrm{End}\, V_1$ et

$v_2 \in \operatorname{End} V_2$, notons R_{v_1}, L_{v_2} les applications $u \mapsto uv_1$, $u \mapsto v_2 u$ de $\operatorname{Hom}(V_1, V_2)$ dans lui-même; ces applications commutent et $\rho(x)u = (L_{\rho_2(x)} - R_{\rho_1(x)})u$, donc

$$\begin{aligned} \exp \rho(x) \cdot u &= \exp L_{\rho_2(x)} \cdot \exp R_{-\rho_1(x)} \cdot u \\ &= L_{\exp \rho_2(x)} \cdot R_{\exp(-\rho_1(x))} \cdot u \\ &= L_{\pi_2(\exp x)} \cdot R_{\pi_1(\exp(-x))} \cdot u \\ &= \pi(\exp x) \cdot u \end{aligned}$$

d'où (iii).

Lemme 2[1]. — (i) *Soient* W *un sous-espace vectoriel de* V *de dimension* d, D *la droite* $\wedge^d W \subset \wedge^d V$, θ *la représentation canonique de* $\mathfrak{gl}(V)$ *dans* $\wedge V$ (III, App.). *Soit* $x \in \mathfrak{gl}(V)$. *Alors* $x(W) \subset W$ *si et seulement si* $\theta(x)(D) \subset D$.

(ii) *Soient* $(e_1, \ldots, e_n)$ *la base canonique de* k^n, θ *la représentation canonique de* $\mathfrak{gl}(n, k)$ *dans* $\wedge(k^n)$, *et* $x \in \mathfrak{gl}(n, k)$. *Alors* $x \in \mathfrak{n}(n, k)$ *si et seulement si*

$$\theta(x)(e_{n-d+1} \wedge \cdots \wedge e_n) = 0$$

pour $1 \leqslant d \leqslant n$.

(i) Si $x(W) \subset W$, il est clair que $\theta(x)D \subset D$. Inversement, supposons que $\theta(x)D \subset D$. Soit u un élément non nul de D et soit $y \in W$. On a $y \wedge u = 0$. Puisque $\theta(x)$ est une dérivation de $\wedge V$, ceci entraîne

$$\theta(x)y \wedge u + y \wedge \theta(x)u = 0.$$

Or $\theta(x)u \in ku$, d'où $y \wedge \theta(x)u = 0$ et par suite $\theta(x)y \wedge u = 0$. D'après A, III, p. 89, prop. 13, cela entraîne $\theta(x)y \in W$, i.e. $x(y) \in W$, ce qui prouve bien que $x(W) \subset W$.

(ii) La condition énoncée en (ii) est évidemment nécessaire pour que $x \in \mathfrak{n}(n, k)$. Supposons qu'elle soit vérifiée. D'après (i), x laisse stable

$$ke_{n-d+1} + \cdots + ke_n,$$

et cela pour $d = 1, \ldots, n$, donc x est triangulaire inférieure. Posons

$$x = (x_{ij})_{1 \leqslant i,j \leqslant n}.$$

On a $0 = x(e_n) = x_{nn}e_n$, donc $x_{nn} = 0$. Soit $i < n$, et supposons prouvé que $x_{jj} = 0$ pour $j > i$. Alors

$$0 = \theta(x)(e_i \wedge e_{i+1} \wedge \cdots \wedge e_n) = x_{ii}(e_i \wedge e_{i+1} \wedge \cdots \wedge e_n),$$

donc $x_{ii} = 0$. On voit ainsi que $x \in \mathfrak{n}(n, k)$.

PROPOSITION 8. — *Soient* $\mathfrak{n}$ *une sous-algèbre de Lie de* $\mathfrak{gl}(V)$ *formée d'éléments nilpotents,* $\mathfrak{q}$ *le normalisateur de* $\mathfrak{n}$ *dans* $\mathfrak{gl}(V)$. *Il existe un espace vectoriel* E *de dimension finie, une représentation* ρ *de* $\mathfrak{gl}(V)$ *dans* E, *et un sous-espace vectoriel* F *de* E, *vérifiant les conditions suivantes*:

(i) *l'image par* ρ *d'une homothétie de* V *est diagonalisable*;

[1] Dans ce lemme, k peut être un corps commutatif quelconque.

(ii) F *est stable par* $\rho(\mathfrak{q})$;

(iii) $\mathfrak{n}$ *est l'ensemble des* $x \in \mathfrak{gl}(\mathrm{V})$ *tels que* $\rho(x)(\mathrm{F}) = 0$.

Soit $n = \dim \mathrm{V}$. D'après le th. d'Engel, on peut identifier V à k^n de telle sorte que $\mathfrak{n} \subset \mathfrak{n}(n, k)$. Soit P l'algèbre des fonctions polynomiales sur $\mathfrak{gl}(n, k)$. Pour $i = 0, 1, \ldots$, soit P_i l'ensemble des éléments de P homogènes de degré i. Soit $\mathrm{N} = \exp \mathfrak{n}$, qui est un sous-groupe du groupe trigonal strict inférieur T. Soit J l'ensemble des éléments de P qui sont nuls sur N; c'est un idéal de P. Soit $\mathrm{N_J}$ l'ensemble des $x \in \mathfrak{gl}(n, k)$ tels que $p(x) = 0$ pour tout $p \in \mathrm{J}$. On a $\mathrm{N} \subset \mathrm{N_J}$. Inversement, soit $x \in \mathrm{N_J}$. Notons p_{ij} les fonctions polynomiales donnant les composantes d'un élément de $\mathfrak{gl}(n, k)$. L'idéal J contient les p_{ij} (pour $i < j$) et les $p_{ii} - 1$; on a donc $x \in \mathrm{T}$. D'autre part, si u est une forme linéaire sur $\mathfrak{gl}(n, k)$ nulle sur $\mathfrak{n}$, il existe $p_u \in \mathrm{P}$ tel que $p_u(z) = u(\log z)$ pour tout $z \in \mathrm{T}$ (§ 3, n° 1, lemme 1 (i)); on a $p_u \in \mathrm{J}$, d'où $u(\log x) = 0$. On en déduit que $\log x$ appartient à $\mathfrak{n}$, d'où $x \in \mathrm{N}$, ce qui prouve que $\mathrm{N} = \mathrm{N_J}$.

Pour tout $p \in \mathrm{P}$ et $g \in \mathbf{GL}_n(k)$, soit $\lambda(g)p$ la fonction $x \mapsto p(g^{-1}x)$ sur $\mathfrak{gl}(n, k)$; on a $\lambda(g)p \in \mathrm{P}$, $\lambda(g)$ est un automorphisme de l'algèbre P, et λ est une représentation de $\mathbf{GL}_n(k)$ dans P qui laisse stable chaque P_i. Montrons que

$$\mathrm{N} = \{x \in \mathbf{GL}_n(k) \mid \lambda(x)\mathrm{J} = \mathrm{J}\}. \tag{1}$$

Si $x \in \mathrm{N}$, $p \in \mathrm{J}$, $y \in \mathrm{N}$, on a $(\lambda(x)p)(y) = p(x^{-1}y) = 0$ puisque $x^{-1}y \in \mathrm{N}$; donc $\lambda(x)p \in \mathrm{J}$, de sorte que $\lambda(x)\mathrm{J} = \mathrm{J}$. Soit $x \in \mathbf{GL}_n(k)$ tel que $\lambda(x)\mathrm{J} = \mathrm{J}$; soit $p \in \mathrm{J}$; on a $p(x^{-1}) = (\lambda(x)p)(e) = 0$, donc $x^{-1} \in \mathrm{N_J} = \mathrm{N}$ et $x \in \mathrm{N}$. Cela prouve (1).

L'idéal J est de type fini (AC, III, § 2, n° 10, cor. 2 du th. 2). Il existe donc un entier q tel que, si $\mathrm{W} = \mathrm{P}_0 + \mathrm{P}_1 + \cdots + \mathrm{P}_q$, alors $\mathrm{J} \cap \mathrm{W}$ engendre J comme idéal. Notons λ_j (resp. λ') la sous-représentation de λ définie par P_j (resp. par W). D'après (1), on a:

$$\mathrm{N} = \{x \in \mathbf{GL}_n(k) \mid \lambda'(x)(\mathrm{J} \cap \mathrm{W}) = \mathrm{J} \cap \mathrm{W}\}. \tag{2}$$

Montrons que, pour tout j, il existe une représentation σ_j de l'algèbre de Lie $\mathfrak{gl}(n, k)$ dans P_j telle que:

(3) $\sigma_j \mid \mathfrak{n}(n, k)$ est compatible (§ 3, n° 1) avec $\lambda_j \mid \mathrm{T}$.

(4) Pour tout $x \in k.1_n$, $\sigma_j(x)$ est une homothétie.

Comme λ_j est la puissance symétrique j-ième de λ_1, il suffit de montrer l'existence de σ_1, cf. lemme 1. Or λ_1 est la représentation contragrédiente de la représentation γ de $\mathbf{GL}_n(k)$ dans $\mathfrak{gl}(n, k)$ donnée par

$$\gamma(x)y = xy, \qquad x \in \mathbf{GL}_n(k), \quad y \in \mathfrak{gl}(n, k).$$

Soit c la représentation de l'algèbre de Lie $\mathfrak{gl}(n, k)$ dans $\mathfrak{gl}(n, k)$ donnée par

$$c(x)y = xy, \qquad x, y \in \mathfrak{gl}(n, k).$$

On vérifie aussitôt que $c \mid \mathfrak{n}(n, k)$ et $\gamma \mid \mathrm{T}$ sont compatibles, et que $c(x)$ est une homothétie pour tout $x \in k.1_n$. Il suffit alors de prendre pour σ_1 la représentation duale de c (I, § 3, n° 3).

Soit maintenant σ' la représentation de $\mathfrak{gl}(n, k)$ dans W somme directe des σ_j, $0 \leqslant j \leqslant q$. Vu (2), et les relations

$$\lambda'(\exp(x)) = \exp(\sigma'(x)) \quad \text{et} \quad \sigma'(\log(y)) = \log(\lambda'(y)), \quad x \in \mathfrak{n}(n, k), \quad y \in \mathrm{T},$$

on a

$$\mathfrak{n} = \{x \in \mathfrak{n}(n, k) \mid \sigma'(x)(\mathrm{J} \cap \mathrm{W}) \subset \mathrm{J} \cap \mathrm{W}\}. \tag{5}$$

Soit $d = \dim(\mathrm{J} \cap \mathrm{W})$, et soit $\tau = \wedge^d \sigma'$. Soit $\mathrm{D} = \wedge^d(\mathrm{J} \cap \mathrm{W})$. D'après (5) et le lemme 2 (i), on a

$$\mathfrak{n} = \{x \in \mathfrak{n}(n, k) \mid \tau(x)(\mathrm{D}) \subset \mathrm{D}\}. \tag{6}$$

Mais $\tau(\mathfrak{n}(n, k))$ est formé d'endomorphismes nilpotents, donc (6) peut aussi s'écrire

$$\mathfrak{n} = \{x \in \mathfrak{n}(n, k) \mid \tau(x)(\mathrm{D}) = 0\}. \tag{7}$$

Soit alors $\mathrm{E} = \wedge^d\mathrm{W} \oplus \wedge^1\mathrm{V} \oplus \wedge^2\mathrm{V} \oplus \cdots \oplus \wedge^n\mathrm{V}$; soit ρ la somme directe de τ et des représentations canoniques de $\mathfrak{gl}(n, k)$ dans $\wedge^1\mathrm{V}, \ldots, \wedge^n\mathrm{V}$. Soit $\mathrm{E}_0 \subset \mathrm{E}$ la somme de $\mathrm{D} = \wedge^d(\mathrm{J} \cap \mathrm{W})$ et des droites engendrées par $e_{n-j+1} \wedge \cdots \wedge e_n$ pour $j = 1, \ldots, n$. D'après (7) et le lemme 2 (ii), on a

$$\mathfrak{n} = \{x \in \mathfrak{gl}(\mathrm{V}) \mid \rho(x)(\mathrm{E}_0) = 0\}. \tag{8}$$

Il est immédiat que, si $x \in k.1$, $\rho(x)$ est diagonalisable. Enfin, si F est l'ensemble des éléments de E annulés par $\rho(\mathfrak{n})$, F est stable par $\rho(\mathfrak{q})$ (I, § 3, n° 5, prop. 5), et l'on a, d'après (8),

$$\mathfrak{n} = \{x \in \mathfrak{gl}(\mathrm{V}) \mid \rho(x)(\mathrm{F}) = 0\}. \tag{9}$$

5. Caractérisations des algèbres de Lie scindables

Toute algèbre de Lie scindable est engendrée comme espace vectoriel (et *a fortiori* comme algèbre de Lie) par l'ensemble de ses éléments qui sont, soit semi-simples, soit nilpotents. Inversement:

THÉORÈME 1. — *Soit $\mathfrak{g}$ une sous-algèbre de Lie de $\mathfrak{gl}(\mathrm{V})$ et soit X une partie de $\mathfrak{g}$ engendrant $\mathfrak{g}$ comme k-algèbre de Lie. Si tout élément de X est, soit semi-simple, soit nilpotent, $\mathfrak{g}$ est scindable.*

a) *$\mathfrak{g}$ est commutative.*

Les éléments semi-simples (resp. nilpotents) de $\mathfrak{g}$ forment un sous-espace vectoriel $\mathfrak{g}_s$ (resp. $\mathfrak{g}_n$). L'hypothèse équivaut à $\mathfrak{g} = \mathfrak{g}_s \oplus \mathfrak{g}_n$, d'où le fait que $\mathfrak{g}$ est scindable.

b) $\mathfrak{g}$ *est réductive.*

Alors $\mathfrak{g} = \mathfrak{g}' \times \mathfrak{c}$ avec $\mathfrak{g}'$ semi-simple et $\mathfrak{c}$ commutative. D'après la prop. 2, $\mathfrak{g}'$ est scindable. Soit $x = a + b \in \mathfrak{g}$ avec $a \in \mathfrak{g}'$, $b \in \mathfrak{c}$. Soient a_s, a_n, b_s, b_n les composantes semi-simples et nilpotentes de a, b. Comme a_s, a_n, b_s, b_n commutent deux à deux, les composantes semi-simple et nilpotente de x sont $a_s + b_s$, $a_n + b_n$. Or $a_s, a_n \in \mathfrak{g}'$. Si x est semi-simple, on a $x = a_s + b_s$; comme a_s appartient à $\mathfrak{g}'$, on a $b_s \in \mathfrak{g}$, d'où $b_s \in \mathfrak{c}$ puisque b_s commute à $\mathfrak{g}$; par suite, $a = a_s$ et $b = b_s$. De même, si x est nilpotent, on a $a = a_n$ et $b = b_n$. Il en résulte que les projections sur $\mathfrak{c}$ des éléments de X sont, soit semi-simples, soit nilpotentes; d'après *a*), cela entraîne que $\mathfrak{c}$ est scindable. Reprenant les notations précédentes, mais sans hypothèse sur x, on a maintenant $b_s, b_n \in \mathfrak{c}$, donc $a_s + b_s$, $a_n + b_n \in \mathfrak{g}$, ce qui prouve le théorème dans ce cas.

c) *Cas général.*

Supposons le théorème démontré pour les algèbres de Lie de dimension $< \dim \mathfrak{g}$ et démontrons-le pour $\mathfrak{g}$.

Soit $\mathfrak{n}$ le plus grand idéal de nilpotence de la représentation identique de $\mathfrak{g}$. Si $\mathfrak{n} = 0$, $\mathfrak{g}$ admet une représentation semi-simple injective, donc est réductive. Supposons $\mathfrak{n} \neq 0$. Soit $\mathfrak{p}$ le normalisateur de $\mathfrak{n}$ dans $\mathfrak{gl}(V)$. Il existe E, ρ, F vérifiant les conditions de la prop. 8. Puisque $\mathfrak{g} \subset \mathfrak{p}$, $\rho(\mathfrak{g})$ laisse F stable; soit ρ_0 la représentation $u \mapsto \rho(u) | F$ de $\mathfrak{g}$ dans F; on a $\mathfrak{n} = \operatorname{Ker} \rho_0$. Tout élément semi-simple (resp. nilpotent) de $\mathfrak{gl}(V)$ a pour image par ρ un élément semi-simple (resp. nilpotent) (prop. 2). L'algèbre $\rho_0(\mathfrak{g})$ est donc engendrée par des éléments qui sont soit semi-simples, soit nilpotents. D'après l'hypothèse de récurrence, $\rho_0(\mathfrak{g})$ est scindable.

Soient $x \in \mathfrak{g}$, et x_s, x_n ses composantes semi-simple et nilpotente. D'après la prop. 2, les composantes semi-simple et nilpotente de $\rho(x)$ sont $\rho(x_s)$, $\rho(x_n)$. Comme $\rho_0(\mathfrak{g})$ est scindable, il existe $y, z \in \mathfrak{g}$ tels que

$$\rho_0(y) = \rho(x_s)|F \qquad \rho_0(z) = \rho(x_n)|F.$$

Alors $x_s \in y + \mathfrak{n}$, $x_n \in z + \mathfrak{n}$, donc $x_s, x_n \in \mathfrak{g}$. C.Q.F.D.

Corollaire 1. — *Toute sous-algèbre de* $\mathfrak{gl}(V)$ *engendrée par des sous-algèbres scindables est scindable.*

C'est clair.

Corollaire 2. — *Soit* $\mathfrak{g}$ *une sous-algèbre de Lie de* $\mathfrak{gl}(V)$. *Alors* $[\mathfrak{g}, \mathfrak{g}]$ *est scindable.*

Soient $\mathfrak{r}$ le radical de $\mathfrak{g}$, $\mathfrak{s}$ une sous-algèbre de Levi de $\mathfrak{g}$ (I, § 6, n° 8). On a

$$[\mathfrak{g}, \mathfrak{g}] = [\mathfrak{s}, \mathfrak{s}] + [\mathfrak{s}, \mathfrak{r}] + [\mathfrak{r}, \mathfrak{r}] = \mathfrak{s} + [\mathfrak{g}, \mathfrak{r}].$$

L'algèbre $[\mathfrak{g}, \mathfrak{r}]$ est scindable puisque tous ses éléments sont nilpotents (I, § 5, n° 3). D'autre part, $\mathfrak{s}$ est scindable (prop. 2). Il en résulte que $[\mathfrak{g}, \mathfrak{g}]$ est scindable (cor. 1).

COROLLAIRE 3. — *Soit* $\mathfrak{g}$ *une sous-algèbre de Lie de* $\mathfrak{gl}(V)$, *et soit* X *une partie de* $\mathfrak{g}$ *engendrant* $\mathfrak{g}$ (*comme* k*-algèbre de Lie*).

(i) *L'enveloppe scindable* $e(\mathfrak{g})$ *de* $\mathfrak{g}$ *est engendrée par les composantes semi-simples et nilpotentes des éléments de* X.

(ii) *Si* k' *est une extension de* k, *on a* $e(\mathfrak{g} \otimes_k k') = e(\mathfrak{g}) \otimes_k k'$; *pour que* $\mathfrak{g}$ *soit scindable, il faut et il suffit que* $\mathfrak{g} \otimes_k k'$ *le soit.*

Soit $\tilde{\mathfrak{g}}$ la sous-algèbre de $\mathfrak{gl}(V)$ engendrée par les composantes semi-simples et nilpotentes des éléments de X. On a $\mathfrak{g} \subset \tilde{\mathfrak{g}} \subset e(\mathfrak{g})$; d'après le th. 1, $\tilde{\mathfrak{g}}$ est scindable, d'où $\tilde{\mathfrak{g}} = e(\mathfrak{g})$, ce qui démontre (i). L'assertion (ii) en résulte, compte tenu de ce que X engendre la k'-algèbre $\mathfrak{g} \otimes_k k'$.

COROLLAIRE 4. — *Soit* $\mathfrak{g}$ *une sous-algèbre de Lie scindable de* $\mathfrak{gl}(V)$. *Soit* $\mathscr{T}$ *l'ensemble des sous-algèbres commutatives de* $\mathfrak{g}$ *formées d'éléments semi-simples* (cf. prop. 6). *Les éléments maximaux de* $\mathscr{T}$ *ont tous même dimension.*

Soient k' une extension algébriquement close de k et $V' = V \otimes_k k'$, $\mathfrak{g}' = \mathfrak{g} \otimes_k k'$. Soient $\mathfrak{t}_1$, $\mathfrak{t}_2$ des éléments maximaux de $\mathscr{T}$, $\mathfrak{t}'_i = \mathfrak{t}_i \otimes_k k'$, $\mathfrak{h}_i$ le commutant de $\mathfrak{t}_i$ dans $\mathfrak{g}$, $\mathfrak{h}'_i = \mathfrak{h}_i \otimes_k k'$. Alors $\mathfrak{h}_i$ est une sous-algèbre de Cartan de $\mathfrak{g}$ (prop. 6) donc $\mathfrak{h}'_i$ est une sous-algèbre de Cartan de $\mathfrak{g}'$. On a $\mathfrak{h}_i = \mathfrak{t}_i \times \mathfrak{n}_V(\mathfrak{h}_i)$, donc $\mathfrak{h}'_i = \mathfrak{t}'_i \times \mathfrak{n}_{V'}(\mathfrak{h}'_i)$, de sorte que $\mathfrak{t}'_i$ est l'ensemble des éléments semi-simples de $\mathfrak{h}'_i$. Comme $\mathfrak{g}'$ est scindable (cor. 3), $\mathfrak{t}'_1$ et $\mathfrak{t}'_2$ sont conjugués par $\mathrm{Aut}_e(\mathfrak{g}')$ (prop. 6), de sorte que $\dim \mathfrak{t}_1 = \dim \mathfrak{t}_2$.

THÉORÈME 2. — *Soit* $\mathfrak{g}$ *une sous-algèbre de Lie de* $\mathfrak{gl}(V)$. *Les conditions suivantes sont équivalentes*:

(i) $\mathfrak{g}$ *est scindable*;

(ii) *toute sous-algèbre de Cartan de* $\mathfrak{g}$ *est scindable*;

(iii) $\mathfrak{g}$ *possède une sous-algèbre de Cartan scindable*;

(iv) *le radical de* $\mathfrak{g}$ *est scindable.*

(i) $\Rightarrow$ (ii): Cela résulte du cor. 2 à la prop. 3.

(ii) $\Rightarrow$ (i): Cela résulte du cor. 1 au th. 1, puisque $\mathfrak{g}$ est engendrée par ses sous-algèbres de Cartan (§ 2, n° 3, cor. 3 au th. 1).

(ii) $\Rightarrow$ (iii): C'est évident.

(iii) $\Rightarrow$ (ii): D'après le cor. 3 au th. 1, on peut supposer k algébriquement clos. Les sous-algèbres de Cartan de $\mathfrak{g}$ sont alors conjuguées par les automorphismes élémentaires de $\mathfrak{g}$ (§ 3, n° 2, th. 1); vu la remarque 1 du § 3, n° 1, il en résulte que, si l'une d'elles est scindable, toutes le sont.

(i) $\Rightarrow$ (iv): Cela résulte du cor. 2 de la prop. 4.

(iv) $\Rightarrow$ (i): Supposons que le radical $\mathfrak{r}$ de $\mathfrak{g}$ soit scindable. Soit $\mathfrak{s}$ une sous-algèbre de Levi de $\mathfrak{g}$; elle est scindable (prop. 2). Donc $\mathfrak{g} = \mathfrak{s} + \mathfrak{r}$ est scindable (cor. 1 du th. 1).

APPENDICE I

Applications polynomiales et topologie de Zariski

Dans cet appendice, k est supposé infini.

1. Topologie de Zariski

Soit V un espace vectoriel de dimension finie. On note A_V l'algèbre des fonctions polynomiales sur V à valeurs dans k (A, IV, § 5, n° 10, déf. 4). C'est une algèbre graduée; sa composante de degré 1 est le *dual* V^* de V, et l'injection de V^* dans A_V se prolonge en un *isomorphisme de l'algèbre symétrique* $S(V^*)$ *sur* A_V (A, IV, § 5, n° 11, *Rem.* 2).

Si $(e_1, \ldots, e_n)$ est une base de V, et $(X_1, \ldots, X_n)$ une suite d'indéterminées, l'application de $k[X_1, \ldots, X_n]$ dans A_V qui transforme tout élément f de $k[X_1, \ldots, X_n]$ en la fonction

$$\sum_{i=1}^{n} \lambda_i e_i \mapsto f(\lambda_1, \ldots, \lambda_n)$$

est un isomorphisme d'algèbres (A, IV, § 5, n° 10, cor. à la prop. 19).

PROPOSITION 1. — *Soit* H *l'ensemble des homomorphismes d'algèbres de* A_V *dans* k. *Pour tout* $x \in V$, *soit* h_x *l'homomorphisme* $f \mapsto f(x)$ *de* A_V *dans* k. *Alors l'application* $x \mapsto h_x$ *est une bijection de* V *sur* H.

En effet, soit H' l'ensemble des homomorphismes d'algèbres de $k[X_1, \ldots, X_n]$ dans k. L'application $\chi \mapsto (\chi(X_1), \ldots, \chi(X_n))$ est évidemment une bijection de H' sur k^n.

COROLLAIRE. — *Pour tout* $x \in V$, *soit* $\mathfrak{m}_x = \operatorname{Ker}(h_x)$. *Alors l'application* $x \mapsto \mathfrak{m}_x$ *est une bijection de* V *sur l'ensemble des idéaux* $\mathfrak{m}$ *de* A_V *tels que* $A_V/\mathfrak{m} = k$.

Un sous-ensemble F de V sera dit *fermé* s'il existe une famille $(f_i)_{i \in I}$ d'éléments de A_V telle que

$$x \in F \Leftrightarrow x \in V \text{ et } f_i(x) = 0 \text{ pour tout } i \in I.$$

Il est clair que $\emptyset$ et V sont fermés, et que toute intersection d'ensembles fermés est fermée. Si F est défini par l'annulation des f_i et F' par celle des f'_j, $F \cup F'$ est défini par l'annulation des $f_i f'_j$, donc est fermé. Il existe donc une topologie sur V telle que les ensembles fermés pour cette topologie soient exactement les ensembles fermés au sens précédent. Cette topologie s'appelle la *topologie de Zariski* de V. Pour tout $f \in A_V$, nous noterons V_f l'ensemble des $x \in V$ tels que

$f(x) \neq 0$; c'est une partie ouverte de V. Il est clair que les V_f forment une base de la topologie de Zariski. (Si k est un corps topologique, la topologie canonique de V est plus fine que la topologie de Zariski.)

L'application $x \mapsto \mathfrak{m}_x$ du cor. de la prop. 1 peut être considérée comme une application ε de V dans le spectre premier $\mathrm{Spec}(A_V)$ de A_V (AC, II, § 4, n° 3, déf. 4). Il est immédiat que la topologie de Zariski est l'image réciproque par ε de la topologie de $\mathrm{Spec}(A_V)$.

PROPOSITION 2. — *L'espace vectoriel* V, *muni de la topologie de Zariski, est un espace noethérien irréductible. En particulier, toute partie ouverte non vide de* V *est dense.*

Puisque A_V est noethérien, $\mathrm{Spec}(A_V)$ est noethérien (AC, II, § 4, n° 3, cor. 7 de la prop. 11), et tout sous-espace d'un espace noethérien est noethérien (*loc. cit.*, n° 2, prop. 8). Avec les notations du cor. de la prop. 1, l'intersection des $\mathfrak{m}_x$ est $\{0\}$, et $\{0\}$ est un idéal premier de A_V; donc V est irréductible (*loc. cit.*, n° 3, prop. 14).

2. Applications polynomiales dominantes

Soient V, W des espaces vectoriels de dimension finie. Soit f une application polynomiale de V dans W (A, IV, § 5, n° 10, déf. 4). Si $\psi \in A_W$, on a $\psi \circ f \in A_V$ (*loc. cit.*, prop. 17). L'application $\psi \mapsto \psi \circ f$ est un homomorphisme de A_W dans A_V, dit *associé* à f. Son noyau est formé des fonctions $\psi \in A_W$ qui sont nulles sur $f(V)$ (donc aussi sur l'*adhérence* de $f(V)$ pour la topologie de Zariski).

DÉFINITION 1. — *Une application polynomiale* f: V $\rightarrow$ W *est dite dominante si l'homomorphisme de* A_W *dans* A_V *associé à* f *est injectif.*

Vu ce qui précède, f est dominante si et seulement si $f(V)$ est *dense* dans W pour la topologie de Zariski.

PROPOSITION 3. — *Supposons* k *algébriquement clos. Soit* f: V $\rightarrow$ W *une application polynomiale dominante. L'image par* f *de toute partie ouverte dense de* V *contient une partie ouverte dense de* W.

Il suffit de prouver que, pour tout élément non nul φ de A_V, $f(V_\varphi)$ contient une partie ouverte dense de W. Identifions A_W à une sous-algèbre de A_V grâce à l'homomorphisme associé à f. Il existe un élément non nul ψ de A_W tel que tout homomorphisme $w: A_W \rightarrow k$ n'annulant pas ψ se prolonge en un homomorphisme $v: A_V \rightarrow k$ n'annulant pas φ (AC, V, § 3, n° 1, cor. 3 du th. 1). Or un tel w (resp. un tel v) s'identifie à un élément de W_ψ (resp. de V_φ) et dire que v prolonge w signifie que $f(v) = w$. On a donc $W_\psi \subset f(V_\varphi)$. C.Q.F.D.

Soient $f\colon V \to W$ une application polynomiale, et $x_0 \in V$. L'application $h \mapsto f(x_0 + h)$ de V dans W est polynomiale. Décomposons-la en somme finie d'applications polynomiales homogènes:

$$f(x_0 + h) = f(x_0) + D_1(h) + D_2(h) + \cdots$$

où $D_i\colon V \to W$ est homogène de degré i (A, IV, § 5, n° 10, prop. 19). L'application linéaire D_1 s'appelle *l'application linéaire tangente à f en x_0*. On la note $Df(x_0)$.

PROPOSITION 4. — *Soit $f\colon V \to W$ une application polynomiale. Supposons qu'il existe $x_0 \in V$ tel que $(Df)(x_0)$ soit surjective. Alors f est dominante.*

Quitte à effectuer une translation sur V et une autre sur W, on peut supposer que $x_0 = 0$ et que $f(x_0) = 0$. La décomposition de f en somme d'éléments homogènes s'écrit alors

$$f = f_1 + f_2 + \cdots \qquad \text{avec} \quad \deg f_i = i,$$

et l'application linéaire f_1 est surjective par hypothèse. Supposons que f ne soit pas dominante. Il existe alors un élément non nul ψ de A_W tel que $\psi \circ f = 0$. Soit $\psi = \psi_m + \psi_{m+1} + \cdots$ la décomposition de ψ en éléments homogènes, avec $\deg \psi_i = i$ et $\psi_m \neq 0$. Alors

$$\begin{aligned} 0 = \psi \circ f &= \psi_m \circ f + \psi_{m+1} \circ f + \cdots \\ &= \psi_m \circ f_1 + \rho \end{aligned}$$

où ρ est une somme d'applications polynomiales homogènes de degrés $> m$. On en déduit que $\psi_m \circ f_1 = 0$. Puisque f_1 est surjective, on a $\psi_m = 0$, ce qui est absurde.

COROLLAIRE. — *Si k est algébriquement clos et si f vérifie les hypothèses de la prop. 4, l'image par f de toute partie ouverte dense de V contient une partie ouverte dense de W.*

Cela résulte des prop. 3 et 4.

APPENDICE II

Une propriété de connexion

Lemme 1. — *Soient X un espace topologique connexe et Ω un ouvert dense dans X. Si, quel que soit $x \in X$, il existe un voisinage V de x tel que $V \cap \Omega$ soit connexe, alors Ω est connexe.*

Soit en effet Ω_0 une partie ouverte et fermée non vide de Ω. Soit $x \in X$ et soit V un voisinage de x tel que $V \cap \Omega$ soit connexe. Si $x \in \overline{\Omega}_0$, on a

$$(V \cap \Omega) \cap \Omega_0 = V \cap \Omega_0 \neq \emptyset,$$

donc $V \cap \Omega \subset \Omega_0$. Puisque Ω est dense dans X, $\overline{\Omega}_0$ est donc un voisinage de x.

Par conséquent, $\overline{\Omega}_0$ est ouvert et fermé, non vide, et puisque X est connexe, $\overline{\Omega}_0 = X$. Puisque Ω_0 est fermé dans Ω, ceci entraîne $\Omega_0 = \Omega \cap \overline{\Omega}_0 = \Omega$, ce qui prouve que Ω est connexe.

Lemme 2. — *Soient* U *une boule ouverte de* $\mathbf{C}^n$ *et* f: $U \to \mathbf{C}$ *une fonction holomorphe non identiquement nulle. Soit* A *une partie de* U *telle que* $f = 0$ *sur* A. *Alors* $U - A$ *est dense dans* U *et connexe.*

La densité de $U - A$ résulte de VAR, R, 3.2.5. Supposons d'abord $n = 1$. Si $a \in A$, le développement de f en série entière au point a (VAR, R, 3.2.1) n'est pas réduit à 0, et on en déduit qu'il existe un voisinage V_a de a dans U tel que f ne s'annule pas sur $V_a - \{a\}$. Ainsi, a est isolé dans A, ce qui prouve que A est une partie *discrète* de U, donc dénombrable puisque U est dénombrable à l'infini. Soient $x, y \in U - A$. La réunion des droites affines réelles joignant x (resp. y) à un point de A est maigre (TG, IX, § 5, p. 53). Il existe donc $z \in U - A$ tel qu'aucun des segments $[x, z]$ et $[y, z]$ ne rencontre A. Les points x, y, z appartiennent donc à une même composante connexe de $U - A$, ce qui démontre le lemme dans le cas $n = 1$. Passons au cas général. On peut supposer que A est l'ensemble des zéros de f (TG, I, p. 81, prop. 1). Soient $x, y \in U - A$ et soit L une droite affine contenant x et y. La restriction de f à $L \cap U$ n'est pas identiquement nulle puisque $x \in L \cap U$. D'après ce qui précède, x et y appartiennent à une même composante connexe de $(L \cap U) - (L \cap A)$ donc à une même composante connexe de $U - A$.

Lemme 3. — *Soit* X *une variété analytique complexe connexe de dimension finie et soit* A *une partie de* X *vérifiant la condition*:

Pour tout $x \in X$, *il existe un germe de fonction analytique* f_x *non nul en* x *tel que le germe de* A *en* x *soit contenu dans le germe en* x *de l'ensemble des zéros de* f_x.

Alors $X - A$ *est dense dans* X *et connexe.*

La densité de $X - A$ résulte de VAR, R, 3.2.5. On peut supposer que A est fermé (TG, I, p. 81, prop. 1). Pour tout $x \in X$, il existe un voisinage ouvert V de x et un isomorphisme c de V sur une boule ouverte de $\mathbf{C}^n$ tels que $c(A \cap V)$ soit contenu dans l'ensemble des zéros d'une fonction holomorphe non identiquement nulle sur $c(V)$. D'après le lemme 2, $V \cap (X - A)$ est alors connexe. Compte tenu du lemme 1, ceci prouve que $X - A$ est connexe.

Exercices

Les algèbres de Lie et les modules sur ces algèbres sont supposés de dimension finie sur k; à partir du § 3, on suppose k de caractéristique zéro.

§ 1

1) On suppose k de caractéristique $p > 0$. Soient V un espace vectoriel, S un ensemble fini. Pour qu'une application $r: S \to \mathrm{End}(V)$ vérifie la condition (PC), il faut et il suffit qu'il existe une puissance q de p telle que $[s^q, s'^q] = 0$ quels que soient $s, s' \in S$. (Utiliser I, § 1, exerc. 19, formule (1)).

2) On suppose k parfait. Soient V un espace vectoriel de dimension finie, et $u, v \in \mathrm{End}\, V$. Soient u_s, u_n, v_s, v_n les composantes semi-simples et nilpotentes de u, v. Les conditions suivantes sont équivalentes: (i) il existe un entier m tel que $(\mathrm{ad}\, u)^m v = 0$; (ii) u_s et v commutent. (Pour prouver (i) $\Rightarrow$ (ii), se ramener au cas où k est algébriquement clos et utiliser le lemme 1 (ii)).

3) On se place dans les hypothèses du n° 2. Supposons k infini et la condition (PC) vérifiée. Soit k' une extension parfaite de k. Soit $\lambda: S \to k$ tel que $V^\lambda(S) \neq 0$. Posons

$$V' = V \otimes_k k', \; S' = S \otimes_k k'.$$

Soit $r': S' \to \mathrm{End}(V')$ l'application linéaire déduite de r par extension des scalaires. Il existe une unique application $\lambda': S' \to k'$ telle que $V^\lambda(S) \otimes_k k' = V'^{\lambda'}(S')$. (Se ramener au cas où $V = V^\lambda(S)$. Soient P une fonction polynomiale sur S et q une puissance de l'exposant caractéristique de k divisant dim V, telles que $\lambda^q = P$. Soit P′ la fonction polynomiale sur S′ qui prolonge P. Il existe pour chaque $s' \in S'$ un $\lambda'(s') \in k'$ tel que $\lambda'(s')^q = P'(s')$. Montrer que le polynôme caractéristique de $r'(s')$ est $(X - \lambda'(s'))^{\dim V}$.)

4) On suppose k de caractéristique zéro. Soit $\mathfrak{g} = \mathfrak{sl}(3, k)$ et soit $\mathfrak{a}$ la sous-algèbre de $\mathfrak{g}$ engendrée par une matrice diagonale de valeurs propres 1, -1 et 0. Montrer que $\mathfrak{a}$ est réductive dans $\mathfrak{g}$, que le commutant $\mathfrak{m}$ de $\mathfrak{a}$ dans $\mathfrak{g}$ est formé des matrices diagonales de trace nulle, et que le commutant de $\mathfrak{m}$ dans $\mathfrak{g}$ est égal à $\mathfrak{m}$, donc distinct de $\mathfrak{a}$ (cf. n° 5, *Remarque*).

¶ 5) On suppose k infini. Soient $\mathfrak{g}$ une algèbre de Lie et V un $\mathfrak{g}$-module. Si n est un entier $\geqslant 0$, on note V_n l'ensemble des $v \in V$ tels que $x^n v = 0$ pour tout $x \in \mathfrak{g}$.

a) Montrer que, si $v \in V_n$, $x, y \in \mathfrak{g}$, on a

$$\left(\sum_{i=1}^{n} x^{n-i} y x^{i-1}\right) v = 0.$$

(Utiliser le fait que $(x + ty)^n v = 0$ pour tout $t \in k$.)

Remplaçant y par $[x, y]$ dans cette formule, en déduire[1] que $(x^n y - y x^n) v = 0$, d'où $x^n y v = 0$.

b) Montrer que V_n est un sous-$\mathfrak{g}$-module de V (utiliser *a*)). En particulier $V^0(\mathfrak{g}) = \bigcup_n V_n$ est un sous-$\mathfrak{g}$-module de V.

[1] Cette démonstration nous a été communiquée par G. SELIGMAN.

c) On suppose que $k = \mathbf{R}$ ou $\mathbf{C}$, et on note G un groupe de Lie simplement connexe d'algèbre de Lie $\mathfrak{g}$; l'action de $\mathfrak{g}$ sur V définit une loi d'opération de G sur V (III, § 6, n° 1). Montrer qu'un élément $v \in V$ appartient à V_n si et seulement si $(s-1)^n v = 0$ pour tout $s \in G$; en particulier on a $V^0(\mathfrak{g}) = V^1(G)$.

6) Les notations sont celles de l'Exerc. 12 de I, § 3. En particulier $\mathfrak{g}$ est une algèbre de Lie, M un $\mathfrak{g}$-module, et $H^p(\mathfrak{g}, M) = Z^p(\mathfrak{g}, M)/B^p(\mathfrak{g}, M)$ est *l'espace de cohomologie* de degré p de $\mathfrak{g}$ à valeurs dans M.
a) Montrer que $B^p(\mathfrak{g}, M)$ et $Z^p(\mathfrak{g}, M)$ sont stables par la représentation naturelle θ de $\mathfrak{g}$ dans l'espace des cochaînes $C^p(\mathfrak{g}, M)$. En déduire une représentation de $\mathfrak{g}$ dans $H^p(\mathfrak{g}, M)$. Montrer que cette représentation est *triviale* (utiliser la formule $\theta = di + id$, *loc. cit.*).
b) Soit $\bar{k}$ une clôture algébrique de k. Soient $x \in \mathfrak{g}$ et x_M l'endomorphisme correspondant de M. Soient $\lambda_1, \ldots, \lambda_n$ (resp. $\mu_1, \ldots, \mu_m$) les valeurs propres (dans $\bar{k}$) de $\mathrm{ad}_{\mathfrak{g}}\, x$ (resp. de x_M), répétées suivant leurs multiplicités. Montrer que les valeurs propres de l'endomorphisme $\theta(x)$ de $C^p(\mathfrak{g}, M)$ sont les $\mu_j - (\lambda_{i_1} + \cdots + \lambda_{i_p})$, où $1 \leqslant j \leqslant m$ et

$$1 \leqslant i_1 < i_2 < \cdots < i_p \leqslant n.$$

En déduire, grâce à *a*), que $H^p(\mathfrak{g}, M) = 0$ si aucun des $\mu_j - (\lambda_{i_1} + \cdots + \lambda_{i_p})$ n'est nul.
c) On suppose que la représentation $\mathfrak{g} \to \mathrm{End}(M)$ est *fidèle*, et que x satisfait à la condition:

$$(S_p) \qquad \mu_{j_1} + \cdots + \mu_{j_p} \neq \mu_{k_1} + \cdots + \mu_{k_{p+1}}$$

quels que soient $j_1, \ldots, j_p, k_1, \ldots, k_{p+1} \in [1, m]$.
Montrer que l'on a alors $H^p(\mathfrak{g}, M) = 0$ (remarquer que les valeurs propres λ_i de $\mathrm{ad}_{\mathfrak{g}}\, x$ sont de la forme $\mu_j - \mu_k$, et appliquer *b*)).

7) Soient $\mathfrak{g}$ une algèbre de Lie nilpotente et V un $\mathfrak{g}$-module tel que $V^0(\mathfrak{g}) = 0$. Montrer que $H^p(\mathfrak{g}, V) = 0$ pour tout $p \geqslant 0$. (Se ramener au cas où $V = V^\lambda(\mathfrak{g})$, avec $\lambda \neq 0$ et choisir un élément $x \in \mathfrak{g}$ tel que $\lambda(x) \neq 0$. Appliquer l'exerc. 6 *b*) en remarquant que les λ_i sont nuls et que les μ_j sont tous égaux à $\lambda(x)$).
Retrouver le cor. à la prop. 9 (prendre $p = 1$).[1]

¶ 8) On suppose k de caractéristique $p > 0$. Soit $\mathfrak{g}$ une algèbre de Lie sur k de base $\{e_1, \ldots, e_n\}$. On note U l'algèbre enveloppante de $\mathfrak{g}$ et C le centre de U. Pour $i = 1, \ldots, n$ on choisit un *p-polynôme* f_i non nul, de degré d_i, tel que $f_i(\mathrm{ad}\, e_i) = 0$; on a alors $f_i(e_i) \in C$, cf. I, § 7, exerc. 5. On pose $z_i = f_i(e_i)$.
a) Montrer que $z_1, \ldots, z_n$ sont algébriquement indépendants. Si $A = k[z_1, \ldots, z_n]$, montrer que U est un A-module libre de base les monômes $e_1^{\alpha_1} \ldots e_n^{\alpha_n}$, où $0 \leqslant \alpha_i < d_i$. [Utiliser le théorème de Poincaré-Birkhoff-Witt]. Le rang $[U:A]$ de U sur A est égal à $d_1 \ldots d_n$; c'est une puissance de p. En déduire que C est un A-module de type fini, donc une k-algèbre de type fini et de dimension n (AC, VIII).
b) Soit K le corps des fractions de A, et soient

$$U_{(K)} = U \otimes_A K, \qquad C_{(K)} = C \otimes_A K.$$

On a $U_{(K)} \supset C_{(K)} \supset K$. Montrer que $U_{(K)}$ est un corps de centre $C_{(K)}$, et que c'est le corps des quotients (à gauche comme à droite) de U, cf. I, § 2, exerc. 10. En déduire que $[U_{(K)}:C_{(K)}]$ est de la forme q^2, où q est une puissance de p; on a $[C_{(K)}:K] = q_C$, où q_C est une puissance de p, et $[U:A] = q_C q^2$.
c) Soit d un élément non nul de A, et soit Λ un sous-anneau de $U_{(K)}$ tel que $U \subset \Lambda \subset d^{-1}U$. Montrer que $\Lambda = U$. [Si $x = b/a$, $a \in A - \{0\}$, est un élément de Λ, on montrera par récurrence sur m que la relation $b \in Ua + U_m$ entraîne $b \in Ua + U_{m-1}$, où $\{U_m\}$ est la filtration canonique de U. (Utiliser pour cela le fait que gr U est intégralement clos, et raisonner comme dans la prop. 15 de AC, V, § 1, n° 4.) Pour $m = 0$, cela donne $b \in Ua$, i.e. $x \in U$.]
En déduire que C est *intégralement clos*.

[1] Pour plus de détails, cf. J. DIXMIER, Cohomologie des algèbres de Lie nilpotentes, *Acta Sci. Math. Szeged*, t. XVI (1955), p. 246–250.

d) On suppose k *algébriquement clos*. Soient $\rho \colon \mathfrak{g} \to \mathfrak{gl}(V)$ une représentation linéaire irréductible de $\mathfrak{g}$ et ρ_U la représentation correspondante de U. La restriction de ρ_U à C est un homomorphisme γ_ρ de C dans k (identifié aux homothéties de V); soit α_ρ sa restriction à A. Montrer que pour tout homomorphisme α (resp. γ) de la k-algèbre A (resp. C) dans k, il existe au moins une représentation irréductible ρ de $\mathfrak{g}$ telle que $\alpha_\rho = \alpha$ (resp. $\gamma_\rho = \gamma$) et que ces représentations sont en nombre fini (à équivalence près). Montrer que $\dim V \leqslant q$, avec les notations de *b*).[1]

¶ 9) On conserve les notations de l'exercice précédent, et l'on suppose en outre que $\mathfrak{g}$ est *nilpotente*.

a) Montrer que l'on peut choisir la base $\{e_1, \ldots, e_n\}$ de telle sorte que, pour tout couple (i, j), $[e_i, e_j]$ soit combinaison linéaire des e_h où $h > \sup(i, j)$. Dans toute la suite, on suppose que les e_i vérifient cette condition. Pour $i = 1, \ldots, n$ on choisit une puissance $q(i)$ de p telle que $\operatorname{ad}(e_i)^{q(i)} = 0$, et l'on pose $z_i = e_i^{q(i)}$, $A = k[z_1, \ldots, z_n]$, cf. exerc. 8.

b) Soit $\rho \colon \mathfrak{g} \to \mathfrak{gl}(V)$ une représentation linéaire de $\mathfrak{g}$. On suppose que $\rho(e_i)$ est nilpotent pour $i = 1, \ldots, n$. Montrer que $\rho(x)$ est nilpotent pour tout $x \in \mathfrak{g}$. [Raisonner par récurrence sur $n = \dim \mathfrak{g}$ et se ramener au cas où ρ est irréductible. Montrer que, dans ce cas, on a $\rho(e_n) = 0$ et appliquer l'hypothèse de récurrence.]

c) Soient $\rho_1 \colon \mathfrak{g} \to \mathfrak{gl}(V_1)$ et $\rho_2 \colon \mathfrak{g} \to \mathfrak{gl}(V_2)$ deux représentations linéaires de $\mathfrak{g}$. On suppose que V_1 et V_2 sont $\neq 0$, et que $V_1 = V^{\lambda_1}(\mathfrak{g})$, $V_2 = V^{\lambda_2}(\mathfrak{g})$, où λ_1 et λ_2 sont deux fonctions sur $\mathfrak{g}$, cf. nº 3. Montrer que, si $\lambda_1(e_i) = \lambda_2(e_i)$ pour $i = 1, \ldots, n$, on a $\lambda_1 = \lambda_2$ et il existe un $\mathfrak{g}$-homomorphisme non nul de V_1 dans V_2 (appliquer *b*) au $\mathfrak{g}$-module $V = \mathscr{L}(V_1, V_2)$ et utiliser le théorème d'Engel pour montrer que V contient un élément $\mathfrak{g}$-invariant $\neq 0$). En déduire que, si en outre V_1 et V_2 sont simples, ils sont isomorphes.

d) On suppose k algébriquement clos. Soit R l'ensemble des classes de représentations irréductibles de $\mathfrak{g}$. Si $\rho \in R$, posons

$$x_\rho = (x_\rho(1), \ldots, x_\rho(n)) \in k^n,$$

où $x_\rho(i)$ est l'unique valeur propre de $\rho(e_i)$. Montrer que $\rho \mapsto x_\rho$ est une *bijection de* R *sur* k^n. (L'injectivité résulte de *c*), et la surjectivité de l'exerc. 8 *d*).) En déduire les conséquences suivantes:

(i) Pour tout idéal maximal $\mathfrak{m}$ de A, le quotient de $U/\mathfrak{m}U$ par son radical est une algèbre de matrices.

(ii) Le degré de toute représentation irréductible de $\mathfrak{g}$ est une puissance de p (cela résulte de (i) et du fait que $[U/\mathfrak{m}U : k]$ est une puissance de p).

(iii) Tout homomorphisme de A dans k se prolonge de manière unique en un homomorphisme de C dans k (utiliser le fait que $C/\mathfrak{m}C$ est contenu dans le centre de $U/\mathfrak{m}U$, qui est une k-algèbre locale de corps résiduel k).

(iv) Il existe un entier $N \geqslant 0$ tel que $x^{p^N} \in A$ pour tout $x \in C$ (résulte de (iii)).[2]

¶ 10) On suppose k de caractéristique $p > 0$. On note $\mathfrak{g}$ une algèbre de Lie de base $\{e_1, e_2, e_3\}$, avec $[e_1, e_2] = e_3$, $[e_1, e_3] = [e_2, e_3] = 0$.

a) Montrer que le centre de $U\mathfrak{g}$ est $k[e_1^p, e_2^p, e_3]$.

b) On suppose k algébriquement clos. Montrer que, pour tout $(\lambda_1, \lambda_2, \lambda_3) \in k^3$, il existe une représentation irréductible ρ de $\mathfrak{g}$ et une seule (à équivalence près) telle que $\rho(e_i)$ ait pour unique valeur propre λ_i $(i = 1, 2, 3)$; le degré de ρ est p si $\lambda_3 \neq 0$, c'est 1 si $\lambda_3 = 0$. (Appliquer les exerc. 8 et 9, ou raisonner directement.)

11) Soient $\mathfrak{h}$ une algèbre de Lie nilpotente, V un $\mathfrak{h}$-module non réduit à 0, et λ une fonction sur $\mathfrak{h}$ telle que $V = V^\lambda(\mathfrak{h})$. Démontrer l'équivalence des propriétés suivantes:

(i) λ est une forme linéaire sur $\mathfrak{h}$, nulle sur $[\mathfrak{h}, \mathfrak{h}]$.

[1] Pour plus de détails, cf. H. ZASSENHAUS, The representations of Lie algebras of prime characteristic, *Proc. Glasgow Math. Assoc.*, t. II (1954), p. 1–36.

[2] Pour plus de détails, cf. H. ZASSENHAUS, Über Liesche Ringe mit Primzahlcharakteristik, *Hamb. Abh.*, t. XIII (1939), p. 1–100, et Darstellungstheorie nilpotenter Lie-Ringe bei Charakteristik $p > 0$, *J. de Crelle*, t. CLXXXII (1940), p. 150–155.

(ii) Il existe une base de V par rapport à laquelle les endomorphismes définis par les éléments de $\mathfrak{h}$ sont triangulaires.

(Pour prouver que (i) $\Rightarrow$ (ii), appliquer le théorème d'Engel au $\mathfrak{h}$-module $\mathscr{L}(W_\lambda, V)$, où W est le $\mathfrak{h}$-module de dimension 1 défini par λ.)

Les propriétés (i) et (ii) sont vraies si k est de caractéristique 0 (prop. 9).

§ 2

1) Les matrices diagonales de trace 0 forment une sous-algèbre de Cartan de $\mathfrak{sl}(n, k)$, sauf lorsque $n = 2$ et que k est de caractéristique 2.

2) Soit e l'élément $\begin{pmatrix} 0 & 1 \\ 0 & 0 \end{pmatrix}$ de $\mathfrak{sl}(2, \mathbf{C})$. Montrer que $\mathbf{C}e$ est une sous-algèbre de Lie nilpotente maximale de $\mathfrak{sl}(2, \mathbf{C})$, mais n'est pas une sous-algèbre de Cartan de $\mathfrak{sl}(2, \mathbf{C})$.

3) On suppose k de caractéristique 0. Soit $\mathfrak{g}$ une algèbre de Lie semi-simple. Soit E l'ensemble des sous-algèbres commutatives de $\mathfrak{g}$ dont tous les éléments sont semi-simples dans $\mathfrak{g}$. Alors les sous-algèbres de Cartan de $\mathfrak{g}$ sont les éléments maximaux de E. (Utiliser le th. 2 et la prop. 10.)

En particulier, la réunion des sous-algèbres de Cartan de $\mathfrak{g}$ est égale à l'ensemble des éléments semi-simples de $\mathfrak{g}$.

4) Soit $\mathfrak{g}$ une algèbre de Lie admettant une base (x, y, z) telle que $[x, y] = y$, $[x, z] = z$, $[y, z] = 0$. Soit $\mathfrak{a}$ l'idéal $ky + kz$ de $\mathfrak{g}$. Alors $\mathrm{rg}(\mathfrak{a}) = 2$ et $\mathrm{rg}(\mathfrak{g}) = 1$.

5) On suppose k de caractéristique 0. Soient $\mathfrak{g}$ une algèbre de Lie, $\mathfrak{r}$ son radical, $\mathfrak{h}$ une sous-algèbre de Cartan de $\mathfrak{g}$. Montrer que

$$\mathfrak{r} = [\mathfrak{g}, \mathfrak{r}] + (\mathfrak{h} \cap \mathfrak{r}).$$

(Observer que l'image de $\mathfrak{h}$ dans $\mathfrak{g}/[\mathfrak{g}, \mathfrak{r}]$ contient le centre $\mathfrak{r}/[\mathfrak{g}, \mathfrak{r}]$ de $\mathfrak{g}/[\mathfrak{g}, \mathfrak{r}]$.)

6) Soient $\mathfrak{g}$ une algèbre de Lie, $\mathfrak{h}$ une sous-algèbre nilpotente de $\mathfrak{g}$. Si $\mathfrak{g}^0(\mathfrak{h})$ est nilpotente, $\mathfrak{g}^0(\mathfrak{h})$ est une sous-algèbre de Cartan de $\mathfrak{g}$.

7) Soient $\mathfrak{s}$ une algèbre de Lie, $\mathfrak{a}$ une sous-algèbre de Cartan de $\mathfrak{s}$ et V un $\mathfrak{s}$-module. Soit $\mathfrak{g} = \mathfrak{s} \times V$ le produit semi-direct de $\mathfrak{s}$ par V. Montrer que $\mathfrak{a} \times V^0(\mathfrak{a})$ est une sous-algèbre de Cartan de $\mathfrak{g}$.

8) On suppose k de caractéristique $p > 0$. On note $\mathfrak{s}$ une algèbre de Lie de base $\{x, y\}$ avec $[x, y] = y$. Soit V un k-espace vectoriel de base $\{e_i\}_{i \in \mathbf{Z}/p\mathbf{Z}}$.

a) Montrer qu'il existe sur V une structure de $\mathfrak{s}$-module et une seule telle que $xe_i = ie_i$ et $ye_i = e_{i+1}$ pour tout i. Ce $\mathfrak{s}$-module est simple.

b) Soit $\mathfrak{g} = \mathfrak{s} \times V$ le produit semi-direct de $\mathfrak{s}$ par V. Montrer que $\mathfrak{g}$ est une algèbre résoluble de rang 1 dont l'algèbre dérivée n'est pas nilpotente.

c) Pour qu'un élément de $\mathfrak{g}$ soit régulier, il faut et il suffit que sa projection dans $\mathfrak{s}$ soit de la forme $ax + by$, avec $ab \neq 0$.

d) On a $V^0(x + y) = 0$ et $V^0(x) = ke_0$. En déduire (cf. exerc. 6) que $\mathfrak{g}$ possède des sous-algèbres de Cartan de dimension 1 (par exemple celle engendrée par $x + y$) et des sous-algèbres de Cartan de dimension 2 (par exemple celle engendrée par x et e_0).

9) Soit $\mathfrak{g}$ une algèbre de Lie admettant une base (x, y) telle que $[x, y] = y$. Soient $\mathfrak{k} = ky$, et $\varphi: \mathfrak{g} \to \mathfrak{g}/\mathfrak{k}$ le morphisme canonique. L'élément 0 de $\mathfrak{g}/\mathfrak{k}$ est régulier dans $\mathfrak{g}/\mathfrak{k}$ mais n'est pas l'image par φ d'un élément régulier de $\mathfrak{g}$.

10) On suppose k infini. Soit $\mathfrak{g}$ une algèbre de Lie. Démontrer l'équivalence des propriétés suivantes:

(i) $\mathrm{rg}(\mathfrak{g}) = \dim(\mathfrak{g})$.

(ii) $\mathfrak{g}$ est nilpotente.

(iii) $\mathfrak{g}$ ne possède qu'un nombre fini de sous-algèbres de Cartan de dimension $\mathrm{rg}(\mathfrak{g})$.
(iv) $\mathfrak{g}$ ne possède qu'une seule sous-algèbre de Cartan.

11) Soient $\mathfrak{h}$ une algèbre de Lie commutative $\neq 0$, P une partie finie de $\mathfrak{h}^*$ contenant 0. Montrer qu'il existe une algèbre de Lie $\mathfrak{g}$ contenant $\mathfrak{h}$ comme sous-algèbre de Cartan, et telle que l'ensemble des poids de $\mathfrak{h}$ dans $\mathfrak{g}$ soit P. (Construire $\mathfrak{g}$ comme produit semi-direct de $\mathfrak{h}$ par un $\mathfrak{h}$-module V, somme directe de modules de dimension 1 correspondant aux éléments de $P - \{0\}$, cf. exerc. 7.)

Pour qu'un élément x de $\mathfrak{h}$ soit tel que $\mathfrak{h} = \mathfrak{g}^0(x)$, il faut et il suffit que x ne soit orthogonal à aucun élément de $P - \{0\}$.

12) On suppose k *fini*. Construire un exemple d'algèbre de Lie $\mathfrak{g}$ possédant une sous-algèbre de Cartan $\mathfrak{h}$ dans laquelle il n'existe aucun élément x tel que $\mathfrak{h} = \mathfrak{g}^0(x)$. (Utiliser l'exercice précédent, en prenant $P = \mathfrak{h}^*$.)

¶ 13) On suppose k fini. On note k' une extension infinie de k. Soit $\mathfrak{g}$ une algèbre de Lie sur k. On appelle *rang de* $\mathfrak{g}$, et on note $\mathrm{rg}(\mathfrak{g})$, le rang de la k'-algèbre de Lie $\mathfrak{g}' = \mathfrak{g} \otimes_k k'$; un élément de $\mathfrak{g}$ est dit *régulier* s'il est régulier dans $\mathfrak{g}'$; ces définitions ne dépendent pas du choix de k'. Montrer que, si l'on a

$$\mathrm{Card}(k) \geqslant \dim \mathfrak{g} - \mathrm{rg}(\mathfrak{g}),$$

$\mathfrak{g}$ contient un élément régulier (donc aussi une sous-algèbre de Cartan).

(On utilisera le résultat suivant: si a est un élément homogène non nul de $k[X_1, \ldots, X_n]$, et si $\mathrm{Card}(k) \geqslant \deg(a)$, il existe $x \in k^n$ tel que $a(x) \neq 0$.)

14) On suppose k de caractéristique zéro. Soient V un k-espace vectoriel de dimension finie, $\mathfrak{g}$ une sous-algèbre de Lie de $\mathfrak{gl}(V)$, $\mathfrak{h}$ une sous-algèbre de Cartan de $\mathfrak{g}$ et $\mathfrak{n}_V$ le plus grand idéal de nilpotence du $\mathfrak{g}$-module V (I, § 4, n° 3, déf. 2). Montrer qu'un élément de $\mathfrak{h}$ est nilpotent si et seulement s'il appartient à $\mathfrak{n}_V$. (Se ramener au cas où le $\mathfrak{g}$-module V est semi-simple, et utiliser le cor. 3 du th. 2.)

¶ 15) On suppose k infini. Soient $\mathfrak{g}$ une algèbre de Lie, $\mathscr{C}_\infty\mathfrak{g}$ la réunion de la série centrale ascendante de $\mathfrak{g}$, et x un élément de $\mathfrak{g}$. Démontrer l'équivalence des propriétés suivantes:
(i) x appartient à toute sous-algèbre de Cartan de $\mathfrak{g}$.
(ii) $x \in \mathfrak{g}^0(y)$ pour tout $y \in \mathfrak{g}$ (i.e. $x \in \mathfrak{g}^0(\mathfrak{g})$).
(iii) $x \in \mathscr{C}_\infty\mathfrak{g}$.
(Les implications (iii) $\Rightarrow$ (ii) $\Rightarrow$ (i) sont immédiates. Pour prouver que (i) $\Rightarrow$ (ii), remarquer que (i) équivaut à dire que $x \in \mathfrak{g}^0(y)$ pour tout élément y régulier dans $\mathfrak{g}$, et utiliser le fait que les éléments réguliers sont denses dans $\mathfrak{g}$ pour la topologie de Zariski. Pour prouver que (ii) $\Rightarrow$ (iii), observer que $\mathfrak{n} = \mathfrak{g}^0(\mathfrak{g})$ est stable par $\mathfrak{g}$ (§ 1, exerc. 5) et appliquer le th. d'Engel au $\mathfrak{g}$-module $\mathfrak{n}$; en déduire que $\mathfrak{n}$ est contenu dans $\mathscr{C}_\infty\mathfrak{g}$.)

¶ 16) Soient $\mathfrak{g}$ une algèbre de Lie résoluble complexe, $\mathfrak{h}$ une sous-algèbre de Cartan de $\mathfrak{g}$, $\mathfrak{g} = \oplus\, \mathfrak{g}^\lambda(\mathfrak{h})$ la décomposition correspondante de $\mathfrak{g}$ en sous-espaces primaires, avec $\mathfrak{g}^0(\mathfrak{h}) = \mathfrak{h}$.
a) Montrer que les restrictions à $\mathfrak{h}$ des formes linéaires appelées racines de $\mathfrak{g}$ dans III, § 9, exerc. 17 *c*) sont les poids de $\mathfrak{h}$ dans $\mathfrak{g}$, i.e. les λ tels que $\mathfrak{g}^\lambda(\mathfrak{h}) \neq 0$; en déduire qu'un tel λ est nul sur $\mathfrak{h} \cap \mathscr{D}\mathfrak{g}$.
b) Soit $(x, y) \mapsto [x, y]'$ l'application bilinéaire alternée de $\mathfrak{g} \times \mathfrak{g}$ dans $\mathfrak{g}$ possédant les propriétés suivantes:
(i) Si $x \in \mathfrak{g}^\lambda(\mathfrak{h})$, $y \in \mathfrak{g}^\mu(\mathfrak{h})$, avec $\lambda \neq 0$, $\mu \neq 0$, on a $[x, y]' = [x, y]$;
(ii) si $x \in \mathfrak{g}^0(\mathfrak{h})$, $y \in \mathfrak{g}^\mu(\mathfrak{h})$, on a $[x, y]' = [x, y] - \mu(x)y$.

Montrer que $\mathfrak{g}$ est ainsi muni d'une nouvelle structure d'algèbre de Lie (utiliser *a*)). On la note $\mathfrak{g}'$.
c) Montrer que, si $x \in \mathfrak{g}^\lambda(\mathfrak{h})$, l'application $\mathrm{ad}'\, x : y \mapsto [x, y]'$ est nilpotente. En déduire que $\mathfrak{g}'$ est *nilpotente* (appliquer l'exerc. 11 de I, § 4 à l'ensemble E des $\mathrm{ad}'\, x$, où x parcourt la réunion des $\mathfrak{g}^\lambda(\mathfrak{h})$).

§ 3

1) Soient $\mathfrak{g}$ une algèbre de Lie, $\mathfrak{g}'$ une sous-algèbre de Cartan de $\mathfrak{g}$. Alors les conditions de la prop. 3 sont vérifiées. Mais un élément de $\mathfrak{g}'$, tout en étant régulier dans $\mathfrak{g}'$, n'est pas nécessairement régulier dans $\mathfrak{g}$.

2) Soient $\mathfrak{g}$ une algèbre de Lie réelle de dimension n, U (resp. H) l'ensemble des éléments réguliers (resp. des sous-algèbres de Cartan) de $\mathfrak{g}$, et $\mathrm{Int}(\mathfrak{g})$ le groupe des automorphismes intérieurs de $\mathfrak{g}$ (III, § 6, n° 2, déf. 2).
a) Montrer que, si x et y appartiennent à la même composante connexe de U, $\mathfrak{g}^0(x)$ et $\mathfrak{g}^0(y)$ sont conjuguées par $\mathrm{Int}(\mathfrak{g})$.
b) Montrer que les composantes connexes de U sont en nombre fini, et que ce nombre est borné par une constante $c(n)$ ne dépendant que de n (appliquer l'exerc. 2 de l'App. II).
c) En déduire que les orbites de $\mathrm{Int}(\mathfrak{g})$ dans H sont en nombre $\leqslant c(n)$.

3) Soient $\mathfrak{g}$ une algèbre de Lie réelle, $\mathfrak{r}$ le radical de $\mathfrak{g}$, $\mathfrak{h}$ et $\mathfrak{h}'$ des sous-algèbres de Cartan de $\mathfrak{g}$, φ l'homomorphisme canonique de $\mathfrak{g}$ sur $\mathfrak{g}/\mathfrak{r}$. Les conditions suivantes sont équivalentes:
(i) $\mathfrak{h}$ et $\mathfrak{h}'$ sont conjuguées par $\mathrm{Int}(\mathfrak{g})$;
(ii) $\varphi(\mathfrak{h})$ et $\varphi(\mathfrak{h}')$ sont conjuguées par $\mathrm{Int}(\mathfrak{g}/\mathfrak{r})$. (Imiter la démonstration de la prop. 5.)

4) Soient $\mathfrak{g} = \mathfrak{sl}(2, \mathbf{R})$, $x = \begin{pmatrix} 1 & 0 \\ 0 & -1 \end{pmatrix}$, $y = \begin{pmatrix} 0 & -1 \\ 1 & 0 \end{pmatrix}$. Montrer que $\mathbf{R}x$ et $\mathbf{R}y$ sont des sous-algèbres de Cartan de $\mathfrak{g}$ non conjuguées par $\mathrm{Aut}(\mathfrak{g})$.

5) *a*) Montrer qu'il existe une algèbre de Lie $\mathfrak{g}$ sur k admettant une base (x, y, z, t) telle que

$$[x, y] = z, \qquad [x, t] = t, \qquad [y, t] = 0, \qquad [\mathfrak{g}, z] = 0.$$

Montrer que $\mathfrak{g}$ est résoluble et que $\mathfrak{k} = kx + ky + kz$ est une sous-algèbre de $\mathfrak{g}$.
b) Montrer que les automorphismes élémentaires de $\mathfrak{g}$ sont les applications de la forme $1 + \lambda\, \mathrm{ad}_{\mathfrak{g}} y + \mu\, \mathrm{ad}_{\mathfrak{g}}\, t$ où $\lambda, \mu \in k$.
c) Montrer que $1 + \mathrm{ad}_{\mathfrak{k}}\, x$ est un automorphisme élémentaire de $\mathfrak{k}$ qui ne se prolonge pas en un automorphisme élémentaire de $\mathfrak{g}$.
d) Soit $\mathfrak{s}$ une sous-algèbre semi-simple d'une algèbre de Lie $\mathfrak{a}$. Montrer que tout automorphisme élémentaire de $\mathfrak{s}$ se prolonge en un automorphisme élémentaire de $\mathfrak{a}$.

6) Tout élément d'une algèbre de Lie réductive $\mathfrak{g}$ est contenu dans une sous-algèbre commutative de dimension $\mathrm{rg}(\mathfrak{g})$.

7) Soient $\mathfrak{g}$ une algèbre de Lie et $\mathfrak{g}'$ une sous-algèbre de $\mathfrak{g}$ réductive dans $\mathfrak{g}$. Soit $\mathfrak{a}$ une sous-algèbre de Cartan de $\mathfrak{g}'$. Montrer qu'il existe une sous-algèbre de Cartan de $\mathfrak{g}$ qui contient $\mathfrak{a}$ (utiliser la prop. 10 du § 2). En déduire que $\mathrm{rg}(\mathfrak{g}') \leqslant \mathrm{rg}(\mathfrak{g})$ et qu'il y a égalité si et seulement si $\mathfrak{g}'$ possède les propriétés (i), (ii), (iii) de la prop. 3.

8) Soient $\mathfrak{g}$ une algèbre de Lie, $\mathfrak{a}$ un idéal de $\mathfrak{g}$, $\mathfrak{h}$ une sous-algèbre de Cartan de $\mathfrak{g}$ et $\mathscr{C}_\infty\mathfrak{g}$ la réunion de la série centrale ascendante de $\mathfrak{g}$. Montrer que $\mathfrak{a} \subset \mathfrak{h}$ entraîne $\mathfrak{a} \subset \mathscr{C}_\infty\mathfrak{g}$ (autrement dit $\mathscr{C}_\infty\mathfrak{g}$ est le plus grand idéal de $\mathfrak{g}$ contenu dans $\mathfrak{h}$). (Se ramener au cas où k est algébriquement clos et remarquer que $\mathfrak{a}$ est stable pour tout automorphisme élémentaire de $\mathfrak{g}$; la relation $\mathfrak{a} \subset \mathfrak{h}$ entraîne alors que $\mathfrak{a}$ est contenu dans toute sous-algèbre de Cartan de $\mathfrak{g}$; conclure au moyen de l'exerc. 15 du § 2.)

¶ 9) Soient $\mathfrak{g}$ une algèbre de Lie, $\mathfrak{h}$ une sous-algèbre de Cartan de $\mathfrak{g}$ et x un élément de $\mathfrak{h}$. Soit $\mathfrak{g} = \mathfrak{h} \oplus \mathfrak{g}^+$ la décomposition de Fitting (§ 1, n° 1) de $\mathfrak{g}$ par rapport à $\mathfrak{h}$.
a) Soit $\mathfrak{n}$ le plus grand sous-$\mathfrak{h}$-module semi-simple contenu dans $\mathfrak{g}^0(x) \cap \mathfrak{g}^+$. Montrer que $\mathfrak{n} = 0$ si et seulement si $\mathfrak{g}^0(x) = \mathfrak{h}$, i.e. si x est régulier dans $\mathfrak{g}$.
b) Montrer que $\mathfrak{h} \oplus \mathfrak{n}$ est une sous-algèbre de $\mathfrak{g}$. Si $\mathfrak{h}'$ est l'intersection de $\mathfrak{h}$ avec le commutant de $\mathfrak{n}$, montrer que $\mathfrak{h}'$ est un idéal de $\mathfrak{h} \oplus \mathfrak{n}$, qui contient $\mathscr{D}\mathfrak{h}$ et x. En conclure (exerc. 8) que $\mathfrak{h}' \subset \mathscr{C}_\infty(\mathfrak{h} \oplus \mathfrak{n})$, d'où $x \in \mathscr{C}_\infty(\mathfrak{h} \oplus \mathfrak{n})$ et x appartient à toute sous-algèbre de Cartan de $\mathfrak{h} \oplus \mathfrak{n}$.

c) Si $\mathfrak{n} \neq 0$, $\mathfrak{h} \oplus \mathfrak{n}$ n'est pas nilpotente et possède une infinité de sous-algèbres de Cartan (§ 2, exerc. 10). En conclure que x appartient à une infinité de sous-algèbres de Cartan de $\mathfrak{g}$.
d) Pour qu'un élément de $\mathfrak{g}$ soit régulier, il faut et il suffit qu'il appartienne à une sous-algèbre de Cartan et à une seule.

¶ 10) Soient $\mathfrak{g}$ une algèbre de Lie, $\mathfrak{r}$ son radical, $\mathfrak{n}$ son plus grand idéal nilpotent et $\mathfrak{a}$ une de ses sous-algèbres de Levi.
a) On pose $\mathfrak{g}' = \mathfrak{n} + \mathscr{D}\mathfrak{g}$. Montrer que $\mathfrak{g}' = \mathfrak{n} \oplus \mathfrak{a}$. (Utiliser le fait que $[\mathfrak{g}, \mathfrak{r}]$ est contenu dans $\mathfrak{n}$.) Si $\mathfrak{g} \neq 0$, on a $\mathfrak{g}' \neq 0$.
b) On suppose k algébriquement clos. Soient $(V_i)_{i \in I}$ les quotients d'une suite de Jordan-Hölder du $\mathfrak{g}$-module $\mathfrak{g}$ (pour la représentation adjointe). Si $x \in \mathfrak{r}$, montrer que x_{V_i} est une homothétie et que $x_{V_i} = 0$ pour tout i si et seulement si x appartient à $\mathfrak{n}$. En déduire qu'un élément $y \in \mathfrak{g}$ appartient à $\mathfrak{g}'$ si et seulement si $\operatorname{Tr}(y_{V_i}) = 0$ pour tout $i \in I$.
c) On note N le sous-espace vectoriel de $\mathfrak{g}$ engendré par les éléments x tels que $\operatorname{ad} x$ soit nilpotent. Montrer que N est une sous-algèbre de $\mathfrak{g}$ (utiliser le fait que N est stable par $\operatorname{Aut}_e(\mathfrak{g})$). Montrer, en utilisant b), que l'on a $N \subset \mathfrak{g}'$.
d) Soit $\mathfrak{h}$ une sous-algèbre de Cartan de $\mathfrak{g}$. On suppose qu'il existe une partie R de $\mathfrak{h}^*$ telle que

$$\mathfrak{g} = \mathfrak{h} \oplus \bigoplus_{\alpha \in R} \mathfrak{g}^\alpha(\mathfrak{h}),$$

hypothèse qui est en particulier vérifiée si k est algébriquement clos. Montrer que N contient alors les $\mathfrak{g}^\alpha(\mathfrak{h})$, $\mathscr{D}\mathfrak{h}$ et $\mathfrak{n}$; en déduire que N contient $\mathfrak{g}'$, d'où $N = \mathfrak{g}'$.
e) Si k est algébriquement clos et $\mathfrak{g} \neq 0$, $\mathfrak{g}$ contient un élément $x \neq 0$ tel que $\operatorname{ad} x$ soit nilpotent. (En effet, on a alors $\mathfrak{g}' \neq 0$.)

¶ 11) Soient $\mathfrak{g}$ une algèbre de Lie, $\mathfrak{r}$ son radical.
a) Soient $\mathfrak{s}$ une sous-algèbre de Levi de $\mathfrak{g}$, $\mathfrak{k}$ une sous-algèbre de Cartan de $\mathfrak{s}$. Montrer que $\mathfrak{k}$ est contenue dans une sous-algèbre de Cartan $\mathfrak{h}$ de $\mathfrak{g}$, somme de $\mathfrak{k}$ et d'une sous-algèbre de $\mathfrak{r}$. (Utiliser le § 2, th. 2, prop. 10 et cor. 2 du th. 1).
b) Soit $\mathfrak{h}'$ une sous-algèbre de Cartan de $\mathfrak{g}$. Montrer qu'il existe une sous-algèbre de Levi $\mathfrak{s}'$ de $\mathfrak{g}$ telle que $\mathfrak{h}'$ soit somme d'une sous-algèbre de Cartan de $\mathfrak{s}'$ et d'une sous-algèbre de $\mathfrak{r}$. (On peut choisir les sous-algèbres $\mathfrak{s}$, $\mathfrak{k}$, $\mathfrak{h}$ de a) de telle sorte que $\mathfrak{h} + \mathfrak{r} = \mathfrak{h}' + \mathfrak{r}$. Posons $\mathfrak{a} = \mathfrak{h} + \mathfrak{r}$, qui est résoluble. D'après le th. 3, il existe $x \in \mathscr{C}^\infty(\mathfrak{a})$ tel que $e^{\operatorname{ad}_\mathfrak{a} x}\mathfrak{h} = \mathfrak{h}'$. Alors $e^{\operatorname{ad}_\mathfrak{g} x}$ est un automorphisme spécial de $\mathfrak{g}$ qui transforme $\mathfrak{s}$ en la sous-algèbre de Levi cherchée.)
c) Soit $\mathfrak{s}$ une sous-algèbre de Levi de $\mathfrak{g}$. Soit $\mathfrak{h}$ une sous-algèbre de Cartan de $\mathfrak{g}$, somme d'une sous-algèbre de Cartan $\mathfrak{k}$ de $\mathfrak{s}$ et d'une sous-algèbre $\mathfrak{l}$ de $\mathfrak{r}$. Soit $\mathfrak{c}$ le commutant de $\mathfrak{k}$ dans $\mathfrak{r}$. Montrer que $\mathfrak{l}$ est une sous-algèbre de Cartan de $\mathfrak{c}$. (Pour $x \in \mathfrak{k}$, $\operatorname{ad}_\mathfrak{g} x$ est semi-simple, mais $\operatorname{ad}_\mathfrak{h} x$ est nilpotent, donc $[\mathfrak{k}, \mathfrak{h}] = 0$. Si $y \in \mathfrak{c}$ est tel que $[y, \mathfrak{l}] \subset \mathfrak{l}$, on a $[y, \mathfrak{h}] \subset \mathfrak{h}$ donc $y \in \mathfrak{h} \cap \mathfrak{r} = \mathfrak{l}$.)
d) Soient $\mathfrak{s}$ une sous-algèbre de Levi de $\mathfrak{g}$, $\mathfrak{k}$ une sous-algèbre de Cartan de $\mathfrak{s}$, $\mathfrak{c}$ le commutant de $\mathfrak{k}$ dans $\mathfrak{r}$, $\mathfrak{l}$ une sous-algèbre de Cartan de $\mathfrak{c}$. Alors $\mathfrak{h} = \mathfrak{k} + \mathfrak{l}$ est une sous-algèbre de Cartan de $\mathfrak{g}$. (Soit $x = y + z$ ($y \in \mathfrak{s}$, $z \in \mathfrak{r}$) un élément du normalisateur $\mathfrak{u}$ de $\mathfrak{h}$ dans $\mathfrak{g}$. Montrer que $[y, \mathfrak{k}] \subset \mathfrak{k}$, d'où $y \in \mathfrak{k}$ et $z \in \mathfrak{u}$. Puis montrer que $[z, \mathfrak{k}] \subset \mathfrak{h} \cap \mathfrak{r} \subset \mathfrak{c}$, d'où $[\mathfrak{k}, [\mathfrak{k}, z]] = 0$, d'où $[\mathfrak{k}, z] = 0$ et $z \in \mathfrak{c}$. Enfin, $[z, \mathfrak{l}] \subset \mathfrak{l}$ d'où $z \in \mathfrak{l}$ et $x \in \mathfrak{h}$.)
e) Soient $\mathfrak{s}$, $\mathfrak{k}$, $\mathfrak{c}$ comme dans d), et $\mathfrak{q} = [\mathfrak{g}, \mathfrak{r}]$ le radical nilpotent de $\mathfrak{g}$. Soient $x \in \mathfrak{q}$ et u l'automorphisme spécial $e^{\operatorname{ad} x}$. Si $u(\mathfrak{k}) \subset \mathfrak{k} + \mathfrak{c}$, on a $x \in \mathfrak{c}$. (Considérer la représentation adjointe ρ de $\mathfrak{s}$ dans $\mathfrak{q}$, et soit $\mathfrak{q}_i$ un supplémentaire de $\mathscr{C}^{i+1}\mathfrak{q}$ dans $\mathscr{C}^i\mathfrak{q}$ stable pour ρ; soit ρ_i la sous-représentation de ρ définie par $\mathfrak{q}_i$. Soit $\sigma_i = \rho_i | \mathfrak{k}$. Soient $\mathfrak{q}_i'$ le commutant de $\mathfrak{k}$ dans $\mathfrak{q}_i$ et $\mathfrak{q}_i''$ un supplémentaire de $\mathfrak{q}_i'$ dans $\mathfrak{q}_i$ stable pour σ_i. Soit $x = x_1' + x_1'' + \cdots + x_n' + x_n''$ avec $x_i' \in \mathfrak{q}_i'$, $x_i'' \in \mathfrak{q}_i''$. Raisonnant par l'absurde, supposons les x_i'' non tous nuls et par exemple $x_1'' = \cdots = x_{p-1}'' = 0$, $x_p'' \neq 0$. Si $h \in \mathfrak{k}$, on a $u(h) = h + [x_p'', h] + y$ avec $y \in \mathscr{C}^{p+1}\mathfrak{q}$. Comme $u(h) \in \mathfrak{k} + \mathfrak{c}$, on obtient $[x_p'', h] + y \in \mathfrak{q}_p' + \mathfrak{q}_{p+1}' + \cdots + \mathfrak{q}_n'$, d'où $[h, x_p''] \in \mathfrak{q}_p'$, d'où $[h, x_p''] = 0$. Alors $x_p'' = 0$, ce qui est contradictoire.)

f) Soit $\mathfrak{h}$ une sous-algèbre de Cartan de $\mathfrak{g}$. Alors $\mathfrak{h}$ est, d'une manière et d'une seule, somme de $\mathfrak{h} \cap \mathfrak{r}$ et d'une sous-algèbre de Cartan d'une sous-algèbre de Levi de $\mathfrak{g}$. (Pour l'unicité, utiliser *e*) et le th. 5 de I, § 6, n° 8.) La sous-algèbre de Levi en question n'est pas unique en général.

g) Soient $\mathfrak{h}$ une sous-algèbre de Cartan de $\mathfrak{g}$, et $\mathfrak{t} = \mathfrak{g}^0(\mathfrak{h} \cap \mathfrak{r})$. Alors $\mathfrak{h}$ est une sous-algèbre de Cartan de $\mathfrak{t}$. On a $\mathfrak{g} = \mathfrak{t} + \mathfrak{r}$ (utiliser une décomposition de Fitting pour la représentation adjointe de $\mathfrak{h} \cap \mathfrak{r}$ dans $\mathfrak{g}$). L'algèbre $\mathfrak{t} \cap \mathfrak{r}$ est le radical de $\mathfrak{t}$ et est nilpotente (utiliser l'exerc. 5 du § 2).

h) On suppose k algébriquement clos. Soit $\mathfrak{h}$ une sous-algèbre de Cartan de $\mathfrak{g}$. Il existe une sous-algèbre de Levi $\mathfrak{s}$ de $\mathfrak{g}$ telle que, pour tout $\lambda \in \mathfrak{h}^*$, on ait

$$\mathfrak{g}^\lambda(\mathfrak{h}) = (\mathfrak{g}^\lambda(\mathfrak{h}) \cap \mathfrak{s}) + (\mathfrak{g}^\lambda(\mathfrak{h}) \cap \mathfrak{r}).$$

(Avec les notations de *g*), prendre pour $\mathfrak{s}$ une sous-algèbre de Levi de $\mathfrak{t}$ telle que $\mathfrak{h} = (\mathfrak{h} \cap \mathfrak{s}) + (\mathfrak{h} \cap \mathfrak{r})$; il en existe d'après *b*).)[1]

¶ 12) *a*) Soient $\mathfrak{g}$ une algèbre de Lie résoluble, et G un sous-groupe fini (resp. compact si $k = \mathbf{R}$ ou $\mathbf{C}$) de Aut($\mathfrak{g}$). Montrer qu'il existe une sous-algèbre de Cartan de $\mathfrak{g}$ stable par G. (Raisonner par récurrence sur dim $\mathfrak{g}$, et se ramener au cas où $\mathfrak{g}$ est extension d'une algèbre nilpotente $\mathfrak{g}/\mathfrak{n}$ par un idéal commutatif $\mathfrak{n}$ qui est un $\mathfrak{g}/\mathfrak{n}$-module simple non trivial (cf. dém. du th. 3). Les sous-algèbres de Cartan de $\mathfrak{g}$ forment alors un espace affine attaché à $\mathfrak{n}$, sur lequel G opère. Conclure par un argument de barycentre.)

b) Soient $\mathfrak{g}$ une algèbre de Lie résoluble, et $\mathfrak{s}$ une sous-algèbre de Lie de Der($\mathfrak{g}$). On suppose que le $\mathfrak{s}$-module $\mathfrak{g}$ est semi-simple. Montrer qu'il existe une sous-algèbre de Cartan de $\mathfrak{g}$ stable par $\mathfrak{s}$. (Même méthode.)

¶ 13) Soient $\mathfrak{g}$ une algèbre de Lie et G un sous-groupe fini de Aut($\mathfrak{g}$). On suppose que G est *hyper-résoluble* (A, I, p. 139, exerc. 26). Montrer qu'il existe une sous-algèbre de Cartan de $\mathfrak{g}$ stable par G.

(Raisonner par récurrence sur dim $\mathfrak{g}$. Se ramener, grâce à l'exerc. 12, au cas où $\mathfrak{g}$ est semi-simple. Si $G \neq \{1\}$, choisir un sous-groupe distingué C de G cyclique d'ordre premier (A, *loc. cit.*). La sous-algèbre $\mathfrak{s}$ formée des éléments invariants par C est réductive dans $\mathfrak{g}$ (§ 1, n° 5), et distincte de $\mathfrak{g}$. Vu l'hypothèse de récurrence, $\mathfrak{s}$ possède une sous-algèbre de Cartan $\mathfrak{a}$ stable par G. On a $\mathfrak{s} \neq 0$ (I, § 4, exerc. 21 *c*)), d'où $\mathfrak{a} \neq 0$. Le commutant $\mathfrak{z}$ de $\mathfrak{a}$ dans $\mathfrak{g}$ est distinct de $\mathfrak{g}$ et stable par G; choisir une sous-algèbre de Cartan $\mathfrak{h}$ de $\mathfrak{z}$ stable par G, et montrer que $\mathfrak{h}$ est une sous-algèbre de Cartan de $\mathfrak{g}$, cf. cor. à la prop. 3.)

Construire un groupe fini d'automorphismes de $\mathfrak{sl}(2, \mathbf{C})$ qui soit isomorphe à $\mathfrak{A}_4$ (donc résoluble) et ne laisse stable aucune sous-algèbre de Cartan.

14) *Montrer que toute représentation linéaire complexe (resp. réelle) irréductible d'un groupe fini hyper-résoluble G est induite par une représentation de degré 1 (resp. de degré 1 ou 2) d'un sous-groupe de G. (Appliquer l'exerc. 13 aux algèbres de Lie $\mathfrak{gl}(n, \mathbf{C})$ et $\mathfrak{gl}(n, \mathbf{R})$.)*

15) On suppose k algébriquement clos. Soient $\mathfrak{g}$ une algèbre de Lie, $\mathfrak{h}$ une sous-algèbre de Cartan de $\mathfrak{g}$, et A une partie de $\mathfrak{g}$. On suppose que A est dense dans $\mathfrak{g}$ (pour la topologie de Zariski) et stable par $\mathrm{Aut}_e(\mathfrak{g})$. Montrer que $A \cap \mathfrak{h}$ est dense dans $\mathfrak{h}$. (Soient X l'adhérence de $A \cap \mathfrak{h}$, et $U = \mathfrak{h} - X$. Supposons $U \neq \emptyset$. Avec les notations du lemme 2, l'image par F de $U \times \mathfrak{g}^{\lambda_1}(\mathfrak{h}) \times \cdots \times \mathfrak{g}^{\lambda_p}(\mathfrak{h})$ contient un ouvert non vide de $\mathfrak{g}$. Comme cette image est contenue dans $\mathfrak{g} - A$, cela contredit le fait que A est dense dans $\mathfrak{g}$.)

16) Soient V un k-espace vectoriel de dimension finie, et $\mathfrak{g}$ une sous-algèbre de Lie de $\mathfrak{gl}(V)$. On se propose de montrer l'équivalence des trois propriétés suivantes:

(i) Les sous-algèbres de Cartan de $\mathfrak{g}$ sont commutatives et formées d'éléments semi-simples.

(ii) Tout élément régulier de $\mathfrak{g}$ est semi-simple.

(iii) Les éléments semi-simples de $\mathfrak{g}$ sont denses dans $\mathfrak{g}$ pour la topologie de Zariski.

[1] Pour plus de détails, cf. J. DIXMIER, Sous-algèbres de Cartan et décompositions de Levi dans les algèbres de Lie, *Trans. Royal Soc. Canada*, t. L (1956), p. 17–21.

a) Montrer que (i) ⇒ (ii) ⇒ (iii).
b) Soit A l'ensemble des éléments semi-simples de $\mathfrak{g}$. Montrer que A est stable par $\mathrm{Aut}_e(\mathfrak{g})$.
c) Montrer que (iii) ⇒ (i). (Se ramener (App. I, exerc. 1,) au cas où k est algébriquement clos. Si $\mathfrak{h}$ est une sous-algèbre de Cartan de $\mathfrak{g}$, montrer, grâce à l'exerc. 15, que $A \cap \mathfrak{h}$ est dense dans $\mathfrak{h}$; comme $[x, y] = 0$ si $x \in A \cap \mathfrak{h}$, $y \in \mathfrak{h}$, en déduire que $\mathfrak{h}$ est commutative, d'où aussitôt (i).)
d) On suppose que k est **R**, **C**, ou un corps ultramétrique complet non discret de caractéristique zéro. On munit $\mathfrak{g}$ de la topologie définie par celle de k. Montrer que les propriétés (i), (ii), (iii) sont équivalentes à la suivante:
(iv) Les éléments semi-simples de $\mathfrak{g}$ sont denses dans $\mathfrak{g}$.
(On montrera que (iv) ⇒ (iii) et (ii) ⇒ (iv), cf. App. I, exerc. 4.)

17) On suppose k algébriquement clos. Soient $\mathfrak{g}$ une algèbre de Lie, $\mathfrak{h}$ une sous-algèbre de Cartan, et A un sous-ensemble du centre de $\mathfrak{h}$. On note $E_{\mathfrak{g}}$ le sous-groupe de $\mathrm{Aut}(\mathfrak{g})$ noté E au n° 2. Montrer que, si s est un élément de $\mathrm{Aut}(\mathfrak{g})$ tel que $sA = A$, il existe $t \in E_{\mathfrak{g}}$ tel que $t\mathfrak{h} = \mathfrak{h}$ et $t \mid A = \mathrm{Id}_A$; en particulier, on a $ts \mid A = s \mid A$. (Soit $\mathfrak{a}$ le commutant de A dans $\mathfrak{g}$; comme $\mathfrak{h}$ et $s\mathfrak{h}$ sont des sous-algèbres de Cartan de $\mathfrak{a}$, il existe $\theta \in E_{\mathfrak{a}}$ tel que $\theta(s\mathfrak{h}) = \mathfrak{h}$; on choisira t parmi les éléments de $E_{\mathfrak{g}}$ prolongeant θ.)

¶ 18) Soient $\mathfrak{g}$ une algèbre de Lie, $\mathfrak{h}$ une sous-algèbre de Cartan de $\mathfrak{g}$ et $U\mathfrak{g}$ (resp. $U\mathfrak{h}$) l'algèbre enveloppante de $\mathfrak{g}$ (resp. $\mathfrak{h}$). Une forme linéaire φ sur $U\mathfrak{g}$ est dite *centrale* si elle s'annule sur $[U\mathfrak{g}, U\mathfrak{g}]$, i.e. si $\varphi(a.b) = \varphi(b.a)$ pour tous $a, b \in U\mathfrak{g}$.
a) Soient $x, y \in \mathfrak{g}$. On suppose qu'il existe $s \in \mathrm{Aut}_e(\mathfrak{g})$ tel que $s(x) = y$. Montrer que l'on a

$$\varphi(x^n) = \varphi(y^n)$$

pour tout $n \in \mathbf{N}$ et pour toute forme linéaire centrale φ sur $U\mathfrak{g}$.
b) Soit φ une forme linéaire centrale sur $U\mathfrak{g}$ dont la restriction à $U\mathfrak{h}$ est nulle. Montrer que $\varphi = 0$. (On peut supposer k algébriquement clos. Déduire de *a*) que l'on a alors $\varphi(x^n) = 0$ pour tout $n \in \mathbf{N}$ et tout $x \in \mathfrak{g}$ régulier; utiliser un argument de densité pour supprimer l'hypothèse de régularité.)
c) Montrer que $U\mathfrak{g} = [U\mathfrak{g}, U\mathfrak{g}] + U\mathfrak{h}$.
d) Soit V un $\mathfrak{g}$-module semi-simple. Montrer que V est semi-simple comme $\mathfrak{h}$-module. En particulier, on a $V^{\lambda}(\mathfrak{h}) = V_{\lambda}(\mathfrak{h})$ pour tout $\lambda \in \mathfrak{h}^*$.
e) Soit V′ un $\mathfrak{g}$-module semi-simple. On suppose que V et V′ sont isomorphes comme $\mathfrak{h}$-modules. Montrer qu'ils sont isomorphes comme $\mathfrak{g}$-modules. (Si $a \in U\mathfrak{h}$, remarquer que $\mathrm{Tr}(a_V) = \mathrm{Tr}(a_{V'})$. En déduire, grâce à *b*), ou *c*), que $\mathrm{Tr}(x_V) = \mathrm{Tr}(x_{V'})$ pour tout $x \in U\mathfrak{g}$, et conclure grâce à A, VIII.)

Si k est algébriquement clos, l'hypothèse « V et V′ sont $\mathfrak{h}$-isomorphes » équivaut à dire que $\dim V_{\lambda}(\mathfrak{h}) = \dim V'_{\lambda}(\mathfrak{h})$ pour tout $\lambda \in \mathfrak{h}^*$.

§ 4

Les notations et hypothèses sont celles des n°s 1, 2, 3 *du* § 4.

1) On prend $G = \mathbf{GL}_n(k)$, $n \geqslant 0$.
a) Montrer que $r^0_{\mathrm{Ad}}(g) = n$ pour tout $g \in G$.
b) Montrer qu'un élément $g \in G$ est régulier si et seulement si son polynôme caractéristique $P_g(T) = \det(T - g)$ est séparable; cela équivaut à dire que le discriminant (A, IV, § 1, n° 10) de $P_g(T)$ est $\neq 0$.

2) Construire un groupe de Lie G tel que la fonction r^0_{Ad} ne soit pas constante. (Prendre $\mathfrak{g}$ abélienne $\neq 0$ et Ad non triviale.)

3) Soit $(\rho_i)_{i \in I}$ une famille *dénombrable* de représentations linéaires analytiques de G. Prouver que les éléments de G qui sont réguliers pour toutes les ρ_i forment une partie *dense* de G. Construire un exemple montrant que l'hypothèse de dénombrabilité ne peut pas être supprimée.

4) On suppose que $k = \mathbf{C}$ et que G est connexe. Démontrer l'équivalence des propriétés:
(i) G est nilpotent.
(ii) Tout élément $\neq 1$ de G est régulier.
(Montrer d'abord que (ii) implique:
(ii)' Tout élément $\neq 0$ de $\mathfrak{g}$ est régulier.
Remarquer ensuite que, si $\mathfrak{g} \neq 0$, $\mathfrak{g}$ contient des éléments $x \neq 0$, tels que ad x soit nilpotent, cf. §3, exerc. 10. En déduire que $\mathfrak{g}$ est nilpotente, d'où (i).)

§ 5

1) Montrer que l'algèbre de Lie résoluble considérée dans I, § 5, exerc. 6, n'est isomorphe à aucune algèbre de Lie scindable.

2) Soit u (resp. v) un endomorphisme semi-simple (resp. nilpotent) non nul de V. Alors l'application $\lambda u \mapsto \lambda v$ ($\lambda \in k$) est un isomorphisme de $\mathfrak{g} = ku$ sur $\mathfrak{g}' = kv$ qui ne transforme pas éléments semi-simples en éléments semi-simples.

3) Soit u un endomorphisme non semi-simple et non nilpotent de V. Alors $\mathfrak{g} = ku$ est non scindable, mais $\mathrm{ad}_{\mathfrak{g}}\, \mathfrak{g}$ est scindable.

¶ 4) Soit $\mathfrak{g}$ une sous-algèbre de Lie scindable de $\mathfrak{gl}(\mathrm{V})$. Soit $\mathfrak{q}$ une sous-algèbre de Lie de $\mathfrak{g}$ dont la représentation identique est semi-simple. Il existe $a \in \mathrm{Aut}_e(\mathfrak{g})$ tel que $a(\mathfrak{q})$ soit contenu dans la sous-algèbre $\mathfrak{m}$ de la prop. 7. (Imiter la démonstration de la prop. 7 (ii).)

¶ 5) Soit $\mathfrak{g}$ une sous-algèbre de Lie de $\mathfrak{gl}(\mathrm{V})$. On dit que $\mathfrak{g}$ est *algébrique* si, quel que soit $x \in \mathfrak{g}$, les répliques de x (I, § 5, exerc. 14) appartiennent à $\mathfrak{g}$. Une telle algèbre est scindable.
a) On note $a(\mathfrak{g})$ la plus petite sous-algèbre algébrique de $\mathfrak{gl}(\mathrm{V})$ contenant $\mathfrak{g}$. On a

$$a(\mathfrak{g}) \supset e(\mathfrak{g}) \supset \mathfrak{g}.$$

Donner un exemple où $a(\mathfrak{g})$ et $e(\mathfrak{g})$ sont distincts (prendre V de dimension 2 et $\mathfrak{g}$ de dimension 1).
b) Montrer que, si $\mathfrak{n}$ est un idéal de $\mathfrak{g}$, $\mathfrak{n}$ et $a(\mathfrak{n})$ sont des idéaux de $a(\mathfrak{g})$, et $[a(\mathfrak{g}), a(\mathfrak{n})] = [\mathfrak{g}, \mathfrak{n}]$ (imiter la démonstration de la prop. 4). En déduire que $\mathscr{D}^i a(\mathfrak{g}) = \mathscr{D}^i \mathfrak{g}$ pour $i \geqslant 1$ et $\mathscr{C}^i a(\mathfrak{g}) = \mathscr{C}^i \mathfrak{g}$ pour $i \geqslant 2$.
c) Montrer que toute algèbre de Lie formée d'éléments nilpotents est algébrique.[1]

¶ 6) Soient $\mathfrak{g}$ une sous-algèbre semi-simple de $\mathfrak{gl}(\mathrm{V})$, $\mathsf{T}(\mathrm{V}) = \bigoplus_{n=0}^{\infty} \mathsf{T}^n(\mathrm{V})$ l'algèbre tensorielle de V, $\mathsf{T}(\mathrm{V})^{\mathfrak{g}}$ l'ensemble des éléments de $\mathsf{T}(\mathrm{V})$ invariants par $\mathfrak{g}$ (cf. III, App.) et $\bar{\mathfrak{g}}$ l'ensemble des $u \in \mathfrak{gl}(\mathrm{V})$ tels que $u.x = 0$ pour tout $x \in \mathsf{T}(\mathrm{V})^{\mathfrak{g}}$. On se propose de montrer que $\bar{\mathfrak{g}} = \mathfrak{g}$.
a) Montrer que la représentation de $\mathfrak{g}$ dans le dual V* de V est isomorphe à sa représentation dans $\wedge^{p-1}\mathrm{V}$, où $p = \dim \mathrm{V}$ (utiliser le fait que $\mathfrak{g}$ est contenue dans $\mathfrak{sl}(\mathrm{V})$). En déduire que tout élément de $\mathsf{T}_{n,m} = \mathsf{T}^n(\mathrm{V}) \otimes \mathsf{T}^m(\mathrm{V}^*)$ invariant par $\mathfrak{g}$ est invariant par $\bar{\mathfrak{g}}$, et que $\bar{\mathfrak{g}}$ est algébrique (exerc. 5).
b) Soit W un sous-espace vectoriel d'un $\mathsf{T}_{n,m}$. On suppose W stable par $\mathfrak{g}$. Montrer que W est stable par $\bar{\mathfrak{g}}$ (si $e_1, \ldots, e_r$ est une base de W, remarquer que $e_1 \wedge \cdots \wedge e_r$ est invariant par $\mathfrak{g}$, donc par $\bar{\mathfrak{g}}$).

En déduire que $\mathfrak{g}$ est un idéal de $\bar{\mathfrak{g}}$, et que $\bar{\mathfrak{g}}/\mathfrak{g}$ est commutative (cf. dém. de la prop. 4). On a $\bar{\mathfrak{g}} = \mathfrak{g} \times \mathfrak{c}$, où $\mathfrak{c}$ est le centre de $\bar{\mathfrak{g}}$.
c) Soit R la sous-algèbre associative de $\mathfrak{gl}(\mathrm{V})$ engendrée par 1 et $\mathfrak{g}$. Montrer que $\mathfrak{c}$ est contenu dans le centre de R (remarquer que $\bar{\mathfrak{g}}$ est contenue dans le bicommutant de R, qui est égal à R). En déduire que les éléments de $\mathfrak{c}$ sont semi-simples.

[1] Pour plus de détails, cf. C. CHEVALLEY, Théorie des groupes de Lie, II, Groupes algébriques, chap. II, § 14, *Paris*, *Hermann*, 1951.

d) Soit $x \in \mathfrak{c}$. Montrer que les répliques de x appartiennent à $\mathfrak{c}$ (I, § 5, exerc. 14). Montrer que $\mathrm{Tr}(sx) = 0$ pour tout $s \in \mathfrak{g}$; en déduire que $\mathrm{Tr}(sx) = 0$ pour tout $s \in \bar{\mathfrak{g}}$, donc que x est nilpotent (*loc. cit.*).
e) Montrer que $\mathfrak{c} = 0$ et $\bar{\mathfrak{g}} = \mathfrak{g}$ en combinant *c*) et *d*).

7) Soit $\mathfrak{g}$ une sous-algèbre de Lie de $\mathfrak{gl}(\mathrm{V})$. Soient m, n deux entiers $\geqslant 0$, W et W′ deux sous-espaces vectoriels de $\mathrm{T}^m(\mathrm{V}) \otimes \mathrm{T}^n(\mathrm{V}^*)$ où V^* est le dual de V. On suppose que $\mathrm{W}' \subset \mathrm{W}$ et que W et W′ sont stables par la représentation naturelle de $\mathfrak{g}$ dans $\mathrm{T}^m(\mathrm{V}) \otimes \mathrm{T}^n(\mathrm{V}^*)$. Montrer que W′ et W sont alors stables par $e(\mathfrak{g})$. Si l'on note π la représentation de $e(\mathfrak{g})$ dans W/W′ ainsi obtenue, montrer que $\pi e(\mathfrak{g})$ est l'enveloppe scindable de $\pi(\mathfrak{g})$ (utiliser le th. 1).
En déduire que ad $e(\mathfrak{g})$ est l'enveloppe scindable de ad $\mathfrak{g}$ dans $\mathfrak{gl}(\mathfrak{g})$.

8) Soient $\mathfrak{g}$ une sous-algèbre de Lie de $\mathfrak{gl}(\mathrm{V})$ et $\mathfrak{h}$ une sous-algèbre de Cartan de $\mathfrak{g}$.
a) Montrer que $e(\mathfrak{g}) = e(\mathfrak{h}) + \mathscr{D}\mathfrak{g} = e(\mathfrak{h}) + \mathfrak{g}$.
(Remarquer que $e(\mathfrak{h}) + \mathscr{D}\mathfrak{g}$ est scindable (cor. 1 au th. 1), contient $\mathfrak{g} = \mathfrak{h} + \mathscr{D}\mathfrak{g}$, et est contenue dans $e(\mathfrak{g})$; c'est donc $e(\mathfrak{g})$.)
b) On a $e(\mathfrak{h}) \cap \mathfrak{g} = \mathfrak{h}$ (remarquer que $e(\mathfrak{h}) \cap \mathfrak{g}$ est nilpotente).
c) Soit x un élément du normalisateur de $e(\mathfrak{h})$ dans $e(\mathfrak{g})$. Montrer que $x \in e(\mathfrak{h})$. (Ecrire $x = y + z$, avec $y \in e(\mathfrak{h})$, $z \in \mathfrak{g}$, cf. *a*); remarquer que $[z, \mathfrak{h}] \subset e(\mathfrak{h}) \cap \mathfrak{g} = \mathfrak{h}$, d'où $z \in \mathfrak{h}$.)
d) Montrer que $e(\mathfrak{h})$ est une sous-algèbre de Cartan de $e(\mathfrak{g})$.

9) Soit $\mathfrak{g}$ une sous-algèbre de Lie de $\mathfrak{gl}(\mathrm{V})$. Montrer que les conditions (i), (ii), (iii) de l'exerc. 16 du § 3 sont équivalentes à: (v) $\mathfrak{g}$ est scindable et a même rang que $\mathfrak{g}/\mathfrak{n}_{\mathrm{V}}(\mathfrak{g})$. (Si $\mathfrak{h}$ est une sous-algèbre de Cartan de $\mathfrak{g}$, la condition « $\mathfrak{g}$ a même rang que $\mathfrak{g}/\mathfrak{n}_{\mathrm{V}}(\mathfrak{g})$ » équivaut à dire que $\mathfrak{h} \cap \mathfrak{n}_{\mathrm{V}}(\mathfrak{g}) = 0$, i.e. que $\mathfrak{h}$ n'a pas d'élément nilpotent $\neq 0$ (cf. § 2, exerc. 14). En déduire l'équivalence de (i) et de (v).)

10) Soient k' une extension de k et $\mathfrak{g}'$ une k'-sous-algèbre de Lie de

$$\mathfrak{gl}(\mathrm{V} \otimes_k k') = \mathfrak{gl}(\mathrm{V}) \otimes_k k'.$$

a) Montrer qu'il existe une plus petite sous-algèbre de Lie $\mathfrak{g}$ de $\mathfrak{gl}(\mathrm{V})$ telle que $\mathfrak{g} \otimes_k k'$ contienne $\mathfrak{g}'$.
b) On suppose k' algébriquement clos et on note G le groupe des k-automorphismes de k'; ce groupe opère de façon naturelle sur $\mathrm{V} \otimes_k k'$. Montrer que $\mathfrak{g} \otimes_k k'$ est la sous-algèbre de Lie engendrée par les conjuguées de $\mathfrak{g}'$ par G (utiliser le fait que le corps des invariants de G dans k' est k).
c) Montrer que $\mathfrak{g}$ est scindable si $\mathfrak{g}'$ l'est. (Se ramener au cas où k' est algébriquement clos, et utiliser *b*) ainsi que les cor. 1 et 3 du th. 1.)

¶ 11) Exceptionnellement, on suppose dans cet exercice que k est un corps *parfait de caractéristique* $p > 0$.
Soit $\mathfrak{g}$ une p-algèbre de Lie (I, § 1, exerc. 20). Si $x \in \mathfrak{g}$, on note $\langle x \rangle$ la plus petite p-sous-algèbre de Lie contenant x. Elle est commutative et engendrée comme k-espace vectoriel par les x^{p^i} où $i = 0, 1, \ldots$. On dit que x est *nilpotent* (resp. *semi-simple*) si la p-application de $\langle x \rangle$ est nilpotente (resp. bijective).
a) Montrer que l'on peut décomposer x de manière unique sous la forme $x = s + n$, avec $s, n \in \langle x \rangle$, s semi-simple et n nilpotent (appliquer l'exerc. 23 de I, § 1). Si f est un p-homomorphisme de $\mathfrak{g}$ dans $\mathfrak{gl}(\mathrm{V})$, $f(s)$ et $f(n)$ sont les composantes semi-simple et nilpotente de l'endomorphisme $f(x)$; ceci s'applique notamment à $f = \mathrm{ad}$.
b) Une sous-algèbre de $\mathfrak{g}$ est dite *scindable* si elle contient les composantes semi-simples et nilpotentes de ses éléments. Montrer que, si $\mathfrak{b}$ et $\mathfrak{c}$ sont des sous-espaces vectoriels de $\mathfrak{g}$, tels que $\mathfrak{b} \subset \mathfrak{c}$, l'ensemble des $x \in \mathfrak{g}$ tels que $[x, \mathfrak{c}] \subset \mathfrak{b}$ est scindable (même démonstration que pour la prop. 3); en particulier, toute sous-algèbre de Cartan de $\mathfrak{g}$ est scindable.
c) Soit $\mathfrak{t}$ une sous-algèbre commutative de $\mathfrak{g}$ formée d'éléments semi-simples, et maximale pour cette propriété. Soit $\mathfrak{h}$ le commutant de $\mathfrak{t}$ dans $\mathfrak{g}$. Soit $x \in \mathfrak{h}$, et soit $x = s + n$ sa décomposition canonique; comme $\mathfrak{h}$ est scindable (cf. *b*)), on a $s, n \in \mathfrak{h}$. Montrer que la sous-algèbre engendrée par $\mathfrak{t}$ et s est commutative et formée d'éléments semi-simples, donc

coïncide avec $\mathfrak{t}$. En déduire que $\mathrm{ad}_{\mathfrak{h}}\, x = \mathrm{ad}_{\mathfrak{h}}\, n$ est nilpotent, donc que $\mathfrak{h}$ est nilpotente. Comme $\mathfrak{h} = \mathfrak{g}^0(\mathfrak{h})$, $\mathfrak{h}$ est une sous-algèbre de Cartan de $\mathfrak{g}$ (§ 2, prop. 4).

En particulier, toute p-algèbre de Lie sur un corps fini possède une sous-algèbre de Cartan.[1]

Appendice I

On note V *un espace vectoriel de dimension finie sur* k.

1) Soit k' une extension de k, et soit $V_{(k')} = V \otimes_k k'$. Montrer que la topologie de Zariski de $V_{(k')}$ induit sur V la topologie de Zariski de V, et que V est dense dans $V_{(k')}$.

2) On suppose que V est produit de deux espaces vectoriels V_1 et V_2.
a) La topologie de Zariski de V est plus fine que la topologie produit des topologies de Zariski de V_1 et de V_2; elle est strictement plus fine si $V_1 \neq 0$ et $V_2 \neq 0$.
b) Si A_1 (resp. A_2) est une partie de V_1 (resp. V_2), l'adhérence de $A_1 \times A_2$ est le produit des adhérences de A_1 et A_2.

3) On suppose k algébriquement clos. Soient A et B deux parties fermées de V, et $\mathfrak{a}$ (resp. $\mathfrak{b}$) l'ensemble des $f \in A_V$ qui s'annulent sur A (resp. B). Prouver l'équivalence des propriétés suivantes:
(i) $A \cap B = \emptyset$.
(ii) $\mathfrak{a} + \mathfrak{b} = A_V$.
(iii) Il existe une fonction polynomiale f sur V qui est égale à 1 sur A et à 0 sur B.
(Utiliser le théorème des zéros de Hilbert (AC, V, § 3, n° 3) pour prouver que (i) $\Rightarrow$ (ii).)

4) On suppose que k est un corps valué complet non discret. On note $\mathscr{T}$ (resp. $\mathscr{Z}$) la topologie d'espace de Banach de V (resp. sa topologie de Zariski).
a) Montrer que $\mathscr{T}$ est plus fine que $\mathscr{Z}$ (et même strictement plus fine si $V \neq 0$).
b) Montrer que tout $\mathscr{Z}$-ouvert non vide de V est $\mathscr{T}$-dense.

Appendice II

¶ 1) Soient X un espace topologique localement connexe, $\mathscr{C}(X)$ l'espace des fonctions continues réelles sur X, et d un entier $\geqslant 0$. Soit $F \in \mathscr{C}(X)[T]$ un polynôme unitaire de degré d à coefficients dans $\mathscr{C}(X)$:

$$F = T^d + T^{d-1}f_1 + \cdots + f_d, \qquad f_i \in \mathscr{C}(X).$$

On identifie F à une fonction sur $\mathbf{R} \times X$, en posant

$$F(t, x) = t^d + t^{d-1}f_1(x) + \cdots + f_d(x) \quad \text{si} \quad t \in \mathbf{R}, \quad x \in X.$$

Soit $\Delta \in \mathscr{C}(X)$ le *discriminant* du polynôme F (A, IV, § 1, n° 10).

Si U est un ouvert de X, on note Z_U l'ensemble des (t, x), avec $t \in \mathbf{R}$ et $x \in U$, tels que $F(t, x) = 0$; c'est une partie fermée de $\mathbf{R} \times U$.
a) Montrer que la projection $\mathrm{pr}_2\colon Z_U \to U$ est propre (TG, I, § 10).
b) On suppose que U est connexe et que $\Delta(x) \neq 0$ pour tout $x \in U$. Montrer que $Z_U \to U$ est un *revêtement* de U (TG, XI) de degré $\leqslant d$, et que le nombre de composantes connexes de $\mathbf{R} \times U - Z_U$ est $\leqslant d + 1$.
c) Soit X' l'ensemble des points de X en lesquels Δ est $\neq 0$. On suppose X' dense dans X. On note $\mathscr{A}$ (resp. $\mathscr{B}$) l'ensemble des composantes connexes de X' (resp. de $\mathbf{R} \times X - Z_X$). Montrer que

$$\mathrm{Card}(\mathscr{B}) \leqslant (d + 1)\,\mathrm{Card}(\mathscr{A}) \qquad \text{(utiliser } b\text{))}.$$

[1] Pour plus de détails, cf. G. B. SELIGMAN, Modular Lie Algebras, chap. V, § 7, *Springer-Verlag*, 1967.

d) On suppose X connexe, et $d \geqslant 1$. Montrer que

$$\mathrm{Card}(\mathscr{B}) \leqslant 1 + d\,\mathrm{Card}(\mathscr{A}).$$

¶ 2) Soient V un espace vectoriel réel de dimension finie n, et F une fonction polynomiale sur V de degré d. Soit V′ l'ensemble des points de V en lesquels $F \neq 0$. Montrer que les composantes connexes de V′ sont en nombre fini, et que ce nombre est borné par une constante ne dépendant que de n et de d. (Raisonner par récurrence sur n. Se ramener au cas où F est sans facteurs multiples, et montrer que l'on peut décomposer V sous la forme $\mathbf{R} \times X$ de telle sorte que les résultats de l'exerc. 1 soient applicables à F.)[1]

[1] Pour d'autres résultats dans la même direction, cf. J. MILNOR, On the Betti numbers of real varieties, *Proc. Amer. Math. Soc.*, t. XV (1964), p. 275–280.

ALGÈBRES DE LIE SEMI-SIMPLES DÉPLOYÉES

Dans ce chapitre, k désigne un corps commutatif de caractéristique 0. *Sauf mention du contraire, par « espace vectoriel », on entend « espace vectoriel sur k »; de même pour « algèbres de Lie », etc.*

§ 1. L'algèbre de Lie $\mathfrak{sl}(2, k)$ et ses représentations

1. Base canonique de $\mathfrak{sl}(2, k)$

Lemme 1. — *Soient* A *une algèbre associative sur k, H et X des éléments de* A *tels que* $[H, X] = 2X$.

(i) *On a* $[H, X^n] = 2nX^n$ *pour tout entier* $n \geqslant 0$.

(ii) *Si Z est un élément de* A *tel que* $[Z, X] = H$, *alors, pour tout entier* $n > 0$,

$$[Z, X^n] = nX^{n-1}(H + n - 1) = n(H - n + 1)X^{n-1}.$$

L'application $T \mapsto [H, T]$ de A dans A est une dérivation, ce qui entraîne (i). On a, sous les hypothèses de (ii),

$$\begin{aligned}[Z, X^n] &= \sum_{i+j=n-1} X^i H X^j \\ &= \sum_{i+j=n-1} (X^i X^j H + X^i 2j X^j) \\ &= nX^{n-1}H + 2X^{n-1}\frac{n(n-1)}{2} \\ &= nX^{n-1}(H + n - 1).\end{aligned}$$

D'autre part, $X^{n-1}(H + n - 1) = (H - n + 1)X^{n-1}$ d'après (i). C.Q.F.D.

Rappelons qu'on note $\mathfrak{sl}(2, k)$ l'algèbre de Lie constituée par les matrices carrées d'ordre 2, de trace nulle, à coefficients dans k. Cette algèbre de Lie est simple de dimension 3 (I, § 6, nº 7, exemple). On appelle base canonique de $\mathfrak{sl}(2, k)$ la base (X_+, X_-, H) où

$$X_+ = \begin{pmatrix} 0 & 1 \\ 0 & 0 \end{pmatrix} \quad X_- = \begin{pmatrix} 0 & 0 \\ -1 & 0 \end{pmatrix} \quad H = \begin{pmatrix} 1 & 0 \\ 0 & -1 \end{pmatrix}.$$

On a

(1) $$[H, X_+] = 2X_+ \qquad [H, X_-] = -2X_- \qquad [X_+, X_-] = -H.$$

Comme la représentation identique de $\mathfrak{sl}(2, k)$ est injective, H est un élément semi-simple de $\mathfrak{sl}(2, k)$ et X_+, X_- sont des éléments nilpotents de $\mathfrak{sl}(2, k)$ (I, § 6, n° 3, th. 3). D'après VII, § 2, n° 1, exemple 4, kH est une sous-algèbre de Cartan de $\mathfrak{sl}(2, k)$. L'application $U \mapsto -{}^tU$ est un automorphisme involutif de l'algèbre de Lie $\mathfrak{sl}(2, k)$, appelé *involution canonique de* $\mathfrak{sl}(2, k)$; elle transforme (X_+, X_-, H) en $(X_-, X_+, -H)$.

Lemme 2. — *Dans l'algèbre enveloppante de* $\mathfrak{sl}(2, k)$, *on a, pour tout entier* $n \geqslant 0$,

$$[H, X_+^n] = 2nX_+^n \qquad [H, X_-^n] = -2nX_-^n$$

et, si $n > 0$,

$$[X_-, X_+^n] = nX_+^{n-1}(H + n - 1) = n(H - n + 1)X_+^{n-1}$$
$$[X_+, X_-^n] = nX_-^{n-1}(-H + n - 1) = n(-H - n + 1)X_-^{n-1}.$$

Les première et troisième relations résultent du lemme 1. Les autres s'en déduisent en utilisant l'involution canonique de $\mathfrak{sl}(2, k)$.

2. Eléments primitifs des $\mathfrak{sl}(2, k)$-modules

Soit E un $\mathfrak{sl}(2, k)$-module. Si $A \in \mathfrak{sl}(2, k)$ et $x \in$ E, on écrira souvent Ax au lieu de $A_E x$. Soit $\lambda \in k$. Par abus de langage, si $Hx = \lambda x$, on dit que x est un élément *de poids* λ de E, ou que λ est *le poids de* x. Si E est de dimension finie, H_E est semi-simple, donc l'ensemble des éléments de poids λ est le sous-espace primaire de E relativement à H_E et λ (cf. VII, § 1, n° 1).

Lemme 3. — *Si x est un élément de poids λ, alors X_+x est un élément de poids $\lambda + 2$ et X_-x est un élément de poids $\lambda - 2$.*

En effet, on a $HX_+x = [H, X_+]x + X_+Hx = 2X_+x + X_+\lambda x = (\lambda + 2)X_+x$, et de même $HX_-x = (\lambda - 2)X_-x$ (cf. aussi VII, § 1, n° 3, prop. 10 (ii)).

DÉFINITION 1. — *Soit* E *un* $\mathfrak{sl}(2, k)$-*module. Un élément de* E *est dit primitif s'il est vecteur propre non nul de* H_E *et s'il appartient au noyau de* X_{+E}.

Pour qu'un élément non nul e de E soit primitif, il faut et il suffit que ke soit stable par l'action de $kH + kX_+$; cela résulte par exemple du lemme 3.

Exemples. — L'élément X_+ est primitif de poids 2 pour la représentation adjointe de $\mathfrak{sl}(2, k)$. L'élément (1, 0) de k^2 est primitif de poids 1 pour la représentation identique de $\mathfrak{sl}(2, k)$ dans k^2.

Lemme 4. — *Soit* E *un* $\mathfrak{sl}(2, k)$-*module non nul de dimension finie. Alors* E *possède des éléments primitifs.*

Puisque X_+ est un élément nilpotent de $\mathfrak{sl}(2, k)$, $X_{+\mathrm{E}}$ est nilpotent. Supposons $X_{+\mathrm{E}}^{m-1} \neq 0$ et $X_{+\mathrm{E}}^m = 0$. D'après le lemme 2, on a

$$m(H_\mathrm{E} - m + 1)X_{+\mathrm{E}}^{m-1} = [X_{-\mathrm{E}}, X_{+\mathrm{E}}^m] = 0,$$

et par suite les éléments de $X_+^{m-1}(\mathrm{E}) - \{0\}$ sont primitifs.

PROPOSITION 1. — *Soient* E *un* $\mathfrak{sl}(2, k)$-*module, e un élément primitif de* E *de poids* λ. *Posons* $e_n = \dfrac{(-1)^n}{n!} X_-^n e$ *pour* $n \geqslant 0$, *et* $e_{-1} = 0$. *On a*

$$\text{(2)}\qquad \begin{cases} He_n = (\lambda - 2n)e_n \\ X_-e_n = -(n+1)e_{n+1} \\ X_+e_n = (\lambda - n + 1)e_{n-1}. \end{cases}$$

La première formule résulte du lemme 3, la seconde de la définition des e_n. Démontrons la troisième par récurrence sur n. Elle est vérifiée pour $n = 0$ puisque $e_{-1} = 0$. Si $n > 0$, on a

$$\begin{aligned} nX_+e_n &= -X_+X_-e_{n-1} = -[X_+, X_-]e_{n-1} - X_-X_+e_{n-1} \\ &= He_{n-1} - X_-(\lambda - n + 2)e_{n-2} = (\lambda - 2n + 2 + (n-1)(\lambda - n + 2))e_{n-1} \\ &= n(\lambda - n + 1)e_{n-1}. \end{aligned}$$

COROLLAIRE. — *Le sous-module de* E *engendré par e est le sous-espace vectoriel engendré par les* e_n.

Cela résulte des formules (2).

Les entiers $n \geqslant 0$ tels que $e_n \neq 0$ constituent un intervalle de $\mathbf{N}$, et les éléments e_n correspondants forment une base sur k du sous-module engendré par e (ils sont en effet linéairement indépendants puisque ce sont des éléments non nuls de poids distincts). Cette base sera dite *associée* à l'élément primitif e.

PROPOSITION 2. — *Si le sous-module* V *de* E *engendré par l'élément primitif e est de dimension finie, alors :*

(i) *le poids λ de e est entier et égal à* $\dim \mathrm{V} - 1$;

(ii) $(e_0, e_1, \ldots, e_\lambda)$ *est une base de* V, *et* $e_n = 0$ *pour* $n > \lambda$;

(iii) *les valeurs propres de* H_V *sont* $\lambda, \lambda - 2, \lambda - 4, \ldots, -\lambda$; *elles sont toutes de multiplicité* 1 ;

(iv) *tout élément primitif de* V *est proportionnel à e* ;

(v) *le commutant du module* V *est réduit aux scalaires* ; *en particulier,* V *est absolument simple.*

Soit m le plus grand entier tel que $e_m \neq 0$. On a $0 = X_+e_{m+1} = (\lambda - m)e_m$, donc $\lambda = m$; comme $(e_0, e_1, \ldots, e_m)$ est une base de V, cela prouve (i) et (ii). L'assertion (iii) résulte de l'égalité $He_n = (\lambda - 2n)e_n$. On a $X_+e_n \neq 0$ pour

$1 \leqslant n \leqslant m$, d'où (iv). Soit c un élément du commutant du module V. On a $Hc(e) = cH(e) = \lambda c(e)$, donc il existe $\mu \in k$ tel que $c(e) = \mu e$; alors

$$cX^q_- e = X^q_- ce = \mu X^q_- e$$

pour tout $q \geqslant 0$, d'où $c = \mu.1$, ce qui prouve (v).

COROLLAIRE. — *Soit* E *un* $\mathfrak{sl}(2, k)$*-module de dimension finie.*

(i) *L'endomorphisme* H_E *est diagonalisable et ses valeurs propres sont des entiers rationnels.*

(ii) *Pour tout* $p \in \mathbf{Z}$, *soit* E_p *le sous-espace propre de* H_E *relatif à la valeur propre* p. *Soit* i *un entier* $\geqslant 0$. *L'application* $X^i_{-E}|E_p : E_p \to E_{p-2i}$ *est injective pour* $i \leqslant p$, *bijective pour* $i = p$, *surjective pour* $i \geqslant p$. *L'application* $X^i_{+E}|E_{-p} : E_{-p} \to E_{-p+2i}$ *est injective pour* $i \leqslant p$, *bijective pour* $i = p$, *surjective pour* $i \geqslant p$.

(iii) *La longueur de* E *est égale à* dim Ker X_{+E} *et à* dim Ker X_{-E}.

(iv) *Soit* E′ (resp. E″) *la somme des* E_p *pour* p *pair* (resp. *impair*). *Alors* E′ (resp. E″) *est la somme des sous-modules simples de* E *de dimension impaire* (resp. *paire*); *on a* $E = E' \oplus E''$. *La longueur de* E′ *est* dim E_0, *celle de* E″ *est* dim E_1.

(v) *On a* $\operatorname{Ker} X_{+E} \cap \operatorname{Im} X_{+E} \subset \sum_{p>0} E_p$, *et* $\operatorname{Ker} X_{-E} \cap \operatorname{Im} X_{-E} \subset \sum_{p<0} E_p$.

Si E est simple, E est engendré par un élément primitif (lemme 4), et il suffit d'appliquer le prop. 1 et 2. Le cas général en résulte puisque tout $\mathfrak{sl}(2, k)$-module de dimension finie est semi-simple.

3. Les modules simples V(m)

Soit (u, v) la base canonique de k^2. Pour la représentation identique de $\mathfrak{sl}(2, k)$, on a

$$X_+u = 0 \qquad Hu = u \qquad X_-u = -v$$
$$X_+v = u \qquad Hv = -v \qquad X_-v = 0.$$

Considérons l'algèbre symétrique $\mathsf{S}(k^2)$ de k^2 (A, III, p. 67). Les éléments de $\mathfrak{sl}(2, k)$ se prolongent de manière unique en dérivations de $\mathsf{S}(k^2)$, ce qui munit $\mathsf{S}(k^2)$ d'une structure de $\mathfrak{sl}(2, k)$-module (I, § 3, n° 2). Soit V(m) l'ensemble des éléments de $\mathsf{S}(k^2)$ homogènes de degré m. Alors V(m) est un sous-$\mathfrak{sl}(2, k)$-module de $\mathsf{S}(k^2)$ de dimension $m + 1$, puissance symétrique m-ème de $V(1) = k^2$ (III, App.). Si m, n sont des entiers tels que $0 \leqslant n \leqslant m$, posons

$$e_n^{(m)} = \binom{m}{n} u^{m-n} v^n \in V(m).$$

PROPOSITION 3. — *Pour tout entier* $m \geqslant 0$, V(m) *est un* $\mathfrak{sl}(2, k)$*-module absolument simple. Dans ce module,* $e_0^{(m)} = u^m$ *est primitif de poids* m.

On a $X_+u^m = 0$ et $Hu^m = mu^m$, donc u^m est primitif de poids m. Le sous-module de V(m) engendré par u^m est de dimension $m + 1$ (prop. 2 (i)) donc est égal à V(m). D'après la prop. 2 (v), V(m) est absolument simple.

THÉORÈME 1. — *Tout* $\mathfrak{sl}(2, k)$*-module simple de dimension finie* n *est isomorphe à* $V(n-1)$. *Tout* $\mathfrak{sl}(2, k)$*-module de dimension finie est somme directe de sous-modules isomorphes à des modules* $V(m)$.

Cela résulte du lemme 4 et des prop. 1, 2, 3.

Remarques. — 1) La représentation adjointe de $\mathfrak{sl}(2, k)$ définit sur $\mathfrak{sl}(2, k)$ une structure de $\mathfrak{sl}(2, k)$-module simple. Ce module est isomorphe à $V(2)$ par un isomorphisme qui transforme u^2 en X_+, $2uv$ en $-H$, v^2 en X_-.

2) Pour $n \geqslant 0$ et $m > n$, on a

$$X_- e_n^{(m)} = -(m-n)\binom{m}{n} u^{m-n-1} v^{n+1} = -(n+1) e_{n+1}^{(m)}.$$

Par suite, $(e_0^{(m)}, e_1^{(m)}, \ldots, e_m^{(m)})$ est la base de $V(m)$ associée à l'élément primitif $e_0^{(m)}$.

3) Soit Φ la forme bilinéaire sur $V(m)$ telle que

$$\Phi(e_n^{(m)}, e_{n'}^{(m)}) = 0 \qquad \text{si} \quad n + n' \neq m$$

$$\Phi(e_n^{(m)}, e_{m-n}^{(m)}) = (-1)^n \binom{m}{n}.$$

Si $x = au + bv$ et $y = cu + dv$, on a $\Phi(x^m, y^m) = (ad - bc)^m$. On vérifie alors facilement que Φ est invariante, et que Φ est symétrique pour m pair, alternée pour m impair.

PROPOSITION 4. — *Soient* E *un* $\mathfrak{sl}(2, k)$*-module de dimension finie,* m *un entier* $\geqslant 0$, P_m *l'ensemble des éléments primitifs de poids* m. *Soit* L *l'espace vectoriel des homomorphismes du* $\mathfrak{sl}(2, k)$*-module* $V(m)$ *dans le* $\mathfrak{sl}(2, k)$*-module* E. *L'application* $f \mapsto f(u^m)$ *de* L *dans* E *est linéaire injective, et son image est* $P_m \cup \{0\}$.

Cette application est évidemment linéaire, et elle est injective puisque u^m engendre le $\mathfrak{sl}(2, k)$-module $V(m)$. Si $f \in L$, on a

$$X_+(f(u^m)) = f(X_+ u^m) = 0, \qquad H(f(u^m)) = f(Hu^m) = mf(u^m)$$

donc $f(u^m) \in P_m \cup \{0\}$. Soient $e \in P_m$, V le sous-module de E engendré par e. D'après la prop. 1, il existe un isomorphisme du module $V(m)$ sur le module V qui transforme u^m en e. Donc $L(u^m) = P_m \cup \{0\}$.

COROLLAIRE. — *La composante isotypique de type* $V(m)$ *de* E *a pour longueur*

$$\dim(P_m \cup \{0\}).$$

4. Représentations linéaires du groupe SL(2, k)

Rappelons (A, III, p. 104) qu'on désigne par $\mathbf{SL}(2, k)$ le groupe des matrices carrées d'ordre 2 à coefficients dans k dont le déterminant est égal à 1. Si $x \in \mathfrak{sl}(2, k)$ est nilpotent, on a $x^2 = 0$ (A VII, § 5, cor. 3 de la prop. 5) et $e^x = 1 + x \in$

$\mathbf{SL}(2, k)$. Si E est un espace vectoriel de dimension finie et si ρ est une représentation linéaire de $\mathfrak{sl}(2, k)$ dans E, alors $\rho(x)$ est nilpotent donc $e^{\rho(x)}$ est défini (I, § 6, n° 3).

DÉFINITION 2. — *Soient* E *un espace vectoriel de dimension finie, et* ρ (resp. π) *une représentation linéaire de* $\mathfrak{sl}(2, k)$ (resp. $\mathbf{SL}(2, k)$) *dans* E. *On dit que* ρ *et* π *sont compatibles si, pour tout élément nilpotent* x *de* $\mathfrak{sl}(2, k)$, *on a* $\pi(e^x) = e^{\rho(x)}$.

Autrement dit, ρ *et* π *sont compatibles si, pour tout élément nilpotent* x *de* $\mathfrak{sl}(2, k)$, *la restriction de* ρ *à* kx *est compatible avec la restriction de* π *au groupe* $1 + kx$ (VII, § 3, n° 1).

Si ρ et π sont compatibles, les représentations duales, puissances tensorielles m-èmes, puissances symétriques m-èmes de ρ et π respectivement sont compatibles (VII, § 5, n° 4, lemme 1 (i) et (ii)). Il en est de même des représentations induites par ρ et π sur un sous-espace vectoriel stable par ρ et π (*loc. cit.*).

En particulier, la représentation ρ_m de $\mathfrak{sl}(2, k)$ dans $V(m)$ (n° 3) est compatible avec la puissance symétrique m-ème π_m de la représentation identique π_1 de $\mathbf{SL}(2, k)$. En posant comme plus haut $e_n^{(m)} = \binom{m}{n} u^{m-n} v^n$, on a

$$\pi_m(s)e_n^{(m)} = \binom{m}{n}(su)^{m-n}(sv)^n \tag{3}$$

pour $s \in \mathbf{SL}(2, k)$ et $0 \leqslant n \leqslant m$.

THÉORÈME 2. — *Soit* ρ *une représentation linéaire de* $\mathfrak{sl}(2, k)$ *dans un espace vectoriel* E *de dimension finie.*

(i) *Il existe une représentation linéaire* π *de* $\mathbf{SL}(2, k)$ *dans* E *et une seule qui soit compatible avec* ρ.

(ii) *Pour qu'un sous-espace vectoriel* F *de* E *soit stable par* π, *il faut et il suffit qu'il soit stable par* ρ.

(iii) *Soit* $x \in$ E. *Pour que* $\pi(s)x = x$ *quel que soit* $s \in \mathbf{SL}(2, k)$, *il faut et il suffit que* x *soit invariant par* ρ (*c'est-à-dire que* $\rho(a)x = 0$ *pour tout* $a \in \mathfrak{sl}(2, k)$).

L'existence de π résulte de ce qui précède et du th. 1. On sait d'autre part que le groupe $\mathbf{SL}(2, k)$ est engendré par les éléments de la forme

$$e^{tX_+} = \begin{pmatrix} 1 & t \\ 0 & 1 \end{pmatrix} \quad e^{-tX_-} = \begin{pmatrix} 1 & 0 \\ t & 1 \end{pmatrix}$$

où $t \in k$ (A, III, p. 104, prop. 17). Cela prouve l'unicité de π.

Les assertions (ii) et (iii) résultent de ce qu'on vient de dire et de VII, § 3, n° 1, lemme 1 (i). C.Q.F.D.

Tout $\mathfrak{sl}(2, k)$-module de dimension finie est ainsi muni canoniquement d'une structure de $\mathbf{SL}(2, k)$-module, qui est dite *associée* à sa structure de $\mathfrak{sl}(2, k)$-module.

Remarque. — Lorsque k est $\mathbf{R}$ ou $\mathbf{C}$ ou un corps ultramétrique complet non discret,

$\mathfrak{sl}(2, k)$ est l'algèbre de Lie de $\mathbf{SL}(2, k)$. Soient ρ et π comme dans le th. 2. L'homomorphisme π est un homomorphisme *de groupes de Lie* de $\mathbf{SL}(2, k)$ dans $\mathbf{GL}(E)$: c'est clair lorsque $E = V(m)$ et le cas général en résulte, vu le th. 1. D'après VII, § 3, n° 1, on a $\rho(X_+) = L(\pi)(X_+)$, $\rho(X_-) = L(\pi)(X_-)$. Donc $\rho = L(\pi)$ (pour une réciproque, voir exerc. 18).

PROPOSITION 5. — *Soient* E, F *des* $\mathfrak{sl}(2, k)$*-modules de dimension finie, et* $f \in \mathrm{Hom}_k(E, F)$. *Les conditions suivantes sont équivalentes :*

(i) *f est un homomorphisme de* $\mathfrak{sl}(2, k)$*-modules ;*

(ii) *f est un homomorphisme de* $\mathbf{SL}(2, k)$*-modules.*

La condition (i) signifie que f est un élément invariant du $\mathfrak{sl}(2, k)$-module $\mathrm{Hom}_k(E, F)$, et la condition (ii) signifie que f est un élément invariant du $\mathbf{SL}(2, k)$-module $\mathrm{Hom}_k(E, F)$. Comme ces structures de modules sont associées d'après VII, § 5, n° 4, lemme 1 (iii), la proposition résulte du th. 2 (iii).

DÉFINITION 3. — *On appelle représentation adjointe du groupe* $\mathbf{SL}(2, k)$ *la représentation linéaire* Ad *de* $\mathbf{SL}(2, k)$ *dans* $\mathfrak{sl}(2, k)$ *définie par*

$$\mathrm{Ad}(s).a = sas^{-1}$$

pour tout $a \in \mathfrak{sl}(2, k)$ *et tout* $s \in \mathbf{SL}(2, k)$.

Lorsque k est **R** ou **C** ou un corps ultramétrique complet non discret, on retrouve la déf. 7 de III, § 3, n° 12 (cf. *loc. cit.*, prop. 49).

D'après VII, § 5, n° 4, lemme 1 (i) et (iii), les représentations adjointes de $\mathfrak{sl}(2, k)$ et $\mathbf{SL}(2, k)$ *sont compatibles*. D'après VII, § 3, n° 1, remarque 2, on a $\mathrm{Ad}(\mathbf{SL}(2, k)) = \mathrm{Aut}_e(\mathfrak{sl}(2, k))$.

5. Quelques éléments de SL(2, k)

Pour tout $t \in k^*$, on pose

$$\begin{aligned}\theta(t) &= e^{tX_+}e^{t^{-1}X_-}e^{tX_+}\\ &= \begin{pmatrix}1 & t\\ 0 & 1\end{pmatrix}\begin{pmatrix}1 & 0\\ -t^{-1} & 1\end{pmatrix}\begin{pmatrix}1 & t\\ 0 & 1\end{pmatrix}\\ &= \begin{pmatrix}0 & t\\ -t^{-1} & 0\end{pmatrix}\\ &= e^{t^{-1}X_-}e^{tX_+}e^{t^{-1}X_-}.\end{aligned}$$

Avec les notations du n° 3, on a

$$\theta(t)u = -t^{-1}v \qquad \theta(t)v = tu$$

donc

$$\theta(t)e_n^{(m)} = (-1)^{m-n}t^{2n-m}e_{m-n}^{(m)}. \tag{4}$$

Par suite, l'élément $\theta(t)^2 = \begin{pmatrix} -1 & 0 \\ 0 & -1 \end{pmatrix}$ opère par $(-1)^m$ sur $V(m)$. Si E est un $\mathfrak{sl}(2, k)$-module simple de dimension impaire, $\theta(t)_E$ est donc un automorphisme involutif de l'espace vectoriel E. En particulier, prenant pour E le module de la représentation adjointe, on a:

$$(5) \qquad \theta(t)_E X_+ = t^{-2}X_- \qquad \theta(t)_E X_- = t^2 X_+ \qquad \theta(t)_E H = -H$$

de sorte que $\theta(1)_E = \theta(-1)_E$ est l'involution canonique de $\mathfrak{sl}(2, k)$.

Pour tout $t \in k^*$, on pose

$$h(t) = \begin{pmatrix} t & 0 \\ 0 & t^{-1} \end{pmatrix} = \theta(t)\theta(-1).$$

On a $h(t)u = tu$, $h(t)v = t^{-1}v$, donc

$$(6) \qquad h(t)e_n^{(m)} = t^{m-2n}e_n^{(m)}.$$

Proposition 6. — *Soient* E *un* $\mathfrak{sl}(2, k)$*-module de dimension finie, et* $t \in k^*$. *Soit* E_p *l'ensemble des éléments de* E *de poids* p.

(i) $\theta(t)_E | E_p$ *est une bijection de* E_p *sur* E_{-p}.

(ii) $h(t)_E | E_p$ *est l'homothétie de rapport* t^p *dans* E_p.

Si $E = V(n)$, la proposition résulte des formules (4) et (6). Le cas général en résulte grâce au th. 1.

Corollaire. — *Soit* $E = E' \oplus E''$ *la décomposition de* E *définie dans le corollaire à la prop. 2. L'élément* $\begin{pmatrix} -1 & 0 \\ 0 & -1 \end{pmatrix}$ *de* $\mathbf{SL}(2, k)$ *opère par* $+1$ *sur* E' *et par* -1 *sur* E''.

Cela résulte de (ii), appliqué à $t = -1$.

§ 2. Système de racines d'une algèbre de Lie semi-simple déployée

1. Algèbres de Lie semi-simples déployées

Définition 1. — *Soit* $\mathfrak{g}$ *une algèbre de Lie semi-simple. Une sous-algèbre de Cartan* $\mathfrak{h}$ *de* $\mathfrak{g}$ *est dite déployante si, pour tout* $x \in \mathfrak{h}$, $\mathrm{ad}_{\mathfrak{g}}\, x$ *est trigonalisable. On dit qu'une algèbre de Lie semi-simple est déployable si elle possède une sous-algèbre de Cartan déployante. On appelle algèbre de Lie semi-simple déployée un couple* $(\mathfrak{g}, \mathfrak{h})$ *ou* $\mathfrak{g}$ *est une algèbre de Lie semi-simple et ou* $\mathfrak{h}$ *est une sous-algèbre de Cartan déployante de* $\mathfrak{g}$.

Remarques. — 1) Soient $\mathfrak{g}$ une algèbre de Lie semi-simple, $\mathfrak{h}$ une sous-algèbre de Cartan de $\mathfrak{g}$. Pour tout $x \in \mathfrak{h}$, $\mathrm{ad}_{\mathfrak{g}}\, x$ est semi-simple (VII, § 2, n° 4, th. 2). Dire que $\mathfrak{h}$ est déployante signifie donc que, pour tout $x \in \mathfrak{h}$, $\mathrm{ad}_{\mathfrak{g}}\, x$ est diagonalisable.

2) Si k est algébriquement clos, toute algèbre de Lie semi-simple $\mathfrak{g}$ est déployable, et toute sous-algèbre de Cartan de $\mathfrak{g}$ est déployante. Lorsque k n'est pas algébriquement clos, il existe des algèbres de Lie semi-simples non déployables (exerc. 2*a*)) ; de plus, si $\mathfrak{g}$ est déployable, il peut exister des sous-algèbres de Cartan de $\mathfrak{g}$ qui ne sont pas déployantes (exerc. 2*b*)).

3) Soient $\mathfrak{g}$ une algèbre de Lie semi-simple, $\mathfrak{h}$ une sous-algèbre de Cartan de $\mathfrak{g}$, ρ une représentation injective de $\mathfrak{g}$ de dimension finie telle que $\rho(\mathfrak{h})$ soit diagonalisable. Alors, pour tout $x \in \mathfrak{h}$, $\mathrm{ad}_{\mathfrak{g}}\, x$ est diagonalisable (VII, § 2, n° 1, exemple 2), donc $\mathfrak{h}$ est déployante.

4) On verra (§ 3, n° 3, cor. de la prop. 10) que si $\mathfrak{h}$, $\mathfrak{h}'$ sont des sous-algèbres de Cartan déployantes de $\mathfrak{g}$, il existe un automorphisme élémentaire de $\mathfrak{g}$ transformant $\mathfrak{h}$ en $\mathfrak{h}'$.

5) Soit $\mathfrak{g}$ une algèbre de Lie réductive. On a $\mathfrak{g} = \mathfrak{c} \times \mathfrak{s}$ où $\mathfrak{c}$ est le centre de $\mathfrak{g}$ et où $\mathfrak{s} = \mathscr{D}\mathfrak{g}$ est semi-simple. Les sous-algèbres de Cartan de $\mathfrak{g}$ sont les sous-algèbres de la forme $\mathfrak{h} = \mathfrak{c} \times \mathfrak{h}'$ où $\mathfrak{h}'$ est une sous-algèbre de Cartan de $\mathfrak{s}$ (VII, § 2, n° 1, prop. 2). On dit que $\mathfrak{h}$ est déployante si $\mathfrak{h}'$ est déployante relativement à $\mathfrak{s}$. On en déduit de manière évidente la définition des algèbres réductives déployables ou déployées.

2. Racines d'une algèbre de Lie semi-simple déployée

Dans ce numéro, on désigne par $(\mathfrak{g}, \mathfrak{h})$ *une algèbre de Lie semi-simple déployée.*

Pour tout $\lambda \in \mathfrak{h}^*$, on note $\mathfrak{g}^{\lambda}(\mathfrak{h})$, ou simplement $\mathfrak{g}^{\lambda}$, le sous-espace primaire de $\mathfrak{g}$ relatif à λ (cf. VII, § 1, n° 3). On rappelle que $\mathfrak{g}^0 = \mathfrak{h}$ (VII, § 2, n° 1, prop. 4), que $\mathfrak{g}$ est somme directe des $\mathfrak{g}^{\lambda}$ (VII, § 1, n° 3, prop. 8 et 9), que $\mathfrak{g}^{\lambda}$ est l'ensemble des $x \in \mathfrak{g}$ tels que $[h, x] = \lambda(h)x$ pour tout $h \in \mathfrak{h}$ (VII, § 2, n° 4, cor. 1 du th. 2), et qu'on appelle poids de $\mathfrak{h}$ dans $\mathfrak{g}$ les formes linéaires λ sur $\mathfrak{h}$ telles que $\mathfrak{g}^{\lambda} \neq 0$ (VII, § 1, n° 1).

DÉFINITION 2. — *On appelle racine de* $(\mathfrak{g}, \mathfrak{h})$ *un poids non nul de* $\mathfrak{h}$ *dans* $\mathfrak{g}$.

On note $R(\mathfrak{g}, \mathfrak{h})$, ou simplement R, l'ensemble des racines de $(\mathfrak{g}, \mathfrak{h})$. On a

$$\mathfrak{g} = \mathfrak{h} \oplus \bigoplus_{\alpha \in R} \mathfrak{g}^{\alpha}.$$

PROPOSITION 1. — *Soient* α, β *des racines de* $(\mathfrak{g}, \mathfrak{h})$ *et* $\langle . , . \rangle$ *une forme bilinéaire symétrique invariante non dégénérée sur* $\mathfrak{g}$ (*par exemple la forme de Killing de* $\mathfrak{g}$).

(i) *Si* $\alpha + \beta \neq 0$, $\mathfrak{g}^{\alpha}$ *et* $\mathfrak{g}^{\beta}$ *sont orthogonaux. La restriction de* $\langle . , . \rangle$ *à* $\mathfrak{g}^{\alpha} \times \mathfrak{g}^{-\alpha}$ *est non dégénérée. La restriction de* $\langle . , . \rangle$ *à* $\mathfrak{h}$ *est non dégénérée.*

(ii) *Soient* $x \in \mathfrak{g}^{\alpha}$, $y \in \mathfrak{g}^{-\alpha}$ *et* $h \in \mathfrak{h}$. *On a* $[x, y] \in \mathfrak{h}$ *et*

$$\langle h, [x, y] \rangle = \alpha(h)\langle x, y \rangle.$$

L'assertion (i) est un cas particulier de la prop. 10 (iii) de VII, § 1, n° 3. Si $x \in \mathfrak{g}^\alpha$, $y \in \mathfrak{g}^{-\alpha}$ et $h \in \mathfrak{h}$, on a $[x, y] \in \mathfrak{g}^{\alpha-\alpha} = \mathfrak{h}$, et

$$\langle h, [x, y]\rangle = \langle [h, x], y\rangle = \langle \alpha(h)x, y\rangle = \alpha(h)\langle x, y\rangle.$$

THÉORÈME 1. — *Soit α une racine de $(\mathfrak{g}, \mathfrak{h})$.*

(i) *L'espace vectoriel $\mathfrak{g}^\alpha$ est de dimension* 1.

(ii) *Le sous-espace vectoriel $\mathfrak{h}_\alpha = [\mathfrak{g}^\alpha, \mathfrak{g}^{-\alpha}]$ de $\mathfrak{h}$ est de dimension* 1. *Il contient un élément H_α et un seul tel que $\alpha(H_\alpha) = 2$.*

(iii) *Le sous-espace vectoriel $\mathfrak{s}_\alpha = \mathfrak{h}_\alpha + \mathfrak{g}^\alpha + \mathfrak{g}^{-\alpha}$ est une sous-algèbre de Lie de $\mathfrak{g}$.*

(iv) *Si X_α est un élément non nul de $\mathfrak{g}^\alpha$, il existe un $X_{-\alpha} \in \mathfrak{g}^{-\alpha}$ et un seul tel que $[X_\alpha, X_{-\alpha}] = -H_\alpha$. Soit φ l'application linéaire de $\mathfrak{sl}(2, k)$ dans $\mathfrak{g}$ qui transforme X_+ en X_α, X_- en $X_{-\alpha}$, H en H_α; alors φ est un isomorphisme de l'algèbre de Lie $\mathfrak{sl}(2, k)$ sur l'algèbre de Lie $\mathfrak{s}_\alpha$.*

a) Soit h_α l'unique élément de $\mathfrak{h}$ tel que $\alpha(h) = \langle h_\alpha, h\rangle$ pour tout $h \in \mathfrak{h}$. D'après la prop. 1, on a $[x, y] = \langle x, y\rangle h_\alpha$ quels que soient $x \in \mathfrak{g}^\alpha$, $y \in \mathfrak{g}^{-\alpha}$; d'autre part $\langle \mathfrak{g}^\alpha, \mathfrak{g}^{-\alpha}\rangle \neq 0$. Donc $\mathfrak{h}_\alpha = [\mathfrak{g}^\alpha, \mathfrak{g}^{-\alpha}] = kh_\alpha$.

b) Choisissons $x \in \mathfrak{g}^\alpha$, $y \in \mathfrak{g}^{-\alpha}$ tels que $\langle x, y\rangle = 1$, d'où $[x, y] = h_\alpha$. Rappelons que $[h_\alpha, x] = \alpha(h_\alpha)x$, $[h_\alpha, y] = -\alpha(h_\alpha)y$. Si $\alpha(h_\alpha) = 0$, on voit que $kx + ky + kh_\alpha$ est une sous-algèbre nilpotente $\mathfrak{t}$ de $\mathfrak{g}$; comme $h_\alpha \in [\mathfrak{t}, \mathfrak{t}]$, $\mathrm{ad}_\mathfrak{g}\, h_\alpha$ est nilpotent (I, § 5, n° 3, th. 1), ce qui est absurde puisque $\mathrm{ad}_\mathfrak{g}\, h_\alpha$ est semi-simple non nul. Donc $\alpha(h_\alpha) \neq 0$. Il existe donc un $H_\alpha \in \mathfrak{h}_\alpha$ et un seul tel que $\alpha(H_\alpha) = 2$, ce qui achève la démonstration de (ii).

c) Choisissons un élément non nul X_α de $\mathfrak{g}^\alpha$. Il existe $X_{-\alpha} \in \mathfrak{g}^{-\alpha}$ tel que $[X_\alpha, X_{-\alpha}] = -H_\alpha$ (car $[X_\alpha, \mathfrak{g}^{-\alpha}] = \mathfrak{h}_\alpha$ d'après *b*)). Alors

$$[H_\alpha, X_\alpha] = \alpha(H_\alpha)X_\alpha = 2X_\alpha, \qquad [H_\alpha, X_{-\alpha}] = -\alpha(H_\alpha)X_{-\alpha} = -2X_{-\alpha},$$
$$[X_\alpha, X_{-\alpha}] = -H_\alpha;$$

donc $kX_\alpha + kX_{-\alpha} + kH_\alpha$ est une sous-algèbre de $\mathfrak{g}$ et l'application linéaire φ de $\mathfrak{sl}(2, k)$ sur $kX_\alpha + kX_{-\alpha} + kH_\alpha$ telle que $\varphi(X_+) = X_\alpha$, $\varphi(X_-) = X_{-\alpha}$, $\varphi(H) = H_\alpha$ est un isomorphisme d'algèbres de Lie.

d) Supposons $\dim \mathfrak{g}^\alpha > 1$. Soit y un élément non nul de $\mathfrak{g}^{-\alpha}$. Il existe un élément non nul X_α de $\mathfrak{g}_\alpha$ tel que $\langle y, X_\alpha\rangle = 0$. Choisissons $X_{-\alpha}$ comme dans *c*), et considérons la représentation $\rho : u \mapsto \mathrm{ad}_\mathfrak{g}\, \varphi(u)$ de $\mathfrak{sl}(2, k)$ dans $\mathfrak{g}$. On a

$$\rho(H)y = [\varphi(H), y] = [H_\alpha, y] = -2y$$
$$\rho(X_+)y = [\varphi(X_+), y] = [X_\alpha, y] = \langle X_\alpha, y\rangle h_\alpha = 0.$$

Ainsi, y est primitif pour ρ, de poids -2, ce qui contredit la prop. 2 du § 1, n° 2. On a donc prouvé (i).

e) L'assertion (iii) est maintenant conséquence de *c*). D'autre part, si X_α est un élément non nul de $\mathfrak{g}^\alpha$, l'élément $X_{-\alpha}$ construit en *c*) est l'unique élément de $\mathfrak{g}^{-\alpha}$ tel que $[X_\alpha, X_{-\alpha}] = -H_\alpha$ puisque dim $\mathfrak{g}^{-\alpha} = 1$. La dernière assertion de (iv) est conséquence de c). C.Q.F.D.

Les notations h_α, H_α, $\mathfrak{s}_\alpha$ *seront conservées dans toute la suite.* (Pour définir h_α, on choisit $\langle . , . \rangle$ égale à la forme de Killing.) Si X_α est un élément non nul de $\mathfrak{g}^\alpha$, l'isomorphisme φ du th. 1 et la représentation $u \mapsto \mathrm{ad}_\mathfrak{g}\, \varphi(u)$ de $\mathfrak{sl}(2, k)$ dans $\mathfrak{g}$ seront dits *associés* à X_α.

COROLLAIRE. — *Soit* Φ *la forme de Killing de* $\mathfrak{g}$. *Quels que soient* $a, b \in \mathfrak{h}$, *on a*

$$\Phi(a, b) = \sum_{\gamma \in R} \gamma(a)\gamma(b).$$

En effet, ad a.ad b laisse stable chaque $\mathfrak{g}^\gamma$, et sa restriction à $\mathfrak{g}^\gamma$ est l'homothétie de rapport $\gamma(a)\gamma(b)$; si $\gamma \neq 0$, on a dim $\mathfrak{g}^\gamma = 1$.

PROPOSITION 2. — *Soient* $\alpha, \beta \in R$.

(i) *On a* $\beta(H_\alpha) \in \mathbf{Z}$.

(ii) *Si* Φ *désigne la forme de Killing de* $\mathfrak{g}$, *on a* $\Phi(H_\alpha, H_\beta) \in \mathbf{Z}$.

Soient X_α un élément non nul de $\mathfrak{g}^\alpha$, et ρ la représentation de $\mathfrak{sl}(2, k)$ dans $\mathfrak{g}$ associée à X_α. Les valeurs propres de $\rho(H)$ sont 0 et les $\beta(H_\alpha)$ pour $\beta \in R$. Alors (i) résulte du § 1, nº 2, cor. de la prop. 2. L'assertion (ii) résulte de (i) et du cor. du th. 1. C.Q.F.D.

Soient $\alpha \in R$, X_α un élément non nul de $\mathfrak{g}^\alpha$, $X_{-\alpha}$ l'élément de $\mathfrak{g}^{-\alpha}$ tel que $[X_\alpha, X_{-\alpha}] = -H_\alpha$, et ρ la représentation de $\mathfrak{sl}(2, k)$ dans $\mathfrak{g}$ associée à X_α. Soit π la représentation de $\mathbf{SL}(2, k)$ dans $\mathfrak{g}$ compatible avec ρ (§ 1, nº 4, th. 2). Comme ad X_α est nilpotent (VII, § 1, nº 3, prop. 10(iv)), $\pi(e^{X_+}) = e^{\mathrm{ad}\, X_\alpha}$ est un automorphisme élémentaire de $\mathfrak{g}$. De même, $\pi(e^{X_-}) = e^{\mathrm{ad}\, X_{-\alpha}}$ est un automorphisme élémentaire de $\mathfrak{g}$. Donc $\pi(\mathbf{SL}(2, k)) \subset \mathrm{Aut}_e(\mathfrak{g})$. Introduisons la notation $\theta(t)$ du § 1, nº 5. Posons, pour tout $t \in k^*$,

$$\theta_\alpha(t) = \pi(\theta(t)) = e^{\mathrm{ad}\, tX_\alpha} e^{\mathrm{ad}\, t^{-1}X_{-\alpha}} e^{\mathrm{ad}\, tX_\alpha}. \tag{1}$$

Lemme 1. — (i) *Pour tout* $h \in \mathfrak{h}$, *on a* $\theta_\alpha(t).h = h - \alpha(h)H_\alpha$.

(ii) *Pour tout* $\beta \in R$, *on a* $\theta_\alpha(t)(\mathfrak{g}^\beta) = \mathfrak{g}^{\beta - \beta(H_\alpha)\alpha}$.

(iii) *Si* $\alpha, \beta \in R$, *alors* $\beta - \beta(H_\alpha)\alpha \in R$.

Soit $h \in \mathfrak{h}$. Si $\alpha(h) = 0$, on a $[X_\alpha, h] = [X_{-\alpha}, h] = 0$, donc $\theta_\alpha(t).h = h$. D'autre part, les formules (5) du § 1, nº 5, prouvent que $\theta_\alpha(t).H_\alpha = -H_\alpha$. Cela prouve l'assertion (i). On en déduit que $\theta_\alpha(t)^2 \mid \mathfrak{h} = \mathrm{Id}$. Si $x \in \mathfrak{g}^\beta$ et $h \in \mathfrak{h}$, on a

$$\begin{aligned}[h, \theta_\alpha(t)x] &= \theta_\alpha(t).[\theta_\alpha(t)h, x] = \beta(\theta_\alpha(t)h).\theta_\alpha(t)x \\ &= (\beta(h) - \alpha(h)\beta(H_\alpha)).\theta_\alpha(t)x \\ &= (\beta - \beta(H_\alpha)\alpha)(h).\theta_\alpha(t)x\end{aligned}$$

donc $\theta_\alpha(t)x \in \mathfrak{g}^{\beta - \beta(H_\alpha)\alpha}$. Cela prouve (ii). L'assertion (iii) résulte de (ii).

THÉORÈME 2. — (i) *L'ensemble* $R = R(\mathfrak{g}, \mathfrak{h})$ *est un système de racines réduit dans* $\mathfrak{h}^*$.

(ii) *Soit* $\alpha \in R$. *L'application* $s_{\alpha, H_\alpha}: \lambda \mapsto \lambda - \lambda(H_\alpha)\alpha$ *de* $\mathfrak{h}^*$ *dans* $\mathfrak{h}^*$ *est l'unique réflexion* s *de* $\mathfrak{h}^*$ *telle que* $s(\alpha) = -\alpha$ *et* $s(R) = R$. *Quel que soit* $t \in k^*$, s *est la transposée de* $\theta_\alpha(t) \mid \mathfrak{h}$.

D'abord, R engendre $\mathfrak{h}^*$, car si $h \in \mathfrak{h}$ est tel que $\alpha(h) = 0$ pour tout $\alpha \in R$, alors ad $h = 0$ d'où $h = 0$ puisque le centre de $\mathfrak{g}$ est nul. Par définition, $0 \notin R$. Soit $\alpha \in R$. Comme $\alpha(H_\alpha) = 2$, $s = s_{\alpha, H_\alpha}$ est une réflexion telle que $s(\alpha) = -\alpha$. On a $s(R) = R$ d'après le lemme 1 (iii), et $\beta(H_\alpha) \in \mathbf{Z}$ pour tout $\beta \in R$ (prop. 2 (i)). On voit donc que R est un système de racines dans $\mathfrak{h}^*$. Pour tout $h \in \mathfrak{h}$ et tout $\lambda \in \mathfrak{h}^*$, on a

$$\langle s(\lambda), h\rangle = \langle \lambda - \lambda(H_\alpha)\alpha, h\rangle = \langle \lambda, h - \alpha(h)H_\alpha\rangle = \langle \lambda, \theta_\alpha(t)h\rangle$$

donc s est la transposée de $\theta_\alpha(t) \mid \mathfrak{h}$. Montrons enfin que le système de racines R est réduit. Soient $\alpha \in R$ et $y \in \mathfrak{g}^{2\alpha}$. Puisque $3\alpha \notin R$ (VI, § 1, n° 3, prop. 8), on a $[X_\alpha, y] = 0$; d'autre part, $[X_{-\alpha}, y] \in \mathfrak{g}^{-\alpha+2\alpha} = \mathfrak{g}^\alpha = kX_\alpha$, donc $[X_\alpha, [X_{-\alpha}, y]] = 0$; alors

$$4y = 2\alpha(H_\alpha)y = [H_\alpha, y] = -[[X_\alpha, X_{-\alpha}], y] = 0$$

d'où $y = 0$ et $\mathfrak{g}^{2\alpha} = 0$. Autrement dit, 2α n'est pas racine.

C.Q.F.D.

Nous identifierons canoniquement $\mathfrak{h}$ et $\mathfrak{h}^{**}$. Avec les notations de VI, § 1, n° 1, on a alors, d'après le th. 2 (ii),

$$H_\alpha = \alpha^\vee \quad \text{pour tout} \quad \alpha \in R. \tag{2}$$

Les H_α forment donc dans $\mathfrak{h}$ le système de racines $R^\vee$ inverse de R.

On dit que $R(\mathfrak{g}, \mathfrak{h})$ est le *système de racines de* $(\mathfrak{g}, \mathfrak{h})$. Les réflexions s_{α, H_α} seront simplement notées s_α. Le groupe de Weyl, le groupe des poids, le nombre de Coxeter ... de $R(\mathfrak{g}, \mathfrak{h})$ s'appellent *le groupe de Weyl, le groupe des poids, le nombre de Coxeter ... de* $(\mathfrak{g}, \mathfrak{h})$. Conformément au chap. VI, § 1, n° 1, on considère le groupe de Weyl comme opérant, non seulement dans $\mathfrak{h}^*$, mais aussi dans $\mathfrak{h}$ par transport de structure, de sorte que $s_\alpha = \theta_\alpha(t) \mid \mathfrak{h}$. Comme les $\theta_\alpha(t)$ sont des automorphismes élémentaires de $\mathfrak{g}$, on a:

COROLLAIRE. — *Tout élément du groupe de Weyl de* $(\mathfrak{g}, \mathfrak{h})$, *opérant dans* $\mathfrak{h}$, *est la restriction à* $\mathfrak{h}$ *d'un automorphisme élémentaire de* $\mathfrak{g}$.

Pour une réciproque de ce résultat, voir § 5, n° 2, prop. 4.

Remarque 1. — Si $\mathfrak{h}_{\mathbf{Q}}$ (resp. $\mathfrak{h}^*_{\mathbf{Q}}$) désigne le $\mathbf{Q}$-sous-espace vectoriel de $\mathfrak{h}$ (resp. $\mathfrak{h}^*$) engendré par les H_α (resp. les α), où $\alpha \in R$, alors $\mathfrak{h}$ (resp. $\mathfrak{h}^*$) s'identifie canoniquement à $\mathfrak{h}_{\mathbf{Q}} \otimes_{\mathbf{Q}} k$ (resp. à $\mathfrak{h}^*_{\mathbf{Q}} \otimes_{\mathbf{Q}} k$) et $\mathfrak{h}^*_{\mathbf{Q}}$ s'identifie au dual de $\mathfrak{h}_{\mathbf{Q}}$ (VI, § 1, n° 1, prop. 1). On dit que $\mathfrak{h}_{\mathbf{Q}}$ et $\mathfrak{h}^*_{\mathbf{Q}}$ sont les $\mathbf{Q}$-structures canoniques sur $\mathfrak{h}$ et $\mathfrak{h}^*$ (A, II, p. 119, déf. 1). Quand on parlera de $\mathbf{Q}$-rationalité pour un sous-espace vectoriel de $\mathfrak{h}$, pour une forme linéaire sur $\mathfrak{h}$, etc., il sera sous-entendu, sauf mention du contraire, qu'il s'agit de ces structures. Quand on parlera des chambres de Weyl, ou des facettes, de $R(\mathfrak{g}, \mathfrak{h})$, on se placera dans $\mathfrak{h}_{\mathbf{Q}} \otimes_{\mathbf{Q}} \mathbf{R}$ ou $\mathfrak{h}^*_{\mathbf{Q}} \otimes_{\mathbf{Q}} \mathbf{R}$, qu'on notera $\mathfrak{h}_{\mathbf{R}}$ et $\mathfrak{h}^*_{\mathbf{R}}$.

Remarque 2. — Le système de racines $R^\vee$ dans $\mathfrak{h}$ définit dans $\mathfrak{h}$ une forme bilinéaire symétrique non dégénérée β (VI, § 1, n° 1, prop. 3), à savoir la forme $(a, b) \mapsto \sum_{\alpha \in R} \langle \alpha, a \rangle \langle \alpha, b \rangle$. D'après le cor. du th. 1, cette forme n'est autre que la restriction à $\mathfrak{h}$ de la forme de Killing. L'extension à $\mathfrak{h}_{\mathbf{Q}} \otimes_{\mathbf{Q}} \mathbf{R}$ de $\beta | \mathfrak{h}_{\mathbf{Q}} \times \mathfrak{h}_{\mathbf{Q}}$ est positive non dégénérée (VI, § 1, n° 1, prop. 3). D'autre part, on voit que la restriction à $\mathfrak{h}$ de la forme de Killing de $\mathfrak{g}$ admet pour forme inverse sur $\mathfrak{h}^*$ *la forme bilinéaire canonique* Φ_R *de* R (VI, § 1, n° 12).

Soient $(\mathfrak{g}_1, \mathfrak{h}_1)$, $(\mathfrak{g}_2, \mathfrak{h}_2)$ des algèbres de Lie semi-simples déployées, φ un isomorphisme de $\mathfrak{g}_1$ sur $\mathfrak{g}_2$ tel que $\varphi(\mathfrak{h}_1) = \mathfrak{h}_2$. Par transport de structure, l'application transposée de $\varphi | \mathfrak{h}_1$ transforme $R(\mathfrak{g}_2, \mathfrak{h}_2)$ en $R(\mathfrak{g}_1, \mathfrak{h}_1)$.

PROPOSITION 3. — *Soient* $\mathfrak{g}$ *une algèbre de Lie semi-simple,* $\mathfrak{h}_1$ *et* $\mathfrak{h}_2$ *des sous-algèbres de Cartan déployantes de* $\mathfrak{g}$. *Il existe un isomorphisme de* $\mathfrak{h}_1^*$ *sur* $\mathfrak{h}_2^*$ *qui transforme* $R(\mathfrak{g}, \mathfrak{h}_1)$ *en* $R(\mathfrak{g}, \mathfrak{h}_2)$.

(Pour des résultats plus précis, voir § 3, n° 3, cor. de la prop. 10, ainsi que § 5, n° 3, prop. 5.)

Soient k' une clôture algébrique de k, $\mathfrak{g}' = \mathfrak{g} \otimes_k k'$, $\mathfrak{h}'_i = \mathfrak{h}_i \otimes_k k'$. Alors $R(\mathfrak{g}', \mathfrak{h}'_i)$ est l'image de $R(\mathfrak{g}, \mathfrak{h}_i)$ par l'application $\lambda \mapsto \lambda \otimes 1$ de $\mathfrak{h}_i^*$ dans $\mathfrak{h}_i^* \otimes_k k' = \mathfrak{h}_i'^*$. D'après VII, § 3, n° 2, th. 1, il existe un automorphisme de $\mathfrak{g}'$ transformant $\mathfrak{h}'_1$ en $\mathfrak{h}'_2$, donc un isomorphisme φ de $\mathfrak{h}_1'^*$ sur $\mathfrak{h}_2'^*$ qui transforme $R(\mathfrak{g}', \mathfrak{h}'_1)$ en $R(\mathfrak{g}', \mathfrak{h}'_2)$. Alors $\varphi | \mathfrak{h}_1^*$ transforme $R(\mathfrak{g}, \mathfrak{h}_1)$ en $R(\mathfrak{g}, \mathfrak{h}_2)$, donc $\mathfrak{h}_1^*$ en $\mathfrak{h}_2^*$.

C.Q.F.D.

En vertu de la prop. 3, le système de racines de $(\mathfrak{g}, \mathfrak{h})$ ne dépend, à isomorphisme près, que de $\mathfrak{g}$ et non de $\mathfrak{h}$. Aussi, par abus de langage, le groupe de Weyl, le groupe des poids ... de $(\mathfrak{g}, \mathfrak{h})$ s'appellent simplement le groupe de Weyl, le groupe des poids ... de $\mathfrak{g}$ (cf. aussi § 5, n° 3, remarque 2). Si le graphe de Dynkin de $\mathfrak{g}$ est de type A_l, ou B_l, ... (cf. VI, § 4, n° 2, th. 3), on dit que $\mathfrak{g}$ est de type A_l, ou B_l, ...

Rappelons que, si α et β sont des racines linéairement indépendantes, l'ensemble des $j \in \mathbf{Z}$ tels que $\beta + j\alpha \in R$ est un intervalle $[-q, p]$ de $\mathbf{Z}$ contenant 0, avec $p - q = -\langle \beta, \alpha^\vee \rangle = -\beta(H_\alpha)$ (VI, § 1, n° 3, prop. 9).

PROPOSITION 4. — *Soient* α *et* β *des racines linéairement indépendantes. Soit* p (resp. q) *le plus grand entier* j *tel que* $\beta + j\alpha$ (resp. $\beta - j\alpha$) *soit une racine.*

(i) *Le sous-espace vectoriel* $\sum_{-q \leqslant j \leqslant p} \mathfrak{g}^{\beta + j\alpha}$ *de* $\mathfrak{g}$ *est un* $\mathfrak{s}_\alpha$*-module simple de dimension* $p + q + 1$.

(ii) *Si* $\alpha + \beta$ *est une racine, alors* $[\mathfrak{g}^\alpha, \mathfrak{g}^\beta] = \mathfrak{g}^{\alpha+\beta}$.

Soit X_α (resp. x) un élément non nul de $\mathfrak{g}^\alpha$ (resp. $\mathfrak{g}^{\beta+p\alpha}$). On a

$$[X_\alpha, x] \in \mathfrak{g}^{\beta+(p+1)\alpha} = 0$$

$$[H_\alpha, x] = (\beta(H_\alpha) + p\alpha(H_\alpha))x = (-p + q + 2p)x = (p + q)x.$$

Pour la représentation de $\mathfrak{sl}(2, k)$ dans $\mathfrak{g}$ associée à X_α, on voit donc que x est primitif de poids $p + q$; or le $\mathfrak{sl}(2, k)$-module $\sum_{-q \leqslant j \leqslant p} \mathfrak{g}^{\beta+j\alpha}$ est de dimension $p + q + 1$; on voit donc qu'il est simple (§ 1, n° 2, prop. 2). Si $\alpha + \beta \in \mathrm{R}$, on a $p \geqslant 1$, donc les éléments de $\mathfrak{g}^\beta$ sont non primitifs, et par suite $[X_\alpha, \mathfrak{g}^\beta] \neq 0$. Comme $[\mathfrak{g}^\alpha, \mathfrak{g}^\beta] \subset \mathfrak{g}^{\alpha+\beta}$, on voit finalement que $[\mathfrak{g}^\alpha, \mathfrak{g}^\beta] = \mathfrak{g}^{\alpha+\beta}$.

Remarque 3. — Rappelons que, d'après VI, § 1, n° 3, cor. de la prop. 9, l'entier $p + q + 1$ ne peut prendre que les valeurs 1, 2, 3, 4.

Remarque 4. — Soient $(\mathfrak{g}, \mathfrak{h})$ une algèbre de Lie réductive déployée, $\mathfrak{c}$ le centre de $\mathfrak{g}$, $\mathfrak{g}' = \mathscr{D}\mathfrak{g}$, $\mathfrak{h}' = \mathfrak{h} \cap \mathfrak{g}'$. On a $\mathfrak{h} = \mathfrak{c} \times \mathfrak{h}'$, et l'on identifie $\mathfrak{h}'^*$ à un sous-espace vectoriel de $\mathfrak{h}^*$. Pour tout $\lambda \in \mathfrak{h}^*$ tel que $\lambda \neq 0$, le sous-espace primaire $\mathfrak{g}^\lambda$ relatif à λ est égal à $\mathfrak{g}'^{\lambda|\mathfrak{h}'}$. On appelle *racine* de $(\mathfrak{g}, \mathfrak{h})$ un poids non nul de $\mathfrak{h}$ dans $\mathfrak{g}$; toute racine s'annule sur $\mathfrak{c}$. On note $\mathrm{R}(\mathfrak{g}, \mathfrak{h})$ l'ensemble des racines de $(\mathfrak{g}, \mathfrak{h})$; il s'identifie canoniquement à $\mathrm{R}(\mathfrak{g}', \mathfrak{h}')$. Soit $\alpha \in \mathrm{R}(\mathfrak{g}, \mathfrak{h})$. Comme dans le cas semi-simple, on définit $\mathfrak{h}_\alpha$, H_α, $\mathfrak{s}_\alpha$, les isomorphismes $\mathfrak{sl}(2, k) \to \mathfrak{s}_\alpha$, et les représentations de $\mathfrak{sl}(2, k)$ dans $\mathfrak{g}$ associées à α. De même pour le groupe de Weyl, le groupe des poids ... de $(\mathfrak{g}, \mathfrak{h})$.

3. Formes bilinéaires invariantes

Proposition 5. — *Soient* $(\mathfrak{g}, \mathfrak{h})$ *une algèbre de Lie semi-simple déployée,* Φ *une forme bilinéaire symétrique invariante sur* $\mathfrak{g}$, W *le groupe de Weyl de* $(\mathfrak{g}, \mathfrak{h})$. *Alors la restriction* Φ' *de* Φ *à* $\mathfrak{h}$ *est invariante par* W. *Si de plus* Φ *est non dégénérée,* Φ' *est non dégénérée.*

Soient $\alpha \in \mathrm{R}$, X_α un élément non nul de $\mathfrak{g}^\alpha$, ρ la représentation associée de $\mathfrak{sl}(2, k)$ dans $\mathfrak{g}$, π la représentation de $\mathbf{SL}(2, k)$ dans $\mathfrak{g}$ compatible avec ρ. Alors Φ est invariante par ρ, donc par π (§ 1, n° 4). En particulier, Φ' est invariante par $\theta_\alpha(t) \mid \mathfrak{h}$ (n° 2), donc par W. La dernière assertion résulte de la prop. 1 (i).

Proposition 6. — *Soient* $(\mathfrak{g}, \mathfrak{h})$ *une algèbre de Lie semi-simple déployée,* Φ *une forme bilinéaire symétrique non dégénérée invariante sur* $\mathfrak{g}$. *Pour tout* $\alpha \in \mathrm{R}$, *soit* X_α *un élément non nul de* $\mathfrak{g}^\alpha$. *Soient* $(H_i)_{i\in I}$ *une base de* $\mathfrak{h}$, *et* $(H_i')_{i\in I}$ *la base de* $\mathfrak{h}$ *telle que* $\Phi(H_i, H_j') = \delta_{ij}$. *L'élément de Casimir associé à* Φ *dans l'algèbre enveloppante de* $\mathfrak{g}$ (I, § 3, n° 7) *est alors*

$$\sum_{\alpha\in R} \frac{1}{\Phi(X_\alpha, X_{-\alpha})} X_\alpha X_{-\alpha} + \sum_{i\in I} H_i H_i'.$$

En effet, d'après la prop. 1, on a $\Phi(H_i, X_\alpha) = \Phi(H_i', X_\alpha) = 0$ quels que soient $i \in I$, $\alpha \in R$, et $\Phi\left(\frac{1}{\Phi(X_\alpha, X_{-\alpha})} X_\alpha, X_{-\beta}\right) = \delta_{\alpha\beta}$ quels que soient $\alpha, \beta \in R$.

4. Les coefficients $N_{\alpha\beta}$

Dans ce numéro, on désigne encore par $(\mathfrak{g}, \mathfrak{h})$ *une algèbre de Lie semi-simple déployée.*

Lemme 2. — *Il existe une famille* $(X_\alpha)_{\alpha\in R}$ *telle que, pour tout* $\alpha \in R$, *on ait*

$$X_\alpha \in \mathfrak{g}^\alpha \quad \textit{et} \quad [X_\alpha, X_{-\alpha}] = -H_\alpha.$$

Soit R_1 une partie de R telle que $R = R_1 \cup (-R_1)$ et $R_1 \cap (-R_1) = \emptyset$. Pour $\alpha \in R_1$, choisissons arbitrairement un élément non nul X_α de $\mathfrak{g}^\alpha$. Il existe un $X_{-\alpha} \in \mathfrak{g}^{-\alpha}$ et un seul tel que $[X_\alpha, X_{-\alpha}] = -H_\alpha$ (th. 1 (iv)). On a alors

$$[X_{-\alpha}, X_\alpha] = H_\alpha = -H_{-\alpha}.$$

C.Q.F.D.

Si une famille $(X_\alpha)_{\alpha\in R}$ vérifie les conditions du lemme 2, les familles vérifiant ces conditions sont les $(t_\alpha X_\alpha)_{\alpha\in R}$ où $t_\alpha \in k^*$ et $t_\alpha t_{-\alpha} = 1$ pour tout $\alpha \in R$.

Dans la suite de ce numéro, on désigne par $(X_\alpha)_{\alpha\in R}$ *une famille vérifiant les conditions du lemme* 2. *On note* $\langle . , . \rangle$ *une forme bilinéaire symétrique non dégénérée invariante sur* $\mathfrak{g}$.

Tout $x \in \mathfrak{g}$ s'écrit de manière unique sous la forme

$$x = h + \sum_{\alpha\in R} \mu_\alpha X_\alpha \qquad (h \in \mathfrak{h}, \mu_\alpha \in k).$$

Le crochet de 2 éléments se calcule au moyen des formules suivantes:

$$[h, X_\alpha] = \alpha(h) X_\alpha$$

$$[X_\alpha, X_\beta] = \begin{cases} 0 & \text{si } \alpha + \beta \notin R \cup \{0\} \\ -H_\alpha & \text{si } \alpha + \beta = 0 \\ N_{\alpha\beta} X_{\alpha+\beta} & \text{si } \alpha + \beta \in R \end{cases}$$

les $N_{\alpha\beta}$ étant des éléments non nuls de k.

Lemme 3. — *Pour tout* $\alpha \in R$, *on a*

$$\langle X_\alpha, X_{-\alpha} \rangle = -\tfrac{1}{2}\langle H_\alpha, H_\alpha \rangle.$$

En effet,

$$2\langle X_\alpha, X_{-\alpha}\rangle = \langle \alpha(H_\alpha)X_\alpha, X_{-\alpha}\rangle = \langle [H_\alpha, X_\alpha], X_{-\alpha}\rangle$$
$$= \langle H_\alpha, [X_\alpha, X_{-\alpha}]\rangle = -\langle H_\alpha, H_\alpha\rangle.$$

Lemme 4. — *Soient* $\alpha, \beta \in \mathrm{R}$ *tels que* $\alpha + \beta \in \mathrm{R}$. *Soit* p (resp. q) *le plus grand entier* j *tel que* $\beta + j\alpha \in \mathrm{R}$ (resp. $\beta - j\alpha \in \mathrm{R}$). *On a*

$$\mathrm{N}_{\alpha,\beta}\mathrm{N}_{-\alpha,\alpha+\beta} = -p(q+1) \tag{3}$$

$$\mathrm{N}_{-\alpha,\alpha+\beta}\langle H_\beta, H_\beta\rangle = -\mathrm{N}_{-\alpha,-\beta}\langle H_{\alpha+\beta}, H_{\alpha+\beta}\rangle \tag{4}$$

$$\mathrm{N}_{\alpha,\beta}\mathrm{N}_{-\alpha,-\beta} = (q+1)^2. \tag{5}$$

Soit ρ la représentation de $\mathfrak{sl}(2, k)$ dans $\mathfrak{g}$ définie par X_α. L'élément $e = X_{\beta+p\alpha}$ est primitif de poids $p + q$ (prop. 4 (i)). Posons

$$e_n = \frac{(-1)^n}{n!}\rho(X_-)^n e \qquad \text{pour} \quad n \geqslant 0.$$

D'après la prop. 1 du § 1, on a

$$(\mathrm{ad}\, X_\alpha)e_p = (q+1)e_{p-1}$$
$$(\mathrm{ad}\, X_{-\alpha})(\mathrm{ad}\, X_\alpha)e_p = -p(q+1)e_p.$$

Cela prouve (3) puisque e_p est un élément non nul de $\mathfrak{g}^\beta$.

La forme $\langle .\,,.\rangle$ étant invariante, on a

$$\langle [X_{-\alpha}, X_{\alpha+\beta}], X_{-\beta}\rangle = -\langle X_{\alpha+\beta}, [X_{-\alpha}, X_{-\beta}]\rangle$$

d'où

$$\mathrm{N}_{-\alpha,\alpha+\beta}\langle X_\beta, X_{-\beta}\rangle = -\mathrm{N}_{-\alpha,-\beta}\langle X_{\alpha+\beta}, X_{-\alpha-\beta}\rangle$$

ce qui, compte tenu du lemme 3, prouve (4).

La restriction de $\langle .\,,.\rangle$ à $\mathfrak{h}$ est non dégénérée et invariante par le groupe de Weyl (prop. 5). Identifions $\mathfrak{h}$ et $\mathfrak{h}^*$ grâce à cette restriction. Si $\gamma \in \mathrm{R}$, H_γ s'identifie à $2\gamma/\langle\gamma, \gamma\rangle$ (VI, § 1, n° 1, lemme 2); donc, quels que soient $\gamma, \delta \in \mathrm{R}$, on a

$$\frac{\langle\gamma, \gamma\rangle}{\langle\delta, \delta\rangle} = \frac{\langle H_\delta, H_\delta\rangle}{\langle H_\gamma, H_\gamma\rangle}. \tag{6}$$

Or, d'après VI, § 1, n° 3, prop. 10, on a

$$\frac{\langle\alpha+\beta, \alpha+\beta\rangle}{\langle\beta, \beta\rangle} = \frac{q+1}{p} \tag{7}$$

donc, d'après (3), (4), (6), (7),

$$\mathrm{N}_{\alpha,\beta}\mathrm{N}_{-\alpha,-\beta}$$
$$= -\mathrm{N}_{\alpha,\beta}\mathrm{N}_{-\alpha,\alpha+\beta}\frac{\langle H_\beta, H_\beta\rangle}{\langle H_{\alpha+\beta}, H_{\alpha+\beta}\rangle} = -\mathrm{N}_{\alpha,\beta}\mathrm{N}_{-\alpha,\alpha+\beta}\frac{q+1}{p} = (q+1)^2.$$

DÉFINITION 3. — *On appelle système de Chevalley de* $(\mathfrak{g}, \mathfrak{h})$ *une famille* $(X_\alpha)_{\alpha \in R}$ *telle que*

(i) $X_\alpha \in \mathfrak{g}^\alpha$ *pour tout* $\alpha \in R$;

(ii) $[X_\alpha, X_{-\alpha}] = -H_\alpha$ *pour tout* $\alpha \in R$;

(iii) *l'application linéaire de* $\mathfrak{g}$ *dans* $\mathfrak{g}$ *qui est égale à* -1 *sur* $\mathfrak{h}$ *et qui transforme* X_α *en* $X_{-\alpha}$ *pour tout* $\alpha \in R$ *est un automorphisme de* $\mathfrak{g}$.

On étend aussitôt cette définition au cas où $(\mathfrak{g}, \mathfrak{h})$ est une algèbre de Lie réductive déployée.

Nous verrons (§ 4, n° 4, cor. de la prop. 5) qu'*il existe* des systèmes de Chevalley de$(\mathfrak{g}, \mathfrak{h})$.

PROPOSITION 7. — *Soit* $(X_\alpha)_{\alpha \in R}$ *un système de Chevalley de* $(\mathfrak{g}, \mathfrak{h})$. *On conserve les notations du lemme* 4. *Alors* $N_{-\alpha,-\beta} = N_{\alpha,\beta}$ *et* $N_{\alpha,\beta} = \pm(q+1)$ *pour* $\alpha, \beta, \alpha+\beta \in R$.

Soit φ l'automorphisme de $\mathfrak{g}$ considéré dans la déf. 3 (iii). On a

$$\begin{aligned} N_{-\alpha,-\beta}X_{-\alpha-\beta} &= [X_{-\alpha}, X_{-\beta}] = [\varphi(X_\alpha), \varphi(X_\beta)] = \varphi([X_\alpha, X_\beta]) \\ &= \varphi(N_{\alpha,\beta}X_{\alpha+\beta}) = N_{\alpha,\beta}X_{-\alpha-\beta} \end{aligned}$$

d'où $N_{-\alpha,-\beta} = N_{\alpha,\beta}$. On a alors $N_{\alpha,\beta} = \pm(q+1)$ d'après (5).

PROPOSITION 8. — *Soit* $(X_\alpha)_{\alpha \in R}$ *un système de Chevalley de* $(\mathfrak{g}, \mathfrak{h})$. *Soit* M *un sous-***Z***-module de* $\mathfrak{h}$ *contenant les* H_α *et contenu dans le groupe des poids de* $R^\vee$. *Soit* $\mathfrak{g}_{\mathbf{Z}}$ *le sous-***Z***-module de* $\mathfrak{g}$ *engendré par* M *et les* X_α. *Alors* $\mathfrak{g}_{\mathbf{Z}}$ *est une sous-***Z***-algèbre de Lie de* $\mathfrak{g}$, *et l'application canonique de* $\mathfrak{g}_{\mathbf{Z}} \otimes_{\mathbf{Z}} k$ *dans* $\mathfrak{g}$ *est un isomorphisme.*

Si $\alpha, \beta \in R$ sont tels que $\alpha + \beta \in R$, on a $N_{\alpha\beta} \in \mathbf{Z}$ (prop. 7). D'autre part, si $\alpha \in R$ et $h \in M$, on a $\alpha(h) \in \mathbf{Z}$ (VI, § 1, n° 9). Cela prouve que $\mathfrak{g}_{\mathbf{Z}}$ est une sous-**Z**-algèbre de Lie de $\mathfrak{g}$. D'autre part, M est un groupe commutatif libre de rang dim $\mathfrak{h}$ (A, VII, § 3, th. 1), donc $\mathfrak{g}_{\mathbf{Z}}$ est un groupe commutatif libre de rang dim $\mathfrak{g}$; cela entraîne la dernière assertion.

§ 3. Sous-algèbres des algèbres de Lie semi-simples déployées

Dans ce paragraphe, on désigne par $(\mathfrak{g}, \mathfrak{h})$ *une algèbre de Lie semi-simple déployée, et par* R *son système de racines.*

1. Sous-algèbres stables par ad $\mathfrak{h}$

Lemme 1. — *Soient* V *un sous-espace vectoriel de* $\mathfrak{g}$ *et* R(V) *l'ensemble des* $\alpha \in R$ *tels que* $\mathfrak{g}^\alpha \subset V$. *Le plus grand sous-espace vectoriel de* V *stable par* ad $\mathfrak{h}$ *est* $(V \cap \mathfrak{h}) + \sum_{\alpha \in R(V)} \mathfrak{g}^\alpha$.

Un sous-espace vectoriel W de V est stable par ad $\mathfrak{h}$ si et seulement si

$$W = (W \cap \mathfrak{h}) + \sum_{\alpha \in R} (W \cap \mathfrak{g}^\alpha)$$

(A, VII, § 2, n° 2, cor. 1 au th. 1). Le plus grand sous-espace vectoriel de V stable par ad $\mathfrak{h}$ est donc $(V \cap \mathfrak{h}) + \sum_{\alpha \in R} (V \cap \mathfrak{g}^\alpha)$. Or $V \cap \mathfrak{g}^\alpha = \mathfrak{g}^\alpha$ pour $\alpha \in R(V)$, et $V \cap \mathfrak{g}^\alpha = 0$ pour $\alpha \notin R(V)$ puisque $\dim \mathfrak{g}^\alpha = 1$.

C.Q.F.D.

Pour toute partie P de R, posons

$$\mathfrak{g}^P = \sum_{\alpha \in P} \mathfrak{g}^\alpha \qquad \mathfrak{h}_P = \sum_{\alpha \in P} \mathfrak{h}_\alpha.$$

Si $P \subset R$ et $Q \subset R$, on a évidemment

$$[\mathfrak{h}, \mathfrak{g}^P] \subset \mathfrak{g}^P \tag{1}$$

$$[\mathfrak{g}^P, \mathfrak{g}^Q] = \mathfrak{g}^{(P+Q)\cap R} + \mathfrak{h}_{P\cap(-Q)}. \tag{2}$$

Rappelons (VI, § 1, n° 7, déf. 4) qu'une partie P de R est dite *close* si les conditions $\alpha \in P$, $\beta \in P$, $\alpha + \beta \in R$ impliquent $\alpha + \beta \in P$, autrement dit si $(P + P) \cap R \subset P$.

Lemme 2. — *Soient* $\mathfrak{h}'$ *un sous-espace vectoriel de* $\mathfrak{h}$ *et* P *une partie de* R. *Pour que* $\mathfrak{h}' + \mathfrak{g}^P$ *soit une sous-algèbre de* $\mathfrak{g}$, *il faut et il suffit que* P *soit une partie close de* R *et que*

$$\mathfrak{h}' \supset \mathfrak{h}_{P\cap(-P)}.$$

En effet,

$$[\mathfrak{h}' + \mathfrak{g}^P, \mathfrak{h}' + \mathfrak{g}^P] = [\mathfrak{h}', \mathfrak{g}^P] + [\mathfrak{g}^P, \mathfrak{g}^P] = \mathfrak{h}_{P\cap(-P)} + [\mathfrak{h}', \mathfrak{g}^P] + \mathfrak{g}^{(P+P)\cap R}.$$

Donc $\mathfrak{h}' + \mathfrak{g}^P$ est une sous-algèbre de $\mathfrak{g}$ si et seulement si

$$\mathfrak{h}_{P\cap(-P)} \subset \mathfrak{h}' \quad \text{et} \quad \mathfrak{g}^{(P+P)\cap R} \subset \mathfrak{g}^P$$

ce qui prouve le lemme.

PROPOSITION 1. — (i) *Les sous-algèbres de* $\mathfrak{g}$ *stables par* ad $\mathfrak{h}$ *sont les sous-espaces vectoriels de la forme* $\mathfrak{h}' + \mathfrak{g}^P$, *où* P *est une partie close de* R *et où* $\mathfrak{h}'$ *est un sous-espace vectoriel de* $\mathfrak{h}$ *contenant* $\mathfrak{h}_{P\cap(-P)}$.

(ii) *Soient* $\mathfrak{h}'$, $\mathfrak{h}''$ *des sous-espaces vectoriels de* $\mathfrak{h}$ *et* P, Q *des parties closes de* R, *avec* $\mathfrak{h}' \supset \mathfrak{h}_{P\cap(-P)}$, $\mathfrak{h}'' \subset \mathfrak{h}'$ *et* $Q \subset P$. *Pour que* $\mathfrak{h}'' + \mathfrak{g}^Q$ *soit un idéal de* $\mathfrak{h}' + \mathfrak{g}^P$, *il faut et il suffit que l'on ait*

$$(P + Q) \cap R \subset Q \quad \textit{et} \quad \mathfrak{h}_{P\cap(-Q)} \subset \mathfrak{h}'' \subset \bigcap_{\alpha \in P,\, \alpha \notin Q} \operatorname{Ker} \alpha.$$

L'assertion (i) résulte aussitôt des lemmes 1 et 2. Soient $\mathfrak{h}'$, $\mathfrak{h}''$, P, Q comme dans (ii). On a

$$[\mathfrak{h}' + \mathfrak{g}^P, \mathfrak{h}'' + \mathfrak{g}^Q] = \mathfrak{h}_{P\cap(-Q)} + [\mathfrak{h}', \mathfrak{g}^Q] + [\mathfrak{h}'', \mathfrak{g}^P] + \mathfrak{g}^{(P+Q)\cap R}.$$

Pour que $\mathfrak{h}'' + \mathfrak{g}^{\mathrm{Q}}$ soit un idéal de $\mathfrak{h}' + \mathfrak{g}^{\mathrm{P}}$, il est donc nécessaire et suffisant que l'on ait

$$\mathfrak{h}_{\mathrm{P}\cap(-\mathrm{Q})} \subset \mathfrak{h}'', \qquad [\mathfrak{h}'', \mathfrak{g}^{\mathrm{P}}] \subset \mathfrak{g}^{\mathrm{Q}}, \qquad \mathfrak{g}^{(\mathrm{P}+\mathrm{Q})\cap\mathrm{R}} \subset \mathfrak{g}^{\mathrm{Q}}.$$

Cela entraîne (ii).

PROPOSITION 2. — *Soit* $\mathfrak{a}$ *une sous-algèbre de* $\mathfrak{g}$ *stable par* ad $\mathfrak{h}$, *et soient* $\mathfrak{h}' \subset \mathfrak{h}$, $\mathrm{P} \subset \mathrm{R}$ *tels que* $\mathfrak{a} = \mathfrak{h}' + \mathfrak{g}^{\mathrm{P}}$.

(i) *Soit* $\mathfrak{k}$ *l'ensemble des* $x \in \mathfrak{h}'$ *tels que* $\alpha(x) = 0$ *pour tout* $\alpha \in \mathrm{P} \cap (-\mathrm{P})$. *Le radical de* $\mathfrak{a}$ *est* $\mathfrak{k} + \mathfrak{g}^{\mathrm{Q}}$, *où* Q *est l'ensemble des* $\alpha \in \mathrm{P}$ *tels que* $-\alpha \notin \mathrm{P}$. *En outre,* $\mathfrak{g}^{\mathrm{Q}}$ *est un idéal nilpotent de* $\mathfrak{a}$.

(ii) *Pour que* $\mathfrak{a}$ *soit semi-simple, il faut et il suffit que* $\mathrm{P} = -\mathrm{P}$ *et que* $\mathfrak{h}' = \mathfrak{h}_{\mathrm{P}}$.

(iii) *Pour que* $\mathfrak{a}$ *soit résoluble, il faut et il suffit que* $\mathrm{P} \cap (-\mathrm{P}) = \emptyset$. *S'il en est ainsi, on a* $[\mathfrak{a}, \mathfrak{a}] = \mathfrak{g}^{\mathrm{S}}$, *où*

$$\mathrm{S} = ((\mathrm{P} + \mathrm{P}) \cap \mathrm{R}) \cup \{\alpha \in \mathrm{P} \,|\, \alpha(\mathfrak{h}') \neq 0\}.$$

(iv) *Pour que* $\mathfrak{a}$ *soit réductive dans* $\mathfrak{g}$, *il faut et il suffit que* $\mathrm{P} = -\mathrm{P}$.

(v) *Pour que* $\mathfrak{a}$ *soit formée d'éléments nilpotents, il faut et il suffit que* $\mathfrak{h}' = 0$. *On a alors* $\mathrm{P} \cap (-\mathrm{P}) = \emptyset$, *et* $\mathfrak{a}$ *est nilpotente.*

Prouvons (v). Si $\mathfrak{a}$ est formée d'éléments nilpotents, $\mathfrak{a}$ est évidemment nilpotente, et $\mathfrak{h}' = 0$ puisque les éléments de $\mathfrak{h}$ sont semi-simples. Supposons $\mathfrak{h}' = 0$. D'après la prop. 1 (i), on a $\mathrm{P} \cap (-\mathrm{P}) = \emptyset$. D'après VI, § 1, nº 7, prop. 22, il existe une chambre C de R telle que $\mathrm{P} \subset \mathrm{R}_+(\mathrm{C})$. Par suite, il existe un entier $n > 0$ ayant la propriété suivante: si $\alpha_1, \ldots, \alpha_n \in \mathrm{P}$ et $\beta \in \mathrm{R} \cup \{0\}$, on a

$$\alpha_1 + \cdots + \alpha_n + \beta \notin \mathrm{R} \cup \{0\}.$$

Cela entraîne que tout élément de $\mathfrak{g}^{\mathrm{P}}$ est nilpotent, d'où (v).

Prouvons (iii). Si $\mathrm{P} \cap (-\mathrm{P}) = \emptyset$, $\mathfrak{g}^{\mathrm{P}}$ est une sous-algèbre de $\mathfrak{g}$ (prop. 1 (i)), nilpotente d'après (v). Or

$$[\mathfrak{a}, \mathfrak{a}] = [\mathfrak{h}', \mathfrak{g}^{\mathrm{P}}] + [\mathfrak{g}^{\mathrm{P}}, \mathfrak{g}^{\mathrm{P}}] = [\mathfrak{h}', \mathfrak{g}^{\mathrm{P}}] + \mathfrak{g}^{(\mathrm{P}+\mathrm{P})\cap\mathrm{R}} \subset \mathfrak{g}^{\mathrm{P}},$$

donc $\mathfrak{a}$ est résoluble et $[\mathfrak{a}, \mathfrak{a}]$ est donné par la formule de la proposition. Si $\mathrm{P} \cap (-\mathrm{P}) \neq \emptyset$, soit $\alpha \in \mathrm{P}$ tel que $-\alpha \in \mathrm{P}$. Alors $\mathfrak{h}_\alpha + \mathfrak{g}^\alpha + \mathfrak{g}^{-\alpha}$ est une sous-algèbre simple de $\mathfrak{a}$ donc $\mathfrak{a}$ n'est pas résoluble.

Prouvons (i). Comme P est clos, on a $(\mathrm{P} + \mathrm{Q}) \cap \mathrm{R} \subset \mathrm{P}$. Si $\alpha \in \mathrm{P}$, $\beta \in \mathrm{Q}$ et $\alpha + \beta \in \mathrm{R}$, on ne peut avoir $\alpha + \beta \in -\mathrm{P}$, car, P étant clos, cela entraînerait $-\beta = -(\alpha + \beta) + \alpha \in \mathrm{P}$ alors que $\beta \in \mathrm{Q}$; ainsi, $(\mathrm{P} + \mathrm{Q}) \cap \mathrm{R} \subset \mathrm{Q}$. Cela prouve que $\mathfrak{g}^{\mathrm{Q}}$ est un idéal de $\mathfrak{a}$, nilpotent d'après (v). On a $\mathrm{P} \cap (-\mathrm{Q}) = \emptyset$, et $\mathrm{P} \cap (-\mathrm{P}) = \mathrm{P} \cap \complement \mathrm{Q}$, donc $\mathfrak{h}_{\mathrm{P}\cap(-\mathrm{Q})} \subset \mathfrak{k} \subset \bigcap_{\alpha \in \mathrm{P}, \alpha \notin \mathrm{Q}} \mathrm{Ker}\, \alpha$. D'après la prop. 1 (ii), $\mathfrak{k} + \mathfrak{g}^{\mathrm{Q}}$ est un idéal de $\mathfrak{a}$. Comme $\mathrm{Q} \cap (-\mathrm{Q}) = \emptyset$, cet idéal est résoluble d'après (iii). Il est donc contenu dans le radical $\mathfrak{r}$ de $\mathfrak{a}$. Comme $\mathfrak{r}$ est stable par toute dérivation de $\mathfrak{a}$, $\mathfrak{r}$ est stable par ad $\mathfrak{h}$. Il existe alors une partie S de P telle que

$\mathfrak{r} = (\mathfrak{r} \cap \mathfrak{h}) + \mathfrak{g}^S$. Supposons que $\alpha \in S$ et que $-\alpha \in P$. Alors $\mathfrak{h}_\alpha = [\mathfrak{g}^\alpha, \mathfrak{g}^{-\alpha}] \subset \mathfrak{r}$, donc $\mathfrak{g}^{-\alpha} = [\mathfrak{h}_\alpha, \mathfrak{g}^{-\alpha}] \subset \mathfrak{r}$, de sorte que $-\alpha \in S$; d'après (iii), cela contredit le fait que $\mathfrak{r}$ est résoluble. Par conséquent, $S \subset Q$. Enfin, si $x \in \mathfrak{r} \cap \mathfrak{h}$ et si $\alpha \in P \cap (-P)$, alors $[x, \mathfrak{g}^\alpha] \subset \mathfrak{g}^\alpha \cap \mathfrak{r} = 0$, donc $\alpha(x) = 0$; cela montre que $x \in \mathfrak{k}$. On a donc $\mathfrak{r} \subset \mathfrak{k} + \mathfrak{g}^Q$ et la démonstration de (i) est achevée.

Prouvons (iv). Pour que la représentation adjointe de $\mathfrak{a}$ dans $\mathfrak{g}$ soit semi-simple, il faut et il suffit, d'après (i), que $\mathrm{ad}_\mathfrak{g}\, x$ soit semi-simple pour tout $x \in \mathfrak{k} + \mathfrak{g}^Q$ (I, § 6, n° 5, th. 4); pour cela, il faut et il suffit, d'après (v), que $Q = \emptyset$, c'est-à-dire que $P = -P$.

Prouvons (ii). Si $\mathfrak{a}$ est semi-simple, on a $P = -P$ d'après (i), donc $\mathfrak{h}_P \subset \mathfrak{h}'$; de plus, $\mathfrak{a} = [\mathfrak{a}, \mathfrak{a}] \subset \mathfrak{h}_P + \mathfrak{g}^P$ et par conséquent $\mathfrak{h}' = \mathfrak{h}_P$. Si $P = -P$ et $\mathfrak{h}' = \mathfrak{h}_P$, $\mathfrak{a}$ est réductive d'après (iv), et $\mathfrak{a} = \sum_{\alpha \in P} \mathfrak{s}_\alpha$, donc $\mathfrak{a} = [\mathfrak{a}, \mathfrak{a}]$ et $\mathfrak{a}$ est semi-simple.

PROPOSITION 3. — *Soit $\mathfrak{a}$ une sous-algèbre semi-simple de $\mathfrak{g}$ stable par* $\mathrm{ad}(\mathfrak{h})$ *et soit P la partie de R telle que* $\mathfrak{a} = \mathfrak{h}_P + \mathfrak{g}^P$.

(i) *$\mathfrak{h}_P$ est une sous-algèbre de Cartan déployante de $\mathfrak{a}$.*

(ii) *Le système de racines de* $(\mathfrak{a}, \mathfrak{h}_P)$ *est l'ensemble des restrictions à $\mathfrak{h}_P$ des éléments de* P.

Puisque $\mathfrak{h}_P$ est stable par ad $\mathfrak{h}$, son normalisateur dans $\mathfrak{a}$ est stable par ad $\mathfrak{h}$, donc est de la forme $\mathfrak{h}_P + \mathfrak{g}^Q$ où $Q \subset P$ (lemme 1). Si $\alpha \in Q$, alors

$$\mathfrak{g}^\alpha = [\mathfrak{h}_\alpha, \mathfrak{g}^\alpha] \subset [\mathfrak{h}_P, \mathfrak{g}^\alpha] \subset \mathfrak{h}_P,$$

ce qui est absurde. Donc $Q = \emptyset$ et $\mathfrak{h}_P$ est son propre normalisateur dans $\mathfrak{a}$. Cela prouve que $\mathfrak{h}_P$ est une sous-algèbre de Cartan de $\mathfrak{a}$. Si $x \in \mathfrak{h}_P$, $\mathrm{ad}_\mathfrak{g}\, x$, donc *a fortiori* $\mathrm{ad}_\mathfrak{a}\, x$, sont trigonalisables. On a donc prouvé (i), et (ii) est évident.

D'après la prop. 1 (i), les sous-algèbres de $\mathfrak{g}$ contenant $\mathfrak{h}$ sont les ensembles $\mathfrak{h} + \mathfrak{g}^P$ où P est une partie close de R. D'après VII, § 3, n° 3, prop. 3, toute sous-algèbre de Cartan de $\mathfrak{h} + \mathfrak{g}^P$ est une sous-algèbre de Cartan de $\mathfrak{g}$.

PROPOSITION 4. — *Soient $\mathfrak{a}$ une sous-algèbre de $\mathfrak{g}$ contenant $\mathfrak{h}$, x un élément de $\mathfrak{a}$, s et n ses composantes semi-simple et nilpotente. Alors $s \in \mathfrak{a}$ et $n \in \mathfrak{a}$.*

On a $(\mathrm{ad}\, x)\mathfrak{a} \subset \mathfrak{a}$, donc $(\mathrm{ad}\, s)\mathfrak{a} \subset \mathfrak{a}$ et $(\mathrm{ad}\, n)\mathfrak{a} \subset \mathfrak{a}$. Comme $\mathfrak{a}$ est son propre normalisateur dans $\mathfrak{g}$ (VII, § 2, n° 1, cor. 4 de la prop. 4), on a $s \in \mathfrak{a}$ et $n \in \mathfrak{a}$.

PROPOSITION 5. — *Soit* P *une partie close de* R.

(i) *Pour que $\mathfrak{h} + \mathfrak{g}^P$ soit résoluble, il faut et il suffit que* $P \cap (-P) = \emptyset$. *S'il en est ainsi,* $[\mathfrak{h} + \mathfrak{g}^P, \mathfrak{h} + \mathfrak{g}^P] = \mathfrak{g}^P$.

(ii) *Pour que $\mathfrak{h} + \mathfrak{g}^P$ soit réductive, il faut et il suffit que* $P = -P$.

L'assertion (i) résulte de la prop. 2 (iii). Si $P = -P$, $\mathfrak{h} + \mathfrak{g}^P$ est réductive (prop. 2 (iv)). Supposons que $\mathfrak{a} = \mathfrak{h} + \mathfrak{g}^P$ soit réductive. On a

$$\mathfrak{g}^P = [\mathfrak{h}, \mathfrak{g}^P] \subset [\mathfrak{a}, \mathfrak{a}] \subset \mathfrak{h} + \mathfrak{g}^P,$$

donc $[\mathfrak{a}, \mathfrak{a}]$ est de la forme $\mathfrak{h}' + \mathfrak{g}^P$ avec $\mathfrak{h}' \subset \mathfrak{h}$; comme $[\mathfrak{a}, \mathfrak{a}]$ est semi-simple, on a $P = -P$ (prop. 2 (ii)).

2. Idéaux

PROPOSITION 6. — *Soient* $R_1, \ldots, R_p$ *les composantes irréductibles de* R. *Pour* $i = 1, \ldots, p$, *posons* $\mathfrak{g}_i = \mathfrak{h}_{R_i} + \mathfrak{g}^{R_i}$. *Alors* $\mathfrak{g}_1, \ldots, \mathfrak{g}_p$ *sont les composantes simples de* $\mathfrak{g}$.

Les $\mathfrak{g}_i$ sont des idéaux de $\mathfrak{g}$ (prop. 1 (ii)). Il est clair que $\mathfrak{g}$ est somme directe des $\mathfrak{g}_i$, donc produit des $\mathfrak{g}_i$. Soient $\mathfrak{a}$ et $\mathfrak{b}$ des idéaux supplémentaires de $\mathfrak{g}$. Alors $\mathfrak{a}$ et $\mathfrak{b}$ sont semi-simples et stables par ad $\mathfrak{h}$, donc il existe des parties P, Q de R telles que $\mathfrak{a} = \mathfrak{h}_P + \mathfrak{g}^P$, $\mathfrak{b} = \mathfrak{h}_Q + \mathfrak{g}^Q$. Alors $\mathfrak{h}_P$, $\mathfrak{h}_Q$ sont orthogonaux supplémentaires dans $\mathfrak{h}$ pour la forme de Killing, donc P et Q sont réunions de composantes irréductibles de R. Cela prouve que les $\mathfrak{g}_i$ sont les idéaux minimaux de $\mathfrak{g}$.

COROLLAIRE 1. — *Pour que* $\mathfrak{g}$ *soit simple, il faut et il suffit que* R *soit irréductible* (*autrement dit, que son graphe de Dynkin soit connexe*).

Cela résulte de la prop. 6.

Une algèbre de Lie $\mathfrak{a}$ est dite *absolument simple* si, pour toute extension k' de k, la k'-algèbre de Lie $\mathfrak{a}_{(k')}$ est simple.

COROLLAIRE 2. — *Une algèbre de Lie simple déployable est absolument simple.*

Cela résulte du cor. 1.

Si $\mathfrak{g}$ est de type A_l ($l \geqslant 1$) ou B_l ($l \geqslant 1$) ou C_l ($l \geqslant 1$) ou D_l ($l \geqslant 3$), on dit que $\mathfrak{g}$ est une algèbre de Lie simple déployable *classique*. Si $\mathfrak{g}$ est de type E_6, ou E_7, ou E_8, ou F_4, ou G_2, on dit que $\mathfrak{g}$ est une algèbre de Lie simple déployable *exceptionnelle*.

3. Sous-algèbres de Borel

PROPOSITION 7. — *Soit* $\mathfrak{b} = \mathfrak{h} + \mathfrak{g}^P$ *une sous-algèbre de* $\mathfrak{g}$ *contenant* $\mathfrak{h}$. *Les conditions suivantes sont équivalentes*:

(i) $\mathfrak{b}$ *est une sous-algèbre résoluble maximale de* $\mathfrak{g}$;

(ii) *il existe une chambre* C *de* R *telle que* $P = R_+(C)$;

(iii) $P \cap (-P) = \emptyset$ *et* $P \cup (-P) = R$.

(i) $\Rightarrow$ (ii): Si $\mathfrak{b}$ est résoluble, on a $P \cap (-P) = \emptyset$. Il existe donc une chambre C de R telle que $P \subset R_+(C)$ (VI, § 1, nº 7, prop. 22). Alors $\mathfrak{h} + \mathfrak{g}^{R_+(C)}$ est une sous-algèbre résoluble de $\mathfrak{g}$, contenant $\mathfrak{b}$, donc égale à $\mathfrak{b}$ si $\mathfrak{b}$ est maximale.

(ii) $\Rightarrow$ (iii): C'est évident.

(iii) $\Rightarrow$ (i): Supposons que $P \cap (-P) = \emptyset$ et que $P \cup (-P) = R$. Alors $\mathfrak{b}$

est résoluble. Soit $\mathfrak{b}'$ une sous-algèbre résoluble de $\mathfrak{g}$ contenant $\mathfrak{b}$. Il existe une partie Q de R telle que $\mathfrak{b}' = \mathfrak{h} + \mathfrak{g}^{\mathrm{Q}}$. On a $\mathrm{Q} \cap (-\mathrm{Q}) = \emptyset$ et $\mathrm{Q} \supset \mathrm{P}$, donc $\mathrm{Q} = \mathrm{P}$ et $\mathfrak{b}' = \mathfrak{b}$.

DÉFINITION 1. — *On appelle sous-algèbre de Borel de* $(\mathfrak{g}, \mathfrak{h})$ *une sous-algèbre de* $\mathfrak{g}$ *contenant* $\mathfrak{h}$ *et vérifiant les conditions équivalentes de la prop.* 7.

Une sous-algèbre $\mathfrak{b}$ *de l'algèbre déployable* $\mathfrak{g}$ *est appelée une sous-algèbre de Borel de* $\mathfrak{g}$ *s'il existe une sous-algèbre de Cartan déployante* $\mathfrak{h}'$ *de* $\mathfrak{g}$ *telle que* $\mathfrak{b}$ *soit une sous-algèbre de Borel de* $(\mathfrak{g}, \mathfrak{h}')$.

Soit $(\mathfrak{g}, \mathfrak{h})$ une algèbre de Lie réductive déployée. Soit $\mathfrak{g} = \mathfrak{c} \times \mathfrak{s}$ avec $\mathfrak{c}$ commutative et $\mathfrak{s}$ semi-simple. On appelle sous-algèbre de Borel de $(\mathfrak{g}, \mathfrak{h})$ une sous-algèbre de $\mathfrak{g}$ de la forme $\mathfrak{c} \times \mathfrak{b}$, où $\mathfrak{b}$ est une sous-algèbre de Borel de $(\mathfrak{s}, \mathfrak{h} \cap \mathfrak{s})$.

Avec les notations de la prop. 7, on dit aussi que $\mathfrak{b}$ est la sous-algèbre de Borel de $\mathfrak{g}$ définie par $\mathfrak{h}$ et C (ou par $\mathfrak{h}$ et la base de R associée à C).

Remarque. — L'application qui, à une chambre C de R, associe $\mathrm{R}_+(\mathrm{C})$ est injective (VI, § 1, n° 7, cor. 1 de la prop. 20). Par suite, $\mathrm{C} \mapsto \mathfrak{h} + \mathfrak{g}^{\mathrm{R}_+(\mathrm{C})}$ est une bijection de l'ensemble des chambres de R sur l'ensemble des sous-algèbres de Borel de $(\mathfrak{g}, \mathfrak{h})$. Le nombre de sous-algèbres de Borel de $(\mathfrak{g}, \mathfrak{h})$ est donc égal à l'ordre du groupe de Weyl de R (VI, § 1, n° 5, th. 2).

PROPOSITION 8. — *Soient* $\mathfrak{b}$ *une sous-algèbre de* $\mathfrak{g}$, k' *une extension de* k. *Alors* $\mathfrak{b} \otimes_k k'$ *est une sous-algèbre de Borel de* $(\mathfrak{g} \otimes_k k', \mathfrak{h} \otimes_k k')$ *si et seulement si* $\mathfrak{b}$ *est une sous-algèbre de Borel de* $(\mathfrak{g}, \mathfrak{h})$.

C'est évident si l'on utilise la condition (iii) de la prop. 7.

PROPOSITION 9. — *Soit* $\mathfrak{b}$ *la sous-algèbre de Borel de* $(\mathfrak{g}, \mathfrak{h})$ *définie par une chambre* C *de* R. *Soit* $\mathfrak{n} = \mathfrak{g}^{\mathrm{R}_+(\mathrm{C})} = \sum_{\alpha \in \mathrm{R}, \alpha > 0} \mathfrak{g}^\alpha$. *Soit* $l = \dim \mathfrak{h}$.

(i) *Si* $h \in \mathfrak{h}$ *et* $x \in \mathfrak{n}$, *le polynôme caractéristique de* $\mathrm{ad}_{\mathfrak{g}}(h + x)$ *est* $\mathrm{T}^l \prod_{\alpha \in \mathrm{R}} (\mathrm{T} - \alpha(h))$.

(ii) *Le plus grand idéal nilpotent de* $\mathfrak{b}$ *est égal à* $\mathfrak{n}$ *et à* $[\mathfrak{b}, \mathfrak{b}]$. *C'est aussi l'ensemble des éléments de* $\mathfrak{b}$ *nilpotents dans* $\mathfrak{g}$.

(iii) *Soit* B *la base de* R *associée à* C. *Pour tout* $\alpha \in \mathrm{B}$, *soit* X_α *un élément non nul de* $\mathfrak{g}^\alpha$. *Alors* $(X_\alpha)_{\alpha \in \mathrm{B}}$ *engendre l'algèbre de Lie* $\mathfrak{n}$. *On a* $[\mathfrak{n}, \mathfrak{n}] = \sum_{\alpha \in \mathrm{R}, \alpha > 0, \alpha \notin \mathrm{B}} \mathfrak{g}^\alpha$.

Il existe un ordre total sur $\mathfrak{h}^*_{\mathbf{Q}}$ compatible avec sa structure d'espace vectoriel et tel que les éléments de $\mathrm{R}_+(\mathrm{C})$ soient > 0 (VI, § 1, n° 7). Soient h, x comme dans (i) et $y \in \mathfrak{g}^\alpha$. On a $[h + x, y] = \alpha(h)y + z$ où $z \in \sum_{\beta > \alpha} \mathfrak{g}^\beta$. Par rapport à une base convenable de $\mathfrak{g}$, la matrice de $\mathrm{ad}_{\mathfrak{g}}(h + x)$ a donc les propriétés suivantes:

1) elle est triangulaire inférieure;

2) sur la diagonale de cette matrice figurent le nombre 0 (l fois) et les $\alpha(h)$ pour $\alpha \in R$.

Cela prouve (i). On voit de même que le polynôme caractéristique de $\mathrm{ad}_{\mathfrak{b}}(h+x)$ est $T^l \prod_{\alpha \in R_+(C)} (T - \alpha(h))$. Il résulte de ce qui précède que l'ensemble des éléments de $\mathfrak{b}$ nilpotents dans $\mathfrak{g}$ d'une part, et le plus grand idéal nilpotent de $\mathfrak{b}$ d'autre part, sont égaux à $\mathfrak{n}$. On a $\mathfrak{n} = [\mathfrak{b}, \mathfrak{b}]$ d'après la prop. 5 (i). Enfin, l'assertion (iii) résulte du § 2, prop. 4 (ii) et de VI, § 1, n° 6, prop. 19.

Corollaire. — *Soit $\mathfrak{b}$ une sous-algèbre de Borel de $\mathfrak{g}$.*

(i) *Toute sous-algèbre de Cartan de $\mathfrak{b}$ est une sous-algèbre de Cartan déployante de $\mathfrak{g}$.*

(ii) *Si $\mathfrak{h}_1$, $\mathfrak{h}_2$ sont des sous-algèbres de Cartan de $\mathfrak{b}$, il existe $x \in [\mathfrak{b},\mathfrak{b}]$ tel que $e^{\mathrm{ad}_{\mathfrak{g}} x}\mathfrak{h}_1 = \mathfrak{h}_2$.*

L'assertion (i) résulte de la prop. 9 (i) et de VII, § 3, n° 3, prop. 3. L'assertion (ii) résulte de la prop. 9 (ii) et de VII, § 3, n° 4, th. 3.

Proposition 10. — *Soient $\mathfrak{b}$, $\mathfrak{b}'$ des sous-algèbres de Borel de $\mathfrak{g}$. Il existe une sous-algèbre de Cartan déployante de $\mathfrak{g}$ contenue dans $\mathfrak{b} \cap \mathfrak{b}'$.*

Soient $\mathfrak{h}$ une sous-algèbre de Cartan de $\mathfrak{b}$, $\mathfrak{n} = [\mathfrak{b}, \mathfrak{b}]$, $\mathfrak{n}' = [\mathfrak{b}', \mathfrak{b}']$, $\mathfrak{p} = \mathfrak{b} \cap \mathfrak{b}'$, et $\mathfrak{s}$ un sous-espace vectoriel de $\mathfrak{g}$ supplémentaire de $\mathfrak{b} + \mathfrak{b}'$. Notons $\mathfrak{s}^\perp$, $\mathfrak{b}^\perp$, $\mathfrak{b}'^\perp$ les orthogonaux de $\mathfrak{s}$, $\mathfrak{b}$, $\mathfrak{b}'$ pour la forme de Killing de $\mathfrak{g}$. Posons $l = \dim \mathfrak{h}$, $n = \dim \mathfrak{n}$, $p = \dim \mathfrak{p}$. On a $\dim \mathfrak{b} = \dim \mathfrak{b}' = l + n$,

$$\dim \mathfrak{s}^\perp = \dim(\mathfrak{b} + \mathfrak{b}') = 2(l+n) - p,$$

donc

$$(3) \qquad \begin{aligned} \dim(\mathfrak{s}^\perp \cap \mathfrak{p}) &\geqslant \dim \mathfrak{s}^\perp + \dim \mathfrak{p} - \dim \mathfrak{g} \\ &= 2(l+n) - p + p - (l+2n) = l. \end{aligned}$$

D'après la prop. 1 du § 2, n° 2, on a $\mathfrak{n} \subset \mathfrak{b}^\perp$, $\mathfrak{n}' \subset \mathfrak{b}'^\perp$. Les éléments de $\mathfrak{p} \cap \mathfrak{n}$ sont nilpotents dans $\mathfrak{g}$ (prop. 9 (ii)), et appartiennent à $\mathfrak{b}'$, donc à $\mathfrak{n}'$ (prop. 9 (ii)). Par suite, $\mathfrak{p} \cap \mathfrak{n} \subset \mathfrak{n} \cap \mathfrak{n}' \subset \mathfrak{b}^\perp \cap \mathfrak{b}'^\perp$, d'où $\mathfrak{s}^\perp \cap \mathfrak{p} \cap \mathfrak{n} = 0$. Compte tenu de (3), on voit que $\mathfrak{s}^\perp \cap \mathfrak{p}$ est supplémentaire de $\mathfrak{n}$ dans $\mathfrak{b}$. Soit z un élément de $\mathfrak{h}$ régulier dans $\mathfrak{g}$; il existe $y \in \mathfrak{n}$ tel que $y + z \in \mathfrak{s}^\perp \cap \mathfrak{p}$; d'après la prop. 9 (i), $\mathrm{ad}_{\mathfrak{g}}(y+z)$ a même polynôme caractéristique que $\mathrm{ad}_{\mathfrak{g}}\, z$, donc $x = y + z$ est régulier dans $\mathfrak{g}$ et *a fortiori* dans $\mathfrak{b}$ et $\mathfrak{b}'$ (VII, § 2, n° 2, prop. 9). Comme $\mathfrak{g}$, $\mathfrak{b}$, $\mathfrak{b}'$ ont même rang, $\mathfrak{b}^0(x) = \mathfrak{g}^0(x) = \mathfrak{b}'^0(x)$ est une sous-algèbre de Cartan à la fois de $\mathfrak{b}$, de $\mathfrak{g}$ et de $\mathfrak{b}'$ (VII, § 3, n° 3, th. 2). Enfin, cette sous-algèbre de Cartan de $\mathfrak{g}$ est déployante d'après le cor. de la prop. 9.

Corollaire. — *Le groupe* $\mathrm{Aut}_e(\mathfrak{g})$ *opère transitivement sur l'ensemble des couples* $(\mathfrak{k}, \mathfrak{b})$ *où $\mathfrak{k}$ est une sous-algèbre de Cartan déployante de $\mathfrak{g}$ et $\mathfrak{b}$ une sous-algèbre de Borel de* $(\mathfrak{g}, \mathfrak{k})$.

Soient $(\mathfrak{k}_1, \mathfrak{b}_1)$ et $(\mathfrak{k}_2, \mathfrak{b}_2)$ deux tels couples. Il existe une sous-algèbre de Cartan déployante $\mathfrak{k}$ de $\mathfrak{g}$ contenue dans $\mathfrak{b}_1 \cap \mathfrak{b}_2$ (prop. 10). Grâce au cor. de la prop. 9, on est ramené au cas où $\mathfrak{t}_1 = \mathfrak{t}_2 = \mathfrak{t}$. Soit S le système de racines de $(\mathfrak{g}, \mathfrak{t})$. Il existe des bases B_1, B_2 de S telles que $\mathfrak{b}_i$ soit associé à B_i $(i = 1, 2)$, et il existe $s \in W(S)$ qui transforme B_1 en B_2. Enfin, il existe $a \in \mathrm{Aut}_e(\mathfrak{g})$ tel que $a|\mathfrak{t} = s$ (§ 2, n° 2, cor. du th. 2). Alors $a(\mathfrak{t}) = \mathfrak{t}$ et $a(\mathfrak{b}_1) = \mathfrak{b}_2$.

4. Sous-algèbres paraboliques

PROPOSITION 11. — *Soit* $\mathfrak{p} = \mathfrak{h} + \mathfrak{g}^P$ *une sous-algèbre de* $\mathfrak{g}$ *contenant* $\mathfrak{h}$. *Les conditions suivantes sont équivalentes*:

(i) $\mathfrak{p}$ *contient une sous-algèbre de Borel de* $(\mathfrak{g}, \mathfrak{h})$;

(ii) *il existe une chambre* C *de* R *telle que* $P \supset R_+(C)$;

(iii) P *est parabolique, autrement dit* (VI, § 1, n° 7, déf. 4), *on a* $P \cup (-P) = R$.

Les conditions (i) et (ii) sont équivalentes d'après la prop. 7. Les conditions (ii) et (iii) sont équivalentes d'après VI, § 1, n° 7, prop. 20.

DÉFINITION 2. — *On appelle sous-algèbre parabolique de* $(\mathfrak{g}, \mathfrak{h})$ *une sous-algèbre de* $\mathfrak{g}$ *contenant* $\mathfrak{h}$ *et vérifiant les conditions équivalentes de la prop.* 11. *On appelle sous-algèbre parabolique de* $\mathfrak{g}$ *une sous-algèbre parabolique de* $(\mathfrak{g}, \mathfrak{h}')$ *où* $\mathfrak{h}'$ *est une sous-algèbre de Cartan déployante de* $\mathfrak{g}$.

On étend aussitôt cette définition au cas où $(\mathfrak{g}, \mathfrak{h})$ est une algèbre de Lie réductive déployée.

Remarque. — Soient B une base de R, et $\mathfrak{b}$ la sous-algèbre de Borel correspondante. Si $\Sigma \subset B$, notons Q_Σ l'ensemble des racines combinaisons linéaires à coefficients $\leqslant 0$ des éléments de Σ; posons $P(\Sigma) = R_+(B) \cup Q_\Sigma$ et $\mathfrak{p}_\Sigma = \mathfrak{h} \oplus \mathfrak{g}^{P(\Sigma)}$. D'après VI, § 1, n° 7, lemme 3 et prop. 20, $\mathfrak{p}_\Sigma$ est une sous-algèbre parabolique contenant $\mathfrak{b}$ et toute sous-algèbre parabolique de $\mathfrak{g}$ contenant $\mathfrak{b}$ s'obtient de cette manière.

Lemme 3. — *Soient* V *un espace vectoriel réel de dimension finie,* S *un système de racines dans* V^*, $\mathscr{P}$ *l'ensemble des parties paraboliques de* S; *soient* $\mathscr{H}$ *l'ensemble des* $\mathrm{Ker}\,\alpha$ *pour* $\alpha \in S$, *et* $\mathscr{F}$ *l'ensemble des facettes de* V *relativement à* $\mathscr{H}$ (V, § 1, n° 2, déf. 1).

Si $P \in \mathscr{P}$, *soit* $\overline{F}(P)$ *l'ensemble des* $v \in V$ *tels que* $\alpha(v) \geqslant 0$ *pour tout* $\alpha \in P$. *Si* $F \in \mathscr{F}$, *soit* P(F) *l'ensemble des* $\alpha \in R$ *tels que* $\alpha(v) \geqslant 0$ *pour tout* $v \in F$.

Alors $F \mapsto P(F)$ *est une bijection de* $\mathscr{F}$ *sur* $\mathscr{P}$; *pour tout* $F \in \mathscr{F}$, $\overline{F}(P(F))$ *est l'adhérence de* F.

a) Soit $P \in \mathscr{P}$. Il existe une chambre C de S et une partie Σ de la base B(C) telles que $P = S_+(C) \cup Q$ où Q est l'ensemble des combinaisons linéaires à coefficients entiers $\leqslant 0$ des éléments de Σ (VI, § 1, n° 7, prop. 20). Posons

$$B(C) = \{\alpha_1, \ldots, \alpha_l\}, \Sigma = \{\alpha_1, \ldots, \alpha_m\}.$$

Si $v \in V$, on a les équivalences suivantes:

$$\begin{aligned} &\alpha(v) \geqslant 0 \text{ pour tout } \alpha \in P \\ &\Leftrightarrow \alpha_1(v) \geqslant 0, \ldots, \alpha_l(v) \geqslant 0, \alpha_1(v) \leqslant 0, \ldots, \alpha_m(v) \leqslant 0 \\ &\Leftrightarrow \alpha_1(v) = \cdots = \alpha_m(v) = 0, \alpha_{m+1}(v) \geqslant 0, \ldots, \alpha_l(v) \geqslant 0, \end{aligned}$$

donc $\bar{F}(P)$ est l'adhérence de l'ensemble

$$\{v \in V \mid \alpha_1(v) = \cdots = \alpha_m(v) = 0, \alpha_{m+1}(v) > 0, \ldots, \alpha_l(v) > 0\},$$

ensemble qui est une facette F relativement à $\mathscr{H}$ puisque tout élément de S est combinaison linéaire de $\alpha_1, \ldots, \alpha_l$ à coefficients tous $\geqslant 0$ ou tous $\leqslant 0$. En outre, si $\beta = u_1\alpha_1 + \cdots + u_l\alpha_l \in S$, on a

$$\begin{aligned} &\beta \in P(F) \Leftrightarrow u_{m+1} \geqslant 0, \ldots, u_l \geqslant 0 \\ &\Leftrightarrow \beta \in S_+(C) \quad \text{ou} \quad (-\beta \in S_+(C) \quad \text{et} \quad u_{m+1} = \cdots = u_l = 0) \\ &\Leftrightarrow \beta \in S_+(C) \cup Q = P, \end{aligned}$$

donc $P(F) = P$.

b) Soit $F \in \mathscr{F}$. Il est clair que $P(F) \in \mathscr{P}$. D'autre part, F est contenue dans l'adhérence d'une chambre relative à $\mathscr{H}$ (V, § 1, nº 3, formules (6)), donc est une facette relativement à l'ensemble des murs de cette chambre (V, § 1, nº 4, prop. 9). Par suite, $\bar{F}$ est de la forme $\{v \in V \mid \alpha(v) \geqslant 0 \text{ pour tout } \alpha \in T\}$, où T est une partie de S qu'on peut évidemment prendre égale à P(F). Ainsi, $\bar{F} = \bar{F}(P(F))$.

C.Q.F.D.

Si $P \in \mathscr{P}$, la facette F telle que $P = P(F)$ est dite *associée* à P; on la note F(P). On étend ces conventions au cas où $(\mathfrak{g}, \mathfrak{h})$ est réductive déployée.

PROPOSITION 12. — *Soit $\mathscr{H}$ l'ensemble des hyperplans de $\mathfrak{h}_{\mathbf{R}}$ noyaux des racines de* R. *Soit $\mathscr{F}$ l'ensemble des facettes de $\mathfrak{h}_{\mathbf{R}}$ relativement à $\mathscr{H}$. Soit $\mathscr{S}$ l'ensemble des sous-algèbres paraboliques de $(\mathfrak{g}, \mathfrak{h})$. Pour toute $\mathfrak{p} = \mathfrak{h} + \mathfrak{g}^P \in \mathscr{S}$, soit* F($\mathfrak{p}$) *la facette associée à* P. *Alors $\mathfrak{p} \mapsto F(\mathfrak{p})$ est une bijection de $\mathscr{S}$ sur $\mathscr{F}$. Si $\mathfrak{p}_1, \mathfrak{p}_2 \in \mathscr{P}$, on a*

$$\mathfrak{p}_1 \supset \mathfrak{p}_2 \Leftrightarrow F(\mathfrak{p}_1) \subset \overline{F(\mathfrak{p}_2)}.$$

Cela résulte aussitôt du lemme 3.

Exemple. — Les sous-algèbres paraboliques de $(\mathfrak{g}, \mathfrak{h})$ contenant une algèbre de Borel $\mathfrak{b}$ ont pour facettes correspondantes les facettes contenues dans l'adhérence de la chambre associée à $\mathfrak{b}$ (cf. Remarque ci-dessus).

PROPOSITION 13. — *Soient $\mathfrak{p} = \mathfrak{h} + \mathfrak{g}^P$ une sous-algèbre parabolique de $(\mathfrak{g}, \mathfrak{h})$, Q l'ensemble des $\alpha \in P$ tels que $-\alpha \notin P$, et $\mathfrak{s} = \mathfrak{h} + \mathfrak{g}^{P \cap (-P)}$. Alors $\mathfrak{p} = \mathfrak{s} \oplus \mathfrak{g}^Q$, $\mathfrak{s}$ est réductive dans $\mathfrak{g}$, $\mathfrak{g}^Q$ est le plus grand idéal nilpotent de $\mathfrak{p}$ et le radical nilpotent de $\mathfrak{p}$. Le centre de $\mathfrak{p}$ est nul.*

D'après la prop. 2, $\mathfrak{s}$ est réductive dans $\mathfrak{g}$ et $\mathfrak{g}^Q$ est un idéal nilpotent de $\mathfrak{p}$. Si $\mathfrak{n}$ est le plus grand idéal nilpotent de $\mathfrak{p}$, on a $\mathfrak{g}^Q \subset \mathfrak{n} \subset \mathfrak{h} + \mathfrak{g}^Q$ (prop. 2 (i)); si

$x \in \mathfrak{n} \cap \mathfrak{h}$, $\mathrm{ad}_{\mathfrak{p}}\, x$ est nilpotent, donc $\alpha(x) = 0$ pour tout $\alpha \in \mathrm{P}$, d'où $x = 0$; cela prouve que $\mathfrak{n} = \mathfrak{g}^{\mathrm{Q}}$. Comme $[\mathfrak{h}, \mathfrak{g}^{\mathrm{Q}}] = \mathfrak{g}^{\mathrm{Q}}$, le radical nilpotent de $\mathfrak{p}$ contient $\mathfrak{g}^{\mathrm{Q}}$ et par suite est égal à $\mathfrak{g}^{\mathrm{Q}}$. Soit $z = h + \sum_{\alpha \in \mathrm{P}} u_\alpha$ (où $h \in \mathfrak{h}$, $u_\alpha \in \mathfrak{g}^\alpha$) un élément du centre de $\mathfrak{p}$. Pour tout $h' \in \mathfrak{h}$, on a $0 = [h', z] = \sum \alpha(h')u_\alpha$, donc $u_\alpha = 0$ pour tout $\alpha \in \mathrm{P}$; ensuite, $[h, \mathfrak{g}^\beta] = 0$ pour tout $\beta \in \mathrm{P}$, donc $h = 0$.

5. Le cas non déployé

PROPOSITION 14. — *Soient k' une extension de k et $\mathfrak{g}' = \mathfrak{g} \otimes_k k'$. Soient $\mathfrak{m}$ une sous-algèbre de $\mathfrak{g}$ et $\mathfrak{m}' = \mathfrak{m} \otimes_k k'$. Si $\mathfrak{m}'$ est une sous-algèbre parabolique* (resp. *de Borel*) *de $\mathfrak{g}'$, alors $\mathfrak{m}$ est une sous-algèbre parabolique* (resp. *de Borel*) *de $\mathfrak{g}$.*

Vu les prop. 8 et 11, il suffit de prouver que $\mathfrak{m}$ contient une sous-algèbre de Cartan déployante de $\mathfrak{g}$. Soit $\mathfrak{b}$ une sous-algèbre de Borel de $\mathfrak{g}$. Alors $\mathfrak{b}' = \mathfrak{b} \otimes_k k'$ est une sous-algèbre de Borel de $\mathfrak{g}'$, donc $\mathfrak{m}' \cap \mathfrak{b}'$ contient une sous-algèbre de Cartan de $\mathfrak{g}'$ (prop. 10). Soit $\mathfrak{t}$ une sous-algèbre de Cartan de $\mathfrak{m} \cap \mathfrak{b}$. Alors $\mathfrak{t} \otimes_k k'$ est une sous-algèbre de Cartan de $\mathfrak{m}' \cap \mathfrak{b}'$, donc de $\mathfrak{g}'$ (VII, § 3, n° 3, prop. 3). Par suite, $\mathfrak{t}$ est une sous-algèbre de Cartan de $\mathfrak{g}$, déployante puisque contenue dans $\mathfrak{b}$.

DÉFINITION 3. — *Soient $\mathfrak{a}$ une algèbre de Lie semi-simple* (*ou plus généralement réductive*) *et $\bar{k}$ une clôture algébrique de k. Une sous-algèbre $\mathfrak{m}$ de $\mathfrak{a}$ est dite parabolique* (resp. *de Borel*) *si $\mathfrak{m} \otimes_k \bar{k}$ est une sous-algèbre parabolique* (resp. *de Borel*) *de $\mathfrak{a} \otimes_k \bar{k}$.*

Si $\mathfrak{a}$ est déployable, la prop. 14 montre que cette définition équivaut à la définition 2 (resp. à la définition 1).

PROPOSITION 15. — *Soient $\mathfrak{a}$ une algèbre de Lie réductive, k' une extension de k, $\mathfrak{m}$ une sous-algèbre de $\mathfrak{a}$. Pour que $\mathfrak{m}$ soit une sous-algèbre parabolique* (resp. *de Borel*) *de $\mathfrak{a}$, il faut et il suffit que $\mathfrak{m} \otimes_k k'$ soit une sous-algèbre parabolique* (resp. *de Borel*) *de $\mathfrak{a} \otimes_k k'$.*

Cela résulte aussitôt de la prop. 14.

§ 4. Algèbre de Lie semi-simple déployée définie par un système de racines réduit

1. Algèbres de Lie semi-simples épinglées

PROPOSITION 1. — *Soient $(\mathfrak{g}, \mathfrak{h})$ une algèbre de Lie semi-simple déployée, R son système de racines, B une base de R, $(n(\alpha, \beta))_{\alpha, \beta \in \mathrm{B}}$ la matrice de Cartan correspondante. Pour tout $\alpha \in \mathrm{B}$, soient $X_\alpha \in \mathfrak{g}^\alpha$, $X_{-\alpha} \in \mathfrak{g}^{-\alpha}$. Alors, pour $\alpha, \beta \in \mathrm{B}$, on a*

$$(1) \qquad [H_\alpha, H_\beta] = 0$$
$$(2) \qquad [H_\alpha, X_\beta] = n(\beta, \alpha)X_\beta$$
$$(3) \qquad [H_\alpha, X_{-\beta}] = -n(\beta, \alpha)X_{-\beta}$$

(4) $$[X_{-\alpha}, X_\beta] = 0 \qquad si\ \alpha \neq \beta$$
(5) $$(\operatorname{ad} X_\alpha)^{1-n(\beta,\alpha)} X_\beta = 0 \qquad si\ \alpha \neq \beta$$
(6) $$(\operatorname{ad} X_{-\alpha})^{1-n(\beta,\alpha)} X_{-\beta} = 0 \qquad si\ \alpha \neq \beta.$$

La famille $(H_\alpha)_{\alpha \in B}$ *est une base de* $\mathfrak{h}$. *Si* $X_\alpha \neq 0$ *et* $X_{-\alpha} \neq 0$ *pour tout* $\alpha \in B$, *l'algèbre de Lie* $\mathfrak{g}$ *est engendrée par les* X_α *et les* $X_{-\alpha}$ $(\alpha \in B)$.

(Rappelons que, si $\alpha, \beta \in B$ et $\alpha \neq \beta$, $n(\beta, \alpha)$ est un entier $\leqslant 0$, ce qui donne un sens aux formules (5) et (6).)

Les formules (1), (2), (3) sont évidentes. Si $\alpha \neq \beta$, $\beta - \alpha$ n'est pas racine puisque tout élément de R est combinaison linéaire des éléments de B à coefficients entiers tous de même signe (VI, § 1, n° 6, th. 3). Cela prouve (4). Compte tenu de VI, § 1, n° 3, prop. 9, cela prouve aussi que la α-chaîne définie par β est

$$\{\beta, \beta + \alpha, \ldots, \beta - n(\beta, \alpha)\alpha\};$$

donc $\beta + (1 - n(\beta, \alpha))\alpha \notin R$, ce qui prouve (5). L'égalité (6) s'établit de façon analogue. La famille $(H_\alpha)_{\alpha \in B}$ est une base de $R^\vee$, donc de $\mathfrak{h}$. Si $X_\alpha \neq 0$ et $X_{-\alpha} \neq 0$ pour tout $\alpha \in B$, on a $[X_\alpha, X_{-\alpha}] = \lambda_\alpha H_\alpha$ avec $\lambda_\alpha \neq 0$, de sorte que la dernière assertion résulte du § 3, n° 3, prop. 9 (iii).

DÉFINITION 1. — *Soient* $(\mathfrak{g}, \mathfrak{h})$ *une algèbre de Lie semi-simple déployée*, R *son système de racines. On appelle épinglage de* $(\mathfrak{g}, \mathfrak{h})$ *un couple* $(B, (X_\alpha)_{\alpha \in B})$, *où* B *est une base de* R, *et où, pour tout* $\alpha \in B$, X_α *est un élément non nul de* $\mathfrak{g}^\alpha$. *On appelle algèbre de Lie semi-simple épinglée une suite* $(\mathfrak{g}, \mathfrak{h}, B, (X_\alpha)_{\alpha \in B})$ *où* $(\mathfrak{g}, \mathfrak{h})$ *est une algèbre de Lie semi-simple déployée, et où* $(B, (X_\alpha)_{\alpha \in B})$ *est un épinglage de* $(\mathfrak{g}, \mathfrak{h})$.

On appelle épinglage de $\mathfrak{g}$, un épinglage de $(\mathfrak{g}, \mathfrak{h})$, où $\mathfrak{h}$ est une sous-algèbre de Cartan déployante de $\mathfrak{g}$.

Soient $a_1 = (\mathfrak{g}_1, \mathfrak{h}_1, B_1, (X^1_\alpha)_{\alpha \in B_1})$ et $a_2 = (\mathfrak{g}_2, \mathfrak{h}_2, B_2, (X^2_\alpha)_{\alpha \in B_2})$ des algèbres de Lie semi-simples épinglées. On appelle isomorphisme de a_1 sur a_2 un isomorphisme φ de $\mathfrak{g}_1$ sur $\mathfrak{g}_2$ qui transforme $\mathfrak{h}_1$ en $\mathfrak{h}_2$, B_1 en B_2, et X^1_α en $X^2_{\psi\alpha}$ pour tout $\alpha \in B_1$ (où ψ est l'application contragrédiente de $\varphi \mid \mathfrak{h}_1$). Dans ces conditions, on dit aussi que φ transforme l'épinglage $(B_1, (X^1_\alpha)_{\alpha \in B_1})$ en l'épinglage $(B_2, (X^2_\alpha)_{\alpha \in B_2})$.

Si $(B, (X_\alpha)_{\alpha \in B})$ est un épinglage de $(\mathfrak{g}, \mathfrak{h})$, il existe, pour tout $\alpha \in B$, un élément unique $X_{-\alpha}$ de $\mathfrak{g}^{-\alpha}$ tel que $[X_\alpha, X_{-\alpha}] = -H_\alpha$ (§ 2, n° 2, th. 1 (iv)). La famille $(X_\alpha)_{\alpha \in B \cup (-B)}$ s'appelle la *famille génératrice définie par l'épinglage* (cf. prop. 1). C'est aussi la famille génératrice définie par l'épinglage $(-B, (X_\alpha)_{\alpha \in -B})$. Pour tout $\alpha \in B \cup (-B)$, soit $t_\alpha \in k^*$, et supposons que $t_\alpha t_{-\alpha} = 1$ pour tout $\alpha \in B$. Alors $(t_\alpha X_\alpha)_{\alpha \in B \cup (-B)}$ est la famille génératrice définie par l'épinglage $(B, (t_\alpha X_\alpha)_{\alpha \in B})$.

2. Une construction préliminaire

Dans ce numéro et le suivant, on désigne par R un système de racines réduit dans un espace vectoriel V et par B une base de R. On note $(n(\alpha, \beta))_{\alpha, \beta \in B}$ la matrice de Cartan relative à B. On rappelle que $n(\alpha, \beta) = \langle \alpha, \beta^\vee \rangle$. On se propose de montrer que R est le système de racines d'une algèbre de Lie semi-simple déployée, unique à isomorphisme près. En gros, on va considérer l'algèbre de Lie définie par les relations de la prop. 1.

La construction de ce numéro s'applique à toute matrice carrée $(n(\alpha, \beta))_{\alpha,\beta\in B}$ sur k de déterminant non nul et telle que $n(\alpha, \alpha) = 2$ pour tout $\alpha \in B$ (cf. VI, § 1, n° 10, formule (14)).

Soit E l'algèbre associative libre de l'ensemble B sur k. Rappelons que E est graduée de type **N** (A, III, p. 31, ex. 3). A chaque $\alpha \in B$, nous allons associer des endomorphismes $X^0_{-\alpha}$, H^0_α, X^0_α de l'espace vectoriel E, respectivement de degrés $1, 0, -1$. Pour tout mot $(\alpha_1, \ldots, \alpha_n)$ construit sur B, on pose

$$X^0_{-\alpha}(\alpha_1, \ldots, \alpha_n) = (\alpha, \alpha_1, \ldots, \alpha_n) \tag{7}$$

$$H^0_\alpha(\alpha_1, \ldots, \alpha_n) = \left(-\sum_{i=1}^n n(\alpha_i, \alpha)\right)(\alpha_1, \ldots, \alpha_n). \tag{8}$$

D'autre part, $X^0_\alpha(\alpha_1, \ldots, \alpha_n)$ est défini par récurrence sur n par la formule

$$X^0_\alpha(\alpha_1, \ldots, \alpha_n) = (X^0_{-\alpha_1}X^0_\alpha - \delta_{\alpha,\alpha_1}H^0_\alpha)(\alpha_2, \ldots, \alpha_n) \tag{9}$$

où δ_{α,α_1} est le symbole de Kronecker; on convient que, si $(\alpha_1, \ldots, \alpha_n)$ est le mot vide, $X^0_\alpha(\alpha_1, \ldots, \alpha_n)$ est nul.

Lemme 1. — *Quels que soient* $\alpha, \beta \in B$, *on a*

$$[X^0_\alpha, X^0_{-\alpha}] = -H^0_\alpha \tag{10}$$

$$[H^0_\alpha, H^0_\beta] = 0 \tag{11}$$

$$[H^0_\alpha, X^0_\beta] = n(\beta, \alpha)X^0_\beta \tag{12}$$

$$[H^0_\alpha, X^0_{-\beta}] = -n(\beta, \alpha)X^0_{-\beta} \tag{13}$$

$$[X^0_\alpha, X^0_{-\beta}] = 0 \textit{ si } \alpha \neq \beta. \tag{14}$$

En effet, la relation (9) s'écrit

$$(X^0_\alpha X^0_{-\alpha_1})(\alpha_2, \ldots, \alpha_n) = (X^0_{-\alpha_1}X^0_\alpha)(\alpha_2, \ldots, \alpha_n) - \delta_{\alpha,\alpha_1}H^0_\alpha(\alpha_2, \ldots, \alpha_n)$$

et prouve (10) et (14). La relation (11) est évidente. Ensuite

$$\begin{aligned}[H^0_\alpha, X^0_{-\beta}](\alpha_1, \ldots, \alpha_n) &= H^0_\alpha(\beta, \alpha_1, \ldots, \alpha_n) + \left(\sum_{i=1}^n n(\alpha_i, \alpha)\right)(\beta, \alpha_1, \ldots, \alpha_n) \\ &= -n(\beta, \alpha)(\beta, \alpha_1, \ldots, \alpha_n) = -n(\beta, \alpha)X^0_{-\beta}(\alpha_1, \ldots, \alpha_n)\end{aligned}$$

d'où (13). Enfin, on a

$$\begin{aligned} 0 &= [H^0_\alpha, [X^0_\beta, X^0_{-\gamma}]] && \text{d'après (10), (11), (14)} \\ &= [[H^0_\alpha, X^0_\beta], X^0_{-\gamma}] + [X^0_\beta, [H^0_\alpha, X^0_{-\gamma}]] \\ &= [[H^0_\alpha, X^0_\beta] - n(\gamma, \alpha)X^0_\beta, X^0_{-\gamma}] && \text{d'après (13)} \\ &= [[H^0_\alpha, X^0_\beta] - n(\beta, \alpha)X^0_\beta, X^0_{-\gamma}] && \text{d'après (14);}\end{aligned} \tag{15}$$

or, si l'on considère le mot vide, on obtient immédiatement

$$([H_\alpha^0, X_\beta^0] - n(\beta, \alpha)X_\beta^0)(\emptyset) = 0$$

donc (15) entraîne

$$([H_\alpha^0, X_\beta^0] - n(\beta, \alpha)X_\beta^0)X_{-\gamma_1}^0 X_{-\gamma_2}^0 \ldots X_{-\gamma_n}^0(\emptyset) = 0$$

quels que soient $\gamma_1, \ldots, \gamma_n \in \mathrm{B}$; cela prouve (12).

Lemme 2. — *Les endomorphismes X_α^0, H_β^0, $X_{-\gamma}^0$, où α, β, $\gamma \in \mathrm{B}$, sont linéairement indépendants.*

Puisque $X_{-\alpha}^0(\emptyset) = \alpha$, il est clair que les $X_{-\alpha}^0$ sont linéairement indépendants. Supposons que $\sum_\alpha a_\alpha H_\alpha^0 = 0$; pour tout $\beta \in \mathrm{B}$, on a

$$0 = [\sum_\alpha a_\alpha H_\alpha^0, X_{-\beta}^0] = -\sum_\alpha a_\alpha n(\beta, \alpha) X_{-\beta}^0\,;$$

puisque $\det(n(\beta, \alpha)) \neq 0$, il en résulte que $a_\alpha = 0$ pour tout α. Supposons que $\sum_\alpha a_\alpha X_\alpha^0 = 0$. Compte tenu des formules (7), (8), (9), on a, pour tout $\beta \in \mathrm{B}$,

$$X_\alpha^0(\beta) = 0,$$
$$X_\alpha^0(\beta, \beta) = 2\delta_{\alpha\beta}\beta.$$

Il en résulte que $a_\beta = 0$ pour tout β. Puisque X_α^0, H_α^0, $X_{-\alpha}^0$ sont de degrés respectifs -1, 0, 1, le lemme résulte de ce qui précède.

Soit I l'ensemble $\mathrm{B} \times \{-1, 0, 1\}$. On pose $x_\alpha = (\alpha, -1)$, $h_\alpha = (\alpha, 0)$, et $x_{-\alpha} = (\alpha, 1)$. Soit $\mathfrak{a}$ l'algèbre de Lie définie par I et la famille $\mathscr{R}$ des relateurs suivants:

$$\begin{aligned}
&[h_\alpha, h_\beta] \\
&[h_\alpha, x_\beta] - n(\beta, \alpha)x_\beta \\
&[h_\alpha, x_{-\beta}] + n(\beta, \alpha)x_{-\beta} \\
&[x_\alpha, x_{-\alpha}] + h_\alpha \\
&[x_\alpha, x_{-\beta}] \qquad \text{si } \alpha \neq \beta
\end{aligned}$$

(cf. II, § 2, n° 3). D'après le lemme 1, il existe une représentation linéaire ρ et une seule de $\mathfrak{a}$ dans E telle que

$$\rho(x_\alpha) = X_\alpha^0, \qquad \rho(h_\alpha) = H_\alpha^0, \qquad \rho(x_{-\alpha}) = X_{-\alpha}^0.$$

Compte tenu du lemme 2, cela prouve le résultat suivant:

Lemme 3. — *Les images canoniques dans $\mathfrak{a}$ des éléments x_α, h_β, $x_{-\gamma}$, où α, β, $\gamma \in \mathrm{B}$, sont linéairement indépendantes.*

Dans la suite, on identifie x_α, h_α, $x_{-\alpha}$ à leurs images canoniques dans $\mathfrak{a}$.

Lemme 4. — *Il existe un automorphisme involutif θ de $\mathfrak{a}$, et un seul, tel que, pour tout $\alpha \in \mathrm{B}$,*

$$\theta(x_\alpha) = x_{-\alpha}, \qquad \theta(x_{-\alpha}) = x_\alpha, \qquad \theta(h_\alpha) = -h_\alpha.$$

En effet, il existe un automorphisme involutif de l'algèbre de Lie libre L(I) qui vérifie ces conditions. Il laisse stable $\mathscr{R} \cup (-\mathscr{R})$, et définit donc par passage au quotient un automorphisme involutif de $\mathfrak{a}$ vérifiant les conditions du lemme. L'unicité résulte de ce que $\mathfrak{a}$ est engendrée par les éléments x_α, h_α, $x_{-\alpha}$ ($\alpha \in B$).

Cet automorphisme est appelé *l'automorphisme involutif canonique de* $\mathfrak{a}$.

Soit Q le groupe des poids radiciels de R; c'est un **Z**-module libre de base B (VI, § 1, n° 9). Il existe une graduation de type Q sur l'algèbre de Lie libre L(I) telle que x_α, h_α, $x_{-\alpha}$ aient respectivement pour degrés $\alpha, 0, -\alpha$ (II, § 2, n° 6). Alors les éléments de $\mathscr{R}$ sont homogènes. Il existe donc sur $\mathfrak{a}$ une graduation de type Q compatible avec la structure d'algèbre de Lie de $\mathfrak{a}$, et une seule, telle que x_α, h_α, $x_{-\alpha}$ aient respectivement pour degrés α, 0, $-\alpha$. Pour tout $\mu \in Q$, on note $\mathfrak{a}^\mu$ l'ensemble des éléments de $\mathfrak{a}$ homogènes de degré μ.

Lemme 5. — *Soit* $z \in \mathfrak{a}$. *Pour que* $z \in \mathfrak{a}^\mu$, *il faut et il suffit que* $[h_\alpha, z] = \langle \mu, \alpha^\vee \rangle z$ *pour tout* $\alpha \in B$.

Pour $\mu \in Q$, soit $\mathfrak{a}^{(\mu)}$ l'ensemble des $x \in \mathfrak{a}$ tels que $[h_\alpha, x] = \langle \mu, \alpha^\vee \rangle x$ pour tout $\alpha \in B$. La somme des $\mathfrak{a}^{(\mu)}$ est directe. Pour prouver le lemme, il suffit donc de montrer que $\mathfrak{a}^\mu \subset \mathfrak{a}^{(\mu)}$. Or, soit $\alpha \in B$. L'endomorphisme u de l'espace vectoriel $\mathfrak{a}$ tel que $u \mid \mathfrak{a}^\mu = \langle \mu, \alpha^\vee \rangle . 1$ est une dérivation de $\mathfrak{a}$, telle que $ux = (\operatorname{ad} h_\alpha).x$ pour $x = x_\beta$, $x = h_\beta$, $x = x_{-\beta}$; donc $u = \operatorname{ad} h_\alpha$, ce qui prouve notre assertion.

Remarque. — Il résulte du lemme 5 que tout idéal de $\mathfrak{a}$ est homogène, puisque stable par les ad h_α.

Notons Q_+ (resp. Q_-) l'ensemble des combinaisons linéaires des éléments de B à coefficients entiers positifs (resp. négatifs) non tous nuls. Posons $\mathfrak{a}_+ = \sum_{\mu \in Q_+} \mathfrak{a}^\mu$ et $\mathfrak{a}_- = \sum_{\mu \in Q_-} \mathfrak{a}^\mu$. Puisque $Q_+ + Q_+ \subset Q_+$ et $Q_- + Q_- \subset Q_-$, $\mathfrak{a}_+$ et $\mathfrak{a}_-$ sont des sous-algèbres de Lie de $\mathfrak{a}$.

PROPOSITION 2. — (i) *L'algèbre de Lie* $\mathfrak{a}_+$ *est engendrée par la famille* $(x_\alpha)_{\alpha \in B}$.

(ii) *L'algèbre de Lie* $\mathfrak{a}_-$ *est engendrée par la famille* $(x_{-\alpha})_{\alpha \in B}$.

(iii) *La famille* $(h_\alpha)_{\alpha \in B}$ *est une base de l'espace vectoriel* $\mathfrak{a}^0$.

(iv) *L'espace vectoriel* $\mathfrak{a}$ *est somme directe de* $\mathfrak{a}_+$, $\mathfrak{a}^0$, $\mathfrak{a}_-$.

Soient $\mathfrak{x}$ (resp. $\mathfrak{y}$) la sous-algèbre de Lie de $\mathfrak{a}$ engendrée par $(x_\alpha)_{\alpha \in B}$ (resp. $(x_{-\alpha})_{\alpha \in B}$), et $\mathfrak{h}$ le sous-espace vectoriel de $\mathfrak{a}$ engendré par $(h_\alpha)_{\alpha \in B}$. Comme les x_α sont des éléments homogènes de $\mathfrak{a}_+$, $\mathfrak{x}$ est une sous-algèbre graduée de $\mathfrak{a}_+$; par suite, $[\mathfrak{h}, \mathfrak{x}] \subset \mathfrak{x}$, de sorte que $\mathfrak{h} + \mathfrak{x}$ est une sous-algèbre de $\mathfrak{a}$; comme

$$[x_{-\alpha}, x_\beta] = \delta_{\alpha\beta} h_\alpha,$$

on a $[x_{-\alpha}, \mathfrak{x}] \subset \mathfrak{h} + \mathfrak{x}$ pour tout $\alpha \in B$. De même, $\mathfrak{y}$ est une sous-algèbre graduée de $\mathfrak{a}_-$, on a $[\mathfrak{h}, \mathfrak{n}] \subset \mathfrak{n}$, $\mathfrak{h} + \mathfrak{n}$ est une sous-algèbre de $\mathfrak{a}$, et $[x_\alpha, \mathfrak{n}] \subset \mathfrak{h} + \mathfrak{n}$ pour tout $\alpha \in B$. Posons $\alpha' = \mathfrak{r} + \mathfrak{h} + \mathfrak{n}$. Ce qui précède montre que $\mathfrak{a}'$ est stable par ad x_α, ad h_α et ad $x_{-\alpha}$ pour tout $\alpha \in B$, donc est un idéal de $\mathfrak{a}$. Comme $\mathfrak{a}'$ contient x_α, h_α, $x_{-\alpha}$ pour tout $\alpha \in B$, on a $\mathfrak{a}' = \mathfrak{a}$. Il en résulte que les inclusions $\mathfrak{x} \subset \mathfrak{a}_+$, $\mathfrak{h} \subset \mathfrak{a}^0$, $\mathfrak{y} \subset \mathfrak{a}_-$ sont des égalités, ce qui prouve la proposition.

Proposition 3. — *L'algèbre de Lie* $\mathfrak{a}_+$ (resp. $\mathfrak{a}_-$) *est une algèbre de Lie libre de famille basique* $(x_\alpha)_{\alpha\in B}$ (resp. $(x_{-\alpha})_{\alpha\in B}$) (cf. II, § 2, n° 3).

Soit L la sous-algèbre de Lie de E engendrée par B. D'après II, § 3, th. 1, L s'identifie à l'algèbre de Lie libre sur B. La représentation régulière gauche de E dans lui-même est évidemment injective, et définit par restriction à L une représentation injective ρ' de l'algèbre de Lie L dans E. Soit φ l'unique homomorphisme de L sur $\mathfrak{a}_-$ qui, pour tout $\alpha \in B$, transforme α en $x_{-\alpha}$. Alors $\rho(\varphi(\alpha))$ est, pour tout $\alpha \in B$, l'endomorphisme de multiplication à gauche par α dans E, donc $\rho \circ \varphi = \rho'$, ce qui prouve que φ est injectif. Ainsi, $(x_{-\alpha})_{\alpha\in B}$ est une famille basique pour $\mathfrak{a}_-$. Comme $\theta(x_{-\alpha}) = x_\alpha$ pour tout α (cf. lemme 4), $(x_\alpha)_{\alpha\in B}$ est une famille basique pour $\mathfrak{a}_+$.

3. Théorème d'existence

On conserve les hypothèses et notations du numéro précédent. On rappelle que si $\alpha, \beta \in B$ et si $\alpha \neq \beta$, alors $n(\beta, \alpha) \leqslant 0$; de plus, si $n(\beta, \alpha) = 0$, alors $n(\alpha, \beta) = 0$ (VI, § 1, n° 1, formule (8)). Pour tout couple (α, β) d'éléments distincts de B, on pose

$$x_{\alpha\beta} = (\operatorname{ad} x_\alpha)^{1-n(\beta,\alpha)} x_\beta \qquad y_{\alpha\beta} = (\operatorname{ad} x_{-\alpha})^{1-n(\beta,\alpha)} x_{-\beta}.$$

On a $x_{\alpha\beta} \in \mathfrak{a}_+$, $y_{\alpha\beta} \in \mathfrak{a}_-$. Si θ désigne l'automorphisme canonique de $\mathfrak{a}$, on a $\theta(x_{\alpha\beta}) = y_{\alpha\beta}$.

Lemme 6. — *Soient* $\alpha, \beta \in B$ *avec* $\alpha \neq \beta$. *On a*

$$[\mathfrak{a}_+, y_{\alpha\beta}] = 0 \qquad [\mathfrak{a}_-, x_{\alpha\beta}] = 0.$$

La deuxième formule se déduit de la première en utilisant l'automorphisme θ. Pour prouver la première, il suffit de montrer que $[x_\gamma, y_{\alpha\beta}] = 0$ pour tout $\gamma \in B$. On distingue trois cas.

Cas 1: $\gamma \neq \alpha$ et $\gamma \neq \beta$. Dans ce cas, x_γ commute avec $x_{-\alpha}$ et $x_{-\beta}$, donc avec $y_{\alpha\beta}$.

Cas 2: $\gamma = \beta$. Dans ce cas, x_γ commute avec $x_{-\alpha}$, donc

$$\begin{aligned}[x_\gamma, y_{\alpha\beta}] &= (\operatorname{ad} x_{-\alpha})^{1-n(\beta,\alpha)}[x_\gamma, x_{-\beta}] \\ &= -(\operatorname{ad} x_{-\alpha})^{1-n(\beta,\alpha)} h_\beta = -n(\alpha, \beta)(\operatorname{ad} x_{-\alpha})^{-n(\beta,\alpha)} x_{-\alpha}.\end{aligned}$$

Si $n(\beta, \alpha) < 0$, cette expression est nulle puisque $(\operatorname{ad} x_{-\alpha}).x_{-\alpha} = 0$. Si $n(\beta, \alpha) = 0$, on a $n(\alpha, \beta) = 0$. Dans les deux cas, $[x_\gamma, y_{\alpha\beta}] = 0$.

Cas 3: $\gamma = \alpha$. Dans l'algèbre des endomorphismes de $\mathfrak{a}$, on a

$$[-\mathrm{ad}\, h_\alpha, \mathrm{ad}\, x_{-\alpha}] = 2\, \mathrm{ad}\, x_{-\alpha}$$

et $[\mathrm{ad}\, x_\alpha, \mathrm{ad}\, x_{-\alpha}] = -\mathrm{ad}\, h_\alpha$; donc, d'après le § 1, lemme 1,

$$[\mathrm{ad}\, x_\alpha, (\mathrm{ad}\, x_{-\alpha})^{1-n(\beta,\alpha)}] = (1 - n(\beta, \alpha))(\mathrm{ad}\, x_{-\alpha})^{-n(\beta,\alpha)}(-\mathrm{ad}\, h_\alpha - n(\beta, \alpha)).$$

Par suite,

$$\begin{aligned}[x_\gamma, y_{\alpha\beta}] &= [\mathrm{ad}\, x_\alpha, (\mathrm{ad}\, x_{-\alpha})^{1-n(\beta,\alpha)}]x_{-\beta} + (\mathrm{ad}\, x_{-\alpha})^{1-n(\beta,\alpha)}(\mathrm{ad}\, x_\alpha)x_{-\beta} \\ &= -(1 - n(\beta, \alpha))(\mathrm{ad}\, x_{-\alpha})^{-n(\beta,\alpha)}(\mathrm{ad}\, h_\alpha + n(\beta, \alpha))x_{-\beta} + (\mathrm{ad}\, x_{-\alpha})^{1-n(\beta,\alpha)}(\mathrm{ad} x_\alpha)x_{-\beta}.\end{aligned}$$

Or $[h_\alpha, x_{-\beta}] + n(\beta, \alpha)x_{-\beta} = 0$ et $[x_\alpha, x_{-\beta}] = 0$, d'où $[x_\gamma, y_{\alpha\beta}] = 0$.

Lemme 7. — *L'idéal* $\mathfrak{n}$ *de* $\mathfrak{a}_+$ *engendré par les* $x_{\alpha\beta}$ ($\alpha, \beta \in \mathrm{B}, \alpha \neq \beta$) *est un idéal de* $\mathfrak{a}$. *L'idéal de* $\mathfrak{a}_-$ *engendré par les* $y_{\alpha\beta}$ ($\alpha, \beta \in \mathrm{B}, \alpha \neq \beta$) *est un idéal de* $\mathfrak{a}$ *et est égal à* $\theta(\mathfrak{n})$.

Soit $\mathfrak{n}' = \sum_{\alpha,\beta \in \mathrm{B}, \alpha \neq \beta} kx_{\alpha\beta}$. Comme chaque $x_{\alpha\beta}$ est homogène dans $\mathfrak{a}$, on a $[\mathfrak{a}^0, \mathfrak{n}'] \subset \mathfrak{n}'$ (lemme 5 et prop. 2). Soient U (resp. V) l'algèbre enveloppante de $\mathfrak{a}$ (resp. $\mathfrak{a}_+$), et σ la représentation de U dans $\mathfrak{a}$ définie par la représentation adjointe de $\mathfrak{a}$. L'idéal de $\mathfrak{a}$ engendré par $\mathfrak{n}'$ est $\sigma(\mathrm{U})\mathfrak{n}'$. Or $\mathfrak{a} = \mathfrak{a}_+ + \mathfrak{a}^0 + \mathfrak{a}_-$ (prop. 2), $\sigma(\mathfrak{a}_-)\mathfrak{n}' = 0$ (lemme 6), et $\sigma(\mathfrak{a}^0)\mathfrak{n}' \subset \mathfrak{n}'$ d'après ce qui précède. D'après le théorème de Poincaré-Birkhoff-Witt, on voit que $\sigma(\mathrm{U})\mathfrak{n}' = \sigma(\mathrm{V})\mathfrak{n}'$, ce qui prouve la première assertion du lemme. On en déduit que l'idéal de $\theta(\mathfrak{a}_+) = \mathfrak{a}_-$ engendré par les $\theta(x_{\alpha\beta}) = y_{\alpha\beta}$ ($\alpha, \beta \in \mathrm{B}, \alpha \neq \beta$) est l'idéal $\theta(\mathfrak{n})$ de $\mathfrak{a}$.

C.Q.F.D.

L'idéal $\mathfrak{n}+\theta(\mathfrak{n})$ de $\mathfrak{a}$ est gradué puisqu'il est engendré par des éléments homogènes. Par suite, l'algèbre de Lie $\mathfrak{a}/(\mathfrak{n}+\theta(\mathfrak{n}))$ est une algèbre de Lie graduée de type Q; dans la suite de ce paragraphe, on la note $\mathfrak{g}_\mathrm{B}$, ou simplement $\mathfrak{g}$. D'après la prop. 2, si $\mathfrak{g}^\mu \neq 0$, on a $\mu \in \mathrm{Q}_+$ ou $\mu \in \mathrm{Q}_-$ ou $\mu = 0$. On notera X_α (resp. $H_\alpha, X_{-\alpha}$) l'image canonique de x_α (resp. $h_\alpha, x_{-\alpha}$) dans $\mathfrak{g}$. Compte tenu de la définition de $\mathfrak{a}$, $\mathfrak{n}$ et $\theta\mathfrak{n}$, on voit que $\mathfrak{g}$ est l'algèbre de Lie définie par la famille génératrice $((X_\alpha, H_\alpha, X_{-\alpha}))_{\alpha \in \mathrm{B}}$ et les relations

(16) $$[H_\alpha, H_\beta] = 0$$
(17) $$[H_\alpha, X_\beta] - n(\beta, \alpha)X_\beta = 0$$
(18) $$[H_\alpha, X_{-\beta}] + n(\beta, \alpha)X_{-\beta} = 0$$
(19) $$[X_\alpha, X_{-\alpha}] + H_\alpha = 0$$
(20) $$[X_\alpha, X_{-\beta}] = 0 \quad (\alpha \neq \beta)$$
(21) $$(\mathrm{ad}\, X_\alpha)^{1-n(\beta,\alpha)}X_\beta = 0 \quad (\alpha \neq \beta)$$
(22) $$(\mathrm{ad}\, X_{-\alpha})^{1-n(\beta,\alpha)}X_{-\beta} = 0 \quad (\alpha \neq \beta).$$

Soient $z \in \mathfrak{g}$ et $\mu \in \mathrm{Q}$. On a $z \in \mathfrak{g}^\mu$ si et seulement si $[H_\alpha, z] = \langle \mu, \alpha^\vee \rangle z$ pour tout $\alpha \in \mathrm{B}$. Cela résulte du lemme 5.

Puisque $\mathfrak{a}^0 \cap (\mathfrak{n}+\theta(\mathfrak{n})) = 0$, l'application canonique de $\mathfrak{a}^0$ sur $\mathfrak{g}^0$ est un isomorphisme. Par suite, $(H_\alpha)_{\alpha \in B}$ est une base de l'espace vectoriel $\mathfrak{g}^0$. La sous-algèbre commutative $\mathfrak{g}^0$ de $\mathfrak{g}_B$ sera notée $\mathfrak{h}_B$ ou simplement $\mathfrak{h}$. Il existe un isomorphisme $\mu \mapsto \mu_B$ de V sur $\mathfrak{h}^*$ et un seul tel que, pour tout $\mu \in V$ et tout $\alpha \in B$, on ait $\langle \mu_B, H_\alpha \rangle = \langle \mu, \alpha^\vee \rangle$.

L'automorphisme involutif θ de $\mathfrak{a}$ définit par passage au quotient un automorphisme involutif de $\mathfrak{g}$ qu'on notera encore θ. On a $\theta(X_\alpha) = X_{-\alpha}$ pour $\alpha \in B \cup (-B)$, et $\theta(H_\alpha) = -H_\alpha$.

THÉORÈME 1. — *Soient* R *un système de racines réduit,* B *une base de* R. *Soit* $\mathfrak{g}$ *l'algèbre de Lie définie par la famille génératrice* $((X_\alpha, H_\alpha, X_{-\alpha}))_{\alpha \in B}$ *et les relations* (16) *à* (22). *Soit* $\mathfrak{h} = \sum_{\alpha \in B} kH_\alpha$. *Alors* $(\mathfrak{g}, \mathfrak{h})$ *est une algèbre de Lie semi-simple déployée. L'isomorphisme* $\mu \mapsto \mu_B$ *de* V *sur* $\mathfrak{h}^*$ *applique* R *sur le système de racines de* $(\mathfrak{g}, \mathfrak{h})$. *Pour tout* $\mu \in R$, $\mathfrak{g}^\mu$ *est le sous-espace propre relatif à la racine* μ.

La démonstration suivra celle des lemmes 8, 9, 10, 11.

Lemme 8. — *Soit* $\alpha \in B \cup (-B)$. *Alors* ad X_α *est localement nilpotent.*[1]

Supposons $\alpha \in B$. Soit $\mathfrak{g}'$ l'ensemble des $z \in \mathfrak{g}$ tels que $(\operatorname{ad} X_\alpha)^p z = 0$ pour p assez grand. Puisque ad X_α est une dérivation de $\mathfrak{g}$, $\mathfrak{g}'$ est une sous-algèbre de $\mathfrak{g}$. D'après (21), on a $X_\beta \in \mathfrak{g}'$ pour tout $\beta \in B$. D'après (17), (19), (20), on a $H_\beta \in \mathfrak{g}'$ et $X_{-\beta} \in \mathfrak{g}'$ pour tout $\beta \in B$. Donc $\mathfrak{g}' = \mathfrak{g}$ et ad X_α est localement nilpotent. Comme $\operatorname{ad} X_{-\alpha} = \theta(\operatorname{ad} X_\alpha)\theta^{-1}$, on voit que ad $X_{-\alpha}$ est localement nilpotent.

On verra que $\mathfrak{g}$ est de dimension finie, de sorte que ad X_α est en fait nilpotent.

Lemme 9. — *Soient* $\mu, \nu \in Q$ *et* $w \in W(R)$ *tels que* $w\mu = \nu$. *Il existe un automorphisme de* $\mathfrak{g}$ *qui transforme* $\mathfrak{g}^\mu$ *en* $\mathfrak{g}^\nu$.

Pour tout $\alpha \in B$, soit s_α la réflexion de V définie par α. Puisque W(R) est engendré par les s_α (VI, § 1, n° 5, remarque 1), il suffit de prouver le lemme quand $w = s_\alpha$. Compte tenu du lemme 8, on peut définir

$$\theta_\alpha = e^{\operatorname{ad} X_\alpha} e^{\operatorname{ad} X_{-\alpha}} e^{\operatorname{ad} X_\alpha}.$$

On vérifie comme en I, § 6, n° 8, que θ_α est un automorphisme de $\mathfrak{g}$. On a

$$\begin{aligned}\theta_\alpha(H_\beta) &= e^{\operatorname{ad} X_\alpha} e^{\operatorname{ad} X_{-\alpha}}(H_\beta - n(\alpha, \beta)X_\alpha) \\ &= e^{\operatorname{ad} X_\alpha}\left(H_\beta - n(\alpha, \beta)X_\alpha + n(\alpha, \beta)X_{-\alpha} - n(\alpha, \beta)H_\alpha - \frac{n(\alpha, \beta)}{2} 2X_{-\alpha}\right) \\ &= e^{\operatorname{ad} X_\alpha}(H_\beta - n(\alpha, \beta)H_\alpha - n(\alpha, \beta)X_\alpha) \\ &= H_\beta - n(\alpha, \beta)H_\alpha - n(\alpha, \beta)X_\alpha - n(\alpha, \beta)X_\alpha - n(\alpha, \beta)(-2X_\alpha) \\ &= H_\beta - n(\alpha, \beta)H_\alpha.\end{aligned}$$

[1] Un endomorphisme u d'un espace vectoriel V est dit *localement nilpotent* (ou *presque nilpotent*) si, pour tout $v \in V$, il existe un entier positif n tel que $u^n(v) = 0$ (cf. AC, IV, § 1, n° 4, déf. 2). On définit alors exp u, ou e^u, par la formule $e^u(v) = \sum_{n \geqslant 0} (1/n!)u^n(v)$ pour tout $v \in V$.

Si $z \in \mathfrak{g}^{\mu}$, alors

$$\begin{aligned}[H_{\beta}, \theta_{\alpha}^{-1}z] &= \theta_{\alpha}^{-1}[H_{\beta} - n(\alpha, \beta)H_{\alpha}, z] \\ &= \theta_{\alpha}^{-1}(\langle \mu, \beta^{\vee}\rangle z - n(\alpha, \beta)\langle \mu, \alpha^{\vee}\rangle z) \\ &= \langle \mu - \langle \alpha^{\vee}, \mu\rangle\alpha, \beta^{\vee}\rangle \theta_{\alpha}^{-1}z = \langle s_{\alpha}\mu, \beta^{\vee}\rangle\theta_{\alpha}^{-1}z,\end{aligned}$$

donc $\theta_{\alpha}^{-1}z \in \mathfrak{g}^{s_{\alpha}\mu}$. Cela montre que $\theta_{\alpha}^{-1}\mathfrak{g}^{\mu} \subset \mathfrak{g}^{s_{\alpha}\mu}$. Puisque θ_{α} est un automorphisme et que cette inclusion a lieu pour tout $\mu \in Q$, on voit que $\theta_{\alpha}^{-1}\mathfrak{g}^{\mu} = \mathfrak{g}^{s_{\alpha}\mu}$, ce qui prouve le lemme.

Lemme 10. — *Soit* $\mu \in Q$, *et supposons que* μ *ne soit pas multiple d'une racine. Il existe* $w \in W(R)$ *tel que, par rapport à la base* B, *certaines coordonnées de* $w\mu$ *soient* >0 *et certaines coordonnées de* $w\mu$ *soient* <0.

Soit $V_{\mathbf{R}}$ l'espace vectoriel $Q \otimes_{\mathbf{Z}} \mathbf{R}$, dans lequel R est un système de racines. D'après l'hypothèse, il existe $f \in V_{\mathbf{R}}^{*}$ telle que $\langle f, \alpha\rangle \neq 0$ pour tout $\alpha \in R$, et $\langle f, \mu\rangle = 0$. Il existe une chambre C de $R^{\vee}$ telle que $f \in C$. D'après VI, § 1, n° 5, th. 2 (i), il existe $w \in W(R)$ tel que wf appartienne à la chambre associée à B, c'est-à-dire soit tel que $\langle wf, \alpha\rangle > 0$ pour tout $\alpha \in B$. Ecrivons $w\mu = \sum_{\alpha \in B} t_{\alpha}\alpha$. Alors

$$0 = \langle f, \mu\rangle = \langle wf, w\mu\rangle = \sum_{\alpha \in B} t_{\alpha}\langle wf, \alpha\rangle,$$

ce qui prouve que certains t_{α} sont >0 et d'autres sont <0.

Lemme 11. — *Soit* $\mu \in Q$. *Si* $\mu \notin R \cup \{0\}$, *on a* $\mathfrak{g}^{\mu} = 0$. *Si* $\mu \in R$, *on a* $\dim \mathfrak{g}^{\mu} = 1$.

1) Si μ n'est pas multiple d'un élément de R, il existe $w \in W$ tel que $w\mu \notin Q_{+} \cup Q_{-}$ (lemme 10), d'où $\mathfrak{a}^{w\mu} = 0$, $\mathfrak{g}^{w\mu} = 0$, et par suite $\mathfrak{g}^{\mu} = 0$ (lemme 9).

2) Soient $\alpha \in B$ et m un entier. Puisque $\mathfrak{a}_{+}$ est une algèbre de Lie libre de famille basique $(x_{\alpha})_{\alpha \in B}$, on a $\dim \mathfrak{a}^{\alpha} = 1$, et $\mathfrak{a}^{m\alpha} = 0$ pour $m > 1$ (II, § 2, n° 6, prop. 4). Donc $\dim \mathfrak{g}^{\alpha} \leqslant 1$ et $\mathfrak{g}^{m\alpha} = 0$ pour $m > 1$. On ne peut avoir $\mathfrak{g}^{\alpha} = 0$, car cela entraînerait que $x_{\alpha} \in \mathfrak{n} + \theta\mathfrak{n}$, donc que $\mathfrak{n} + \theta\mathfrak{n}$ contient $h_{\alpha} = -[x_{\alpha}, x_{-\alpha}]$, alors que $\mathfrak{a}^{0} \cap (\mathfrak{n} + \theta\mathfrak{n}) = 0$. Par conséquent $\dim \mathfrak{g}^{\alpha} = 1$.

3) Si $\mu \in R$, il existe $w \in W(R)$ tel que $w(\mu) \in B$ (VI, § 1, n° 5, prop. 15), d'où $\dim \mathfrak{g}^{\mu} = \dim \mathfrak{g}^{w\mu} = 1$. Si en outre n est un entier >1, on a $\mathfrak{g}^{nw(\mu)} = 0$ donc $\mathfrak{g}^{n\mu} = 0$.

Démonstration du théorème 1.

Puisque $\dim \mathfrak{g}^{0} = \operatorname{Card} B$, il résulte du lemme 11 que $\mathfrak{g}$ est *de dimension finie* égale à Card B + Card R. Montrons que $\mathfrak{g}$ est semi-simple. Soit $\mathfrak{k}$ un idéal commutatif de $\mathfrak{g}$. Comme $\mathfrak{k}$ est stable par $\operatorname{ad}(\mathfrak{h})$, on a $\mathfrak{k} = (\mathfrak{k} \cap \mathfrak{h}) + \sum_{\mu \in R} (\mathfrak{k} \cap \mathfrak{g}^{\mu})$. Il est clair que, pour tout $\alpha \in B$, $\mathfrak{g}^{\alpha} + \mathfrak{g}^{-\alpha} + kH_{\alpha}$ est isomorphe à $\mathfrak{sl}(2, k)$.

Compte tenu du lemme 9, pour tout $\mu \in R$, $\mathfrak{g}^\mu$ est contenu dans une sous-algèbre de $\mathfrak{g}$ isomorphe à $\mathfrak{sl}(2, k)$; par suite, $\mathfrak{k} \cap \mathfrak{g}^\mu = 0$, de sorte que $\mathfrak{k} \subset \mathfrak{h}$; alors

$$[\mathfrak{k}, \mathfrak{g}^\mu] \subset \mathfrak{k} \cap \mathfrak{g}^\mu = 0,$$

donc $\mu_B(\mathfrak{k}) = 0$ pour tout $\mu \in R$. Il résulte de là que $\mathfrak{k} = 0$, ce qui prouve que $\mathfrak{g}$ est semi-simple.

Soit $\mu \in R$. Il existe $\alpha \in B$ tel que $\langle \mu, \alpha^\vee \rangle \neq 0$, et $(\text{ad}\, H_\alpha) \,|\, \mathfrak{g}^\mu$ est alors une homothétie non nulle. Par suite, $\mathfrak{h}$ est égale à son normalisateur dans $\mathfrak{g}$, donc est une sous-algèbre de Cartan de $\mathfrak{g}$. Pour tout $u \in \mathfrak{h}$, ad u est diagonalisable, donc $(\mathfrak{g}, \mathfrak{h})$ est une algèbre de Lie semi-simple déployée.

Pour tout $\mu \in R$, il est clair que μ_B est racine de $(\mathfrak{g}, \mathfrak{h})$ et que $\mathfrak{g}^\mu$ est le sous-espace propre correspondant. Le nombre de racines de $(\mathfrak{g}, \mathfrak{h})$ est $\dim \mathfrak{g} - \dim \mathfrak{h} = \text{Card}\, R$. Donc l'application $\mu \mapsto \mu_B$ de V sur $\mathfrak{h}^*$ applique R sur le système de racines de $(\mathfrak{g}, \mathfrak{h})$.

4. Théorème d'unicité

PROPOSITION 4. — *Soit* $(\mathfrak{g}, \mathfrak{h}, B, (X_\alpha)_{\alpha\in B})$ *une algèbre de Lie semi-simple épinglée. Soient* $(n(\alpha, \beta))_{\alpha,\beta\in B}$ *et* $(X_\alpha)_{\alpha\in B\cup(-B)}$ *la matrice de Cartan et la famille génératrice correspondantes.*

(i) *La famille* $((X_\alpha, H_\alpha, X_{-\alpha}))_{\alpha\in B}$ *et les relations* (16) *à* (22) *du* n° 3 *constituent une présentation de* $\mathfrak{g}$.

(ii) *La famille* $(X_\alpha)_{\alpha\in B}$ *et les relations* (21) *du* n° 3 *constituent une présentation de la sous-algèbre de* $\mathfrak{g}$ *engendrée par* $(X_\alpha)_{\alpha\in B}$.

Soit R le système de racines de $(\mathfrak{g}, \mathfrak{h})$. Appliquant à R et B les constructions des n°s 2 et 3, nous obtenons des objets que nous noterons $\mathfrak{a}'$, $\mathfrak{g}'$, X'_α, H'_α, ... au lieu de $\mathfrak{a}$, $\mathfrak{g}$, X_α, H_α, ...

Il existe un homomorphisme φ de l'algèbre de Lie $\mathfrak{g}'$ sur l'algèbre de Lie $\mathfrak{g}$ tel que $\varphi(X'_\alpha) = X_\alpha$, $\varphi(H'_\alpha) = H_\alpha$, $\varphi(X'_{-\alpha}) = X_{-\alpha}$ pour tout $\alpha \in B$ (prop. 1). On a $\dim \mathfrak{g}' = \text{Card}\, R + \text{Card}\, B = \dim \mathfrak{g}$, donc φ est bijectif. Cela prouve (i).

La sous-algèbre de $\mathfrak{g}' = \mathfrak{a}'/(\mathfrak{n}' \oplus \theta'\mathfrak{n}') = (\mathfrak{a}'_+ \oplus \mathfrak{a}'^0 \oplus \mathfrak{a}'_-)/(\mathfrak{n}' \oplus \theta'\mathfrak{n}')$ engendrée par $(X'_\alpha)_{\alpha\in B}$ s'identifie à $\mathfrak{a}'_+/\mathfrak{n}'$. Compte tenu de la prop. 3 et de la définition de $\mathfrak{n}'$, cela prouve (ii).

COROLLAIRE. — *Toute algèbre de Lie semi-simple épinglée se déduit d'une* **Q**-*algèbre de Lie semi-simple épinglée par extension des scalaires de* **Q** *à* k.

Cela résulte aussitôt de la proposition.

THÉORÈME 2. — *Soient* $(\mathfrak{g}, \mathfrak{h}, B, (X_\alpha)_{\alpha\in B})$ *et* $(\mathfrak{g}', \mathfrak{h}', B', (X_\alpha)_{\alpha\in B'})$ *des algèbres de Lie semi-simples épinglées,* R *et* R′ *les systèmes de racines de* $(\mathfrak{g}, \mathfrak{h})$ *et* $(\mathfrak{g}' \mathfrak{h}')$, $(n(\alpha, \beta))_{\alpha, \beta \in B}$ (resp. $(n'(\alpha, \beta))_{\alpha, \beta \in B'}$) *la matrice de Cartan de* R (resp. R′) *relativement à* B (resp. B′), Δ (resp. Δ') *le graphe de Dynkin de* R (resp. R′) *relativement à* B (resp. B′).

(i) *Si* φ *est un isomorphisme de* $\mathfrak{h}^*$ *sur* $\mathfrak{h}'^*$ *tel que* $\varphi(R) = R'$, $\varphi(B) = B'$, *il existe un isomorphisme* ψ *et un seul de* $(\mathfrak{g}, \mathfrak{h}, B, (X_\alpha)_{\alpha \in B})$ *sur* $(\mathfrak{g}', \mathfrak{h}', B', (X_\alpha)_{\alpha \in B'})$ *tel que* $\psi | \mathfrak{h} = {}^t\varphi^{-1}$.

(ii) *Si* f *est une bijection de* B *sur* B′ *telle que* $n'(f(\alpha), f(\beta)) = n(\alpha, \beta)$ *quels que soient* $\alpha, \beta \in B$, *il existe un isomorphisme de* $(\mathfrak{g}, \mathfrak{h}, B, (X_\alpha)_{\alpha \in B})$ *sur* $(\mathfrak{g}', \mathfrak{h}', B', (X'_\alpha)_{\alpha \in B'})$.

(iii) *S'il existe un isomorphisme de* Δ *sur* Δ', *il existe un isomorphisme de* $(\mathfrak{g}, \mathfrak{h}, B, (X_\alpha)_{\alpha \in B})$ *sur* $(\mathfrak{g}', \mathfrak{h}', B', (X'_\alpha)_{\alpha \in B'})$.

Cela résulte aussitôt de la prop. 4 (i) (à condition, pour (iii), d'utiliser VI, § 4, n° 2, prop. 1).

Scholie. — A toute algèbre de Lie semi-simple déployable $\mathfrak{g}$ est associée un graphe de Dynkin, qui détermine $\mathfrak{g}$ à isomorphisme près (th. 2 (iii)). Ce graphe est connexe non vide si et seulement si $\mathfrak{g}$ est simple (§ 3, n° 2, cor. 1 de la prop. 6). D'après le th. 1 du n° 3, et VI, § 4, n° 2, th. 3, les algèbres de Lie simples déployables sont les algèbres de type A_l $(l \geqslant 1)$, B_l $(l \geqslant 2)$, C_l $(l \geqslant 3)$, D_l $(l \geqslant 4)$, E_6, E_7, E_8, F_4, G_2. Les algèbres de cette liste sont à deux non isomorphes.

Proposition 5. — *Soient* $(\mathfrak{g}, \mathfrak{h}, B, (X_\alpha)_{\alpha \in B})$ *une algèbre de Lie semi-simple épinglée, et* $(X_\alpha)_{\alpha \in B \cup (-B)}$ *la famille génératrice correspondante. Il existe un automorphisme* θ *de* $\mathfrak{g}$ *et un seul tel que* $\theta(X_\alpha) = X_{-\alpha}$ *pour tout* $\alpha \in B \cup (-B)$. *On a* $\theta^2 = \mathrm{Id}_{\mathfrak{g}}$, *et* $\theta(h) = -h$ *pour tout* $h \in \mathfrak{h}$.

L'unicité est évidente puisque $(X_\alpha)_{\alpha \in B \cup (-B)}$ engendre l'algèbre de Lie $\mathfrak{g}$. Compte tenu de la prop. 4, l'existence de θ résulte de ce qu'on a dit au n° 3 avant le th. 1.

Corollaire. — *Soit* $(\mathfrak{g}, \mathfrak{h})$ *une algèbre de Lie semi-simple déployée. Alors* $(\mathfrak{g}, \mathfrak{h})$ *possède un système de Chevalley* (§ 2, n° 4, déf. 3).

Soit R le système de racines de $(\mathfrak{g}, \mathfrak{h})$. Pour tout $\alpha \in R$, soit X_α un élément non nul de $\mathfrak{g}^\alpha$. On suppose les X_α choisis de telle sorte que $[X_\alpha, X_{-\alpha}] = -H_\alpha$ pour tout $\alpha \in R$ (§ 2, n° 4, lemme 2). Soient B une base de R et θ l'automorphisme de $\mathfrak{g}$ tel que $\theta(X_\alpha) = X_{-\alpha}$ pour $\alpha \in B \cup (-B)$. On a $\theta | \mathfrak{h} = -\mathrm{Id}_{\mathfrak{h}}$. Pour tout $\alpha \in R$, il existe donc $t_\alpha \in k^*$ tel que $\theta X_\alpha = t_\alpha X_{-\alpha}$. On a

$$\begin{aligned} t_\alpha t_{-\alpha} H_\alpha &= [t_\alpha X_{-\alpha}, t_{-\alpha} X_\alpha] = [\theta X_\alpha, \theta X_{-\alpha}] = \theta([X_\alpha, X_{-\alpha}]) \\ &= \theta(-H_\alpha) = H_\alpha \end{aligned}$$

donc $t_\alpha t_{-\alpha} = 1$ pour tout $\alpha \in \mathrm{R}$. Introduisons les $\mathrm{N}_{\alpha\beta}$ comme au § 2, n° 4. Si $\alpha, \beta, \alpha + \beta \in \mathrm{R}$, on a

$$\begin{aligned} \mathrm{N}_{-\alpha,-\beta} t_\alpha t_\beta X_{-\alpha-\beta} &= t_\alpha t_\beta [X_{-\alpha}, X_{-\beta}] = [\theta X_\alpha, \theta X_\beta] = \theta([X_\alpha, X_\beta]) \\ &= \mathrm{N}_{\alpha\beta} \theta X_{\alpha+\beta} = \mathrm{N}_{\alpha\beta} t_{\alpha+\beta} X_{-\alpha-\beta} \end{aligned}$$

donc, compte tenu du § 2, n° 4, lemme 4,

$$(q + 1)^2 t_\alpha t_\beta = \mathrm{N}_{\alpha\beta}^2 t_{\alpha+\beta}$$

où q est un entier. Il en résulte que si t_α et t_β sont des carrés dans k^*, alors $t_{\alpha+\beta}$ est également un carré. Puisque $t_\alpha = 1$ pour $\alpha \in \mathrm{B}$, la prop. 19 de VI, § 1, n° 6, prouve que t_α est un carré pour tout $\alpha \in \mathrm{R}$. Choisissons, pour tout $\alpha \in \mathrm{R}$, un $u_\alpha \in k$ tel que $u_\alpha^2 = t_\alpha$. On peut faire ces choix de telle sorte que $u_\alpha u_{-\alpha} = 1$ pour tout $\alpha \in \mathrm{R}$. Posons $X'_\alpha = u_\alpha^{-1} X_\alpha$. Alors, pour tout $\alpha \in \mathrm{R}$, on a

$$X'_\alpha \in \mathfrak{g}^\alpha, \; [X'_\alpha, X'_{-\alpha}] = [X_\alpha, X_{-\alpha}] = -H_\alpha,$$

et $\theta(X'_\alpha) = \theta(u_\alpha^{-1} X_\alpha) = u_\alpha^{-1} t_\alpha X_{-\alpha} = u_\alpha X_{-\alpha} = u_\alpha u_{-\alpha} X'_{-\alpha} = X'_{-\alpha}$, de sorte que $(X'_\alpha)_{\alpha \in \mathrm{R}}$ est un système de Chevalley de $(\mathfrak{g}, \mathfrak{h})$.

§ 5. Automorphismes d'une algèbre de Lie semi-simple

Dans ce paragraphe, on note $\mathfrak{g}$ une algèbre de Lie semi-simple.

1. Automorphismes d'une algèbre de Lie semi-simple épinglée

Rappelons (VII, § 3, n° 1) qu'on note $\mathrm{Aut}(\mathfrak{g})$ le groupe des automorphismes de $\mathfrak{g}$. Si $\mathfrak{h}$ est une sous-algèbre de Cartan de $\mathfrak{g}$, on note $\mathrm{Aut}(\mathfrak{g}, \mathfrak{h})$ le groupe des automorphismes de $\mathfrak{g}$ qui laissent stable $\mathfrak{h}$. Supposons $\mathfrak{h}$ déployante, et soit R le système de racines de $(\mathfrak{g}, \mathfrak{h})$. Si $s \in \mathrm{Aut}(\mathfrak{g}, \mathfrak{h})$, l'application contragrédiente de $s | \mathfrak{h}$ est un élément de A(R) (groupe des automorphismes de R) que nous noterons $\varepsilon(s)$ dans ce paragraphe. Ainsi

$$\varepsilon : \mathrm{Aut}(\mathfrak{g}, \mathfrak{h}) \to \mathrm{A}(\mathrm{R})$$

est un homomorphisme de groupes.

Pour tout système de racines R et pour toute base B de R, on note Aut(R, B) le groupe des automorphismes de R qui laissent stable B. Rappelons (VI, § 1, n° 5, prop. 16 et § 4, n° 2, cor. de la prop. 1) que A(R) est produit semi-direct de Aut(R, B) et de W(R), et que A(R)/W(R) est canoniquement isomorphe au groupe des automorphismes du graphe de Dynkin de R.

Proposition 1. — *Soient $(\mathfrak{g}, \mathfrak{h}, \mathrm{B}, (X_\alpha)_{\alpha \in \mathrm{B}})$ une algèbre de Lie semi-simple épinglée,* R *le système de racines de* $(\mathfrak{g}, \mathfrak{h})$. *Soit* G *l'ensemble des* $s \in \mathrm{Aut}(\mathfrak{g}, \mathfrak{h})$ *qui laissent* B *stable, et tels que* $s(X_\alpha) = X_{\varepsilon(s)\alpha}$ *pour tout* $\alpha \in \mathrm{B}$ *(autrement dit l'ensemble des automorphismes de* $(\mathfrak{g}, \mathfrak{h}, \mathrm{B}, (X_\alpha)_{\alpha \in \mathrm{B}})$*). Alors la restriction de* ε *à* G *est un isomorphisme de* G *sur* $\mathrm{Aut}(\mathrm{R}, \mathrm{B})$.

Si $s \in \mathrm{G}$, il est clair que $\varepsilon(s) \in \mathrm{Aut}(\mathrm{R}, \mathrm{B})$. D'autre part, l'application

$$\varepsilon | \mathrm{G} : \mathrm{G} \rightarrow \mathrm{Aut}(\mathrm{R}, \mathrm{B})$$

est bijective d'après le th. 2 du § 4, n° 4.

2. Automorphismes d'une algèbre de Lie semi-simple déployée

Soient E un groupe commutatif, et $\mathrm{A} = \bigoplus_{\gamma \in \mathrm{E}} \mathrm{A}^\gamma$ une algèbre graduée de type E. Pour tout homomorphisme φ du groupe E dans le groupe multiplicatif k^*, soit $f(\varphi)$ l'application k-linéaire de A dans A dont la restriction à chaque A^γ est l'homothétie de rapport $\varphi(\gamma)$; il est clair que $f(\varphi)$ est un automorphisme de l'algèbre graduée A, et que f est un homomorphisme du groupe $\mathrm{Hom}(\mathrm{E}, k^*)$ dans le groupe des automorphismes de l'algèbre graduée A.

Soient $\mathfrak{h}$ une sous-algèbre de Cartan déployante de $\mathfrak{g}$, R le système de racines de $(\mathfrak{g}, \mathfrak{h})$. Rappelons qu'on note P(R) (resp. Q(R)) le groupe des poids (resp. des poids radiciels) de R. On posera

$$\mathrm{T_P} = \mathrm{Hom}(\mathrm{P}(\mathrm{R}), k^*) \qquad \mathrm{T_Q} = \mathrm{Hom}(\mathrm{Q}(\mathrm{R}), k^*).$$

On peut considérer $\mathfrak{g} = \mathfrak{g}^0 + \sum_{\alpha \in \mathrm{R}} \mathfrak{g}^\alpha$ comme une algèbre graduée de type Q(R). Ce qui précède définit un homomorphisme canonique de $\mathrm{T_Q}$ dans $\mathrm{Aut}(\mathfrak{g}, \mathfrak{h})$, qui sera noté f dans ce paragraphe. D'autre part, l'injection canonique de Q(R) dans P(R) définit un homomorphisme de $\mathrm{T_P}$ dans $\mathrm{T_Q}$, qui sera noté q:

$$\mathrm{T_P} \xrightarrow{q} \mathrm{T_Q} \xrightarrow{f} \mathrm{Aut}(\mathfrak{g}, \mathfrak{h}).$$

Si $s \in \mathrm{Aut}(\mathfrak{g}, \mathfrak{h})$, soit s^* la restriction de ${}^t(s | \mathfrak{h})^{-1}$ à Q(R). On a, pour tout $\varphi \in \mathrm{T_Q}$,

$$f(\varphi \circ s^*) = s^{-1} \circ f(\varphi) \circ s. \tag{1}$$

En effet, soient $\gamma \in \mathrm{Q}(\mathrm{R})$ et $x \in \mathfrak{g}^\gamma$; on a $sx \in \mathfrak{g}^{s^*\gamma}$ et

$$f(\varphi \circ s^*)x = (\varphi \circ s^*)(\gamma).x = s^{-1}(\varphi(s^*\gamma)sx) = (s^{-1} \circ f(\varphi) \circ s)(x).$$

PROPOSITION 2. — *La suite d'homomorphismes*

$$1 \longrightarrow \mathrm{T_Q} \xrightarrow{f} \mathrm{Aut}(\mathfrak{g}, \mathfrak{h}) \xrightarrow{\varepsilon} \mathrm{A}(\mathrm{R}) \longrightarrow 1$$

est exacte.

a) Soit $\varphi \in \mathrm{Ker} f$. On a $\varphi(\alpha) = 1$ pour tout $\alpha \in \mathrm{R}$. Puisque R engendre le groupe Q(R), φ est l'élément neutre de $\mathrm{T_Q}$.

b) Soit $\varphi \in T_Q$. La restriction de $f(\varphi)$ à $\mathfrak{h} = \mathfrak{g}^0$ est l'identité, donc

$$\operatorname{Im} f \subset \operatorname{Ker} \varepsilon.$$

c) Soit $s \in \operatorname{Ker} \varepsilon$. Alors $s|\mathfrak{h} = \operatorname{Id}_{\mathfrak{h}}$. Pour tout $\alpha \in R$, on a $s(\mathfrak{g}^\alpha) = \mathfrak{g}^\alpha$, et il existe un $t_\alpha \in k^*$ tel que $sx = t_\alpha x$ pour tout $x \in \mathfrak{g}^\alpha$. En écrivant que $s \in \operatorname{Aut}(\mathfrak{g})$, on obtient les relations

$$\begin{aligned} t_\alpha t_{-\alpha} &= 1 && \text{pour tout} \quad \alpha \in R \\ t_\alpha t_\beta &= t_{\alpha+\beta} && \text{lorsque} \quad \alpha, \beta, \alpha + \beta \in R. \end{aligned}$$

Dans ces conditions, il existe $\varphi \in T_Q$ tel que $\varphi(\alpha) = t_\alpha$ pour tout $\alpha \in R$ (VI, § 1, nº 6, cor. 2 de la prop. 19). On a alors $s = f(\varphi)$. Donc $\operatorname{Ker} \varepsilon \subset \operatorname{Im} f$.

d) L'image de $\operatorname{Aut}(\mathfrak{g}, \mathfrak{h})$ par ε contient $W(R)$ d'après le § 2, nº 2, cor. du th. 2, et contient $\operatorname{Aut}(R, B)$ d'après la prop. 1. Cette image est donc égale à $A(R)$.

COROLLAIRE 1. — *Soit* $(B, (X_\alpha)_{\alpha \in B})$ *un épinglage de* $(\mathfrak{g}, \mathfrak{h})$. *Soit* G *l'ensemble des* $s \in \operatorname{Aut}(\mathfrak{g}, \mathfrak{h})$ *qui laissent invariant l'épinglage. Alors* $\operatorname{Aut}(\mathfrak{g}, \mathfrak{h})$ *est produit semi-direct de* G *et de* $\varepsilon^{-1}(W(R))$.

En effet, $G \cap \varepsilon^{-1}(W(R)) = \{1\}$ d'après la prop. 1, et

$$\operatorname{Aut}(\mathfrak{g}, \mathfrak{h}) = G . \varepsilon^{-1}(W(R))$$

parce que ε est surjectif (prop. 2).

COROLLAIRE 2. — *Le groupe* $\varepsilon^{-1}(W(R))$ *opère de façon simplement transitive dans l'ensemble des épinglages de* $(\mathfrak{g}, \mathfrak{h})$.

En effet, $\operatorname{Aut}(\mathfrak{g}, \mathfrak{h})$ opère de façon transitive dans l'ensemble des épinglages de $(\mathfrak{g}, \mathfrak{h})$ d'après le § 4, nº 4, th. 2. Le cor. 2 résulte alors du cor. 1.

COROLLAIRE 3. — *Soit* B *une base de* R. *Le groupe* $\operatorname{Ker} \varepsilon = f(T_Q)$ *opère de façon simplement transitive dans l'ensemble des épinglages de* $(\mathfrak{g}, \mathfrak{h})$ *de la forme* $(B, (X_\alpha)_{\alpha \in B})$.

Cela résulte aussitôt de la prop. 2.

Soient $\alpha \in R$, $X_\alpha \in \mathfrak{g}^\alpha$, $X_{-\alpha} \in \mathfrak{g}^{-\alpha}$ tels que $[X_\alpha, X_{-\alpha}] = -H_\alpha$. On a vu (§ 2, nº 2, th. 2) que, pour tout $t \in k^*$, l'automorphisme élémentaire

$$\theta_\alpha(t) = e^{\operatorname{ad} tX_\alpha} e^{\operatorname{ad} t^{-1}X_{-\alpha}} e^{\operatorname{ad} tX_\alpha}$$

a pour restriction à $\mathfrak{h}$ la transposée de s_α; on a donc $\varepsilon(\theta_\alpha(t)) = s_\alpha$ et par suite $\theta_\alpha(t)\theta_\alpha(-1) \in \operatorname{Ker} \varepsilon$.

Lemme 1. — *Soient* $\alpha \in R$ *et* $t \in k^*$. *Soit* φ *l'homomorphisme* $\lambda \mapsto t^{\lambda(H_\alpha)}$ *de* $Q(R)$ *dans* k^*. *Alors* $f(\varphi) = \theta_\alpha(t)\theta_\alpha(-1)$.

Soit ρ la représentation de $\mathfrak{sl}(2, k)$ dans $\mathfrak{g}$ associée à X_α. Soit π la représentation de $\mathbf{SL}(2, k)$ compatible avec ρ. Introduisons les notations $\theta(t)$, $h(t)$ du § 1, nº 5. Puisque $\rho(H) = \operatorname{ad} H_\alpha$, les éléments de $\mathfrak{g}^\lambda$ sont de poids $\lambda(H_\alpha)$ pour ρ.

D'après le § 2, n° 2, on a $\theta_\alpha(t)\theta_\alpha(-1) = \pi(\theta(t)\theta(-1)) = \pi(h(t))$. Donc $\theta_\alpha(t)\theta_\alpha(-1)$ a pour restriction à $\mathfrak{g}^\lambda$ l'homothétie de rapport $t^{\lambda(H_\alpha)}$ (§ 1, n° 5, prop. 6), d'où le lemme.

PROPOSITION 3. — *L'image de l'homomorphisme composé*

$$T_P \xrightarrow{q} T_Q \xrightarrow{f} \mathrm{Aut}(\mathfrak{g}, \mathfrak{h})$$

est contenue dans $\mathrm{Aut}_e(\mathfrak{g})$.

Soit B une base de R. Alors $(H_\alpha)_{\alpha\in B}$ est une base de $R^\vee$, et la base duale de $(H_\alpha)_{\alpha\in B}$ dans $\mathfrak{h}^*$ est une base du groupe P(R). Donc le groupe T_P est engendré par les homomorphismes $\lambda \mapsto t^{\lambda(H_\alpha)}$ ($t \in k^*$, $\alpha \in B$). Si φ est la restriction à Q(R) d'un tel homomorphisme, le lemme 1 prouve que $f(\varphi) \in \mathrm{Aut}_e(\mathfrak{g})$, d'où la proposition.

Soit $\bar{k}$ une clôture algébrique de k. L'application qui, à tout automorphisme s de $\mathfrak{g}$, associe l'automorphisme $s \otimes 1$ de $\mathfrak{g} \otimes_k \bar{k}$ est un homomorphisme injectif de $\mathrm{Aut}(\mathfrak{g})$ dans $\mathrm{Aut}(\mathfrak{g} \otimes_k \bar{k})$. *On note* $\mathrm{Aut}_0(\mathfrak{g})$ *le sous-groupe distingué de* $\mathrm{Aut}(\mathfrak{g})$ *image réciproque de* $\mathrm{Aut}_e(\mathfrak{g} \otimes_k \bar{k})$ *par cet homomorphisme*; c'est l'ensemble des automorphismes de $\mathfrak{g}$ qui deviennent élémentaires par extension du corps de base de k à $\bar{k}$. Il est clair que $\mathrm{Aut}_e(\mathfrak{g})$ est indépendant du choix de $\bar{k}$, et que $\mathrm{Aut}_e(\mathfrak{g}) \subset \mathrm{Aut}_0(\mathfrak{g})$. Les groupes $\mathrm{Aut}_0(\mathfrak{g})$ et $\mathrm{Aut}_e(\mathfrak{g})$ peuvent être distincts (§ 13, n° 1.VII). Si $\mathfrak{h}$ est une sous-algèbre de Cartan de $\mathfrak{g}$, on pose

$$\mathrm{Aut}_e(\mathfrak{g}, \mathfrak{h}) = \mathrm{Aut}_e(\mathfrak{g}) \cap \mathrm{Aut}(\mathfrak{g}, \mathfrak{h}), \qquad \mathrm{Aut}_0(\mathfrak{g}, \mathfrak{h}) = \mathrm{Aut}_0(\mathfrak{g}) \cap \mathrm{Aut}(\mathfrak{g}, \mathfrak{h}).$$

Lemme 2. — *Soient* $\mathfrak{h}$ *une sous-algèbre de Cartan déployante de* $\mathfrak{g}$, *et* $s \in \mathrm{Aut}_0(\mathfrak{g}, \mathfrak{h})$. *On suppose que la restriction de* s *à* $\sum_{\alpha\in R} \mathfrak{g}^\alpha$ *n'admet pas la valeur propre* 1. *Alors* $\varepsilon(s) = 1$.

Par extension de k, on se ramène au cas où $s \in \mathrm{Aut}_e(\mathfrak{g}, \mathfrak{h})$. La dimension du nilespace de $s - 1$ est au moins égale à $\dim \mathfrak{h}$ (VII, § 4, n° 4, prop. 9). Donc $(s - 1) \mid \mathfrak{h}$ est nilpotent. Comme $s \mid \mathfrak{h} \in A(R^\vee)$, $s \mid \mathfrak{h}$ est d'ordre fini donc semi-simple (V, Annexe, prop. 2). Par suite, $(s - 1) \mid \mathfrak{h} = 0$, ce qui prouve que $\varepsilon(s) = 1$.

Lemme 3. — (i) *Soit* $m = (P(R) : Q(R))$. *Si* φ *est la puissance* m-ème *d'un élément de* T_Q, *on a* $\varphi \in q(T_P)$.

(ii) *Si* k *est algébriquement clos, on a* $q(T_P) = T_Q$.

Il existe une base $(\lambda_1, \ldots, \lambda_l)$ de P(R) et des entiers $n_1 \geqslant 1, \ldots, n_l \geqslant 1$ tels que $(n_1\lambda_1, \ldots, n_l\lambda_l)$ soit une base de Q(R). On a $m = n_1 \ldots n_l$. Soit $\psi \in T_Q$ et posons $\psi(n_1\lambda_1) = t_1, \ldots, \psi(n_l\lambda_l) = t_l$. Pour $i = 1, \ldots, l$, posons $m_i = \prod_{j \neq i} n_j$. Soit χ l'élément de T_P tel que $\chi(\lambda_1) = t_1^{m_1}, \ldots, \chi(\lambda_l) = t_l^{m_l}$. Alors

$$\chi(n_i\lambda_i) = t_i^{m_i n_i} = t_i^m = (\psi^m)(n_i\lambda_i)$$

d'où $\chi \mid Q(R) = \psi^m$. Cela prouve (i). Si k est algébriquement clos, tout élément de k^* est puissance m-ème d'un élément de k^*, donc tout élément de T_Q est puissance m-ème d'un élément de T_Q; par suite, (ii) résulte de (i).

PROPOSITION 4. — *On a* $f(T_Q) \subset \mathrm{Aut}_0(\mathfrak{g}, \mathfrak{h})$ *et* $\varepsilon^{-1}(W(R)) = \mathrm{Aut}_0(\mathfrak{g}, \mathfrak{h})$.

a) Soient $\varphi \in T_Q$ et $\bar{k}$ une clôture algébrique de k. D'après le lemme 3, φ se prolonge en un élément de $\mathrm{Hom}(P(R), \bar{k}^*)$. D'après la prop. 3,

$$f(\varphi) \otimes 1 \in \mathrm{Aut}_e(\mathfrak{g} \otimes_k \bar{k}, \mathfrak{h} \otimes_k \bar{k}).$$

Donc $f(\varphi) \in \mathrm{Aut}_0(\mathfrak{g}, \mathfrak{h})$, et $\mathrm{Ker}\,\varepsilon \subset \mathrm{Aut}_0(\mathfrak{g}, \mathfrak{h})$.

b) L'image de $\mathrm{Aut}_e(\mathfrak{g}, \mathfrak{h})$ par ε contient $W(R)$ (§ 2, n° 2, cor. du th. 2). Compte tenu de *a*), on voit que $\varepsilon^{-1}(W(R)) \subset \mathrm{Aut}_0(\mathfrak{g}, \mathfrak{h})$.

c) Reste à prouver que $\mathrm{Aut}_0(\mathfrak{g}, \mathfrak{h}) \subset \varepsilon^{-1}(W(R))$. Compte tenu de *b*), il suffit de prouver que $\varepsilon(\mathrm{Aut}_0(\mathfrak{g}, \mathfrak{h})) \cap \mathrm{Aut}(R, B)$, où B désigne une base de R, est réduit à $\{1\}$.

Soit $s \in \mathrm{Aut}_0(\mathfrak{g}, \mathfrak{h})$ tel que $\varepsilon(s) \in \mathrm{Aut}(R, B)$. Le sous-groupe de $A(R)$ engendré par $\varepsilon(s)$ a dans R un nombre fini d'orbites. Soient U une telle orbite, de cardinal r, et $\mathfrak{g}^U = \sum_{\beta \in U} \mathfrak{g}^\beta$. Soit $\beta_1 \in U$, et posons $\beta_i = \varepsilon(s)^{i-1}\beta_1$ pour $1 \leqslant i \leqslant r$, de sorte que $U = \{\beta_1, \ldots, \beta_r\}$. Soit X_{β_1} un élément non nul de $\mathfrak{g}^{\beta_1}$, et posons $X_{\beta_i} = s^{i-1}X_{\beta_1}$ pour $1 \leqslant i \leqslant r$. Il existe $c_U \in k^*$ tel que $s^r X_{\beta_1} = c_U X_{\beta_1}$, d'où $s^r X_{\beta_i} = c_U X_{\beta_i}$ pour tout i, et par suite $s^r \mid \mathfrak{g}^U = c_U . 1$. Soient $\varphi \in T_Q$, et $s' = s \circ f(\varphi)$, qui est d'après *a*) un élément de $\mathrm{Aut}_0(\mathfrak{g}, \mathfrak{h})$. On a $s'^r \mid \mathfrak{g}^U = c'_U . 1$, où

$$c'_U = c_U \prod_{i=1}^{r} \varphi(\beta_i) = c_U \varphi\left(\sum_{i=1}^{r} \beta_i\right).$$

Posons $B = \{\alpha_1, \ldots, \alpha_l\}$ et $\sum_{i=1}^{r} \beta_i = \sum_{j=1}^{l} m_j^U \alpha_j$. Puisque $\varepsilon(s) \in \mathrm{Aut}(R, B)$, les m_j^U sont des entiers de même signe non tous nuls. On a

$$c'_U = c_U \prod_{j=1}^{l} \varphi(\alpha_j)^{m_j^U}.$$

On peut choisir φ de telle sorte que $c'_U \neq 1$ pour toute orbite U; en effet, cela revient à choisir les éléments $\varphi(\alpha_1) = t_1, \ldots, \varphi(\alpha_l) = t_l$ de k^* de telle sorte qu'ils n'annulent pas un nombre fini de polynômes non identiquement nuls en $t_1, \ldots, t_l$. Pour un tel choix de φ, on a $\varepsilon(s') = 1$ d'après le lemme 2, donc

$$\varepsilon(s) = \varepsilon(s')\varepsilon(f(\varphi))^{-1} = 1.$$

COROLLAIRE. — *Soit* B *une base de* R. *Le groupe* $\mathrm{Aut}(\mathfrak{g}, \mathfrak{h})$ *est isomorphe au produit semi-direct des groupes* $\mathrm{Aut}(R, B)$ *et* $\mathrm{Aut}_0(\mathfrak{g}, \mathfrak{h})$.

Cela résulte de la prop. 1, du cor. 1 de la prop. 2, et de la prop. 4.

Remarque. — Soient ε', ε'' les restrictions de ε à $\mathrm{Aut}_0(\mathfrak{g}, \mathfrak{h})$, $\mathrm{Aut}_e(\mathfrak{g}, \mathfrak{h})$. Soit f' l'homomorphisme de $\mathrm{T_P}$ dans $\mathrm{Aut}_e(\mathfrak{g}, \mathfrak{h})$ déduit de f grâce à l'injection canonique de Q(R) dans P(R). On a dans ce qui précède établi le diagramme commutatif suivant:

$$\begin{array}{ccccccccc}
1 & \longrightarrow & \mathrm{T_Q} & \xrightarrow{f} & \mathrm{Aut}(\mathfrak{g}, \mathfrak{h}) & \xrightarrow{\varepsilon} & \mathrm{A(R)} & \longrightarrow & 1 \\
 & & \uparrow & & \uparrow & & \uparrow & & \\
1 & \longrightarrow & \mathrm{T_Q} & \xrightarrow{f} & \mathrm{Aut}_0(\mathfrak{g}, \mathfrak{h}) & \xrightarrow{\varepsilon'} & \mathrm{W(R)} & \longrightarrow & 1 \\
 & & \uparrow{\scriptstyle q} & & \uparrow & & \uparrow & & \\
 & & \mathrm{T_P} & \xrightarrow{f'} & \mathrm{Aut}_e(\mathfrak{g}, \mathfrak{h}) & \xrightarrow{\varepsilon''} & \mathrm{W(R)} & \longrightarrow & 1
\end{array}$$

dans lequel les flèches verticales autres que q désignent les injections canoniques. On a vu (prop. 2 et 4) que les deux premières lignes sont exactes. Dans la troisième ligne, l'homomorphisme ε'' est surjectif (§ 2, n° 2, cor. du th. 2); on peut démontrer que son noyau est $f'(\mathrm{T_P})$ (§ 7, exerc. 26 *d*)).

3. Automorphismes d'une algèbre de Lie semi-simple déployable

PROPOSITION 5. — *Supposons* $\mathfrak{g}$ *déployable. Le groupe* $\mathrm{Aut}_0(\mathfrak{g})$ *opère de façon simplement transitive dans l'ensemble des épinglages de* $\mathfrak{g}$.

Soient $e_1 = (\mathfrak{g}, \mathfrak{h}_1, \mathrm{B}_1, (X^1_\alpha)_{\alpha\in \mathrm{B}_1})$, $e_2 = (\mathfrak{g}, \mathfrak{h}_2, \mathrm{B}_2, (X^2_\alpha)_{\alpha\in \mathrm{B}_2})$ des épinglages de $\mathfrak{g}$. Il existe au plus un élément de $\mathrm{Aut}_0(\mathfrak{g})$ qui transforme e_1 en e_2 (prop. 1 et prop. 4). Soit $\bar{k}$ une clôture algébrique de k. Il existe un élément de $\mathrm{Aut}_e(\mathfrak{g} \otimes_k \bar{k})$ qui transforme $\mathfrak{h}_1 \otimes_k \bar{k}$ en $\mathfrak{h}_2 \otimes_k \bar{k}$ (VII, § 3, n° 2, th. 1). D'après la prop. 4 et le cor. 2 de la prop. 2, il existe donc un élément φ de $\mathrm{Aut}_e(\mathfrak{g} \otimes_k \bar{k})$ qui transforme l'épinglage $(\mathfrak{g} \otimes_k \bar{k}, \mathfrak{h}_1 \otimes_k \bar{k}, \mathrm{B}_1, (X^1_\alpha)_{\alpha\in \mathrm{B}_1})$ de $\mathfrak{g} \otimes_k \bar{k}$ en l'épinglage $(\mathfrak{g} \otimes_k \bar{k}, \mathfrak{h}_2 \otimes_k \bar{k}, \mathrm{B}_2, (X^2_\alpha)_{\alpha\in \mathrm{B}_2})$. Comme $\mathfrak{h}_1$ et les X^1_α (resp. $\mathfrak{h}_2$ et les X^2_α) engendrent $\mathfrak{g}_1$ (resp. $\mathfrak{g}_2$), on a $\varphi(\mathfrak{g}_1) = \mathfrak{g}_2$, donc φ est de la forme $\psi \otimes 1$ où $\psi \in \mathrm{Aut}_0(\mathfrak{g})$, et ψ transforme e_1 en e_2.

COROLLAIRE 1. — *Soient* $(\mathfrak{g}, \mathfrak{h}, \mathrm{B}, (X_\alpha)_{\alpha\in\mathrm{B}})$ *un épinglage de* $\mathfrak{g}$, *et* G *le groupe (isomorphe à* Aut(R, B)) *des automorphismes de* $\mathfrak{g}$ *qui laissent invariant cet épinglage. Alors* $\mathrm{Aut}(\mathfrak{g})$ *est produit semi-direct de* G *et de* $\mathrm{Aut}_0(\mathfrak{g})$.

En effet, tout élément de $\mathrm{Aut}(\mathfrak{g})$ transforme $(\mathfrak{g}, \mathfrak{h}, \mathrm{B}, (X_\alpha)_{\alpha\in\mathrm{B}})$ en un épinglage de $\mathfrak{g}$. D'après la prop. 5, toute classe de $\mathrm{Aut}(\mathfrak{g})$ suivant $\mathrm{Aut}_0(\mathfrak{g})$ rencontre G en un point et un seul. C.Q.F.D.

Il résulte du cor. 1 que le groupe $\mathrm{Aut}(\mathfrak{g})/\mathrm{Aut}_0(\mathfrak{g})$ s'identifie à Aut(R, B), et est isomorphe au groupe des automorphismes du graphe de Dynkin de R.

COROLLAIRE 2. — *On a* $\mathrm{Aut}(\mathfrak{g}) = \mathrm{Aut}_0(\mathfrak{g})$ *lorsque* $\mathfrak{g}$ *est une algèbre de Lie simple déployable de type* A_1, B_n $(n \geqslant 2)$, C_n $(n \geqslant 2)$, E_7, E_8, F_4, G_2. *Le quotient* $\mathrm{Aut}(\mathfrak{g})/\mathrm{Aut}_0(\mathfrak{g})$ *est d'ordre* 2 *lorsque* $\mathfrak{g}$ *est de type* A_n $(n \geqslant 2)$, D_n $(n \geqslant 5)$, E_6; *il est isomorphe à* $\mathfrak{S}_3$ *lorsque* $\mathfrak{g}$ *est de type* D_4.

Cela résulte du cor. 1 et de VI, planches I à IX.

Remarques. — 1) Soient $e_1 = (\mathfrak{g}, \mathfrak{h}_1, B_1, (X^1_\alpha)_{\alpha \in B_1})$, $e_2 = (\mathfrak{g}, \mathfrak{h}_2, B_2, (X^2_\alpha)_{\alpha \in B_2})$, $e'_2 = (\mathfrak{g}, \mathfrak{h}_2, B_2, (Y^2_\alpha)_{\alpha \in B_2})$ des épinglages de $\mathfrak{g}$, s (resp. s') un élément de $\mathrm{Aut}_0(\mathfrak{g})$ transformant e_1 en e_2 (resp. e'_2). Alors $s \mid \mathfrak{h}_1 = s' \mid \mathfrak{h}_1$. En effet, $s'^{-1}s \in \mathrm{Aut}_0(\mathfrak{g}, \mathfrak{h}_1)$ et $s'^{-1}s(B_1) = B_1$, donc $\varepsilon(s'^{-1}s) = 1$.

2) Soit X l'ensemble des couples $(\mathfrak{h}, B)$ où $\mathfrak{h}$ est une sous-algèbre de Cartan déployante de $\mathfrak{g}$ et B une base du système de racines de $(\mathfrak{g}, \mathfrak{h})$. Si $x = (\mathfrak{h}, B)$ et $x' = (\mathfrak{h}', B')$ sont des éléments de X, il existe $s \in \mathrm{Aut}_0(\mathfrak{g})$ qui transforme x en x' (prop. 5), et la restriction $s_{x',x}$ de s à $\mathfrak{h}$ ne dépend pas du choix de s (remarque 1). En particulier, on a $s_{x'',x'} \circ s_{x',x} = s_{x'',x}$ si $x, x', x'' \in X$, et $s_{x,x} = 1$. L'ensemble des familles $(h_x)_{x \in X}$ vérifiant les conditions:

a) $h_x \in \mathfrak{h}$ si $x = (\mathfrak{h}, B)$

b) $s_{x',x}(h_x) = h_{x'}$ si $x, x' \in X$

est de manière naturelle un espace vectoriel $\mathfrak{h}(\mathfrak{g})$ qu'on appelle parfois *la sous-algèbre de Cartan canonique de* $\mathfrak{g}$. Pour $x = (\mathfrak{h}, B)$ et $x' = (\mathfrak{h}', B')$, $s_{x',x}$ transforme B en B', donc le système de racines de $(\mathfrak{g}, \mathfrak{h})$ en celui de $(\mathfrak{g}, \mathfrak{h}')$; il en résulte que le dual $\mathfrak{h}(\mathfrak{g})^*$ de $\mathfrak{h}(\mathfrak{g})$ est muni de manière naturelle d'un système de racines $R(\mathfrak{g})$ et d'une base $B(\mathfrak{g})$ de $R(\mathfrak{g})$. On dit parfois que $R(\mathfrak{g})$ est *le système de racines canonique* de $\mathfrak{g}$ et $B(\mathfrak{g})$ sa *base canonique*. Le groupe $\mathrm{Aut}(\mathfrak{g})$ opère sur $\mathfrak{h}(\mathfrak{g})$ en laissant stables $R(\mathfrak{g})$ et $B(\mathfrak{g})$; les éléments de $\mathrm{Aut}(\mathfrak{g})$ qui opèrent trivialement sur $\mathfrak{h}(\mathfrak{g})$ sont ceux de $\mathrm{Aut}_0(\mathfrak{g})$.

PROPOSITION 6. — *Soit* $\mathfrak{h}$ *une sous-algèbre de Cartan déployante de* $\mathfrak{g}$. *Avec les notations du* n° 1, *on a* $\mathrm{Aut}_0(\mathfrak{g}) = \mathrm{Aut}_e(\mathfrak{g}).\mathrm{Ker}\,\varepsilon = \mathrm{Aut}_e(\mathfrak{g}).f(T_Q)$

D'après le § 3, n° 3, cor. de la prop. 10, on a $\mathrm{Aut}_0(\mathfrak{g}) = \mathrm{Aut}_e(\mathfrak{g}).\mathrm{Aut}_0(\mathfrak{g}, \mathfrak{h})$. D'autre part, $\varepsilon(\mathrm{Aut}_e(\mathfrak{g}, \mathfrak{h})) \supset W(R)$ d'après le § 2, n° 2, cor. du th. 2, donc $\mathrm{Aut}_0(\mathfrak{g}, \mathfrak{h}) = \mathrm{Aut}_e(\mathfrak{g}, \mathfrak{h}).\mathrm{Ker}\,\varepsilon$.

Remarque 3. — La prop. 6 montre que l'homomorphisme canonique

$$\iota: T_Q/\mathrm{Im}(T_P) \to \mathrm{Aut}_0(\mathfrak{g}) / \mathrm{Aut}_e(\mathfrak{g}),$$

déduit du diagramme du n° 2, est *surjectif*. En particulier, $\mathrm{Aut}_e(\mathfrak{g})$ contient le groupe dérivé de $\mathrm{Aut}_0(\mathfrak{g})$; nous verrons (§ 11, n° 2, prop. 3) qu'il y a en fait égalité. On peut en outre montrer que ι est *injectif*, c'est-à-dire que

$$f(T_Q) \cap \mathrm{Aut}_e(\mathfrak{g}) = f'(T_P),$$

(cf. § 7, exerc. 26 *d*).

PROPOSITION 7. — *Soient* $\mathfrak{g}$ *une algèbre de Lie semi-simple déployable,* $\mathfrak{b}$ *une sous-algèbre de Borel de* $\mathfrak{g}$, $\mathfrak{p}_1$ *et* $\mathfrak{p}_2$ *des sous-algèbres paraboliques distinctes de* $\mathfrak{g}$, *contenant* $\mathfrak{b}$. *Alors* $\mathfrak{p}_1$ *et* $\mathfrak{p}_2$ *ne sont pas conjuguées par* $\mathrm{Aut}_0(\mathfrak{g})$.

On peut supposer k algébriquement clos. Soit $s \in \mathrm{Aut}_0(\mathfrak{g})$ tel que $s(\mathfrak{p}_1) = \mathfrak{p}_2$. Soit $\mathfrak{h}$ une sous-algèbre de Cartan de $\mathfrak{g}$ contenue dans $\mathfrak{b} \cap s(\mathfrak{b})$ (§ 3, n° 3, prop. 10). Comme $\mathfrak{h}$ et $s(\mathfrak{h})$ sont des sous-algèbres de Cartan de $s(\mathfrak{b})$, il existe $u \in [\mathfrak{b}, \mathfrak{b}]$ tel que $e^{\mathrm{ad}\,u}(\mathfrak{h}) = s(\mathfrak{h})$ (VII, § 3, n° 4, th. 3). Remplaçant s par $e^{-\mathrm{ad}\,u}s$, on est ramené au cas où $s(\mathfrak{h}) = \mathfrak{h}$, et s induit alors sur $\mathfrak{h}$ un élément σ du groupe de Weyl W de $(\mathfrak{g}, \mathfrak{h})$ (prop. 4). Soit C la chambre de Weyl correspondant à $\mathfrak{b}$. Alors $\mathfrak{p}_1$ et $\mathfrak{p}_2$ correspondent à des facettes F_1 et F_2 de $\mathfrak{h}_{\mathbf{R}}$ contenues dans l'adhérence de C. On a $\sigma(F_1) = F_2$. Puisque $\sigma \in W$, cela entraîne $F_1 = F_2$ (V, § 3, n° 3, th. 2) d'où $\mathfrak{p}_1 = \mathfrak{p}_2$.

Remarque 4. — Soient $\mathfrak{g}$ une algèbre de Lie semi-simple déployable, $\mathscr{P}$ l'ensemble des sous-algèbres paraboliques de $\mathfrak{g}$, ensemble dans lequel opère $\mathrm{Aut}_0(\mathfrak{g})$. Reprenons les notations de la remarque 2. Soit Σ une partie de $B(\mathfrak{g})$. La donnée de Σ équivaut à la donnée, pour tout $x = (\mathfrak{h}, B) \in X$, d'une partie Σ_x de B, de telle sorte que $s_{x',x}$ transforme Σ_x en $\Sigma_{x'}$ quels que soient $x, x' \in X$. Soit $\mathfrak{p}_x$ la sous-algèbre parabolique de $\mathfrak{g}$ correspondant à Σ_x (§ 3, n° 4, remarque). L'orbite de $\mathfrak{p}_x$ pour $\mathrm{Aut}_0(\mathfrak{g})$ est l'ensemble des $\mathfrak{p}_{x'}$ pour $x' \in X$. On définit ainsi une application de $\mathfrak{P}(B(\mathfrak{g}))$ dans $\mathscr{P}/\mathrm{Aut}_0(\mathfrak{g})$. Cette application est surjective d'après la remarque du § 3, n° 4, et injective d'après la prop. 7.

4. Topologie de Zariski sur Aut($\mathfrak{g}$)

PROPOSITION 8. — *Soit* V *l'ensemble des endomorphismes de l'espace vectoriel* $\mathfrak{g}$. *Alors* $\mathrm{Aut}(\mathfrak{g})$ *est fermé dans* V *pour la topologie de Zariski* (VII, App. I).

Soit K la forme de Killing de $\mathfrak{g}$. Si $s \in \mathrm{Aut}(\mathfrak{g})$, on a

$$[sx, sy] = [x, y] \tag{2}$$

$$K(sx, sy) = K(x, y) \tag{3}$$

quels que soient $x, y \in \mathfrak{g}$. Réciproquement, soit s un élément de V vérifiant (2) et (3) quels que soient $x, y \in \mathfrak{g}$. Alors $\mathrm{Ker}\, s = 0$, donc s est bijectif et $s \in \mathrm{Aut}(\mathfrak{g})$. Or, quels que soient $x, y \in \mathfrak{g}$, les applications $s \mapsto [sx, sy]$ et $s \mapsto K(sx, sy)$ de V dans $\mathfrak{g}$ et k sont polynomiales.

PROPOSITION 9. — *Soit* $\mathfrak{h}$ *une sous-algèbre de Cartan déployante de* $\mathfrak{g}$.

(i) *Le groupe* $f(T_Q)$ *est fermé dans* $\mathrm{Aut}(\mathfrak{g})$ *pour la topologie de Zariski.*

(ii) *Le groupe* $f(q(T_P))$ *est dense dans* $f(T_Q)$ *pour la topologie de Zariski.*

L'assertion (i) résulte de l'égalité $f(T_Q) = \mathrm{Aut}(\mathfrak{g}, \mathfrak{h}) \cap \mathrm{Ker}\, \varepsilon$ (prop. 2).

Posons $m = (P(R):Q(R))$. Soit F une fonction polynomiale sur V; supposons que F soit nulle sur toute puissance m-ème d'un élément de $f(T_Q)$, et montrons que $F \mid f(T_Q) = 0$; compte tenu du lemme 3, cela prouvera (ii).

L'ensemble V' des éléments de V induisant l'identité sur $\mathfrak{h}$ et laissant stable chaque $\mathfrak{g}^\alpha$ s'identifie à k^R. Soit F' la restriction de F à $V' = k^R$; c'est une fonction polynomiale. On a $f(T_Q) \subset V'$. Soit $B = (\alpha_1, \ldots, \alpha_l)$ une base de R. Pour tout $t = (t_1, \ldots, t_l) \in k^{*B}$, soit $\varphi(t)$ l'homomorphisme de Q(R) dans le groupe k^* qui prolonge t. Alors $F'(f(\varphi(t)))$ s'écrit comme une somme finie

$$\sum_{n_1, \ldots, n_l \in \mathbf{Z}} c_{n_1 \ldots n_l} t_1^{n_1} \ldots t_l^{n_l} = H(t_1, \ldots, t_l).$$

Par hypothèse, on a

$$0 = H(t_1^m, \ldots, t_l^m) = \sum_{n_1, \ldots, n_l \in \mathbf{Z}} c_{n_1 \ldots n_l} t_1^{mn_1} \ldots t_l^{mn_l}$$

quels que soient $t_1, \ldots, t_l \in k^*$. Les $c_{n_1 \ldots n_l}$ sont donc les coefficients d'un polynôme en l variables nul sur k^{*l}; ils sont donc tous nuls.

PROPOSITION 10. — *Supposons $\mathfrak{g}$ déployable.*

(i) *Le groupe* $\mathrm{Aut}_e(\mathfrak{g})$ *est dense dans* $\mathrm{Aut}_0(\mathfrak{g})$ *pour la topologie de Zariski.*

(ii) *Les groupes* $\mathrm{Aut}_e(\mathfrak{g})$ *et* $\mathrm{Aut}_0(\mathfrak{g})$ *sont connexes pour la topologie de Zariski.*

D'après la prop. 3, on a $f(q(T_P)) \subset \mathrm{Aut}_e(\mathfrak{g})$. Pour tout $s \in \mathrm{Aut}_e(\mathfrak{g})$, l'adhérence de $s.f(q(T_P))$ pour la topologie de Zariski contient $s.f(T_Q)$ d'après la prop. 9. Donc l'adhérence de $\mathrm{Aut}_e(\mathfrak{g})$ contient $\mathrm{Aut}_e(\mathfrak{g}).f(T_Q) = \mathrm{Aut}_0(\mathfrak{g})$ (prop. 6). Cela prouve (i).

Soit $\mathrm{Aut}_e(\mathfrak{g}) = \Omega \cup \Omega'$ une partition de $\mathrm{Aut}_e(\mathfrak{g})$ formée de parties relativement ouvertes pour la topologie de Zariski, avec $\Omega \neq \emptyset$. Si $\omega \in \Omega$ et si x est un élément nilpotent de $\mathfrak{g}$, l'application $\tau: t \mapsto \omega \exp(t \operatorname{ad} x)$ de k dans $\mathrm{Aut}_e(\mathfrak{g})$ est polynomiale, donc continue pour la topologie de Zariski; par suite, $\tau(k)$ est connexe; comme $\omega \in \tau(k)$, on a $\tau(k) \subset \Omega$. Ainsi, $\Omega.(\exp \operatorname{ad} kx) \subset \Omega$, d'où $\Omega.\mathrm{Aut}_e(\mathfrak{g}) \subset \Omega$ et $\Omega = \mathrm{Aut}_e(\mathfrak{g})$. Cela prouve que $\mathrm{Aut}_e(\mathfrak{g})$ est connexe. Il en résulte, d'après (i), que $\mathrm{Aut}_0(\mathfrak{g})$ est connexe.

C.Q.F.D.

On verra (§ 8, n° 4, cor. de la prop. 6) que $\mathrm{Aut}_0(\mathfrak{g})$ est fermé dans V pour la topologie de Zariski, et est la composante connexe de l'élément neutre de $\mathrm{Aut}(\mathfrak{g})$. Par contre, $\mathrm{Aut}_e(\mathfrak{g})$ n'est pas en général fermé pour la topologie de Zariski.

Supposons $(\mathfrak{g}, \mathfrak{h})$ déployée. Le groupe $\mathrm{Aut}_0(\mathfrak{g})$ est le groupe $G(k)$ des k-points d'un groupe algébrique semi-simple G connexe de centre trivial (groupe adjoint). Le groupe $f(T_Q)$ est égal à $H(k)$, où H est le sous-groupe de Cartan de G d'algèbre de Lie $\mathfrak{h}$. L'image réciproque $\tilde{H}$ de H dans le revêtement universel $\tilde{G}$ de G (au sens algébrique) a pour groupe de k-points le groupe T_P. L'image de $\tilde{G}(k)$ dans $G(k) = \mathrm{Aut}_0(\mathfrak{g})$ est le groupe $\mathrm{Aut}_e(\mathfrak{g})$.

5. Cas des groupes de Lie

PROPOSITION 11. — *On suppose que k est* **R**, *ou* **C**, *ou un corps ultramétrique complet non discret. Soit $\mathfrak{h}$ une sous-algèbre de Cartan déployante de $\mathfrak{g}$.*

(i) $\mathrm{Aut}(\mathfrak{g}, \mathfrak{h})$ *est un sous-groupe de Lie de* $\mathrm{Aut}(\mathfrak{g})$ *d'algèbre de Lie* $\mathrm{ad}\, \mathfrak{h}$.

(ii) $f(\mathrm{T_Q})$ *et* $(q \circ f)(\mathrm{T_P})$ *sont des sous-groupes ouverts de* $\mathrm{Aut}(\mathfrak{g}, \mathfrak{h})$.

(iii) $\mathrm{Aut}_e(\mathfrak{g})$ *est un sous-groupe ouvert de* $\mathrm{Aut}(\mathfrak{g})$.

(iv) *Si k =* **R** *ou* **C**, $\mathrm{Aut}_e(\mathfrak{g})$ *est la composante neutre de* $\mathrm{Aut}(\mathfrak{g})$, *c'est-à-dire* $\mathrm{Int}(\mathfrak{g})$.

D'après III, § 3, n° 8, cor. 2 de la prop. 29, et n° 10, prop. 36, $\mathrm{Aut}(\mathfrak{g}, \mathfrak{h})$ est un sous-groupe de Lie de $\mathrm{Aut}(\mathfrak{g})$ dont l'algèbre de Lie est l'ensemble des $\mathrm{ad}\, x$ ($x \in \mathfrak{g}$) tels que $(\mathrm{ad}\, x)\mathfrak{h} \subset \mathfrak{h}$, c'est-à-dire $\mathrm{ad}\, \mathfrak{h}$.

Soit $\mathrm{H} \in \mathfrak{h}$. Il existe $\varepsilon > 0$ possédant les propriétés suivantes: pour $t \in k$ et $|t| < \varepsilon$, $\exp(t\gamma(\mathrm{H}))$ est défini pour tout $\gamma \in \mathrm{P(R)}$, et l'application $\gamma \mapsto \exp(t\gamma(\mathrm{H}))$ est un homomorphisme σ_t de $\mathrm{P(R)}$ dans k^*. Pour $|t| < \varepsilon$, $\exp t\, \mathrm{ad}\, \mathrm{H}$ est défini, induit l'identité dans $\mathfrak{h}$ et induit dans $\mathfrak{g}^\alpha$ l'homothétie de rapport $\sigma_t(\alpha)$; donc $\exp t\, \mathrm{ad}\, \mathrm{H} \in (q \circ f)(\mathrm{T_P})$. Cela prouve, compte tenu de (i), que $(q \circ f)(\mathrm{T_P})$ contient un voisinage de 1 dans $\mathrm{Aut}(\mathfrak{g}, \mathfrak{h})$, et par suite est un sous-groupe ouvert de $\mathrm{Aut}(\mathfrak{g}, \mathfrak{h})$. *A fortiori*, $f(\mathrm{T_Q})$ est un sous-groupe ouvert de $\mathrm{Aut}(\mathfrak{g}, \mathfrak{h})$.

Pour tout $\alpha \in \mathrm{R}$, on a $\exp \mathrm{ad}\, \mathfrak{g}^\alpha \subset \mathrm{Aut}_e(\mathfrak{g})$. Compte tenu de (ii), $\mathrm{Aut}_e(\mathfrak{g})$ contient un voisinage de 1 dans $\mathrm{Aut}(\mathfrak{g})$, ce qui prouve (iii).

Supposons k = **R** ou **C**. Alors $\mathrm{Aut}_e(\mathfrak{g})$ est contenu dans la composante neutre C de $\mathrm{Aut}(\mathfrak{g})$ (VII, § 3, n° 1), et est ouvert dans $\mathrm{Aut}(\mathfrak{g})$ d'après (iii). Donc $\mathrm{Aut}_e(\mathfrak{g}) =$ C. Enfin, C $= \mathrm{Int}(\mathfrak{g})$ d'après III, § 9, n° 8, prop. 30 (i).

§ 6. Modules sur une algèbre de Lie semi-simple déployée

Dans ce paragraphe, on désigne par $(\mathfrak{g}, \mathfrak{h})$ *une algèbre de Lie semi-simple déployée, par* R *son système de racines, par* W *son groupe de Weyl, par* B *une base de* R, *par* R_+ (resp. R_-) *l'ensemble des racines positives* (resp. *négatives*) *relativement à* B. *On pose*:

$$\mathfrak{n}_+ = \sum_{\alpha \in \mathrm{R}_+} \mathfrak{g}^\alpha, \qquad \mathfrak{n}_- = \sum_{\alpha \in \mathrm{R}_-} \mathfrak{g}^\alpha, \qquad \mathfrak{b}_+ = \mathfrak{h} + \mathfrak{n}_+ \quad et \quad \mathfrak{b}_- = \mathfrak{h} + \mathfrak{n}_-.$$

On a $\mathfrak{n}_+ = [\mathfrak{b}_+, \mathfrak{b}_+]$, $\mathfrak{n}_- = [\mathfrak{b}_-, \mathfrak{b}_-]$.

Pour tout $\alpha \in \mathrm{R}$, on choisit un élément $X_\alpha \in \mathfrak{g}^\alpha$ de telle sorte que

$$[X_\alpha, X_{-\alpha}] = -H_\alpha$$

(§ 2, n° 4); ce choix n'interviendra dans aucune des définitions ci-après.

1. Poids et éléments primitifs

Soit V un $\mathfrak{g}$-module. Pour tout $\lambda \in \mathfrak{h}^*$, on note V^λ le sous-espace primaire, relatif à λ, de V *considéré comme $\mathfrak{h}$-module* (VII, § 1, n° 1). Les éléments de V^λ sont appelés les éléments de poids λ du $\mathfrak{g}$-module V. La somme des V^λ est directe (VII, § 1, n° 1, prop. 3). Quels que soient $\alpha \in \mathfrak{h}^*$ et $\lambda \in \mathfrak{h}^*$, on a $\mathfrak{g}^\alpha V^\lambda \subset V^{\alpha+\lambda}$ (VII, § 1, n° 3, prop. 10 (ii)). La dimension de V^λ s'appelle la *multiplicité* de λ dans V; si elle est $\geqslant 1$, i.e. si $V^\lambda \neq 0$, on dit que λ est un *poids* de V. Si V est de dimension finie, les homothéties de V définies par les éléments de $\mathfrak{h}$ sont semi-simples, et V^λ est donc l'ensemble des $x \in V$ tels que $Hx = \lambda(H)x$ pour tout $H \in \mathfrak{h}$.

Lemme 1. — *Soient* V *un* $\mathfrak{g}$-*module, et* $v \in V$. *Les conditions suivantes sont équivalentes*:

(i) $\mathfrak{b}_+ v \subset kv$;

(ii) $\mathfrak{h}v \subset kv$ *et* $\mathfrak{n}_+ v = 0$;

(iii) $\mathfrak{h}v \subset kv$ *et* $\mathfrak{g}^\alpha v = 0$ *pour tout* $\alpha \in B$.

(i) $\Rightarrow$ (ii): Supposons $\mathfrak{b}_+ v \subset kv$. Il existe $\lambda \in \mathfrak{h}^*$ tel que $v \in V^\lambda$. Soit $\alpha \in R_+$. On a $\mathfrak{g}^\alpha . v \subset V^\lambda \cap V^{\lambda+\alpha} = 0$. Donc $\mathfrak{n}_+ v = 0$.

(ii) $\Rightarrow$ (iii): C'est évident.

(iii) $\Rightarrow$ (i): Cela résulte de ce que $(X_\alpha)_{\alpha \in B}$ engendre $\mathfrak{n}_+$ (§ 3, n° 3, prop. 9 (iii)).

Définition 1. — *Soient* V *un* $\mathfrak{g}$-*module et* $v \in V$. *On dit que* v *est un élément primitif de* V *si* $v \neq 0$ *et si* v *vérifie les conditions du lemme* 1.

Un élément primitif appartient à l'un des V^λ. Pour tout $\lambda \in \mathfrak{h}^*$, on note V^λ_π l'ensemble des $v \in V^\lambda$ tels que $\mathfrak{b}_+ v \subset kv$. Les éléments primitifs de poids λ sont donc les éléments non nuls de V^λ_π.

Proposition 1. — *Soient* V *un* $\mathfrak{g}$-*module*, v *un élément primitif de* V, ω *le poids de* v. *On suppose que* V *est engendré par* v *comme* $\mathfrak{g}$-*module.*

(i) *Si* $U(\mathfrak{n}_-)$ *désigne l'algèbre enveloppante de* $\mathfrak{n}_-$, *on a* $V = U(\mathfrak{n}_-).v$.

(ii) *Pour tout* $\lambda \in \mathfrak{h}^*$, V^λ *est l'ensemble des* $x \in V$ *tels que* $Hx = \lambda(H)x$ *pour tout* $H \in \mathfrak{h}$. *On a* $V = \bigoplus_{\lambda \in \mathfrak{h}^*} V^\lambda$, *et chaque* V^λ *est de dimension finie. L'espace* V^ω *est de dimension* 1, *et tout poids de* V *est de la forme* $\omega - \sum_{\alpha \in B} n_\alpha . \alpha$, *où les* n_α *sont des entiers* $\geqslant 0$.

(iii) V *est un* $\mathfrak{g}$-*module indécomposable, et son commutant est réduit aux scalaires.*

(iv) *Soient* $U(\mathfrak{g})$ *l'algèbre enveloppante de* $\mathfrak{g}$, *et* $\mathscr{Z}$ *le centre de* $U(\mathfrak{g})$. *Il existe un homomorphisme* χ *et un seul de* $\mathscr{Z}$ *dans* k *tel que, pour tout* $z \in \mathscr{Z}$, z_V *soit l'homothétie de rapport* $\chi(z)$.

Soit $U(\mathfrak{b}_+)$ l'algèbre enveloppante de $\mathfrak{b}_+$. On a $U(\mathfrak{g}) = U(\mathfrak{n}_-).U(\mathfrak{b}_+)$ (I, § 2, n° 7, cor. 6 du th. 1). Donc

$$V = U(\mathfrak{g}).v = U(\mathfrak{n}_-).U(\mathfrak{b}_+).v = U(\mathfrak{n}_-).v.$$

Notons $\alpha_1, \ldots, \alpha_n$ les éléments, deux à deux distincts, de R_+. Alors

$$(X^{p_1}_{-\alpha_1} X^{p_2}_{-\alpha_2} \ldots X^{p_n}_{-\alpha_n})_{(p_1, \ldots, p_n) \in \mathbf{N}^n}$$

est une base de $U(\mathfrak{n}_-)$, donc

$$(1) \qquad V = \sum_{(p_1,\dots,p_n)\in \mathbf{N}^n} kX^{p_1}_{-\alpha_1}\dots X^{p_n}_{-\alpha_n}v.$$

Pour $\lambda \in \mathfrak{h}^*$, posons

$$T_\lambda = \sum_{(p_1,\dots,p_n)\in \mathbf{N}^n,\ \omega - p_1\alpha_1 - \dots - p_n\alpha_n = \lambda} kX^{p_1}_{-\alpha_1}\dots X^{p_n}_{-\alpha_n}v.$$

D'après VII, § 1, n° 1, prop. 2 (ii), si $h \in \mathfrak{h}$, $h_V \mid T_\lambda$ est l'homothétie de rapport $\lambda(h)$. Donc $T_\lambda \subset V^\lambda$. D'autre part, (1) entraîne que

$$V = \sum_{\lambda \in \omega - \mathbf{N}\alpha_1 - \dots - \mathbf{N}\alpha_n} T_\lambda.$$

La somme des V^λ est directe (VII, § 1, n° 1, prop. 3). De tout cela résulte que $V^\lambda = T_\lambda$, que V est somme directe des V^λ, et que V^λ est l'ensemble des $x \in V$ tels que $hx = \lambda(h)x$ pour tout $h \in \mathfrak{h}$. D'autre part, dim V^λ est au plus égal au cardinal de l'ensemble des $(p_1, \dots, p_n) \in \mathbf{N}^n$ tels que $p_1\alpha_1 + \dots + p_n\alpha_n = \omega - \lambda$. Cela prouve que $V^\lambda = 0$ si $\omega - \lambda \notin \sum_{\alpha\in B} \mathbf{N}\alpha$, que dim $V^\omega = 1$, et que les V^λ sont tous de dimension finie.

Soit c un élément du commutant de V. Pour tout $h \in \mathfrak{h}$, on a

$$hc(v) = ch(v) = \omega(h)c(v),$$

donc $c(v) \in V^\omega$; il existe donc $t \in k$ tel que $c(v) = tv$. Alors, pour tout $(p_1, \dots, p_n) \in \mathbf{N}^n$, on a

$$cX^{p_1}_{-\alpha_1}\dots X^{p_n}_{-\alpha_n}v = X^{p_1}_{-\alpha_1}\dots X^{p_n}_{-\alpha_n}cv = tX^{p_1}_{-\alpha_1}\dots X^{p_n}_{-\alpha_n}v$$

de sorte que $c = t.1$. Ainsi, le commutant de V est réduit aux scalaires. Cela entraîne (iv) et le fait que V est indécomposable.

DÉFINITION 2. — *L'homomorphisme* χ *de la prop.* 1 (iv) *s'appelle le caractère central du* $\mathfrak{g}$-*module* V.

PROPOSITION 2. — *Soient* V *un* $\mathfrak{g}$-*module engendré par un élément primitif* e *de poids* ω, *et* X *un* $\mathfrak{g}$-*module semi-simple. Soit* Φ *l'ensemble des homomorphismes du* $\mathfrak{g}$-*module* V *dans le* $\mathfrak{g}$-*module* X. *Alors* $\varphi \mapsto \varphi(e)$ *est un isomorphisme de l'espace vectoriel* Φ *sur l'espace vectoriel* X^ω_π.

Il est clair que $\varphi(e) \in X^\omega_\pi$ pour tout $\varphi \in \Phi$. Si $\varphi \in \Phi$ et $\varphi(e) = 0$, on a $\varphi = 0$ puisque e engendre le $\mathfrak{g}$-module V. Soit f un élément non nul de X^ω_π et montrons qu'il existe $\varphi \in \Phi$ tel que $\varphi(e) = f$. Soit X' le sous-module de X engendré par f. D'après la prop. 1, X' est indécomposable, donc simple puisque X est semi-simple. L'élément (e,f) est primitif dans le $\mathfrak{g}$-module V × X. Soit N le sous-module de V × X engendré par (e,f). On a $N \cap X \subset pr_2(N) = X'$, donc

$N \cap X = 0$ ou X'; si $N \cap X = X'$, N contient les éléments linéairement indépendants (e, f) et $(0, f)$ qui sont primitifs de poids ω; cela est absurde (prop. 1), donc $N \cap X = 0$. Ainsi $pr_1 \mid N$ est une application injective h de N dans V; cette application est surjective puisque son image contient e. Alors $\varphi = pr_2 \circ h^{-1}$ est un homomorphisme du $\mathfrak{g}$-module V dans le $\mathfrak{g}$-module X tel que $\varphi(e) = f$.

2. Modules simples ayant un plus grand poids

Rappelons que la donnée de B définit dans $\mathfrak{h}^*_{\mathbf{Q}}$ une relation d'ordre (VI, § 1, n° 6). Les éléments $\geqslant 0$ de $\mathfrak{h}^*_{\mathbf{Q}}$ sont les combinaisons linéaires des éléments de B à coefficients rationnels $\geqslant 0$.

Plus généralement, nous considérons la relation d'ordre suivante entre éléments λ, μ de $\mathfrak{h}^*$:

$\lambda - \mu$ est combinaison linéaire des éléments de B à coefficients rationnels $\geqslant 0$.

Lemme 2. — *Soient* V *un* $\mathfrak{g}$*-module simple,* ω *un poids de* V. *Les conditions suivantes sont équivalentes*:

(i) *tout poids de* V *est de la forme* $\omega - \mu$ *où* μ *est un poids radiciel* $\geqslant 0$;

(ii) ω *est le plus grand poids de* V;

(iii) *pour tout* $\alpha \in B$, $\omega + \alpha$ *n'est pas poids de* V;

(iv) *il existe un élément primitif de poids* ω.

(i) $\Rightarrow$ (ii) $\Rightarrow$ (iii): C'est évident.

(iii) $\Rightarrow$ (iv): Supposons vérifiée la condition (iii). Pour tout $h \in \mathfrak{h}$,

$$\mathrm{Ker}(h_V - \omega(h))$$

est non nul, contenu dans V^ω, et stable par $\mathfrak{h}_V$. Par récurrence sur dim $\mathfrak{h}$, on voit qu'il existe un v non nul dans V^ω tel que $\mathfrak{h}v \subset kv$. La condition (iii) implique que $\mathfrak{n}_+ v = 0$, donc v est primitif.

(iv) $\Rightarrow$ (i): Soit v un élément primitif de poids ω. Comme V est simple, V est engendré par v comme $\mathfrak{g}$-module. L'assertion (i) résulte alors de la prop. 1. C.Q.F.D.

Pour un $\mathfrak{g}$-module simple, l'existence d'un élément primitif est donc équivalente à celle d'un plus grand poids, ou encore à celle d'un poids maximal.

Il existe des $\mathfrak{sl}(2, \mathbf{C})$-modules simples V tels que, pour toute sous-algèbre de Cartan $\mathfrak{h}$ de $\mathfrak{sl}(2, \mathbf{C})$, V n'admette aucun poids (§ 1, exerc. 14 f)). Ces modules sont de dimension infinie sur $\mathbf{C}$ (§ 1, n° 3, th. 1).

PROPOSITION 3. — *Soit* V *un* $\mathfrak{g}$*-module simple ayant un plus grand poids* ω.

(i) *Les éléments primitifs de* V *sont les éléments non nuls de* V^ω.

(ii) *Considéré comme* $\mathfrak{h}$*-module,* V *est semi-simple.*

(iii) *On a* $V = \bigoplus_{\lambda \in \mathfrak{h}^*} V^\lambda$. *Pour tout* $\lambda \in \mathfrak{h}^*$, V^λ *est de dimension finie. On a*

$$\dim V^\omega = 1.$$

(iv) *Le* $\mathfrak{g}$-*module* V *est absolument simple.*

Les assertions (i), (ii), (iii) résultent de la prop. 1 et du lemme 2. L'assertion (iv) résulte de la prop. 1 (iii) et de A, VIII, § 7, n° 3.

COROLLAIRE. — *Si* V *est de dimension finie, l'homomorphisme canonique* $U(\mathfrak{g}) \to \mathrm{End}(V)$ *est surjectif.*

Cela résulte de (iv), cf. A, VIII, § 3, n° 3.

PROPOSITION 4. — *Soient* V *un* $\mathfrak{g}$-*module simple ayant un plus grand poids* ω, X *un* $\mathfrak{g}$-*module semi-simple, et* X′ *la composante isotypique de type* V *dans* X. *Alors* X′ *est le sous-module de* X *engendré par* X^ω_π. *Sa longueur est égale à la dimension de* X^ω_π.

Soit X″ le sous-module de X engendré par X^ω_π. Il est clair que tout sous-module de X isomorphe à V est contenu dans X″. Donc $X' \subset X''$. D'autre part, $X'' \subset X'$ d'après la prop. 2. Donc $X' = X''$. D'autre part, soit Φ l'ensemble des homomorphismes du $\mathfrak{g}$-module V dans le $\mathfrak{g}$-module X. La longueur de X′ est $\dim_k \Phi$ (A, VIII, § 4, n° 4), c'est-à-dire $\dim_k X^\omega_\pi$ (prop. 2).

3. Théorème d'existence et d'unicité

Soit $\lambda \in \mathfrak{h}^*$. Comme $\mathfrak{b}_+ = \mathfrak{h} \oplus \mathfrak{n}_+$ et que $\mathfrak{n}_+ = [\mathfrak{b}_+, \mathfrak{b}_+]$, l'application $h + n \mapsto \lambda(h)$ (où $h \in \mathfrak{h}$, $n \in \mathfrak{n}_+$) de $\mathfrak{b}_+$ dans k est une représentation de dimension 1 de $\mathfrak{b}_+$. Notons L_λ le k-espace vectoriel k muni de la structure de $\mathfrak{b}_+$-module définie par cette représentation. Soient $U(\mathfrak{g})$, $U(\mathfrak{b}_+)$ les algèbres enveloppantes de $\mathfrak{g}$, $\mathfrak{b}_+$, de sorte que $U(\mathfrak{b}_+)$ est une sous-algèbre de $U(\mathfrak{g})$; rappelons que $U(\mathfrak{g})$ est un $U(\mathfrak{b}_+)$-module à droite libre (I, § 2, n° 7, cor. 5 du th. 1). Posons:

$$Z(\lambda) = U(\mathfrak{g}) \otimes_{U(\mathfrak{b}_+)} L_\lambda. \tag{2}$$

Alors $Z(\lambda)$ est un $\mathfrak{g}$-module à gauche. Notons e l'élément $1 \otimes 1$ de $Z(\lambda)$.

PROPOSITION 5. — (i) *L'élément* e *de* $Z(\lambda)$ *est primitif de poids* λ *et engendre le* $\mathfrak{g}$-*module* $Z(\lambda)$.

(ii) *Soit* $Z^+(\lambda) = \sum_{\lambda \neq \mu} Z(\lambda)^\mu$. *Tout sous-module de* $Z(\lambda)$ *distinct de* $Z(\lambda)$ *est contenu dans* $Z^+(\lambda)$.

(iii) *Il existe un plus grand sous-module* F_λ *de* $Z(\lambda)$ *distinct de* $Z(\lambda)$. *Le module quotient* $Z(\lambda)/F_\lambda$ *est simple et admet* λ *pour plus grand poids.*

Il est clair que e engendre le $\mathfrak{g}$-module $Z(\lambda)$. Si $x \in \mathfrak{b}_+$, on a

$$x.e = (x.1) \otimes 1 = (1.x) \otimes 1 = 1 \otimes x.1 = \lambda(x)(1 \otimes 1) = \lambda(x)e,$$

d'où (i).

Le $\mathfrak{h}$-module $Z(\lambda)$ est semi-simple (prop. 1). Si G est un sous-$\mathfrak{g}$-module de $Z(\lambda)$, on a donc $G = \sum_{\mu \in \mathfrak{h}^*} (G \cap Z(\lambda)^\mu)$. L'hypothèse $G \cap Z(\lambda)^\lambda \neq 0$ entraîne $G = Z(\lambda)$ puisque $\dim Z(\lambda)^\lambda = 1$ et que e engendre le $\mathfrak{g}$-module $Z(\lambda)$. Si $G \neq Z(\lambda)$, on a donc $G = \sum_{\mu \neq \lambda} G \cap Z(\lambda)^\mu \subset Z^+(\lambda)$.

Soit F_λ la somme des sous-$\mathfrak{g}$-modules de $Z(\lambda)$ distincts de $Z(\lambda)$. D'après (ii), on a $F_\lambda \subset Z^+(\lambda)$. Donc F_λ est le plus grand sous-module de $Z(\lambda)$ distinct de $Z(\lambda)$. Il est clair que $Z(\lambda)/F_\lambda$ est simple et que l'image canonique de e dans $Z(\lambda)/F_\lambda$ est un élément primitif de poids λ.

Dans la suite de ce chapitre, le $\mathfrak{g}$*-module* $Z(\lambda)/F_\lambda$ *de la prop.* 5 *sera noté* $E(\lambda)$.

THÉORÈME 1. — *Soit* $\lambda \in \mathfrak{h}^*$. *Le* $\mathfrak{g}$*-module* $E(\lambda)$ *est simple et admet* λ *pour plus grand poids. Tout* $\mathfrak{g}$*-module simple de plus grand poids* λ *est isomorphe à* $E(\lambda)$.

La première assertion résulte de la prop. 5 (iii). La seconde résulte de la prop. 4.

PROPOSITION 6. — *Soient* V *un* $\mathfrak{g}$*-module,* λ *un élément de* $\mathfrak{h}^*$, v *un élément primitif de* V *de poids* λ.

(i) *Il existe un homomorphisme* $\psi: Z(\lambda) \to V$ *de* $\mathfrak{g}$*-modules et un seul tel que* $\psi(e) = v$.

(ii) *Supposons que* v *engendre* V. *Alors* ψ *est surjectif. Pour que* ψ *soit bijectif, il faut et il suffit que, pour tout élément non nul* u *de* $U(\mathfrak{n}_-)$, u_V *soit injectif.*

(iii) *L'application* $u \mapsto u \otimes 1$ *de* $U(\mathfrak{n}_-)$ *dans* $Z(\lambda)$ *est bijective.*

Soit K le noyau de la représentation de $U(\mathfrak{b}_+)$ dans L_λ; il est de codimension 1 dans $U(\mathfrak{b}_+)$. Soit $J = U(\mathfrak{g})K$ l'idéal à gauche de $U(\mathfrak{g})$ engendré par K; alors L_λ s'identifie au $U(\mathfrak{b}_+)$-module à gauche $U(\mathfrak{b}_+)/K$, et $Z(\lambda)$ s'identifie au $U(\mathfrak{g})$-module à gauche $U(\mathfrak{g})/J$. On a $K.v = 0$, donc $J.v = 0$, ce qui prouve (i).

Supposons maintenant que v engendre V. Il est clair que ψ est surjectif.

D'après le théorème de Poincaré-Birkhoff-Witt (I, § 2, n° 7, cor. 6 du th. 1), une base de $U(\mathfrak{n}_-)$ sur k est aussi une base du $U(\mathfrak{b}_+)$-module à droite $U(\mathfrak{g})$. Donc l'application $\varphi: u \mapsto u \otimes 1$ de $U(\mathfrak{n}_-)$ dans $U(\mathfrak{g}) \otimes_{U(\mathfrak{b}_+)} L_\lambda$ est bijective. Soit $u \in U(\mathfrak{n}_-)$. Alors $\varphi^{-1} \circ u_{Z(\lambda)} \circ \varphi$ est la multiplication à gauche par u dans $U(\mathfrak{n}_-)$. Compte tenu de I, § 2, n° 7, cor. 7 du th. 1, $u_{Z(\lambda)}$ est injectif si $u \neq 0$. Par suite, si ψ est bijectif, u_V est injectif pour tout u non nul dans $U(\mathfrak{n}_-)$.

Supposons que ψ ne soit pas injectif. Il existe $u \in U(\mathfrak{n}_-)$ tel que $u \neq 0$ et $\psi(\varphi(u)) = 0$. Alors

$$u_V.v = u_V.\psi(1 \otimes 1) = \psi(u \otimes 1) = \psi(\varphi(u)) = 0.$$

COROLLAIRE 1. — *Soient* $\lambda \in \mathfrak{h}^*$ *et* $\alpha \in B$ *tels que* $\lambda(H_\alpha) + 1 \in \mathbf{N}$. *Alors* $Z(-\alpha + s_\alpha\lambda)$ *est isomorphe à un sous-*$\mathfrak{g}$*-module de* $Z(\lambda)$.

Posons $m = \lambda(H_\alpha)$. Soit $x = X_{-\alpha}^{m+1}.e \in Z(\lambda)$, et soit V le sous-module de $Z(\lambda)$ engendré par x. On a $x \neq 0$ (prop. 6). D'autre part, $x \in Z(\lambda)^{\lambda-(m+1)\alpha}$. Pour

$\beta \in B$ et $\beta \neq \alpha$, on a $[\mathfrak{g}^{-\alpha}, \mathfrak{g}^{\beta}] = 0$ et $\mathfrak{g}^{\beta}.e = 0$, donc $\mathfrak{g}^{\beta}.x = 0$. Enfin, comme $[X_\alpha, X_{-\alpha}] = -H_\alpha$, on a $[X_\alpha, X_{-\alpha}^{m+1}] = (m+1)X_{-\alpha}^{m}(-H_\alpha + m)$ (§ 1, n° 1, lemme 1 (ii)), d'où

$$X_\alpha.x = X_\alpha X_{-\alpha}^{m+1}.e = [X_\alpha, X_{-\alpha}^{m+1}].e = (m+1)X_{-\alpha}^{m}(me - \lambda(H_\alpha)e) = 0.$$

Ainsi, x est primitif de poids $\lambda - (m+1)\alpha$. Compte tenu de la prop. 6, le $\mathfrak{g}$-module V est isomorphe à $Z(-\alpha + \lambda - m\alpha) = Z(-\alpha + s_\alpha\lambda)$.

Corollaire 2. — *Soient* $\rho = \frac{1}{2}\sum_{\alpha \in R_+} \alpha$, *et* $\lambda, \mu \in \mathfrak{h}^*$. *On suppose que* $\lambda + \rho$ *est un poids dominant de* R, *et qu'il existe* $w \in W$ *avec* $\mu + \rho = w(\lambda + \rho)$. *Alors* $Z(\mu)$ *est isomorphe à un sous-module de* $Z(\lambda)$.

L'assertion est évidente quand $w = 1$. Supposons-la établie quand w est de longueur $< q$. Si w est de longueur q, il existe $\alpha \in B$ tel que $w = s_\alpha w'^{-1}$, avec $l(w') = q - 1$. On a $w'(\alpha) \in R_+$ (VI, § 1, n° 6, cor. 2 de la prop. 17), et par suite $(w'^{-1}(\lambda + \rho))(H_\alpha) = (\lambda + \rho)(H_{w'\alpha})$ est un entier $\geqslant 0$. Posons

$$\mu' = w'^{-1}(\lambda + \rho) - \rho.$$

D'après l'hypothèse de récurrence, $Z(\mu')$ est isomorphe à un sous-module de $Z(\lambda)$. D'autre part, d'après VI, § 1, n° 10, prop. 29 (ii), on a

$$-\alpha + s_\alpha\mu' = -\alpha + s_\alpha w'^{-1}(\lambda + \rho) - s_\alpha\rho = w(\lambda + \rho) - \rho = \mu.$$

De plus, $\rho(H_\alpha) = 1$ (VI, § 1, prop. 29 (iii)), donc $\mu'(H_\alpha) + 1 \in \mathbf{N}$. Le cor. 1 entraîne alors que $Z(\mu)$ est isomorphe à un sous-module de $Z(\mu')$, donc aussi à un sous-module de $Z(\lambda)$.

4. Commutant de $\mathfrak{h}$ dans l'algèbre enveloppante de $\mathfrak{g}$

Soient U l'algèbre enveloppante de $\mathfrak{g}$, $V \subset U$ l'algèbre enveloppante de $\mathfrak{h}$. L'algèbre V s'identifie à l'algèbre symétrique $S(\mathfrak{h})$ de $\mathfrak{h}$, et aussi à l'algèbre des fonctions polynomiales sur $\mathfrak{h}^*$. Notons $\alpha_1, \ldots, \alpha_n$ les racines positives, deux à deux distinctes. Soit $(H_1, \ldots, H_l)$ une base de $\mathfrak{h}$. D'après le théorème de Poincaré-Birkhoff-Witt, les éléments

$$u((q_i), (m_i), (p_i)) = X_{-\alpha_1}^{q_1} \ldots X_{-\alpha_n}^{q_n} H_1^{m_1} \ldots H_l^{m_l} X_{\alpha_1}^{p_1} \ldots X_{\alpha_n}^{p_n}$$

(q_i, m_i, p_i entiers $\geqslant 0$) forment une base de l'espace vectoriel U. Pour tout $h \in \mathfrak{h}$, on a

$$(3) \quad [h, u((q_i), (m_i), (p_i))] = ((p_1 - q_1)\alpha_1 + \cdots + (p_n - q_n)\alpha_n)(h)u((q_i), (m_i), (p_i)).$$

L'espace vectoriel U est un $\mathfrak{g}$-module (donc aussi un $\mathfrak{h}$-module) pour la représentation adjointe. Si $\lambda \in \mathfrak{h}^*$, les sous-espaces U^λ et U_λ sont définis (VII, § 1, n° 3); la formule (3) montre que $U^\lambda = U_\lambda$ et que $U = \bigoplus_{\lambda \in Q} U^\lambda$ (où Q est le groupe des poids radiciels de R). En particulier, U^0 est le commutant de $\mathfrak{h}$, ou de V, dans U.

Lemme 3. — *Posons* $L = (\mathfrak{n}_-U) \cap U^0$.

(i) *On a* $L = (U\mathfrak{n}_+) \cap U^0$, *et* L *est un idéal bilatère de* U^0.

(ii) *On a* $U^0 = V \oplus L$.

Il est clair que $\mathfrak{n}_-U$ (resp. $U\mathfrak{n}_+$) est l'ensemble des combinaisons linéaires des éléments $u((q_i), (m_i), (p_i))$ tels que $\sum q_i > 0$ (resp. $\sum p_i > 0$). D'autre part

$$u((q_i), (m_i), (p_i)) \in U^0 \Leftrightarrow p_1\alpha_1 + \cdots + p_n\alpha_n = q_1\alpha_1 + \cdots + q_n\alpha_n.$$

Cela entraîne que $(\mathfrak{n}_-U) \cap U^0 = (U\mathfrak{n}_+) \cap U^0$. Enfin, $(\mathfrak{n}_-U) \cap U^0$ (resp. $(U\mathfrak{n}_+) \cap U^0$) est un idéal à droite (resp. à gauche) de U^0, d'où (i). Par ailleurs, un élément $u((q_i), (m_i), (p_i))$ qui est dans U^0 appartient à V (resp. à L) si et seulement si $p_1 = \cdots = p_n = q_1 = \cdots = q_n = 0$ (resp. $p_1 + \cdots + p_n + q_1 + \cdots + q_n > 0$), d'où (ii).

C.Q.F.D.

En vertu du lemme 3, le projecteur de U^0 sur V de noyau L est un homomorphisme d'algèbres. On l'appelle l'*homomorphisme de Harish-Chandra* de U^0 sur V (relatif à B). Rappelons qu'on peut identifier V à l'algèbre des fonctions polynomiales sur $\mathfrak{h}^*$.

Proposition 7. — *Soient* $\lambda \in \mathfrak{h}^*$, E *un* $\mathfrak{g}$-*module engendré par un élément primitif de poids* λ, χ *le caractère central de* E, φ *l'homomorphisme de Harish-Chandra de* U^0 *sur* V. *Pour tout* z *dans le centre de* U, *on a* $\chi(z) = (\varphi(z))(\lambda)$.

Soient v un élément primitif de poids λ de E, et z un élément du centre de U. Il existe $u_1, \ldots, u_p \in U$ et $n_1, \ldots, n_p \in \mathfrak{n}_+$ tels que $z = \varphi(z) + u_1n_1 + \cdots + u_pn_p$. Alors

$$\chi(z)v = zv = \varphi(z)v + u_1n_1v + \cdots + u_pn_pv = \varphi(z)v = (\varphi(z))(\lambda)v.$$

Corollaire. — *Soient* $\langle . , . \rangle$ *une forme bilinéaire symétrique non dégénérée invariante sur* $\mathfrak{g}$, C *l'élément de Casimir associé à* $\langle . , . \rangle$. *Notons encore* $\langle . , . \rangle$ *la forme inverse sur* $\mathfrak{h}^*$ *de la restriction de* $\langle . , . \rangle$ *à* $\mathfrak{h}$ (§ 2, n° 3, prop. 5). *Alors* $\chi(C) = \langle \lambda, \lambda + 2\rho \rangle$, *où* $\rho = \frac{1}{2} \sum_{\alpha \in R_+} \alpha$.

Reprenons les notations du § 2, n° 3, prop. 6. On a

$$C = \sum_{\alpha \in R_-} \frac{1}{\langle X_\alpha, X_{-\alpha} \rangle} X_\alpha X_{-\alpha} + \sum_{\alpha \in R_+} \frac{1}{\langle X_\alpha, X_{-\alpha} \rangle} X_{-\alpha} X_\alpha$$
$$+ \sum_{\alpha \in R_+} \frac{1}{\langle X_\alpha, X_{-\alpha} \rangle} [X_\alpha, X_{-\alpha}] + \sum_{i \in I} H_i H_i'$$

donc

$$\varphi(C) = \sum_{\alpha \in R_+} \frac{1}{\langle X_\alpha, X_{-\alpha} \rangle} [X_\alpha, X_{-\alpha}] + \sum_{i \in I} H_i H_i'.$$

D'après la prop. 7,

$$\chi(C) = \sum_{\alpha \in R_+} \frac{1}{\langle X_\alpha, X_{-\alpha}\rangle} \lambda([X_\alpha, X_{-\alpha}]) + \sum_{i \in I} \lambda(H_i)\lambda(H'_i).$$

Soit h_λ l'élément de $\mathfrak{h}$ tel que $\langle h_\lambda, h\rangle = \lambda(h)$ pour tout $h \in \mathfrak{h}$. D'après le § 2, n° 2, prop. 1, on a

$$\lambda\left(\frac{1}{\langle X_\alpha, X_{-\alpha}\rangle}[X_\alpha, X_{-\alpha}]\right) = \left\langle h_\lambda, \frac{1}{\langle X_\alpha, X_{-\alpha}\rangle}[X_\alpha, X_{-\alpha}]\right\rangle = \alpha(h_\lambda) = \langle \lambda, \alpha\rangle.$$

Donc

$$\chi(C) = \left(\sum_{\alpha \in R_+} \langle \lambda, \alpha\rangle\right) + \langle \lambda, \lambda\rangle = \langle \lambda, \lambda + 2\rho\rangle.$$

§ 7. Modules de dimension finie sur une algèbre de Lie semi-simple déployée

Dans ce paragraphe, on conserve les notations générales du § 6. *On désigne par* P (resp. Q) *le groupe des poids de* R (resp. *des poids radiciels de* R). *On note* P_+ (resp. Q_+) *l'ensemble des éléments de* P (resp. Q) *qui sont positifs pour la relation d'ordre définie par* B. *On note* P_{++} *l'ensemble des poids dominants de* R *relativement à* B (VI, § 1, n° 10). *Un élément* λ *de* $\mathfrak{h}^*$ *appartient à* P (resp. *à* P_{++}) *si et seulement si tous les* $\lambda(H_\alpha)$, $\alpha \in B$, *sont des entiers* (resp. *des entiers* $\geqslant 0$). *On a* $P_{++} \subset P_+$ (VI, § 1, n° 6). *Si* $w \in W$, *on note* $\varepsilon(w)$ *le déterminant de* w, *qui est égal à* 1 *ou* -1. *On pose* $\rho = \frac{1}{2}\sum_{\alpha \in R_+} \alpha$.

1. Poids d'un $\mathfrak{g}$-module simple de dimension finie

Proposition 1. — *Soit* V *un* $\mathfrak{g}$*-module de dimension finie.*

(i) *Tout poids de* V *appartient à* P.

(ii) *On a* $V = \bigoplus_{\mu \in P} V^\mu$.

(iii) *Pour tout* $\mu \in \mathfrak{h}^*$, V^μ *est l'ensemble des* $x \in V$ *tels que* $h.x = \mu(h)x$ *pour tout* $h \in \mathfrak{h}$.

Pour tout $\alpha \in B$, il existe un homomorphisme de $\mathfrak{sl}(2, k)$ dans $\mathfrak{g}$ qui transforme H en H_α. D'après le § 1, n° 2, cor. de la prop. 2, $(H_\alpha)_V$ est donc diagonalisable et ses valeurs propres sont entières. Donc l'ensemble des $(H_\alpha)_V$, pour $\alpha \in B$, est diagonalisable (A, VII, § 5, n° 6, prop. 13). Par suite, pour tout $h \in \mathfrak{h}$, h_V est diagonalisable. D'après VII, § 1, n° 3, prop. 9, on a $V = \bigoplus_{\mu \in \mathfrak{h}^*} V^\mu$. D'autre part, si $V^\mu \neq 0$, ce qui précède montre que $\mu(H_\alpha) \in \mathbf{Z}$ pour tout $\alpha \in B$, d'où $\mu \in P$. Cela prouve (i) et (ii). On a vu en même temps que $\mathfrak{h}_V$ est diagonalisable, d'où (iii).

COROLLAIRE. — *Soient* ρ *une représentation de dimension finie de* $\mathfrak{g}$ *et* Φ *la forme bilinéaire associée à* ρ.

(i) *Si* $x, y \in \mathfrak{h}_{\mathbf{Q}}$, *on a* $\Phi(x, y) \in \mathbf{Q}$ *et* $\Phi(x, x) \in \mathbf{Q}_+$.

(ii) *Si* ρ *est injective, la restriction de* Φ *à* $\mathfrak{h}$ *est non dégénérée.*

L'assertion (i) résulte de la prop. 1 puisque les éléments de P sont à valeurs rationnelles sur $\mathfrak{h}_{\mathbf{Q}}$. Si ρ est injective, Φ est non dégénérée (I, § 6, n° 1, prop. 1), donc la restriction de Φ à $\mathfrak{h}$ est non dégénérée (VII, § 1, n° 3, prop. 10 (iii)).

Lemme 1. — *Soient* V *un* $\mathfrak{g}$-*module et* ρ *la représentation correspondante de* $\mathfrak{g}$.

(i) *Si* a *est un élément nilpotent de* $\mathfrak{g}$, *et si* $\rho(a)$ *est localement nilpotent, alors, pour tout* $b \in \mathfrak{g}$, *on a*

$$\rho(e^{\operatorname{ad} a} b) = e^{\rho(a)} \rho(b) e^{-\rho(a)}.$$

(ii) *Si* $\alpha \in \mathrm{R}$ *et si les images par* ρ *des éléments de* $\mathfrak{g}^{\alpha}$ *et* $\mathfrak{g}^{-\alpha}$ *sont localement nilpotentes, alors l'ensemble des poids de* V *est stable par la réflexion* s_α.

Sous les hypothèses de (i), on a $\rho((\operatorname{ad} a)^n b) = (\operatorname{ad} \rho(a))^n \rho(b)$ pour tout $n \geqslant 0$ donc $\rho(e^{\operatorname{ad} a} b) = e^{\operatorname{ad} \rho(a)} \rho(b)$. D'autre part, on démontre que

$$e^{\operatorname{ad} \rho(a)} \rho(b) = e^{\rho(a)} \rho(b) e^{-\rho(a)}$$

comme l'assertion (ii) de VII, § 3, n° 1, lemme 1.

Plaçons-nous dans les hypothèses de (ii). Soit $\theta_\alpha = e^{\operatorname{ad} X_\alpha} e^{\operatorname{ad} X_{-\alpha}} e^{\operatorname{ad} X_\alpha}$. D'après (i), il existe $\mathrm{S} \in \mathbf{GL}(\mathrm{V})$ tel que $\rho(\theta_\alpha b) = \mathrm{S} \rho(b) \mathrm{S}^{-1}$ pour tout $b \in \mathfrak{g}$. Or $\theta_\alpha \mid \mathfrak{h}$ est le transposé de s_α (§ 2, n° 2, lemme 1). Soit λ un poids de V. Il existe un élément non nul x de V tel que $\rho(h)x = \lambda(h)x$ pour tout $h \in \mathfrak{h}$. On a alors

$$\rho(h)\mathrm{S}^{-1}x = \mathrm{S}^{-1}\rho({}^t s_\alpha h)x = \mathrm{S}^{-1}\lambda({}^t s_\alpha h)x = (s_\alpha \lambda)(h)\mathrm{S}^{-1}x$$

pour tout $h \in \mathfrak{h}$. Par conséquent, $s_\alpha \lambda$ est un poids de V.

PROPOSITION 2. — *Soient* V *un* $\mathfrak{g}$-*module de dimension finie, et* $s \in \operatorname{Aut}_0(\mathfrak{g})$.

(i) *Il existe* $\mathrm{S} \in \mathbf{GL}(\mathrm{V})$ *tel que* $(s(x))_{\mathrm{V}} = \mathrm{S} x_{\mathrm{V}} \mathrm{S}^{-1}$ *pour tout* $x \in \mathfrak{g}$.

(ii) *Si* $s \in \operatorname{Aut}_e(\mathfrak{g})$, *on peut choisir pour* S *un élément de* $\mathbf{SL}(\mathrm{V})$ *laissant stables tous les sous-*$\mathfrak{g}$-*modules de* V.

L'assertion (ii) résulte du lemme 1 (i). Soit maintenant $s \in \operatorname{Aut}_0(\mathfrak{g})$, et notons ρ la représentation de $\mathfrak{g}$ définie par V. D'après (ii), les représentations ρ et $\rho \circ s$ deviennent équivalentes après extension des scalaires. Elles sont donc équivalentes (I, § 3, n° 8, prop. 13), d'où l'existence de S.

Remarque 1. — Soit S vérifiant la condition de la prop. 2 (i), et soit $\mathfrak{h}' = s(\mathfrak{h})$; notons s^* l'isomorphisme $\lambda \mapsto \lambda \circ s^{-1}$ de $\mathfrak{h}^*$ sur $\mathfrak{h}'^*$. Il est clair que l'on a

$$\mathrm{S}(\mathrm{V}^{\lambda}) = \mathrm{V}^{s^*\lambda}.$$

En particulier:

COROLLAIRE 1. — *L'isomorphisme s^* transforme les poids de V par rapport à $\mathfrak{h}$ en ceux de V par rapport à $\mathfrak{h}'$; deux poids correspondants ont même multiplicité.*

COROLLAIRE 2. — *Soit $w \in W$. Quel que soit $\lambda \in \mathfrak{h}^*$, les sous-espaces vectoriels V^λ et $V^{w\lambda}$ ont même dimension. L'ensemble des poids de V est stable par W.*

En effet, w est de la forme s^* avec $s \in \mathrm{Aut}_e(\mathfrak{g}, \mathfrak{h})$ (§ 2, n° 2, cor. du th. 2).

Remarque 2. — D'après le cor. 1 de la prop. 2, et le § 5, n° 3, remarque 2, on peut parler des poids de V par rapport à la sous-algèbre de Cartan canonique de $\mathfrak{g}$, et de leurs multiplicités.

Remarque 3. — Le lemme 1 (i) et la prop. 2 restent valables, avec la même démonstration, si $\mathfrak{g}$ n'est pas supposée déployable.

2. Plus grand poids d'un $\mathfrak{g}$-module simple de dimension finie

THÉORÈME 1. — *Pour qu'un $\mathfrak{g}$-module simple soit de dimension finie, il faut et il suffit qu'il admette un plus grand poids appartenant à P_{++}.*

Nous noterons V un $\mathfrak{g}$-module simple et $\mathscr{X}$ l'ensemble de ses poids.

a) Supposons V de dimension finie. Alors $\mathscr{X}$ est fini non vide (prop. 1) donc admet un élément maximal ω. Soit $\alpha \in B$. Alors $\omega + \alpha \notin \mathscr{X}$, ce qui prouve que ω est le plus grand poids de V (§ 6, n° 2, lemme 2). D'autre part, il existe un homomorphisme de $\mathfrak{sl}(2, k)$ dans $\mathfrak{g}$ qui transforme H en H_α; d'après le § 1, prop. 2 (i), $\omega(H_\alpha)$ est un entier $\geqslant 0$, donc $\omega \in P_{++}$.

b) Supposons que V admette un plus grand poids $\omega \in P_{++}$. Soit $\alpha \in B$ et soit e un élément primitif de poids ω dans V. Posons $e_j = X_{-\alpha}^j e$ pour $j \geqslant 0$, $m = \omega(H_\alpha) \in \mathbf{N}$, et $N = \sum_{j=0}^{m} k\, e_j$. D'après le § 1, n° 2, prop. 1, on a $X_\alpha e_{m+1} = 0$. Si $\beta \in B$ et $\beta \neq \alpha$, on a $[X_\beta, X_{-\alpha}] = 0$ donc $X_\beta e_{m+1} = X_\beta X_{-\alpha}^{m+1} e = X_{-\alpha}^{m+1} X_\beta e = 0$. Si $e_{m+1} \neq 0$, on conclut de là que e_{m+1} est primitif, ce qui est absurde (§ 6, prop. 3 (i)) ; donc $e_{m+1} = 0$. D'après le § 1, n° 2, cor. de la prop. 1, N est alors stable par la sous-algèbre $\mathfrak{s}_\alpha$ engendrée par H_α, X_α et $X_{-\alpha}$. Or $\mathfrak{s}_\alpha$ est réductive dans $\mathfrak{g}$, donc la somme des sous-espaces de dimension finie de V qui sont stables pour $\mathfrak{s}_\alpha$ est un sous-$\mathfrak{g}$-module de V (I, § 6, n° 6, prop. 7) ; comme cette somme est non nulle, elle est égale à V. Il résulte de là que $(X_\alpha)_V$ et $(X_{-\alpha})_V$ sont localement nilpotents. Compte tenu du lemme 1 (ii), $\mathscr{X}$ est stable par s_α, et cela quel que soit α. Donc $\mathscr{X}$ est stable par W. Or toute orbite de W dans P rencontre P_{++} (VI, § 1, n° 10). D'autre part, si $\lambda \in \mathscr{X} \cap P_{++}$, on a $\lambda = \omega - \sum_{\alpha \in B} n_\alpha \alpha = \sum_{\alpha \in B} n'_\alpha \alpha$ avec $n_\alpha \in \mathbf{N}$ et $n'_\alpha \geqslant 0$ pour tout $\alpha \in B$ (V, § 3, n° 5, lemme 6). Donc $\mathscr{X} \cap P_{++}$ est fini par suite $\mathscr{X}$ est fini. Comme chaque poids est de multiplicité finie (§ 6, n° 1, prop. 1 (ii)), V est de dimension finie.

COROLLAIRE 1. — *Si* $\lambda \in \mathfrak{h}^*$ *et* $\lambda \notin \mathrm{P}_{++}$, *le* $\mathfrak{g}$-*module* $\mathrm{E}(\lambda)$ (§ 6, n° 3) *est de dimension infinie.*

COROLLAIRE 2. — *Lorsque* λ *parcourt* P_{++}, *les* $\mathfrak{g}$-*modules* $\mathrm{E}(\lambda)$ *constituent un ensemble de représentants des classes de* $\mathfrak{g}$-*modules simples de dimension finie.*

Les $\mathfrak{g}$-modules $\mathrm{E}(\lambda)$, où λ est un poids fondamental, s'appellent les $\mathfrak{g}$-*modules fondamentaux*; les représentations correspondantes s'appellent les *représentations fondamentales de* $\mathfrak{g}$; elles sont absolument irréductibles (§ 6, n° 2, prop. 3 (iv)).

Si V est un $\mathfrak{g}$-module de dimension finie et si $\lambda \in \mathrm{P}_{++}$, la composante isotypique de type $\mathrm{E}(\lambda)$ de V s'appelle *la composante isotypique de plus grand poids* λ *de* V.

Remarque 1. — Soient $\lambda \in \mathrm{P}_{++}$, ρ_λ la représentation de $\mathfrak{g}$ dans $\mathrm{E}(\lambda)$, $s \in \mathrm{Aut}(\mathfrak{g})$, et σ l'image canonique de s dans Aut(R, B) (§ 5, n° 3, cor. 1 de la prop. 5). Alors $\rho_\lambda \circ s$ est équivalente à $\rho_{\sigma\lambda}$; en effet, si $s \in \mathrm{Aut}_0(\mathfrak{g})$, $\rho_\lambda \circ s$ et $\rho_{\sigma\lambda}$ sont équivalentes à ρ_λ (prop. 2); et, si s laisse stables $\mathfrak{h}$ et B, $\rho_\lambda \circ s$ est simple de plus grand poids $\sigma\lambda$.

En particulier, les représentations fondamentales sont permutées entre elles par s, et cette permutation est l'identité si et seulement si $s \in \mathrm{Aut}_0(\mathfrak{g})$.

PROPOSITION 3. — *Soient* V *un* $\mathfrak{g}$-*module de dimension finie et* $\mathscr{X}$ *l'ensemble des poids de* V. *Soient* $\lambda \in \mathscr{X}$, $\alpha \in \mathrm{R}$, I *l'ensemble des* $t \in \mathbf{Z}$ *tels que* $\lambda + t\alpha \in \mathscr{X}$, p (resp. $-q$) *le plus grand* (resp. *le plus petit*) *élément de* I. *Soit* m_t *la multiplicité de* $\lambda + t\alpha$.

(i) *On a* $\mathrm{I} = [-q, p]$ *et* $q - p = \lambda(H_\alpha)$.

(ii) *Pour tout entier* $u \in [0, p + q]$, $\lambda + (p - u)\alpha$ *et* $\lambda + (-q + u)\alpha$ *sont conjugués par* s_α, *et* $m_{-q+u} = m_{p-u}$.

(iii) *Si* $t \in \mathbf{Z}$ *et* $t < (p - q)/2$, $(X_\alpha)_\mathrm{V}$ *applique injectivement* $\mathrm{V}^{\lambda + t\alpha}$ *dans* $\mathrm{V}^{\lambda+(t+1)\alpha}$.

(iv) *La fonction* $t \mapsto m_t$ *est croissante dans* $[-q, (p - q)/2]$ *et décroissante dans* $[(p - q)/2, p]$.

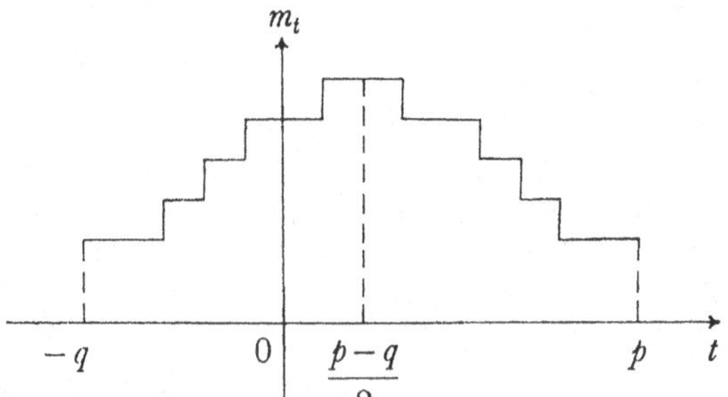

Soit $\alpha \in \mathrm{B}$. Munissons V de la structure de $\mathfrak{sl}(2, k)$-module définie par les éléments X_α, $X_{-\alpha}$, H_α de $\mathfrak{g}$. Tout élément non nul de $\mathrm{V}^{\lambda+p\alpha}$ est alors primitif. Par suite, $(\lambda + p\alpha)(H_\alpha) \geqslant 0$ et $(X_{-\alpha})^r \mathrm{V}^{\lambda+p\alpha} \neq 0$ pour

$$0 \leqslant r \leqslant (\lambda + p\alpha)(H_\alpha) = \lambda(H_\alpha) + 2p$$

(§ 1, n° 2, prop. 2). Il en résulte que $V^{\lambda+t\alpha} \neq 0$ pour $p \geqslant t \geqslant p - (\lambda(H_\alpha) + 2p)$, d'où $p + q \geqslant \lambda(H_\alpha) + 2p$. Appliquant ce résultat à $-\alpha$, on obtient

$$p + q \geqslant \lambda(H_{-\alpha}) + 2q = -\lambda(H_\alpha) + 2q.$$

Donc $q - p = \lambda(H_\alpha)$ et $\lambda + t\alpha \in \mathscr{X}$ pour $p \geqslant t \geqslant -q$, ce qui prouve (i).

On a $s_\alpha(\alpha) = -\alpha$, et $s_\alpha(\mu) \in \mu + k\alpha$ pour tout $\mu \in \mathfrak{h}^*$. Comme W laisse stable $\mathscr{X}$ (cor. 2 de la prop. 2), s_α laisse stable $\{\lambda - q\alpha, \lambda - q\alpha + \alpha, \ldots, \lambda + p\alpha\}$, et transforme $\lambda - q\alpha + u\alpha$ en $\lambda + p\alpha - u\alpha$ pour tout $u \in k$. Compte tenu à nouveau du cor. 2 de la prop. 2, on voit que $m_{-q+u} = m_{p-u}$ pour tout entier $u \in [0, p + q]$. Cela prouve (ii).

D'après le § 1, cor. de la prop. 2, $(X_\alpha)_V \mid V^{\lambda+t\alpha}$ est injectif pour $t < (p - q)/2$. Or $(X_\alpha)_V$ applique $V^{\lambda+t\alpha}$ dans $V^{\lambda+(t+1)\alpha}$. Donc $m_{t+1} \geqslant m_t$ pour $t < (p - q)/2$. Changeant α en $-\alpha$, on voit que $m_{t+1} \leqslant m_t$ pour $t > (p - q)/2$. Cela prouve (iii) et (iv).

Corollaire 1. — *Si $\lambda \in \mathscr{X}$ et $\lambda(H_\alpha) \geqslant 1$, on a $\lambda - \alpha \in \mathscr{X}$. Si $\lambda + \alpha \in \mathscr{X}$ et $\lambda(H_\alpha) = 0$, on a $\lambda \in \mathscr{X}$ et $\lambda - \alpha \in \mathscr{X}$.*

Cela résulte aussitôt de la prop. 3 (i).

Corollaire 2. — *Soient $\mu \in P_{++}$ et $\nu \in Q_+$. Si $\mu + \nu \in \mathscr{X}$, on a $\mu \in \mathscr{X}$.*

Ecrivons $\nu = \sum_{\alpha \in B} c_\alpha . \alpha$, où $c_\alpha \in \mathbf{N}$ pour tout $\alpha \in B$. Le corollaire est évident pour $\sum_{\alpha \in B} c_\alpha = 0$; supposons $\sum_{\alpha \in B} c_\alpha > 0$ et raisonnons par récurrence sur $\sum_{\alpha \in B} c_\alpha$. Soit $(.|.)$ une forme bilinéaire symétrique positive non dégénérée W-invariante sur $\mathfrak{h}^*_{\mathbf{R}}$. On a $(\nu \mid \sum_{\alpha \in B} c_\alpha . \alpha) > 0$, donc il existe un $\beta \in B$ tel que $c_\beta \geqslant 1$ et $(\nu | \beta) > 0$, d'où $\nu(H_\beta) \geqslant 1$. Comme $\mu \in P_{++}$, on en déduit que $(\mu + \nu)(H_\beta) \geqslant 1$. D'après le cor. 1, $\mu + (\nu - \beta) \in \mathscr{X}$, et il suffit d'appliquer l'hypothèse de récurrence.

Corollaire 3. — *Soit $v \in V$, primitif de poids ω. Soit Σ l'ensemble des $\alpha \in B$ tels que $\omega(H_\alpha) = 0$. Le stabilisateur dans $\mathfrak{g}$ de la droite kv est l'algèbre parabolique $\mathfrak{p}_\Sigma$ associée à Σ* (§ 3, n° 4, remarque).

Quitte à remplacer V par le sous-$\mathfrak{g}$-module engendré par v, on peut supposer V simple. Soit $\mathfrak{s}$ ce stabilisateur. On a $(\mathfrak{n}_+)_V v = 0$, $(\mathfrak{h})_V v \subset kv$. Soit $\alpha \in B$ tel que $\omega(H_\alpha) = 0$. On a $\omega + \alpha \notin \mathscr{X}$, donc $\omega - \alpha \notin \mathscr{X}$ (prop. 3 (i)) et par suite $(\mathfrak{g}^{-\alpha})_V v = 0$. Ce qui précède prouve que $\mathfrak{p}_\Sigma \subset \mathfrak{s}$. Si $\mathfrak{p}_\Sigma \neq \mathfrak{s}$, on a $\mathfrak{s} = \mathfrak{p}_{\Sigma'}$, où Σ' est une partie de B contenant strictement Σ. Soit $\beta \in \Sigma' - \Sigma$. Alors $\mathfrak{g}^{-\beta}$ stabilise kv, donc annule v. Or, comme $\omega(H_\beta) > 0$, cela contredit la prop. 3 (iii).

C.Q.F.D.

Un sous-ensemble $\mathscr{X}$ de P est dit R-*saturé* s'il vérifie la condition suivante: pour tout $\lambda \in \mathscr{X}$ et tout $\alpha \in R$, on a $\lambda - t\alpha \in \mathscr{X}$ quel que soit l'entier t compris entre 0 et $\lambda(H_\alpha)$. Comme $s_\alpha(\lambda) = \lambda - \lambda(H_\alpha)\alpha$, on voit qu'une partie R-saturée de

P est stable par W. Soit $\mathscr{Y} \subset$ P. On dit qu'un élément λ de $\mathscr{Y}$ est R-*extrémal dans* $\mathscr{Y}$ si, pour tout $\alpha \in$ R, on a soit $\lambda + \alpha \notin \mathscr{Y}$, soit $\lambda - \alpha \notin \mathscr{Y}$.

PROPOSITION 4. — *Soient* V *un* $\mathfrak{g}$-*module de dimension finie, et d un entier* $\geqslant 1$. *L'ensemble des poids de* V *de multiplicité* $\geqslant d$ *est* R-*saturé.*

Cela résulte aussitôt de la prop. 3.

PROPOSITION 5. — *Soient* V *un* $\mathfrak{g}$-*module simple de dimension finie,* ω *son plus grand poids,* $\mathscr{X}$ *l'ensemble de ses poids. Choisissons sur* $\mathfrak{h}_{\mathbf{R}}^{*}$ *une forme bilinéaire symétrique positive non dégénérée* $(.\,|\,.)$ *invariante par* W, *et soit* $\lambda \mapsto \|\lambda\| = (\lambda \mid \lambda)^{1/2}$ *la norme correspondante.*

(i) $\mathscr{X}$ *est le plus petit sous-ensemble* R-*saturé de* P *contenant* ω.

(ii) *Les éléments* R-*extrémaux de* $\mathscr{X}$ *sont les transformés de* ω *par* W.

(iii) *Si* $\mu \in \mathscr{X}$, *on a* $\|\mu\| \leqslant \|\omega\|$. *Si en outre* $\mu \neq \omega$, *alors* $\|\mu + \rho\| < \|\omega + \rho\|$. *Si* μ *n'est pas* R-*extrémal dans* $\mathscr{X}$, *alors* $\|\mu\| < \|\omega\|$.

(iv) *On a* $\mathscr{X} = \mathrm{W}.(\mathscr{X} \cap \mathrm{P}_{++})$. *Pour qu'un élément* λ *de* P_{++} *appartienne à* $\mathscr{X} \cap \mathrm{P}_{++}$, *il faut et il suffit que* $\omega - \lambda \in \mathrm{Q}_{+}$.

(i) Soit $\mathscr{X}'$ le plus petit sous-ensemble R-saturé de P contenant ω. On a $\mathscr{X}' \subset \mathscr{X}$ (prop. 4). Supposons $\mathscr{X} \neq \mathscr{X}'$. Soit λ un élément maximal de $\mathscr{X} - \mathscr{X}'$. Puisque $\lambda \neq \omega$, il existe un $\alpha \in$ B tel que $\lambda + \alpha \in \mathscr{X}$. Introduisons p et q comme dans la prop. 3. Puisque λ est maximal dans $\mathscr{X} - \mathscr{X}'$, on a $\lambda + p\alpha \in \mathscr{X}'$. D'après la prop. 3 (ii), $\lambda - q\alpha \in \mathscr{X}'$ puisque $\mathscr{X}'$ est stable par W. Donc $\lambda + u\alpha \in \mathscr{X}'$ pour u entier dans l'intervalle $(-q, p)$. Cela contredit $\lambda \notin \mathscr{X}'$ et prouve (i).

(ii) Il est clair que ω est un élément R-extrémal de $\mathscr{X}$; ses transformés par W sont donc aussi R-extrémaux dans $\mathscr{X}$. Soit λ un élément R-extrémal de $\mathscr{X}$ et prouvons que $\lambda \in \mathrm{W}.\omega$. Comme il existe $w \in$ W tel que $w\lambda \in \mathrm{P}_{++}$ (VI, § 1, n° 10), on peut supposer $\lambda \in \mathrm{P}_{++}$. Soit $\alpha \in$ B; introduisons p et q comme dans la prop. 3. Puisque λ est R-extrémal, on a $p = 0$ ou $q = 0$. Comme

$$q - p = \lambda(H_\alpha) \geqslant 0,$$

on ne peut avoir $p > 0$. Donc $p = 0$, de sorte que $\lambda = \omega$.

(iii) Soit $\mu \in \mathscr{X} \cap \mathrm{P}_{++}$. Alors $\omega + \mu \in \mathrm{P}_{++}$ et $\omega - \mu \in \mathrm{Q}_{+}$ (§ 6, n° 1, prop. 1), donc $0 \leqslant (\omega - \mu \mid \omega + \mu) = (\omega \mid \omega) - (\mu \mid \mu)$; ainsi, $(\mu \mid \mu) \leqslant (\omega \mid \omega)$, et cela s'étend à tout $\mu \in \mathscr{X}$ en utilisant le groupe de Weyl. Si maintenant $\mu \in \mathscr{X} - \{\omega\}$, on a

$$\begin{aligned}(\mu + \rho \mid \mu + \rho) = (\mu \mid \mu) + 2(\mu \mid \rho) + (\rho \mid \rho) &\leqslant (\omega \mid \omega) + 2(\mu \mid \rho) + (\rho \mid \rho) \\ &= (\omega + \rho \mid \omega + \rho) - 2(\omega - \mu \mid \rho).\end{aligned}$$

Or $\omega - \mu = \sum_{\alpha \in \mathrm{B}} n_\alpha \alpha$ avec des entiers $n_\alpha \geqslant 0$ non tous nuls, d'où $(\omega - \mu \mid \rho) > 0$ puisque $(\rho \mid \alpha) > 0$ pour tout $\alpha \in$ B (VI, § 1, n° 10, prop. 29 (iii)). Si μ n'est pas

R-extrémal dans $\mathscr{X}$, il existe $\alpha \in R$ tel que $\mu + \alpha \in \mathscr{X}$ et $\mu - \alpha \in \mathscr{X}$; alors

$$\|\mu\| < \sup(\|\mu + \alpha\|, \|\mu - \alpha\|) \leqslant \sup_{\lambda \in \mathscr{X}} \|\lambda\|$$

et cette dernière borne supérieure est $\|\omega\|$ d'après ce qui précède.

(iv) On a $\mathscr{X} = W.(\mathscr{X} \cap P_{++})$ d'après VI, § 1, n° 10. Si $\lambda \in \mathscr{X}$, alors $\omega - \lambda \in Q_+$ (§ 6, n° 1, prop. 1). Si $\lambda \in P_{++}$ et $\omega - \lambda \in Q_+$, alors $\lambda \in \mathscr{X}$ (cor. 2 de la prop. 3).

Corollaire. — *Soit $\mathscr{X}$ un sous-ensemble fini* R-*saturé de* P. *Il existe un $\mathfrak{g}$-module de dimension finie dont l'ensemble des poids est $\mathscr{X}$.*

Comme $\mathscr{X}$ est stable par W, $\mathscr{X}$ est le plus petit ensemble R-saturé contenant $\mathscr{X} \cap P_{++}$. D'après la prop. 5 (i), $\mathscr{X}$ est l'ensemble des poids de $\bigoplus_{\lambda \in \mathscr{X} \cap P_{++}} E(\lambda)$.

Remarque 2. — Rappelons (VI, § 1, n° 6, cor. 3 de la prop. 17) qu'il existe un unique élément w_0 de W qui transforme B en $-B$; on a $w_0^2 = 1$, et $-w_0$ respecte la relation d'ordre dans P. Cela posé, soient V un $\mathfrak{g}$-module simple de dimension finie, ω son plus grand poids. Alors $w_0(\omega)$ est le plus petit poids de V, et sa multiplicité est 1.

3. Poids minuscules

Proposition 6. — *Soient $\lambda \in P$, et $\mathscr{X}$ la plus petite partie* R-*saturée de* P *contenant* λ. *Choisissons une norme $\|.\|$ comme dans la prop.* 5. *Les conditions suivantes sont équivalentes*:

(i) $\mathscr{X} = W.\lambda$;

(ii) *tous les éléments de $\mathscr{X}$ ont même norme*;

(iii) *pour tout $\alpha \in R$, on a $\lambda(H_\alpha) \in \{0, 1, -1\}$.*

Toute partie R-*saturée non vide de* P *contient un élément λ vérifiant les conditions précédentes.*

Introduisons la condition:

(ii') pour tout $\alpha \in R$ et tout entier t compris entre 0 et $\lambda(H_\alpha)$, on a

$$\|\lambda - t\alpha\| \geqslant \|\lambda\|.$$

(i) $\Rightarrow$ (ii) $\Rightarrow$ (ii'): C'est évident.

(ii') $\Rightarrow$ (iii): Supposons la condition (ii') vérifiée. Soit $\alpha \in R$. On a $\|\lambda\| = \|\lambda - \lambda(H_\alpha)\alpha\|$, donc, pour t entier strictement compris entre 0 et $\lambda(H_\alpha)$, on a $\|\lambda - t\alpha\| < \|\lambda\|$; il n'y a donc pas de tels entiers, d'où $|\lambda(H_\alpha)| \leqslant 1$.

(iii) $\Rightarrow$ (i): Supposons la condition (iii) vérifiée. Soient $w \in W$ et $\alpha \in R$. On a $(w\lambda)(H_\alpha) = \lambda(H_{w^{-1}\alpha}) \in \{0, 1, -1\}$; si t est un entier compris entre 0 et

$(w\lambda)(H_\alpha)$, $w\lambda - t\alpha$ est donc égal soit à $w\lambda$ soit à $s_\alpha(w\lambda)$. Cela prouve que $W.\lambda$ est R-saturé, d'où $\mathscr{X} = W.\lambda$.

Soit $\mathscr{Y}$ une partie R-saturée non vide de P. Il existe dans $\mathscr{Y}$ un élément λ de norme minimum. Il est clair que λ vérifie la condition (ii′), d'où la dernière assertion de la proposition.

PROPOSITION 7. — *Soient* V *un* $\mathfrak{g}$*-module simple de dimension finie,* $\mathscr{X}$ *l'ensemble des poids de* V, *et* λ *le plus grand élément de* $\mathscr{X}$ (cf. prop. 5 (i)). *Les conditions* (i), (ii), (iii) *de la prop.* 6 *sont équivalentes à*:

(iv) *pour tout* $\alpha \in R$ *et tout* $x \in \mathfrak{g}^\alpha$, *on a* $(x_V)^2 = 0$.

Si ces conditions sont vérifiées, tous les poids de V *sont de multiplicité* 1.

Si (i) est vérifiée, on a $\mathscr{X} = W.\lambda$ et tous les poids de V ont même multiplicité que λ (cor. 2 de la prop. 2), c'est-à-dire la multiplicité 1. De plus, si $w \in W$ et $\alpha \in R$, $w(\lambda) + t\alpha$ ne peut être un poids de V que si $|t| \leqslant 1$; si $x \in \mathfrak{g}^\alpha$, on a donc

$$(x_V)^2(V^{w(\lambda)}) \subset V^{w(\lambda)+2\alpha} = 0,$$

d'où $(x_V)^2 = 0$, ce qui prouve que (i) $\Rightarrow$ (iv).

Inversement, supposons (iv) vérifiée. Soit $\alpha \in R$, et munissons V de la structure de $\mathfrak{sl}(2, k)$-module définie par les éléments X_α, $X_{-\alpha}$, H_α de $\mathfrak{g}$. La condition (iv), appliquée à $x = X_\alpha$, entraîne que les poids du $\mathfrak{sl}(2, k)$-module V appartiennent à $\{0, 1, -1\}$ (cf. § 1, n° 2, cor. de la prop. 2). On a en particulier $\lambda(H_\alpha) \in \{0, 1, -1\}$, d'où (iv) $\Rightarrow$ (iii).

PROPOSITION 8. — *Supposons* $\mathfrak{g}$ *simple. Notons* $\alpha_1, \ldots, \alpha_l$ *les éléments de* B. *Soient* $\varpi_1, \ldots, \varpi_l$ *les poids fondamentaux correspondants. Soient* $H = n_1 H_{\alpha_1} + \cdots + n_l H_{\alpha_l}$ *la plus grande racine de* $R^\vee$, *et* J *l'ensemble des* $i \in \{1, \ldots, l\}$ *tels que* $n_i = 1$. *Soit* $\lambda \in P_{++} - \{0\}$. *Alors les conditions* (i), (ii), (iii) *de la prop.* 6 *sont équivalentes à chacune des conditions suivantes*:

(v) $\lambda(H) = 1$;

(vi) *il existe* $i \in J$ *tel que* $\lambda = \varpi_i$.

Les ϖ_i, *pour* $i \in J$, *forment un système de représentants dans* P(R) *des éléments non nuls de* P(R)/Q(R).

Soit $\lambda = u_1\varpi_1 + \cdots + u_l\varpi_l$, où $u_1, \ldots, u_l$ sont des entiers $\geqslant 0$ non tous nuls. On a $\lambda(H) = u_1 n_1 + \cdots + u_l n_l$ et $n_1 \geqslant 1, \ldots, n_l \geqslant 1$, d'où aussitôt l'équivalence de (v) et (vi). D'autre part, $\lambda(H) = \sup_{\alpha \in R_+} \lambda(H_\alpha)$, et $\lambda(H) > 0$ puisque λ est un élément non nul de P_{++}. Donc la condition (v) équivaut à la condition $\lambda(H_\alpha) \in \{0, 1\}$ pour tout $\alpha \in R_+$, c'est-à-dire à la condition (iii) de la prop. 6.

La dernière assertion de la proposition résulte de VI, § 2, n° 3, cor. de la prop. 6.

Définition 1. — *On suppose* $\mathfrak{g}$ *simple. On appelle poids minuscule de* $(\mathfrak{g}, \mathfrak{h})$ *un élément de* $P_{++} - \{0\}$ *qui vérifie les conditions équivalentes* (i), (ii), (iii), (iv), (v) *et* (vi) *des prop.* 6, 7 *et* 8.

Remarque. — Supposons $\mathfrak{g}$ simple. Soit $\Sigma'^{\vee}$ le graphe de Coxeter du groupe de Weyl affine $W_a(R^{\vee})$. Rappelons que les sommets de $\Sigma'^{\vee}$ sont les sommets du graphe de Coxeter $\Sigma^{\vee}$ de $W(R^{\vee})$, et un sommet supplémentaire 0. Le groupe $A(R^{\vee})$ opère sur $\Sigma'^{\vee}$ en laissant 0 fixe. Le groupe $\mathrm{Aut}(\Sigma'^{\vee})$ est canoniquement isomorphe au produit semi-direct de $A(R^{\vee})/W(R^{\vee})$ par un groupe Γ_C (cf. VI, § 2, n° 3, et VI, § 4, n° 3); on a évidemment $(\mathrm{Aut}\,\Sigma'^{\vee})(0) = \Gamma_C(0)$; or $\Gamma_C(0)$ se compose de 0 et des sommets de $\Sigma^{\vee}$ correspondant aux ϖ_i pour $i \in J$ (cf. VI, § 2, prop. 5 et remarque 1 du n° 3). En résumé, *les poids minuscules sont les poids fondamentaux correspondant aux sommets de* $\Sigma^{\vee}$ *qui peuvent se déduire de* 0 *par action d'un élément de* $\mathrm{Aut}(\Sigma'^{\vee})$.

Avec les notations de VI, planches I à IX, on déduit de ce qui précède que les poids minuscules sont les suivants:

Pour le type A_l $(l \geqslant 1)$: $\varpi_1, \varpi_2, \ldots, \varpi_l$.
Pour le type B_l $(l \geqslant 2)$: ϖ_l.
Pour le type C_l $(l \geqslant 2)$: ϖ_1.
Pour le type D_l $(l \geqslant 3)$: $\varpi_1, \varpi_{l-1}, \varpi_l$.
Pour le type E_6: ϖ_1, ϖ_6.
Pour le type E_7: ϖ_7.
Pour les types E_8, F_4, G_2, il n'y a pas de poids minuscules.

4. Produits tensoriels de $\mathfrak{g}$-modules

Soient E, F des $\mathfrak{g}$-modules. Quels que soient $\lambda, \mu \in \mathfrak{h}^*$, on a $E^{\lambda} \otimes F^{\mu} \subset (E \otimes F)^{\lambda+\mu}$ (VII, § 1, n° 1, prop. 2 (ii)). Si E et F sont de dimension finie, alors $E = \sum_{\lambda \in P} E^{\lambda}$ et $F = \sum_{\mu \in P} F^{\mu}$; par suite

$$(E \otimes F)^{\nu} = \sum_{\lambda, \mu \in P, \lambda+\mu=\nu} E^{\lambda} \otimes F^{\mu}.$$

En d'autres termes, muni de sa graduation de type P, $E \otimes F$ est le produit tensoriel gradué des espaces vectoriels gradués E et F.

Proposition 9. — *Soient* E, F *des* $\mathfrak{g}$*-modules simples de dimension finie, ayant respectivement pour plus grands poids* λ, μ.

(i) *La composante de plus grand poids* $\lambda + \mu$ *dans* $E \otimes F$ *est un sous-module simple, engendré par* $(E \otimes F)^{\lambda+\mu} = E^{\lambda} \otimes F^{\mu}$.

(ii) *Le plus grand poids de tout sous-module simple de* $E \otimes F$ *est* $\leqslant \lambda + \mu$ (cf. § 9, prop. 2).

Si $\alpha, \beta \in P$ et si $E^{\alpha} \otimes F^{\beta} \neq 0$, alors $\alpha \leqslant \lambda$ et $\beta \leqslant \mu$. Par suite, $(E \otimes F)^{\lambda+\mu}$ est égal à $E^{\lambda} \otimes F^{\mu}$, donc de dimension 1, et $\lambda + \mu$ est le plus grand poids de $E \otimes F$. Tout élément non nul de $E^{\lambda} \otimes F^{\mu}$ est primitif. D'après la prop. 4 du § 6, n° 2, la longueur de la composante isotypique de plus grand poids $\lambda + \mu$ dans $E \otimes F$ est 1.

Remarque. — Reprenons les notations de la prop. 9. Soit C la composante isotypique de plus grand poids $\lambda + \mu$ dans $E \otimes F$. Alors C ne dépend que de E et F et non du choix de $\mathfrak{h}$ et de la base B. Autrement dit, soient $\mathfrak{h}'$ une sous-algèbre de Cartan déployante de $\mathfrak{g}$, R′ le système de racines de $(\mathfrak{g}, \mathfrak{h}')$, B′ une base de R′; soient λ', μ' les plus grands poids de E, F relativement à $\mathfrak{h}'$ et B′; soit C′ la composante isotypique de plus grand poids $\lambda' + \mu'$ dans $E \otimes F$; alors $C' = C$. En effet, pour le prouver, on peut, par extension du corps de base, supposer k algébriquement clos. Il existe alors $s \in \mathrm{Aut}_e(\mathfrak{g})$ qui transforme $\mathfrak{h}$ en $\mathfrak{h}'$, R en R′, B en B′. Soit $S \in \mathbf{SL}(E \otimes F)$ avec les propriétés de la prop. 2 du n° 1. Alors $S((E \otimes F)^{\lambda+\mu}) = (E \otimes F)^{\lambda'+\mu'}$ et $S(C) = C$. Donc $(E \otimes F)^{\lambda'+\mu'} \subset C' \cap S(C) = C' \cap C$, d'où $C' = C$. Ainsi, à 2 classes de $\mathfrak{g}$-modules simples de dimension finie, on sait en associer canoniquement une troisième; autrement dit, nous avons défini sur l'ensemble $\mathfrak{S}_{\mathfrak{g}}$ des classes de $\mathfrak{g}$-modules simples de dimension finie une loi de composition. Pour cette structure, $\mathfrak{S}_{\mathfrak{g}}$ est canoniquement isomorphe au monoïde additif P_{++}.

COROLLAIRE 1. — *Soit* $(\varpi_{\alpha})_{\alpha \in B}$ *la famille des poids fondamentaux relativement à* B. *Soit* $\lambda = \sum_{\alpha \in B} m_{\alpha}\varpi_{\alpha} \in P_{++}$. *Pour tout* $\alpha \in B$, *soit* E_{α} *un* $\mathfrak{g}$*-module simple de plus grand poids* ϖ_{α}. *Dans le* $\mathfrak{g}$*-module* $\bigotimes_{\alpha \in B} (\bigotimes^{m_{\alpha}} E_{\alpha})$, *la composante isotypique de plus grand poids* λ *est de longueur* 1.

Cela résulte de la prop. 9 par récurrence sur $\sum_{\alpha \in B} m_{\alpha}$.

COROLLAIRE 2. — *Supposons que k soit* **R** *ou* **C** *ou un corps ultramétrique complet non discret. Soit* G *un groupe de Lie d'algèbre de Lie* $\mathfrak{g}$. *Supposons que, pour toute représentation fondamentale* ρ *de* $\mathfrak{g}$, *il existe une représentation linéaire analytique* ρ' *de* G *telle que* $\rho = L(\rho')$. *Alors, pour toute représentation linéaire* π *de* $\mathfrak{g}$ *de dimension finie, il existe une représentation linéaire analytique* π' *de* G *telle que* $\pi = L(\pi')$.

Utilisons les notations du cor. 1. Il existe une représentation σ de G dans $X = \bigotimes_{\alpha \in B} (\bigotimes^{m_{\alpha}} E_{\alpha})$ telle que $L(\sigma)$ corresponde à la structure de $\mathfrak{g}$-module de X (III, § 3, n° 11, cor. 3 de la prop. 41). Soit C la composante isotypique de plus grand poids λ dans X. Compte tenu de III, § 3, n° 11, prop. 40, il suffit de prouver que C est stable par $\sigma(G)$. Soient $g \in G$ et $\varphi = \mathrm{Ad}(g)$. On a $\sigma(g)a_X\sigma(g)^{-1} = (\varphi(a))_X$ pour tout $a \in \mathfrak{g}$. D'autre part, φ est un automorphisme de $\mathfrak{g}$ qui transforme $\mathfrak{h}$ en $\mathfrak{h}'$, R en $R' = R(\mathfrak{g}, \mathfrak{h}')$, B en une base B′ de R′, ϖ_{α} en le plus grand poids ϖ'_{α} de E_{α} relativement à $\mathfrak{h}'$ et B′ (car φ transforme E_{α} en un $\mathfrak{g}$-module isomorphe à E_{α}). Donc φ transforme λ en $\Sigma m_{\alpha}\varpi'_{\alpha}$. D'après la *remarque* ci-dessus, on a $\sigma(g)(C) = C$.

PROPOSITION 10. — *Soient* $\lambda, \mu \in P_{++}$. *Soient* E, F, G *des* $\mathfrak{g}$*-modules simples de plus* *grands poids* λ, μ, $\lambda + \mu$. *Soit* $\mathscr{X}$ (resp. $\mathscr{X}'$, $\mathscr{X}''$) *l'ensemble des poids de* E (resp. F, G). *Alors* $\mathscr{X}'' = \mathscr{X} + \mathscr{X}'$.

On a $E = \bigoplus_{\nu \in P} E^\nu$, $F = \bigoplus_{\sigma \in P} F^\sigma$, donc $E \otimes F$ est somme directe des

$$(E \otimes F)^\tau = \sum_{\nu + \sigma = \tau} E^\nu \otimes F^\sigma.$$

D'après la prop. 9, G s'identifie à un sous-$\mathfrak{g}$-module de $E \otimes F$, d'où $\mathscr{X}'' \subset \mathscr{X} + \mathscr{X}'$. On a $G^\tau = G \cap (E \otimes F)^\tau$, et il s'agit de montrer que, pour $\nu \in \mathscr{X}$ et $\sigma \in \mathscr{X}'$, on a $G \cap (E \otimes F)^{\nu+\sigma} \neq 0$. Soit $(e_1, \ldots, e_n)$ (resp. $(f_1, \ldots, f_p)$) une base de E (resp. F) formée d'éléments dont chacun appartient à un E^ν (resp. F^σ), et telle que $e_1 \in E^\lambda$ (resp. $f_1 \in F^\mu$). Les $e_i \otimes f_j$ forment une base de $E \otimes F$. Supposons que le résultat à démontrer soit inexact. Il existe alors un couple (i, j) tel que tout élément de G ait sa coordonnée d'indice (i, j) nulle. Soient U l'algèbre enveloppante de $\mathfrak{g}$, U' le dual de U, c le coproduit de U. Pour tout $u \in U$, soit $x_i(u)$ (resp. $y_j(u)$) la coordonnée d'indice i (resp. j) de $u(e_1)$ (resp. $u(f_1)$); soit $z_{ij}(u)$ la coordonnée d'indice (i, j) de $u(e_1 \otimes f_1)$. On a $x_i, y_j, z_{ij} \in U'$. Or e_1 engendre le $\mathfrak{g}$-module E, donc $x_i \neq 0$, et de même $y_j \neq 0$. Par définition du $\mathfrak{g}$-module $E \otimes F$ (I, § 3, n° 2), si $c(u) = \sum u_s \otimes u'_s$, on a

$$z_{ij}(u) = \sum_s x_i(u_s) \,.\, y_j(u'_s) = \langle c(u), x_i \otimes y_j \rangle.$$

Autrement dit, z_{ij} est le produit de x_i et y_j dans l'algèbre U'. Or cette algèbre est intègre (II, § 1, n° 5, prop. 10), donc $z_{ij} \neq 0$. Comme $u(e_1 \otimes f_1) \in G$ pour tout $u \in U$, cela est contradictoire.

5. Dual d'un $\mathfrak{g}$-module

Soient E, F des $\mathfrak{g}$-modules. Rappelons (I, § 3, n° 3) que $\mathrm{Hom}_k(E, F)$ est muni canoniquement d'une structure de $\mathfrak{g}$-module. Soit φ un élément de poids λ dans $\mathrm{Hom}_k(E, F)$. Si $\mu \in \mathfrak{h}^*$, on a $\varphi(E^\mu) \subset F^{\lambda+\mu}$ (VII, § 1, n° 1, prop. 2 (ii)). Si E et F sont de dimension finie, les éléments de poids λ dans $\mathrm{Hom}_k(E, F)$ sont donc les homomorphismes gradués de degré λ au sens de A, II, p. 166.

PROPOSITION 11. — *Soit* E *un* $\mathfrak{g}$-*module de dimension finie, et considérons le* $\mathfrak{g}$-*module* $E^* = \mathrm{Hom}_k(E, k)$.

(i) *Pour que* $\lambda \in P$ *soit un poids de* E^*, *il faut et il suffit que* $-\lambda$ *soit un poids de* E, *et la multiplicité de* λ *dans* E^* *est égale à celle de* $-\lambda$ *dans* E.

(ii) *Si* E *est simple et admet* ω *pour plus grand poids,* E^* *est simple et admet* $-w_0(\omega)$ *pour plus grand poids* (cf. n° 2, remarque 2).

Considérons k comme un $\mathfrak{g}$-module trivial dont les éléments sont de poids 0. D'après ce qu'on a dit ci-dessus, les éléments de poids λ dans E^* sont les homomorphismes de E dans k qui s'annulent sur E^μ pour $\mu \neq -\lambda$. Cela prouve (i). Si E est simple, E^* est simple (I, § 3, n° 3), et la dernière assertion résulte de la remarque 2 du n° 2.

Remarques. — 1) Soient E, E* comme dans la prop. 11, et $\sigma \in \operatorname{Aut}(\mathfrak{g}, \mathfrak{h})$ tel que $\varepsilon(\sigma) = -w_0$ avec les notations du § 5, n° 1 (§ 5, n° 2, prop. 2). Soient ρ, ρ' les représentations de $\mathfrak{g}$ associées à E, E*. Alors $\rho \circ \sigma$ est une représentation simple de $\mathfrak{g}$ qui admet $-w_0(\omega)$ comme plus grand poids, donc $\rho \circ \sigma$ est équivalente à ρ'.

2) Supposons $w_0 = -1$. Alors, pour tout $\mathfrak{g}$-module E de dimension finie, E est isomorphe à E*. Rappelons que, si $\mathfrak{g}$ est simple, on a $w_0 = -1$ dans les cas suivants: $\mathfrak{g}$ de type A_1, $B_l (l \geqslant 2)$, $C_l (l \geqslant 2)$, D_l(l pair $\geqslant 4$), E_7, E_8, F_4, G_2 (VI, Planches).

Lemme 2. — *Soit* $h^0 = \sum_{\alpha \in R_+} H_\alpha$. *On a* $h^0 = \sum_{\alpha \in B} a_\alpha H_\alpha$, *où les* a_α *sont des entiers* $\geqslant 1$. *Soient* $(b_\alpha)_{\alpha \in B}$, $(c)_{\alpha \in B}$ *des familles de scalaires tels que* $b_\alpha c_\alpha = a_\alpha$ *pour tout* $\alpha \in B$. *Posons* $x = \sum_{\alpha \in B} b_\alpha X_\alpha$, $y = \sum_{\alpha \in B} c_\alpha X_{-\alpha}$. *Il existe un homomorphisme* φ *de* $\mathfrak{sl}(2, k)$ *dans* $\mathfrak{g}$ *tel que* $\varphi(H) = h^0$, $\varphi(X_+) = x$, $\varphi(X_-) = y$.

Le fait que les a_α soient des entiers $\geqslant 1$ résulte de ce que $(H_\alpha)_{\alpha \in B}$ est une base du système de racines $(H_\alpha)_{\alpha \in R}$ (cf. VI, § 1, n° 5, remarque 5). On a:

$$\alpha(h^0) = 2 \tag{1}$$

pour tout $\alpha \in B$ (VI, § 1, n° 10, cor. de la prop. 29), donc

$$[h^0, x] = \sum_{\alpha \in B} b_\alpha \alpha(h^0) X_\alpha = 2x \tag{2}$$

$$[h^0, y] = \sum_{\alpha \in B} c_\alpha(-\alpha(h^0)) X_{-\alpha} = -2y. \tag{3}$$

D'autre part,

$$[x, y] = \sum_{\alpha, \beta \in B} b_\alpha c_\beta [X_\alpha, X_{-\beta}] = \sum_{\alpha \in B} b_\alpha c_\alpha [X_\alpha, X_{-\alpha}] = -\sum_{\alpha \in B} a_\alpha H_\alpha = -h^0, \tag{4}$$

d'où l'existence de l'homomorphisme φ.

PROPOSITION 12. — *Soient* E *un* $\mathfrak{g}$-*module simple de dimension finie,* ω *son plus grand poids,* $\mathscr{B}$ *l'espace vectoriel des formes bilinéaires* $\mathfrak{g}$-*invariantes sur* E. *Soit* m *l'entier* $\sum_{\alpha \in R_+} \omega(H_\alpha)$, *de sorte que* $m/2$ *est la somme des coordonnées de* ω *par rapport à* B (VI, § 1, n° 10, cor. de la prop. 29). *Soit* w_0 *l'élément de* W *tel que* $w_0(B) = -B$.

(i) *Si* $w_0(\omega) \neq -\omega$, *on a* $\mathscr{B} = 0$.

(ii) *Supposons* $w_0(\omega) = -\omega$. *Alors* $\mathscr{B}$ *est de dimension* 1, *et tout élément non nul de* $\mathscr{B}$ *est non dégénéré. Si* m *est pair* (resp. *impair*), *tout élément de* $\mathscr{B}$ *est symétrique* (resp. *alterné*).

a) Soit $\Phi \in \mathscr{B}$. L'application φ de E dans E* définie par $\varphi(x)(y) = \Phi(x, y)$ pour $x, y \in E$ est un homomorphisme de $\mathfrak{g}$-modules. Si $\Phi \neq 0$, on a $\varphi \neq 0$, donc φ est un isomorphisme d'après le lemme de Schur, donc Φ est non dégénérée. Par suite, le $\mathfrak{g}$-module E est isomorphe au $\mathfrak{g}$-module E*, de sorte que $w_0(\omega) = -\omega$. On a ainsi prouvé (i).

b) Supposons désormais $w_0(\omega) = -\omega$. Alors E est isomorphe à E^*. L'espace vectoriel $\mathscr{B}$ est isomorphe à $\mathrm{Hom}_{\mathfrak{g}}(E, E^*)$, donc à $\mathrm{Hom}_{\mathfrak{g}}(E, E)$ qui est de dimension 1 (§ 6, n° 1, prop. 1 (iii)). Donc $\dim \mathscr{B} = 1$. Tout élément non nul Φ de $\mathscr{B}$ est non dégénéré d'après *a*). Posons $\Phi_1(x, y) = \Phi(y, x)$ pour $x, y \in E$. D'après ce qui précède, il existe $\lambda \in k$ tel que $\Phi_1(x, y) = \lambda\Phi(x, y)$ quels que soient $x, y \in E$. Alors $\Phi(y, x) = \lambda\Phi(x, y) = \lambda^2\Phi(y, x)$, d'où $\lambda^2 = 1$ et $\lambda = \pm 1$. Ainsi, Φ est symétrique ou alternée.

c) D'après VII, § 1, n° 3, prop. 9 (v), E^λ et E^μ sont orthogonaux pour Φ si $\lambda + \mu \neq 0$. Comme Φ est non dégénérée, il en résulte que E^ω, $E^{-\omega}$ sont non orthogonaux pour Φ.

d) Il existe un homomorphisme φ de $\mathfrak{sl}(2, k)$ sur une sous-algèbre de $\mathfrak{g}$ qui transforme H en $\sum_{\alpha \in R_+} H_\alpha$ (lemme 2). Considérons E comme un $\mathfrak{sl}(2, k)$-module grâce à cet homomorphisme. Alors les éléments de E^λ sont de poids $\lambda\left(\sum_{\alpha \in R_+} H_\alpha\right)$. Si $\lambda \in P$ est tel que $E^\lambda \neq 0$ et $\lambda \neq \omega$, $\lambda \neq -\omega$, on a $-\omega < \lambda < \omega$, donc

$$-m = -\omega\left(\sum_{\alpha \in R_+} H_\alpha\right) < \lambda\left(\sum_{\alpha \in R_+} H_\alpha\right) < \omega\left(\sum_{\alpha \in R_+} H_\alpha\right) = m.$$

Soit G la composante isotypique de type $V(m)$ du $\mathfrak{sl}(2, k)$-module E. D'après ce qui précède, G est de longueur 1 et contient E^ω, $E^{-\omega}$. D'après *c*), la restriction de Φ à G est non nulle. D'après le § 1, n° 3, remarque 3, m est pair ou impair suivant que cette restriction est symétrique ou alternée. Compte tenu de *b*), cela achève la démonstration.

DÉFINITION 2. — *Une représentation irréductible de dimension finie* ρ *de* $\mathfrak{g}$ *dans* E *est dite orthogonale* (resp. *symplectique*) *s'il existe sur* E *une forme bilinéaire symétrique* (resp. *alternée*) *non dégénérée invariante par* ρ.

6. Anneau des représentations

Soit $\mathfrak{a}$ une algèbre de Lie de dimension finie. Soit $\mathscr{F}_{\mathfrak{a}}$ (resp. $\mathfrak{S}_{\mathfrak{a}}$) l'ensemble des classes de $\mathfrak{a}$-modules de dimension finie (resp. simples de dimension finie). Soit $\mathscr{R}(\mathfrak{a})$ le groupe commutatif libre $\mathbf{Z}^{(\mathfrak{S}_{\mathfrak{a}})}$. Pour tout $\mathfrak{a}$-module E simple de dimension finie, on note [E] sa classe. Soit F un $\mathfrak{a}$-module de dimension finie; soit

$$(F_n, F_{n-1}, \ldots, F_0)$$

une suite de Jordan–Hölder de F; l'élément $\sum_{i=1}^{n} [F_i/F_{i-1}]$ de $\mathscr{R}(\mathfrak{a})$ ne dépend que de F et non du choix de la suite de Jordan–Hölder; on le notera [F]. Si

$$0 \rightarrow F' \rightarrow F \rightarrow F'' \rightarrow 0$$

est une suite exacte de $\mathfrak{a}$-modules de dimension finie, on a $[F] = [F'] + [F'']$.

Soit F un $\mathfrak{a}$-module semi-simple de dimension finie; pour tout $E \in \mathfrak{S}_\mathfrak{a}$, soit n_E la longueur de la composante isotypique de type E de F; alors $[F] = \sum_{E \in \mathfrak{S}_\mathfrak{a}} n_E . E$. Si F, F′ sont des $\mathfrak{a}$-modules semi-simples de dimension finie, et si $[F] = [F']$, alors F et F′ sont isomorphes.

Lemme 3. — *Soient* G *un groupe commutatif noté additivement, et* $\varphi : \mathscr{F}_\mathfrak{a} \to G$ *une application; pour tout* $\mathfrak{a}$*-module* F *de dimension finie, on note encore, par abus de notation,* $\varphi(F)$ *l'image par* φ *de la classe de* F. *On suppose que, pour toute suite exacte*

$$0 \to F' \to F \to F'' \to 0$$

de $\mathfrak{a}$*-modules de dimension finie, on a* $\varphi(F) = \varphi(F') + \varphi(F'')$. *Alors, il existe un homomorphisme* $\theta : \mathscr{R}(\mathfrak{a}) \to G$ *et un seul tel que* $\theta([F]) = \varphi(F)$ *pour tout* $\mathfrak{a}$*-module* F *de dimension finie.*

Il existe un homomorphisme θ et un seul de $\mathscr{R}(\mathfrak{a})$ dans G tel que $\theta([E]) = \varphi(E)$ pour tout $\mathfrak{a}$-module simple E de dimension finie. Soient F un $\mathfrak{a}$-module de dimension finie, et $(F_n, F_{n-1}, \ldots, F_0)$ une suite de Jordan-Hölder de F; si $n > 0$, on a, par récurrence sur n,

$$\theta([F]) = \sum_{i=1}^{n} \theta([F_i/F_{i-1}]) = \sum_{i=1}^{n} \varphi(F_i/F_{i-1}) = \varphi(F).$$

Si $n = 0$, on a $[F] = 0$ donc $\theta([F]) = 0$; d'autre part, en considérant la suite exacte $0 \to 0 \to 0 \to 0 \to 0$, on voit que $\varphi\,(0) = 0$.

Exemple. — Prenons $G = \mathbf{Z}$ et $\varphi(F) = \dim F$. L'homomorphisme correspondant de $\mathscr{R}(\mathfrak{a})$ dans $\mathbf{Z}$ est noté dim. Soit c la classe d'un $\mathfrak{a}$-module trivial de dimension 1, et soit ψ l'homomorphisme $n \mapsto nc$ de $\mathbf{Z}$ dans $\mathscr{R}(\mathfrak{a})$. Il est immédiat que

$$\dim \circ \psi = \mathrm{Id}_\mathbf{Z},$$

de sorte que $\mathscr{R}(\mathfrak{a})$ est somme directe de Ker dim et de $\mathbf{Z}c$.

Lemme 4. — *Il existe sur le groupe additif* $\mathscr{R}(\mathfrak{a})$ *une multiplication distributive par rapport à l'addition et une seule telle que* $[E][F] = [E \otimes F]$ *quels que soient les* $\mathfrak{a}$*-modules de dimension finie* E, F. *On munit ainsi* $\mathscr{R}(\mathfrak{a})$ *d'une structure d'anneau commutatif. La classe du* $\mathfrak{a}$*-module trivial de dimension* 1 *est élément unité de cet anneau.*

L'unicité est évidente. Il existe sur $\mathscr{R}(\mathfrak{a}) = \mathbf{Z}^{(\mathfrak{S}_\mathfrak{a})}$ une multiplication commutative et distributive par rapport à l'addition telle que $[E][F] = [E \otimes F]$ pour $E, F \in \mathfrak{S}_\mathfrak{a}$. Soient E_1, E_2 des $\mathfrak{a}$-modules de dimension finie, l_1 et l_2 leurs longueurs, et montrons que $[E_1][E_2] = [E_1 \otimes E_2]$ par récurrence sur $l_1 + l_2$. C'est évident si $l_1 + l_2 \leqslant 2$. D'autre part, soit F_1 un sous-module de E_1 distinct de 0 et E_1. On a

$$[F_1][E_2] = [F_1 \otimes E_2] \quad \text{et} \quad [E_1/F_1][E_2] = [(E_1/F_1) \otimes E_2]$$

d'après l'hypothèse de récurrence. D'autre part, $(E_1 \otimes E_2)/(F_1 \otimes E_2)$ est isomorphe à $(E_1/F_1) \otimes E_2$. Donc

$[E_1][E_2] = ([E_1/F_1] + [F_1]) \cdot [E_2] = [(E_1/F_1) \otimes E_2] + [F_1 \otimes E_2] = [E_1 \otimes E_2]$, ce qui prouve notre assertion. On en déduit aussitôt que la multiplication définie plus haut est associative, d'où une structure d'anneau commutatif sur $\mathscr{R}(\mathfrak{a})$. Enfin, il est clair que la classe du $\mathfrak{a}$-module trivial de dimension 1 est élément unité de cet anneau.

Lemme 5. — *Il existe un automorphisme involutif* $X \mapsto X^*$ *de l'anneau* $\mathscr{R}(\mathfrak{a})$ *et un seul tel que, pour tout* $\mathfrak{a}$*-module* E *de dimension finie, on ait* $[E]^* = [E^*]$.

L'unicité est évidente. D'après le lemme 3, il existe un homomorphisme $X \mapsto X^*$ du groupe additif $\mathscr{R}(\mathfrak{a})$ dans lui-même tel que $[E]^* = [E^*]$ pour tout $\mathfrak{a}$-module E de dimension finie. On a $(X^*)^* = X$, donc cet homomorphisme est involutif. C'est un automorphisme de l'anneau $\mathscr{R}(\mathfrak{a})$ parce que $(E \otimes F)^*$ est isomorphe à $E^* \otimes F^*$ quels que soient les $\mathfrak{a}$-modules de dimension finie E et F.

C.Q.F.D.

Soient $U(\mathfrak{a})$ l'algèbre enveloppante de $\mathfrak{a}$, $U(\mathfrak{a})^*$ l'espace vectoriel dual de $U(\mathfrak{a})$. Rappelons (II, § 1, n° 5) que la structure de cogèbre de $U(\mathfrak{a})$ définit sur $U(\mathfrak{a})^*$ une structure d'algèbre associative, commutative, et possédant un élément unité. Pour tout $\mathfrak{a}$-module E de dimension finie, l'application $u \mapsto \mathrm{Tr}(u_E)$ de $U(\mathfrak{a})$ dans k est un élément τ_E de $U(\mathfrak{a})^*$. Si $0 \to E' \to E \to E'' \to 0$ est une suite exacte de $\mathfrak{a}$-modules de dimension finie, alors $\tau_E = \tau_{E'} + \tau_{E''}$. D'après le lemme 3, il existe donc un homomorphisme et un seul, qu'on note Tr, du groupe additif $\mathscr{R}(\mathfrak{a})$ dans le groupe $U(\mathfrak{a})^*$ tel que $\mathrm{Tr}[E] = \tau_E$ pour tout $\mathfrak{a}$-module E de dimension finie. Si k désigne le $\mathfrak{a}$-module trivial de dimension 1, on vérifie facilement que $\mathrm{Tr}[k]$ est l'élément unité de $U(\mathfrak{a})^*$. Enfin, soient E et F des $\mathfrak{a}$-modules de dimension finie. Soient $u \in U(\mathfrak{a})$ et c le coproduit de $U(\mathfrak{a})$. Par définition du U-module $E \otimes F$ (I, § 3, n° 2), si $c(u) = \sum_i u_i \otimes u'_i$, on a

$$u_{E \otimes F} = \sum_i (u_i)_E \otimes (u'_i)_F.$$

Par suite

$$\tau_{E \otimes F}(u) = \sum_i \mathrm{Tr}(u_i)_E \,\mathrm{Tr}(u'_i)_F = \sum_i \tau_E(u_i)\tau_F(u'_i)$$
$$= (\tau_E \otimes \tau_F)(c(u)).$$

Cela signifie que $\tau_E \tau_F = \tau_{E \otimes F}$. Ainsi, $\mathrm{Tr}\colon \mathscr{R}(\mathfrak{a}) \to U(\mathfrak{a})^*$ est un *homomorphisme d'anneaux*.

Soient $\mathfrak{a}_1$ et $\mathfrak{a}_2$ des algèbres de Lie, f un homomorphisme de $\mathfrak{a}_1$ dans $\mathfrak{a}_2$. Tout $\mathfrak{a}_2$-module E de dimension finie définit grâce à f un $\mathfrak{a}_1$-module, donc des éléments de $\mathscr{R}(\mathfrak{a}_2)$ et $\mathscr{R}(\mathfrak{a}_1)$ que nous notons provisoirement $[E]_2$ et $[E]_1$. D'après le lemme 3, il existe un homomorphisme et un seul, noté $\mathscr{R}(f)$, du groupe $\mathscr{R}(\mathfrak{a}_2)$ dans le groupe $\mathscr{R}(\mathfrak{a}_1)$, tel que $\mathscr{R}(f)[E]_2 = [E]_1$ pour tout $\mathfrak{a}_2$-module E de dimension finie. De plus, $\mathscr{R}(f)$ est un homomorphisme d'anneaux. Si $U(f)$ est l'homomorphisme de $U(\mathfrak{a}_1)$ dans $U(\mathfrak{a}_2)$ prolongeant f, alors le diagramme suivant est commutatif

$$\begin{array}{ccc} \mathscr{R}(\mathfrak{a}_2) & \xrightarrow{\mathscr{R}(f)} & \mathscr{R}(\mathfrak{a}_1) \\ {\scriptstyle \mathrm{Tr}}\downarrow & & \downarrow{\scriptstyle \mathrm{Tr}} \\ U(\mathfrak{a}_2)^* & \xrightarrow{{}^tU(f)} & U(\mathfrak{a}_1)^*. \end{array}$$

On prendra pour $\mathfrak{a}$, dans ce qui suit, l'algèbre de Lie semi-simple déployable $\mathfrak{g}$. L'anneau $\mathscr{R}(\mathfrak{g})$ s'appelle l'*anneau des représentations de* $\mathfrak{g}$. Pour tout $\lambda \in P_{++}$, on note $[\lambda]$ la classe du $\mathfrak{g}$-module simple $E(\lambda)$ de plus grand poids λ.

7. Caractères des $\mathfrak{g}$-modules

Soient Δ un monoïde commutatif noté additivement, et $\mathbf{Z}[\Delta] = \mathbf{Z}^{(\Delta)}$ l'algèbre du monoïde Δ sur $\mathbf{Z}$ (A, III, p. 19). Notons $(e^\lambda)_{\lambda\in\Delta}$ la base canonique de $\mathbf{Z}[\Delta]$. Quels que soient $\lambda, \mu \in \Delta$, on a $e^{\lambda+\mu} = e^\lambda e^\mu$. Si 0 est l'élément neutre de Δ, alors e^0 est l'élément unité de $\mathbf{Z}[\Delta]$; il sera noté 1.

Soit E un espace vectoriel gradué de type Δ sur un corps κ, et soit $(E^\lambda)_{\lambda\in\Delta}$ sa graduation. Si chaque E^λ est de dimension finie, on appelle *caractère* de E et l'on note $\mathrm{ch}(E)$ l'élément $(\dim E^\lambda)_{\lambda\in\Delta}$ de $\mathbf{Z}^\Delta$. Si E lui-même est de dimension finie, on a

$$\mathrm{ch}(E) = \sum_{\lambda\in\Delta} (\dim E^\lambda) e^\lambda \in \mathbf{Z}[\Delta]. \tag{5}$$

Soient E′, E, E″ des espaces vectoriels gradués de type Δ, tels que les E'^λ, E^λ, E''^λ soient de dimension finie sur κ, et $0 \to E' \to E \to E'' \to 0$ une suite exacte d'homomorphismes gradués de degré 0. On a aussitôt

$$\mathrm{ch}(E) = \mathrm{ch}(E') + \mathrm{ch}(E''). \tag{6}$$

En particulier, si F_1, F_2 sont des espaces vectoriels gradués de type Δ, tels que les F_1^λ et les F_2^λ soient de dimension finie sur κ, on a

$$\mathrm{ch}(F_1 \oplus F_2) = \mathrm{ch}(F_1) + \mathrm{ch}(F_2). \tag{7}$$

Si F_1 et F_2 sont de dimension finie, on a aussi

$$\mathrm{ch}(F_1 \otimes F_2) = \mathrm{ch}(F_1).\mathrm{ch}(F_2). \tag{8}$$

Exemple. — Supposons que $\Delta = \mathbf{N}$. Soit T une indéterminée. Il existe un isomorphisme et un seul de l'algèbre $\mathbf{Z}[\mathbf{N}]$ sur l'algèbre $\mathbf{Z}[T]$ qui, pour tout $n \in \mathbf{N}$, transforme e^n en T^n. Pour tout espace vectoriel gradué de type $\mathbf{N}$, de dimension finie, l'image de $\mathrm{ch}(E)$ dans $\mathbf{Z}[T]$ est le polynôme de Poincaré de E (V, § 5, nº 1).

Soit E un $\mathfrak{g}$-module tel que $E = \sum_{\lambda\in\mathfrak{h}^*} E^\lambda$ et que chaque E^λ soit de dimension finie. On sait que $(E^\lambda)_{\lambda\in\mathfrak{h}^*}$ est une graduation de l'espace vectoriel E. On réservera dans la suite la notation ch(E) au caractère de E considéré comme espace vectoriel gradué de type $\mathfrak{h}^*$. Le caractère ch(E) est donc un élément de $\mathbf{Z}^{\mathfrak{h}^*}$. Si E est de dimension finie, on a ch(E) $\in \mathbf{Z}[P]$. D'après la formule (6) et le lemme 3 du n° 6, il existe un homomorphisme du groupe $\mathscr{R}(\mathfrak{g})$ dans $\mathbf{Z}[P]$, et un seul, qui, pour tout $\mathfrak{g}$-module E de dimension finie, transforme E en ch E; cet homomorphisme sera encore noté ch. La relation (8) montre que ch *est un homomorphisme de l'anneau* $\mathscr{R}(\mathfrak{g})$ *dans l'anneau* $\mathbf{Z}[P]$.

Remarque. — Tout élément de P définit un $\mathfrak{h}$-module simple de dimension 1, d'où un homomorphisme du groupe $\mathbf{Z}[P]$ dans le groupe $\mathscr{R}(\mathfrak{h})$, qui est un homomorphisme injectif d'anneau. On vérifie aussitôt que l'homomorphisme composé

$$\mathscr{R}(\mathfrak{g}) \to \mathbf{Z}[P] \to \mathscr{R}(\mathfrak{h})$$

est l'homomorphisme défini par l'injection canonique de $\mathfrak{h}$ dans $\mathfrak{g}$ (n° 6).

Le groupe de Weyl W opère par automorphismes dans le groupe P, donc dans $\mathbf{Z}^P$. Pour tout $\lambda \in P$ et tout $w \in W$, on a $we^{\lambda} = e^{w\lambda}$. Soit $\mathbf{Z}[P]^W$ le sous-anneau de $\mathbf{Z}[P]$ formé des éléments invariants par W.

Lemme 6. — *Si* $\lambda \in P_{++}$, *on a* $\mathrm{ch}[\lambda] \in \mathbf{Z}[P]^W$. *L'unique terme maximal de* ch[λ] (VI, § 3, n° 2, déf. 1) *est* e^{λ}.

La première assertion résulte du n° 1, cor. 2 de la prop. 2, et la deuxième du § 6, n° 1, prop. 1 (ii).

Théorème 2. — (i) *Soit* $(\varpi_\alpha)_{\alpha \in B}$ *la famille des poids fondamentaux relatifs à* B. *Soit* $(T_\alpha)_{\alpha \in B}$ *une famille d'indéterminées. L'application* $f \mapsto f(([\varpi_\alpha])_{\alpha \in B})$ *de* $\mathbf{Z}[(T_\alpha)_{\alpha \in B}]$ *dans* $\mathscr{R}(\mathfrak{g})$ *est un isomorphisme d'anneaux.*

(ii) *L'homomorphisme* ch *de* $\mathscr{R}(\mathfrak{g})$ *dans* $\mathbf{Z}[P]$ *induit un isomorphisme de l'anneau* $\mathscr{R}(\mathfrak{g})$ *sur l'anneau* $\mathbf{Z}[P]^W$.

(iii) *Soit* E *un* $\mathfrak{g}$-*module de dimension finie. Si* $\mathrm{ch}\,E = \sum_{\lambda \in P_{++}} m_\lambda \,\mathrm{ch}[\lambda]$, *la composante isotypique de plus grand poids* λ *de* E *a pour longueur* m_λ.

La famille $([\lambda])_{\lambda \in P_{++}}$ est une base du **Z**-module $\mathscr{R}(\mathfrak{g})$, et la famille $(\mathrm{ch}[\lambda])_{\lambda \in P_{++}}$ est une base du **Z**-module $\mathbf{Z}[P]^W$ (lemme 6, et VI, § 3, n° 4, prop. 3). Cela prouve (ii) et (iii). L'assertion (i) résulte de (ii), du lemme 6 et de VI, § 3, n° 4, th. 1.

Corollaire. — *Soient* E, E′ *des* $\mathfrak{g}$-*modules de dimension finie. Pour que* E *soit isomorphe à* E′, *il faut et il suffit que* ch E = ch E′.

Cela résulte du th. 2 (ii) et du fait que E, E′ sont semi-simples.

§ 8. Invariants symétriques

Dans ce paragraphe, on désigne par $(\mathfrak{g}, \mathfrak{h})$ *une algèbre de Lie semi-simple déployée, par* R *son système de racines, par* W *son groupe de Weyl, par* P *son groupe des poids.*

1. Exponentielle d'une forme linéaire

Soient V un espace vectoriel de dimension finie, S(V) son algèbre symétrique. La structure de cogèbre de S(V) définit sur S(V)* une structure d'algèbre associative et commutative (A, III, p. 143 à 145). L'espace vectoriel S(V)* s'identifie canoniquement à $\prod_{m\geqslant 0} S^m(V)^*$, et $S^m(V)^*$ s'identifie canoniquement à l'espace des formes m-linéaires symétriques sur V. L'injection canonique de $V^* = S^1(V)^*$ dans $S(V)^*$ définit un homomorphisme injectif de l'algèbre $S(V^*)$ dans l'algèbre $S(V)^*$, dont l'image est $S(V)^{*gr} = \sum_{m\geqslant 0} S^m(V)^*$ (A, III, p. 155, prop. 8). On identifie les algèbres $S(V^*)$ et $S(V)^{*gr}$ par cet homomorphisme; on identifie aussi $S(V^*)$ à l'algèbre des fonctions polynomiales sur V (VII, App. I, n° 1).

Les éléments $(u_m) \in \prod_{m\geqslant 0} S^m(V)^*$ tels que $u_0 = 0$ forment un idéal J de $S(V)^*$; on munira $S(V)^*$ de la topologie J-adique (AC, III, § 2, n° 5), pour laquelle $S(V)^*$ est complet et $S(V^*)$ dense dans $S(V)^*$. Si $(e_i^*)_{1\leqslant i\leqslant n}$ est une base de V^*, et si $T_1, \ldots, T_n$ sont des indéterminées, l'homomorphisme de $k[T_1, \ldots, T_n]$ dans $S(V^*)$ qui transforme T_i en e_i^* $(1 \leqslant i \leqslant n)$ est un isomorphisme d'algèbres, et se prolonge en un isomorphisme continu de l'algèbre $k[[T_1, \ldots, T_n]]$ sur l'algèbre $S(V)^*$.

Pour tout $\lambda \in V^*$, la famille $\lambda^n/n!$ est sommable dans $S(V)^*$. Sa somme est appelée l'*exponentielle de* λ et se note $\exp(\lambda)$ (conformément à II, § 6, n° 1). Soient $x_1, \ldots, x_n \in V$; on a

$$\langle \exp \lambda, x_1 \ldots x_n \rangle = \frac{1}{n!} \langle \lambda^n, x_1 \ldots x_n \rangle = \langle \lambda, x_1 \rangle \ldots \langle \lambda, x_n \rangle$$

d'après A, III, p. 153, formule (29). Il en résulte aussitôt que $\exp(\lambda)$ *est l'unique homomorphisme de l'algèbre* S(V) *dans k qui prolonge* λ.

On a $\exp(\lambda + \mu) = \exp(\lambda) \exp(\mu)$ quels que soient $\lambda, \mu \in V^*$ (II, § 6, n° 1, remarque). *L'application* $\exp\colon V^* \to S(V)^*$ *est donc un homomorphisme du groupe additif* V^* *dans le groupe multiplicatif des éléments inversibles de* $S(V)^*$. La famille $(\exp \lambda)_{\lambda \in V^*}$ est une famille libre dans l'espace vectoriel $S(V)^*$ (A, V, § 7, n° 3, th. 1).

Lemme 1. — *Soient* Π *un sous-groupe de* V^* *qui engendre l'espace vectoriel* V^*, *et m un entier* $\geqslant 0$. *Alors* $\mathrm{pr}_m(\exp \Pi)$ *engendre l'espace vectoriel* $S^m(V^*)$.

D'après A, I, p. 95, prop. 2, le produit de m éléments de V^* est combinaison k-linéaire d'éléments de la forme x^m où $x \in \Pi$. Or $x^m = m!\, \mathrm{pr}_m(\exp x)$.

C.Q.F.D.

Tout automorphisme de V définit par transport de structure des automorphismes des algèbres S(V) et $S(V)^*$; on en déduit des représentations linéaires de **GL**(V) dans S(V) et $S(V)^*$.

2. L'injection de k[P] dans S($\mathfrak{h}$)*

L'application $p \mapsto \exp p$ de P dans $\mathsf{S}(\mathfrak{h})^*$ est un homomorphisme du groupe additif P dans $\mathsf{S}(\mathfrak{h})^*$ muni de sa structure multiplicative (n° 1). Par suite, il existe un homomorphisme ψ et un seul de l'algèbre $k[\mathrm{P}]$ du monoïde P dans l'algèbre $\mathsf{S}(\mathfrak{h})^*$ tel que

$$\psi(e^\lambda) = \exp(\lambda) \qquad (\lambda \in \mathrm{P})$$

(on reprend les notations du § 7, n° 7). D'après le n° 1, ψ est injectif. Par transport de structure, on a $\psi(w(e^\lambda)) = w(\psi(e^\lambda))$ pour tout $\lambda \in \mathrm{P}$ et tout $w \in \mathrm{W}$. Par suite, si l'on note $k[\mathrm{P}]^{\mathrm{W}}$ (resp. $\mathsf{S}(\mathfrak{h})^{*\mathrm{W}}$) l'ensemble des éléments de $k[\mathrm{P}]$ (resp. $\mathsf{S}(\mathfrak{h})^*$) invariants par W, on a $\psi(k[\mathrm{P}]^{\mathrm{W}}) \subset \mathsf{S}(\mathfrak{h})^{*\mathrm{W}}$.

PROPOSITION 1. — *Soit* $\mathsf{S}^m(\mathfrak{h}^*)^{\mathrm{W}}$ *l'ensemble des éléments de* $\mathsf{S}^m(\mathfrak{h}^*)$ *invariants par* W. *On a* $\mathrm{pr}_m(\psi(k[\mathrm{P}]^{\mathrm{W}})) = \mathsf{S}^m(\mathfrak{h}^*)^{\mathrm{W}}$.

Il est clair d'après ce qui précède que $\mathrm{pr}_m(\psi(k[\mathrm{P}]^{\mathrm{W}})) \subset \mathsf{S}^m(\mathfrak{h}^*)^{\mathrm{W}}$. Tout élément de $\mathsf{S}^m(\mathfrak{h}^*)$ est combinaison k-linéaire d'éléments de la forme

$$\mathrm{pr}_m(\exp \lambda) = (\mathrm{pr}_m \circ \psi)(e^\lambda)$$

où $\lambda \in \mathrm{P}$ (lemme 1). Donc tout élément de $\mathsf{S}^m(\mathfrak{h}^*)^{\mathrm{W}}$ est combinaison linéaire d'éléments de la forme

$$\sum_{w \in \mathrm{W}} w((\mathrm{pr}_m \circ \psi)(e^\lambda)) = (\mathrm{pr}_m \circ \psi)\Big(\sum_{w \in \mathrm{W}} w(e^\lambda)\Big),$$

lesquels appartiennent à $\mathrm{pr}_m(\psi(k[\mathrm{P}]^{\mathrm{W}}))$.

PROPOSITION 2. — *Soit* E *un* $\mathfrak{g}$*-module de dimension finie. Soit* $\mathrm{U}(\mathfrak{h}) = \mathsf{S}(\mathfrak{h})$ *l'algèbre enveloppante de* $\mathfrak{h}$. *Si* $u \in \mathrm{U}(\mathfrak{h})$, *on a*

$$\mathrm{Tr}(u_{\mathrm{E}}) = \langle \psi(\mathrm{ch}\ \mathrm{E}), u \rangle.$$

Il suffit d'envisager le cas où $u = h_1 \dots h_m$ avec $h_1, \dots, h_m \in \mathfrak{h}$. Pour tout $\lambda \in \mathrm{P}$, soit $d_\lambda = \dim \mathrm{E}^\lambda$. On a $\mathrm{ch}\ \mathrm{E} = \sum_\lambda d_\lambda e^\lambda$, donc $\psi(\mathrm{ch}\ \mathrm{E}) = \sum_\lambda d_\lambda \exp(\lambda)$ et par suite

$$\begin{aligned} \langle \psi(\mathrm{ch}\ \mathrm{E}), u \rangle &= \sum_\lambda d_\lambda \langle \exp \lambda, h_1 \dots h_m \rangle \\ &= \sum_\lambda d_\lambda \lambda(h_1) \dots \lambda(h_m) \quad (\text{n° } 1) \\ &= \mathrm{Tr}\ u_{\mathrm{E}}. \end{aligned}$$

COROLLAIRE 1. — *Soit* $\mathrm{U}(\mathfrak{g})$ *l'algèbre enveloppante de* $\mathfrak{g}$. *Soit* $\zeta : \mathrm{U}(\mathfrak{g})^* \to \mathrm{U}(\mathfrak{h})^* = \mathsf{S}(\mathfrak{h})^*$ *l'homomorphisme transposé de l'injection canonique* $\mathrm{U}(\mathfrak{h}) \to \mathrm{U}(\mathfrak{g})$. *Le diagramme suivant est commutatif*

$$\begin{array}{ccc} \mathscr{R}(\mathfrak{g}) & \xrightarrow{\text{ch}} & \mathbf{Z}[\mathrm{P}] \\ {\scriptstyle\mathrm{Tr}}\downarrow & & \downarrow{\scriptstyle\psi} \\ \mathrm{U}(\mathfrak{g})^* & \xrightarrow{\zeta} & \mathrm{S}(\mathfrak{h})^*. \end{array}$$

Cela ne fait que reformuler la prop. 2.

COROLLAIRE 2. — *Soit m un entier* $\geqslant 0$. *Tout élément de* $\mathrm{S}^m(\mathfrak{h}^*)^{\mathrm{W}}$ *est combinaison linéaire de fonctions polynomiales sur* $\mathfrak{h}$ *de la forme* $x \mapsto \mathrm{Tr}(\rho(x)^m)$, *où* ρ *est une représentation linéaire de dimension finie de* $\mathfrak{g}$.

D'après la prop. 1, on a $\mathrm{S}^m(\mathfrak{h}^*)^{\mathrm{W}} = (\mathrm{pr}_m \circ \psi)(k[\mathrm{P}]^{\mathrm{W}})$. Or $\mathbf{Z}[\mathrm{P}]^{\mathrm{W}} = \mathrm{ch}\,\mathscr{R}(\mathfrak{g})$ (§ 7, nº 7, th. 2 (ii)). D'après VI, § 3, nº 4, lemme 3, $\psi(k[\mathrm{P}]^{\mathrm{W}})$ est donc le sous-k-espace vectoriel de $\mathrm{S}(\mathfrak{h})^*$ engendré par $\psi(\mathrm{ch}\,\mathscr{R}(\mathfrak{g})) = \zeta(\mathrm{Tr}\,\mathscr{R}(\mathfrak{g}))$. Par suite, $\mathrm{S}^m(\mathfrak{h}^*)^{\mathrm{W}}$ est le sous-espace vectoriel de $\mathrm{S}^m(\mathfrak{h}^*)$ engendré par $(\mathrm{pr}_m \circ \zeta \circ \mathrm{Tr})(\mathscr{R}(\mathfrak{g}))$. Or, si ρ est une représentation linéaire de dimension finie de $\mathfrak{g}$, on a, pour tout $x \in \mathfrak{h}$,

$$((\mathrm{pr}_m \circ \zeta \circ \mathrm{Tr})(\rho))(x) = \left\langle (\zeta \circ \mathrm{Tr})(\rho), \frac{x^m}{m!} \right\rangle = \frac{1}{m!}\mathrm{Tr}\,(\rho(x)^m).$$

3. Fonctions polynomiales invariantes

Soit $\mathfrak{a}$ une algèbre de Lie de dimension finie. Conformément aux conventions du nº 1, nous identifions l'algèbre $\mathrm{S}(\mathfrak{a}^*)$, l'algèbre $\mathrm{S}(\mathfrak{a})^{*gr}$, et l'algèbre des fonctions polynomiales sur $\mathfrak{a}$. Pour tout $a \in \mathfrak{a}$, soit $\theta(a)$ la dérivation de $\mathrm{S}(\mathfrak{a})$ telle que $\theta(a)x = [a, x]$ pour tout $x \in \mathfrak{a}$. On sait (I, § 3, nº 2) que θ est une représentation de $\mathfrak{a}$ dans $\mathrm{S}(\mathfrak{a})$. Soit $\theta^*(a)$ la restriction de $-{}^t\theta(a)$ à $\mathrm{S}(\mathfrak{a}^*)$. Alors θ^* est une représentation de $\mathfrak{a}$. Si $f \in \mathrm{S}^n(\mathfrak{a}^*)$, on a $\theta^*(a)f \in \mathrm{S}^n(\mathfrak{a}^*)$, et pour $x_1, \ldots, x_n \in \mathfrak{a}$,

$$(1) \qquad (\theta^*(a)f)(x_1, \ldots, x_n) = -\sum_{1 \leqslant i \leqslant n} f(x_1, \ldots, x_{i-1}, [a, x_i], x_{i+1}, \ldots, x_n).$$

On déduit facilement de (1) que $\theta^*(a)$ est une dérivation de $\mathrm{S}(\mathfrak{a}^*)$. Un élément de $\mathrm{S}(\mathfrak{a})$ (resp. $\mathrm{S}(\mathfrak{a}^*)$) qui est invariant pour la représentation θ (resp. θ^*) de $\mathfrak{a}$ s'appelle un *élément invariant de* $\mathrm{S}(\mathfrak{a})$ (resp. $\mathrm{S}(\mathfrak{a}^*)$).

Lemme 2. — *Soient* ρ *une représentation linéaire de dimension finie de* $\mathfrak{a}$, *et m un entier* $\geqslant 0$. *La fonction* $x \mapsto \mathrm{Tr}\,(\rho(x)^m)$ *sur* $\mathfrak{a}$ *est une fonction polynomiale invariante.*

Posons $g(x_1, \ldots, x_m) = \mathrm{Tr}\,(\rho(x_1) \ldots \rho(x_m))$ pour $x_1, \ldots, x_m \in \mathfrak{a}$. Si $x \in \mathfrak{a}$, on a

$$\begin{aligned} -(\theta^*(x)g)(x_1, \ldots, x_m) &= \sum_{1 \leqslant i \leqslant m} \mathrm{Tr}\,(\rho(x_1) \ldots \rho(x_{i-1})[\rho(x), \rho(x_i)]\rho(x_{i+1}) \ldots \rho(x_m)) \\ &= \mathrm{Tr}(\rho(x)\rho(x_1) \ldots \rho(x_m)) - \mathrm{Tr}(\rho(x_1) \ldots \rho(x_m)\rho(x)) = 0, \end{aligned}$$

donc $\theta^*(x)g = 0$. Soit h la forme multilinéaire symétrique définie par

$$h(x_1, \ldots, x_m) = \frac{1}{m!}\sum_{\sigma \in \mathfrak{S}_m} g(x_{\sigma(1)}, \ldots, x_{\sigma(m)}).$$

Pour tout $x \in \mathfrak{a}$, on a $\theta^*(x)h = 0$ et $\mathrm{Tr}(\rho(x)^m) = h(x, \ldots, x)$, d'où le lemme.

Lemme 3. — *Soient* E *un* $\mathfrak{g}$*-module de dimension finie, et* $x \in$ E. *Pour que* x *soit un invariant du* $\mathfrak{g}$*-module* E, *il faut et il suffit que* $(\exp a_E).x = x$ *pour tout élément nilpotent* a *de* $\mathfrak{g}$.

La condition est évidemment nécessaire. Supposons-la maintenant vérifiée. Soit a un élément nilpotent de $\mathfrak{g}$. Il existe un entier n tel que $a_E^n = 0$. Quel que soit $t \in k$, on a

$$0 = \exp(ta_E).x - x = ta_E x + \frac{1}{2!} t^2 a_E^2 x + \cdots + \frac{1}{(n-1)!} t^{n-1} a_E^{n-1} x$$

d'où $a_E x = 0$. Or l'algèbre de Lie $\mathfrak{g}$ est engendrée par ses éléments nilpotents (§ 4, n° 1, prop. 1). Donc x est invariant dans le $\mathfrak{g}$-module E.

C.Q.F.D.

Pour tout $\xi \in \mathbf{GL}(\mathfrak{g})$, soit $S(\xi)$ l'automorphisme de $S(\mathfrak{g})$ qui prolonge ξ, et $S^*(\xi)$ la restriction à $S(\mathfrak{g}^*)$ de l'automorphisme contragrédient de $S(\xi)$. Alors S et S* sont des représentations de $\mathbf{GL}(\mathfrak{g})$. Si a est un élément nilpotent de $\mathfrak{g}$, $\theta(a)$ est localement nilpotent sur $S(\mathfrak{g})$ et $S(\exp \operatorname{ad} a) = \exp \theta(a)$, donc

$$S^*(\exp \operatorname{ad} a) = \exp \theta^*(a). \tag{2}$$

Proposition 3. — *Soit* f *une fonction polynomiale sur* $\mathfrak{g}$. *Les conditions suivantes sont équivalentes* :

(i) $f \circ s = f$ *pour tout* $s \in \operatorname{Aut}_e(\mathfrak{g})$;

(ii) $f \circ s = f$ *pour tout* $s \in \operatorname{Aut}_0(\mathfrak{g})$;

(iii) f *est invariante.*

L'équivalence de (i) et (iii) résulte de la formule (2) et du lemme 3. On en déduit que (iii) implique (ii) par extension du corps de base. L'implication (ii) $\Rightarrow$ (i) est évidente.

On prendra garde que, si f vérifie les conditions de la prop. 3, f n'est pas en général invariante par $\operatorname{Aut}(\mathfrak{g})$ (exerc. 1 et 2).

Théorème 1. — *Soit* $I(\mathfrak{g}^*)$ *l'algèbre des fonctions polynomiales invariantes sur* $\mathfrak{g}$. *Soit* $i: S(\mathfrak{g}^*) \to S(\mathfrak{h}^*)$ *l'homomorphisme de restriction.*

(i) *L'application* $i \mid I(\mathfrak{g}^*)$ *est un isomorphisme de l'algèbre* $I(\mathfrak{g}^*)$ *sur l'algèbre* $S(\mathfrak{h}^*)^W$.

(ii) *Pour tout entier* $n \geqslant 0$, *soit* $I^n(\mathfrak{g}^*)$ *l'ensemble des éléments de* $I(\mathfrak{g}^*)$ *homogènes de degré* n. *Alors* $I^n(\mathfrak{g}^*)$ *est l'ensemble des combinaisons linéaires des fonctions de la forme* $x \mapsto \operatorname{Tr}(\rho(x)^n)$ *sur* $\mathfrak{g}$, *où* ρ *est une représentation linéaire de dimension finie de* $\mathfrak{g}$.

(iii) *Soit* $l = \operatorname{rg}(\mathfrak{g})$. *Il existe* l *éléments homogènes de* $I(\mathfrak{g}^*)$, *algébriquement indépendants, qui engendrent l'algèbre* $I(\mathfrak{g}^*)$.

a) Soient $f \in I(\mathfrak{g}^*)$ et $w \in W$. Il existe $s \in \operatorname{Aut}_e(\mathfrak{g}, \mathfrak{h})$ tel que $s \mid \mathfrak{h} = w$ (§ 2, n° 2, cor. du th. 2). Comme f est invariante par s (prop. 3), $i(f)$ est invariante par w. Donc $i(I(\mathfrak{g}^*)) \subset S(\mathfrak{h}^*)^W$.

b) Soit $f \in I(\mathfrak{g}^*)$ telle que $i(f) = 0$, et prouvons que $f = 0$. Par extension du corps de base, on peut supposer k algébriquement clos. D'après la prop. 3, f

s'annule sur $s(\mathfrak{h})$ pour tout $s \in \mathrm{Aut}_e(\mathfrak{g})$. Par suite f s'annule sur toute sous-algèbre de Cartan de $\mathfrak{g}$ (VII, § 3, n° 2, th. 1), et en particulier sur l'ensemble des éléments réguliers de $\mathfrak{g}$. Or cet ensemble est dense dans $\mathfrak{g}$ pour la topologie de Zariski (VII, § 2, n° 2).

c) Soit n un entier $\geqslant 0$. Soit L^n l'ensemble des combinaisons linéaires des fonctions de la forme $x \mapsto \mathrm{Tr}(\rho(x)^n)$ sur $\mathfrak{g}$, où ρ est une représentation linéaire de dimension finie de $\mathfrak{g}$. D'après le lemme 2, on a $L^n \subset I^n(\mathfrak{g}^*)$. Donc

$$i(L^n) \subset i(I^n(\mathfrak{g}^*)) \subset S^n(\mathfrak{h}^*)^W.$$

D'après le cor. 2 de la prop. 2, $S^n(\mathfrak{h}^*)^W \subset i(L^n)$. Donc $i(I^n(\mathfrak{g}^*)) = S^n(\mathfrak{h}^*)^W$, ce qui achève de prouver (i), et $i(L^n) = i(I^n(\mathfrak{g}^*))$ d'où $L^n = I^n(\mathfrak{g}^*)$ d'après *b*). On a ainsi prouvé (ii).

d) L'assertion (iii) résulte de (i) et de V, § 5, n° 3, th. 3.

COROLLAIRE 1. — *On suppose $\mathfrak{g}$ simple. Soient $m_1, \ldots, m_l$ les exposants du groupe de Weyl de $\mathfrak{g}$. Il existe des éléments $P_1, \ldots, P_l$ de $I(\mathfrak{g}^*)$, homogènes de degrés*

$$m_1 + 1, \ldots, m_l + 1,$$

qui sont algébriquement indépendants et engendrent l'algèbre $I(\mathfrak{g}^*)$.

Cela résulte du th. 2 (i), et de V, § 6, n° 2, prop. 3.

COROLLAIRE 2. — *Soient B une base de R, R_+* (resp. R_-) *l'ensemble des racines positives* (resp. *négatives*) *de $(\mathfrak{g}, \mathfrak{h})$ relativement à B, $\mathfrak{n}_+ = \sum_{\alpha \in R_+} \mathfrak{g}^\alpha$, $\mathfrak{n}_- = \sum_{\alpha \in R_-} \mathfrak{g}^\alpha$, $S(\mathfrak{h})$ l'algèbre symétrique de $\mathfrak{h}$, J l'idéal de $S(\mathfrak{g})$ engendré par $\mathfrak{n}_+ \cup \mathfrak{n}_-$.*

(i) *On a $S(\mathfrak{g}) = S(\mathfrak{h}) \oplus J$.*

(ii) *Soit j l'homomorphisme de l'algèbre $S(\mathfrak{g})$ sur l'algèbre $S(\mathfrak{h})$ défini par la décomposition précédente de $S(\mathfrak{g})$. Soit $I(\mathfrak{g})$ l'ensemble des éléments invariants de $S(\mathfrak{g})$. Soit $S(\mathfrak{h})^W$ l'ensemble des éléments de $S(\mathfrak{h})$ invariants par l'action de W. Alors $j \mid I(\mathfrak{g})$ est un isomorphisme de $I(\mathfrak{g})$ sur $S(\mathfrak{h})^W$.*

L'assertion (i) est évidente. La forme de Killing définit un isomorphisme de l'espace vectoriel $\mathfrak{g}^*$ sur l'espace vectoriel $\mathfrak{g}$, qui se prolonge en un isomorphisme ξ du $\mathfrak{g}$-module $S(\mathfrak{g}^*)$ sur le $\mathfrak{g}$-module $S(\mathfrak{g})$. On a $\xi(I(\mathfrak{g}^*)) = I(\mathfrak{g})$. L'orthogonal de $\mathfrak{h}$ pour la forme de Killing est $\mathfrak{n}_+ + \mathfrak{n}_-$ (§ 2, n° 2, prop. 1). Si l'on identifie $\mathfrak{h}^*$ à l'orthogonal de $\mathfrak{n}_+ + \mathfrak{n}_-$ dans $\mathfrak{g}^*$, on a $\xi(\mathfrak{h}^*) = \mathfrak{h}$, donc $\xi(S(\mathfrak{h}^*)) = S(\mathfrak{h})$ et $\xi(S(\mathfrak{h}^*)^W) = S(\mathfrak{h})^W$. Enfin, $\xi^{-1}(J)$ est l'ensemble des fonctions polynomiales sur $\mathfrak{g}$ qui sont nulles sur $\mathfrak{h}$. Cela prouve que ξ transforme l'homomorphisme i du th. 1 en l'homomorphisme j du cor. 2. L'assertion (ii) résulte alors du th. 1 (i).

PROPOSITION 4. — *Soient $\mathfrak{a}$ une algèbre de Lie semi-simple, l son rang. Soit I* (resp. I′) *l'ensemble des éléments de $S(\mathfrak{a}^*)$* (resp. $S(\mathfrak{a})$) *invariants pour la représentation déduite de la représentation adjointe de $\mathfrak{a}$. Soit Z le centre de l'algèbre enveloppante de $\mathfrak{a}$.*

(i) I *et* I′ *sont des algèbres graduées de polynômes* (V, § 5, n° 1) *de degré de transcendance l.*

(ii) *Z est isomorphe à l'algèbre des polynômes en l indéterminées sur k.*

La filtration canonique de l'algèbre enveloppante de $\mathfrak{a}$ induit une filtration sur Z. D'après I, § 2, th. 1 et p. 37, gr Z est isomorphe à I'. Compte tenu de AC, III, § 2, n° 9, prop. 10, il en résulte que (i) $\Rightarrow$ (ii).

D'autre part, le th. 1 et son cor. 2 montrent que (i) est vrai lorsque $\mathfrak{a}$ est déployée. Le cas général se ramène à celui-là grâce au lemme suivant:

Lemme 4.[1] — *Soient* $A = \bigoplus_{n \geqslant 0} A^n$ *une k-algèbre graduée, k' une extension de k, et* $A' = A \otimes_k k'$. *On suppose que* A' *est une k'-algèbre graduée de polynômes. Alors* A *est une k-algèbre graduée de polynômes.*

On a $A'^0 = k'$, d'où $A^0 = k$. Posons $A_+ = \bigoplus_{n \geqslant 1} A^n$ et $P = A_+/A_+^2$. Alors P est un espace vectoriel gradué, et l'on peut trouver une application linéaire graduée de degré zéro $f\colon P \to A_+$ dont la composée avec la projection canonique $A_+ \to P$ est l'identité de P. Munissons S(P) de la structure graduée déduite de celle de P (A, III, p. 76). L'homomorphisme de k-algèbres $g\colon S(P) \to A$ qui prolonge f (A, III, p. 67) est un homomorphisme gradué de degré 0; une récurrence immédiate sur le degré montre que g est surjectif.

Lemme 5. — *Pour que* A *soit une algèbre graduée de polynômes, il faut et il suffit que* P *soit de dimension finie, et que g soit bijectif.*

Si P est de dimension finie, S(P) est évidemment une algèbre graduée de polynômes, et il en est de même de A si g est bijectif. Réciproquement, supposons que A soit engendrée par des éléments homogènes algébriquement indépendants $x_1, \ldots, x_m$, de degrés $d_1, \ldots, d_m$. Soit $\bar{x}_i$ l'image de x_i dans P. On vérifie aussitôt que les $\bar{x}_i$ forment une base de P; comme $\bar{x}_i$ est de degré d_i, il en résulte que S(P) et A sont isomorphes; en particulier, on a $\dim S(P)^n = \dim A^n$ pour tout n. Comme g est surjectif, il est nécessairement bijectif.

Le lemme 4 est maintenant immédiat. En effet, le lemme 5, appliqué à la k'-algèbre A', montre que $g \otimes 1\colon S(P) \otimes k' \to A \otimes k'$ est bijectif, et il en est donc de même de g.

PROPOSITION 5. — *On conserve les notations de la prop.* 4, *et l'on note* $\mathfrak{p}$ *l'idéal de* $S(\mathfrak{a}^*)$ *engendré par les éléments de* I *homogènes de degré* $\geqslant 1$. *Soit* $x \in \mathfrak{a}$. *Pour que x soit nilpotent, il faut et il suffit que* $f(x) = 0$ *pour tout* $f \in \mathfrak{p}$.[2]

Quitte à étendre le corps de base, on peut supposer que $\mathfrak{a} = \mathfrak{g}$ est déployable. Supposons alors x nilpotent. Pour toute représentation linéaire de dimension finie ρ de $\mathfrak{g}$, et tout entier $n \geqslant 1$, on a $\mathrm{Tr}(\rho(x)^n) = 0$, d'où $f(x) = 0$ pour tout

[1] Dans les lemmes 4, 5 et 6, k peut être un corps commutatif quelconque.

[2] On peut montrer (B. KOSTANT, Lie group representations on polynomial rings, *Amer. J. Math.*, t. LXXXV (1963), p. 327–404, th. 10 et 15) que $\mathfrak{p}$ est un idéal premier de $S(\mathfrak{a}^*)$ et que $S(\mathfrak{a}^*)/\mathfrak{p}$ est intégralement clos.

$f \in \mathrm{I}(\mathfrak{g}^*)$ homogène de degré $\geqslant 1$ (th. 1 (ii)), et par suite $f(x) = 0$ pour tout $f \in \mathfrak{p}$. Réciproquement, si $f(x) = 0$ pour tout $f \in \mathfrak{p}$, alors $\mathrm{Tr}((\mathrm{ad}\, x)^n) = 0$ pour tout $n \geqslant 1$ (th. 1 (ii)), donc x est nilpotent.

**Remarques.* — 1) Soient $P_1, \ldots, P_l$ des éléments homogènes de I qui soient algébriquement indépendants et engendrent l'algèbre I. *Alors* $(P_1, \ldots, P_l)$ *est une suite* $\mathrm{S}(\mathfrak{a}^*)$*-régulière* (V, § 5, n° 5). En effet, quitte à étendre le corps de base, on peut supposer que $\mathfrak{a} = \mathfrak{g}$ est déployable. Soit alors $\mathrm{N} = \dim \mathfrak{g}$, et soit

$$(Q_1, \ldots, Q_{N-l})$$

une base de l'orthogonal de $\mathfrak{h}$ dans $\mathfrak{g}^*$. Soit $\mathfrak{m}$ l'idéal de $\mathrm{S}(\mathfrak{g}^*)$ engendré par $P_1, \ldots, P_l, Q_1, \ldots, Q_{N-l}$. Alors $\mathrm{S}(\mathfrak{g}^*)/\mathfrak{m}$ est isomorphe à $\mathrm{S}(\mathfrak{h}^*)/\mathrm{J}$, où J désigne l'idéal de $\mathrm{S}(\mathfrak{h}^*)$ engendré par $i(P_1), \ldots, i(P_l)$. D'après le th. 1 et V, § 5, n° 2, th. 2, $\mathrm{S}(\mathfrak{h}^*)/\mathrm{J}$ est un espace vectoriel de dimension finie, et il en est de même de $\mathrm{S}(\mathfrak{g}^*)/\mathfrak{m}$. D'après un résultat d'*Alg. comm.*, il en résulte que $(P_1, \ldots, P_l, Q_1, \ldots, Q_{N-l})$ est une suite $\mathrm{S}(\mathfrak{g}^*)$-régulière, et il en est *a fortiori* de même de $(P_1, \ldots, P_l)$.

2) *L'algèbre* $\mathrm{S}(\mathfrak{a}^*)$ *est un module libre gradué sur* I. En effet, cela résulte de la prop. 4, de la Remarque 1, et de V, § 5, n° 5, lemme 5.*

4. Propriétés de Aut_0

Lemme 6. — *Soient* V *un espace vectoriel de dimension finie,* G *un groupe fini d'automorphismes de* V, v *et* v' *des éléments de* V *tels que* $v' \notin \mathrm{G}v$. *Il existe une fonction polynomiale* G-*invariante* f *sur* V *telle que* $f(v') \neq f(v)$.

En effet, pour tout $s \in \mathrm{G}$, il existe une fonction polynomiale g_s sur V égale à 1 en v et à 0 en sv'. Alors la fonction $g = 1 - \prod_{s \in \mathrm{G}} g_s$ est égale à 0 en v et à 1 sur $\mathrm{G}v'$. La fonction polynomiale $f = \prod_{t \in \mathrm{G}} t.g$ est G-invariante, égale à 0 en v et à 1 sur $\mathrm{G}v'$.

Proposition 6. — *Soient* $\mathfrak{a}$ *une algèbre de Lie semi-simple et* $s \in \mathrm{Aut}(\mathfrak{a})$. *Les conditions suivantes sont équivalentes:*

(i) $s \in \mathrm{Aut}_0(\mathfrak{a})$;

(ii) *pour toute fonction polynomiale invariante* f *sur* $\mathfrak{a}$, *on a* $f \circ s = f$.

Par extension des scalaires, on peut supposer k algébriquement clos. L'implication (i) $\Rightarrow$ (ii) résulte de la prop. 3. Supposons la condition (ii) vérifiée, et prouvons (i). Grâce à la prop. 3, et au § 5, n° 3, cor. 1 de la prop. 5, on peut supposer que $s \in \mathrm{Aut}(\mathfrak{g}, \mathfrak{h})$, et que s laisse stable une chambre de Weyl C. Soit $x \in \mathrm{C} \cap \mathfrak{h}_{\mathbf{Q}}$. On a $sx \in \mathrm{C}$. Si g est une fonction polynomiale W-invariante sur $\mathfrak{h}$, on a $g(x) = g(sx)$ (th. 1 (i)). D'après le lemme 6, on en déduit que $sx \in \mathrm{W}x$. Comme $sx \in \mathrm{C}$, on a $x = sx$ (V, § 3, n° 3, th. 2). Alors $s \mid \mathfrak{h} = \mathrm{Id}_{\mathfrak{h}}$ et $s \in \mathrm{Aut}_0(\mathfrak{g}, \mathfrak{h})$ (§ 5, n° 2, prop. 4).

COROLLAIRE. — *Le groupe* $\mathrm{Aut}_0(\mathfrak{a})$ *est ouvert et fermé dans* $\mathrm{Aut}(\mathfrak{a})$ *pour la topologie de Zariski.*

La prop. 6 montre que $\mathrm{Aut}_0(\mathfrak{a})$ est fermé. Soit $\bar{k}$ une clôture algébrique de k. Le groupe $\mathrm{Aut}(\mathfrak{a} \otimes \bar{k})/\mathrm{Aut}_0(\mathfrak{a} \otimes \bar{k})$ est fini (§ 5, n° 3, cor. 1 de la prop. 5); *a fortiori*, le groupe $\mathrm{Aut}(\mathfrak{a})/\mathrm{Aut}_0(\mathfrak{a})$ est fini. Comme les classes de $\mathrm{Aut}(\mathfrak{a})$ suivant $\mathrm{Aut}_0(\mathfrak{a})$ sont fermées, on voit que $\mathrm{Aut}_0(\mathfrak{a})$ est ouvert dans $\mathrm{Aut}(\mathfrak{a})$.

5. Centre de l'algèbre enveloppante

Dans ce numéro, on choisit une base B de R. Soit R_+ l'ensemble des racines positives relativement à B. Soient $\rho = \frac{1}{2} \sum_{\alpha \in R_+} \alpha$, et δ l'automorphisme de l'algèbre $S(\mathfrak{h})$ qui transforme tout $x \in \mathfrak{h}$ en $x - \rho(x)$, donc la fonction polynomiale p sur $\mathfrak{h}^*$ en la fonction $\lambda \mapsto p(\lambda - \rho)$.

THÉORÈME 2. — *Soient* U *l'algèbre enveloppante de* $\mathfrak{g}$, Z *son centre*, $V \subset U$ *l'algèbre enveloppante de* $\mathfrak{h}$ *(identifiée à* $S(\mathfrak{h})$*)*, U^0 *le commutant de* V *dans* U, φ *l'homomorphisme de Harish-Chandra* (§ 6, n° 4) *de* U^0 *sur* V *relatif à* B. *Soit* $S(\mathfrak{h})^W$ *l'ensemble des éléments de* $S(\mathfrak{h})$ *invariants pour l'action de* W. *Alors* $(\delta \circ \varphi) \mid Z$ *est un isomorphisme de* Z *sur* $S(\mathfrak{h})^W$, *indépendant du choix de* B.

a) Soient P_{++} l'ensemble des poids dominants de R, $w \in W$, $\lambda \in P_{++}$, $\mu = w\lambda$. Alors $Z(\mu - \rho)$ est isomorphe à un sous-module de $Z(\lambda - \rho)$ (§ 6, n° 3, cor. 2 de la prop. 6), et $\varphi(u)(\lambda - \rho) = \varphi(u)(\mu - \rho)$ pour tout $u \in Z$ (§ 6, n° 4, prop. 7). Ainsi, les fonctions polynomiales $(\delta \circ \varphi)(u)$ et $(\delta \circ \varphi)(u) \circ w$ sur $\mathfrak{h}^*$ coïncident sur P_{++}. Or P_{++} est *dense* dans $\mathfrak{h}^*$ pour la topologie de Zariski: cela se voit en identifiant $\mathfrak{h}^*$ à k^B grâce à la base formée par les poids fondamentaux ϖ_α, et en appliquant la prop. 9 de A, IV, § 2, n° 3. On a donc

$$(\delta \circ \varphi)(u) = (\delta \circ \varphi)(u) \circ w,$$

ce qui prouve bien que $(\delta \circ \varphi)(Z) \subset S(\mathfrak{h})^W$.

b) Soit η l'isomorphisme de $I(\mathfrak{g})$ sur $S(\mathfrak{h})^W$ défini au n° 3, cor. 2 du th. 1. Considérons l'isomorphisme canonique du $\mathfrak{g}$-module U sur le $\mathfrak{g}$-module $S(\mathfrak{g})$ (I, § 2, n° 8), et soit θ sa restriction à Z. On a $\theta(Z) = I(\mathfrak{g})$. Soit z un élément de Z de filtration $\leqslant f$ dans U.

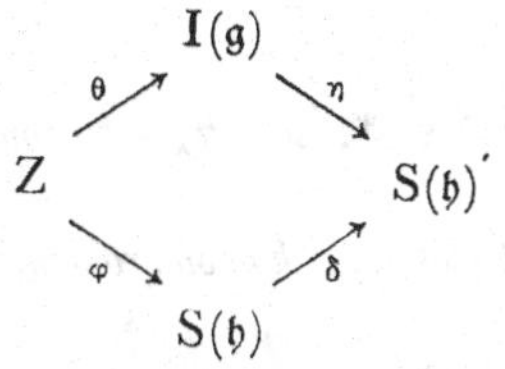

Introduisons les notations du § 6, n° 4, et posons

$$z = \sum_{\sum q_i + \sum m_i + \sum p_i \leqslant f} \lambda_{(q_i),(m_i),(p_i)} u((q_i), (m_i), (p_i)).$$

Soit $v((q_i), (m_i), (p_i))$ le monôme $X_{-\alpha_1}^{q_1} \ldots X_{-\alpha_n}^{q_n} H_1^{m_1} \ldots H_l^{m_l} X_{\alpha_1}^{p_1} \ldots X_{\alpha_n}^{p_n}$ calculé dans $\mathrm{S}(\mathfrak{g})$. En notant $\mathrm{S}_d(\mathfrak{g})$ la somme des composants homogènes de degrés $0, 1, \ldots, d$ de $\mathrm{S}(\mathfrak{g})$, on a

$$\theta(z) \equiv \sum_{\sum q_i + \sum m_i + \sum p_i = f} \lambda_{(q_i),(m_i),(p_i)} v((q_i), (m_i), (p_i)) \qquad (\text{mod. } \mathrm{S}_{f-1}(\mathfrak{g}))$$

d'où

$$(\eta \circ \theta)(z) \equiv \sum_{\sum m_i = f} \lambda_{(0),(m_i),(0)} v((0), (m_i), (0)) \qquad (\text{mod } \mathrm{S}_{f-1}(\mathfrak{h}))$$

et par suite

$$(3) \qquad (\eta \circ \theta)(z) \equiv \varphi(z) \qquad (\text{mod } \mathrm{S}_{f-1}(\mathfrak{h})).$$

c) Montrons que $\delta \circ \varphi : \mathrm{Z} \rightarrow \mathrm{S}(\mathfrak{h})^{\mathrm{W}}$ est bijectif. Les filtrations canoniques sur U et $\mathrm{S}(\mathfrak{g})$ induisent des filtrations sur Z, $\mathrm{I}(\mathfrak{g})$, $\mathrm{S}(\mathfrak{h})^{\mathrm{W}}$, et θ, η sont compatibles avec ces filtrations, de sorte que $\mathrm{gr}(\eta \circ \theta)$ est un isomorphisme de l'espace vectoriel $\mathrm{gr}(\mathrm{Z})$ sur l'espace vectoriel $\mathrm{gr}(\mathrm{S}(\mathfrak{h})^{\mathrm{W}})$. D'après (3), on a $\mathrm{gr}(\varphi) = \mathrm{gr}(\eta \circ \theta)$, et il est clair que $\mathrm{gr}(\delta)$ est l'identité. Donc $\mathrm{gr}(\delta \circ \varphi)$ est bijectif, de sorte que

$$\delta \circ \varphi : \mathrm{Z} \rightarrow \mathrm{S}(\mathfrak{h})^{\mathrm{W}}$$

est bijectif (AC, III, § 2, n° 8, cor. 1 et 2 du th. 1).

d) Reprenons les notations de *a*). Soient E un $\mathfrak{g}$-module simple de plus grand poids λ, et χ son caractère central (§ 6, n° 1, déf. 2). Soient φ' et δ' les homomorphismes analogues à φ et δ relativement à la base $w(\mathrm{B})$. Le plus grand poids de E relativement à $w(\mathrm{B})$ est $w(\lambda)$. D'après le § 6, n° 4, prop. 7, on a, pour tout $u \in \mathrm{Z}$,

$$\varphi(u)(\lambda) = \chi(u) = \varphi'(u)(w\lambda),$$

donc, d'après *a*),

$$\begin{aligned}(\delta \circ \varphi)(u)(w\lambda + w\rho) &= (\delta \circ \varphi)(u)(\lambda + \rho) = \varphi(u)(\lambda) = \varphi'(u)(w\lambda) \\ &= (\delta' \circ \varphi')(u)(w\lambda + w\rho).\end{aligned}$$

Ainsi les fonctions polynomiales $(\delta \circ \varphi)(u)$ et $(\delta' \circ \varphi')(u)$ coïncident sur $w(\mathrm{P}_{++}) + w\rho$, dont sont égales.

COROLLAIRE 1. — *Pour tout* $\lambda \in \mathfrak{h}^*$, *soit* χ_λ *l'homomorphisme* $z \mapsto (\varphi(z))(\lambda)$ *de* Z *dans* k.

(i) *Si* k *est algébriquement clos, tout homomorphisme de* Z *dans* k *est de la forme* χ_λ *pour un* $\lambda \in \mathfrak{h}^*$.

(ii) *Soient* $\lambda, \mu \in \mathfrak{h}^*$. *On a* $\chi_\lambda = \chi_\mu$ *si et seulement si* $\mu + \rho \in W(\lambda + \rho)$.

Si k est algébriquement clos, tout homomorphisme de $S(\mathfrak{h})^W$ dans k se prolonge en un homomorphisme de $S(\mathfrak{h})$ dans k (AC, V, § 1, n° 9, prop. 22, et § 2, n° 1, cor. 4 du th. 1), et tout homomorphisme de $S(\mathfrak{h})$ dans k est de la forme $f \mapsto f(\lambda)$ pour un $\lambda \in \mathfrak{h}^*$ (VII, App. I, prop. 1). Si χ est un homomorphisme de Z dans k, il existe alors (th. 2) un $\mu \in \mathfrak{h}^*$ tel que, pour tout $z \in Z$,

$$\chi(z) = ((\delta \circ \varphi)(z))(\mu) = (\varphi(z))(\mu - \rho)$$

d'où (i).

Soient $\lambda, \mu \in \mathfrak{h}^*$ et supposons que $\chi_\lambda = \chi_\mu$. Alors, pour tout $z \in Z$,

$$((\delta \circ \varphi)(z))(\lambda + \rho) = (\varphi(z))(\lambda) = \chi_\lambda(z) = \chi_\mu(z) = ((\delta \circ \varphi)(z))(\mu + \rho);$$

autrement dit, les homomorphismes de $S(\mathfrak{h})$ dans k définis par $\lambda + \rho$ et $\mu + \rho$ coïncident sur $S(\mathfrak{h})^W$; l'assertion (ii) résulte alors de AC, V, § 2, n° 2, cor. du th. 2.

COROLLAIRE 2. — *Soient* E, E′ *des* $\mathfrak{g}$*-modules simples de dimension finie, et* χ, χ' *leurs caractères centraux. Si* $\chi = \chi'$, E *et* E′ *sont isomorphes.*

Soient λ, λ' les plus grands poids de E, E′. D'après le § 6, n° 4, prop. 7, on a $\chi_\lambda = \chi = \chi' = \chi_{\lambda'}$, donc il existe $w \in W$ tel que $\lambda' + \rho = w(\lambda + \rho)$. Comme $\lambda + \rho$ et $\lambda' + \rho$ appartiennent à la chambre définie par B, on a $w = 1$. Donc $\lambda = \lambda'$, d'où le corollaire.

PROPOSITION 7. — *Pour toute classe* γ *de* $\mathfrak{g}$*-modules simples de dimension finie, soit* U_γ *la composante isotypique de type* γ *du* $\mathfrak{g}$*-module* U (*pour la représentation adjointe de* $\mathfrak{g}$ *dans* U). *Soit* γ_0 *la classe du* $\mathfrak{g}$*-module trivial de dimension* 1. *Soit* [U, U] *le sous-espace vectoriel de* U *engendré par les crochets de deux éléments de* U.

(i) U *est somme directe des* U_γ.

(ii) *On a* $U_{\gamma_0} = Z$, *et* $\sum_{\gamma \neq \gamma_0} U_\gamma = [U, U]$.

(iii) *Soit* $u \mapsto u^\natural$ *le projecteur de* U *sur* Z *défini par la décomposition* $U = Z \oplus [U, U]$. *Si* $u \in U$ *et* $v \in U$, *on a* $(uv)^\natural = (vu)^\natural$. *Si* $u \in U$ *et* $z \in Z$, *on a* $(uz)^\natural = u^\natural z$.

(iv) *Soit* φ *l'homomorphisme de Harish-Chandra. Soient* $\lambda \in P_{++}$, E *un* $\mathfrak{g}$*-module simple de dimension finie de plus grand poids* λ. *Pour tout* $u \in U$, *on a*

$$\frac{1}{\dim E} \operatorname{Tr}(u_E) = (\varphi(u^\natural))(\lambda).$$

Le $\mathfrak{g}$-module U est somme de sous-modules de dimension finie. Cela entraîne (i).

Il est clair que $U_{\gamma_0} = Z$. Soit U′ un sous-espace vectoriel de U définissant une sous-représentation de classe γ de la représentation adjointe. On a $[\mathfrak{g}, U'] = U'$ ou $[\mathfrak{g}, U'] = 0$. Si $\gamma \neq \gamma_0$, on a donc $[\mathfrak{g}, U'] = U'$, de sorte que $\sum_{\gamma \neq \gamma_0} U_\gamma \subset [U, U]$.

D'autre part, si $u \in U$ et $x_1, \ldots, x_n \in \mathfrak{g}$, on a

$$[x_1 \ldots x_n, u] = (x_1 \ldots x_n u - x_2 \ldots x_n u x_1) + (x_2 \ldots x_n u x_1 - x_3 \ldots x_n u x_1 x_2) + \cdots + (x_n u x_1 \ldots x_{n-1} - u x_1 \ldots x_n) \in [\mathfrak{g}, U].$$

Donc $[U, U] \subset \left[\mathfrak{g}, \sum_{\gamma} U_\gamma\right] = \left[\mathfrak{g}, \sum_{\gamma \neq \gamma_0} U_\gamma\right] \subset \sum_{\gamma \neq \gamma_0} U_\gamma$. On a donc prouvé (ii). Dans ces conditions, (iii) résulte de I, § 6, n° 9, lemme 5.

Enfin, soient E, λ comme dans (iv). On a

$$\begin{aligned} \operatorname{Tr}(u_E) &= \operatorname{Tr}((u^\natural)_E) && \text{car } u - u^\natural \in [U, U] \\ &= \operatorname{Tr}(\varphi(u^\natural)(\lambda) . 1) && (\S\ 6, \text{n}^\circ\ 4, \text{prop. } 7) \\ &= (\dim E) . \varphi(u^\natural)(\lambda). \end{aligned}$$

§ 9. La formule de Hermann Weyl

Dans ce paragraphe, on reprend les notations générales du § 6 *et du* § 7.

1. Caractères des $\mathfrak{g}$-modules de dimension finie

Soit $(e^\lambda)_{\lambda \in \mathfrak{h}^*}$ la base canonique de l'anneau $\mathbf{Z}[\mathfrak{h}^*]$. Munissons l'espace $\mathbf{Z}^{\mathfrak{h}^*}$ de toutes les applications de $\mathfrak{h}^*$ dans $\mathbf{Z}$ de la topologie produit des topologies discrètes sur les facteurs. Si $\varphi \in \mathbf{Z}^{\mathfrak{h}^*}$, la famille $(\varphi(\nu)e^\nu)_{\nu \in \mathfrak{h}^*}$ est sommable, et

$$\varphi = \sum_{\nu \in \mathfrak{h}^*} \varphi(\nu) e^\nu.$$

Soit $\mathbf{Z}\langle P \rangle$ l'ensemble des $\varphi \in \mathbf{Z}^{\mathfrak{h}^*}$ dont le support est contenu dans une réunion finie d'ensembles de la forme $\nu - P_+$, où $\nu \in \mathfrak{h}^*$. On a $\mathbf{Z}[P] \subset \mathbf{Z}\langle P \rangle \subset \mathbf{Z}^{\mathfrak{h}^*}$. On définit dans $\mathbf{Z}\langle P \rangle$ une structure d'anneau prolongeant celle de $\mathbf{Z}[P]$ en posant, pour $\varphi, \psi \in \mathbf{Z}\langle P \rangle$ et $\nu \in \mathfrak{h}^*$,

$$(\varphi\psi)(\nu) = \sum_{\mu \in \mathfrak{h}^*} \varphi(\mu)\psi(\nu - \mu)$$

(la famille $(\varphi(\mu)\psi(\nu - \mu))_{\mu \in \mathfrak{h}^*}$ est à support fini, à cause de la condition vérifiée par les supports de φ et ψ). Si $\varphi = \sum_\nu x_\nu e^\nu$ et $\psi = \sum_\nu y_\nu e^\nu$, alors $\varphi\psi = \sum_{\nu,\mu} x_\nu y_\mu e^{\nu+\mu}$.

Soit $\nu \in \mathfrak{h}^*$. On appelle *partition de* ν *en racines positives* une famille $(n_\alpha)_{\alpha \in R_+}$, où les n_α sont des entiers $\geqslant 0$ tels que $\nu = \sum_{\alpha \in R_+} n_\alpha \alpha$. *On notera* $\mathfrak{P}(\nu)$ *le nombre de partitions de* ν *en racines positives.* On a

$$\mathfrak{P}(\nu) > 0 \Leftrightarrow \nu \in Q_+.$$

Dans ce paragraphe, on notera K l'élément suivant de $\mathbf{Z}\langle P\rangle$.

$$K = \sum_{\gamma \in Q_+} \mathfrak{P}(\gamma) e^{-\gamma}.$$

Rappelons par ailleurs (VI, § 3, n° 3, prop. 2) que

$$d = \prod_{\alpha \in R_+} (e^{\alpha/2} - e^{-\alpha/2}) = \sum_{w \in W} \varepsilon(w) e^{w\rho}$$

est un élément anti-invariant de $\mathbf{Z}[P]$.

Lemme 1. — *Dans l'anneau* $\mathbf{Z}\langle P\rangle$, *on a* $K . \prod_{\alpha \in R_+} (1 - e^{-\alpha}) = Ke^{-\rho}d = 1.$

En effet,

$$K = \prod_{\alpha \in R_+} (e^0 + e^{-\alpha} + e^{-2\alpha} + \cdots)$$

donc

$$Ke^{-\rho}d = \prod_{\alpha \in R_+} (1 + e^{-\alpha} + e^{-2\alpha} + \cdots) \prod_{\alpha \in R_+} (1 - e^{-\alpha}) = 1.$$

Lemme 2. — *Soit* $\lambda \in \mathfrak{h}^*$. *Le module* $Z(\lambda)$ (§ 6, n° 3) *admet un caractère* $\operatorname{ch} Z(\lambda)$ *qui est un élément de* $\mathbf{Z}\langle P\rangle$, *et l'on a* $d.\operatorname{ch} Z(\lambda) = e^{\lambda+\rho}$.

Soient $\alpha_1, \ldots, \alpha_q$ les éléments, deux à deux distincts, de R_+. Les $X_{-\alpha_1}^{n_1} X_{-\alpha_2}^{n_2} \ldots X_{-\alpha_q}^{n_q} \otimes 1$ forment une base de $Z(\lambda)$ (§ 6, prop. 6 (iii)). Pour $h \in \mathfrak{h}$, on a

$$\begin{aligned} h . (X_{-\alpha_1}^{n_1} X_{-\alpha_2}^{n_2} \ldots X_{-\alpha_q}^{n_q} \otimes 1) &= [h, X_{-\alpha_1}^{n_1} \ldots X_{-\alpha_q}^{n_q}] \otimes 1 + (X_{-\alpha_1}^{n_1} \ldots X_{-\alpha_q}^{n_q}) \otimes h . 1 \\ &= (\lambda - n_1\alpha_1 - \cdots - n_q\alpha_q)(h)(X_{-\alpha_1}^{n_1} \ldots X_{-\alpha_q}^{n_q} \otimes 1). \end{aligned}$$

La dimension de $Z(\lambda)^{\lambda-\mu}$ est donc $\mathfrak{P}(\mu)$. Cela prouve que $\operatorname{ch} Z(\lambda)$ est défini, est un élément de $\mathbf{Z}\langle P\rangle$, et que

$$\operatorname{ch} Z(\lambda) = \sum_{\mu} \mathfrak{P}(\mu) e^{\lambda-\mu} = Ke^{\lambda}.$$

Il suffit alors d'appliquer le lemme 1.

Lemme 3. — *Soit* M *un* $\mathfrak{g}$-*module admettant un caractère* ch(M) *dont le support est contenu dans une réunion finie d'ensembles* $\mu - P_+$. *Soient* U *l'algèbre enveloppante de* $\mathfrak{g}$, Z *le centre de* U, $\lambda_0 \in \mathfrak{h}^*$, χ_{λ_0} *l'homomorphisme correspondant de* Z *dans* k (§ 8, cor. 1 du th. 2). *On suppose que, pour tout* $z \in Z$, z_M *est l'homothétie de rapport* $\chi_{\lambda_0}(z)$. *Soit* D_M *l'ensemble des* $\lambda \in W(\lambda_0 + \rho) - \rho$ *tels que* $\lambda + Q_+$ *rencontre* Supp(ch M). *Alors* ch(M) *est combinaison* $\mathbf{Z}$-*linéaire des* $\operatorname{ch} Z(\lambda)$ *pour* $\lambda \in D_M$.

Si Supp(ch M) est vide, le lemme est évident. Supposons Supp(ch M) $\neq \emptyset$. Soit λ un élément maximal de ce support, et posons $\dim M^{\lambda} = m$. Il existe un $\mathfrak{g}$-homomorphisme φ de $(Z(\lambda))^m$ dans M qui applique bijectivement $(Z(\lambda)^{\lambda})^m$ sur

M^λ (§ 6, n° 3, prop. 6 (i)). Le caractère central de $Z(\lambda)$ est donc χ_{λ_0}, d'où $\lambda \in W(\lambda_0 + \rho) - \rho$ (§ 8, n° 5, cor. 1 du th. 2). Cela prouve que $D_M \neq \emptyset$, et permet de raisonner par récurrence sur Card D_M. Soient L, N le noyau et le conoyau de φ. On a donc une suite exacte de $\mathfrak{g}$-homomorphismes:

$$0 \to L \to (Z(\lambda))^m \to M \to N \to 0$$

d'où

$$\mathrm{ch}(M) = -\mathrm{ch}(L) + m\,\mathrm{ch}\,Z(\lambda) + \mathrm{ch}(N)$$

(§ 7, n° 7, formule (6)). Les ensembles Supp(ch L) et Supp(ch N) sont contenus dans une réunion finie d'ensembles $\mu - P_+$. Pour $z \in Z$, z_L et z_N sont des homothéties de rapport $\chi_{\lambda_0}(z)$. On a évidemment $D_N \subset D_M$. D'autre part, $(\lambda + Q_+) \cap \mathrm{Supp}(\mathrm{ch}\,M) = \{\lambda\}$, et $\lambda \notin \mathrm{Supp}(\mathrm{ch}\,N)$, donc $\lambda \notin D_N$ et

$$\mathrm{Card}\,D_N < \mathrm{Card}\,D_M.$$

D'autre part, L est un sous-module de $(Z(\lambda))^m$; si $\lambda' \in D_L$, $\lambda' + Q_+$ rencontre $\mathrm{Supp}(\mathrm{ch}\,L) \subset \mathrm{Supp}\,\mathrm{ch}\,Z(\lambda)$, donc $\lambda \in \lambda' + Q_+$ (§ 6, n° 1, prop. 1 (ii)); il en résulte que $D_L \subset D_M$. Comme $L \cap (Z(\lambda)^\lambda)^m = 0$, on a $\lambda \notin D_L$, donc

$$\mathrm{Card}\,D_L < \mathrm{Card}\,D_M.$$

Il suffit alors d'appliquer l'hypothèse de récurrence.

THÉORÈME 1 (*formule des caractères de H. Weyl*). — *Soient* M *un* $\mathfrak{g}$*-module simple de dimension finie,* λ *son plus grand poids. On a*

$$\Big(\sum_{w \in W} \varepsilon(w) e^{w\rho}\Big) \,.\, \mathrm{ch}\,M = \sum_{w \in W} \varepsilon(w) e^{w(\lambda+\rho)}.$$

Avec les notations du lemme 3, le caractère central de M est χ_λ (§ 6, n° 4, prop. 7). Donc, d'après les lemmes 2 et 3, $d.\mathrm{ch}\,M$ est combinaison **Z**-linéaire des $e^{\mu+\rho}$ tels que

$$\mu + \rho \in W(\lambda + \rho).$$

D'autre part, d'après le § 7, n° 7, lemme 7, $d\,.\,\mathrm{ch}\,M$ est anti-invariant, et son unique terme maximal est $e^{\lambda+\rho}$, d'où le théorème.

Exemple. — *Prenons* $\mathfrak{g} = \mathfrak{sl}(2, k)$, $\mathfrak{h} = kH$. Soit α la racine de $(\mathfrak{g}, \mathfrak{h})$ telle que $\alpha(H) = 2$. Le $\mathfrak{g}$-module $V(m)$ admet $(m/2)\alpha$ comme plus grand poids. Donc

$$\begin{aligned}\mathrm{ch}(V(m)) &= (e^{(m/2)\alpha + \frac{1}{2}\alpha} - e^{-(m/2)\alpha - \frac{1}{2}\alpha})/(e^{\frac{1}{2}\alpha} - e^{-\frac{1}{2}\alpha}) \\ &= e^{-(m/2)\alpha} \,.\, (e^{(m+1)\alpha} - 1)/(e^{\alpha} - 1) \\ &= e^{-(m/2)\alpha}(e^{m\alpha} + e^{(m-1)\alpha} + \cdots + 1) \\ &= e^{(m/2)/\alpha} + e^{(m-2)\alpha/2} + \cdots + e^{-(m/2)\alpha}\end{aligned}$$

ce qui résulte d'ailleurs facilement du § 1, n° 2, prop. 2.

2. Dimension des $\mathfrak{g}$-modules simples

Si $\mu \in \mathfrak{h}^*$, on pose $J(e^\mu) = \sum_{w \in W} \varepsilon(w) e^{w\mu}$, cf. VI, § 3, n° 3.

THÉORÈME 2. — *Soient* E *un* $\mathfrak{g}$*-module simple de dimension finie,* λ *son plus grand poids et* $(.\,|\,.)$ *une forme bilinéaire symétrique positive non dégénérée* W*-invariante sur* $\mathfrak{h}^*$. *On a*:

$$\dim E = \prod_{\alpha \in R_+} \frac{\langle \lambda + \rho, H_\alpha \rangle}{\langle \rho, H_\alpha \rangle} = \prod_{\alpha \in R_+} \left(1 + \frac{(\lambda \mid \alpha)}{(\rho \mid \alpha)}\right).$$

Soit T une indéterminée. Pour tout $\nu \in P$, on note f_ν l'homomorphisme de $\mathbf{Z}[P]$ dans $\mathbf{R}[[T]]$ qui applique e^μ sur $e^{(\nu \mid \mu)T}$ quel que soit $\mu \in P$. Alors dim E est le terme constant de la série $f_\nu(\operatorname{ch} E)$.

Quels que soient $\mu, \nu \in P$, on a

$$\begin{aligned} f_\nu(J(e^\mu)) &= \sum_{w \in W} \varepsilon(w) e^{(\nu \mid w\mu)T} \\ &= \sum_{w \in W} \varepsilon(w) e^{(w^{-1}\nu \mid \mu)T} = f_\mu(J(e^\nu)). \end{aligned}$$

En particulier, compte tenu de VI, § 3, n° 3, formule (3), on a

$$f_\rho(J(e^\mu)) = f_\mu(J(e^\rho)) = e^{(\mu \mid \rho)T} \prod_{\alpha \in R_+} (1 - e^{-(\mu \mid \alpha)T}).$$

Donc, en posant $\operatorname{Card}(R_+) = N$,

$$f_\rho(J(e^\mu)) \equiv T^N \prod_{\alpha \in R} (\mu \mid \alpha) \qquad (\bmod\ T^{N+1}\mathbf{R}[[T]]).$$

L'égalité $J(e^{\lambda+\rho}) = \operatorname{ch}(E) \,.\, J(e^\rho)$ (th. 1) entraîne alors

$$T^N \prod_{\alpha \in R_+} (\lambda + \rho \mid \alpha) \equiv f_\rho(\operatorname{ch} E) \,.\, T^N \prod_{\alpha \in R_+} (\rho \mid \alpha) \qquad (\bmod\ T^{N+1}\mathbf{R}[[T]])$$

d'où

$$\dim E = \Big(\prod_{\alpha \in R_+} (\lambda + \rho \mid \alpha)\Big) \Big/ \Big(\prod_{\alpha \in R_+} (\rho \mid \alpha)\Big) = \prod_{\alpha \in R_+} \left(1 + \frac{(\lambda \mid \alpha)}{(\rho \mid \alpha)}\right).$$

Or, si $\alpha \in R_+$, α s'identifie à un élément de $\mathfrak{h}_{\mathbf{R}}$ proportionnel à H_α, donc

$$(\lambda + \rho \mid \alpha)/(\rho \mid \alpha) = \langle \lambda + \rho, H_\alpha \rangle / \langle \rho, H_\alpha \rangle.$$

Exemples. — 1) Reprenons l'exemple du n° 1. On trouve

$$\dim V(m) = \left(\frac{m}{2}\alpha + \frac{\alpha}{2}\right)(H_\alpha) \Big/ \frac{\alpha}{2}(H_\alpha) = m + 1,$$

ce qu'on savait depuis le § 1.

2) Prenons pour $\mathfrak{g}$ l'algèbre de Lie simple déployable de type G_2 et adoptons

les notations de VI, planche IX. Munissons $\mathfrak{h}_{\mathbf{R}}^*$ de la forme symétrique positive W-invariante $(\,.\mid .\,)$ telle que $(\alpha_1 \mid \alpha_1) = 1$. Alors on a $\rho = \varpi_1 + \varpi_2$ et

$$(\varpi_1 \mid \alpha_1) = \tfrac{1}{2}, \quad (\varpi_1 \mid \alpha_2) = 0, \quad (\varpi_1 \mid \alpha_2 + \alpha_1) = \tfrac{1}{2},$$
$$(\varpi_1 \mid \alpha_2 + 2\alpha_1) = 1, \quad (\varpi_1 \mid \alpha_2 + 3\alpha_1) = \tfrac{3}{2}, \quad (\varpi_1 \mid 2\alpha_2 + 3\alpha_1) = \tfrac{3}{2},$$
$$(\varpi_2 \mid \alpha_1) = 0, \quad (\varpi_2 \mid \alpha_2) = \tfrac{3}{2}, \quad (\varpi_2 \mid \alpha_2 + \alpha_1) = \tfrac{3}{2},$$
$$(\varpi_2 \mid \alpha_2 + 2\alpha_1) = \tfrac{3}{2}, \quad (\varpi_2 \mid \alpha_2 + 3\alpha_1) = \tfrac{3}{2}, \quad (\varpi_2 \mid 2\alpha_2 + 3\alpha_1) = 3.$$

Donc, si n_1, n_2 sont des entiers $\geqslant 0$, la dimension de la représentation simple de plus grand poids $n_1\varpi_1 + n_2\varpi_2$ est:

$$\left(1 + \frac{n_1/2}{\frac{1}{2}}\right)\left(1 + \frac{3n_2/2}{\frac{3}{2}}\right)\left(1 + \frac{n_1/2 + 3n_2/2}{\frac{1}{2} + \frac{3}{2}}\right)\left(1 + \frac{n_1 + 3n_2/2}{1 + \frac{3}{2}}\right)$$
$$\times\left(1 + \frac{3n_1/2 + 3n_2/2}{\frac{3}{2} + \frac{3}{2}}\right)\left(1 + \frac{3n_1/2 + 3n_2}{\frac{3}{2} + 3}\right)$$
$$= (1 + n_1)(1 + n_2)\left(1 + \frac{n_1 + 3n_2}{4}\right)\left(1 + \frac{2n_1 + 3n_2}{5}\right)\left(1 + \frac{n_1 + n_2}{2}\right)\left(1 + \frac{n_1 + 2n_2}{3}\right)$$
$$= \frac{(1 + n_1)(1 + n_2)(2 + n_1 + n_2)(3 + n_1 + 2n_2)(4 + n_1 + 3n_2)(5 + 2n_1 + 3n_2)}{5!}.$$

En particulier, la représentation fondamentale de plus grand poids ϖ_1 (resp. ϖ_2) a pour dimension 7 (resp. 14).

3. Multiplicité des poids des $\mathfrak{g}$-modules simples

PROPOSITION 1. — *Soit* $\omega \in \mathrm{P}_{++}$. *Quel que soit* $\lambda \in \mathrm{P}$, *la multiplicité de* λ *dans* $\mathrm{E}(\omega)$ *est*

$$m_\lambda = \sum_{w \in \mathrm{W}} \varepsilon(w)\mathfrak{P}(w(\omega + \rho) - (\lambda + \rho)).$$

D'après le th. 1 et le lemme 1, on a

$$\mathrm{ch}\,\mathrm{E}(\omega) = \mathrm{K}e^{-\rho}d\,\mathrm{ch}\,\mathrm{E}(\omega) = \mathrm{K}e^{-\rho} \sum_{w \in \mathrm{W}} \varepsilon(w)e^{w(\omega+\rho)}$$

d'où

$$\mathrm{ch}\,\mathrm{E}(\omega) = \sum_{w \in \mathrm{W},\, \gamma \in \mathrm{Q}_+} \varepsilon(w)\mathfrak{P}(\gamma)e^{-\rho + w(\omega+\rho) - \gamma}$$

et

$$m_\lambda = \sum_{w \in \mathrm{W},\, \gamma \in \mathrm{Q}_+,\, \gamma = -\lambda - \rho + w(\omega + \rho)} \varepsilon(w)\mathfrak{P}(\gamma).$$

COROLLAIRE. — *On a, si* λ *est un poids de* $\mathrm{E}(\omega)$ *distinct de* ω,

$$m_\lambda = - \sum_{w \in \mathrm{W},\, w \neq 1} \varepsilon(w)m_{\lambda + \rho - w\rho}.$$

Appliquons la prop. 1 avec $\omega = 0$. Si $\mu \in P - \{0\}$, on obtient

$$0 = \sum_{w \in W} \varepsilon(w)\mathfrak{P}(w\rho + \mu - \rho)$$

d'où

$$\mathfrak{P}(\mu) = - \sum_{w \in W,\, w \neq 1} \varepsilon(w)\mathfrak{P}(\mu + w\rho - \rho). \tag{1}$$

La prop. 1 donne alors

$$m_\lambda = - \sum_{w \in W} \varepsilon(w) \sum_{w' \in W,\, w' \neq 1} \varepsilon(w')\mathfrak{P}(w(\omega + \rho) - (\lambda + \rho) + w'\rho - \rho)$$

car $w(\omega + \rho) \neq \lambda + \rho$ pour tout $w \in W$ (§ 7, prop. 5 (iii)). Donc

$$\begin{aligned} m_\lambda &= - \sum_{w' \in W,\, w' \neq 1} \varepsilon(w') \sum_{w \in W} \varepsilon(w)\mathfrak{P}(w(\omega + \rho) - (\lambda + \rho - w'\rho + \rho)) \\ &= - \sum_{w' \in W,\, w' \neq 1} \varepsilon(w')m_{\lambda + \rho - w'\rho} \text{ (prop. 1).} \end{aligned}$$

4. Décomposition du produit tensoriel de deux $\mathfrak{g}$-modules simples

Proposition 2. — *Soient $\lambda, \mu \in P_{++}$. Dans $\mathscr{R}(\mathfrak{g})$, on a*

$$[\lambda] \cdot [\mu] = \sum_{\nu \in P_{++}} m(\lambda, \mu, \nu)[\nu]$$

avec

$$m(\lambda, \mu, \nu) = \sum_{w, w' \in W} \varepsilon(ww')\mathfrak{P}(w(\lambda + \rho) + w'(\mu + \rho) - (\nu + 2\rho)).$$

Soient E, F des $\mathfrak{g}$-modules simples de dimension finie de plus grands poids λ, μ. Soit l_ν la longueur de la composante isotypique de plus grand poids ν dans $E \otimes F$. Il s'agit de montrer que

$$l_\nu = \sum_{w, w' \in W} \varepsilon(ww')\mathfrak{P}(w(\lambda + \rho) + w'(\mu + \rho) - (\nu + 2\rho)). \tag{2}$$

Posons $c_1 = \mathrm{ch}(E) = \sum_{\sigma \in P} m_\sigma e^\sigma$, $c_2 = \mathrm{ch}(F)$, $d = J(e^\rho)$ où J est défini comme au n° 2. On a

$$\sum_{\xi \in P_{++}} l_\xi \,\mathrm{ch}[\xi] = \mathrm{ch}(E \otimes F) = c_1 c_2$$

d'où, après multiplication par d et utilisation du th. 1,

$$\begin{aligned} \sum_{\xi \in P_{++}} l_\xi J(e^{\xi + \rho}) = c_1 J(e^{\mu + \rho}) &= \Big(\sum_{\sigma \in P} m_\sigma e^\sigma\Big)\Big(\sum_{w \in W} \varepsilon(w) e^{w(\mu + \rho)}\Big) \\ &= \sum_{\tau \in P} \Big(\sum_{w \in W} \varepsilon(w) m_{\tau + \rho - w(\mu + \rho)}\Big) e^{\tau + \rho}. \end{aligned} \tag{3}$$

Or, si $\xi \in P_{++}$, $\xi + \rho$ appartient à la chambre définie par B (VI, § 1, n° 10);

pour tout $w \in W$ distinct de 1, on a donc $w(\xi + \rho) \notin P_{++}$. Le coefficient de $e^{\nu+\rho}$ dans $\sum_{\xi \in P_{++}} l_\xi J(e^{\xi+\rho})$ est par suite égal à l_ν. Compte tenu de (3), on obtient

$$l_\nu = \sum_{w \in W} \varepsilon(w) m_{\nu+\rho-w(\mu+\rho)}$$

soit, d'après la prop. 1

$$l_\nu = \sum_{w, w' \in W} \varepsilon(w)\varepsilon(w')\mathfrak{P}(w'(\lambda + \rho) - (\nu + \rho - w(\mu + \rho) + \rho))$$

ce qui prouve (2).

Exemple. — Reprenons l'exemple du n° 1. Soient $\lambda = (n/2)\alpha$, $\mu = (p/2)\alpha$, $\nu = (q/2)\alpha$ avec $n \geqslant p$. On a

$$\begin{aligned} m(\lambda, \mu, \nu) = {} & \mathfrak{P}\left(\frac{n}{2}\alpha + \frac{\alpha}{2} + \frac{p}{2}\alpha + \frac{\alpha}{2} - \frac{q}{2}\alpha - \alpha\right) \\ & - \mathfrak{P}\left(\frac{n}{2}\alpha + \frac{\alpha}{2} - \frac{p}{2}\alpha - \frac{\alpha}{2} - \frac{q}{2}\alpha - \alpha\right) \\ & - \mathfrak{P}\left(-\frac{n}{2}\alpha - \frac{\alpha}{2} + \frac{p}{2}\alpha + \frac{\alpha}{2} - \frac{q}{2}\alpha - \alpha\right) \\ & + \mathfrak{P}\left(-\frac{n}{2}\alpha - \frac{\alpha}{2} - \frac{p}{2}\alpha - \frac{\alpha}{2} - \frac{q}{2}\alpha - \alpha\right) \\ = {} & \mathfrak{P}\left(\frac{n + p - q}{2}\alpha\right) - \mathfrak{P}\left(\frac{n - p - q - 2}{2}\alpha\right). \end{aligned}$$

Cela est nul si $n + p + q$ n'est pas divisible par 2, ou si $q \geqslant n + p$. Si

$$q = n + p - 2r$$

avec r entier $\geqslant 0$, on a

$$m(\lambda, \mu, \nu) = \mathfrak{P}(r\alpha) - \mathfrak{P}((r - p - 1)\alpha)$$

donc $m(\lambda, \mu, \nu) = 1$ si $r \leqslant p$ et $m(\lambda, \mu, \nu) = 0$ si $r > p$. En définitive, le $\mathfrak{g}$-module $V(n) \otimes V(p)$ est isomorphe à

$$V(n + p) \oplus V(n + p - 2) \oplus V(n + p - 4) \oplus \cdots \oplus V(n - p)$$

(*formule de Clebsch–Gordan*).

§ 10. Sous-algèbres maximales des algèbres de Lie semi-simples

THÉORÈME 1. — *Soient* V *un espace vectoriel de dimension finie,* $\mathfrak{g}$ *une sous-algèbre de Lie réductive dans* $\mathfrak{gl}(V)$, $\mathfrak{q}$ *une sous-algèbre de Lie de* $\mathfrak{g}$ *et* Φ *la forme bilinéaire* $(x, y) \mapsto$

$\mathrm{Tr}(xy)$ *sur* $\mathfrak{g} \times \mathfrak{g}$. *On suppose que l'orthogonal* $\mathfrak{n}$ *de* $\mathfrak{q}$ *par rapport à* Φ *est une sous-algèbre de Lie de* $\mathfrak{g}$ *composée d'endomorphismes nilpotents de* V. *Alors,* $\mathfrak{q}$ *est une sous-algèbre parabolique de* $\mathfrak{g}$.

a) $\mathfrak{q}$ *est le normalisateur de* $\mathfrak{n}$ *dans* $\mathfrak{g}$: soit $\mathfrak{p}$ ce normalisateur. Soient $x \in \mathfrak{q}$ et $y \in \mathfrak{n}$; pour tout $z \in \mathfrak{q}$, on a $[z, x] \in \mathfrak{q}$, d'où

$$\Phi([x, y], z) = \Phi(y, [z, x]) = 0;$$

autrement dit, on a $[x, y] \in \mathfrak{n}$. On a donc $\mathfrak{q} \subset \mathfrak{p}$. Comme $\mathfrak{n}$ est un idéal de $\mathfrak{p}$ composé d'endomorphismes nilpotents de V, $\mathfrak{p}$ est orthogonal à $\mathfrak{n}$ par rapport à Φ (I, § 4, n° 3, prop. 4, *d*)). Comme Φ est non dégénérée[1], on a donc $\mathfrak{p} \subset \mathfrak{q}$, d'où notre assertion.

b) *Il existe une sous-algèbre de Lie* $\mathfrak{m}$ *réductive dans* $\mathfrak{gl}(V)$ *telle que* $\mathfrak{q}$ *soit produit semi-direct de* $\mathfrak{m}$ *et* $\mathfrak{n}$: soit $\mathfrak{n}_V(\mathfrak{q})$ le plus grand idéal de $\mathfrak{q}$ formé d'endomorphismes nilpotents de V. Alors $\mathfrak{n}_V(\mathfrak{q})$ contient $\mathfrak{n}$, et il est orthogonal à $\mathfrak{q}$ (*loc. cit.*); on a donc $\mathfrak{n} = \mathfrak{n}_V(\mathfrak{q})$. De plus, $\mathfrak{g}$ est réductive dans $\mathfrak{gl}(V)$ par hypothèse, donc scindable (VII, § 5, n° 1, prop. 2); comme $\mathfrak{q}$ est l'intersection de $\mathfrak{g}$ avec le normalisateur de $\mathfrak{n}$ dans $\mathfrak{gl}(V)$, c'est une algèbre de Lie scindable (*loc. cit.*, cor. 1 de la prop. 3). Notre assertion résulte alors de la prop. 7 de VII, § 5, n° 3.

On choisit une sous-algèbre de Cartan $\mathfrak{h}$ de $\mathfrak{m}$; on note $\mathfrak{g}_1$ le commutant de $\mathfrak{h}$ dans $\mathfrak{g}$, et l'on pose $\mathfrak{q}_1 = \mathfrak{q} \cap \mathfrak{g}_1$, $\mathfrak{n}_1 = \mathfrak{n} \cap \mathfrak{g}_1$.

c) *Les algèbres de Lie* $\mathfrak{g}_1$, $\mathfrak{q}_1$ *et* $\mathfrak{n}_1$ *satisfont aux mêmes hypothèses que* $\mathfrak{g}$, $\mathfrak{q}$ *et* $\mathfrak{n}$: comme $\mathfrak{m}$ est réductive dans $\mathfrak{gl}(V)$, $\mathfrak{h}$ est commutative et se compose d'endomorphismes semi-simples de V (VII, § 2, n° 4, cor. 3 du th. 2). Alors $\mathfrak{g}_1 = \mathfrak{g}^0(\mathfrak{h})$ est réductive dans $\mathfrak{g}$ (VII, § 1, n° 3, prop. 11), donc aussi dans $\mathfrak{gl}(V)$ (I, § 6, n° 6, cor. 2 de la prop. 7). Il est clair que $\mathfrak{n}_1$ se compose d'endomorphismes nilpotents de V. Comme $\mathfrak{h}$ est une sous-algèbre de $\mathfrak{q}$, réductive dans $\mathfrak{gl}(V)$, la représentation adjointe de $\mathfrak{h}$ dans $\mathfrak{q}$ est semi-simple; par construction, $\mathfrak{q}_1$ est l'ensemble des invariants de $\mathrm{ad}_{\mathfrak{q}}(\mathfrak{h})$, d'où $\mathfrak{q} = \mathfrak{q}_1 + [\mathfrak{h}, \mathfrak{q}]$ (I, § 3, n° 5, prop. 6). Comme on a

$$\Phi(\mathfrak{g}_1, [\mathfrak{h}, \mathfrak{q}]) = \Phi([\mathfrak{h}, \mathfrak{g}_1], \mathfrak{q}) = 0,$$

un élément de $\mathfrak{g}_1$ est orthogonal à $\mathfrak{q}_1$ si et seulement s'il est orthogonal à $\mathfrak{q}$; par suite, $\mathfrak{n}_1 = \mathfrak{g}_1 \cap \mathfrak{n}$ est l'orthogonal de $\mathfrak{q}_1$ dans $\mathfrak{g}_1$.

d) *La sous-algèbre de Cartan* $\mathfrak{h}$ *de* $\mathfrak{m}$ *est une sous-algèbre de Cartan de* $\mathfrak{g}$: On a $\mathfrak{q} = \mathfrak{m} \oplus \mathfrak{n}$ et $\mathfrak{h} = \mathfrak{m} \cap \mathfrak{g}_1$, d'où immédiatement $\mathfrak{q}_1 = \mathfrak{h} \oplus \mathfrak{n}_1$. De plus, on a $[\mathfrak{h}, \mathfrak{n}_1] = 0$, $\mathfrak{h}$ est commutative et $\mathfrak{n}_1$ est nilpotente, donc l'algèbre de Lie $\mathfrak{q}_1$ est nilpotente. D'après *a*) et *c*), $\mathfrak{q}_1$ est le normalisateur de $\mathfrak{n}_1$ dans $\mathfrak{g}_1$; *a fortiori*, $\mathfrak{q}_1$ est égal à son normalisateur dans $\mathfrak{g}_1$, donc c'est une sous-algèbre de Cartan de $\mathfrak{g}_1$. Comme $\mathfrak{g}_1$ est réductive dans $\mathfrak{gl}(V)$, il résulte du cor. 3 du th. 2 de VII, § 2, n° 4, que $\mathfrak{q}_1$ se

[1] Soit $\mathfrak{z}$ l'orthogonal de $\mathfrak{g}$ pour Φ; c'est un idéal de $\mathfrak{g}$ contenu dans $\mathfrak{n}$, donc tout élément de $\mathfrak{z}$ est nilpotent. La représentation identique de $\mathfrak{g}$ est semi-simple (I, §6, cor 1 de la prop. 7). Donc $z = 0$ (I, § 4, n° 3, lemme 2).

compose d'endomorphismes semi-simples de V; comme $\mathfrak{n}_1$ se compose d'endomorphismes nilpotents de V, on a donc $\mathfrak{n}_1 = 0$. Par suite, $\mathfrak{h} = \mathfrak{q}_1$ est une sous-algèbre de Cartan de $\mathfrak{g}_1$, et comme $\mathfrak{g}_1$ normalise $\mathfrak{h}$, on a $\mathfrak{h} = \mathfrak{g}_1$. On a donc prouvé que tout élément de $\mathfrak{h}$ est un élément semi-simple de $\mathfrak{g}$, et que le commutant de $\mathfrak{h}$ dans $\mathfrak{g}$ est égal à $\mathfrak{h}$; on en déduit $\mathfrak{h} = \mathfrak{g}^0(\mathfrak{h})$, donc $\mathfrak{h}$ est une sous-algèbre de Cartan de $\mathfrak{g}$.

e) $\mathfrak{q}$ *est une sous-algèbre parabolique de* $\mathfrak{g}$: d'après ce qui précède, $\mathfrak{h}$ est une sous-algèbre de Cartan de $\mathfrak{g}$, $\mathfrak{n}$ se compose d'éléments nilpotents dans $\mathfrak{g}$, et l'on a $[\mathfrak{h}, \mathfrak{n}] \subset \mathfrak{n}$. Soit $\bar{k}$ une clôture algébrique de k; par définition, $\mathfrak{q}$ est parabolique dans $\mathfrak{g}$ si et seulement si $\bar{k} \otimes_k \mathfrak{q}$ est une sous-algèbre parabolique de $\bar{k} \otimes_k \mathfrak{g}$. Les propriétés énoncées ci-dessus étant conservées par extension des scalaires, on peut se limiter pour la démonstration au cas où $\mathfrak{h}$ est déployante. Soit R le système de racines de $(\mathfrak{g}, \mathfrak{h})$; d'après la proposition 2, (v) du § 3, n° 1, il existe une partie P de R telle que $P \cap (-P) = \emptyset$ et $\mathfrak{n} = \sum_{\alpha \in P} \mathfrak{g}^\alpha$. Soit P′ l'ensemble des racines α telles que $-\alpha \notin P$; on a $P' \cup (-P') = R$, et l'orthogonal $\mathfrak{q}$ de $\mathfrak{n}$ dans $\mathfrak{g}$ est égal à $\mathfrak{h} + \sum_{\alpha \in P'} \mathfrak{g}^\alpha$. On a prouvé $\mathfrak{q}$ est parabolique.

C.Q.F.D

Lemme 1. — *Soient* $\mathfrak{g}$ *une algèbre de Lie semi-simple,* V *un espace vectoriel de dimension finie,* ρ *une représentation linéaire de* $\mathfrak{g}$ *dans* V, D *un sous-espace vectoriel de* V, $\mathfrak{h}$ *une sous-algèbre de Cartan de* $\mathfrak{g}$, $\mathfrak{s}$ (resp. $\mathfrak{s}'$) *l'ensemble des* $x \in \mathfrak{h}$ *tels que* $\rho(x)D \subset D$ (resp. $\rho(x)D = 0$), Φ *la forme bilinéaire sur* $\mathfrak{g}$ *associée*[1] *à* ρ.

(i) *Si* $\mathfrak{h}$ *est déployante, les sous-espaces vectoriels* $\mathfrak{s}$ *et* $\mathfrak{s}'$ *de* $\mathfrak{h}$ *sont rationnels sur* $\mathbf{Q}$.

(ii) *Si* ρ *est injective, la restriction de* Φ *à* $\mathfrak{s}$ (resp. $\mathfrak{s}'$) *est non dégénérée.*

Supposons que la sous-algèbre de Cartan $\mathfrak{h}$ soit déployante. Soit d la dimension de D; posons $W = \wedge^d(V)$ et $\sigma = \wedge^d(\rho)$; on note aussi $(e_1, \ldots, e_d)$ une base de D et $e = e_1 \wedge \cdots \wedge e_d$ un d-vecteur décomposable associé à D. Soit P l'ensemble des poids de σ par rapport à $\mathfrak{h}$; on note W^μ le sous-espace de W associé au poids μ, et l'on pose $e = \sum_{\mu \in P} e^\mu$ (avec $e^\mu \in W^\mu$ pour tout $\mu \in P$); enfin, soit P′ l'ensemble des poids μ tels que $e^\mu \neq 0$ et soit P″ l'ensemble des différences d'éléments de P′. Soit x dans $\mathfrak{h}$; pour que x appartienne à $\mathfrak{s}$, il faut et il suffit qu'il existe c dans k tel que $\rho(x).e = c.e$ (VII, § 5, n° 4, lemme 2, (i)). Comme on a $\rho(x).e^\mu = \mu(x).e^\mu$, on voit que $x \in \mathfrak{s}$ équivaut à la relation « $\mu(x) = 0$ pour tout $\mu \in P''$ ». Or, la $\mathbf{Q}$-structure de $\mathfrak{h}$ est le sous-$\mathbf{Q}$-espace vectoriel $\mathfrak{h}_{\mathbf{Q}}$ de $\mathfrak{h}$ engendré par les coracines H_α et tout μ dans P″ prend des valeurs rationnelles sur $\mathfrak{h}_{\mathbf{Q}}$; il en résulte (A, II, p. 122, prop. 5) que $\mathfrak{s}$ est un sous-espace de $\mathfrak{h}$ rationnel sur $\mathbf{Q}$.

Pour tout poids $\mu \in P$, soit p_μ le projecteur sur V^μ associé à la décomposition

[1] Autrement dit, on a $\Phi(x, y) = \mathrm{Tr}(\rho(x)\rho(y))$ pour x, y dans $\mathfrak{g}$.

$V = \bigoplus_{\mu \in P} V^{\mu}$; notons P_1 l'ensemble des $\mu \in P$ tels que $p_{\mu}(D) \neq 0$. Il est immédiat que $\mathfrak{s}'$ est l'intersection des noyaux (dans $\mathfrak{h}$) des éléments de P_1; il en résulte, comme pour $\mathfrak{s}$, que $\mathfrak{s}'$ est un sous-espace de $\mathfrak{h}$ rationnel sur $\mathbf{Q}$. Ceci prouve (i).

Par extension des scalaires, il suffit de prouver (ii) lorsque k est algébriquement clos, donc lorsque $\mathfrak{h}$ est déployante. Soit $\mathfrak{m}$ un sous-espace vectoriel de $\mathfrak{h}$ rationnel sur $\mathbf{Q}$; pour tout x non nul dans $\mathfrak{m}_{\mathbf{Q}} = \mathfrak{m} \cap \mathfrak{h}_{\mathbf{Q}}$, on a $\Phi(x, x) > 0$ d'après le cor. de la prop. 1 du § 7, n° 1. La restriction de Φ à $\mathfrak{m}_{\mathbf{Q}}$ est donc non dégénérée, et il en donc de même de la restriction de Φ à $\mathfrak{m}$ puisque $\mathfrak{m}$ est canoniquement isomorphe à $k \otimes_{\mathbf{Q}} \mathfrak{m}_{\mathbf{Q}}$.

DÉFINITION 1. — *Soit $\mathfrak{q}$ une sous-algèbre de Lie de l'algèbre de Lie semi-simple $\mathfrak{g}$. On dit que $\mathfrak{q}$ est scindable dans $\mathfrak{g}$ si, pour tout $x \in \mathfrak{q}$, les composantes semi-simple et nilpotente de x dans $\mathfrak{g}$ appartiennent à $\mathfrak{q}$. On note $\mathfrak{n}_{\mathfrak{g}}(\mathfrak{q})$ l'ensemble des éléments x du radical de $\mathfrak{q}$ tels que $\mathrm{ad}_{\mathfrak{g}}x$ soit nilpotent.*

Soit ρ une représentation injective de $\mathfrak{g}$ dans un espace vectoriel V de dimension finie. On sait (I, § 6, n° 3, th. 3) qu'un élément x de $\mathfrak{g}$ est semi-simple (resp. nilpotent) si et seulement si l'endomorphisme $\rho(x)$ de V est semi-simple (resp. nilpotent). Il en résulte immédiatement que l'algèbre $\mathfrak{q}$ est scindable dans $\mathfrak{g}$ si et seulement si $\rho(\mathfrak{q})$ est une sous-algèbre scindable de $\mathfrak{gl}(V)$ au sens de la définition 1 de VII, § 5, n° 1. Avec les notations de VII, § 5, n° 3, on a aussi

$$\rho(\mathfrak{n}_{\mathfrak{g}}(\mathfrak{q})) = \mathfrak{n}_{V}(\rho(\mathfrak{q})).$$

THÉORÈME 2. — *Soient $\mathfrak{g}$ une algèbre de Lie semi-simple, $\mathfrak{n}$ une sous-algèbre de $\mathfrak{g}$ formée d'éléments nilpotents, $\mathfrak{q}$ le normalisateur de $\mathfrak{n}$ dans $\mathfrak{g}$. Supposons que $\mathfrak{n}$ soit l'ensemble des éléments nilpotents du radical de $\mathfrak{q}$. Alors $\mathfrak{q}$ est parabolique.*

Notons d'abord que $\mathfrak{q}$ est scindable (VII, § 5, n° 1, cor. 1 de la prop. 3). D'après le th. 1, il suffit de prouver que $\mathfrak{q}$ est l'orthogonal $\mathfrak{n}^0$ de $\mathfrak{n}$ par rapport à la forme de Killing Φ de $\mathfrak{g}$. On sait que $\mathfrak{q} \subset \mathfrak{n}^0$ (I, § 4, n° 3, prop. 4 *d*)). D'après VII, § 5, n° 3, prop. 7, il existe une sous-algèbre $\mathfrak{m}$ de $\mathfrak{q}$, réductive dans $\mathfrak{g}$, telle que $\mathfrak{q}$ soit produit semi-direct de $\mathfrak{m}$ et de $\mathfrak{n}$. Montrons que la restriction de Φ à $\mathfrak{m}$ est non dégénérée. Soit $\mathfrak{c}$ le centre de $\mathfrak{m}$. On a $\Phi([\mathfrak{m}, \mathfrak{m}], \mathfrak{c}) = 0$ d'après I, § 5, n° 5, prop. 5, et la restriction de Φ à $[\mathfrak{m}, \mathfrak{m}]$ est non dégénérée d'après I, § 6, n° 1, prop. 1. Il reste à voir que la restriction de Φ à $\mathfrak{c}$ est non dégénérée. Soit $\mathfrak{t}$ une sous-algèbre de Cartan de $[\mathfrak{m}, \mathfrak{m}]$; alors $\mathfrak{t} \oplus \mathfrak{c}$ est commutative et réductive dans $\mathfrak{g}$. Soit $\mathfrak{h}$ une sous-algèbre de Cartan de $\mathfrak{g}$ contenant $\mathfrak{t} \oplus \mathfrak{c}$ (VII, § 2, n° 3, prop. 10). Alors $\mathfrak{h} \cap \mathfrak{q}$ est une sous-algèbre commutative de $\mathfrak{q}$ contenant $\mathfrak{t} \oplus \mathfrak{c}$, et $\mathrm{ad}_{\mathfrak{q}}\, x$ est semi-simple pour tout $x \in \mathfrak{h} \cap \mathfrak{q}$; donc $\mathfrak{h} \cap \mathfrak{q}$ est contenu dans une sous-algèbre de Cartan $\mathfrak{h}'$ de $\mathfrak{q}$ (VII, § 2, n° 3, prop. 10); soit f la projection de $\mathfrak{q}$ sur $\mathfrak{m}$ de noyau $\mathfrak{n}$; alors $f(\mathfrak{h}')$ est une sous-algèbre de Cartan de $\mathfrak{m}$ (VII, § 2, n° 1, cor. 2 de la prop. 4) contenant $\mathfrak{t} \oplus \mathfrak{c}$, et par suite égale à $\mathfrak{t} \oplus \mathfrak{c}$; cela prouve que $f(\mathfrak{h} \cap \mathfrak{q}) = \mathfrak{t} \oplus \mathfrak{c}$, et comme tout élément de $\mathfrak{h}$ est semi-simple dans $\mathfrak{g}$, on a

$\mathfrak{h} \cap \mathfrak{q} = \mathfrak{k} \oplus \mathfrak{c}$. Ainsi,

$$\mathfrak{c} = \{x \in \mathfrak{h} \mid [x, \mathfrak{n}] \subset \mathfrak{n} \quad \text{et} \quad [x, [\mathfrak{m}, \mathfrak{m}]] = 0\}.$$

D'après le lemme 1, la restriction de Φ à $\mathfrak{c}$ est non dégénérée.

Soit $\mathfrak{q}^0$ l'orthogonal de $\mathfrak{q}$ dans $\mathfrak{g}$ relativement à Φ. Ce qui précède prouve que $\mathfrak{q} \cap \mathfrak{q}^0 = \mathfrak{n}$. Supposons $\mathfrak{q} \neq \mathfrak{n}^0$ donc $\mathfrak{q}^0 \neq \mathfrak{n}$ (et $\mathfrak{q}^0 \supset \mathfrak{n}$). Comme $\mathrm{ad}_{\mathfrak{g}}\, \mathfrak{n}$ laisse stable $\mathfrak{q}$, $\mathrm{ad}_{\mathfrak{g}}\, \mathfrak{n}$ laisse stable $\mathfrak{q}^0$; le théorème d'Engel prouve qu'il existe $x \in \mathfrak{q}^0$ tel que $x \notin \mathfrak{n}$ et $[x, \mathfrak{n}] \subset \mathfrak{n}$. Mais alors $x \in \mathfrak{q}^0 \cap \mathfrak{q} = \mathfrak{n}$, ce qui est contradictoire. On a donc $\mathfrak{q} = \mathfrak{n}^0$.

Corollaire 1. — *Soit $\mathfrak{q}$ un élément maximal de l'ensemble des sous-algèbres de $\mathfrak{g}$ distinctes de $\mathfrak{g}$. Alors $\mathfrak{q}$ est parabolique ou réductive dans $\mathfrak{g}$.*

On peut supposer que $\mathfrak{g}$ est une sous-algèbre de Lie de $\mathfrak{gl}(V)$ pour un certain espace vectoriel V de dimension finie. Soit $\mathfrak{e}(\mathfrak{q}) \subset \mathfrak{g}$ l'enveloppe scindable de $\mathfrak{q}$. Si $\mathfrak{e}(\mathfrak{q}) = \mathfrak{g}$, $\mathfrak{q}$ est un idéal de $\mathfrak{g}$ (VII, § 5, n° 2, prop. 4), donc est semi-simple, et par suite $\mathfrak{q}$ est réductive dans $\mathfrak{g}$. Supposons $\mathfrak{e}(\mathfrak{q}) \neq \mathfrak{g}$. Alors $\mathfrak{e}(\mathfrak{q}) = \mathfrak{q}$, donc $\mathfrak{q}$ est scindable. Supposons $\mathfrak{q}$ non réductive dans $\mathfrak{g}$. Soit $\mathfrak{n}$ l'ensemble des éléments nilpotents du radical de $\mathfrak{q}$. On a $\mathfrak{n} \neq 0$ (VII, § 5, n° 3, prop. 7 (i)). Soit $\mathfrak{p}$ le normalisateur de $\mathfrak{n}$ dans $\mathfrak{g}$. On a $\mathfrak{p} \supset \mathfrak{q}$, et $\mathfrak{p} \neq \mathfrak{g}$ puisque $\mathfrak{g}$ est semi-simple. Donc $\mathfrak{p} = \mathfrak{q}$. Alors $\mathfrak{q}$ est parabolique (th. 1).

Corollaire 2. — *Soit $\mathfrak{n}$ une sous-algèbre de $\mathfrak{g}$ formée d'éléments nilpotents. Il existe une sous-algèbre parabolique $\mathfrak{q}$ de $\mathfrak{g}$ possédant les propriétés suivantes:*

(i) $\mathfrak{n} \subset \mathfrak{n}_{\mathfrak{g}}(\mathfrak{q})$;

(ii) *le normalisateur de $\mathfrak{n}$ dans $\mathfrak{g}$ est contenu dans $\mathfrak{q}$;*

(iii) *tout automorphisme de $\mathfrak{g}$ laissant $\mathfrak{n}$ invariante laisse $\mathfrak{q}$ invariante.*

Si $\mathfrak{g}$ est déployable, $\mathfrak{n}$ est contenue dans une sous-algèbre de Borel de $\mathfrak{g}$.

Soit $\mathfrak{q}_1$ le normalisateur de $\mathfrak{n}$ dans $\mathfrak{g}$. C'est une sous-algèbre scindable de $\mathfrak{g}$. Soit $\mathfrak{n}_1 = \mathfrak{n}_{\mathfrak{g}}(\mathfrak{q}_1)$. On définit par récurrence $\mathfrak{q}_i$ comme le normalisateur de $\mathfrak{n}_{i-1}$ dans $\mathfrak{g}$, et $\mathfrak{n}_i$ comme égal à $\mathfrak{n}_{\mathfrak{g}}(\mathfrak{q}_i)$. Les suites $(\mathfrak{n}, \mathfrak{n}_1, \mathfrak{n}_2, \ldots)$ et $(\mathfrak{q}_1, \mathfrak{q}_2, \ldots)$ sont croissantes. Il existe j tel que $\mathfrak{q}_j = \mathfrak{q}_{j+1}$, c'est-à-dire que $\mathfrak{q}_j$ est le normalisateur dans $\mathfrak{g}$ de $\mathfrak{n}_{\mathfrak{g}}(\mathfrak{q}_j)$. Alors $\mathfrak{q}_j$ est parabolique (th. 1). On a $\mathfrak{n} \subset \mathfrak{n}_j = \mathfrak{n}_{\mathfrak{g}}(\mathfrak{q}_j)$, et $\mathfrak{q}_1 \subset \mathfrak{q}_j$; tout automorphisme de $\mathfrak{g}$ laissant $\mathfrak{n}$ invariante laisse évidemment invariantes $\mathfrak{n}_1, \mathfrak{n}_2, \ldots$ et $\mathfrak{q}_1, \mathfrak{q}_2, \ldots$. Si $\mathfrak{g}$ est déployable, $\mathfrak{q}_j$ contient une sous-algèbre de Borel $\mathfrak{b}$, et par suite (§ 3, n°4, prop. 13), on a $\mathfrak{b} \supset \mathfrak{n}_{\mathfrak{g}}(\mathfrak{q}_j) \supset \mathfrak{n}$.

Théorème 3. — *Supposons k algébriquement clos. Soit $\mathfrak{g}$ une algèbre de Lie semi-simple. Soit $\mathfrak{a}$ une sous-algèbre résoluble de $\mathfrak{g}$. Il existe une sous-algèbre de Borel de $\mathfrak{g}$ contenant $\mathfrak{a}$.*

D'après VII, § 5, n° 2, cor. 1 (ii) de la prop. 4, on peut supposer $\mathfrak{a}$ scindable. Il existe une sous-algèbre commutative $\mathfrak{t}$ de $\mathfrak{g}$, formée d'élément semi-simples, telle que $\mathfrak{a}$ soit produit semi-direct de $\mathfrak{t}$ et de $\mathfrak{n}_{\mathfrak{g}}(\mathfrak{a})$ (VII, § 5, n° 3, cor. 2 de la prop.

6). Il existe (cor. 2 du th. 2) une sous-algèbre parabolique $\mathfrak{q}$ de $\mathfrak{g}$ telle que $\mathfrak{n}_\mathfrak{g}(\mathfrak{a}) \subset \mathfrak{n}_\mathfrak{g}(\mathfrak{q})$, et que le normalisateur de $\mathfrak{n}_\mathfrak{g}(\mathfrak{a})$ dans $\mathfrak{g}$ soit contenu dans $\mathfrak{q}$; *a fortiori*, $\mathfrak{a} \subset \mathfrak{q}$. Soient $\mathfrak{b}$ une sous-algèbre de Borel de $\mathfrak{g}$ contenue dans $\mathfrak{q}$ et $\mathfrak{h}$ une sous-algèbre de Cartan de $\mathfrak{g}$ contenue dans $\mathfrak{b}$. Alors $\mathfrak{h}$ est une sous-algèbre de Cartan de $\mathfrak{q}$, donc il existe $s \in \mathrm{Aut}_e(\mathfrak{q})$ tel que $s(\mathfrak{t}) \subset \mathfrak{h}$ (VII, § 2, n° 3, prop. 10 et VII, § 3, n° 2, th. 1). On a $s(\mathfrak{n}_\mathfrak{g}(\mathfrak{q})) = \mathfrak{n}_\mathfrak{g}(\mathfrak{q})$ (VII, § 3, n° 1, remarque 1), donc

$$s(\mathfrak{a}) = s(\mathfrak{t}) + s(\mathfrak{n}_\mathfrak{g}(\mathfrak{a})) \subset \mathfrak{h} + s(\mathfrak{n}_\mathfrak{g}(\mathfrak{q})) = \mathfrak{h} + \mathfrak{n}_\mathfrak{g}(\mathfrak{q}) \subset \mathfrak{b}.$$

COROLLAIRE. — *Si k est algébriquement clos, toute sous-algèbre résoluble maximale de $\mathfrak{g}$ est une sous-algèbre de Borel.*

§ 11. Classes d'éléments nilpotents et $\mathfrak{sl}_2$-triplets

Dans ce paragraphe, on désigne par $\mathfrak{g}$ une algèbre de Lie de dimension finie.

1. Définition des $\mathfrak{sl}_2$-triplets

DÉFINITION 1. — *On appelle $\mathfrak{sl}_2$-triplet de $\mathfrak{g}$ une suite (x, h, y) d'éléments de $\mathfrak{g}$ distincte de $(0, 0, 0)$ et telle que*

$$[h, x] = 2x, \qquad [h, y] = -2y, \qquad [x, y] = -h.$$

Soit (x, h, y) un $\mathfrak{sl}_2$-triplet de $\mathfrak{g}$. L'application linéaire τ de $\mathfrak{sl}(2, k)$ dans $\mathfrak{g}$ telle que $\tau(X_+) = x$, $\tau(H) = h$, $\tau(X_-) = y$ est un homomorphisme non nul donc injectif (puisque $\mathfrak{sl}(2, k)$ est simple), ayant pour image $kx + kh + ky$. On obtient de cette manière une bijection canonique de l'ensemble des $\mathfrak{sl}_2$-triplets de $\mathfrak{g}$ sur l'ensemble des homomorphismes injectifs de $\mathfrak{sl}(2, k)$ dans $\mathfrak{g}$. Si $\mathfrak{g}$ est semi-simple et si (x, h, y) est un $\mathfrak{sl}_2$-triplet de $\mathfrak{g}$, alors x et y sont des éléments nilpotents de $\mathfrak{g}$ et h est un élément semi-simple de $\mathfrak{g}$ (I, § 6, n° 3, prop. 4).

Lemme 1. — *Soient $x, h, y, y' \in \mathfrak{g}$. Si (x, h, y) et (x, h, y') sont des $\mathfrak{sl}_2$-triplets de $\mathfrak{g}$, alors $y = y'$.*

En effet, $y - y' \in \mathrm{Ker}(\mathrm{ad}_\mathfrak{g}\, x)$ et $(\mathrm{ad}_\mathfrak{g}\, h)(y - y') = -2(y - y')$. Or $\mathrm{ad}_\mathfrak{g}\, x$ est injectif sur $\mathrm{Ker}(p + \mathrm{ad}_\mathfrak{g}\, h)$ pour tout entier $p > 0$ (§ 1, n° 2, cor. de la prop. 2).

Lemme 2. — *Soit $\mathfrak{n}$ une sous-algèbre de $\mathfrak{g}$ telle que, pour tout $n \in \mathfrak{n}$, $\mathrm{ad}_\mathfrak{g}(n)$ soit nilpotent. Soit $h \in \mathfrak{g}$, tel que $[h, \mathfrak{n}] = \mathfrak{n}$. Alors $e^{\mathrm{ad}_\mathfrak{g} \mathfrak{n}} . h = h + \mathfrak{n}$.*

Il est clair que $e^{\mathrm{ad}_\mathfrak{g}(\mathfrak{n})}.h \subset h + \mathfrak{n}$. Soit $v \in \mathfrak{n}$, et prouvons que $h + v \in e^{\mathrm{ad}_\mathfrak{g}(\mathfrak{n})}.h$. Il suffit de prouver que $h + v \in e^{\mathrm{ad}_\mathfrak{g}(\mathfrak{n})}.h + \mathscr{C}^p\mathfrak{n}$ pour tout $p \geqslant 1$ (car $\mathscr{C}^p\mathfrak{n} = 0$

pour p assez grand). C'est clair pour $p = 1$ puisque $\mathscr{C}^1\mathfrak{n} = \mathfrak{n}$. Supposons démontrée l'existence de $y_p \in \mathfrak{n}$ et $z_p \in \mathscr{C}^p\mathfrak{n}$ tels que $h + v = e^{\mathrm{ad}_\mathfrak{g} y_p}.h + z_p$. Puisque $(\mathrm{ad}_\mathfrak{g} h)(\mathfrak{n}) = \mathfrak{n}$, $(\mathrm{ad}_\mathfrak{g} h) \mid \mathfrak{n}$ est une bijection de $\mathfrak{n}$ sur $\mathfrak{n}$, donc sa restriction à $\mathscr{C}^p\mathfrak{n}$, qui laisse stable $\mathscr{C}^p\mathfrak{n}$, est aussi bijective; par suite, il existe $z \in \mathscr{C}^p\mathfrak{n}$ tel que $z_p = [z, h]$. Alors

$$e^{\mathrm{ad}_\mathfrak{g}(y_p+z)}h - e^{\mathrm{ad}_\mathfrak{g} y_p}h \in [z, h] + \mathscr{C}^{p+1}\mathfrak{n}$$

d'où

$$e^{\mathrm{ad}_\mathfrak{g}(y_p+z)}h \in h + v - z_p + [z, h] + \mathscr{C}^{p+1}\mathfrak{n} = h + v + \mathscr{C}^{p+1}\mathfrak{n}$$

ce qui établit notre assertion par récurrence sur p.

Lemme 3. — *Soient* $x \in \mathfrak{g}$, $\mathfrak{p} = \mathrm{Ker}(\mathrm{ad}\, x)$, $\mathfrak{q} = \mathrm{Im}(\mathrm{ad}\, x)$. *Alors* $[\mathfrak{p}, \mathfrak{q}] \subset \mathfrak{q}$, *et* $\mathfrak{p} \cap \mathfrak{q}$ *est une sous-algèbre de* $\mathfrak{g}$.

Si $u \in \mathfrak{p}$ et $v \in \mathfrak{q}$, il existe $w \in \mathfrak{g}$ tel que $v = [x, w]$, d'où

$$[u, v] = [u, [x, w]] = [x, [u, w]] - [[x, u], w] = [x, [u, w]] \in \mathfrak{q}.$$

D'autre part, $\mathfrak{p}$ est une sous-algèbre de $\mathfrak{g}$, donc $[\mathfrak{p} \cap \mathfrak{q}, \mathfrak{p} \cap \mathfrak{q}] \subset \mathfrak{p} \cap \mathfrak{q}$.

Lemme 4. — *Soient* (x, h, y) *et* (x, h', y') *des* $\mathfrak{sl}_2$*-triplets dans* $\mathfrak{g}$. *Il existe* $z \in \mathfrak{g}$ *tel que* $\mathrm{ad}_\mathfrak{g}\, z$ *soit nilpotent et tel que*

$$e^{\mathrm{ad}_\mathfrak{g} z}x = x, \qquad e^{\mathrm{ad}_\mathfrak{g} z}h = h', \qquad e^{\mathrm{ad}_\mathfrak{g} z}y = y'.$$

Soit $\mathfrak{n} = \mathrm{Ker}(\mathrm{ad}\, x) \cap \mathrm{Im}(\mathrm{ad}\, x)$. Pour tout $p \in \mathbf{Z}$, soit $\mathfrak{g}_p = \mathrm{Ker}(\mathrm{ad}\, h - p)$. D'après le § 1, n° 3 (appliqué à la représentation adjointe de $kx + ky + kh$ dans $\mathfrak{g}$), on a $\mathfrak{n} \subset \sum_{p>0} \mathfrak{g}_p$, donc $\mathrm{ad}_\mathfrak{g}\, n$ est nilpotent pour tout $n \in \mathfrak{n}$, et $[h, \mathfrak{n}] = \mathfrak{n}$. On a $[x, h' - h] = 0$ et $[x, y - y'] = h' - h$, donc $h' - h \in \mathfrak{n}$. D'après les lemmes 2 et 3, il existe $z \in \mathfrak{n}$ tel que $e^{\mathrm{ad}_\mathfrak{g} z}h = h'$. Puisque $z \in \mathrm{Ker}\, \mathrm{ad}_\mathfrak{g}\, x$, on a $e^{\mathrm{ad}_\mathfrak{g} z}x = x$. Le lemme 1 prouve alors que $e^{\mathrm{ad}_\mathfrak{g} z}y = y'$. C.Q.F.D.

Soit G un groupe d'automorphismes de $\mathfrak{g}$. Des $\mathfrak{sl}_2$-triplets (x, h, y), (x', h', y') sont dits G-conjugués s'il existe $g \in \mathrm{G}$ tel que $gx = x'$, $gh = h'$, $gy = y'$.

PROPOSITION 1. — *Soit* G *un groupe d'automorphismes de* $\mathfrak{g}$ *contenant* $\mathrm{Aut}_e(\mathfrak{g})$. *Soient* (x, h, y) *et* (x', h', y') *des* $\mathfrak{sl}_2$*-triplets de* $\mathfrak{g}$. *Soient*

$$\mathfrak{t} = kx + kh + ky, \quad \mathfrak{t}' = kx' + kh' + ky'.$$

Considérons les conditions suivantes:

(i) x *et* x' *sont* G-*conjugués*;

(ii) (x, h, y) *et* (x', h', y') *sont* G-*conjugués*;

(iii) $\mathfrak{t}$ *et* $\mathfrak{t}'$ *sont* G-*conjugués*.

On a (i) $\Leftrightarrow$ (ii) $\Rightarrow$ (iii). *Si k est algébriquement clos, les trois conditions sont équivalentes.*

(i) $\Leftrightarrow$ (ii) : Cela résulte du lemme 4.

(ii) $\Rightarrow$ (iii) : C'est évident.

Supposons k algébriquement clos et prouvons (iii) $\Rightarrow$ (i). Envisageons d'abord le cas où $\mathfrak{t} = \mathfrak{t}' = \mathfrak{g} = \mathfrak{sl}(2, k)$. Comme $\mathrm{ad}_{\mathfrak{g}}\, x$ est nilpotent, l'endomorphisme x de k^2 est nilpotent (I, § 6, th. 3), donc il existe une matrice $A \in \mathbf{GL}(2, k)$ telle que $AxA^{-1} = X$, et par suite un automorphisme α de $\mathfrak{sl}(2, k)$ tel que $\alpha(x) = x'$; or $\alpha \in \mathrm{Aut}_e(\mathfrak{g})$ (§ 5, n° 3, cor. 2 de la prop. 5). Passons au cas général ; on suppose que $\mathfrak{t}$ et $\mathfrak{t}'$ sont G-conjugués et il s'agit de prouver que x et x' sont G-conjugués. On peut supposer que $\mathfrak{t} = \mathfrak{t}'$. D'après ce qui précède, il existe $\beta \in \mathrm{Aut}_e(\mathfrak{t})$ tel que $\beta x = x'$. Or, si $t \in \mathfrak{t}$ est tel que $\mathrm{ad}_{\mathfrak{t}}\, t$ soit nilpotent, alors $\mathrm{ad}_{\mathfrak{g}}\, t$ est nilpotent ; donc β se prolonge en un élément de $\mathrm{Aut}_e(\mathfrak{g})$.

Remarque. — Les trois conditions de la prop. 1 sont équivalentes lorsqu'on suppose seulement que $k = k^2$ (cf. exerc. 1).

2. Les $\mathfrak{sl}_2$-triplets dans les algèbres semi-simples

Lemme 5. — *Soient* V *un espace vectoriel de dimension finie,* A *et* B *des endomorphismes de* V. *On suppose que* A *est nilpotent et que* $[A, [A, B]] = 0$. *Alors* AB *est nilpotent.*

Posons $C = [A, B]$. Puisque $[A, C] = 0$, on a, pour tout entier $p \geqslant 0$,

$$[A, BC^p] = [A, B]C^p = C^{p+1}.$$

Par suite, $\mathrm{Tr}(C^p) = 0$ pour $p \geqslant 1$, ce qui prouve que C est nilpotent (A, VII, § 3, n° 5, cor. 4 de la prop. 13). Soient maintenant $\bar{k}$ une clôture algébrique de k, et $\lambda \in \bar{k}$, $x \in V \otimes_k \bar{k}$ tels que $ABx = \lambda x$, $x \neq 0$. La relation $[[B, A], A] = 0$ montre que, pour tout entier $p \geqslant 0$, on a $[B, A^p] = p[B, A]A^{p-1}$. Soit r le plus petit entier tel que $A^r x = 0$. On a

$$\lambda A^{r-1}x = A^{r-1}ABx = A^r Bx = BA^r x - [B, A^r]x = -r[B, A]A^{r-1}x.$$

Puisque $[B, A]$ est nilpotent et que $A^{r-1}x \neq 0$, cela prouve que $\lambda = 0$. Toutes les valeurs propres de AB dans $\bar{k}$ sont donc nulles, d'où le lemme.

Lemme 6. — *Soient h, $x \in \mathfrak{g}$ tels que $[h, x] = 2x$ et $h \in (\mathrm{ad}\, x)(\mathfrak{g})$. Alors il existe $y \in \mathfrak{g}$ tel que (x, h, y) soit* $(0, 0, 0)$ *ou un $\mathfrak{sl}_2$-triplet.*

Soit $\mathfrak{g}'$ l'algèbre de Lie résoluble $kh + kx$. Puisque $x \in [\mathfrak{g}', \mathfrak{g}']$, $\mathrm{ad}_{\mathfrak{g}}\, x$ est nilpotent (I, § 5, n° 3, th. 1) ; soit $\mathfrak{n}$ son noyau. Puisque $[\mathrm{ad}\, h, \mathrm{ad}\, x] = 2\, \mathrm{ad}\, x$, on a $(\mathrm{ad}\, h)\mathfrak{n} \subset \mathfrak{n}$. Soit $z \in \mathfrak{g}$ tel que $h = -[x, z]$. Pour tout entier $n \geqslant 0$, posons

$M_n = (\mathrm{ad}\, x)^n \mathfrak{g}$. Si $n > 0$, on a (§ 1, n° 1, lemme 1)

$$[\mathrm{ad}\, z, (\mathrm{ad}\, x)^n] = n((\mathrm{ad}\, h) - n + 1)(\mathrm{ad}\, x)^{n-1}$$

donc, si $u \in M_{n-1}$,

$$n((\mathrm{ad}\, h) - n + 1)u \in (\mathrm{ad}\, z)(\mathrm{ad}\, x)u + M_n.$$

Comme $(\mathrm{ad}\, h)\mathfrak{n} \subset \mathfrak{n}$, on en déduit

$$((\mathrm{ad}\, h) - n + 1)(\mathfrak{n} \cap M_{n-1}) \subset \mathfrak{n} \cap M_n.$$

Puisque ad x est nilpotent, on a $M_n = 0$ pour n assez grand. Par suite, les valeurs propres de $\mathrm{ad}\, h \mid \mathfrak{n}$ sont des entiers $\geqslant 0$. La restriction de $\mathrm{ad}\, h + 2$ à $\mathfrak{n}$ est donc inversible.

Or $[h, z] + 2z \in \mathfrak{n}$ car

$$\begin{aligned}[x, [h, z] + 2z] &= [[x, h], z] + [h, [x, z]] + 2[x, z] \\ &= [-2x, z] + [h, -h] + 2[x, z] = 0.\end{aligned}$$

Donc il existe $z' \in \mathfrak{n}$ tel que $[h, z'] + 2z' = [h, z] + 2z$, c'est-à-dire $[h, y] = -2y$ en posant $y = z - z'$. Comme $[x, y] = [x, z] = -h$, cela achève la démonstration.

PROPOSITION 2 (*Jacobson–Morozov*). — *Supposons $\mathfrak{g}$ semi-simple. Soit x un élément nilpotent non nul de $\mathfrak{g}$. Il existe $h, y \in \mathfrak{g}$ tels que (x, h, y) soit un $\mathfrak{sl}_2$-triplet.*

Soit $\mathfrak{n} = \mathrm{Ker}(\mathrm{ad}\, x)^2$. Si $z \in \mathfrak{n}$, alors $[\mathrm{ad}\, x, [\mathrm{ad}\, x, \mathrm{ad}\, z]] = \mathrm{ad}([x, [x, z]]) = 0$. D'après le lemme 5, $\mathrm{ad}\, x \circ \mathrm{ad}\, z$ est nilpotent, donc $\mathrm{Tr}(\mathrm{ad}\, x \circ \mathrm{ad}\, z) = 0$. Cela montre que x est orthogonal à $\mathfrak{n}$ pour la forme de Killing Φ de $\mathfrak{g}$. Puisque

$$\Phi((\mathrm{ad}\, x)^2 y, y') = \Phi(y, (\mathrm{ad}\, x)^2 y')$$

quels que soient $y, y' \in \mathfrak{g}$, et que Φ est non dégénérée, l'orthogonal de $\mathfrak{n}$ est l'image de $(\mathrm{ad}\, x)^2$. Donc il existe $y' \in \mathfrak{g}$ tel que $x = (\mathrm{ad}\, x)^2 y'$. Posons

$$h = -2[x, y'];$$

on a $[h, x] = 2x$ et $h \in (\mathrm{ad}\, x)(\mathfrak{g})$. Il suffit alors d'appliquer le lemme 6.

COROLLAIRE. — *Supposons $\mathfrak{g}$ semi-simple. Soit G un groupe d'automorphismes de $\mathfrak{g}$ contenant $\mathrm{Aut}_e(\mathfrak{g})$. L'application qui, à tout $\mathfrak{sl}_2$-triplet (x, h, y) de $\mathfrak{g}$ associe l'élément nilpotent x définit, par passage au quotient, une bijection de l'ensemble des classes de G-conjugaison de $\mathfrak{sl}_2$-triplets sur l'ensemble des classes de G-conjugaison d'éléments nilpotents non nuls.*

Cela résulte des prop. 1 et 2.

Lemme 7. — *Soit* K *un corps commutatif ayant au moins* 4 *éléments. Soit* G *le groupe des* *matrices* $\begin{pmatrix} \alpha & \beta \\ 0 & \alpha^{-1} \end{pmatrix}$ *où* $\alpha \in \mathrm{K}^*$, $\beta \in \mathrm{K}$. *Soit* G' *le groupe des matrices précédentes telles que* $\alpha = 1$. *Alors* $\mathrm{G}' = (\mathrm{G}, \mathrm{G})$.

Si $\alpha, \alpha' \in \mathrm{K}^*$ et $\beta, \beta' \in \mathrm{K}$, on a

$$\begin{pmatrix} \alpha & \beta \\ 0 & \alpha^{-1} \end{pmatrix}\begin{pmatrix} \alpha' & \beta' \\ 0 & \alpha'^{-1} \end{pmatrix}\begin{pmatrix} \alpha & \beta \\ 0 & \alpha^{-1} \end{pmatrix}^{-1}\begin{pmatrix} \alpha' & \beta' \\ 0 & \alpha'^{-1} \end{pmatrix}^{-1} = \begin{pmatrix} 1 & -\alpha'\beta' - \alpha\beta\alpha'^2 + \alpha^2\alpha'\beta' + \alpha\beta \\ 0 & 1 \end{pmatrix}.$$

En particulier

$$\begin{pmatrix} 1 & \beta \\ 0 & 1 \end{pmatrix}\begin{pmatrix} \alpha' & 0 \\ 0 & \alpha'^{-1} \end{pmatrix}\begin{pmatrix} 1 & \beta \\ 0 & 1 \end{pmatrix}^{-1}\begin{pmatrix} \alpha' & 0 \\ 0 & \alpha'^{-1} \end{pmatrix}^{-1} = \begin{pmatrix} 1 & \beta(1 - \alpha'^2) \\ 0 & 1 \end{pmatrix}.$$

Or il existe $\alpha'_0 \in \mathrm{K}^*$ tel que $\alpha'_0 \neq 1$ et $\alpha'_0 \neq -1$, et alors $k.(1 - \alpha_0'^2) = k$, d'où le lemme.

PROPOSITION 3. — *Supposons* $\mathfrak{g}$ *semi-simple. Le groupe* $\mathrm{Aut}_e(\mathfrak{g})$ *est égal à son groupe dérivé. Si* $\mathfrak{g}$ *est déployable,* $\mathrm{Aut}_e(\mathfrak{g})$ *est le groupe dérivé de* $\mathrm{Aut}_0(\mathfrak{g})$.

Soit x un élément nilpotent non nul de $\mathfrak{g}$. Choisissons $h, y \in \mathfrak{g}$ tels que (x, h, y) soit un $\mathfrak{sl}_2$-triplet (prop. 2). La sous-algèbre $\mathfrak{s}$ de $\mathfrak{g}$ engendrée par (x, h, y) s'identifie à $\mathfrak{sl}(2, k)$. Soit ρ la représentation $z \mapsto \mathrm{ad}_{\mathfrak{g}}\, z$ de $\mathfrak{s} = \mathfrak{sl}(2, k)$ dans $\mathfrak{g}$, et soit π la représentation de $\mathbf{SL}(2, k)$ compatible avec ρ (§ 1, n° 4). L'image de π est engendrée par les $\exp(t\, \mathrm{ad}_{\mathfrak{g}}\, x)$ et $\exp(t\, \mathrm{ad}_{\mathfrak{g}}\, y)$ avec $t \in k$ (A, III, p. 104, prop. 17), donc est contenue dans $\mathrm{Aut}_e(\mathfrak{g})$. Comme $\mathbf{SL}(2, k)$ est égal à son groupe dérivé (lemme 7 et loc. cit.), $\exp(\mathrm{ad}_{\mathfrak{g}}\, x)$ appartient au groupe dérivé G de $\mathrm{Aut}_e(\mathfrak{g})$. Donc $\mathrm{Aut}_e(\mathfrak{g})$ est égal à G. Supposons maintenant $\mathfrak{g}$ déployable. Comme $\mathrm{Aut}_0(\mathfrak{g})/\mathrm{Aut}_e(\mathfrak{g})$ est commutatif (§ 5, n° 3, Remarque 3), ce qui précède prouve que le groupe dérivé de $\mathrm{Aut}_0(\mathfrak{g})$ est $\mathrm{Aut}_e(\mathfrak{g})$.

3. Éléments simples

DÉFINITION 2. — *Un élément* h *de* $\mathfrak{g}$ *est dit simple s'il existe* $x, y \in \mathfrak{g}$ *tels que* (x, h, y) *soit un* $\mathfrak{sl}_2$*-triplet de* $\mathfrak{g}$.

On dit aussi que h est l'élément simple du $\mathfrak{sl}_2$-triplet (x, h, y).

PROPOSITION 4. — *Soit* h *un élément non nul de* $\mathfrak{g}$. *Pour que* h *soit simple, il faut et il suffit qu'il existe* $x \in \mathfrak{g}$ *tel que* $[h, x] = 2x$ *et* $h \in (\mathrm{ad}\, x)(\mathfrak{g})$.

La condition est évidemment nécessaire. Elle est suffisante d'après le lemme 6.

PROPOSITION 5. — *Supposons* $\mathfrak{g}$ *semi-simple déployable. Soient* $\mathfrak{h}$ *une sous-algèbre de Cartan déployante de* $\mathfrak{g}$, R *l'ensemble des racines de* $(\mathfrak{g}, \mathfrak{h})$, *et* B *une base de* R. *Soit* h *un élément simple de* $\mathfrak{g}$ *appartenant à* $\mathfrak{h}$. *Alors* h *est conjugué par* $\mathrm{Aut}_e(\mathfrak{g}, \mathfrak{h})$ *d'un élément* h' *de* $\mathfrak{h}$ *tel que* $\alpha(h') \in \{0, 1, 2\}$ *pour tout* $\alpha \in B$.

Les valeurs propres de $\mathrm{ad}_{\mathfrak{g}}\, h$ appartiennent à $\mathbf{Z}$ (§ 1, n° 2, cor. de la prop. 2). Donc $h \in \mathfrak{h}_{\mathbf{Q}}$. Il existe un élément w du groupe de Weyl de $(\mathfrak{g}, \mathfrak{h})$ tel que $\alpha(wh) \geqslant 0$ pour tout $\alpha \in B$ (VI, § 1, n° 5, th. 2 (i)). Compte tenu du § 2, n° 2, cor. du th. 2, on est ramené au cas où $\alpha(h) \in \mathbf{N}$ pour tout $\alpha \in B$. Soient R_+ l'ensemble des racines positives relativement à B, et $R_- = -R_+$. Il existe dans $\mathfrak{g}$ un $\mathfrak{sl}_2$-triplet de la forme (x, h, y). Soit T l'ensemble des racines β telles que $\beta(h) = -2$. On a $T \subset R_-$ et $y \in \sum_{\beta \in T} \mathfrak{g}^\beta$. Supposons qu'il existe $\alpha \in B$ tel que $\alpha(h) > 2$. Pour tout $\beta \in T$, on a $(\alpha + \beta)(h) > 0$, donc $\alpha + \beta \notin R_-$ et $\alpha + \beta \neq 0$; d'autre part, comme $\beta \in R_-$ et $\alpha \in B$, on a $\alpha + \beta \notin R_+$; donc $\alpha + \beta \notin R \cup \{0\}$, de sorte que $[\mathfrak{g}^\alpha, \mathfrak{g}^\beta] = 0$. Ainsi, $[y, \mathfrak{g}^\alpha] = 0$. Or $\mathrm{ad}_{\mathfrak{g}}\, y \mid \mathfrak{g}^\alpha$ est injectif puisque $\alpha(h) > 0$ (§ 1, n° 2, cor. de la prop. 2). Cette contradiction prouve que $\alpha(h) \leqslant 2$ pour tout $\alpha \in B$.

COROLLAIRE. — *Si* k *est algébriquement clos et si* $\mathfrak{g}$ *est semi-simple de rang* l, *le nombre de classes de conjugaison, relativement à* $\mathrm{Aut}_e(\mathfrak{g})$, *d'éléments simples de* $\mathfrak{g}$, *est au plus égal à* 3^l.

En effet, tout élément semi-simple de $\mathfrak{g}$ est conjugué par $\mathrm{Aut}_e(\mathfrak{g})$ d'un élément de $\mathfrak{h}$.

Lemme 8. — *On suppose que* k *est algébriquement clos et que* $\mathfrak{g}$ *est semi-simple. Soit* h *un élément semi-simple de* $\mathfrak{g}$ *tel que les valeurs propres de* $\mathrm{ad}\, h$ *soient rationnelles. Soient* $\mathfrak{g}^0 = \mathrm{Ker}(\mathrm{ad}\, h)$, $\mathfrak{g}^2 = \mathrm{Ker}(\mathrm{ad}\, h - 2)$. *Soit* G_h *l'ensemble des automorphismes élémentaires de* $\mathfrak{g}$ *qui laissent* h *fixe. Soit* $x \in \mathfrak{g}^2$ *tel que* $[x, \mathfrak{g}^0] = \mathfrak{g}^2$. *Alors* $G_h x$ *contient une partie de* $\mathfrak{g}^2$ *ouverte et dense pour la topologie de Zariski.*

Soit $\mathfrak{h}$ une sous-algèbre de Cartan de $\mathfrak{g}^0$. C'est une sous-algèbre de Cartan de $\mathfrak{g}$ contenant h (VII, § 2, n° 3, prop. 10). On a $h \in \mathfrak{h}_{\mathbf{Q}}$. Soient R le système de racines de $(\mathfrak{g}, \mathfrak{h})$, Q le groupe des poids radiciels. Il existe une base B de R telle que $\alpha(h) \geqslant 0$ pour tout $\alpha \in B$.

Soit U l'ensemble des $z \in \mathfrak{h}$ tels que $\alpha(z) \neq 0$ pour tout $\alpha \in B$. Soit $(H'_\alpha)_{\alpha \in B}$ la base de $\mathfrak{h}$ duale de B. Si $z \in U$, il existe un homomorphisme de Q dans k^* qui transforme tout $\gamma \in Q$ en $\prod_{\alpha \in B} \alpha(z)^{\gamma(H'_\alpha)}$. D'après le § 5, prop. 2 et 4, l'endomorphisme $\varphi(z)$ de l'espace vectoriel $\mathfrak{g}$ qui induit sur $\mathfrak{g}^\gamma$ l'homothétie de rapport $\prod_{\alpha \in B} \alpha(z)^{\gamma(H'_\alpha)}$ est un automorphisme élémentaire de $\mathfrak{g}$, qui appartient évidemment à G_h.

Soit $s \in \mathfrak{h}$. Si $\gamma \in R$ est tel que $\mathfrak{g}^\gamma \cap \mathfrak{g}^2 \neq 0$, on a

$$2 = \gamma(h) = \gamma\Big(\sum_{\alpha \in B} \alpha(h) H'_\alpha\Big) = \sum_{\alpha \in B} \alpha(h)\gamma(H'_\alpha);$$

comme $\alpha(h) \geqslant 0$ pour tout $\alpha \in B$, et comme les $\gamma(H'_\alpha)$ sont des entiers tous $\geqslant 0$ ou tous $\leqslant 0$, on a $\gamma(H'_\alpha) \in \mathbf{N}$ pour tout $\alpha \in B$. On peut donc considérer (pour $z \in \mathfrak{h}$) l'endomorphisme $\psi(z)$ de l'espace vectoriel $\mathfrak{g}^2$ qui induit sur $\mathfrak{g}^\gamma \cap \mathfrak{g}^2$ l'homothétie de rapport $\prod_{\alpha \in B} \alpha(z)^{\gamma(H'_\alpha)}$. L'application $z \mapsto \psi(z)$ de $\mathfrak{h}$ dans $\mathrm{End}(\mathfrak{g}^2)$ est polynomiale. Pour $z \in U$, on a $\psi(z) = \varphi(z) \mid \mathfrak{g}^2$.

Soient $\gamma_1, \ldots, \gamma_r$ les racines de $(\mathfrak{g}, \mathfrak{h})$ nulles en h, deux à deux distinctes. Si $y_1 \in \mathfrak{g}^{\gamma_1}, \ldots, y_r \in \mathfrak{g}^{\gamma_r}$, on a $e^{\mathrm{ad}\, y_1} \ldots e^{\mathrm{ad}\, y_r} \in G_h$. On définit donc une application ρ de $\mathfrak{h} \times \mathfrak{g}^{\gamma_1} \times \cdots \times \mathfrak{g}^{\gamma_r}$ dans $\mathfrak{g}^2$ en posant

$$\rho(z, y_1, \ldots, y_r) = \psi(z) e^{\mathrm{ad}\, y_1} \ldots e^{\mathrm{ad}\, y_r} x$$

pour $z \in \mathfrak{h}$, $y_1 \in \mathfrak{g}^{\gamma_1}, \ldots, y_r \in \mathfrak{g}^{\gamma_r}$. Cette application est polynomiale, et l'on a $\rho(U, \mathfrak{g}^{\gamma_1}, \ldots, \mathfrak{g}^{\gamma_r}) \subset G_h x$. D'après VII, App. I, prop. 3 et 4, il suffit de prouver que l'application linéaire tangente à ρ en un certain point est surjective.

Or soit T l'application linéaire tangente en $h_0 = \sum_{\alpha \in B} H'_\alpha$ à $z \mapsto \psi(z)$. Alors $T(z)$ est l'endomorphisme de $\mathfrak{g}^2$ qui induit sur $\mathfrak{g}^\gamma \cap \mathfrak{g}^2$ l'homothétie de rapport

$$\sum_{\alpha \in B} \gamma(H'_\alpha)\alpha(h_0)^{\gamma(H'_\alpha)-1}\alpha(z) \prod_{\beta \in B,\, \beta \neq \alpha} \beta(h_0)^{\gamma(H'_\beta)} = \sum_{\alpha \in B} \gamma(H'_\alpha)\alpha(z) = \gamma(z).$$

Donc l'application linéaire tangente en h_0 à $z \mapsto \rho(z, 0, \ldots, 0)$ est l'application $z \mapsto [z, x]$; elle a pour image $[x, \mathfrak{h}]$. L'application $y_1 \mapsto \rho(h_0, y_1, 0, \ldots, 0)$ a pour application linéaire tangente en 0 l'application $y_1 \mapsto \psi(h_0)[y_1, x]$; cette dernière a pour image $\psi(h_0)[x, \mathfrak{g}^{\gamma_1}] = [x, \mathfrak{g}^{\gamma_1}]$. On voit de même que l'application linéaire tangente en 0 à $y_i \mapsto \rho(h_0, 0, \ldots, 0, y_i, 0, \ldots, 0)$ a pour image $[x, \mathfrak{g}^{\gamma_i}]$. Finalement, l'application linéaire tangente en $(h_0, 0, \ldots, 0)$ à ρ a pour image

$$[x, \mathfrak{h} + \mathfrak{g}^{\gamma_1} + \cdots + \mathfrak{g}^{\gamma_r}] = [x, \mathfrak{g}^0] = \mathfrak{g}^2.$$

C.Q.F.D.

Le groupe G_h est un groupe algébrique d'algèbre de Lie ad $\mathfrak{g}^0$.

PROPOSITION 6. — *On suppose que k est algébriquement clos et que $\mathfrak{g}$ est semi-simple. Soit G un groupe d'automorphismes de $\mathfrak{g}$ contenant $\mathrm{Aut}_e(\mathfrak{g})$. Soient (x, h, y) et (x', h', y') des $\mathfrak{sl}_2$-triplets de $\mathfrak{g}$. Les conditions suivantes sont équivalentes:*

(i) *h et h' sont G-conjugués;*

(ii) *(x, h, y) et (x', h', y') sont G-conjugués.*

Il s'agit de prouver l'implication (i) $\Rightarrow$ (ii), et on se ramène aussitôt au cas où $h = h'$. Introduisons $\mathfrak{g}^2$ et G_h comme dans le lemme 8. On a $x \in \mathfrak{g}^2$, et $[x, \mathfrak{g}^0] = \mathfrak{g}^2$ d'après le § 1, n° 2, cor. de la prop. 2. Donc $G_h x$ contient une partie de $\mathfrak{g}^2$ ouverte et dense pour la topologie de Zariski, et il en est de même pour $G_h x'$. Il existe alors $a \in G_h$ tel que $a(x) = x'$. On a $a(h) = h$, et par suite $a(y) = y'$ (n° 1, lemme 1).

COROLLAIRE 1. — *L'application qui, à tout* $\mathfrak{sl}_2$*-triplet, associe son élément simple, définit par passage aux quotients une bijection de l'ensemble des classes de* G*-conjugaison de* $\mathfrak{sl}_2$*-triplets sur l'ensemble des classes de* G*-conjugaison d'éléments simples.*

COROLLAIRE 2. — *Si* $\mathrm{rg}(\mathfrak{g}) = l$, *le nombre de classes de conjugaison, relativement à* $\mathrm{Aut}_e(\mathfrak{g})$, *d'éléments nilpotents non nuls de* $\mathfrak{g}$, *est au plus égal à* 3^l.

Cela résulte du cor. 1, du cor. de la prop. 2, et du cor. de la prop. 5.

COROLLAIRE 3. — *Si* $\mathrm{rg}(\mathfrak{g}) = l$, *le nombre de classes de conjugaison, relativement à* $\mathrm{Aut}_e(\mathfrak{g})$, *de sous-algèbres de* $\mathfrak{g}$ *isomorphes à* $\mathfrak{sl}(2, k)$, *est au plus égal à* 3^l.

Cela résulte du cor. 1, de la prop. 1, et du cor. de la prop. 5.

4. Éléments principaux

DÉFINITION 3. — *On suppose* $\mathfrak{g}$ *semi-simple.*

(i) *Un élément nilpotent* x *de* $\mathfrak{g}$ *est dit principal si* $\mathrm{Ker\,ad}\,x$ *a pour dimension le rang de* $\mathfrak{g}$.

(ii) *Un élément simple* h *de* $\mathfrak{g}$ *est dit principal si* h *est régulier et si les valeurs propres de* $\mathrm{ad}\,h$ *dans une clôture algébrique de* k *appartiennent à* $2\mathbf{Z}$.

(iii) *Un* $\mathfrak{sl}_2$*-triplet* (x, h, y) *de* $\mathfrak{g}$ *est dit principal si la longueur de* $\mathfrak{g}$, *considéré comme module sur* $kx + kh + ky$, *est égale au rang de* $\mathfrak{g}$.

PROPOSITION 7. — *On suppose* $\mathfrak{g}$ *semi-simple. Soit* (x, h, y) *un* $\mathfrak{sl}_2$*-triplet de* $\mathfrak{g}$. *Les conditions suivantes sont équivalentes:*

(i) x *est principal;*

(ii) h *est principal;*

(iii) (x, h, y) *est principal.*

Pour $p \in \mathbf{Z}$, soit $\mathfrak{g}^p = \mathrm{Ker}(\mathrm{ad}\,h - p)$. Soit $\mathfrak{g}' = \sum_{p \in \mathbf{Z}} \mathfrak{g}^{2p}$. Si l'on considère $\mathfrak{g}$ comme module sur $\mathfrak{a} = kx + kh + ky$, $\mathfrak{g}'$ est la somme des sous-modules simples de dimension impaire (§ 1, n° 2, cor. à la prop. 2). Soit l (resp. l') la longueur de $\mathfrak{g}$ (resp. $\mathfrak{g}'$) considéré comme $\mathfrak{a}$-module. On a, d'après le § 1, n° 2,

$$\dim(\mathrm{Ker\,ad}\,x) = l \geqslant l' = \dim(\mathrm{Ker\,ad}\,h) \geqslant \mathrm{rg}(\mathfrak{g}).$$

On en déduit d'abord l'équivalence de (i) et (iii). D'autre part, la condition (ii) signifie que $\dim(\mathrm{Ker\,ad}\,h) = \mathrm{rg}(\mathfrak{g})$ et que $\mathfrak{g}' = \mathfrak{g}$, autrement dit que

$$\dim(\mathrm{Ker\,ad}\,h) = \mathrm{rg}(\mathfrak{g})$$

et que $l' = l$. On en déduit l'équivalence de (ii) et des autres conditions.

PROPOSITION 8. — *On suppose* $\mathfrak{g}$ *semi-simple* $\neq 0$. *Soient* $\mathfrak{h}$ *une sous-algèbre de Cartan déployante de* $\mathfrak{g}$, R *le système de racines de* $(\mathfrak{g}, \mathfrak{h})$, B *une base de* R, h^0 *l'élément de* $\mathfrak{h}$ *tel que* $\alpha(h^0) = 2$ *pour tout* $\alpha \in$ B.

(i) *L'élément* h^0 *est simple et principal.*

(ii) *Les éléments* x *de* $\mathfrak{g}$ *tels qu'il existe un* $\mathfrak{sl}_2$*-triplet de la forme* (x, h^0, y) *sont les éléments de* $\sum_{\alpha \in B} \mathfrak{g}^\alpha$ *qui ont une composante non nulle suivant chaque* $\mathfrak{g}^\alpha$.

L'élément h^0 est celui considéré au § 7, n° 5, lemme 2 (cf. *loc. cit.*, formule (1)). Il résulte de ce lemme que h^0 est simple principal, et que, si $x \in \sum_{\alpha \in B} \mathfrak{g}^\alpha$ a une composante non nulle suivant chaque $\mathfrak{g}^\alpha$, il existe un $\mathfrak{sl}_2$-triplet de la forme (x, h^0, y). Réciproquement, soit (x, h^0, y) un $\mathfrak{sl}_2$-triplet. On a $[h^0, x] = 2x$, donc $x \in \sum_{\gamma \in R, \gamma(h^0) = 2} \mathfrak{g}^\gamma = \sum_{\alpha \in B} \mathfrak{g}^\alpha$. De même, $y \in \sum_{\alpha \in B} \mathfrak{g}^{-\alpha}$. Ecrivons

$$h^0 = \sum_{\alpha \in B} a_\alpha H_\alpha \qquad \text{où} \quad a_\alpha > 0 \quad \text{pour tout} \quad \alpha \in B,$$

$$x = \sum_{\alpha \in B} X_\alpha \qquad \text{où} \quad X_\alpha \in \mathfrak{g}^\alpha \quad \text{pour tout} \quad \alpha \in B,$$

$$y = \sum_{\alpha \in B} X_{-\alpha} \qquad \text{où}\ X_{-\alpha} \in \mathfrak{g}^{-\alpha} \quad \text{pour tout} \quad \alpha \in B.$$

Alors

$$\sum_{\alpha \in B} a_\alpha H_\alpha = h^0 = [y, x] = \sum_{\alpha, \beta \in B} [X_{-\beta}, X_\alpha] = \sum_{\alpha \in B} [X_{-\alpha}, X_\alpha]$$

d'où $[X_{-\alpha}, X_\alpha] \neq 0$ pour tout $\alpha \in$ B.

COROLLAIRE. — *Dans une algèbre de Lie semi-simple déployable, il existe des éléments nilpotents principaux.*

Dans une algèbre de Lie semi-simple non déployable, il peut se faire que 0 soit le seul élément nilpotent.

PROPOSITION 9. — *Supposons* k *algébriquement clos et* $\mathfrak{g}$ *semi-simple. Tous les éléments simples* (resp. *nilpotents*) *principaux de* $\mathfrak{g}$ *sont conjugués relativement à* $\mathrm{Aut}_e(\mathfrak{g})$.

Reprenons les notations de la prop. 8. Soit h un élément simple principal. Il est conjugué relativement à $\mathrm{Aut}_e(\mathfrak{g})$ d'un $h' \in \mathfrak{h}$ tel que $\alpha(h') \in \{0, 1, 2\}$ pour tout $\alpha \in$ B (n° 3, prop. 5). Puisque h' est simple principal, on a $\alpha(h') \neq 0$ et $\alpha(h') \in 2\mathbf{Z}$ pour tout $\alpha \in$ B, donc $\alpha(h') = 2$ pour tout $\alpha \in$ B, d'où $h' = h^0$. Cela prouve l'assertion relative aux éléments simples principaux.

Soient x, x' des éléments nilpotents principaux. Il existe des $\mathfrak{sl}_2$-triplets (x, h, y), (x', h', y'). D'après la prop. 7, h et h' sont simples principaux, donc conjugués relativement à $\mathrm{Aut}_e(\mathfrak{g})$ d'après ce qui précède. Donc x et x' sont conjugués relativement à $\mathrm{Aut}_e(\mathfrak{g})$ (prop. 6).

Lemme 9. — *Les notations étant celles de la prop.* 8, *posons* $\mathfrak{g}^p = \mathrm{Ker}(\mathrm{ad}\, h^0 - p)$ *pour* $p \in \mathbf{Z}$. *Soit* $\mathfrak{g}^2_*$ *l'ensemble des éléments de* $\mathfrak{g}^2 = \sum_{\alpha \in B} \mathfrak{g}^\alpha$ *qui ont une composante non nulle* *suivant chaque* $\mathfrak{g}^{\alpha}$. *Soient* R_+ *l'ensemble des racines positives relativement à* B, $\mathfrak{n}_+ = \sum_{\alpha \in R_+} \mathfrak{g}^{\alpha}$, *et* $x \in \mathfrak{g}^2_*$. *Alors* $e^{\operatorname{ad}\mathfrak{n}_+}.x = x + [\mathfrak{n}_+, \mathfrak{n}_+]$.

Il est clair que $e^{\operatorname{ad}\mathfrak{n}_+}.x \subset x + [\mathfrak{n}_+, \mathfrak{n}_+]$. Soit $v \in [\mathfrak{n}_+, \mathfrak{n}_+]$, et prouvons que $x + v \in e^{\operatorname{ad}\mathfrak{n}_+}.x$. Posons $\mathfrak{n}^{(p)} = \sum_{r \geqslant p} \mathfrak{g}^{2r}$; il suffit de prouver que

$$x + v \in e^{\operatorname{ad}\mathfrak{n}_+}.x + \mathfrak{n}^{(p)}$$

pour tout $p \geqslant 2$. C'est clair pour $p = 2$ puisque $\mathfrak{n}^{(2)} = [\mathfrak{n}_+, \mathfrak{n}_+]$ (§ 3, nº 3, prop. 9 (iii)). Supposons trouvé un $z \in \mathfrak{n}^+$ tel que $v + x - e^{\operatorname{ad} z}x \in \mathfrak{n}^{(p)}$. Puisqu'il existe un $\mathfrak{sl}_2$-triplet de la forme (x, h^0, y) (prop. 8), le § 1, nº 2, cor. de la prop. 2 prouve que $[x, \mathfrak{g}^{2p-2}] = \mathfrak{g}^{2p}$; il existe donc $z' \in \mathfrak{g}^{2p-2} \subset \mathfrak{n}_+$ tel que

$$v + x - e^{\operatorname{ad} z}x \in [z', x] + \mathfrak{n}^{(p+1)}.$$

Alors $v + x \in e^{\operatorname{ad}(z+z')}x + \mathfrak{n}^{(p+1)}$, et notre assertion est établie par récurrence.

PROPOSITION 10. — *On suppose* $\mathfrak{g}$ *semi-simple. Soient* $\mathfrak{h}$ *une sous-algèbre de Cartan déployante de* $\mathfrak{g}$, R *le système de racines de* $(\mathfrak{g}, \mathfrak{h})$, B *une base de* R, R_+ *l'ensemble des racines positives relativement à* B, *et* $\mathfrak{n}_+ = \sum_{\alpha \in R_+} \mathfrak{g}^{\alpha}$. *Les éléments nilpotents principaux appartenant à* $\mathfrak{n}_+$ *sont les éléments de* $\mathfrak{n}_+$ *ayant, pour tout* $\alpha \in B$, *une composante non nulle suivant* $\mathfrak{g}^{\alpha}$.

La prop. 8 et le lemme 9 prouvent que de tels éléments sont nilpotents principaux. Prouvons la réciproque. On peut évidemment supposer que $\mathfrak{g}$ est simple. Soient h^0 et $\mathfrak{g}^p$ comme dans la prop. 8 et le lemme 9. Soit ω la plus grande racine, et posons $\omega(h^0) = 2q$; on a $q = h - 1$, où h est le nombre de Coxeter de R, cf. VI, § 1, nº 11, prop. 31. Alors $\mathfrak{g}^{2q} = \mathfrak{g}^{\omega}$, $\mathfrak{g}^{-2q} = \mathfrak{g}^{-\omega}$, et $\mathfrak{g}^{2k} = 0$ pour $|k| > q$. Il existe un $\mathfrak{sl}_2$-triplet principal (x^0, h^0, y^0). D'après le § 1, nº 2, cor. de la prop. 2, on a $(\operatorname{ad} x^0)^{2q}(\mathfrak{g}^{-\omega}) = \mathfrak{g}^{\omega}$, donc $(\operatorname{ad} x^0)^{2q} \neq 0$. Soit x un élément nilpotent principal de $\mathfrak{g}$ appartenant à $\mathfrak{n}_+$. Si $\bar{k}$ est une clôture algébrique de k, $x \otimes 1$ et $x^0 \otimes 1$ sont conjugués par un automorphisme de $\mathfrak{g} \otimes_k \bar{k}$ (prop. 9), donc $(\operatorname{ad} x)^{2q} \neq 0$. Il existe $\lambda \in R$ tel que $(\operatorname{ad} x)^{2q}\mathfrak{g}^{\lambda} \neq 0$. Posons $x = \sum_{n \geqslant 1} x_n$ où $x_n \in \mathfrak{g}^{2n}$. Alors

$$(\operatorname{ad} x)^{2q}\mathfrak{g}^{\lambda} \subset (\operatorname{ad} x_1)^{2q}\mathfrak{g}^{\lambda} + \sum_{k > 4q + \lambda(h^0)} \mathfrak{g}^k = (\operatorname{ad} x_1)^{2q}\mathfrak{g}^{\lambda},$$

puisque $4q + \lambda(h^0) \geqslant 4q - 2q = 2q$. Or $(\operatorname{ad} x_1)^{2q}\mathfrak{g}^{\lambda} \subset \mathfrak{g}^{4q+\lambda(h^0)}$, d'où $\lambda = -\omega$. Ainsi, $(\operatorname{ad} x_1)^{2q}\mathfrak{g}^{-\omega} = \mathfrak{g}^{\omega}$. On a $\omega = \sum_{\alpha \in B} n_{\alpha}\alpha$ avec $n_{\alpha} > 0$ pour tout $\alpha \in B$ (VI, § 1, nº 8, remarque). S'il existe $\alpha_0 \in B$ tel que $x_1 \in \sum_{\alpha \in B, \alpha \neq \alpha_0} \mathfrak{g}^{\alpha}$, alors la relation

$$\omega \notin -\omega + \sum_{\alpha \in B, \alpha \neq \alpha_0} k\alpha,$$

entraîne $\mathfrak{g}^{\omega} \not\subset (\mathrm{ad}\, x_1)^p \mathfrak{g}^{-\omega}$ quel que soit p; cela est absurde, donc la composante de x_1 suivant $\mathfrak{g}^{\alpha}$ est non nulle pour tout $\alpha \in \mathrm{B}$.

§ 12. Ordres de Chevalley

1. Réseaux et ordres

Soit V un **Q**-espace vectoriel. On appelle *réseau* dans V un sous-**Z**-module libre $\mathscr{V}$ de V tel que l'application **Q**-linéaire $\alpha_{\mathscr{V},\mathrm{V}} : \mathscr{V} \otimes_{\mathbf{Z}} \mathbf{Q} \to \mathrm{V}$ déduite de l'injection de $\mathscr{V}$ dans V soit bijective. Lorsque V est de dimension finie, il revient au même de dire que $\mathscr{V}$ est un sous-**Z**-module de type fini qui engendre le **Q**-espace vectoriel V (rappelons qu'un **Z**-module sans torsion de type fini est libre d'après A, VII, § 4, n° 4, cor. 2); dans ce cas, d'ailleurs, notre définition est un cas particulier de celle de AC, VII, § 4, n° 1, déf. 1 (*loc. cit.*, exemple 3). Si W est un sous-espace vectoriel de V, et $\mathscr{V}$ un réseau dans V, alors $\mathscr{V} \cap \mathrm{W}$ est un réseau dans W.

Si V est une **Q**-algèbre, on appelle *ordre* dans V un réseau $\mathscr{V}$ de l'espace vectoriel sous-jacent qui est une sous-**Z**-algèbre de V; l'application $\alpha_{\mathscr{V},\mathrm{V}}$ est alors un isomorphisme de **Q**-algèbres. Si V est une **Q**-algèbre unifère, on appelle *ordre unifère* dans V un ordre de V contenant l'élément unité.

Supposons que V soit une **Q**-bigèbre, de coproduit c, de coünité γ. Si $\mathscr{V}$ est un réseau dans l'espace vectoriel V, l'application canonique $i : \mathscr{V} \otimes_{\mathbf{Z}} \mathscr{V} \to \mathrm{V} \otimes_{\mathbf{Q}} \mathrm{V}$ est injective; on appelle *biordre* dans V un ordre unifère $\mathscr{V}$ dans l'algèbre unifère V tel que $\gamma(\mathscr{V}) \subset \mathbf{Z}$ et $c(\mathscr{V}) \subset i(\mathscr{V} \otimes_{\mathbf{Z}} \mathscr{V})$; les applications

$$\gamma_{\mathscr{V}} : \mathscr{V} \to \mathbf{Z} \quad \text{et} \quad c_{\mathscr{V}} : \mathscr{V} \to \mathscr{V} \otimes_{\mathbf{Z}} \mathscr{V}$$

que l'on déduit alors de γ et c munissent $\mathscr{V}$ d'une structure de **Z**-bigèbre, et l'application $\alpha_{\mathscr{V},\mathrm{V}}$ est alors un isomorphisme de **Q**-bigèbres.

2. Puissances divisées dans une bigèbre

Soient A une k-algèbre unifère, $x \in \mathrm{A}$, $d \in k$, $n \in \mathbf{N}$. On pose

$$x^{(n,d)} = \frac{x(x-d)\dots(x-d(n-1))}{n!} = \prod_{i=0}^{n-1} (x - id)/(i+1). \tag{1}$$

On a en particulier $x^{(0,d)} = 1$, $x^{(1,d)} = x$. On convient que $x^{(n,d)} = 0$ pour n entier < 0. On pose

$$x^{(n)} = x^{(n,0)} = \frac{x^n}{n!} \tag{2}$$

$$\binom{x}{n} = x^{(n,1)} = \frac{x(x-1)\dots(x-n+1)}{n!}. \tag{3}$$

PROPOSITION 1. — *Soient* A *une bigèbre, de coproduit c, et x un élément primitif* (II, § 1, n° 2) *de* A. *Alors*

$$c(x^{(n,d)}) = \sum_{p \in \mathbf{N},\, q \in \mathbf{N},\, p+q=n} x^{(p,d)} \otimes x^{(q,d)}. \tag{4}$$

La proposition est triviale pour $n \leqslant 0$. Raisonnons par récurrence sur n. Si la formule (4) est vraie pour n, on a

$$\begin{aligned}(n+1)c(x^{(n+1,d)}) &= c(x - dn)c(x^{(n,d)})\\ &= (x \otimes 1 + 1 \otimes x - dn1 \otimes 1)c(x^{(n,d)})\\ &= \sum_{p+q=n} [xx^{(p,d)} \otimes x^{(q,d)} + x^{(p,d)} \otimes xx^{(q,d)} - (p+q)dx^{(p,d)} \otimes x^{(q,d)}]\\ &= \sum_{p+q=n} (x - pd)x^{(p,d)} \otimes x^{(q,d)} + \sum_{p+q=n} x^{(p,d)} \otimes (x - qd)x^{(q,d)}\\ &= \sum_{p+q=n} (p+1)x^{(p+1,d)} \otimes x^{(q,d)} + \sum_{p+q=n} (q+1)x^{(p,d)} \otimes x^{(q+1,d)}\\ &= \sum_{r+s=n+1} rx^{(r,d)} \otimes x^{(s,d)} + \sum_{r+s=n+1} sx^{(r,d)} \otimes x^{(s,d)}\\ &= (n+1) \sum_{r+s=n+1} x^{(r,d)} \otimes x^{(s,d)},\end{aligned}$$

d'où la formule (4) pour $n + 1$.

3. Une variante entière du théorème de Poincaré-Birkhoff-Witt

Soient $\mathfrak{g}$ une **Q**-algèbre de Lie de dimension finie, $\mathrm{U}(\mathfrak{g})$ sa bigèbre enveloppante. Si I est un ensemble totalement ordonné, $\boldsymbol{x} = (x_i)_{i \in \mathrm{I}}$ une famille d'éléments de $\mathfrak{g}$, $\boldsymbol{n} = (n_i)_{i \in \mathrm{I}} \in \mathbf{N}^{(\mathrm{I})}$ un multi-indice, on pose

$$\boldsymbol{x}^{(\boldsymbol{n})} = \prod_{i \in \mathrm{I}} \frac{x_i^{n_i}}{n_i!}, \tag{5}$$

produit calculé dans $\mathrm{U}(\mathfrak{g})$ suivant l'ensemble ordonné I.

THÉORÈME 1. — *Soit* $\mathscr{U}$ *un biordre dans la bigèbre* $\mathrm{U}(\mathfrak{g})$. *Soit* $\mathscr{G} = \mathscr{U} \cap \mathfrak{g}$, *qui est un ordre dans l'algèbre de Lie* $\mathfrak{g}$. *Soit* $(x_i)_{i \in \mathrm{I}}$ *une base de* $\mathscr{G}$. *Munissons* I *d'un ordre total, et supposons donné, pour tout* $\boldsymbol{n} \in \mathbf{N}^{\mathrm{I}}$, *un élément* $[\boldsymbol{n}]$ *de* $\mathscr{U}$ *tel que* $[\boldsymbol{n}] - \boldsymbol{x}^{(\boldsymbol{n})}$ *soit de filtration* $< |\boldsymbol{n}|$ *dans* $\mathrm{U}(\mathfrak{g})$. *Alors, la famille des* $[\boldsymbol{n}]$ *pour* $\boldsymbol{n} \in \mathbf{N}^{\mathrm{I}}$ *est une base du* **Z**-*module* $\mathscr{U}$.

Pour $p \in \mathbf{N}$, soit $\mathrm{U}_p(\mathfrak{g})$ l'ensemble des éléments de $\mathrm{U}(\mathfrak{g})$ de filtration $\leqslant p$; alors les images dans $\mathrm{U}_p(\mathfrak{g})/\mathrm{U}_{p-1}(\mathfrak{g})$ des $\boldsymbol{x}^{(\boldsymbol{n})}$ tels que $|\boldsymbol{n}| = p$ forment une base de ce **Q**-espace vectoriel (I, § 2, n° 7, th. 1); donc les $[\boldsymbol{n}]$ forment une base du

$\mathbf{Q}$-espace vectoriel $U(\mathfrak{g})$. Il reste à prouver l'assertion suivante (où l'on pose $M = \mathbf{N}^I$):

$(*)$ si $u \in \mathscr{U}$, $(a_n) \in \mathbf{Z}^{(M)}$, et $d \in \mathbf{N} - \{0\}$ sont tels que

$$du = \sum_{n \in M} a_n[n], \tag{6}$$

alors d divise chaque a_n.

Pour chaque entier $r \geqslant 0$, introduisons le *coproduit itéré*

$$c_r : \mathscr{U} \to T^r(\mathscr{U}) = \mathscr{U} \otimes \mathscr{U} \otimes \cdots \otimes \mathscr{U};$$

par définition, c_0 est la coünité de $\mathscr{U}$, $c_1 = \mathrm{Id}_{\mathscr{U}}$, $c_2 = c$ (le coproduit de $\mathscr{U}$), et, pour $r \geqslant 2$, c_{r+1} est défini comme le composé $p \circ (c_r \otimes 1) \circ c$:

$$\mathscr{U} \xrightarrow{c} \mathscr{U} \otimes_{\mathbf{Z}} \mathscr{U} \xrightarrow{c_r \otimes 1} T^r(\mathscr{U}) \otimes_{\mathbf{Z}} \mathscr{U} \xrightarrow{p} T^{r+1}(\mathscr{U})$$

où p est défini par la multiplication dans l'algèbre $T(\mathscr{U})$. Considérons d'autre part la projection canonique π de $\mathscr{U}$ sur $\mathscr{U}^+ = \operatorname{Ker} c_0$, et le composé

$$c_r^+ = T^r(\pi) \circ c_r : \mathscr{U} \to T^r(\mathscr{U}^+).$$

Lemme 1. — *Soit* $n \in \mathbf{N}^I$. *Si* $|n| < r$, *on a* $c_r^+([n]) = 0$. *Si* $|n| = r$, *alors*

$$c_r^+([n]) = \sum_{\varphi} x_{\varphi(1)} \otimes x_{\varphi(2)} \otimes \cdots \otimes x_{\varphi(r)}, \tag{7}$$

où φ *parcourt l'ensemble des applications de* $\{1, 2, \ldots, r\}$ *dans* I, *prenant* n_i *fois la valeur* i *pour chaque* $i \in I$.

D'après la prop. 1, on a

$$c_r(x^{(n)}) = \sum x^{(p_1)} \otimes \cdots \otimes x^{(p_r)}$$

où la sommation est étendue à l'ensemble des suites $(p_1, \ldots, p_r)$ de r éléments de M telles que $p_1 + \cdots + p_r = n$. Vu II, § 1, n° 3, prop. 6, l'application c_r^+ prolongée en une application de $U(\mathfrak{g})$ dans $T^r(U^+(\mathfrak{g}))$ par linéarité, est nulle sur $U_{r-1}(\mathfrak{g})$. On en déduit que pour $r \geqslant |n|$, on a

$$c_r^+([n]) = c_r^+(x^{(n)}) = \sum \pi(x^{(p_1)}) \otimes \cdots \otimes \pi(x^{(p_r)}). \tag{8}$$

Pour $r > |n|$, la relation $p_1 + \cdots + p_r = n$ entraîne que l'un au moins des p_i est nul, d'où $c_r^+([n]) = 0$. Pour $r = |n|$, les seuls termes non nuls du troisième membre de (8) sont ceux pour lesquels $|p_1| = \cdots = |p_r| = 1$, d'où (7).

Revenons à la démonstration du th. 1. Reprenons les notations de $(*)$ et démontrons, par récurrence descendante sur $|n|$, que d divise a_n, ce qui est clair pour $|n|$ assez grand. Si d divise les a_n pour $|n| > r$, alors, posant

$$u' = u - \sum_{|n| > r} (a_n/d)[n] \in \mathscr{U},$$

on a

$$du' = \sum_{|n| \leqslant r} a_n[n]. \tag{9}$$

Pour toute application φ de $\{1, \ldots, r\}$ dans I, posons

$$e_\varphi = x_{\varphi(1)} \otimes \cdots \otimes x_{\varphi(r)}$$

et $a_\varphi = a_{\boldsymbol{n}}$ où $\boldsymbol{n} = (\operatorname{card} \varphi^{-1}(i))_{i \in \mathrm{I}}$. D'après le lemme 1, (9) implique

$$dc_r^+(u') = \sum_{\varphi \in \mathrm{I}^r} a_\varphi e_\varphi \tag{10}$$

d'où $c_r^+(u') \in \mathrm{T}^r(\mathscr{U}^+) \cap \mathbf{Q}\mathrm{T}^r(\mathscr{G})$. Mais le sous-module $\mathscr{G}$ de $\mathscr{U}^+$ est facteur direct (A, VII, § 4, n° 3, cor. du th. 1), donc $\mathrm{T}^r(\mathscr{G})$ est un sous-module facteur direct de $\mathrm{T}^r(\mathscr{U}^+)$, d'où $c_r^+(u') \in \mathrm{T}^r(\mathscr{G})$. D'autre part, les x_i forment par hypothèse une base de $\mathscr{G}$, donc les e_φ forment une base de $\mathrm{T}^r(\mathscr{G})$. Alors (10) prouve que d divise les a_φ, c'est-à-dire les $a_{\boldsymbol{n}}$ pour $|\boldsymbol{n}| = r$. Cela démontre (*).

4. Exemple: polynômes à valeurs entières

Soient V un $\mathbf{Q}$-espace vectoriel de dimension finie, V* son dual, $\mathscr{V}$ un réseau dans V, $\mathscr{V}^*$ le $\mathbf{Z}$-module dual de $\mathscr{V}$, qui s'identifie canoniquement à un réseau de V*, S(V) l'algèbre symétrique de V, et

$$\lambda\colon \mathrm{S}(\mathrm{V}) \to \mathrm{A}(\mathrm{V}^*)$$

la bijection canonique de S(V) sur l'algèbre des fonctions polynomiales sur V* (A, IV, § 5, n° 11, remarque 1). Si l'on identifie $\mathrm{A}(\mathrm{V}^* \times \mathrm{V}^*)$ à $\mathrm{A}(\mathrm{V}^*) \otimes_{\mathbf{Q}} \mathrm{A}(\mathrm{V}^*)$, alors λ transforme le coproduit de S(V) en l'application $\mathrm{A}(\mathrm{V}^*) \to \mathrm{A}(\mathrm{V}^* \times \mathrm{V}^*)$ qui associe à la fonction polynomiale φ sur V* la fonction polynomiale

$$(x, y) \mapsto \varphi(x + y)$$

sur $\mathrm{V}^* \times \mathrm{V}^*$ (A, IV, § 5, n° 11, remarque 2).

Notons $\binom{\mathscr{V}}{\mathbf{Z}}$ la partie de S(V) formée des éléments tels que l'application polynomiale correspondante de V* dans $\mathbf{Q}$ prenne des valeurs entières sur $\mathscr{V}^*$.

PROPOSITION 2. — (i) *$\binom{\mathscr{V}}{\mathbf{Z}}$ est un biordre dans la bigèbre* S(V), *et* $\binom{\mathscr{V}}{\mathbf{Z}} \cap \mathrm{V} = \mathscr{V}$.

(ii) *La $\mathbf{Z}$-algèbre $\binom{\mathscr{V}}{\mathbf{Z}}$ est engendrée par les $\binom{h}{n}$ pour $h \in \mathscr{V}$, $n \in \mathbf{N}$.*

(iii) *Si $(h_1, \ldots, h_r)$ est une base de $\mathscr{V}$, les éléments*

$$\binom{h}{\boldsymbol{n}} = \binom{h_1}{n_1} \cdots \binom{h_r}{n_r}$$

où $\boldsymbol{n} = (n_1, \ldots, n_r)$ parcourt $\mathbf{N}^r$, forment une base du $\mathbf{Z}$-module $\binom{\mathscr{V}}{\mathbf{Z}}$.

Pour $m \in \mathbf{N}$, posons $S_m(V) = \sum_{i \leqslant m} S^i(V)$, $S_m(\mathscr{V}) = \sum_{i \leqslant m} S^i(\mathscr{V})$. D'après A, IV, § 5, n° 9, prop. 15 et remarque, on a

$$S_m(\mathscr{V}) \subset S_m(V) \cap \binom{\mathscr{V}}{\mathbf{Z}} \subset \frac{1}{m!} S_m(\mathscr{V})$$

d'où $\binom{\mathscr{V}}{\mathbf{Z}} \cap V = \mathscr{V}$. Comme $S_m(\mathscr{V})$ est un réseau dans $S_m(V)$, $S_m(V) \cap \binom{\mathscr{V}}{\mathbf{Z}}$ est aussi un réseau dans $S_m(V)$. D'autre part, $S_m(V) \cap \binom{\mathscr{V}}{\mathbf{Z}}$ est facteur direct dans $S_{m+1}(V) \cap \binom{\mathscr{V}}{\mathbf{Z}}$ (puisque le quotient est sans torsion), donc admet un supplémentaire qui est un **Z**-module libre. Il résulte de là que $\binom{\mathscr{V}}{\mathbf{Z}}$ est un **Z**-module libre. Il est clair que c'est un ordre unifère dans l'algèbre $S(V)$. Soit $(u_n)_{n \in \mathbf{N}}$ une base du **Z**-module $\binom{\mathscr{V}}{\mathbf{Z}}$. C'est aussi une base du **Q**-module $S(V)$, et, pour tout

$$\varphi \in S(V \times V) = S(V) \otimes_{\mathbf{Q}} S(V),$$

il existe une suite (v_n) d'éléments de $S(V)$ et une seule telle que $\varphi = \sum u_n \otimes v_n$. Identifions comme plus haut $S(V)$ à $A(V^*)$ et $S(V) \otimes S(V)$ à $A(V^* \times V^*)$. Si $\varphi \in \binom{\mathscr{V} \times \mathscr{V}}{\mathbf{Z}}$, alors la fonction polynomiale $x \mapsto \varphi(x, y)$ appartient à $\binom{\mathscr{V}}{\mathbf{Z}}$ pour tout $y \in \mathscr{V}^*$. Il en résulte que $v_n(y) \in \mathbf{Z}$ pour tout n et tout $y \in \mathscr{V}^*$, autrement dit que $v_n \in \binom{\mathscr{V}}{\mathbf{Z}}$. Cela prouve que le coproduit envoie $\binom{\mathscr{V}}{\mathbf{Z}}$ dans $\binom{\mathscr{V}}{\mathbf{Z}} \otimes_{\mathbf{Z}} \binom{\mathscr{V}}{\mathbf{Z}}$. Si $h \in \mathscr{V}$ et $n \in \mathbf{N}$, alors $\binom{h}{n}$ applique $u \in \mathscr{V}^*$ sur l'entier $\binom{u(h)}{n}$, donc $\binom{h}{n} \in \binom{\mathscr{V}}{\mathbf{Z}}$. L'assertion (iii) résulte alors du th. 1 appliqué à l'algèbre de Lie commutative V, et (ii) s'ensuit.

Corollaire. — *Soit* X *une indéterminée. Les polynômes* $\binom{X}{n}$, *où* $n \in \mathbf{N}$, *forment une base du* **Z**-*module des polynômes* $P \in k[X]$ *tels que* $P(\mathbf{Z}) \subset \mathbf{Z}$.

Si $P(\mathbf{Z}) \subset \mathbf{Z}$, la formule d'interpolation de Lagrange (A, IV, § 2, n° 1, prop. 6) montre que les coefficients de P appartiennent à **Q**; on peut donc supposer $k = \mathbf{Q}$, et l'on applique la prop. 2 avec $V = \mathbf{Q}$, $\mathscr{V} = \mathbf{Z}$.

5. Quelques formules

Dans ce numéro, A *désigne une algèbre associative unifère. Si* $x \in A$, *on écrit* ad x *au lieu de* $\mathrm{ad}_A\, x$.

Lemme 2. — *Si $x, y \in \mathrm{A}$ et $n \in \mathbf{N}$, on a*

$$(11) \qquad \frac{(\operatorname{ad} x)^n}{n!} y = \sum_{p+q=n} (-1)^q \frac{x^p}{p!} y \frac{x^q}{q!} = \sum_{p+q=n} (-1)^q x^{(p)} y x^{(q)}.$$

En effet, si l'on note L_x et R_x les applications $z \mapsto xz$ et $z \mapsto zx$ de A dans A, on a, puisque L_x et R_x commutent,

$$\frac{1}{n!} (\operatorname{ad} x)^n = \frac{1}{n!} (\mathrm{L}_x - \mathrm{R}_x)^n = \sum_{p+q=n} (-1)^q \frac{1}{p!} \mathrm{L}_x^p \frac{1}{q!} \mathrm{R}_x^q.$$

Lemme 3. — *Soient $x, h \in \mathrm{A}$ et $\lambda \in k$ tels que $(\operatorname{ad} h)x = \lambda x$. Pour tout $n \in \mathbf{N}$, et tout $\mathrm{P} \in k[\mathrm{X}]$, on a*

$$(12) \qquad \mathrm{P}(h) x^{(n)} = x^{(n)} \mathrm{P}(h + n\lambda).$$

Comme ad h est une dérivation de A et que $(\operatorname{ad} h)x$ commute à x, on a

$$(13) \qquad (\operatorname{ad} h) x^n = n x^{n-1}((\operatorname{ad} h)x) = n\lambda x^n,$$

donc

$$(\operatorname{ad} h) x^{(n)} = n\lambda x^{(n)}.$$

La formule (12) se déduit donc du cas particulier

$$(14) \qquad \mathrm{P}(h) x = x \mathrm{P}(h + \lambda)$$

en y remplaçant x par $x^{(n)}$ et λ par $n\lambda$. Il suffit de démontrer (14) lorsque $\mathrm{P} = \mathrm{X}^m$, par récurrence sur m. C'est clair pour $m = 0, 1$. Si (14) est vraie pour $\mathrm{P} = \mathrm{X}^m$, on a

$$h^{m+1} x = h \,.\, h^m x = hx(h + \lambda)^m = x(h + \lambda)^{m+1}$$

ce qui achève de prouver (12).

Lemme 4. — *Soient $x, y, h \in \mathrm{A}$ avec*

$$(15) \qquad [y, x] = h, \qquad [h, x] = 2x, \qquad [h, y] = -2y.$$

(i) *Pour $m, n \in \mathbf{N}$, on a*

$$(16) \qquad x^{(n)} y^{(m)} = \sum_{p \geqslant 0} y^{(m-p)} \binom{m+n-p-1-h}{p} x^{(n-p)}.$$

(ii) *Soit A' la sous-**Z**-algèbre de A engendrée par les $x^{(m)}$ et les $y^{(m)}$ pour $m \in \mathbf{N}$. Alors $\binom{h}{n} \in \mathrm{A}'$ pour tout $n \in \mathbf{N}$.*

La formule (16) s'écrit de manière équivalente

$$(17_m) \qquad (\operatorname{ad} x^{(n)}) y^{(m)} = \sum_{p \geqslant 1} y^{(m-p)} \binom{m+n-p-1-h}{p} x^{(n-p)}.$$

Elle est triviale pour $m = 0$. Raisonnons par récurrence sur m. De (17_m), on tire

$$(18) \qquad (m+1)(\operatorname{ad} x^{(n)})y^{(m+1)} = (\operatorname{ad} x^{(n)})y^{(m)} \cdot y + y^{(m)} \cdot (\operatorname{ad} x^{(n)})y$$
$$= \sum_{p \geqslant 1} y^{(m-p)}\binom{m+n-p-1-h}{p}x^{(n-p)}y + y^{(m)}(n-1-h)x^{(n-1)}$$

(§ 1, n° 1, lemme 1). Or, appliquant ce même lemme, puis le lemme 3, on a

$$\binom{m+n-p-1-h}{p}x^{(n-p)}y$$
$$= \binom{m+n-p-1-h}{p}(yx^{(n-p)} + (n-p-1-h)x^{(n-p-1)})$$
$$= y\binom{m+n-p+1-h}{p}x^{(n-p)}$$
$$+ \binom{m+n-p-1-h}{p}(n-p-1-h)x^{(n-p-1)}.$$

Reportant dans (18), on obtient

$$(m+1)(\operatorname{ad} x^{(n)})y^{(m+1)}$$
$$= \sum_{p \geqslant 1}(m-p+1)y^{(m-p+1)}\binom{m+n-p+1-h}{p}x^{(n-p)}$$
$$+ \sum_{p \geqslant 1} y^{(m-p)}\binom{m+n-p-1-h}{p}(n-p-1-h)x^{(n-p-1)}$$
$$+ y^{(m)}(n-1-h)x^{(n-1)}$$
$$= \sum_{p \geqslant 1}(m-p+1)y^{(m-p+1)}\binom{m+n-p+1-h}{p}x^{(n-p)}$$
$$+ \sum_{p \geqslant 0} y^{(m-p)}\binom{m+n-p-1-h}{p}(n-p-1-h)x^{(n-p-1)}.$$

Changeant p en $p-1$ dans la seconde somme, et regroupant les termes, on obtient

$$(19) \qquad (m+1)(\operatorname{ad} x^{(n)})y^{(m+1)} = \sum_{p \geqslant 1} y^{(m-p+1)}A_p x^{(n-p)}$$

avec

$$A_p = (m-p+1)\binom{m+n-p+1-h}{p} + (n-p-h)\binom{m+n-p-h}{p-1}.$$

Posant $z = m + n - p - h$, cela s'écrit aussi

$$\begin{aligned} A_p &= \frac{1}{p!}(m - p + 1)(z + 1)z(z - 1)\dots(z - p + 2) \\ &\quad + \frac{1}{(p-1)!}(z - m)z(z - 1)\dots(z - p + 2) \\ &= \frac{1}{p!}z(z - 1)\dots(z - p + 2)[(m - p + 1)(z + 1) + p(z - m)] \\ &= (m + 1)\binom{z}{p} = (m + 1)\binom{(m+1) + n - p - 1 - h}{p}. \end{aligned}$$

Reportant dans (19), on obtient (17_{m+1}), d'où (i).

Supposons $\binom{h}{p} \in \mathrm{A}'$ pour $p < n$. Pour tout $\mathrm{P} \in \mathbf{Q}[\mathrm{T}]$ de degré $< n$ tel que $\mathrm{P}(\mathbf{Z}) \subset \mathbf{Z}$, on a alors $\mathrm{P}(h) \in \mathrm{A}'$ (n° 4, cor. de la prop. 2). Alors, compte tenu de (16) où l'on fait $m = n$, on a

$$(-1)^n\binom{h}{n} = \binom{n - 1 - h}{n} = -x^{(n)}y^{(n)} + \sum_{p=0}^{n-1} y^{(n-p)}\binom{2n - p - 1 - h}{p}x^{(n-p)} \in \mathrm{A}',$$

d'où (ii) par récurrence sur n.

6. Biordres dans l'algèbre enveloppante d'une algèbre de Lie réductive déployée

Soient $\mathfrak{g}$ une algèbre de Lie réductive sur $\mathbf{Q}$, $\mathfrak{h}$ une sous-algèbre de Cartan déployante de $\mathfrak{g}$, et $\mathrm{R} = \mathrm{R}(\mathfrak{g}, \mathfrak{h})$ (§ 2, n° 1, remarque 5).

DÉFINITION 1. — *Un réseau $\mathscr{H}$ dans $\mathfrak{h}$ est dit permis (relativement à $\mathfrak{g}$) si, pour tout $\alpha \in \mathrm{R}$, on a $H_\alpha \in \mathscr{H}$ et $\alpha(\mathscr{H}) \subset \mathbf{Z}$.*

Remarques. — 1) Soit B une base de R. Un réseau $\mathscr{H}$ dans $\mathfrak{h}$ est permis si et seulement si l'on a $H_\alpha \in \mathscr{H}$ et $\alpha(\mathscr{H}) \subset \mathbf{Z}$ pour tout $\alpha \in \mathrm{B}$.

2) Soit $\mathfrak{c}$ le centre de $\mathfrak{g}$. Pour qu'un réseau $\mathscr{H}$ dans $\mathfrak{h}$ soit permis, il faut et il suffit que $\mathrm{Q}(\mathrm{R}^\vee) \subset \mathscr{H} \subset \mathrm{P}(\mathrm{R}^\vee) \oplus \mathfrak{c}$. Le réseau $\mathscr{H} \cap \mathscr{D}\mathfrak{g}$ est alors permis dans la sous-algèbre de Cartan $\mathfrak{h} \cap \mathscr{D}\mathfrak{g}$ de $\mathscr{D}\mathfrak{g}$. Il peut exister des réseaux permis $\mathscr{H}$ tels que $\mathscr{H} \neq (\mathscr{H} \cap \mathscr{D}\mathfrak{g}) \oplus (\mathscr{H} \cap \mathfrak{c})$ (cf. § 13, n° 1, (IX)).

3) Si $\mathfrak{g}$ est semi-simple, les réseaux permis dans $\mathfrak{h}$ sont les sous-groupes $\mathscr{H}$ de $\mathfrak{h}$ tels que $\mathrm{Q}(\mathrm{R}^\vee) \subset \mathscr{H} \subset \mathrm{P}(\mathrm{R}^\vee)$.

Dans la suite de ce numéro, nous supposons fixés une algèbre de Lie réductive déployée $(\mathfrak{g}, \mathfrak{h})$, une base B de $R = R(\mathfrak{g}, \mathfrak{h})$, et, pour chaque $\alpha \in B$, un couple (x_α, y_α), avec

$$(20) \qquad y_\alpha \in \mathfrak{g}^{-\alpha}, \qquad x_\alpha \in \mathfrak{g}^\alpha, \qquad [y_\alpha, x_\alpha] = H_\alpha.$$

Si l'on note $\mathfrak{n}_+$ (resp. $\mathfrak{n}_-$) la sous-algèbre de $\mathfrak{g}$ engendrée par les x_α (resp. les y_α), on sait (§ 3, n° 3, prop. 9 (iii)) que

$$(21) \qquad \mathfrak{g} = \mathfrak{n}_- \oplus \mathfrak{h} \oplus \mathfrak{n}_+$$

$$(22) \qquad U(\mathfrak{g}) = U(\mathfrak{n}_-) \otimes_{\mathbf{Q}} U(\mathfrak{h}) \otimes_{\mathbf{Q}} U(\mathfrak{n}_+)$$

(où $U(\mathfrak{g}), \ldots$ sont les algèbres enveloppantes de $\mathfrak{g}, \ldots$).

Notons $\mathscr{U}_+$ la sous-**Z**-algèbre de $U(\mathfrak{n}_+)$ engendrée par les $x_\alpha^{(n)}$ pour $\alpha \in B$ et $n \in \mathbf{N}$. Soient W le groupe de Weyl de R, R_+ l'ensemble des racines positives relativement à B.

Lemme 5. — (i) *$\mathscr{U}_+$ est un réseau dans l'espace vectoriel* $U(\mathfrak{n}_+)$.

(ii) *Pour tout $\alpha \in B$, on a* $\mathscr{U}_+ \cap U(\mathfrak{g}^\alpha) = \bigoplus_{n \in \mathbf{N}} \mathbf{Z} x_\alpha^{(n)}$.

Par définition, $\mathscr{U}_+$ est engendré comme **Z**-module par les éléments

$$x_\varphi^{(\boldsymbol{n})} = \prod_{1 \leqslant i \leqslant r} x_{\varphi(i)}^{(n(i))}$$

où $r \in \mathbf{N}$, $\varphi = (\varphi(i)) \in B^r$, et $\boldsymbol{n} = (n(i)) \in \mathbf{N}^r$. Munissons l'algèbre $U(\mathfrak{n}_+)$ de la graduation de type $Q(R)$ pour laquelle chaque $\mathfrak{g}^\alpha$ $(\alpha \in R_+)$ est homogène de degré α. Un monôme $x_\varphi^{(\boldsymbol{n})}$ du type précédent est homogène de degré

$$\sum_{1 \leqslant i \leqslant r} n(i)\varphi(i) \in Q(R).$$

Ceux de ces monômes qui ont un degré donné q sont en nombre fini, et engendrent sur **Q** la composante homogène de degré q de $U(\mathfrak{n}_+)$. Cela prouve (i).

Si $\alpha \in B$, $\mathscr{U}_+ \cap U(\mathfrak{g}^\alpha)$ est contenu dans le sous-espace somme des composantes homogènes de degrés multiples de α; d'après ce qui précède, $\mathscr{U}_+ \cap U(\mathfrak{g}^\alpha)$ est donc engendré par les $x_\varphi^{(\boldsymbol{n})}$ tels que $\sum n(i)\varphi(i) \in \mathbf{N}\alpha$, ce qui impose $\varphi(i) = \alpha$ pour tout i (puisque B est une base de R), donc

$$x_\varphi^{(\boldsymbol{n})} = x_\alpha^{(n(1))} \ldots x_\alpha^{(n(r))} = \frac{(n(1) + \cdots + n(r))!}{n(1)! \ldots n(r)!} x^{(n(1) + \cdots + n(r))}.$$

Ainsi, $\mathscr{U}_+ \cap \mathscr{U}(\mathfrak{g}^\alpha) \subset \bigoplus_n \mathbf{Z} x_\alpha^{(n)}$, d'où (ii).

C.Q.F.D.

Dans la suite de ce paragraphe, si E et F sont des sous-**Z**-modules de $U(\mathfrak{g})$, on note E.F le sous-**Z**-module de $U(\mathfrak{g})$ engendré par les produits ab, où $a \in E$, $b \in F$.

PROPOSITION 3. — *Soit $\mathscr{H}$ un réseau permis dans $\mathfrak{h}$. Soient $\mathscr{U}_+$, $\mathscr{U}_-$, $\mathscr{U}_0$ les sous-$\mathbf{Z}$-algèbres de* $\mathrm{U}(\mathfrak{g})$ *engendrées respectivement par les éléments* $x_\alpha^{(n)}$ $(\alpha \in \mathrm{B},\ n \in \mathbf{N})$, $y_\alpha^{(n)}$ $(\alpha \in \mathrm{B},\ n \in \mathbf{N})$, $\binom{h}{n}$ $(h \in \mathscr{H},\ n \in \mathbf{N})$. *Soit $\mathscr{U}$ la sous-$\mathbf{Z}$-algèbre de* $\mathrm{U}(\mathfrak{g})$ *engendrée par* $\mathscr{U}_+, \mathscr{U}_-, \mathscr{U}_0$.

(i) *$\mathscr{U}$ est un biordre dans la bigèbre* $\mathrm{U}(\mathfrak{g})$.

(ii) *On a* $\mathscr{U} = \mathscr{U}_- \,.\, \mathscr{U}_0 \,.\, \mathscr{U}_+$, $\mathscr{U} \cap \mathfrak{h} = \mathscr{H}$, *et, pour tout* $\alpha \in \mathrm{B}$,

$$\mathscr{U} \cap \mathfrak{g}^\alpha = \mathbf{Z}x_\alpha, \qquad \mathscr{U} \cap \mathfrak{g}^{-\alpha} = \mathbf{Z}y_\alpha.$$

D'après le lemme 5 et la prop. 2, $\mathscr{U}_+$, $\mathscr{U}_-$, $\mathscr{U}_0$ sont des ordres dans les $\mathbf{Q}$-algèbres $\mathrm{U}(\mathfrak{n}_+)$, $\mathrm{U}(\mathfrak{n}_-)$, $\mathrm{U}(\mathfrak{h})$ respectivement, et l'on a

$$(23) \qquad \binom{\pm h + q}{p} \in \mathscr{U}_0 \qquad \text{pour} \quad h \in \mathscr{H},\ q \in \mathbf{Z},\ p \in \mathbf{N}.$$

Posons $\mathscr{L} = \mathscr{U}_- \,.\, \mathscr{U}_0 \,.\, \mathscr{U}_+ \subset \mathrm{U}(\mathfrak{g})$. D'après (22), $\mathscr{L}$ est un réseau dans $\mathrm{U}(\mathfrak{g})$. Par construction, on a

$$(24) \qquad \mathscr{U}_-.\mathscr{L} \subset \mathscr{L}$$

$$(25) \qquad \mathscr{L}.\mathscr{U}_+ \subset \mathscr{L}$$

tandis que le lemme 3 et (23) impliquent

$$(26) \qquad \mathscr{U}_0.\mathscr{L} \subset \mathscr{L}$$

$$(27) \qquad \mathscr{L}.\mathscr{U}_0 \subset \mathscr{L}.$$

Soient $\alpha \in \mathrm{B}$, $n \in \mathbf{N}$, $r \in \mathbf{N}$, $\varphi = (\varphi(i)) \in \mathrm{B}^r$, et

$$(m(1), \ldots, m(r)) \in \mathbf{N}^r.$$

Montrons que

$$(28) \qquad x_\alpha^{(n)} y_{\varphi(1)}^{(m(1))} \ldots y_{\varphi(r)}^{(m(r))} \in \mathscr{L}$$

ou, ce qui revient au même vu (25), que

$$(29) \qquad [x_\alpha^{(n)}, y_{\varphi(1)}^{(m(1))} \ldots y_{\varphi(r)}^{(m(r))}] \in \mathscr{L}.$$

Raisonnons par récurrence sur r. Le crochet à étudier est somme de termes

$$(30) \qquad y_{\varphi(1)}^{(m(1))} \ldots y_{\varphi(k)}^{(m(k))} [x_\alpha^{(n)}, y_{\varphi(k+1)}^{(m(k+1))}] y_{\varphi(k+2)}^{(m(k+2))} \ldots y_{\varphi(r)}^{(m(r))}.$$

Pour $\alpha \neq \varphi(k+1)$, x_α et $y_{\varphi(k+1)}$ commutent, donc $[x_\alpha^{(n)}, y_{\varphi(k+1)}^{(m(k+1))}] = 0$. Si $\alpha = \varphi(k+1)$, l'expression (30) est, d'après (17), somme d'expressions de la forme

$$(31) \qquad y_{\varphi(1)}^{(m(1))} \ldots y_{\varphi(k)}^{(m(k))} y_{\varphi(k+1)}^{(m(k+1)-p)} \binom{q - h}{p} x_\alpha^{(n-p)} y_{\varphi(k+2)}^{(m(k+2))} \ldots y_{\varphi(r)}^{(m(r))}$$

où $q \in \mathbf{Z}$, $p \in \mathbf{N} - \{0\}$, $h \in \mathscr{H}$. L'hypothèse de récurrence, jointe à (24) et (26), prouve que l'expression (31) appartient à $\mathscr{L}$. On a donc prouvé (28).

D'après (28), on a $x_\alpha^{(n)}\mathscr{U}_- \subset \mathscr{L}$; d'après (25) et (27), on a donc $x_\alpha^{(n)}\mathscr{L} \subset \mathscr{L}$, d'où $\mathscr{U}_+.\mathscr{L} \subset \mathscr{L}$ et

$$\mathscr{L}.\mathscr{L} \subset \mathscr{U}_-.\mathscr{U}_0.\mathscr{L} \subset \mathscr{U}_-.\mathscr{L} \subset \mathscr{L}.$$

Ainsi, $\mathscr{L}$ est une sous-**Z**-algèbre de $U(\mathfrak{g})$, d'où $\mathscr{U} = \mathscr{L}$. Si c est le coproduit de $U(\mathfrak{g})$, on a $c(\mathscr{U}) \subset \mathscr{U} \otimes_{\mathbf{Z}} \mathscr{U}$ (n° 2, prop. 1). Soit γ la coünité de $U(\mathfrak{g})$. Comme $\gamma(x_\alpha^{(n)}) = \gamma(y_\alpha^{(n)}) = \gamma\left(\binom{h}{n}\right) = 0$ pour $n > 0$, on a $\gamma(\mathscr{U}) \subset \mathbf{Z}$. Cela prouve (i). D'autre part,

$$\mathscr{U} \cap \mathfrak{h} = \mathscr{L} \cap \mathfrak{h} = \mathscr{U}_0 \cap \mathfrak{h} = \mathscr{H}$$

d'après la prop. 2 du n° 4; de même,

$$\mathscr{U} \cap \mathfrak{g}^\alpha = \mathscr{U}_+ \cap \mathfrak{g}^\alpha = \mathbf{Z}x_\alpha$$

d'après le lemme 5. Cela prouve (ii).

Remarque 4. — D'après la prop. 5 du § 4, n° 4, il existe un unique automorphisme θ de $\mathfrak{g}$ tel que $\theta(x_\alpha) = y_\alpha$ et $\theta(y_\alpha) = x_\alpha$ pour tout $\alpha \in B$, et $\theta(h) = -h$ pour tout $h \in \mathfrak{h}$; on a $\theta^2 = 1$. Par construction de $\mathscr{U}$, on voit que l'automorphisme de $U(\mathfrak{g})$ qui prolonge θ laisse stable $\mathscr{U}$.

COROLLAIRE 1. — *Posons* $\mathscr{G} = \mathscr{U} \cap \mathfrak{g}$. *Alors* $\mathscr{G}$ *est un ordre dans l'algèbre de Lie* $\mathfrak{g}$, *stable pour* θ. *On a* $\mathscr{G} = \mathscr{H} + \sum_{\alpha\in R} (\mathscr{G} \cap \mathfrak{g}^\alpha)$. *Pour tout* $\alpha \in B$ *et tout* $n \in \mathbf{N}$, *les applications* $(\mathrm{ad}\, x_\alpha)^n/n!$, $(\mathrm{ad}\, y_\alpha)^n/n!$ *laissent stables* $\mathscr{U}$ *et* $\mathscr{G}$.

La première assertion est claire. La seconde s'obtient en considérant la graduation de type Q(R) sur $U(\mathfrak{g})$ et $\mathscr{U}$. La troisième résulte du lemme 2 du n° 5.

COROLLAIRE 2. — *Soit* $w \in W$. *Il existe un automorphisme élémentaire* φ *de* $\mathfrak{g}$, *commutant à* θ, *laissant stables* $\mathscr{G}$ *et* $\mathscr{U}$, *et prolongeant* w.

Il suffit de traiter le cas où w est de la forme s_α ($\alpha \in B$). Notons tout d'abord que $\mathrm{ad}\, x_\alpha$ et $\mathrm{ad}\, y_\alpha$ sont localement nilpotents sur $U(\mathfrak{g})$, autrement dit que pour tout $u \in U(\mathfrak{g})$ il existe un entier n tel que $(\mathrm{ad}\, x_\alpha)^n u = (\mathrm{ad}\, y_\alpha)^n u = 0$. Cela permet de définir les endomorphismes $e^{\mathrm{ad}\, x_\alpha} = \sum_{n=0}^{\infty} \frac{1}{n!} (\mathrm{ad}\, x_\alpha)^n$ et $e^{\mathrm{ad}\, y_\alpha}$ de $U(\mathfrak{g})$; on vérifie aussitôt que ce sont des automorphismes de $U(\mathfrak{g})$ laissant stable $\mathscr{U}$. Posons $\varphi_1 = e^{\mathrm{ad}\, x_\alpha} e^{\mathrm{ad}\, y_\alpha} e^{\mathrm{ad}\, x_\alpha}$, $\varphi_2 = e^{\mathrm{ad}\, y_\alpha} e^{\mathrm{ad}\, x_\alpha} e^{\mathrm{ad}\, y_\alpha}$. On a $\varphi_1 | \mathfrak{g} = \varphi_2 | \mathfrak{g}$ (§ 2, n° 2, formule (1)), d'où $\varphi_1 = \varphi_2$. Posons $\varphi_1 = \varphi_2 = \varphi$. On a $\theta\varphi\theta^{-1} = \varphi$, donc θ et φ commutent. D'autre part, $\varphi \mid \mathfrak{h} = w$ d'après le § 2, n° 2, lemme 1.

COROLLAIRE 3. — *Soit* $\alpha \in R$. *Si* $x \in \mathscr{G} \cap \mathfrak{g}^\alpha$ *et* $n \in \mathbf{N}$, *on a* $x^{(n)} \in \mathscr{U}$, *et* $(\mathrm{ad}\, x)^n/n!$ *laisse stables* $\mathscr{G}$ *et* $\mathscr{U}$.

C'est clair si $\alpha \in B$, par construction de $\mathscr{U}$ et d'après le cor. 1. Dans le cas général, il existe $w \in W$ tel que $w(\alpha) \in B$ (VI, § 1, n° 5, prop. 15). D'après le cor. 2, il existe un automorphisme φ de $\mathfrak{g}$ laissant stables $\mathscr{G}$ et $\mathscr{U}$, transformant $\mathfrak{g}^\alpha$ en $\mathfrak{g}^{w(\alpha)}$, d'où le corollaire par transport de structure.

Corollaire 4. — *Il existe un système de Chevalley $(X_\alpha)_{\alpha \in R}$ de $(\mathfrak{g}, \mathfrak{h})$ (§ 2, n° 4, déf. 3) tel que $X_\alpha = x_\alpha$ et $X_{-\alpha} = y_\alpha$ pour $\alpha \in B$. Pour tout système de Chevalley $(X'_\alpha)_{\alpha \in R}$ possédant ces propriétés, et pour tout $\alpha \in R$, X'_α est une base de $\mathscr{G} \cap \mathfrak{g}^\alpha$.*

Pour $\alpha \in B$, posons $X_\alpha = x_\alpha$, $X_{-\alpha} = y_\alpha$. Pour $\alpha \in R_+ - B$, choisissons un $w \in W$ tel que $w(\alpha) \in B$ et un automorphisme φ de $\mathfrak{g}$ tel que $\theta\varphi = \varphi\theta$, $\varphi(\mathscr{G}) = \mathscr{G}$ et $\varphi(h) = w^{-1}(h)$ pour $h \in \mathfrak{h}$ (cor. 2); posons $X_\alpha = \varphi(x_{w(\alpha)})$, $X_{-\alpha} = \varphi(y_{w(\alpha)})$. On a alors

$$[X_{-\alpha}, X_\alpha] = \varphi([y_{w(\alpha)}, x_{w(\alpha)}]) = \varphi(H_{w(\alpha)}) = w^{-1}(H_{w(\alpha)}) = H_\alpha$$

$$\theta(X_\alpha) = \theta\varphi(x_{w(\alpha)}) = \varphi\theta(x_{w(\alpha)}) = \varphi(y_{w(\alpha)}) = X_{-\alpha}$$

donc $(X_\alpha)_{\alpha \in R}$ est un système de Chevalley. En outre,

$$\mathscr{G} \cap \mathfrak{g}^\alpha = \varphi(\mathscr{G} \cap \mathfrak{g}^{w(\alpha)}) = \varphi(\mathbf{Z}x_{w(\alpha)}) = \mathbf{Z}X_\alpha \tag{32}$$

$$\mathscr{G} \cap \mathfrak{g}^{-\alpha} = \varphi(\mathscr{G} \cap \mathfrak{g}^{-w(\alpha)}) = \varphi(\mathbf{Z}y_{w(\alpha)}) = \mathbf{Z}X_{-\alpha}. \tag{33}$$

Soit $(X'_\alpha)_{\alpha \in R}$ un système de Chevalley tel que $X'_\alpha = x_\alpha$, $X'_{-\alpha} = y_\alpha$ pour $\alpha \in B$. Soit S l'ensemble des $\alpha \in R$ tels que $X'_\alpha = \pm X_\alpha$. D'après le § 2, n° 4, prop. 7, S est un ensemble clos de racines. Comme $S \supset B \cup (-B)$, on a $S = R$ (VI, § 1, n° 6, prop. 19). D'après (32) et (33), on a donc $\mathscr{G} \cap \mathfrak{g}^\alpha = \mathbf{Z}X'_\alpha$ pour tout $\alpha \in R$.

Remarques. — 5) Reprenons le système de Chevalley $(X_\alpha)_{\alpha \in R}$ construit ci-dessus. Si $\alpha, \beta, \alpha + \beta \in R$ et si l'on pose $[X_\alpha, X_\beta] = N_{\alpha,\beta}X_{\alpha+\beta}$, on a $[X_\alpha, X_\beta] \in \mathscr{G} \cap \mathfrak{g}^{\alpha+\beta}$, et l'on retrouve donc que $N_{\alpha,\beta} \in \mathbf{Z}$ (cf. § 2, n° 4, prop. 7).

6) On a obtenu en passant une nouvelle démonstration de l'existence de systèmes de Chevalley (cf. § 4, n° 4, cor. de la prop. 5), indépendante du lemme 4, § 2.

7. Ordres de Chevalley

Soient $(\mathfrak{g}, \mathfrak{h})$ une algèbre de Lie réductive déployée sur $\mathbf{Q}$, R son système de racines. Choisissons:

a) un réseau permis $\mathscr{H}$ dans $\mathfrak{h}$ (n° 6, déf. 1);

b) pour tout $\alpha \in R$, un réseau $\mathscr{G}^\alpha$ dans $\mathfrak{g}^\alpha$.

Posons $\mathscr{G} = \mathscr{H} \oplus \sum_{\alpha \in R} \mathscr{G}^\alpha$. C'est un réseau dans $\mathfrak{g}$. Notons $\mathscr{U}$ la sous-$\mathbf{Z}$-algèbre de

$\mathrm{U}(\mathfrak{g})$ engendrée par les $\binom{h}{n}$ $(h \in \mathscr{H}, n \in \mathbf{N})$ et les $x^{(n)}$ $(x \in \mathscr{G}^\alpha, \alpha \in \mathrm{R},\ n \in \mathbf{N})$. Enfin, pour $\alpha \in \mathrm{R}$ et $x \in \mathfrak{g}^\alpha - \{0\}$, posons:

$$w_\alpha(x) = (\exp \operatorname{ad} x)(\exp \operatorname{ad} y)(\exp \operatorname{ad} x),$$

où y est l'unique élément de $\mathfrak{g}^{-\alpha}$ tel que $[y, x] = H_\alpha$. Avec ces notations:

THÉORÈME 2. — *Les conditions suivantes sont équivalentes*:

(i) *Il existe un système de Chevalley* $(X_\alpha)_{\alpha \in \mathrm{R}}$ *de* $(\mathfrak{g}, \mathfrak{h})$ *tel que* $\mathscr{G}^\alpha = \mathbf{Z}X_\alpha$ *pour tout* $\alpha \in \mathrm{R}$.

(ii) *On a* $\mathscr{U} \cap \mathfrak{g} = \mathscr{G}$ *et* $[\mathscr{G}^\alpha, \mathscr{G}^{-\alpha}] = \mathbf{Z}H_\alpha$ *pour tout* $\alpha \in \mathrm{R}$.

(iii) *Pour tous* $\alpha \in \mathrm{R}$, $x \in \mathscr{G}^\alpha$, $n \in \mathbf{N}$, *l'endomorphisme* $(\operatorname{ad} x)^n/n!$ *de* $\mathfrak{g}$ *applique* $\mathscr{G}$ *dans* $\mathscr{G}$, *et l'on a* $[\mathscr{G}^\alpha, \mathscr{G}^{-\alpha}] = \mathbf{Z}H_\alpha$.

(iv) *Pour tout* $\alpha \in \mathrm{R}$ *et toute base* x *de* $\mathscr{G}^\alpha$, $w_\alpha(x)$ *applique* $\mathscr{G}$ *dans* $\mathscr{G}$ (*c'est-à-dire applique* $\mathscr{G}^\beta$ *dans* $\mathscr{G}^{s_\alpha(\beta)}$ *pour tout* $\beta \in \mathrm{R}$).

(i) $\Rightarrow$ (ii): soit $(X_\alpha)_{\alpha \in \mathrm{R}}$ un système de Chevalley de $(\mathfrak{g}, \mathfrak{h})$ tel que $\mathscr{G}^\alpha = \mathbf{Z}X_\alpha$ pour tout $\alpha \in \mathrm{R}$, et soit B une base de R. Pour $\alpha \in \mathrm{B}$, posons $x_\alpha = X_\alpha$, $y_\alpha = X_{-\alpha}$. Soit $\mathscr{U}'$ le biordre associé à $\mathscr{H}$, aux x_α et aux y_α par la prop. 3 du n° 6. Il est clair que $\mathscr{U}' \subset \mathscr{U}$. D'après les cor. 3 et 4 de la prop. 3, on a $x^{(n)} \in \mathscr{U}'$ pour tout $\alpha \in \mathrm{R}$, tout $x \in \mathscr{G}^\alpha$ et tout $n \in \mathbf{N}$. Donc $\mathscr{U} = \mathscr{U}'$, ce qui prouve (ii).

(ii) $\Rightarrow$ (iii): c'est clair d'après le lemme 2 du n° 5.

(iii) $\Rightarrow$ (iv): soient $\alpha \in \mathrm{R}$ et x une base de $\mathscr{G}^\alpha$. Comme $[\mathscr{G}^\alpha, \mathscr{G}^{-\alpha}] = \mathbf{Z}H_\alpha$, l'unique $y \in \mathfrak{g}^{-\alpha}$ tel que $[y, x] = \mathrm{H}_\alpha$ appartient à $\mathscr{G}^{-\alpha}$. Comme $\exp \operatorname{ad} x$ et $\exp \operatorname{ad} y$ laissent stable $\mathscr{G}$ d'après (iii), il en est de même de $w_\alpha(x)$.

(iv) $\Rightarrow$ (i): soit B une base de R. Choisissons pour tout $\alpha \in \mathrm{B}$ une base x_α de $\mathscr{G}^\alpha$. Soit $y_\alpha \in \mathfrak{g}^{-\alpha}$ tel que $[y_\alpha, x_\alpha] = H_\alpha$. D'après le § 1, n° 5, formules (5), on a $y_\alpha = w_\alpha(x_\alpha) . x_\alpha$, donc y_α est une base de $\mathscr{G}^{-\alpha}$ d'après (iv). Soit $\mathscr{G}'$ l'ordre dans $\mathfrak{g}$ défini par $\mathscr{H}$, les x_α et les y_α (n° 6, cor. 1 de la prop. 3). Alors $\mathscr{G}'$ est stable par les $(\operatorname{ad} x_\alpha)^n/n!$, $(\operatorname{ad} y_\alpha)^n/n!$ (*loc. cit.*), donc par les $w_\alpha(x_\alpha)$.

Soit alors $\beta \in \mathrm{R}$. Il existe $\alpha_0, \alpha_1, \ldots, \alpha_r \in \mathrm{B}$ tels que

$$\beta = s_{\alpha_r} s_{\alpha_{r-1}} \ldots s_{\alpha_1}(\alpha_0)$$

(chap. VI, § 1, n° 5, prop. 15). Alors $w_{\alpha_r}(x_{\alpha_r}) . w_{\alpha_{r-1}}(x_{\alpha_{r-1}}) \ldots w_{\alpha_1}(x_{\alpha_1})$ applique $\mathscr{G}^{\alpha_0}$ sur $\mathscr{G}^\beta$ d'après (iv), et applique $\mathscr{G}' \cap \mathfrak{g}^{\alpha_0}$ sur $\mathscr{G}' \cap \mathfrak{g}^\beta$ d'après ce qui précède. Comme $\mathscr{G}' \cap \mathfrak{g}^{\alpha_0} = \mathscr{G}^{\alpha_0}$ (prop. 3(ii)), on a $\mathscr{G}' \cap \mathfrak{g}^\beta = \mathscr{G}^\beta$. Donc

$$\mathscr{G}' = \mathscr{H} \oplus \sum_{\beta \in \mathrm{R}} (\mathscr{G}' \cap \mathfrak{g}^\beta) = \mathscr{H} \oplus \sum_{\beta \in \mathrm{R}} \mathscr{G}^\beta = \mathscr{G}$$

et l'on conclut grâce au cor. 4 de la prop. 3.

DÉFINITION 2. — *Lorsque les conditions* (i) *à* (iv) *du th.* 2 *sont vérifiées, on dit que* $\mathscr{G}$ *est un ordre de Chevalley de* $(\mathfrak{g}, \mathfrak{h})$.

Remarque. — Il existe toujours des ordres de Chevalley de $(\mathfrak{g}, \mathfrak{h})$. En effet, les ordres de Chevalley sont les ensembles de la forme $\mathscr{H} \oplus \sum_{\alpha \in R} \mathbf{Z}X_\alpha$, où $(X_\alpha)_{\alpha \in R}$ est un système de Chevalley de $(\mathfrak{g}, \mathfrak{h})$ et où $\mathscr{H}$ est un réseau de $\mathfrak{h}$ tel que

$$Q(R^\vee) \subset \mathscr{H} \subset P(R^\vee) \oplus \mathfrak{c}$$

($\mathfrak{c}$ étant le centre de $\mathfrak{g}$).

THÉORÈME 3. — *On conserve les notations du début du* n° 7, *et l'on suppose que* $\mathscr{G}$ *est un ordre de Chevalley de* $(\mathfrak{g}, \mathfrak{h})$.

(i) $\mathscr{U}$ *est un biordre dans* $U(\mathfrak{g})$.

(ii) *Soient* B *une base de* R, *et* $(X_\alpha)_{\alpha \in B \cup (-B)}$ *une famille d'éléments de* $\mathfrak{g}$ *tels que* $\mathscr{G}^\alpha = \mathbf{Z}X_\alpha$ *pour* $\alpha \in B \cup (-B)$. *La* **Z**-*algèbre* $\mathscr{U}$ *est engendrée par les* $\binom{h}{n}$ *et les* $X_\alpha^{(n)}$ $(h \in \mathscr{H}, \alpha \in B \cup (-B), n \in \mathbf{N})$. *Si* $\mathfrak{g}$ *est semi-simple et* $\mathscr{H} = Q(R^\vee)$, *alors la* **Z**-*algèbre* $\mathscr{U}$ *est engendrée par les* $X_\alpha^{(n)}$ $(\alpha \in B \cup (-B), n \in \mathbf{N})$.

(iii) *Soient* B *une base de* R, R_+ *l'ensemble correspondant des racines positives*, $R_- = -R_+, \mathfrak{n}_+ = \sum_{\alpha \in R_+} \mathfrak{g}^\alpha$, $\mathfrak{n}_- = \sum_{\alpha \in R_-} \mathfrak{g}^\alpha$. *On a*

$$\mathscr{U} = (\mathscr{U} \cap U(\mathfrak{n}_-)).(\mathscr{U} \cap U(\mathfrak{h})).(\mathscr{U} \cap U(\mathfrak{n}_+)).$$

Soit $(h_i)_{i \in I}$ *une base de* $\mathscr{H}$. *Pour tout* $\alpha \in R$, *soit* X_α *une base de* $\mathscr{G}^\alpha$. *Munissons l'ensemble* $I \cup R$ *d'un ordre total (on suppose* $I \cap R = \emptyset$). *Pour* $\lambda \in I \cup R$ *et* $n \in \mathbf{N}$, *posons* $e_\lambda^{\langle n \rangle} = \binom{h_\lambda}{n}$ *si* $\lambda \in I$, $e_\lambda^{\langle n \rangle} = X_\lambda^{(n)}$ *si* $\lambda \in R$. *Alors les produits* $\prod_{\lambda \in I \cup R} e_\lambda^{\langle n_\lambda \rangle}$, *où* (n_λ) *parcourt* $\mathbf{N}^{I \cup R}$, *forment une base du* **Z**-*module* $\mathscr{U}$. *Les produits* $\prod_{\lambda \in I} \binom{h_\lambda}{n_\lambda}$, *où* (n_λ) *parcourt* $\mathbf{N}^I$, *forment une base du* **Z**-*module* $\mathscr{U} \cap U(\mathfrak{h})$. *Les produits* $\prod_{\lambda \in R_+} X_\lambda^{(n_\lambda)}$ *où* (n_λ) *parcourt* $\mathbf{N}^{R_+}$, *forment une base du* **Z**-*module* $\mathscr{U} \cap U(\mathfrak{n}_+)$.

Soient B et $(X_\alpha)_{\alpha \in B \cup (-B)}$ comme dans (ii), et tels que $[X_{-\alpha}, X_\alpha] = H_\alpha$. Soit $\mathscr{U}'$ la sous-**Z**-algèbre de $U(\mathfrak{g})$ engendrée par les $\binom{h}{n}$ et les $X_\alpha^{(n)}$ $(h \in \mathscr{H}, \alpha \in B \cup (-B), n \in \mathbf{N})$. On a vu dans la démonstration du th. 2, (i) $\Rightarrow$ (ii), que $\mathscr{U}'$ est égale à $\mathscr{U}$ et est un biordre dans $U(\mathfrak{g})$. Cela prouve (i) et la première assertion de (ii); la deuxième résulte du lemme 4 (ii). L'assertion (iii) résulte du th. 1 (n° 3) et de la prop. 3 (n° 6).

8. Réseaux admissibles

Généralisant la terminologie adoptée pour les espaces vectoriels, nous dirons qu'un endomorphisme u d'un module M est *diagonalisable* s'il existe une base de M telle que la matrice de u relativement à cette base soit diagonale.

Lemme 6. — *Soient* M *un* **Z**-*module libre de type fini*, *u un endomorphisme de* M, *v l'endomorphisme* $u \otimes 1$ *de* $M \otimes_{\mathbf{Z}} \mathbf{Q}$. *On suppose que, pour tout* $n \in \mathbf{N}$, *on a* $\binom{v}{n}(M) \subset M$. *Alors u est diagonalisable.*

a) Pour tout polynôme $P \in \mathbf{Q}[T]$ tel que $P(\mathbf{Z}) \subset \mathbf{Z}$, on a $P(v)(M) \subset M$ (n° 4, cor. de la prop. 2), donc $\det P(v) \in \mathbf{Z}$.

b) Notons $\chi_v(t) = t^d + \alpha_1 t^{d-1} + \cdots$ le polynôme caractéristique de v. Soient $k \in \mathbf{Z}$, $n \in \mathbf{N}$. Appliquant *a*) au polynôme $\binom{T-k}{n}$, on voit que le nombre

$$a_n = \det\binom{v-k}{n} = \frac{1}{(n!)^d}\det(v-k)\det(v-k-1)\ldots\det(v-k-n+1)$$
$$= \frac{(-1)^n}{(n!)^d}\chi_v(k)\chi_v(k+1)\ldots\chi_v(k+n-1)$$

est entier. Prenons $k - 1 < -\alpha_1/d$. On a

$$\chi_v(k+n-1) = n^d + (\alpha_1 + (k-1)d)n^{d-1} + \cdots$$

et

$$|a_n| = \frac{|\chi_v(k+n-1)|}{n^d}|a_{n-1}|;$$

donc, si $a_n \neq 0$ pour tout $n \in \mathbf{N}$, la suite des $|a_n|$ est strictement décroissante pour n assez grand, ce qui est absurde. Il résulte de là que v admet une valeur propre entière λ. Posons $M' = \operatorname{Ker}(u - \lambda.1)$ et $M'' = M/M'$. Alors M' est l'intersection avec M d'un sous-espace vectoriel de $M \otimes_{\mathbf{Z}} \mathbf{Q}$, donc le **Z**-module M″ est de type fini sans torsion, et par suite libre de rang $< d$. Raisonnant par récurrence sur d et appliquant l'hypothèse de récurrence à l'endomorphisme de M″ déduit de u, on en conclut que toutes les valeurs propres de v dans une extension algébriquement close de **Q** sont entières.

c) Montrons que v est diagonalisable. Soit λ une valeur propre de v et soit $x \in M \otimes_{\mathbf{Z}} \mathbf{Q}$ tel que $(v-\lambda)^2 x = 0$. On a $v(vx - \lambda x) = \lambda(vx - \lambda x)$, donc

$$\frac{1}{n!}(v-\lambda-n+1)(v-\lambda-n+2)\ldots(v-\lambda-1)(v-\lambda)x = \frac{(-1)^{n-1}}{n}(vx-\lambda x).$$

D'après *a*), cela implique $vx - \lambda x \in nM$ pour tout $n \in \mathbf{N}$, donc $(v-\lambda)x = 0$.

d) Soit λ une valeur propre de v et soit $(\lambda - a, \lambda + b)$ un intervalle de **Z** contenant toutes les valeurs propres de v. Considérons le polynôme

$$P(T) = (-1)^b\frac{(T-\lambda-1)(T-\lambda-2)\ldots(T-\lambda-b)}{b!}$$
$$\times \frac{(T-\lambda+1)(T-\lambda+2)\ldots(T-\lambda+a)}{a!}.$$

On a $P(\mathbf{Z}) \subset \mathbf{Z}$, $P(\lambda) = 1$, $P(\mu) = 0$ pour $\mu \in \mathbf{Z} \cap [\lambda - a, \lambda + b]$ et $\mu \neq \lambda$. D'après *a*), on a $P(v)(M) \subset M$. D'après *c*), $P(v)$ est un projecteur de $M \otimes_{\mathbf{Z}} \mathbf{Q}$ sur le sous-espace propre correspondant à λ.

C.Q.F.D.

Remarque 1. — Si l'on suppose seulement que v est diagonalisable à valeurs propres entières, u n'est pas nécessairement diagonalisable (prendre par exemple $M = \mathbf{Z}^2$ et $u(x, y) = (y, x)$ pour tout $(x, y) \in M$).

Soient $\mathfrak{g}$, $\mathfrak{h}$, R, $\mathscr{H}$, $\mathscr{G}^{\alpha}$, $\mathscr{G}$, $\mathscr{U}$ comme au n° 7, et supposons que $\mathscr{G}$ soit un ordre de Chevalley de $(\mathfrak{g}, \mathfrak{h})$.

Définition 3. — *Soit* E *un* $\mathfrak{g}$-*module. On dit qu'un réseau* $\mathscr{E}$ *dans* E *est admissible* (*relativement à* $\mathscr{G}$) *si les conditions équivalentes suivantes sont vérifiées*:

(i) $\mathscr{U}$ *applique* $\mathscr{E}$ *dans* $\mathscr{E}$;

(ii) *quels que soient* $\alpha \in R$, $x \in \mathscr{G}^{\alpha}$, $n \in \mathbf{N}$, $h \in \mathscr{H}$, $\mathscr{E}$ *est stable pour* $\binom{h}{n}$ *et* $x^{(n)}$.

Remarques. — 2) Soit ρ la représentation adjointe de $\mathfrak{g}$ dans $U(\mathfrak{g})$. Soient α, x, n, h comme dans (ii) ci-dessus. On a $\rho(x^{(n)}).\mathscr{U} \subset \mathscr{U}$ d'après le lemme 2. D'autre part, si $p \in \mathbf{N}$,

$$\rho\left(\binom{h}{p}\right)x^{(n)} = \binom{\operatorname{ad} h}{p}x^{(n)} = \binom{n\alpha(h)}{p}x^{(n)}$$

(n° 5, formule (13)), donc $\rho\left(\binom{h}{p}\right).\mathscr{U} \subset \mathscr{U}$. Cela prouve que $\mathscr{U}$ est un réseau admissible dans $U(\mathfrak{g})$, et il en résulte que $\mathscr{G}$ est un réseau admissible dans $\mathfrak{g}$ (pour la représentation adjointe).

3) Soient E un $\mathfrak{g}$-module de dimension finie, $\mathscr{E}$ un réseau admissible dans E, $\mathfrak{c}$ le centre de $\mathfrak{g}$. D'après le lemme 6, tout élément de $\mathfrak{c}$ définit dans E un endomorphisme diagonalisable. Donc E est semi-simple (I, § 6, n° 5, th. 4). Ainsi, E est somme directe de $\mathscr{D}\mathfrak{g}$-modules simples dans lesquels $\mathfrak{c}$ induit des homothéties. D'après le lemme 6, on a $\mathscr{E} = \bigoplus (\mathscr{E} \cap E^{\lambda})$, et, pour tout poids λ de E, on a

$$\lambda(\mathscr{H}) \subset \mathbf{Z}.$$

4) Si $\mathfrak{g}$ est semi-simple et si $\mathscr{H} = Q(R^{\vee})$, les conditions (i) et (ii) de la déf. 3 équivalent, d'après le th. 3 (ii), à

(iii) quels que soient $\alpha \in R$, $x \in \mathscr{G}^{\alpha}$, $n \in \mathbf{N}$, alors $\mathscr{E}$ est stable pour $x^{(n)}$.

5) Soit B une base de R; dans les conditions (ii) et (iii) ci-dessus, on peut remplacer « $\alpha \in R$ » par « $\alpha \in B \cup (-B)$ » (*loc. cit.*).

Théorème 4. — *Soit* E *un* $\mathfrak{g}$-*module de dimension finie. Les conditions suivantes sont équivalentes*:

(i) E *possède un réseau admissible*;

(ii) *tout élément de $\mathscr{H}$ définit dans* E *un endomorphisme diagonalisable à valeurs propres entières.*

(i) ⇒ (ii) : cela résulte de la remarque 3.

(ii) ⇒ (i) : supposons vérifiée la condition (ii), et prouvons (i). D'après le th. 4 du chap. I, § 6, n° 5, on peut supposer que les éléments de $\mathfrak{c}$ définissent des homothéties dans E, et que E est un $\mathscr{D}\mathfrak{g}$-module simple. Soient B une base de R, $\mathfrak{g} = \mathfrak{n}_- \oplus \mathfrak{h} \oplus \mathfrak{n}_+$ la décomposition correspondante de $\mathfrak{g}$. Soit λ le plus grand poids du $\mathscr{D}\mathfrak{g}$-module E, et soit $e \in E^\lambda - \{0\}$. Posons $\mathscr{E} = \mathscr{U}.e$. Il est clair que $\mathscr{U}.\mathscr{E} \subset \mathscr{E}$. Comme $U(\mathfrak{g}).e = E$ puisque E est simple, $\mathscr{E}$ engendre E comme **Q**-espace vectoriel. Pour $h \in \mathscr{H}$ et $n \in \mathbf{N}$, on a $\binom{h}{n}e = \binom{\lambda(h)}{n}e \in \mathbf{Z}e$, donc

$$(\mathscr{U} \cap U(\mathfrak{h})).e = \mathbf{Z}e.$$

Comme $U(\mathfrak{n}_+).e = 0$, on a $\mathscr{E} = (\mathscr{U} \cap U(\mathfrak{n}_-)).e$ d'après la prop. 3. Il résulte alors du th. 3 (iii) que $\mathscr{E}$ est un **Z**-module de type fini.

COROLLAIRE. — *Si $\mathfrak{g}$ est semi-simple et si $\mathscr{H} = Q(R^\vee)$, tout $\mathfrak{g}$-module de dimension finie possède un réseau admissible.*

§ 13. Algèbres de Lie simples déployables classiques

Dans ce paragraphe, nous expliciterons pour chaque type d'algèbre de Lie simple déployable classique:

(I) une algèbre de ce type, sa dimension et ses sous-algèbres de Cartan déployantes;
(II) ses coracines;
(III) ses sous-algèbres de Borel et ses sous-algèbres paraboliques;
(IV) ses représentations simples fondamentales;
(V) parmi les représentations simples fondamentales, celles qui sont orthogonales ou symplectiques;
(VI) l'algèbre des fonctions polynomiales invariantes;
(VII) certaines propriétés des groupes Aut $\mathfrak{g}$, $\mathrm{Aut}_0\,\mathfrak{g}$ et $\mathrm{Aut}_e\,\mathfrak{g}$;
(VIII) la restriction de la forme de Killing à une sous-algèbre de Cartan;
(IX) les ordres de Chevalley.

1. Algèbres de type A_l ($l \geqslant 1$)

(I) Soit V un espace vectoriel de dimension $l + 1$ sur k, et soit $\mathfrak{g}$ l'algèbre $\mathfrak{sl}(V)$ des endomorphismes de trace nulle de V. Soit $(e_i)_{1 \leqslant i \leqslant l+1}$ une base de V; l'application qui à un élément de $\mathfrak{g}$ fait correspondre sa matrice par rapport à cette base permet d'identifier $\mathfrak{g}$ et l'algèbre $\mathfrak{sl}(l + 1, k)$ des matrices de trace nulle. On sait que $\mathfrak{g}$ est semi-simple (I, § 6, n° 7, prop. 8).

Rappelons (A, II, p. 142) qu'on note E_{ij} la matrice (α_{mp}) telle que $\alpha_{ij} = 1$ et $\alpha_{mp} = 0$ pour $(m,p) \neq (i,j)$. Les matrices

$$\begin{array}{ll} E_{ij} & (1 \leqslant i,j \leqslant l+1, i \neq j) \\ E_{i,i} - E_{i+1,i+1} & (1 \leqslant i \leqslant l) \end{array}$$

forment une base de $\mathfrak{g}$. On a donc

$$\dim \mathfrak{g} = l(l+2).$$

Soit $\hat{\mathfrak{h}}$ l'ensemble des éléments diagonaux de $\mathfrak{gl}(l+1, k)$; la suite $(E_{ii})_{1 \leqslant i \leqslant l+1}$ est une base de l'espace vectoriel $\hat{\mathfrak{h}}$; soit $(\hat{\varepsilon}_i)_{1 \leqslant i \leqslant l+1}$ la base de $\hat{\mathfrak{h}}^*$ duale de $(E_{ii})_{1 \leqslant i \leqslant l+1}$. Pour tout $h \in \hat{\mathfrak{h}}$, on a

$$(1) \qquad [h, E_{ij}] = (\hat{\varepsilon}_i(h) - \hat{\varepsilon}_j(h))E_{ij}$$

d'après I, § 1, n° 2, formules (5). Soit $\mathfrak{h}$ l'ensemble des éléments de $\hat{\mathfrak{h}}$ de trace nulle, et posons $\varepsilon_i = \hat{\varepsilon}_i \mid \mathfrak{h}$. Alors $\mathfrak{h}$ est une sous-algèbre de Cartan de $\mathfrak{g}$ (VII, § 2, n° 1, ex. 4). La relation (1) prouve que cette sous-algèbre de Cartan est déployante, et que les racines de $(\mathfrak{g}, \mathfrak{h})$ sont les $\varepsilon_i - \varepsilon_j$ $(i \neq j)$. Soit $\hat{\mathfrak{h}}_0^*$ l'ensemble des éléments de $\hat{\mathfrak{h}}^*$ dont la somme des coordonnées par rapport à $(\hat{\varepsilon}_i)$ est nulle. L'application $\lambda \mapsto \lambda \mid \mathfrak{h}$ de $\hat{\mathfrak{h}}_0^*$ dans $\mathfrak{h}^*$ est bijective. Le système de racines R de $(\mathfrak{g}, \mathfrak{h})$ est donc de type A_l (VI, § 4, n° 7). Par suite, $\mathfrak{g}$ est simple (§ 3, n° 2, cor. 1 de la prop. 6). Ainsi, $\mathfrak{g}$ *est une algèbre de Lie simple déployable de type* A_l.

Toute sous-algèbre de Cartan déployante $\mathfrak{h}'$ de $\mathfrak{g}$ est transformée de $\mathfrak{h}$ par un automorphisme élémentaire (§ 3, n° 3, cor. de la prop. 10). Comme $\mathrm{Aut}_e\, \mathfrak{g}$ est l'ensemble des automorphismes $x \mapsto sxs^{-1}$ de $\mathfrak{g}$ pour $s \in \mathbf{SL}(V)$ (VII, § 3, n° 1, remarque 2; cf. aussi (VII)), il existe une base β de V telle que $\mathfrak{h}'$ soit l'ensemble $\mathfrak{h}_\beta$ des éléments de $\mathfrak{g}$ dont la matrice par rapport à la base β est diagonale. Comme $\mathfrak{h}_\beta$ contient un élément de valeurs propres deux à deux distinctes, les seuls sous-espaces vectoriels de V stables par les éléments de $\mathfrak{h}_\beta$ sont ceux engendrés par une partie de β. On en déduit que l'application $\beta \mapsto \mathfrak{h}_\beta$ fournit par passage au quotient une bijection de l'ensemble des décompositions de V en somme directe de $l+1$ sous-espaces de dimension 1 sur l'ensemble des sous-algèbres de Cartan déployantes de $\mathfrak{g}$.

(II) Soit $\alpha = \varepsilon_i - \varepsilon_j$ $(i \neq j)$ une racine. On a $\mathfrak{g}^\alpha = kE_{ij}$. Comme

$$[E_{ij}, E_{ji}] = E_{ii} - E_{jj}$$

et que $\alpha(E_{ii} - E_{jj}) = 2$, on a (§ 2, n° 2, th. 1 (ii))

$$H_\alpha = E_{ii} - E_{jj}.$$

(III) Posons $\alpha_1 = \varepsilon_1 - \varepsilon_2, \alpha_2 = \varepsilon_2 - \varepsilon_3, \ldots, \alpha_l = \varepsilon_l - \varepsilon_{l+1}$. D'après VI, § 4, n° 7.I, $(\alpha_1, \ldots, \alpha_l)$ est une base B de R; les racines positives relativement à B sont les $\varepsilon_i - \varepsilon_j$ pour $i < j$. La sous-algèbre de Borel correspondante $\mathfrak{b}$ est l'ensemble des matrices triangulaires supérieures de trace nulle.

On appelle *drapeau* de V un ensemble de sous-espaces vectoriels de V, distincts de $\{0\}$ et de V, totalement ordonné par inclusion. Ordonnons l'ensemble des drapeaux de V par inclusion. Les drapeaux maximaux sont les ensembles $\{W_1, \ldots, W_l\}$, où W_i est un sous-espace vectoriel de dimension i et où

$$W_1 \subset \cdots \subset W_l.$$

Par exemple, si V_i désigne le sous-espace de V engendré par $e_1, \ldots, e_i$, alors $\{V_1, \ldots, V_l\}$ est un drapeau maximal.

Il est immédiat que $\mathfrak{b}$ est l'ensemble des éléments de $\mathfrak{g}$ laissant stables les éléments du drapeau maximal $\{V_1, \ldots, V_l\}$. Inversement, comme $\mathfrak{b}$ contient $\mathfrak{h}$ et les matrices E_{ij} pour $i < j$, on voit que les V_i sont les seuls sous-espaces vectoriels non triviaux stables par $\mathfrak{b}$.

Soit alors δ un drapeau maximal de V. Il résulte de ce qui précède que l'ensemble $\mathfrak{b}_\delta$ des éléments de $\mathfrak{g}$ laissant stables tous les éléments de δ est une sous-algèbre de Borel de $\mathfrak{g}$. Comme toute sous-algèbre de Borel de $\mathfrak{g}$ est transformée de $\mathfrak{b}$ par un automorphisme élémentaire, on voit que l'application $\delta \mapsto \mathfrak{b}_\delta$ est une bijection de l'ensemble des drapeaux maximaux sur l'ensemble des sous-algèbres de Borel de $\mathfrak{g}$.

Soit β une base de V. D'après (I) et ce qui précède, les sous-algèbres de Borel contenant $\mathfrak{h}_\beta$ sont celles correspondant aux drapeaux maximaux dont chaque élément est engendré par une partie de β. Ces drapeaux correspondent bijectivement aux ordres totaux sur β de la manière suivante: à un ordre total ω sur β, on associe le drapeau $\{W_1, \ldots, W_l\}$, où W_i est le sous-espace vectoriel engendré par les i premiers éléments de β pour l'ordre ω. Comme il y a $(l+1)!$ ordres totaux sur β, on retrouve ainsi le fait qu'il existe $(l+1)!$ sous-algèbres de Borel de $(\mathfrak{sl}(V), \mathfrak{h}_\beta)$ (§ 3, n° 3, remarque).

Soit γ un drapeau de V. Comme γ est contenu dans un drapeau maximal, l'ensemble $\mathfrak{p}_\gamma$ des éléments de $\mathfrak{g}$ laissant stables les éléments de γ est une sous-algèbre parabolique de $\mathfrak{g}$. Montrons que les seuls sous-espaces vectoriels non triviaux stables par $\mathfrak{p}_\gamma$ sont les éléments de γ. Pour cela, on peut supposer $\gamma = \{V_{i_1}, \ldots, V_{i_q}\}$ avec $1 \leqslant i_1 < \cdots < i_q \leqslant l$. Posons $i_0 = 0$, $i_{q+1} = l+1$. Les intervalles non vides

$$[i_0 + 1, i_1], [i_1 + 1, i_2], \ldots, [i_q + 1, i_{q+1}]$$

forment une partition de $\{1, \ldots, l+1\}$, ce qui permet d'écrire toute matrice carrée d'ordre $l+1$ comme une matrice par blocs $(X_{ab})_{1 \leqslant a,b \leqslant q+1}$. L'algèbre $\mathfrak{p}_\gamma$ est alors l'ensemble $\mathfrak{p}_{i_1,\ldots,i_q}$ des éléments $(X_{ab})_{1 \leqslant a,b \leqslant q+1}$ de $\mathfrak{sl}(l+1, k)$ tels que $X_{ab} = 0$ pour $a > b$. Comme $\mathfrak{p}_{i_1,\ldots,i_q} \supset \mathfrak{b}$, un sous-espace vectoriel non trivial stable par $\mathfrak{p}_{i_1,\ldots,i_q}$ est l'un des V_i; si $i_k < i < i_{k+1}$, l'algèbre $\mathfrak{p}_{i_1,\ldots,i_q}$ contient $E_{i_{k+1},i}$ et V_i n'est pas stable, d'où notre assertion.

Par suite, les 2^l drapeaux contenus dans le drapeau maximal $\{V_1, \ldots, V_l\}$ fournissent 2^l sous-algèbres paraboliques deux à deux distinctes contenant $\mathfrak{b}$; comme il y a exactement 2^l sous-algèbres parabolique contenant $\mathfrak{b}$ (§ 3, n° 4, remarque), on en déduit que l'application $\gamma \mapsto \mathfrak{p}_\gamma$ est une bijection de l'ensemble des drapeaux de V sur l'ensemble des sous-algèbres paraboliques de $\mathfrak{g}$. De plus, on a $\mathfrak{p}_\gamma \supset \mathfrak{p}_{\gamma'}$ si et seulement si $\gamma \subset \gamma'$.

Reprenons la sous-algèbre parabolique $\mathfrak{p} = \mathfrak{p}_{i_1,\ldots,i_q}$ $(1 \leqslant i_1 < \cdots < i_q \leqslant l)$. Soit $\mathfrak{s}$ (resp. $\mathfrak{n}$) l'ensemble des $(X_{ab})_{1 \leqslant a,b \leqslant q+1}$ de $\mathfrak{sl}(l+1, k)$ tels que $X_{ab} = 0$ pour $a \neq b$ (resp. $a \geqslant b$). Vu la prop. 13 du § 3, n° 4, on a $\mathfrak{p} = \mathfrak{s} \oplus \mathfrak{n}$, la sous-algèbre $\mathfrak{s}$ est réductive dans $\mathfrak{g}$ et $\mathfrak{n}$ est à la fois le plus grand idéal nilpotent et le radical nilpotent de $\mathfrak{p}$.

(IV) Pour $r = 1, 2, \ldots, l$, soit $\varpi_r = \varepsilon_1 + \cdots + \varepsilon_r$. On a $\varpi_i(H_{\alpha_j}) = \delta_{ij}$, donc ϖ_r est le poids fondamental correspondant à α_r.

Soit σ la représentation identique de $\mathfrak{g}$ dans V. La puissance extérieure $\wedge^r \sigma$ de σ opère dans $\mathrm{E} = \wedge^r(\mathrm{V})$. Soit $(e_1, \ldots, e_{l+1})$ la base choisie dans V. Les $e_{i_1} \wedge \cdots \wedge e_{i_r}$, où $i_r < \cdots < i_r$, forment une base de E. Si $h \in \mathfrak{h}$, on a

$$(\wedge^r \sigma)(h) \,.\, e_{i_1} \wedge \cdots \wedge e_{i_r} = (\varepsilon_{i_1} + \cdots + \varepsilon_{i_r})(h) e_{i_1} \wedge \cdots \wedge e_{i_r}.$$

Donc tout poids est de multiplicité 1, ϖ_r est un poids de $\wedge^r \sigma$, et tout autre poids est de la forme $\varpi_r - \mu$, où μ est un poids radiciel positif. Par conséquent, ϖ_r est le plus grand poids de $\wedge^r \sigma$, et $e_1 \wedge \cdots \wedge e_r$ est élément primitif. D'après VI, § 4, n° 7.IX, le groupe de Weyl s'identifie au groupe symétrique de

$$\{\varepsilon_1, \ldots, \varepsilon_{l+1}\}.$$

L'orbite de ϖ_r pour le groupe de Weyl contient donc tous les $\varepsilon_{i_1} + \cdots + \varepsilon_{i_r}$ avec $i_1 < \cdots < i_r$. Le sous-module simple engendré par l'élément primitif $e_1 \wedge \cdots \wedge e_r$ admet donc pour poids tous les $\varepsilon_{i_1} + \cdots + \varepsilon_{i_r}$ et par suite est égal à E. Ainsi, $\wedge^r \sigma$ *est irréductible de plus grand poids* ϖ_r.

Les représentations $\wedge^r \sigma$ $(1 \leqslant r \leqslant l)$ sont donc les représentations fondamentales. On a $\dim(\wedge^r \sigma) = \binom{l+1}{r}$.

(V) On a $w_0(\alpha_1) = -\alpha_l$, $w_0(\alpha_2) = -\alpha_{l-1}, \ldots$ (VI, § 4, n° 7.XI), donc

$$-w_0(\varpi_1) = \varpi_l, \; -w_0(\varpi_2) = \varpi_{l-1}, \ldots.$$

Soit

$$\omega = n_1\varpi_1 + \cdots + n_l\varpi_l \qquad (n_1, \ldots, n_l \in \mathbf{N})$$

un poids dominant. Alors, pour que la représentation simple de plus grand poids ω soit orthogonale ou symplectique, il faut et il suffit que

$$n_1 = n_l, \qquad n_2 = n_{l-1}, \ldots$$

(§ 7, n° 5, prop. 12). En particulier, si l est pair, aucune des représentations fondamentales de $\mathfrak{sl}(l+1, k)$ n'est orthogonale ni symplectique. Si l est impair, la représentation $\wedge^i \sigma$ pour $i \neq (l+1)/2$ n'est ni orthogonale, ni symplectique;

d'après VI, § 4, n° 7.VI, la somme des coordonnées de $\varpi_{(l+1)/2}$ par rapport à $(\alpha_1, \ldots, \alpha_l)$ est

$$\frac{1}{l+1}\left[\frac{l+1}{2}\left(1+2+\cdots+\frac{l-1}{2}\right)+\frac{l+1}{2}\left(1+2+\cdots+\frac{l+1}{2}\right)\right]$$
$$= 1+2+\cdots+\frac{l-1}{2}+\frac{l+1}{4}$$

de sorte que $\wedge^{(l+1)/2}\sigma$ est orthogonale pour $l \equiv -1$ (mod. 4) et symplectique pour $l \equiv 1$ (mod. 4) (§ 7, n° 5, prop. 12). Ce dernier résultat se précise de la manière suivante. Choisissons un élément non nul e dans $\wedge^{l+1}(V)$. La multiplication dans l'algèbre extérieure de V définit une application bilinéaire de

$$\wedge^{(l+1)/2}(V) \times \wedge^{(l+1)/2}(V)$$

dans $\wedge^{l+1}(V)$, qui s'écrit $(u, v) \mapsto \Phi(u, v)e$, où Φ est une forme bilinéaire sur $\wedge^{(l+1)/2}(V)$. On vérifie aussitôt que Φ est non nulle, invariante par $\mathfrak{g}$ (donc non dégénérée), symétrique si $(l+1)/2$ est pair, alternée si $(l+1)/2$ est impair.

(VI) Pour tout $x \in \mathfrak{g}$, le polynôme caractéristique de $\sigma(x) = x$ s'écrit

$$T^{l+1} + f_2(x)T^{l-1} + f_3(x)T^{l-2} + \cdots + f_{l+1}(x)$$

où $f_2, \ldots, f_{l+1}$ sont des fonctions polynomiales invariantes par $\mathfrak{g}$ (§ 8, n° 3, lemme 2).

Si $x = \xi_1 E_{11} + \cdots + \xi_{l+1}E_{l+1} \in \mathfrak{h}$, les $f_i(x)$ sont, au signe près, les fonctions symétriques élémentaires de $\xi_1, \ldots, \xi_{l+1}$ de degré $2, \ldots, l+1$. D'après VI, § 4, n° 7.IX, les $f_i \mid \mathfrak{h}$ engendrent donc l'algèbre des éléments de $S(\mathfrak{h}^*)$ invariants par le groupe de Weyl, et sont algébriquement indépendantes. Alors (§ 8, n° 3, prop. 3) $f_2, f_3, \ldots, f_{l+1}$ engendrent l'algèbre des fonctions polynomiales invariantes sur $\mathfrak{g}$, et sont algébriquement indépendantes.

(VII) Pour tout $g \in \mathbf{GL}(l+1, k)$, soit $\varphi_k(g) = \varphi(g)$ l'automorphisme $x \mapsto gxg^{-1}$ de $\mathfrak{g}$. Alors φ est un homomorphisme de $\mathbf{GL}(l+1, k)$ dans $\mathrm{Aut}(\mathfrak{g})$. On a

$$\varphi(\mathbf{SL}(l+1, k)) = \mathrm{Aut}_e(\mathfrak{g})$$

(VII, § 3, n° 1, remarque 2). Soit $\bar{k}$ une clôture algébrique de k. On a

$$\mathbf{GL}(l+1, \bar{k}) = \bar{k}^* \,.\, \mathbf{SL}(l+1, \bar{k}),$$

donc $\varphi_{\bar{k}}(\mathbf{GL}(l+1, \bar{k})) = \varphi_{\bar{k}}(\mathbf{SL}(l+1, \bar{k})) = \mathrm{Aut}_e(\mathfrak{g} \otimes_k \bar{k})$; il en résulte que $\varphi(\mathbf{GL}(l+1, k)) \subset \mathrm{Aut}_0(\mathfrak{g})$. D'autre part, $\mathrm{Aut}_0(\mathfrak{g}) \subset \varphi(\mathbf{GL}(l+1, k))$, d'après la prop. 2 du § 7, n° 1, appliquée à la représentation identique de $\mathfrak{g}$. Donc

$$\mathrm{Aut}_0(\mathfrak{g}) = \varphi(\mathbf{GL}(l+1, k)).$$

Le noyau de φ est l'ensemble des éléments de $\mathbf{GL}(l+1, k)$ qui commutent à toute matrice d'ordre $l+1$, c'est-à-dire l'ensemble k^* des matrices scalaires inversibles. Donc $\mathrm{Aut}_0(\mathfrak{g})$ s'identifie au groupe $\mathbf{GL}(l+1, k)/k^* = \mathbf{PGL}(l+1, k)$. Le noyau de $\varphi' = \varphi \mid \mathbf{SL}(l+1, k)$ est $\mu_{l+1}(k)$, où $\mu_{l+1}(k)$ désigne l'ensemble des racines $(l+1)$-èmes de l'unité dans k. Donc $\mathrm{Aut}_e(\mathfrak{g})$ s'identifie au groupe $\mathbf{SL}(l+1, k)/\mu_{l+1}(k) = \mathbf{PSL}(l+1, k)$. D'autre part, on a la suite exacte

$$1 \longrightarrow \mathbf{SL}(l+1, k) \longrightarrow \mathbf{GL}(l+1, k) \xrightarrow{\det} k^* \longrightarrow 1$$

et l'image de k^* par det est k^{*l+1}. On en déduit des isomorphismes canoniques:

$$\begin{aligned}\mathrm{Aut}_0(\mathfrak{g})/\mathrm{Aut}_e(\mathfrak{g}) &\to \mathbf{PGL}(l+1, k)/\mathbf{PSL}(l+1, k)\\ &\to \mathbf{GL}(l+1, k)/k^*.\mathbf{SL}(l+1, k) \to k^*/k^{*l+1}.\end{aligned}$$

Si $k = \mathbf{R}$, on voit que $\mathrm{Aut}_0(\mathfrak{g}) = \mathrm{Aut}_e(\mathfrak{g})$ si $l+1$ est impair, et que $\mathrm{Aut}_0(\mathfrak{g})/\mathrm{Aut}_e(\mathfrak{g})$ est isomorphe à $\mathbf{Z}/2\mathbf{Z}$ si $l+1$ est pair.

Avec les notations du § 5, $f(\mathrm{T_Q})$ est l'ensemble des automorphismes de $\mathfrak{g}$ qui induisent l'identité sur $\mathfrak{h}$, donc est égal à $\varphi(\mathrm{D})$ où D est l'ensemble des éléments diagonaux de $\mathbf{GL}(l+1, k)$ (§ 5, prop. 4). Soit D' l'ensemble des éléments diagonaux de $\mathbf{SL}(l+1, k)$. D'après la prop. 3 du § 5, et la détermination de $\mathrm{Aut}_e(\mathfrak{g})$, on a $f(q(\mathrm{T_P})) \subset \varphi(\mathrm{D'})$. Montrons que $f(q(\mathrm{T_P})) = \varphi(\mathrm{D'})$. Soit

$$d = \begin{pmatrix} \lambda_1 & & & 0 \\ & \cdot & & \\ & & \cdot & \\ 0 & & \cdot & \lambda_{l+1} \end{pmatrix}$$

un élément de D'. Il existe un $\zeta \in \mathrm{Hom}(\mathrm{Q(R)}, k^*) = \mathrm{T_Q}$ tel que $\zeta(\varepsilon_i - \varepsilon_j) = \lambda_i\lambda_j^{-1}$ quels que soient i et j. On vérifie facilement que $f(\zeta) = \varphi(d)$. D'après VI, § 4, n° 7 (VIII), P(R) est engendré par Q(R) et l'élément $\varepsilon = \varepsilon_1$, dont l'image dans P(R)/Q(R) est d'ordre $l+1$; or

$$\begin{aligned}\zeta((l+1)\varepsilon) &= \zeta((\varepsilon_1 - \varepsilon_2) + (\varepsilon_1 - \varepsilon_3) + \cdots + (\varepsilon_1 - \varepsilon_{l+1}))\\ &= \lambda_1^l\lambda_2^{-1}\lambda_3^{-1}\ldots\lambda_{l+1}^{-1} = \lambda_1^{l+1}\end{aligned}$$

donc ζ se prolonge en un homomorphisme de P(R) dans k^*. Cela prouve que $\zeta \in q(\mathrm{T_P})$, d'où $\varphi(d) \in f(q(\mathrm{T_P}))$.

Rappelons (§ 5, n° 3, cor. 2 de la prop. 5) que $\mathrm{Aut}(\mathfrak{g}) = \mathrm{Aut}_0(\mathfrak{g})$ pour $l = 1$, et que $\mathrm{Aut}(\mathfrak{g})/\mathrm{Aut}_0(\mathfrak{g})$ est isomorphe à $\mathbf{Z}/2\mathbf{Z}$ pour $l \geqslant 2$. L'application $\theta: x \mapsto -{}^tx$ est un automorphisme de $\mathfrak{sl}(l+1, k)$ et $a_0 = \theta \mid \mathfrak{h} \notin \mathrm{W}$ si $l \geqslant 2$ (VI, § 4, n° 7.XI), donc la classe de a_0 dans $\mathrm{Aut}(\mathfrak{g})/\mathrm{Aut}_0(\mathfrak{g})$ est l'élément non trivial de ce groupe (§ 5, n° 2, prop. 4).

(VIII) La restriction à $\mathfrak{h}$ de la forme de Killing est

$$\begin{aligned}\Phi(\xi_1 E_{11} + \cdots + \xi_{l+1}E_{l+1,l+1}, \xi'_1 E_{11} + \cdots + \xi'_{l+1}E_{l+1,l+1}) \\ = \sum_{i \neq j} (\xi_i - \xi_j)(\xi'_i - \xi'_j) = \sum_{i,j} (\xi_i - \xi_j)(\xi'_i - \xi'_j) \\ = (l+1)\sum_i \xi_i \xi'_i + (l+1)\sum_j \xi_j \xi'_j - 2\Big(\sum_i \xi_i\Big)\Big(\sum_j \xi'_j\Big) \\ = 2(l+1)\sum_i \xi_i \xi'_i.\end{aligned}$$

(IX) Pour $1 \leqslant i < j \leqslant l + 1$, posons

$$X_{\varepsilon_i - \varepsilon_j} = E_{ij} \qquad X_{\varepsilon_j - \varepsilon_i} = -E_{ji}.$$

Pour tout $\alpha \in \mathrm{R}$, on a alors $[X_\alpha, X_{-\alpha}] = -H_\alpha$ et $\theta(X_\alpha) = X_{-\alpha}$ (où θ est l'automorphisme $x \mapsto -{}^t x$ introduit en (VII)). Par suite, $(X_\alpha)_{\alpha \in \mathrm{R}}$ est un système de Chevalley de $(\mathfrak{g}, \mathfrak{h})$.

Prenons $k = \mathbf{Q}$. Les réseaux permis de $\mathfrak{h}$ (§ 12, n° 6, déf. 1) sont ceux compris entre le $\mathbf{Z}$-module $\mathrm{Q}(\mathrm{R}^\vee)$ engendré par les $E_{ii} - E_{i+1,i+1}$, c'est-à-dire formé par les matrices diagonales appartenant à $\mathfrak{sl}(l + 1, \mathbf{Z})$, et le $\mathbf{Z}$-module $\mathrm{P}(\mathrm{R}^\vee)$ engendré par $\mathrm{Q}(\mathrm{R}^\vee)$ et $E_{11} - (l + 1)^{-1} \Sigma E_{ii}$ (VI, § 4, n° 7, (VIII)), c'est-à-dire formé des matrices diagonales de trace nulle de la forme $x + (l + 1)^{-1}a.1$, où x est à coefficients entiers et où $a \in \mathbf{Z}$. Il en résulte que $\mathfrak{sl}(l + 1\ \mathbf{Z})$ est l'ordre de Chevalley de $(\mathfrak{g}, \mathfrak{h})$ associé au réseau permis $\mathrm{Q}(\mathrm{R}^\vee)$ et au système de Chevalley (X_α). On vérifie aisément que $\wedge^r \mathbf{Z}^{l+1}$ est un réseau admissible dans $\wedge^r \mathbf{Q}^{l+1}$ relativement à $\mathfrak{sl}(l + 1, \mathbf{Z})$ (§ 12, n° 8, déf. 3).

D'autre part, $\mathfrak{gl}(l + 1, \mathbf{Z})$ est un ordre de Chevalley dans l'algèbre réductive déployée $\mathfrak{gl}(l + 1, \mathbf{Q})$; sa projection dans $\mathfrak{sl}(l + 1, \mathbf{Q})$ parallèlement au centre $\mathbf{Q}.1$ de $\mathfrak{gl}(l + 1, \mathbf{Q})$ est l'ordre de Chevalley de $(\mathfrak{g}, \mathfrak{h})$ défini par le réseau permis $\mathrm{P}(\mathrm{R}^\vee)$ de $\mathfrak{h}$ et le système de Chevalley (X_α). On remarquera que $\mathfrak{gl}(l + 1, \mathbf{Z})$ n'est pas somme directe de ses intersections avec $\mathfrak{sl}(l + 1, \mathbf{Q})$ et le centre de $\mathfrak{gl}(l + 1, \mathbf{Q})$.

2. Algèbres de type B_l ($l \geqslant 1$)

(I) Soient V un espace vectoriel de dimension finie, Ψ une forme bilinéaire symétrique non dégénérée sur V. L'ensemble des endomorphismes x de V tels que $\Psi(xv, v') + \Psi(v, xv') = 0$ pour tous $v, v' \in \mathrm{V}$ est une sous-algèbre de Lie de $\mathfrak{sl}(\mathrm{V})$, semi-simple pour $\dim \mathrm{V} \neq 2$ (I, § 6, n° 7, prop. 9). *On la note* $\mathfrak{o}(\Psi)$ *et on l'appelle l'algèbre de Lie orthogonale associée à* Ψ.

Supposons V de dimension impaire $2l + 1 \geqslant 3$ et Ψ d'indice maximum l.

Notons Q la forme quadratique telle que Ψ soit associée à Q. On a $Q(x) = \frac{1}{2}\Psi(x, x)$ pour $x \in V$. D'après A, IX, § 4, n° 2, on peut écrire V comme somme directe de deux sous-espaces totalement isotropes maximaux F et F′ et de l'orthogonal G de F + F′, qui est non isotrope et de dimension 1. Quitte à multiplier Ψ par une constante non nulle, on peut supposer qu'il existe $e_0 \in G$ tel que $\Psi(e_0, e_0) = -2$. D'autre part, Ψ met F et F′ en dualité; soient $(e_i)_{1 \leqslant i \leqslant l}$ une base de F et $(e_{-i})_{1 \leqslant i \leqslant l}$ la base duale de F′. Alors

$$(e_1, \ldots, e_l, e_0, e_{-l}, \ldots, e_{-1})$$

est une base de V; on a

$$Q(\sum x_i e_i) = -x_0^2 + \sum_{i=1}^{i=l} x_i x_{-i}$$

et la matrice de Ψ par rapport à cette base est la matrice carrée d'ordre $2l + 1$

$$S = \begin{pmatrix} 0 & 0 & s \\ 0 & -2 & 0 \\ s & 0 & 0 \end{pmatrix}, \qquad s = \begin{pmatrix} 0 & 0 & \ldots & 0 & 1 \\ 0 & 0 & \ldots & 1 & 0 \\ \cdot & \cdot & \cdot & \cdot & \cdot \\ 0 & 1 & \ldots & 0 & 0 \\ 1 & 0 & \ldots & 0 & 0 \end{pmatrix},$$

où s est la matrice carrée d'ordre l dont tous les coefficients sont nuls, sauf ceux situés sur la deuxième diagonale[1] qui sont égaux à 1. Une base de V possédant les propriétés précédentes sera appelée une *base de Witt* de V. L'algèbre $\mathfrak{g} = \mathfrak{o}(\Psi)$ s'identifie alors à l'algèbre $\mathfrak{o}_S(2l + 1, k)$ des matrices carrées a d'ordre $2l + 1$ telles que $a = -S^{-1}\,{}^t a S$ (A, IX, § 1, n° 10, formules (50)). Un calcul facile montre que $\mathfrak{g}$ est l'ensemble des matrices de la forme

$$\begin{pmatrix} A & 2s^t x & B \\ y & 0 & x \\ C & 2s^t y & D \end{pmatrix} \tag{2}$$

où x et y sont des matrices à 1 ligne et l colonnes et A, B, C, D des matrices carrées d'ordre l telles que $B = -s\,{}^t B s$, $C = -s\,{}^t C s$ et $D = -s\,{}^t A s$. Comme l'application $A \mapsto s\,{}^t A s$ de $\mathbf{M}_l(k)$ dans lui-même est la symétrie par rapport à la deuxième diagonale, on en déduit que

$$\dim \mathfrak{g} = 2l + l^2 + 2\,\frac{l(l-1)}{2} = l(2l + 1).$$

Soit $\mathfrak{h}$ l'ensemble des éléments diagonaux de $\mathfrak{g}$. C'est une sous-algèbre commutative de $\mathfrak{g}$, ayant pour base les éléments

$$H_i = E_{i,i} - E_{-i,-i} \qquad (1 \leqslant i \leqslant l).$$

[1] La deuxième diagonale d'une matrice carrée $(a_{ij})_{1 \leqslant i, j \leqslant n}$ est la famille des a_{ij} tels que $i + j = n + 1$.

Soit (ε_i) la base de $\mathfrak{h}^*$ duale de (H_i). Posons

$$(3)\qquad \left\{\begin{aligned} X_{\varepsilon_i} &= 2E_{i,0} + E_{0,-i} && (1 \leqslant i \leqslant l)\\ X_{-\varepsilon_i} &= -2E_{-i,0} - E_{0,i} && (1 \leqslant i \leqslant l)\\ X_{\varepsilon_i-\varepsilon_j} &= E_{i,j} - E_{-j,-i} && (1 \leqslant i < j \leqslant l)\\ X_{\varepsilon_j-\varepsilon_i} &= -E_{j,i} + E_{-i,-j} && (1 \leqslant i < j \leqslant l)\\ X_{\varepsilon_i+\varepsilon_j} &= E_{i,-j} - E_{j,-i} && (1 \leqslant i < j \leqslant l)\\ X_{-\varepsilon_i-\varepsilon_j} &= -E_{-j,i} + E_{-i,j} && (1 \leqslant i < j \leqslant l). \end{aligned}\right.$$

On vérifie facilement que ces éléments forment une base d'un supplémentaire de $\mathfrak{h}$ dans $\mathfrak{g}$, et que, pour $h \in \mathfrak{h}$, on a

$$(4)\qquad [h, X_\alpha] = \alpha(h)X_\alpha$$

quel que soit $\alpha \in \mathrm{R}$, où R est l'ensemble des $\pm\varepsilon_i$ et des $\pm\varepsilon_i \pm \varepsilon_j$ $(1 \leqslant i < j \leqslant l)$. On déduit de là que $\mathfrak{h}$ est égale à son normalisateur dans $\mathfrak{g}$, donc est une sous-algèbre de Cartan de $\mathfrak{g}$, que $\mathfrak{h}$ est déployante, et que les racines de $(\mathfrak{g}, \mathfrak{h})$ sont les éléments de R. Le système de racines R de $(\mathfrak{g}, \mathfrak{h})$ est de type B_l pour $l \geqslant 2$, de type A_1 (autrement dit de type B_1) pour $l = 1$ (VI, § 4, n° 5.I étendu au cas $l = 1$). Par suite, $\mathfrak{g}$ *est une algèbre de Lie simple déployable de type* B_l.

Toute sous-algèbre de Cartan déployante de $\mathfrak{o}(\Psi)$ est transformée de $\mathfrak{h}$ par un automorphisme élémentaire de $\mathfrak{o}(\Psi)$, donc par un élément de $\mathbf{O}(\Psi)$ (cf. (VII)), et par suite est l'ensemble $\mathfrak{h}_\beta$ des éléments de $\mathfrak{g}$ dont la matrice par rapport à une base de Witt β de V est diagonale. On vérifie aussitôt que les seuls sous-espaces vectoriels invariants par $\mathfrak{h}_\beta$ sont ceux engendrés par une partie de β.

Si $l = 1$, les algèbres $\mathfrak{o}(\Psi)$ et $\mathfrak{sl}(2, k)$ ont mêmes systèmes de racines, et sont donc isomorphes (cf. aussi § 1, exerc. 16). Désormais, nous supposerons $l \geqslant 2$.

(II) On détermine le système de racines $\mathrm{R}^\vee$ grâce à VI, § 4, n° 5.V, et l'on trouve

$$H_{\varepsilon_i} = 2H_i,\qquad H_{\varepsilon_i-\varepsilon_j} = H_i - H_j,\qquad H_{\varepsilon_i+\varepsilon_j} = H_i + H_j.$$

(III) Posons $\alpha_1 = \varepsilon_1 - \varepsilon_2, \ldots, \alpha_{l-1} = \varepsilon_{l-1} - \varepsilon_l$, $\alpha_l = \varepsilon_l$. D'après VI, § 4, n° 5.II, $(\alpha_1, \ldots, \alpha_l)$ est une base B de R; les racines positives relativement à B sont les ε_i et les $\varepsilon_i \pm \varepsilon_j$ $(i < j)$. La sous-algèbre de Borel $\mathfrak{b}$ correspondante est l'ensemble des matrices triangulaires supérieures de $\mathfrak{g}$.

On vérifie immédiatement que les seuls sous-espaces vectoriels de V distincts de $\{0\}$ et V stables par $\mathfrak{b}$ sont les éléments du drapeau maximal correspondant à la base (e_i), c'est-à-dire d'une part, les sous-espaces totalement isotropes $\mathrm{V}_1, \ldots, \mathrm{V}_l$, où V_i est engendré par $e_1, \ldots, e_i$, d'autre part leurs orthogonaux $\mathrm{V}_{-1}, \ldots, \mathrm{V}_{-l}$: l'orthogonal V_{-i} de V_i est engendré par $e_1, \ldots, e_l, e_0, e_{-l}, \ldots, e_{-i-1}$ et n'est pas totalement isotrope. D'autre part, si un élément de $\mathfrak{g}$ laisse stable un sous-espace vectoriel, il laisse aussi stable son orthogonal. Par suite, $\mathfrak{b}$ est l'ensemble des éléments de $\mathfrak{g}$ laissant stables les éléments du drapeau $\{\mathrm{V}_1, \ldots, \mathrm{V}_l\}$.

Disons qu'un drapeau est *isotrope* si chacun de ses éléments est un sous-espace totalement isotrope. Le drapeau $\{V_1, \ldots, V_l\}$ est un drapeau isotrope maximal. Comme le groupe $\mathbf{O}(\Psi)$ opère transitivement aussi bien sur les sous-algèbres de Borel de $\mathfrak{g}$ (cf. (VII)) que sur les drapeaux isotropes maximaux (A, IX, § 4, n° 3, th. 1), on voit que, pour tout drapeau isotrope maximal δ de V, l'ensemble $\mathfrak{b}_\delta$ des éléments de $\mathfrak{g}$ laissant stables les éléments de δ est une sous-algèbre de Borel de $\mathfrak{g}$ et que l'application $\delta \mapsto \mathfrak{b}_\delta$ est une bijection de l'ensemble des drapeaux isotropes maximaux sur l'ensemble des sous-algèbres de Borel de $\mathfrak{g}$.

Soit δ un drapeau isotrope et soit $\mathfrak{p}_\delta$ l'ensemble des éléments de $\mathfrak{g}$ laissant stables les éléments de δ. Si $\delta \subset \{V_1, \ldots, V_l\}$, alors $\mathfrak{p}_\delta$ est une sous-algèbre parabolique de $\mathfrak{g}$, contenant $\mathfrak{b}$ et on vérifie facilement que les seuls sous-espaces totalement isotropes $\neq \{0\}$ stables par $\mathfrak{p}_\delta$ sont les éléments de δ. On obtient donc ainsi les 2^l sous-algèbres paraboliques de $\mathfrak{g}$ contenant $\mathfrak{b}$. On voit comme ci-dessus que l'application $\delta \mapsto \mathfrak{p}_\delta$ est une bijection de l'ensemble des drapeaux isotropes de V sur l'ensemble des sous-algèbres paraboliques de $\mathfrak{g}$. De plus, on a $\mathfrak{p}_\delta \subset \mathfrak{p}_{\delta'}$ si et seulement si $\delta \supset \delta'$.

(IV) Les poids fondamentaux correspondant à $\alpha_1, \ldots, \alpha_l$ sont, d'après VI, § 4, n° 5.VI,

$$\varpi_i = \varepsilon_1 + \cdots + \varepsilon_i \qquad (1 \leqslant i \leqslant l-1)$$
$$\varpi_l = \tfrac{1}{2}(\varepsilon_1 + \cdots + \varepsilon_l).$$

Soit σ la représentation identique de $\mathfrak{g}$ dans V. La puissance extérieure $\wedge^r \sigma$ opère dans $E = \wedge^r V$. Si $h \in \mathfrak{h}$, on a

$$\begin{aligned} \sigma(h)\cdot e_i &= \varepsilon_i(h)e_i && \text{pour} \quad 1 \leqslant i \leqslant l \\ \sigma(h)\cdot e_0 &= 0 \\ \sigma(h)\cdot e_{-i} &= -\varepsilon_i(h)e_{-i} && \text{pour} \quad 1 \leqslant i \leqslant l. \end{aligned}$$

On en déduit que, pour $1 \leqslant r \leqslant l$, $\varepsilon_1 + \cdots + \varepsilon_r$ est le plus grand poids de $\wedge^r \sigma$, les éléments de poids $\varepsilon_1 + \cdots + \varepsilon_r$ étant ceux proportionnels à $e_1 \wedge \cdots \wedge e_r$. Nous allons montrer que pour $1 \leqslant r \leqslant l-1$, *la représentation* $\wedge^r \sigma$ *est une représentation fondamentale de* $\mathfrak{g}$ *de plus grand poids* ϖ_r. Pour cela, il suffit de démontrer que $\wedge^r \sigma$ est irréductible pour $0 \leqslant r \leqslant 2l+1$. Mais la forme bilinéaire Φ sur $\wedge^r V \times \wedge^{2l+1-r} V$ définie par

$$x \wedge y = \Phi(x, y) e_1 \wedge \cdots \wedge e_l \wedge e_0 \wedge e_{-l} \wedge \cdots \wedge e_{-1}$$

est invariante par $\mathfrak{g}$ et met $\wedge^r V$ et $\wedge^{2l+1-r} V$ en dualité. La représentation $\wedge^{2l+1-r} \sigma$ est donc la duale de $\wedge^r \sigma$ et il suffit de démontrer l'irréductibilité de $\wedge^r \sigma$ pour $0 \leqslant r \leqslant l$, ou encore que le plus petit sous-espace T_r de $\wedge^r V$ contenant $e_1 \wedge \cdots \wedge e_r$ et stable par $\mathfrak{g}$ est $\wedge^r V$ tout entier. C'est immédiat pour $r = 0$ et $r = 1$ (cf. formule (2)). Pour $r = 2$ (donc $l \geqslant 2$), la représentation $\wedge^2 \sigma$ et la représentation adjointe de $\mathfrak{g}$ (qui est irréductible) ont même dimension $l(2l+1)$ et même plus grand poids $\varepsilon_1 + \varepsilon_2$ (VI, § 4, n° 5, (IV)). On en conclut que $\wedge^2\sigma$ est *équivalente à la représentation adjointe*, et donc irréductible. Ceci démontre notre assertion pour $l = 1$ et $l = 2$.

Raisonnons maintenant par récurrence sur l, en supposant $l \geqslant r \geqslant 3$. Remarquons tout d'abord que si W est un sous-espace de V non isotrope de dimension impaire, d'orthogonal W′, la restriction Ψ_W de Ψ à W est non dégénérée et on peut identifier $\mathfrak{o}(\Psi_W)$ à la sous-algèbre de $\mathfrak{g}$ formée des éléments nuls sur W′. Si $\dim W < \dim V$, et si Ψ_W est d'indice maximum, l'hypothèse de récurrence entraîne que si T_r contient un élément non nul de la forme $w' \wedge w$, avec $w' \in \wedge^{r-k}W'$ et $w \in \wedge^k W$ $(0 \leqslant k \leqslant r)$, alors T_r contient $w' \wedge \wedge^k W$: on a en effet $a.(w' \wedge w) = w' \wedge a.w$ pour tout $a \in \mathfrak{o}(\Psi_W)$. Montrons alors par récurrence sur $p \in [0, r]$ que T_r contient les éléments

$$x = e_{i_1} \wedge \cdots \wedge e_{i_{r-p}} \wedge e_{j_1} \wedge \cdots \wedge e_{j_p}$$

pour $1 \leqslant i_1 < \cdots < i_{r-p} \leqslant l$ et $-l \leqslant j_1 < \cdots < j_p \leqslant 0$. Pour $p = 0$, cela résulte de l'irréductibilité de l'opération de $\mathfrak{gl}(F)$ dans $\wedge^r F$ (n° 1), puisque $\mathfrak{g}$ contient des éléments laissant fixe $F = V_l = \sum_{i=1}^{l} ke_i$ et y induisant n'importe quel endomorphisme (cf. formule (2)). Si $p = 1$, soit $q \in [1, l]$ tel que $q \neq -j_1$ et qu'il existe $\lambda \in [1, r-p]$ avec $q = i_\lambda$; si $p \geqslant 2$, soit $q \in [1, l]$ tel que $-q \in \{j_1, \ldots, j_p\}$. Quitte à permuter les e_i, on peut supposer $q = 1$. Prenons alors pour W l'orthogonal de $W' = ke_1 + ke_{-1}$. Si $p = 1$, on a $x \in e_1 \wedge \wedge^{r-1}W$; comme T_r contient $e_1 \wedge \cdots \wedge e_r$, on voit que T_r contient x. Si $p \geqslant 2$, on a ou bien $x \in e_{-1} \wedge \wedge^{r-1}W$, ou bien $x \in e_1 \wedge e_{-1} \wedge \wedge^{r-2}W$; comme T_r contient par hypothèse de récurrence $e_{-1} \wedge e_2 \wedge \cdots \wedge e_{r-1}$ et $e_{-1} \wedge e_1 \wedge e_2 \wedge \cdots \wedge e_{r-2}$, on voit que T_r contient x, ce qui achève la démonstration.

Pour une autre démonstration de l'irréductibilité de $\wedge^r\sigma$, voir exerc. 6.

Nous allons maintenant déterminer la représentation fondamentale de plus grand poids ϖ_l.

Lemme 1. — *Soient* V *un espace vectoriel de dimension finie*, Q *une forme quadratique non dégénérée sur* V, Ψ *la forme bilinéaire symétrique associée à* Q, C(Q) *l'algèbre de Clifford de* V *relativement à* Q, f_0 *l'application composée des applications canoniques*

$$\mathfrak{o}(\Psi) \to \mathfrak{gl}(V) \to V \otimes V^* \to V \otimes V \to C^+(Q)$$

(*la* 1*ère est l'injection canonique, la* 3*ème est définie par l'isomorphisme canonique de* V^* *sur* V *correspondant à* Ψ, *la* 4*ème est définie par la multiplication dans* C(Q), cf. A, IX, § 9, n° 1). *Posons* $f = \frac{1}{2}f_0$.

(i) *Si* (e_r), (e'_r) *sont des bases de* V *telles que* $\Psi(e_r, e'_s) = \delta_{rs}$, *on a* $f_0(a) = \sum_r (ae_r)e'_r$ *pour tout* $a \in \mathfrak{o}(\Psi)$.

(ii) *Si* $a, b \in \mathfrak{o}(\Psi)$, *on a* $\sum_r (ae_r)(be'_r) = -\sum_r (abe_r)e'_r$.

(iii) *Si* $a \in \mathfrak{o}(\Psi)$ *et* $v \in V$, *on a* $[f(a), v] = av$.

(iv) *Si* $a, b \in \mathfrak{o}(\Psi)$, *on a* $[f(a), f(b)] = f([a, b])$.

(v) $f(\mathfrak{o}(\Psi))$ *engendre l'algèbre associative* $C^+(Q)$.

(vi) *Soient* N *un* $C^+(Q)$*-module à gauche et* ρ *l'homomorphisme correspondant de* $C^+(Q)$ *dans* $\mathrm{End}_k(N)$. *Alors* $\rho \circ f$ *est une représentation de* $\mathfrak{o}(\Psi)$ *dans* N. *Si* N *est simple,* $\rho \circ f$ *est irréductible.*

L'assertion (i) est claire. Si $a, b \in \mathfrak{o}(\Psi)$, on a (posant $\Psi(x, y) = \langle x, y\rangle$):

$$\begin{aligned}\sum_r (ae_r)(be'_r) &= \sum_{r,s,t} \langle ae_r, e'_s\rangle\langle be'_r, e_t\rangle e_s e'_t = \sum_{r,s,t} \langle e_r, ae'_s\rangle\langle e'_r, be_t\rangle e_s e'_t \\ &= \sum_{s,t} \langle ae'_s, be_t\rangle e_s e'_t = -\sum_{s,t} \langle e'_s, abe_t\rangle e_s e'_t = -\sum_t (abe_t)e'_t\end{aligned}$$

ce qui prouve (ii). Puis, pour tout $v \in V$, on a d'après (i)

$$\begin{aligned}[f(a), v] &= \tfrac{1}{2}\sum_r ((ae_r)e'_r v - v(ae_r)e'_r) \\ &= \tfrac{1}{2}\sum_r ((ae_r)e'_r v + (ae_r)ve'_r - (ae_r)ve'_r - v(ae_r)e'_r) \\ &= \tfrac{1}{2}\sum_r ((ae_r)\langle e'_r, v\rangle - \langle ae_r, v\rangle e'_r) \\ &= \tfrac{1}{2}a\Big(\sum_r \langle e'_r, v\rangle e_r\Big) + \tfrac{1}{2}\sum_r \langle e_r, av\rangle e'_r) = \tfrac{1}{2}av + \tfrac{1}{2}av = av,\end{aligned}$$

ce qui prouve (iii). Alors

$$\begin{aligned}[f(a), f(b)] &= \Big[f(a), \tfrac{1}{2}\sum_r (be_r)e'_r\Big] && \text{d'après (i)} \\ &= \tfrac{1}{2}\sum_r ([f(a), be_r]e'_r + (be_r)[f(a), e'_r]) \\ &= \tfrac{1}{2}\sum_r ((abe_r)e'_r + (be_r)(ae'_r)) && \text{d'après (iii)} \\ &= \tfrac{1}{2}\sum_r ((abe_r)e'_r - (bae_r)e'_r) && \text{d'après (ii)} \\ &= f([a, b]) && \text{d'après (i)}\end{aligned}$$

ce qui prouve (iv). Pour prouver (v), on peut, par extension des scalaires, supposer k algébriquement clos. Choisissons alors la base (e_r) de V de telle sorte que $\Psi(e_r, e_s) = \delta_{rs}$, d'où $e'_r = e_r$. Si $i \neq j$, on a $E_{ij} - E_{ji} \in \mathfrak{o}(\Psi)$ et

$$f(E_{ij} - E_{ji}) = \tfrac{1}{2}(e_i e_j - e_j e_i) = e_i e_j;$$

or les $e_i e_j$ engendrent $C^+(Q)$.

L'assertion (vi) résulte de (iv) et (v). C.Q.F.D.

Reprenons maintenant les notations du début du numéro. Posons $\tilde{V} = F + F'$ et soit $\tilde{Q}$ (resp. $\tilde{\Psi}$) la restriction de Q (resp. Ψ) à $\tilde{V}$. Alors $\tilde{Q}$ est une forme quadratique non dégénérée d'indice maximum l sur l'espace $\tilde{V}$ de dimension $2l$ et l'algèbre de Clifford $C(\tilde{Q})$ est une algèbre centrale simple de dimension 2^{2l} (A, IX, § 9, n° 4, th. 2). Soit N l'algèbre extérieure du sous-espace isotrope maximal F′ engendré par $e_{-1}, \dots, e_{-l}$. Identifions F et le dual de F′ grâce à Ψ et pour $x \in F'$ (resp. $y \in F$) notons $\lambda(x)$ (resp. $\lambda(y)$) le produit extérieur gauche par x (resp. le produit intérieur gauche par y) dans N; si $a_1, \dots, a_k \in F'$, on a

$$\lambda(x).(a_1 \wedge \cdots \wedge a_k) = x \wedge a_1 \wedge \cdots \wedge a_k$$

$$\lambda(y).(a_1 \wedge \cdots \wedge a_k) = \sum_{i=1}^{k} (-1)^{i-1}\Psi(a_i, y)a_1 \wedge \cdots \wedge a_{i-1} \wedge a_{i+1} \wedge \cdots \wedge a_k.$$

On vérifie aisément que $\lambda(x)^2 = \lambda(y)^2 = 0$ et que

$$\lambda(x)\lambda(y) + \lambda(y)\lambda(x) = \Psi(x, y).1.$$

On en déduit (A, IX, § 9, n° 1) qu'il existe un homomorphisme et un seul (noté encore λ) de $C(\tilde{Q})$ dans End N prolongeant l'application $\lambda \colon F \cup F' \to \mathrm{End}(N)$. Comme $\dim N = 2^l$ et que $C(\tilde{Q})$ possède une seule classe de modules simples, de dimension 2^l (A, IX, § 9, n° 4, th. 2), la représentation de $C(\tilde{Q})$ dans N définie par λ est irréductible et c'est une représentation spinorielle de $C(\tilde{Q})$ (*loc. cit.*).

Considérons alors l'application $\mu \colon v \mapsto e_0 v$ de $\tilde{V}$ dans $C^+(Q)$. Pour $v \in \tilde{V}$, on a

$$(e_0 v)^2 = -e_0^2 v^2 = -Q(e_0)Q(v) = Q(v) = \tilde{Q}(v)$$

et μ se prolonge d'une manière et d'une seule en un homomorphisme, noté encore μ, de $C(\tilde{Q})$ dans $C^+(Q)$. Comme $C(\tilde{Q})$ est simple et que

$$\dim C^+(Q) = \dim C(\tilde{Q}) = 2^{2l},$$

on voit que μ est un *isomorphisme*. Par suite, $\lambda \circ \mu^{-1}$ définit une structure de $C^+(Q)$-module simple sur N et $\rho = \lambda \circ \mu^{-1} \circ f$ est une représentation irréductible de $\mathfrak{g}$ dans N (lemme 1, (vi)).

D'autre part, vu le lemme 1, (i), on a

$$f(H_i) = \tfrac{1}{2}(e_i e_{-i} - e_{-i} e_i).$$

Comme $e_i e_{-i} = -e_0^2 e_i e_{-i} = e_0 e_i e_0 e_{-i}$ et $e_i e_{-i} + e_{-i} e_i = 1$, on a

$$\mu^{-1} \circ f(H_i) = \tfrac{1}{2} - e_{-i} e_i = -\tfrac{1}{2} + e_i e_{-i}.$$

On en tire, pour $1 \leqslant i_1 < \cdots < i_k \leqslant l$:

$$\rho(H_i)(e_{-i_1} \wedge \cdots \wedge e_{-i_k}) = \begin{cases} -\tfrac{1}{2} e_{-i_1} \wedge \cdots \wedge e_{-i_k} & \text{si } i \in \{i_1, \dots, i_k\} \\ \tfrac{1}{2} e_{-i_1} \wedge \cdots \wedge e_{-i_k} & \text{si } i \notin \{i_1, \dots, i_k\} \end{cases}$$

et pour $h \in \mathfrak{h}$

(5) $$\rho(h)(e_{-i_1} \wedge \cdots \wedge e_{-i_k}) = (\tfrac{1}{2}(\varepsilon_1 + \cdots + \varepsilon_l) - (\varepsilon_{i_1} + \cdots + \varepsilon_{i_k}))(h)(e_{-i_1} \wedge \cdots \wedge e_{-i_k}).$$

Ceci montre que le plus grand poids de ρ est ϖ_l. On dit que ρ est la *représentation spinorielle* de $\mathfrak{g}$. Notons que tous ses poids sont simples (d'ailleurs, ϖ_l est un poids minuscule).

(V) On a $w_0 = -1$, donc toute représentation simple de dimension finie de $\mathfrak{g}$ est orthogonale ou symplectique. D'après VI, § 4, n° 5, (VI), la somme des coordonnées de ϖ_r par rapport à $(\alpha_1, \ldots, \alpha_l)$ est entière pour $1 \leqslant r \leqslant l-1$: la représentation $\wedge^r\sigma$ est donc orthogonale. D'ailleurs, elle laisse invariante l'extension $\Psi_{(r)}$ de Ψ à $\wedge^r V$.

Pour la représentation spinorielle, la somme des coordonnées de ϖ_l par rapport à $(\alpha_1, \ldots, \alpha_l)$ est $\frac{1}{2}(1 + \cdots + l) = \frac{l(l+1)}{4}$ (*loc. cit.*). Elle est donc orthogonale pour $l \equiv 0$ ou -1 (mod. 4) et symplectique pour $l \equiv 1$ ou 2 (mod. 4). D'ailleurs, considérons la forme bilinéaire Φ sur $N = \wedge F'$ définie de la manière suivante: si $x \in \wedge^p F'$ et $y \in \wedge^q F'$, on pose $\Phi(x, y) = 0$ si $p + q \neq l$ et

$$x \wedge y = (-1)^{\frac{p(p+1)}{2}} \Phi(x, y) e_{-1} \wedge \cdots \wedge e_{-r}$$

si $p + q = l$. On vérifie aisément que Φ est non dégénérée et est orthogonale pour $l \equiv 0, -1$ (mod. 4) et alternée pour $l \equiv 1, 2$ (mod. 4). D'autre part, vu le lemme 1, (i), on a pour $1 \leqslant i \leqslant l$

$$f(X_{\varepsilon_i}) = e_0 e_i \quad , \quad f(X_{-\varepsilon_i}) = -e_0 e_{-i}$$

et pour $1 \leqslant i < j \leqslant l$

$$f(X_{\varepsilon_i - \varepsilon_j}) = \tfrac{1}{2}(e_i e_{-j} - e_{-j} e_i) = e_i e_{-j} = e_0 e_i e_0 e_{-j}$$

et de même

$$f(X_{\varepsilon_j - \varepsilon_i}) = -e_0 e_j e_0 e_{-i}, \qquad f(X_{\varepsilon_i + \varepsilon_j}) = e_0 e_i e_0 e_j \quad \text{et} \quad f(X_{-\varepsilon_i - \varepsilon_j}) = e_0 e_{-i} e_0 e_{-j};$$

d'où

$$\mu^{-1} \circ f(X_{\varepsilon_i}) = e_i, \qquad \mu^{-1} \circ f(X_{-\varepsilon_i}) = -e_{-i}$$

et

$$\mu^{-1} \circ f(X_{\pm\varepsilon_i \pm \varepsilon_j}) = c e_{\pm i} e_{\pm j} \qquad \text{pour} \quad 1 \leqslant i, j \leqslant l, i \neq j \text{ avec } c \in \{1, -1\}.$$

On vérifie alors sans peine que Φ est bien $\mathfrak{g}$-invariante (cf. exerc. 18).

(VI) Pour $x \in \mathfrak{g}$, le polynôme caractéristique de $\sigma(x)$ se met sous la forme

$$T^{2l+1} + f_1(x)T^{2l} + f_2(x)T^{2l-1} + \cdots + f_{2l+1}(x)$$

où $f_1, \ldots, f_{2l+1}$ sont des fonctions polynomiales invariantes sur $\mathfrak{g}$.

Si $x = \xi_1 H_1 + \cdots + \xi_l H_l \in \mathfrak{h}$, les $f_i(x)$ sont, au signe près, les fonctions symétriques élémentaires de $\xi_1, \ldots, \xi_l, -\xi_1, \ldots, -\xi_l$; ces fonctions symétriques sont nulles en degré impair, et

$$T^{2l+1} + f_2(x)T^{2l-1} + f_4(x)T^{2l-3} + \cdots + f_{2l}(x)T = T(T^2 - \xi_1^2)\ldots(T^2 - \xi_l^2)$$

de sorte que $f_2(x), \ldots, f_{2l}(x)$ sont au signe près les fonctions symétriques élémentaires de $\xi_1^2, \ldots, \xi_l^2$, c'est-à-dire des générateurs algébriquement indépendants de $S(\mathfrak{h}^*)^W$ (VI, § 4, n° 5.IX). Compte tenu du § 8, n° 3, th. 1 (i), on voit que $f_1 = f_3 = f_5 = \cdots = 0$, et que $(f_2, f_4, \ldots, f_{2l})$ est une famille algébriquement libre engendrant l'algèbre des fonctions polynomiales invariantes sur $\mathfrak{g}$.

(VII) Puisque le seul automorphisme du graphe de Dynkin est l'identité, on a $\mathrm{Aut}(\mathfrak{g}) = \mathrm{Aut}_0(\mathfrak{g})$.

Soit Σ le groupe des similitudes de V relativement à Ψ. Pour tout $g \in \Sigma$, soit $\varphi(g)$ l'automorphisme $x \mapsto gxg^{-1}$ de $\mathfrak{g}$. Alors φ est un homomorphisme de Σ dans $\mathrm{Aut}(\mathfrak{g})$. Montrons qu'il est surjectif. Soit $\alpha \in \mathrm{Aut}(\mathfrak{g}) = \mathrm{Aut}_0(\mathfrak{g})$. D'après la prop. 2 du § 7, n° 1, il existe $s \in \mathbf{GL}(V)$ tel que $\alpha(x) = sxs^{-1}$ pour tout $x \in \mathfrak{g}$. Alors s transforme Ψ en une forme bilinéaire Ψ' sur V qui est invariante par $\mathfrak{g}$, donc proportionnelle à Ψ (§ 7, n° 5, prop. 12). Cela prouve $s \in \Sigma$.

Puisque la représentation identique de $\mathfrak{g}$ est irréductible, son commutant est réduit aux scalaires (§ 6, n° 1, prop. 1), donc le noyau de φ est k^*. Le groupe $\mathrm{Aut}(\mathfrak{g}) = \mathrm{Aut}_0(\mathfrak{g})$ s'identifie donc à Σ/k^*. Or, il résulte de A, IX, § 6, n° 5, que le groupe Σ est produit des groupes k^* et $\mathbf{SO}(\Psi)$; donc $\mathrm{Aut}(\mathfrak{g}) = \mathrm{Aut}_0(\mathfrak{g})$ s'identifie à $\mathbf{SO}(\Psi)$.

Soit $\mathbf{O}_0^+(\Psi)$ le groupe orthogonal réduit de Ψ (A, IX, § 9, n° 5). Comme $\mathbf{SO}(\Psi)/\mathbf{O}_0^+(\Psi)$ est commutatif (*loc. cit.*), le groupe $\mathrm{Aut}_e(\mathfrak{g})$ est contenu dans $\mathbf{O}_0^+(\Psi)$ (§ 11, n° 2, prop. 3); il lui est en fait égal (exerc. 7).

(VIII) La forme bilinéaire canonique Φ_R sur $\mathfrak{h}^*$ est donnée par

$$\Phi_R(\xi_1\varepsilon_1 + \cdots + \xi_l\varepsilon_l, \xi_1'\varepsilon_1 + \cdots + \xi_l'\varepsilon_l) = \frac{1}{4l-2}(\xi_1\xi_1' + \cdots + \xi_l\xi_l')$$

(VI, § 4, n° 5.V). L'isomorphisme de $\mathfrak{h}$ sur $\mathfrak{h}^*$ défini par Φ_R transforme H_i en $(4l-2).\varepsilon_i$. La forme inverse de Φ_R, c'est-à-dire la restriction à $\mathfrak{h}$ de la forme de Killing, est donc

$$\Phi(\xi_1 H_1 + \cdots + \xi_l H_l, \xi_1' H_1 + \cdots + \xi_l' H_l) = (4l-2)(\xi_1\xi_1' + \cdots + \xi_l\xi_l').$$

(IX) Reprenons les X_α ($\alpha \in R$) définis par les formules (3). On vérifie aisément que $[X_\alpha, X_{-\alpha}] = -H_\alpha$ pour $\alpha \in R$. D'autre part, soit M la matrice $I + E_{0,0}$; comme $M = S\,{}^tM^{-1}S$, l'application

$$\theta : g \mapsto -M^{-1}\,{}^tgM$$

est un automorphisme de $\mathfrak{g}$ et l'on a $\theta(X_\alpha) = X_{-\alpha}$ pour tout $\alpha \in R$. Par suite, *(X_α) est un système de Chevalley de $(\mathfrak{g}, \mathfrak{h})$.*

Supposons $k = \mathbf{Q}$. La sous-algèbre de Cartan $\mathfrak{h}$ possède deux réseaux permis: le réseau $Q(R^\vee)$ engendré par les H_α et le réseau $P(R^\vee)$ qui est engendré par les H_i et qui se compose des matrices diagonales à coefficients entiers de $\mathfrak{h}$. On en déduit que $\mathfrak{o}_S(2l+1, \mathbf{Z})$ (ensemble des matrices de $\mathfrak{g}$ à coefficients entiers) est l'ordre de Chevalley $P(R^\vee) + \Sigma\, \mathbf{Z}.X_\alpha$ de $\mathfrak{g}$. Comme $(X_{\pm\varepsilon_i})^2 = 2E_{\pm i, \mp i}$, $(X_{\pm\varepsilon_i})^3 = 0$ et $(X_{\pm\varepsilon_i \pm\varepsilon_j})^2 = 0$, on voit que le réseau $\mathscr{V}$ engendré par la base de Witt $(e_i)_{-l \leqslant i \leqslant l}$ est un réseau admissible pour $\mathfrak{o}_S(2l+1, \mathbf{Z})$ dans V. Il en est de même de $\wedge^r \mathscr{V}$ dans $\wedge^r V$.

Considérons maintenant la représentation spinorielle ρ de $\mathfrak{g}$ dans $N = \wedge F'$. Comme ses poids n'appliquent pas $P(R^\vee)$ dans $\mathbf{Z}$, elle ne possède pas de réseau admissible pour $\mathfrak{o}_S(2l+1, \mathbf{Z})$. Par contre, le réseau $\mathscr{N}$ engendré par la base canonique $(e_{-i_1} \wedge \cdots \wedge e_{-i_k})$ de N (pour $1 \leqslant i_1 < \cdots < i_k \leqslant l$) est un réseau admissible pour l'ordre de Chevalley $\mathscr{G} = Q(R^\vee) + \sum_{\alpha \in R} \mathbf{Z}.X_\alpha$. En effet, il est immédiat que $\mathscr{N}$ est stable par produit extérieur par les e_{-i} et produit intérieur par les e_i (pour $1 \leqslant i \leqslant l$). Les formules de (V) montrent alors que $\mathscr{N}$ est stable par $\rho(\mathscr{G})$. Comme de plus $\rho(X_\alpha)^2 = 0$ pour tout $\alpha \in R$, on en déduit que $\mathscr{N}$ est admissible.

3. Algèbres de type C_l ($l \geqslant 1$)

(I) Soit Ψ une forme bilinéaire alternée non dégénérée sur un espace vectoriel V de dimension finie $2l \geqslant 2$; l'ensemble des endomorphismes x de V tels que $\Psi(xv, v') + \Psi(v, xv') = 0$ pour tout $v, v' \in V$ est une sous-algèbre de Lie semi-simple de $\mathfrak{sl}(V)$ (I, § 6, n° 7, prop. 9). *On la note* $\mathfrak{sp}(\Psi)$ *et on l'appelle l'algèbre de Lie symplectique associée à* Ψ.

D'après A, IX, § 4, n° 2, on peut écrire V comme somme directe de deux sous-espaces totalement isotropes maximaux F et F', mis en dualité par Ψ. Soit $(e_i)_{1 \leqslant i \leqslant l}$ une base de F, et $(e_{-i})_{1 \leqslant i \leqslant l}$ la base duale de F'. Alors

$$(e_1, \ldots, e_l, e_{-l}, \ldots, e_{-1})$$

est une base de V; nous dirons que c'est une *base de Witt* (ou base symplectique) de V. La matrice de Ψ par rapport à cette base est la matrice carrée d'ordre $2l$

$$J = \begin{pmatrix} 0 & s \\ -s & 0 \end{pmatrix}$$

où s est la matrice carrée d'ordre l dont tous les coefficients sont nuls sauf ceux situés sur la deuxième diagonale qui sont égaux à 1, cf. n° 2 (I).

L'algèbre $\mathfrak{g} = \mathfrak{sp}(\Psi)$ s'identifie à l'algèbre $\mathfrak{sp}(2l, k)$ des matrices carrées a d'ordre $2l$ telles que $a = -J^{-1}{}^t a J = J^t a J$ (A IX, § 1, n° 10, formules (50)), ou encore de la forme

$$a = \begin{pmatrix} A & B \\ C & -s^t A s \end{pmatrix}$$

où A, B, C sont des matrices carrées d'ordre l telles que $B = s\,{}^t B s$ et $C = s\,{}^t C s$;

autrement dit, B et C sont symétriques par rapport à la deuxième diagonale. On en déduit que

$$\dim \mathfrak{g} = l^2 + 2\frac{l(l+1)}{2} = l(2l+1).$$

Soit $\mathfrak{h}$ l'ensemble des éléments diagonaux de $\mathfrak{g}$. C'est une sous-algèbre commutative de $\mathfrak{g}$, ayant pour base les éléments $H_i = E_{i,i} - E_{-i,-i}$ pour $1 \leqslant i \leqslant l$. Soit $(\varepsilon_i)_{1 \leqslant i \leqslant l}$ la base duale de (H_i). Pour $1 \leqslant i < j \leqslant l$, posons:

$$\begin{cases} X_{2\varepsilon_i} = E_{i,-i} \\ X_{-2\varepsilon_i} = -E_{-i,i} \\ X_{\varepsilon_i - \varepsilon_j} = E_{i,j} - E_{-j,-i} \\ X_{-\varepsilon_i + \varepsilon_j} = -E_{j,i} + E_{-i,-j} \\ X_{\varepsilon_i + \varepsilon_j} = E_{i,-j} + E_{j,-i} \\ X_{-\varepsilon_i - \varepsilon_j} = -E_{-i,j} - E_{-j,i}. \end{cases}$$

On vérifie facilement que ces éléments forment une base d'un supplémentaire de $\mathfrak{h}$ dans $\mathfrak{g}$, et que, pour $h \in \mathfrak{h}$,

$$[h, X_\alpha] = \alpha(h) X_\alpha \tag{7}$$

quel que soit $\alpha \in \mathrm{R}$, où R est l'ensemble des $\pm 2\varepsilon_i$ et des $\pm \varepsilon_i \pm \varepsilon_j$ $(i < j)$. On déduit de là que $\mathfrak{h}$ est égale à son normalisateur dans $\mathfrak{g}$, donc est une sous-algèbre de Cartan de $\mathfrak{g}$, que $\mathfrak{h}$ est déployante, et que les racines de $(\mathfrak{g}, \mathfrak{h})$ sont les éléments de R. Le système de racines R de $(\mathfrak{g}, \mathfrak{h})$ est de type C_l pour $l \geqslant 2$, de type A_1 (autrement dit de type C_1) pour $l = 1$ (VI, § 4, n° 6.I étendu au cas $l = 1$). Par suite, $\mathfrak{g}$ *est une algèbre de Lie simple déployable de type* C_l.

Toute sous-algèbre de Cartan déployante de $\mathfrak{g}$ est transformée de $\mathfrak{h}$ par un automorphisme élémentaire, donc par un élément du groupe symplectique $\mathbf{Sp}(\Psi)$ (cf. (VII)) et par suite est l'ensemble $\mathfrak{h}_\beta$ des éléments de $\mathfrak{g}$ dont la matrice par rapport à une base de Witt β de $\mathfrak{g}$ est diagonale. On vérifie aussitôt que les seuls sous-espaces vectoriels de V stables par $\mathfrak{h}_\beta$ sont ceux engendrés par une partie de β.

On a $\mathfrak{sp}(2, k) = \mathfrak{sl}(2, k)$. D'autre part, les algèbres $\mathfrak{sp}(4, k)$ et $\mathfrak{o}_S(5, k)$ ont mêmes systèmes de racines, donc sont isomorphes (cf. exerc. 3). *Désormais, nous supposerons* $l \geqslant 2$.

(II) On détermine le système de racines $\mathrm{R}^\vee$ grâce à VI, § 4, n°s 6.I et 6.V, et l'on trouve

$$H_{2\varepsilon_i} = H_i, \qquad H_{\varepsilon_i - \varepsilon_j} = H_i - H_j, \qquad H_{\varepsilon_i + \varepsilon_j} = H_i + H_j.$$

(III) Posons $\alpha_1 = \varepsilon_1 - \varepsilon_2, \ldots, \alpha_{l-1} = \varepsilon_{l-1} - \varepsilon_l, \alpha_l = 2\varepsilon_l$. D'après VI, § 4, n° 6.II, $(\alpha_1, \ldots, \alpha_l)$ est une base B de R; les racines positives relativement à B sont les $2\varepsilon_i$ et les $\varepsilon_i \pm \varepsilon_j$ $(i < j)$. La sous-algèbre de Borel $\mathfrak{b}$ correspondante est l'ensemble des matrices triangulaires supérieures de $\mathfrak{g}$.

Soit $\mathcal{S}$ un drapeau isotrope de V (c'est-à-dire dont tous les éléments sont des sous-espaces totalement isotropes pour Ψ), et soit $\mathfrak{p}_{\mathcal{S}}$ la sous-algèbre formée des éléments de $\mathfrak{g}$ laissant stables les éléments de $\mathcal{S}$. On montre comme au nº 2 (III) que l'application $\mathcal{S} \mapsto \mathfrak{p}_{\mathcal{S}}$ est une bijection de l'ensemble des drapeaux isotropes (resp. des drapeaux isotropes maximaux) sur l'ensemble des sous-algèbres paraboliques (resp. des sous-algèbres de Borel) de $\mathfrak{g}$; on a $\mathfrak{p}_{\mathcal{S}} \supset \mathfrak{p}_{\mathcal{S}'}$ si et seulement si $\mathcal{S} \subset \mathcal{S}'$.

(IV) Les poids fondamentaux correspondant à $\alpha_1, \ldots, \alpha_l$ sont, d'après VI, § 4, nº 6.VI, les $\varpi_i = \varepsilon_1 + \cdots + \varepsilon_i$ $(1 \leqslant i \leqslant l)$.

Nous allons montrer comment la représentation fondamentale σ_r de poids ϖ_r peut se réaliser comme sous-représentation de $\wedge^r\sigma$, où σ est la représentation identique de $\mathfrak{g}$ dans V, et pour cela étudier la décomposition de la représentation $\wedge\sigma$ de $\mathfrak{g}$ dans l'algèbre extérieure $\wedge$V.

Soit (e_i^*) la base de V* duale de (e_i). La forme bilinéaire alternée Ψ s'identifie à un élément $\Gamma^* \in \wedge^2$V* (A, III, p. 153) et on vérifie aisément que

$$\Gamma^* = -\sum_{i=1}^{l} e_i^* \wedge e_{-i}^*.$$

Soit Ψ^* la forme inverse de Ψ (A, IX, § 1, nº 7); il est immédiat que

$$\Psi^*(e_i^*, e_j^*) = 0$$

pour $i \neq -j$ et $\Psi^*(e_i^*, e_{-i}^*) = -1$ pour $1 \leqslant i \leqslant l$. Si l'on identifie Ψ^* à un élément $\Gamma \in \wedge^2$V, on a donc

$$\Gamma = \sum_{i=1}^{l} e_i \wedge e_{-i}.$$

Notons alors X_- l'endomorphisme de $\wedge$V produit extérieur gauche par Γ et X_+ l'endomorphisme de $\wedge$V produit intérieur gauche par $-\Gamma^*$:

$$X_-u = \left(\sum_{i=1}^{l} e_i \wedge e_{-i}\right) \wedge u,$$

$$X_+u = \left(\sum_{i=1}^{l} e_i^* \wedge e_{-i}^*\right) \wedge u.$$

Pour calculer X_+ et X_-, introduisons une base de $\wedge$V de la manière suivante: pour tout triplet (A, B, C) formé de trois parties *disjointes* de $[1, l]$, posons

$$e_{A,B,C} = e_{a_1} \wedge \cdots \wedge e_{a_m} \wedge e_{-b_1} \wedge \cdots \wedge e_{-b_n} \wedge e_{c_1} \wedge e_{-c_1} \wedge \cdots \wedge e_{c_p} \wedge e_{-c_p}$$

où $(a_1, \ldots, a_m)$ (resp. $(b_1, \ldots, b_n)$, $(c_1, \ldots, c_p)$) sont les éléments de A (resp. B,

C) rangés suivant l'ordre croissant. On obtient bien ainsi une base de $\wedge V$ et des calculs simples montrent que

(8) $$X_{-}.e_{A,B,C} = \sum_{j \in (1,l),\, j \notin A \cup B \cup C} e_{A,B,C\cup\{j\}}$$

(9) $$X_{+}.e_{A,B,C} = -\sum_{j \in C} e_{A,B,C-\{j\}}.$$

Soit H l'endomorphisme de $\wedge V$ qui se réduit à la multiplication par $(l-r)$ sur $\wedge^r V$ $(0 \leqslant r \leqslant 2l)$. On vérifie sans peine (cf. exerc. 19) que

$$[X_{+}, X_{-}] = -H$$
$$[H, X_{+}] = 2X_{+}$$
$$[H, X_{-}] = -2X_{-}.$$

Autrement dit, le sous-espace vectoriel $\mathfrak{s}$ engendré par X_{+}, X_{-} et H est une sous-algèbre de Lie de $\mathrm{End}(\wedge V)$, isomorphe à $\mathfrak{sl}(2, k)$, et $\wedge^r V$ est le sous-espace des éléments de poids $l - r$. Notons alors E_r le sous-espace de $\wedge^r V$ formé des éléments primitifs, c'est-à-dire $E_r = (\wedge^r V) \cap \mathrm{Ker}\, X_{+}$. Il résulte du § 1 que, pour $r < l$, la restriction de X_{-} à $\wedge^r V$ est injective et que, pour $r \leqslant l$, $\wedge^r V$ se décompose en somme directe

$$\wedge^r V = E_r \oplus X_{-}(E_{r-2}) \oplus X_{-}^2(E_{r-4}) \oplus \cdots$$
$$= E_r \oplus X_{-}(\wedge^{r-2} V).$$

Ceci montre en particulier que $\dim E_r = \binom{2l}{r} - \binom{2l}{r-2}$ pour $0 \leqslant r \leqslant l$.

D'autre part, la définition même de $\mathfrak{sp}(\Psi)$ montre que Γ^* est annulé par la puissance extérieure deuxième de la duale de σ. De même, Γ est annulé par $\wedge^2\sigma$. On en déduit aussitôt que X_{+} et X_{-}, donc aussi H, commutent avec les endomorphismes $\wedge\sigma(g)$ pour $g \in \mathfrak{g}$. Par suite, les sous-espaces E_r pour $0 \leqslant r \leqslant l$ sont stables par $\wedge^r\sigma$; nous allons montrer que *la restriction de* $\wedge^r\sigma$ *à* E_r *est une représentation fondamentale* σ_r *de poids* ϖ_r $(1 \leqslant r \leqslant l)$.

Remarquons tout d'abord que les poids de $\wedge^r\sigma$ relativement à $\mathfrak{h}$ sont les $\varepsilon_{i_1} + \cdots + \varepsilon_{i_k} - (\varepsilon_{j_1} + \cdots + \varepsilon_{j_{r-k}})$, où $i_1, \ldots, i_k$ (resp. $j_1, \ldots, j_{r-k}$) sont des éléments distincts de $(1, l)$; le plus grand poids de $\wedge^r\sigma$ est donc bien

$$\varpi_r = \varepsilon_1 + \cdots + \varepsilon_r$$

et les vecteurs de poids ϖ_r sont ceux proportionnels à $e_1 \wedge \cdots \wedge e_r = e_{\{1,\ldots,r\},\emptyset,\emptyset}$. La formule (9) montre que $e_1 \wedge \cdots \wedge e_r \in E_r$. Il nous suffit donc de démontrer que la restriction de $\wedge^r\sigma$ à E_r est irréductible.

Si $s \in \mathbf{Sp}(\Psi)$, l'extension à $\wedge V$ (resp. $\wedge V^*$) de s laisse fixe Γ (resp. Γ^*), donc commute avec X_{+} et X_{-} et laisse stables les E_r. Par suite, E_r contient le sous-espace vectoriel F_r engendré par les transformés de $e_1 \wedge \cdots \wedge e_r$ par $\mathbf{Sp}(\Psi)$. Le théorème de Witt montre que ceux-ci sont les r-vecteurs décomposables non nuls tels que le sous-espace vectoriel de V correspondant soit un sous-espace totalement isotrope, r-vecteurs que nous appellerons isotropes.

Lemme 2. — *Pour* $1 \leqslant r \leqslant l$, *soit* F_r *le sous-espace de* $\wedge^r V$ *engendré par les r-vecteurs isotropes. On a*

$$\wedge^r V = F_r + X_-(\wedge^{r-2}V) = F_r + \left(\sum_{i=1}^{l} e_i \wedge e_{-i}\right) \wedge \wedge^{r-2}V.$$

Montrons d'abord comment le lemme 2 entraîne notre assertion. Comme $F_r \subset E_r$ et $E_r \cap X_-(\wedge^{r-2}V) = \{0\}$, le lemme entraîne $F_r = E_r$. D'autre part, soit $s \in \mathbf{Sp}(\Psi)$; l'automorphisme $a \mapsto sas^{-1}$ de End(V) conserve $\mathfrak{g}$ et y induit un élément de $\mathrm{Aut}_0(\mathfrak{g})$ (cf. (VII)), donc transforme toute représentation irréductible de $\mathfrak{g}$ en une représentation équivalente (§ 7, nº 1, prop. 2). Comme $e_1 \wedge \cdots \wedge e_r$ appartient à une composante irréductible de $\wedge^r\sigma$, et que $E_r = F_r$ est engendré par les transformés de $e_1 \wedge \cdots \wedge e_r$ par $\mathbf{Sp}(\Psi)$, on en déduit que la représentation de $\mathfrak{g}$ dans E_r est isotypique. Mais la multiplicité de son plus grand poids ϖ_r est 1, elle est donc irréductible.

Reste à démontrer le lemme. Il est évident pour $r = 1$. Raisonnons par récurrence, et supposons $r \geqslant 2$. Vu l'hypothèse de récurrence, on est ramené à prouver que

$$F_{r-1} \wedge V \subset F_r + \Gamma \wedge \wedge^{r-2}V,$$

ou encore que, si y est un $(r-1)$-vecteur décomposable et $x \in V$, alors

$$z = y \wedge x \in F_r + \Gamma \wedge \wedge^{r-2}V.$$

Soit $(f_i)_{1 \leqslant \pm i \leqslant l}$ une base de Witt de V telle que $y = f_1 \wedge \cdots \wedge f_{r-1}$. Il suffit de faire la démonstration lorsque $x = f_i$. Si $i \notin [1-r, -1]$, le r-vecteur $f_1 \wedge \cdots \wedge f_{r-1} \wedge f_i$ est isotrope. Sinon, on peut supposer, quitte à changer la numérotation des f_i, que $i = 1 - r$. On a alors $\Gamma = \sum_{j=1}^{l} f_j \wedge f_{-j}$, d'où

$$f_{r-1} \wedge f_{1-r} = \frac{1}{l-r+2}\left(\Gamma - \sum_{i=1}^{r-2} f_i \wedge f_{-i} + \sum_{j=r}^{l} (f_{r-1} \wedge f_{1-r} - f_j \wedge f_{-j})\right),$$

$$z = \frac{1}{l-r+2}\Gamma \wedge f_1 \wedge \cdots \wedge f_{r-2}$$
$$+ \frac{1}{l-r+2}\sum_{j=r}^{l} (f_1 \wedge \cdots \wedge f_{r-2}) \wedge (f_{r-1} \wedge f_{1-r} - f_j \wedge f_{-j}).$$

Or

$$f_{r-1} \wedge f_{1-r} - f_j \wedge f_{-j} = (f_{r-1} + f_j) \wedge (f_{1-r} - f_{-j}) - f_j \wedge f_{1-r} + f_{r-1} \wedge f_{-j}$$

et on vérifie aussitôt que pour $r \leqslant j \leqslant l$, les r-vecteurs

$$f_1 \wedge \cdots \wedge f_{r-2} \wedge (f_{r-1} + f_j) \wedge (f_{1-r} - f_{-j}),$$
$$f_1 \wedge \cdots \wedge f_{r-2} \wedge f_j \wedge f_{1-r} \quad \text{et} \quad f_1 \wedge \cdots \wedge f_{r-1} \wedge f_{-j}$$

sont isotropes. Par suite $z \in F_r + \Gamma \wedge \wedge^{r-2}V$, ce qui achève la démonstration.

(V) On a $w_0 = -1$, donc toute représentation simple de dimension finie de $\mathfrak{g}$ est orthogonale ou symplectique. D'après VI, § 4, n° 6.VI, la somme des coordonnées de ϖ_r par rapport à $(\alpha_1, \ldots, \alpha_l)$ est

$$1 + 2 + \cdots + (r-1) + r + r + \cdots + r + \frac{r}{2}$$

de sorte que σ_r est orthogonale pour r pair et symplectique pour r impair.

Comme $e_1 \wedge \cdots \wedge e_r$ et $e_{-1} \wedge \cdots \wedge e_{-r}$ appartiennent à E_r et que

$$\Psi_{(r)}(e_1 \wedge \cdots \wedge e_r, e_{-1} \wedge \cdots \wedge e_{-r}) = 1,$$

on voit que la restriction de $\Psi_{(r)}$ à E_r est non nulle: c'est à un facteur constant près la forme bilinéaire, symétrique si r est pair et alternée si r est impair, invariante par σ_r.

(VI) Pour tout $x \in \mathfrak{g}$, le polynôme caractéristique de $\sigma(x)$ se met sous la forme

$$T^{2l} + f_1(x)T^{2l-1} + \cdots + f_{2l}(x)$$

où $f_1, \ldots, f_{2l}$ sont des fonctions polynomiales invariantes sur $\mathfrak{g}$.

Si $x = \xi_1 H_1 + \cdots + \xi_l H_l \in \mathfrak{h}$, les $f_i(x)$ sont, au signe près, les fonctions symétriques élémentaires de $\xi_1, \ldots, \xi_l, -\xi_1, \ldots, -\xi_l$; ces fonctions symétriques sont nulles en degré impair, et

$$T^{2l} + f_2(x)T^{2l-2} + \cdots + f_{2l}(x) = (T^2 - \xi_1^2)\ldots(T^2 - \xi_l^2).$$

Comme au n° 2.VI, on en déduit que $f_1 = f_3 = f_5 = \cdots = 0$, et que

$$(f_2, f_4, \ldots, f_{2l})$$

est une famille algébriquement libre engendrant l'algèbre des fonctions polynomiales invariantes sur $\mathfrak{g}$.

(VII) Puisque le seul automorphisme du graphe de Dynkin est l'identité, on a $\mathrm{Aut}(\mathfrak{g}) = \mathrm{Aut}_0(\mathfrak{g})$.

Soit Σ le groupe des similitudes de V relativement à Ψ (A, IX, § 6, fin du n° 5). On démontre comme au n° 2 (VII) que les automorphismes de $\mathfrak{g}$ sont les applications $x \mapsto sxs^{-1}$ où $s \in \Sigma$, de sorte que $\mathrm{Aut}(\mathfrak{g}) = \mathrm{Aut}_0(\mathfrak{g})$ s'identifie à Σ/k^*.

Pour tout $s \in \Sigma$, soit $\mu(s)$ le multiplicateur de s. L'application $s \mapsto \mu(s)$ mod k^{*2} de Σ dans k^*/k^{*2} est un homomorphisme dont le noyau contient $k^*.1$, d'où un homomorphisme λ de Σ/k^* dans k^*/k^{*2}. On a $\mathbf{Sp}(\Psi) \cap k^* = \{1, -1\}$. Considérons la suite d'homomorphismes

$$1 \to \mathbf{Sp}(\Psi)/\{1,-1\} \xrightarrow{\iota} \Sigma/k^* \xrightarrow{\lambda} k^*/k^{*2} \to 1. \tag{10}$$

L'application ι est injective, et $\mathrm{Im}(\iota) \subset \mathrm{Ker}\,\lambda$ puisque le multiplicateur d'un élément de $\mathbf{Sp}(\Psi)$ est 1. Si $s \in \Sigma$ a pour multiplicateur un élément de k^{*2}, il existe $\nu \in k^*$ tel que $\nu s \in \mathbf{Sp}(\Psi)$; donc $\mathrm{Im}(\iota) = \mathrm{Ker}(\lambda)$. En définitive, la suite (10) est exacte. Identifions $\mathbf{Sp}(\Psi)/\{1, -1\}$ à un sous-groupe de Σ/k^*. Comme k^*/k^{*2} est commutatif, $\mathbf{Sp}(\Psi)/\{1, -1\}$ contient le groupe dérivé de Σ/k^*. Donc $\mathrm{Aut}_e(\mathfrak{g})$ est contenu dans $\mathbf{Sp}(\Psi)/\{1, -1\}$ (§ 11, n° 2, prop. 3). En fait, il lui est égal, et $\mathrm{Aut}(\mathfrak{g})/\mathrm{Aut}_e(\mathfrak{g})$ s'identifie à k^*/k^{*2} (exerc. 9).

(VIII) La forme bilinéaire canonique Φ_R sur $\mathfrak{h}^*$ est donnée par

$$\Phi_R(\xi_1\varepsilon_1 + \cdots + \xi_l\varepsilon_l, \xi'_1\varepsilon_1 + \cdots + \xi'_l\varepsilon_l) = \frac{1}{4(l+1)}(\xi_1\xi'_1 + \cdots + \xi_l\xi'_l)$$

(VI, § 4, n° 6.V). La forme inverse de Φ_R, c'est-à-dire la restriction à $\mathfrak{h}$ de la forme de Killing, est donc

$$\Phi(\xi_1 H_1 + \cdots + \xi_l H_l, \xi'_1 H_1 + \cdots + \xi'_l H_l) = 4(l+1)(\xi_1\xi'_1 + \cdots + \xi_l\xi'_l).$$

(IX) Reprenons les X_α définis par les formules (6) ($\alpha \in R$). On vérifie aisément que $[X_\alpha, X_{-\alpha}] = -H_\alpha$ pour $\alpha \in R$. D'autre part, l'application $\theta : a \mapsto -{}^t a$ est un automorphisme de $\mathfrak{g}$ et $\theta(X_\alpha) = X_{-\alpha}$ pour tout $\alpha \in R$. Par suite, $(X_\alpha)_{\alpha \in R}$ est un système de Chevalley de $(\mathfrak{g}, \mathfrak{h})$.

Supposons $k = \mathbf{Q}$. La sous-algèbre de Cartan $\mathfrak{h}$ possède deux réseaux permis $Q(R^\vee) = \sum_{i=1}^{l} \mathbf{Z}.H_i$ et $P(R^\vee) = Q(R^\vee) + \frac{1}{2}\mathbf{Z}.\sum_{i=1}^{l} H_i$ (VI, § 4, n° 5. VIII). On voit que $Q(R^\vee)$ est l'ensemble des matrices à coefficients entiers appartenant à $\mathfrak{h}$. On en déduit que l'ordre de Chevalley $Q(R^\vee) + \sum_{\alpha \in R} \mathbf{Z}.X_\alpha$ est l'ensemble $\mathfrak{sp}(2l, \mathbf{Z})$ des matrices de $\mathfrak{g}$ à coefficients entiers.

Considérons l'algèbre réductive $\mathfrak{sp}(\Psi) + \mathbf{Q}.1$. On voit aisément que l'ensemble de ses éléments à coefficients entiers en est un ordre de Chevalley, dont la projection dans $\mathfrak{sp}(\Psi)$ parallèlement à $\mathbf{Q}.1$ est l'ordre de Chevalley $P(R^\vee) + \sum \mathbf{Z}.X_\alpha$.

Enfin, on a $X_\alpha^2 = 0$ pour tout $\alpha \in R$. On en déduit que le réseau $\mathscr{V}$ de V engendré par les e_i est admissible pour l'ordre de Chevalley $\mathfrak{sp}(2l, \mathbf{Z})$. Il en est de même de $E_r \cap \wedge^r \mathscr{V}$ dans E_r.

Enfin, E_r ne possède de réseau admissible pour l'ordre de Chevalley

$$P(R^\vee) + \sum \mathbf{Z}.X_\alpha$$

que si r est pair ; $E_r \cap \wedge^r \mathscr{V}$ est alors un tel réseau.

4. Algèbres de type D_l ($l \geqslant 2$)

(I) Soit V un espace vectoriel de dimension paire $2l \geqslant 4$ et soit Ψ une forme bilinéaire symétrique non dégénérée d'indice maximum l sur V. D'après A, IX,

§ 4, n° 2, on peut écrire V comme somme directe de deux sous-espaces totalement isotropes maximaux F et F'. Soit $(e_i)_{1 \leqslant i \leqslant l}$ une base de F et $(e_{-i})_{1 \leqslant i \leqslant l}$ la base duale de F' (pour la dualité entre F et F' définie par Ψ). Alors $e_1, \ldots, e_l, e_{-l}, \ldots, e_{-1}$ est une base de V; nous dirons que c'est une *base de Witt* de V. La matrice de Ψ par rapport à cette base est la matrice carrée S d'ordre $2l$ dont tous les coefficients sont nuls, sauf ceux situés sur la deuxième diagonale, qui sont égaux à 1. L'algèbre $\mathfrak{g} = \mathfrak{o}(\Psi)$ s'identifie à l'algèbre $\mathfrak{o}_S(2l, k)$ des matrices carrées g d'ordre $2l$ telles que $g = -S^t g S$. Elle est de dimension $l(2l - 1)$. Un calcul facile montre que $\mathfrak{g}$ est l'ensemble des matrices de la forme

$$\begin{pmatrix} A & B \\ C & D \end{pmatrix}$$

où A, B, C, D sont des matrices carrées d'ordre l telles que $B = -s^t B s$, $C = -s^t C s$ et $D = -s^t A s$ (s est la matrice d'ordre l dont tous les coefficients sont nuls sauf ceux situés sur la deuxième diagonale qui sont égaux à 1).

Soit $\mathfrak{h}$ l'ensemble des matrices diagonales appartenant à $\mathfrak{g}$. C'est une sous-algèbre commutative de $\mathfrak{g}$, ayant pour base les éléments $H_i = E_{i,i} - E_{-i,-i}$ pour $1 \leqslant i \leqslant l$. Soit (ε_i) la base de $\mathfrak{h}^*$ duale de (H_i). Posons, pour $1 \leqslant i < j \leqslant l$,

$$(11) \qquad \begin{cases} X_{\varepsilon_i - \varepsilon_j} = E_{i,j} - E_{-j,-i} \\ X_{-\varepsilon_i + \varepsilon_j} = -E_{j,i} + E_{-i,-j} \\ X_{\varepsilon_i + \varepsilon_j} = E_{i,-j} - E_{j,-i} \\ X_{-\varepsilon_i - \varepsilon_j} = -E_{-j,i} + E_{-i,j}. \end{cases}$$

Ces éléments forment une base d'un supplémentaire de $\mathfrak{h}$ dans $\mathfrak{g}$. Pour $h \in \mathfrak{h}$, on a

$$[h, X_\alpha] = \alpha(h) X_\alpha$$

quel que soit $\alpha \in \mathrm{R}$, où R est l'ensemble des $\pm \varepsilon_i \pm \varepsilon_j$ $(i < j)$. Donc $\mathfrak{h}$ est une sous-algèbre de Cartan déployante de $\mathfrak{g}$, et les racines de $(\mathfrak{g}, \mathfrak{h})$ sont les éléments de R. Le système de racines R de $(\mathfrak{g}, \mathfrak{h})$ est donc de type D_l pour $l \geqslant 3$, de type $\mathrm{A}_1 \times \mathrm{A}_1$ (autrement dit de type D_2) pour $l = 2$ (VI, § 4, n° 8.I étendu au cas $l = 2$). Par suite, $\mathfrak{g}$ *est une algèbre de Lie simple déployable de type* D_l *si* $l \geqslant 3$.

Toute sous-algèbre de Cartan déployante de $\mathfrak{g}$ est transformée de $\mathfrak{h}$ par un automorphisme élémentaire de $\mathfrak{g}$, donc par un élément de $\mathbf{O}(\Psi)$ (cf. (VII)) et par suite est l'ensemble $\mathfrak{h}_\beta$ des éléments de $\mathfrak{g}$ dont la matrice par rapport à une base de Witt β de V est diagonale. On vérifie aussitôt que les seuls sous-espaces invariants par $\mathfrak{h}_\beta$ sont ceux engendrés par une partie de β.

Comme les algèbres $\mathfrak{o}_S(4, k)$ et $\mathfrak{sl}(2, k) \times \mathfrak{sl}(2, k)$ ont mêmes systèmes de racines, elles sont isomorphes. De même, $\mathfrak{o}_S(6, k)$ et $\mathfrak{sl}(4, k)$ sont isomorphes (cf. aussi exerc. 3). *Désormais, nous supposerons* $l \geqslant 3$.

(II) On détermine $\mathrm{R}^\vee$ grâce à VI, § 4, n° 8.V. On trouve

$$H_{\varepsilon_i - \varepsilon_j} = H_i - H_j, \qquad H_{\varepsilon_i + \varepsilon_j} = H_i + H_j.$$

(III) Posons $\alpha_1 = \varepsilon_1 - \varepsilon_2, \alpha_2 = \varepsilon_2 - \varepsilon_3, \ldots, \alpha_{l-1} = \varepsilon_{l-1} - \varepsilon_l, \alpha_l = \varepsilon_{l-1} + \varepsilon_l$. D'après VI, § 4, n° 8.II, $(\alpha_1, \ldots, \alpha_l)$ est une base B de R; les racines positives relativement à B sont les $\varepsilon_i \pm \varepsilon_j$ $(i < j)$. La sous-algèbre de Borel $\mathfrak{b}$ correspondante est l'ensemble des matrices triangulaires supérieures appartenant à $\mathfrak{g}$.

On vérifie facilement que les seuls sous-espaces vectoriels non triviaux invariants par $\mathfrak{b}$ sont les sous-espaces totalement isotropes $V_1, \ldots, V_l, V'_l$, où V_i est engendré par $e_1, \ldots, e_i$ et V'_l par $e_1, \ldots, e_{l-1}, e_{-l}$, et les orthogonaux $V_{-1}, \ldots, V_{-l+1}$ de $V_1, \ldots, V_{l-1}$; l'orthogonal V_{-i} de V_i est engendré par $e_1, \ldots, e_l, e_{-l}, \ldots, e_{-(i+1)}$. Mais un calcul immédiat montre que, si un élément $a \in \mathfrak{g}$ laisse stable V_{l-1}, sa matrice est de la forme

$$\begin{pmatrix} A & x & B \\ 0 & \begin{pmatrix} \lambda & 0 \\ 0 & -\lambda \end{pmatrix} & y \\ 0 & 0 & D \end{pmatrix}$$

où A, B, D sont des matrices carrées d'ordre $l - 1$, x (resp. y) une matrice à 2 colonnes et $l - 1$ lignes (resp. 2 lignes et $l - 1$ colonnes) et où $\lambda \in k$. On en déduit que a laisse stables V_l et V'_l. Par suite, $\mathfrak{b}$ est l'ensemble des $a \in \mathfrak{g}$ laissant stables tous les éléments du drapeau isotrope $(V_1, \ldots, V_{l-1})$. Notons que ce qui précède et le théorème de Witt (A, IX, § 4, n° 3, th. 1) entraînent que V_l et V'_l sont les seuls sous-espaces totalement isotropes maximaux contenant V_{l-1}.

Disons alors qu'un drapeau isotrope est *quasi-maximal* s'il se compose de $l - 1$ sous-espaces totalement isotropes de dimensions $1, \ldots, l - 1$. On voit alors comme au n° 2 que, pour tout drapeau isotrope quasi-maximal δ, l'ensemble $\mathfrak{b}_\delta$ des $a \in \mathfrak{g}$ laissant stables les éléments de δ est une sous-algèbre de Borel de $\mathfrak{g}$ et que l'application $\delta \mapsto \mathfrak{b}_\delta$ est une bijection de l'ensemble des drapeaux isotropes quasi-maximaux sur l'ensemble des sous-algèbres de Borel.

Disons qu'un drapeau isotrope est propre s'il ne contient pas simultanément un sous-espace de dimension l et un sous-espace de dimension $l - 1$. Soit δ un tel drapeau isotrope et soit $\mathfrak{p}_\delta$ l'ensemble des $a \in \mathfrak{g}$ laissant stables les éléments de δ. Si $\delta \subset \{V_1, \ldots, V_l, V'_l\}$, alors $\mathfrak{p}_\delta$ est une sous-algèbre parabolique de $\mathfrak{g}$, contenant $\mathfrak{b}$, et on vérifie facilement que les seuls sous-espaces totalement isotropes $\neq \{0\}$ stables par $\mathfrak{p}_\delta$ sont les éléments de δ. Comme il y a 2^{l-2} drapeaux isotropes propres contenus dans $\{V_1, \ldots, V_l, V'_l\}$ et contenant V_{l-1} (resp. V_l, resp. V'_l, resp. ne contenant ni V_{l-1}, ni V_l, ni V'_l), on obtient bien ainsi les 2^l sous-algèbres paraboliques contenant $\mathfrak{b}$. On en déduit comme plus haut que l'application $\delta \mapsto \mathfrak{p}_\delta$ est une bijection de l'ensemble des drapeaux isotropes propres sur l'ensemble des sous-algèbres paraboliques de $\mathfrak{g}$.

(IV) Les poids fondamentaux correspondant à $\alpha_1, \ldots, \alpha_l$ sont, d'après VI, § 4, n° 8.VI,

$$\varpi_i = \varepsilon_1 + \varepsilon_2 + \cdots + \varepsilon_i \qquad (1 \leqslant i \leqslant l-2)$$
$$\varpi_{l-1} = \tfrac{1}{2}(\varepsilon_1 + \varepsilon_2 + \cdots + \varepsilon_{l-2} + \varepsilon_{l-1} - \varepsilon_l)$$
$$\varpi_l = \tfrac{1}{2}(\varepsilon_1 + \varepsilon_2 + \cdots + \varepsilon_{l-2} + \varepsilon_{l-1} + \varepsilon_l).$$

Soit σ la représentation identique de $\mathfrak{g}$ dans V. La puissance extérieure $\wedge^r\sigma$ opère dans $E = \wedge^r(V)$. Si $h \in \mathfrak{h}$, on a pour $1 \leqslant i \leqslant l$,

$$\sigma(h)e_i = \varepsilon_i(h)e_i, \qquad \sigma(h)e_{-i} = -\varepsilon_i(h)e_{-i}.$$

On en déduit que, pour $1 \leqslant r \leqslant l$, $\varepsilon_1 + \cdots + \varepsilon_r$ est le plus grand poids de $\wedge^r\sigma$, les éléments de poids $\varepsilon_1 + \cdots + \varepsilon_r$ étant ceux proportionnels à $e_1 \wedge \cdots \wedge e_r$.

Nous allons montrer que, pour $1 \leqslant r \leqslant l-2$, *la représentation* $\wedge^r\sigma$ *est une représentation fondamentale de poids* ϖ_r.

Pour cela, il suffit de montrer que $\wedge^r\sigma$ est irréductible pour $1 \leqslant r \leqslant l-1$ (notons que la représentation $\wedge^l\sigma$ n'est pas irréductible, cf. exerc. 10), ou encore que le plus petit sous-espace T_r de $\wedge^r V$ contenant $e_1 \wedge \cdots \wedge e_r$ et stable par $\mathfrak{g}$ est $\wedge^r V$ tout entier. C'est immédiat pour $r = 1$. Pour $r = 2$, on voit comme au n° 2 que $\wedge^2\sigma$ est équivalente à la représentation adjointe de $\mathfrak{g}$, qui est irréductible puisque $\mathfrak{g}$ est simple. On termine la démonstration en raisonnant par récurrence sur l, comme au n° 2, mais en supposant $l - 1 \geqslant r \geqslant 3$.

Nous allons maintenant déterminer les représentations fondamentales de plus grand poids ϖ_{l-1} et ϖ_l. Soit Q la forme quadratique $x \mapsto \frac{1}{2}\Psi(x, x)$. On a défini au n° 2 (IV) la représentation spinorielle λ de l'algèbre de Clifford C(Q) dans $N = \wedge F'$. On vérifie immédiatement que le sous-espace N_+ (resp. N_-) de N somme des $\wedge^p F'$ pour p pair (resp. impair) est stable pour la restriction de λ à $C^+(Q)$. Par suite, les représentations λ_+ et λ_- de $C^+(Q)$ dans N_+ et N_- respectivement sont les représentations semi-spinorielles de $C^+(Q)$ (A, IX, § 9, n° 4); elles sont irréductibles, de dimension 2^{l-1} et inéquivalentes. Soient $\rho_+ = \lambda_+ \circ f$ et $\rho_- = \lambda_- \circ f$ les représentations irréductibles correspondantes de $\mathfrak{g}$ (n° 2, lemme 1 (vi)). Vu le lemme 1 (i), on a

$$f(H_i) = \tfrac{1}{2}(e_i e_{-i} - e_{-i} e_i) = e_i e_{-i} - \tfrac{1}{2} = \tfrac{1}{2} - e_{-i} e_i$$

et on voit, comme au n° 2 (IV), que, pour $h \in \mathfrak{h}$ et $1 \leqslant i_1 < \cdots < i_k \leqslant l$, on a

$$\lambda \circ f(h)(e_{-i_1} \wedge \cdots \wedge e_{-i_k}) = (\tfrac{1}{2}(\varepsilon_1 + \cdots + \varepsilon_l) - (\varepsilon_{i_1} + \cdots + \varepsilon_{i_k}))(h)(e_{-i_1} \wedge \cdots \wedge e_{-i_k}).$$

Par suite, le plus grand poids de ρ_+ (resp. ρ_-) est ϖ_l (resp. ϖ_{l-1}).

On dit que ρ_+ et ρ_- sont les *représentations semi-spinorielles* de $\mathfrak{g}$. Tous leurs poids sont simples. On dit aussi que $\rho = \lambda \circ f = \rho_+ \oplus \rho_-$ est la *représentation spinorielle* de $\mathfrak{g}$.

(V) Pour $1 \leqslant r \leqslant l - 2$, la représentation fondamentale $\wedge^r \sigma$ est orthogonale: elle laisse invariante l'extension de Ψ à $\wedge^r V$.

Considérons maintenant la représentation spinorielle ρ de $\mathfrak{g}$. On montre comme au n° 2 que, pour $1 \leqslant i, j \leqslant l$, $i \neq j$, on a

$$f(X_{\varepsilon_i - \varepsilon_j}) = \pm e_i e_{-j}$$
$$f(X_{\varepsilon_i + \varepsilon_j}) = \pm e_i e_j$$
$$f(X_{-\varepsilon_i - \varepsilon_j}) = \pm e_{-i} e_{-j}.$$

On en déduit que la forme bilinéaire non dégénérée Φ introduite au n° 2(V) est invariante pour $\rho(\mathfrak{g})$. La représentation spinorielle ρ laisse donc invariante une forme non dégénérée symétrique pour $l \equiv 0, -1 \pmod 4$ et alternée pour $l \equiv 1, 2 \pmod 4$.

Si l est pair, les restrictions de Φ à N_+ et N_- sont non dégénérées et les représentations semi-spinorielles sont orthogonales pour $l \equiv 0 \pmod 4$ et symplectiques pour $l \equiv 2 \pmod 4$. Remarquons d'ailleurs que $w_0 = -1$ (VI § 4, n° 8, (XI)).

Par contre, si l est impair, N_+ et N_- sont totalement isotropes pour Φ. D'ailleurs, on a $-w_0(\alpha_i) = \alpha_i$ pour $1 \leqslant i \leqslant l - 2$, $-w_0(\alpha_l) = \alpha_{l-1}$ et $-w_0(\alpha_{l-1}) = \alpha_l$ (VI, § 4, n° 8, (XI)), d'où $-w_0(\varpi_l) = \varpi_{l-1}$ et les représentations semi-spinorielles ne sont ni orthogonales, ni symplectiques; chacune est isomorphe à la duale de l'autre.

(VI) Pour tout $x \in \mathfrak{g}$, le polynôme caractéristique de $\sigma(x)$ se met sous la forme

$$T^{2l} + f_1(x)T^{2l-1} + \cdots + f_{2l}(x).$$

On voit comme au n° 3 que $f_1 = f_3 = f_5 = \cdots = 0$. D'après VI, § 4, n° 8.IX et le § 8, n° 3, th. 1, il existe une fonction polynomiale $\tilde{f}$ sur $\mathfrak{g}$ telle que $f_2, f_4, \ldots, f_{2l-2}, \tilde{f}$ engendrent l'algèbre $I(\mathfrak{g}^*)$ des fonctions polynomiales invariantes sur $\mathfrak{g}$, et soient algébriquement indépendantes, avec en outre $\tilde{f}^2 = (-1)^l f_{2l}$.

Pour tout $x \in \mathfrak{g}$, on a ${}^t(Sx) = {}^t x S = -Sx$, donc on peut considérer $\mathrm{Pf}(Sx)$, qui est une fonction polynomiale de x. Or:

$$f_{2l}(x) = \det(x) = (-1)^l \det(Sx) = (-1)^l(\mathrm{Pf}(Sx))^2.$$

On peut donc prendre $\tilde{f}(x) = \mathrm{Pf}(Sx)$.

(VII) Rappelons (§ 5, n° 3, cor. 1 de la prop. 5) que $\mathrm{Aut}(\mathfrak{g})/\mathrm{Aut}_0(\mathfrak{g})$ s'identifie au groupe d'automorphismes Aut(D) du graphe de Dynkin D de $(\mathfrak{g}, \mathfrak{h})$. Lorsque $l \neq 4$, Aut(D) est le groupe d'ordre 2 formé des permutations de $\alpha_1, \ldots, \alpha_l$ qui laissent fixes $\alpha_1, \ldots, \alpha_{l-2}$. Lorsque $l = 4$, Aut(D) est formé des permutations de $\alpha_1, \ldots, \alpha_4$ qui laissent fixe α_2; il est isomorphe à $\mathfrak{S}_3$ (cf. VI, § 4, n° 8.XI). Dans tous les cas, le sous-groupe de Aut(D) formé des éléments qui laissent fixe α_1 est d'ordre 2. Nous noterons $\mathrm{Aut}'(\mathfrak{g})$ le sous-groupe correspondant de $\mathrm{Aut}(\mathfrak{g})$; on a $\mathrm{Aut}'(\mathfrak{g}) = \mathrm{Aut}(\mathfrak{g})$ si $l \neq 4$ et $(\mathrm{Aut}(\mathfrak{g}):\mathrm{Aut}'(\mathfrak{g})) = 3$ si $l = 4$; de plus

$$(\mathrm{Aut}'(\mathfrak{g}):\mathrm{Aut}_0(\mathfrak{g})) = 2.$$

Un élément $s \in \mathrm{Aut}(\mathfrak{g})$ appartient à $\mathrm{Aut}'(\mathfrak{g})$ si et seulement si $\sigma \circ s$ est équivalente à σ (cela résulte de ce que ϖ_1 est le plus grand poids de σ). On en conclut comme au n° 2 (VII) que $\mathrm{Aut}'(\mathfrak{g})$ s'identifie à Σ/k^*, où Σ est le groupe des similitudes de V relativement à Ψ.

Soit $s \in \Sigma$, et soit $\lambda(s)$ le multiplicateur de s. On a $\det(s) = \lambda(s)^l$ si s est *directe*, et $\det(s) = -\lambda(s)^l$ si s est *inverse* (A, IX, § 6, n° 5). Les similitudes directes forment un sous-groupe Σ_0 d'indice 2 de Σ; on a $\Sigma_0 \supset k^*$. *Le groupe* Σ_0/k^* *est égal au sous-groupe* $\mathrm{Aut}_0(\mathfrak{g})$ *de* $\mathrm{Aut}'(\mathfrak{g}) = \Sigma/k^*$. En effet, il suffit de le vérifier lorsque k est algébriquement clos : dans ce cas $\mathrm{Aut}_0(\mathfrak{g}) = \mathrm{Aut}_e(\mathfrak{g})$ est égal à son groupe dérivé (§ 11, n° 2, prop. 3), donc contenu dans Σ_0/k^*, et comme tous deux sont d'indice 2 dans Σ/k^*, ils sont égaux.

D'autre part, on voit comme au n° 3 (VII) qu'on a une suite exacte

$$1 \to \mathbf{SO}(\Psi)/\{1, -1\} \to \Sigma_0/k^* \to k^*/k^{*2} \to 1.$$

Identifions $\mathbf{SO}(\Psi)/\{1, -1\}$ à un sous-groupe de $\Sigma_0/k^* = \mathrm{Aut}_0(\mathfrak{g})$. Comme k^*/k^{*2} est commutatif, on a $\mathrm{Aut}_e(\mathfrak{g}) \subset \mathbf{SO}(\Psi)/\{1, -1\}$. On peut en fait montrer (exerc. 11) que $\mathrm{Aut}_e(\mathfrak{g})$ est égal à l'image dans $\mathbf{SO}(\Psi)/\{1, -1\}$ du groupe orthogonal réduit $\mathbf{O}_0^+(\Psi)$ de Ψ (A, IX, § 9, n° 5).

(VIII) La forme bilinéaire canonique Φ_R sur $\mathfrak{h}^*$ est donnée par

$$\Phi_R(\xi_1\varepsilon_1 + \cdots + \xi_l\varepsilon_l, \xi'_1\varepsilon_1 + \cdots + \xi'_l\varepsilon_l) = \frac{1}{4(l-1)}(\xi_1\xi'_1 + \cdots + \xi_l\xi'_l)$$

(VI, § 4, n° 8.V). La restriction à $\mathfrak{h}$ de la forme de Killing est donc

$$\Phi(\xi_1 H_1 + \cdots + \xi_l H_l, \xi'_1 H_1 + \cdots + \xi'_l H_l) = 4(l-1)(\xi_1\xi'_1 + \cdots + \xi_l\xi'_l).$$

(IX) Reprenons les X_α ($\alpha \in R$) définis par les formules (11). On vérifie aisément que $[X_\alpha, X_{-\alpha}] = -H_\alpha$ pour $\alpha \in R$. D'autre part, l'application $\theta: a \mapsto -{}^t a$ est un automorphisme de $\mathfrak{g}$ et $\theta(X_\alpha) = X_{-\alpha}$ pour tout $\alpha \in R$. Par suite $(X_\alpha)_{\alpha \in R}$ est un système de Chevalley de $(\mathfrak{g}, \mathfrak{h})$.

Supposons $k = \mathbf{Q}$. D'après VI, § 4, n° 8, (VIII), la sous-algèbre $\mathfrak{h}$ possède trois réseaux permis si l est impair et quatre réseaux permis si l est pair. Notamment, le réseau $\mathscr{H}$ engendré par les H_i est permis. Or, ce réseau est l'ensemble des matrices diagonales à coefficients entiers de $\mathfrak{g}$. On en déduit que $\mathfrak{o}_S(2l, \mathbf{Z})$ est l'ordre de Chevalley $\mathscr{H} + \Sigma\, \mathbf{Z}.X_\alpha$ de $\mathfrak{g}$. Comme $X_\alpha^2 = 0$ pour tout $\alpha \in R$, on voit que le réseau $\mathscr{V}$ de V engendré par la base de Witt (e_i) est un réseau admissible dans V pour $\mathfrak{o}_S(2l, \mathbf{Z})$. Il en est donc de même de $\wedge^r\mathscr{V}$ dans $\wedge^r$V.

Par contre, si l'on prend $P(R^\vee) = \mathbf{Z} \cdot \frac{1}{2} \sum_{i=1}^{l} H_i + \mathscr{H}$ comme réseau permis et $\mathscr{G} = P(R^\vee) + \Sigma\, \mathbf{Z}.X_\alpha$ comme ordre de Chevalley, on voit que $\wedge^r V$ ne possède de réseau admissible que si r est pair; $\wedge^r \mathscr{V}$ est alors admissible.

Considérons l'algèbre réductive $\mathfrak{o}(\Psi) + \mathbf{Q}.1$; on voit immédiatement que le réseau $\tilde{\mathscr{G}} = (\mathfrak{o}(\Psi) + \mathbf{Q} \cdot 1) \cap \mathfrak{gl}(2l, \mathbf{Z})$ en est un ordre de Chevalley. L'ordre de Chevalley $\mathscr{G}$ est la projection de $\tilde{\mathscr{G}}$ dans $\mathfrak{o}(\Psi)$ parallèlement au centre $\mathbf{Q}.1$.

Enfin, on voit comme au n° 2 que le réseau $\mathscr{N}_+$ (resp. $\mathscr{N}_-$) engendré par les $e_{-i_1} \wedge \cdots \wedge e_{-i_{2k}}$ (resp. $e_{-i_1} \wedge \cdots \wedge e_{-i_{2k+1}}$) est admissible pour la représentation semi-spinorielle de l'ordre de Chevalley $Q(R^\vee) + \sum_{\alpha \in R} \mathbf{Z}.X_\alpha$. Par contre $\mathscr{N}_+$ et $\mathscr{N}_-$ ne possèdent pas de réseau admissible pour $\mathfrak{o}_S(2l, \mathbf{Z})$.

TABLE 1

A chaque poids fondamental, associons le nombre 1 (resp. -1, 0) si la représentation simple correspondante est orthogonale (resp. symplectique, resp. n'est ni orthogonale ni symplectique). Le calcul de ce nombre a été fait en substance au § 13 pour les types A_l, B_l, C_l, D_l. Les résultats sont également indiqués ci-dessous pour les types E_6, E_7, E_8, F_4, G_2 (il suffit d'appliquer le § 7, prop. 12, et VI, § 4, n°s 9.VI, 9.XI, 10.VI, 10.XI, 11.VI, 11.XI, 12.VI, 12.XI, 13.VI, 13.XI).

A_l $(l \geqslant 1)$

$$\varpi_r \quad \begin{cases} 0 & r \neq \dfrac{l+1}{2} \\ (-1)^r & r = \dfrac{l+1}{2} \end{cases}$$

B_l $(l \geqslant 2)$

$$\varpi_r \quad 1 \quad r \neq l$$

$$\varpi_l \quad (-1)^{l(l+1)/2}$$

C_l $(l \geqslant 2)$

$$\varpi_r \quad (-1)^r$$

D_l $(l \geqslant 2)$

$$\varpi_r \quad 1 \quad r \neq l-1, l$$

$$\varpi_l \text{ et } \varpi_{l-1} \quad \begin{cases} 0 & \text{si } l \text{ est impair} \\ (-1)^{l/2} & \text{si } l \text{ est pair} \end{cases}$$

E_6		E_7		E_8		F_4		G_2	
ϖ_1	0	ϖ_1	1	ϖ_1	1	ϖ_1	1	ϖ_1	1
ϖ_2	1	ϖ_2	-1	ϖ_2	1	ϖ_2	1	ϖ_2	1
ϖ_3	0	ϖ_3	1	ϖ_3	1	ϖ_3	1		
ϖ_4	1	ϖ_4	1	ϖ_4	1	ϖ_4	1		
ϖ_5	0	ϖ_5	-1	ϖ_5	1				
ϖ_6	0	ϖ_6	1	ϖ_6	1				
		ϖ_7	-1	ϖ_7	1				
				ϖ_8	1				

TABLE 2

A chaque poids fondamental, on associe la dimension de la représentation simple correspondante, calculée grâce au th. 2 du § 9.

A_l $(l \geqslant 1)$

$\varpi_r (1 \leqslant r \leqslant l)$ $\binom{l+1}{r}$

B_l $(l \geqslant 2)$

$\varpi_r (1 \leqslant r \leqslant l-1)$ $\binom{2l+1}{r}$

ϖ_l 2^l

C_l $(l \geqslant 2)$

$\varpi_r (1 \leqslant r \leqslant l)$ $\binom{2l}{r} - \binom{2l}{r-2}$

D_l $(l \geqslant 2)$

$\varpi_r (1 \leqslant r \leqslant l-2)$ $\binom{2l}{r}$

ϖ_{l-1} 2^{l-1}

ϖ_l 2^{l-1}

E_6

ϖ_1	$27 = 3^3$
ϖ_2	$78 = 2.3.13$
ϖ_3	$351 = 3^3.13$
ϖ_4	$2925 = 3^2.5^2.13$
ϖ_5	$351 = 3^3.13$
ϖ_6	$27 = 3^3$

E_7

ϖ_1	$133 = 7.19$
ϖ_2	$912 = 2^4.3.19$
ϖ_3	$8645 = 5.7.13.19$
ϖ_4	$365750 = 2.5^3.7.11.19$
ϖ_5	$27664 = 2^4.7.13.19$
ϖ_6	$1539 = 3^4.19$
ϖ_7	$56 = 2^3.7$

E_8

ϖ_1	$3875 = 5^3.31$
ϖ_2	$147250 = 2.5^3.19.31$
ϖ_3	$6696000 = 2^6.3^3.5^3.31$
ϖ_4	$6899079264 = 2^5.3.7^2.11^2.17.23.31$
ϖ_5	$146325270 = 2.3.5.7^2.13^2.19.31$
ϖ_6	$2450240 = 2^6.5.13.19.31$
ϖ_7	$30380 = 2^2.5.7^2.31$
ϖ_8	$248 = 2^3.31$

F_4

ϖ_1	$52 = 2^2.13$
ϖ_2	$1274 = 2.7^2.13$
ϖ_3	$273 = 3.7.13$
ϖ_4	$26 = 2.13$

G_2

ϖ_1	7
ϖ_2	$14 = 2.7$

Exercices

Le corps de base k est supposé de caractéristique zéro.

Sauf mention expresse du contraire, les algèbres de Lie sont supposées de dimension finie.

§ 1

On note $\mathfrak{s}$ l'algèbre de Lie $\mathfrak{sl}(2, k)$.

1) Soit U l'algèbre enveloppante de $\mathfrak{s}$. Montrer que l'élément

$$C = H^2 - 2(X_+X_- + X_-X_+) = H^2 + 2H - 4X_-X_+$$

appartient au centre de U, et que son image dans la représentation associée à $V(m)$ est l'homothétie de rapport $m(m + 2)$.

2) Soit $\lambda \in k$, soit $Z(\lambda)$ un espace vectoriel ayant une base (e_n), avec $n = 0, 1, \ldots$, et soient X_+, X_-, H les endomorphismes de $Z(\lambda)$ définis par les formules (2) de la prop. 1.
a) Vérifier que l'on obtient ainsi une structure de $\mathfrak{s}$-module sur $Z(\lambda)$.
b) On suppose que λ n'est pas un entier $\geqslant 0$. Montrer que le $\mathfrak{s}$-module $Z(\lambda)$ est simple.
c) On suppose que λ est un entier $\geqslant 0$. Soit Z' le sous-espace de $Z(\lambda)$ engendré par les e_n, $n > \lambda$. Montrer que Z' est un sous-$\mathfrak{s}$-module de $Z(\lambda)$, isomorphe à $Z(-\lambda - 2)$, et que le quotient $Z(\lambda)/Z'$ est isomorphe au $\mathfrak{s}$-module simple $V(\lambda)$. Montrer que les seuls sous-$\mathfrak{s}$-modules de $Z(\lambda)$ sont 0, Z' et $Z(\lambda)$.

3) Soit E un espace vectoriel ayant une base $(e_n)_{n \in \mathbf{Z}}$. Soient

$$a(n) = a_0 + a_1 n, \qquad b(n) = b_0 + b_1 n, \qquad c(n) = c_0 + c_1 n$$

trois fonctions affines à coefficients dans k. On définit des endomorphismes X_+, X_-, H de E par les formules

$$X_+e_n = a(n)e_{n-1}, \qquad X_-e_n = b(n)e_{n+1}, \qquad He_n = c(n)e_n.$$

Pour que l'on obtienne ainsi une structure de $\mathfrak{s}$-module sur E, il faut et il suffit que l'on ait:

$$a_1b_1 = 1, \qquad c_1 = -2, \qquad c_0 = -a_0b_1 - a_1b_0.$$

A quelle condition ce $\mathfrak{s}$-module est-il simple?

¶ 4) Soit $\mathfrak{g}$ une algèbre de Lie. Un $\mathfrak{g}$-module E est dit *localement fini* s'il est réunion de sous-$\mathfrak{g}$-modules de dimension finie; il revient au même de dire que tout sous-$\mathfrak{g}$-module de E de type fini (comme $U(\mathfrak{g})$-module) est de dimension finie.
a) Soit $0 \to E' \to E \to E'' \to 0$ une suite exacte de $\mathfrak{g}$-modules. Montrer que, si E' et E'' sont localement finis, il en est de même de E (se ramener au cas où E est de type fini, et utiliser le fait que $U(\mathfrak{g})$ est noethérien, cf. I, § 2, n° 6).
b) On suppose $\mathfrak{g}$ semi-simple. Montrer que E est localement fini si et seulement si E est somme directe de $\mathfrak{g}$-modules simples de dimension finie.

c) On suppose $\mathfrak{g} = \mathfrak{s}$. Montrer que E est localement fini si et seulement si les conditions suivantes sont satisfaites:

c_1) E admet une base formée de vecteurs propres pour H,

c_2) les endomorphismes $X_{+\mathrm{E}}$ et $X_{-\mathrm{E}}$ sont localement nilpotents.

(Commencer par montrer que, si E vérifie c_1) et c_2), et n'est pas réduit à 0, il contient un élément primitif e de poids entier $m \geqslant 0$; prouver ensuite que $X^{m+1}e = 0$, donc que E contient $\mathrm{V}(m)$. Conclure en appliquant *a*) au plus grand sous-module localement fini E′ de E.)

5) Soit E un $\mathfrak{s}$-module localement fini (exerc. 4). Pour tout $m \geqslant 0$, on note L_m l'espace vectoriel des $\mathfrak{s}$-homomorphismes de $\mathrm{V}(m)$ dans E.

a) Définir un isomorphisme de E sur $\bigoplus_m \mathrm{L}_m \otimes \mathrm{V}(m)$.

b) On note Φ_m la forme bilinéaire invariante sur $\mathrm{V}(m)$ définie au nº 3, Rem. 3. Pour tout $m \in \mathbf{N}$, soit b_m une forme bilinéaire sur L_m; soit b la forme bilinéaire sur E qui correspond, *via* l'isomorphisme de *a*), à la somme directe des formes $b_m \otimes \Phi_m$. Montrer que b est invariante, et que toute forme bilinéaire invariante sur E s'obtient ainsi, de manière unique. Pour que b soit symétrique (resp. alternée), il faut et il suffit que les b_m, m pair, soient symétriques (resp. alternées), et que les b_m, m impair, soient alternées (resp. symétriques). Pour que b soit non dégénérée, il faut et il suffit que les b_m le soient.

c) On suppose E de dimension finie. Montrer que E est monogène (comme $\mathrm{U}(\mathfrak{s})$-module) si et seulement si $\dim \mathrm{L}_m \leqslant m + 1$ pour tout $m \geqslant 0$.

6) Si E est un $\mathfrak{s}$-module de dimension finie, et n un entier, on note a_n la dimension du sous-espace propre de H_E relatif à la valeur propre n. On désigne par $c_\mathrm{E}(\mathrm{T})$ l'élément de $\mathbf{Z}[\mathrm{T}, \mathrm{T}^{-1}]$ défini par $c_\mathrm{E}(\mathrm{T}) = \sum_{n \in \mathbf{Z}} a_n \mathrm{T}^n$.

a) On définit L_m comme dans l'exerc. 5. Montrer que l'on a

$$\dim \mathrm{L}_m = a_m - a_{m+2} \qquad \text{pour tout entier} \quad m \geqslant 0.$$

En déduire que $c_\mathrm{E}(\mathrm{T}) = c_{\mathrm{E}'}(\mathrm{T})$ si et seulement si E et E′ sont isomorphes. Retrouver ce résultat en utilisant l'exerc. 18 *e*) de VII, § 3.

b) Montrer que $c_{\mathrm{E}\oplus\mathrm{F}} = c_\mathrm{E} + c_\mathrm{F}$ et $c_{\mathrm{E}\otimes\mathrm{F}} = c_\mathrm{E} \cdot c_\mathrm{F}$.

c) On a $c_{\mathrm{V}(m)}(\mathrm{T}) = (\mathrm{T}^{m+1} - \mathrm{T}^{-m-1})/(\mathrm{T} - \mathrm{T}^{-1})$.

d) Déduire de *a*), *b*), *c*) que, si $m \geqslant m' \geqslant 0$, le $\mathfrak{s}$-module $\mathrm{V}(m) \otimes \mathrm{V}(m')$ est isomorphe à

$$\mathrm{V}(m + m') \oplus \mathrm{V}(m + m' - 2) \oplus \mathrm{V}(m + m' - 4) \oplus \cdots \oplus \mathrm{V}(m - m').$$

Si m est $\geqslant 0$, le $\mathfrak{s}$-module $\mathrm{S}^2\mathrm{V}(m)$ est isomorphe à

$$\mathrm{V}(2m) \oplus \mathrm{V}(2m - 4) \oplus \mathrm{V}(2m - 8) \oplus \cdots \oplus \begin{cases} \mathrm{V}(0) & \text{si } m \text{ est pair} \\ \mathrm{V}(2) & \text{si } m \text{ est impair} \end{cases}$$

et le $\mathfrak{s}$-module $\wedge^2\mathrm{V}(m)$ est isomorphe à

$$\mathrm{V}(2m - 2) \oplus \mathrm{V}(2m - 6) \oplus \mathrm{V}(2m - 10) \oplus \cdots \oplus \begin{cases} \mathrm{V}(2) & \text{si } m \text{ est pair} \\ \mathrm{V}(0) & \text{si } m \text{ est impair.} \end{cases}$$

7) Soit E un $\mathfrak{s}$-module de dimension finie. Montrer que le dual de E est isomorphe à E.

8) Montrer que l'on peut réaliser le $\mathfrak{s}$-module $\mathrm{V}(m)$ comme l'espace des polynômes homogènes $f(u, v)$ de degré m en deux variables, les opérateurs X_+, X_- et H étant donnés par:

$$X_+f = u\frac{\partial f}{\partial v}, \qquad X_-f = -v\frac{\partial f}{\partial u}, \qquad Hf = u\frac{\partial f}{\partial u} - v\frac{\partial f}{\partial v}.$$

¶ 9) On fait opérer $\mathfrak{s}$, au moyen de la représentation adjointe, sur son algèbre enveloppante U, et sur son algèbre symétrique $\mathrm{S} = \bigoplus \mathrm{S}^n$.

a) Déterminer les poids du $\mathfrak{s}$-module S^n. En déduire des isomorphismes de $\mathfrak{s}$-modules:

$$S^n \to V(2n) \oplus V(2n-4) \oplus V(2n-8) \oplus \cdots \oplus V(0) \qquad n \text{ pair}$$
$$S^n \to V(2n) \oplus V(2n-4) \oplus V(2n-8) \oplus \cdots \oplus V(2) \qquad n \text{ impair.}$$

En particulier, les éléments de S^n invariants par $\mathfrak{s}$ forment un espace de dimension 1 (resp. 0) si n est pair (resp. impair).
b) Montrer que la sous-algèbre de S formée des éléments invariants par $\mathfrak{s}$ est l'algèbre de polynômes $k[\Gamma]$, où $\Gamma = H^2 - 4X_-X_+$. Le module $S^n/\Gamma . S^{n-2}$ est isomorphe à $V(2n)$.
c) Montrer que le centre de U est l'algèbre de polynômes $k[C]$, où C est l'élément défini dans l'exerc. 1 (utiliser *b*) et le théorème de Poincaré-Birkhoff-Witt).

10) Soient m un entier >0, S l'algèbre graduée $k[X_1, \ldots, X_m]$, et $a_1, \ldots, a_m$ des éléments de k^*. Soit $\Phi = \sum_{i,j=1}^{m} a_{ij}X_iX_j$ une forme quadratique; on pose $D_i = \dfrac{\partial}{\partial X_i}$ et $D = \sum_{i,j=1}^{m} b_{ij}D_iD_j$ où (b_{ij}) est la matrice inverse de (a_{ij}).

a) Montrer qu'il existe sur S une structure de $\mathfrak{s}$-module et une seule telle que $X_+f = \frac{1}{2}D(f)$, $X_-f = \frac{1}{2}\Phi f$ et $Hf = -(m/2 + n)f$ si f est homogène de degré n.
b) On pose $A^n = S^n \cap \operatorname{Ker}(D)$. Montrer que S^n est somme directe des sous-espaces $\Phi^p . A^q$, pour $2p + q = n$. En déduire l'identité

$$\sum_{n=0}^{\infty} \dim(A^n)T^n = (1 + T)/(1 - T)^{m-1}.$$

c) Si f est un élément non nul de A^n, les $\Phi^p f$, $p \geqslant 0$, forment une base d'un sous-$\mathfrak{s}$-module simple de S, isomorphe au module $Z\left(-\dfrac{m}{2} - n\right)$ de l'exerc. 2.
d) Expliciter les cas $m = 1$ et $m = 2$. Utiliser le cas $m = 3$ pour retrouver les résultats de l'exerc. 9.

11) On suppose k algébriquement clos. Soient $\mathfrak{g}$ une algèbre de Lie, V un $\mathfrak{g}$-module simple, et D le corps des endomorphismes du $\mathfrak{g}$-module V. Montrer que, si k est non dénombrable,[1] on a $D = k$. (Sinon, D contiendrait un sous-corps isomorphe à $k(X)$, X étant une indéterminée, et l'on aurait $\dim_k D > \aleph_0$, d'où aussi $\dim_k V > \aleph_0$, ce qui est absurde puisque V est un $U(\mathfrak{g})$-module monogène.)

¶ 12) Soit $q \in k$, et soit W un espace vectoriel de base $(e_0, e_1, e_2, \ldots)$.
a) Montrer qu'il existe une représentation ρ_q et une seule de $\mathfrak{s}$ dans W telle que

$$\rho_q(H)e_n = 2e_{n+1}, \qquad \rho_q(X_+)e_n = (\tfrac{1}{2}\rho_q(H) - 1)^n e_0,$$
$$\rho_q(X_-)e_n = (\tfrac{1}{2}\rho_q(H) + 1)^n(-qe_0 + e_1 + e_2).$$

On a $\rho_q(C) = 4q$, où $C = H^2 + 2H - 4X_-X_+$ (cf. exerc. 1). La représentation ρ_q est simple. Les éléments $x \in \mathfrak{s}$ tels que $\rho_q(x)$ admette une valeur propre sont les multiples de X_+. L'endomorphisme $\rho_q(X_+)$ admet 1 pour valeur propre, avec multiplicité 1.
b) Soit ρ une représentation simple de $\mathfrak{s}$ telle que $\rho(C) = 4q$ et que $\rho(X_+)$ possède la valeur propre 1. Montrer que ρ est équivalente à ρ_q.

¶ 13) On suppose que $k = \mathbf{C}$. On pose $C = H^2 + 2H - 4X_-X_+$, cf. exerc. 1. Une représentation ρ de $\mathfrak{s} = \mathfrak{sl}(2, \mathbf{C})$ est dite H-diagonalisable si l'espace de ρ possède une base formée de vecteurs propres de $\rho(H)$. Soient $q \in \mathbf{C}$ et $v \in \mathbf{Q}/\mathbf{Z}$.

[1] La conclusion reste vraie même si k est dénombrable, cf. D. QUILLEN, On the endomorphism ring of a simple module over an enveloping algebra, *Proc. Amer. Math. Soc.*, t. XXI (1969), p. 171–172.

a) Soit S un espace vectoriel admettant une base $(e_w)_{w\in\mathbf{C}}$ indexée par les éléments de $\mathbf{C}$. Soit $S_v = \sum_{w\in v} \mathbf{C}e_w$. Il existe une représentation $\rho_{v,q}$ et une seule de $\mathfrak{s}$ dans S_v telle que

$$\rho_{v,q}(X_+)e_w = (q - w^2 - w)^{1/2}e_{w+1}$$
$$\rho_{v,q}(X_-)e_w = (q - w^2 + w)^{1/2}e_{w-1}$$
$$\rho_{v,q}(H)e_w = 2we_w.$$

(On convient que, pour tout $z \in \mathbf{C}$, $z^{1/2}$ est la racine carrée de z dont l'amplitude appartient à $(0, \pi)$.) On désigne par $S_{v,q}$ le $\mathfrak{s}$-module défini par $\rho_{v,q}$. On a $\rho_{v,q}(C) = 4q$.
b) Si $q \neq u^2 + u$ pour tout $u \in v$, $S_{v,q}$ est simple.
c) Supposons $2v \neq 0$ et q de la forme $u^2 + u$, où $u \in v$ (ce qui définit u de manière unique). Soit $S^-_{v,q}$ (resp. $S^+_{v,q}$) le sous-espace vectoriel de S_v engendré par les e_w pour $w \leqslant u$ (resp. pour $w > u$). Alors $S^-_{v,q}$ et $S^+_{v,q}$ sont des sous-$\mathfrak{s}$-modules simples de $S_{v,q}$.
d) Supposons $2v = 0$, et q de la forme $u^2 + u$, où $u \in v$, $u \geqslant 0$ (ce qui définit u de manière unique). Soit $S^-_{v,q}$ (resp. $S^0_{v,q}$, $S^+_{v,q}$) le sous-espace vectoriel de S_v engendré par les e_w pour $w < -u$ (resp. $-u \leqslant w \leqslant u$, $w > u$). Alors $S^-_{v,q}$, $S^0_{v,q}$ et $S^+_{v,q}$ sont des sous-$\mathfrak{s}$-modules simples de $S_{v,q}$.
e) Supposons $v = -\frac{1}{2} + \mathbf{Z}$ et $q = -\frac{1}{4}$. Soit $S^-_{-1/2,-1/4}$ (resp. $S^+_{-1/2,-1/4}$) le sous-espace vectoriel de $S_{-1/2}$ engendré par les e_w pour $w \leqslant -\frac{1}{2}$ (resp. $w > -\frac{1}{2}$). Alors $S^-_{-1/2,-1/4}$ et $S^+_{-1/2,-1/4}$ sont des sous-$\mathfrak{s}$-modules simples de $S_{-1/2,-1/4}$.
f) On note $\rho^{\pm}_{v,q}$, $\rho^0_{v,q}$ les représentations correspondant à $S^{\pm}_{v,q}$, $S^0_{v,q}$. Dans le cas *b*), les éléments $x \in \mathfrak{s}$ tels que $\rho^-_{v,q}(x)$ admette une valeur propre sont ceux de $\mathbf{C}H$. Dans le cas *c*), *d*), *e*), les éléments $x \in \mathfrak{s}$ tels que $\rho^-_{v,q}(x)$ admette une valeur propre sont ceux de $\mathbf{C}H + \mathbf{C}X_+$; si en outre x est nilpotent (donc proportionnel à X_+), et nonnul, $\rho^-_{v,q}(x)$ admet 0 pour seule valeur propre, et celle-ci est de multiplicité 1; si au contraire x est semi-simple, l'espace de $\rho^-_{v,q}$ admet une base formée de vecteurs propres de $\rho^-_{v,q}(x)$. On a des résultats analogues pour $\rho^+_{v,q}$, à condition de remplacer X_+ par X_-.
g) Soient V un $\mathfrak{s}$-module simple et ρ la représentation correspondante. Alors $\rho(C)$ est une homothétie (utiliser l'exerc. 11). Supposons que $\rho(C) = 4q$. Montrer que, si ρ est H-diagonalisable, V est isomorphe à l'un des modules $S_{v,q}$, $S^{\pm}_{v,q}$, $S^0_{v,q}$ considérés en *b*), *c*), *d*), *e*). Pour que ρ soit H-diagonalisable, il faut et il suffit que $\rho(H)$ admette une valeur propre; il suffit que $\rho(X_+)$ admette la valeur propre 0.

¶ 14) Les notations sont celles de l'exercice précédent. On note B_q le quotient de $U(\mathfrak{s})$ par l'idéal bilatère engendré par $C - 4q$, et on note $u \mapsto u^{\cdot}$ l'application canonique $U(\mathfrak{s}) \to B_q$. On considère les représentations des exerc. 12 et 13 comme des représentations de B_q.
a) Tout élément de B_q se met de manière unique sous la forme

$$\sum_{r\geqslant 0} X_+^{\cdot r}p_r(H^{\cdot}) + \sum_{s>0} q_s(H^{\cdot})X_-^{\cdot s},$$

où les p_r et les q_s sont des polynômes. Si deux éléments de B_q engendrent le même idéal à gauche, ils sont proportionnels.
b) On se place dans le cas *b*) de l'exerc. 13. Soit a un élément non nul de $S_{v,q}$. Si a est vecteur propre de $\rho_{v,q}(H)$, de valeur propre λ, l'annulateur de a dans B_q est l'idéal à gauche engendré par $H^{\cdot} - \lambda$; si a n'est pas vecteur propre de $\rho_{v,q}(H)$, son annulateur est un idéal à gauche non monogène.
c) On se place dans le cas des représentations $\rho^{\pm}_{v,q}$ de l'exerc. 13. Si a est un élément non nul de l'espace d'une telle représentation, son annulateur dans B_q est un idéal à gauche non monogène.
d) On se place dans le cas de la représentation ρ_q de l'exerc. 12. L'annulateur de e_0 dans B_q est engendré par $X^{\cdot}_+ - 1$. Si $a \in W$ n'est pas proportionnel à e_0, son annulateur est un idéal à gauche non monogène.
e) Tout automorphisme de $\mathfrak{s}$ se prolonge à $U(\mathfrak{s})$ et définit par passage au quotient un

automorphisme de B_q; soit A' le sous-groupe de A = Aut(B_q) ainsi obtenu. Montrer que A' ≠ A. (Soit φ l'endomorphisme $x \mapsto [X_+^{\cdot 2}, x]$ de B_q; cet endomorphisme est localement nilpotent, et l'on a $e^\varphi \in A$, $e^\varphi \notin A'$.)

f) Le groupe A opère par transport de structure dans l'ensemble des classes de représentations simples de B_q. Soit π_1 (resp. π_2, π_3) une représentation du type $\rho_{v,q}$ de l'exerc. 13 *b*) (resp. du type $\rho_{v,q}^{\pm}$ de l'exerc. 13, resp. du type ρ_q de l'exerc. 12). Alors $A\pi_1$, $A\pi_2$ et $A\pi_3$ sont deux à deux disjoints. (Utiliser *a*), *b*), *c*), *d*).) Si $\psi \in A$ est tel que $\psi\pi_1$ soit du type $\rho_{v,q}$ de l'exerc. 13*b*), alors $\psi \in A'$ (utiliser *a*) et *b*)). En déduire que, si ψ est l'automorphisme e^φ de *e*), la représentation $\sigma = \pi_1 \circ \psi$ possède la propriété suivante: quel que soit $x \in \mathfrak{s} - \{0\}$, $\sigma(x)$ n'admet aucune valeur propre.[1]

15) Soit $\mathfrak{g}$ une algèbre de Lie de dimension 3. Montrer l'équivalence des conditions suivantes (cf. I, § 6, exerc. 23).

(i) $\mathfrak{g} = [\mathfrak{g}, \mathfrak{g}]$.
(ii) la forme de Killing de $\mathfrak{g}$ est non dégénérée.
(iii) $\mathfrak{g}$ est semi-simple.
(iv) $\mathfrak{g}$ est simple.

¶ 16) Soit $\mathfrak{g}$ une algèbre de Lie simple de dimension 3, et soit Φ sa forme de Killing. On note $\mathfrak{o}(\Phi)$ l'algèbre orthogonale de Φ, i.e. la sous-algèbre de $\mathfrak{gl}(\mathfrak{g})$ formée des éléments laissant Φ invariante.

a) Montrer que ad: $\mathfrak{g} \to \mathfrak{o}(\Phi)$ est un isomorphisme.

b) Prouver l'équivalence des propriétés suivantes:

(i) $\mathfrak{g}$ contient un vecteur isotrope non nul (pour Φ).
(ii) $\mathfrak{g}$ contient un élément nilpotent non nul.
(iii) $\mathfrak{g}$ est isomorphe à $\mathfrak{s}$.

c) Montrer qu'il existe une extension k_1 de k, de degré ⩽2, telle que $\mathfrak{g}_{(k_1)} = k_1 \otimes_k \mathfrak{g}$ soit isomorphe à $\mathfrak{s}_{(k_1)}$.

d) On munit l'espace vectoriel $A = k \oplus \mathfrak{g}$ de l'unique structure d'algèbre admettant 1 pour élément unité, et telle que le produit $\mathfrak{g} \times \mathfrak{g} \to A$ soit donné par la formule:

$$x.y = \tfrac{1}{8}\Phi(x, y).1 + \tfrac{1}{2}[x, y] \qquad (x, y \in \mathfrak{g}).$$

Montrer que A est une algèbre de quaternions sur k, et que $\mathfrak{g}$ est la sous-algèbre de Lie de A formée des éléments de trace nulle (se ramener, par extension du corps de base, au cas où $\mathfrak{g} = \mathfrak{s}$, et montrer que A s'identifie alors à l'algèbre de matrices $\mathbf{M}_2(k)$).

Inversement, si D est une algèbre de quaternions sur k, les éléments de D de trace nulle forment une algèbre de Lie simple de dimension 3, et l'algèbre A correspondante s'identifie à D.

e) Démontrer les formules

$$\Phi(x, x) = -8\,\mathrm{Nrd}_A(x), \qquad \Phi(x, y) = 4\,\mathrm{Trd}_A(xy)$$
$$2[x, [y, z]] = \Phi(x, y)z - \Phi(x, z)y \qquad (x, y, z \in \mathfrak{g}).$$

f) Montrer que le discriminant de Φ (par rapport à une base quelconque de $\mathfrak{g}$) est de la forme $-2\lambda^2$, avec $\lambda \in k^*$.

g) Soit n un entier ⩾0. Montrer que le $\mathfrak{g}$-module $S^n(\mathfrak{g})$ possède un unique sous-module simple de dimension $2n + 1$, et que ce module est absolument simple (se ramener au cas où $\mathfrak{g} = \mathfrak{s}$, et utiliser l'exerc. 9).

Montrer que $\mathfrak{g}$ ne possède de module absolument simple de dimension $2n$ que si $\mathfrak{g}$ est isomorphe à $\mathfrak{s}$, i.e. si A est isomorphe à $\mathbf{M}_2(k)$. (Soit V un tel module. Si $n \geq 2$, montrer au moyen l'exerc. 6 *c*) que le $\mathfrak{g}$-module $V \otimes \mathfrak{g}$ possède un unique sous-module absolument simple de dimension $2n - 2$. Se ramener ainsi au cas $n = 1$, qui est trivial.)

[1] Pour plus de détails sur les exerc. 12, 13 et 14, voir: D. ARNAL et G. PINCZON, Sur les représentations algébriquement irréductibles de l'algèbre de Lie $\mathfrak{sl}(2)$, *J. of Math. Phys.*, t. 15 (1974), p. 350–359.

¶ 17) On conserve les notations de l'exercice précédent. Montrer que, pour tout $n \geqslant 1$, l'algèbre $U(\mathfrak{g})$ possède un idéal bilatère $\mathfrak{m}_n$ et un seul tel que $U(\mathfrak{g})/\mathfrak{m}_n$ soit une algèbre centrale simple de dimension n^2 (étendre les scalaires pour se ramener au cas où $\mathfrak{g} = \mathfrak{s}$ et montrer que $\mathfrak{m}_n$ est alors le noyau de l'homomorphisme $U(\mathfrak{g}) \to \operatorname{End}(V(n-1))$). Tout idéal bilatère de codimension finie de $U(\mathfrak{g})$ est de la forme $\mathfrak{m}_{n_1} \cap \mathfrak{m}_{n_2} \cap \cdots \cap \mathfrak{m}_{n_h}$, où $n_1, \ldots, n_h$ sont deux à deux distincts; sa codimension est $n_1^2 + \cdots + n_h^2$ (appliquer le théorème de densité). Les $\mathfrak{m}_n$ sont les seuls idéaux bilatères maximaux de codimension finie de $U(\mathfrak{g})$.

Montrer que $\mathfrak{m}_2$ est engendré (comme idéal bilatère) par les éléments $x^2 - \frac{1}{8}\Phi(x, x)$ $(x \in \mathfrak{g})$, et que le quotient $U(\mathfrak{g})/\mathfrak{m}_2$ s'identifie à l'algèbre de quaternions A de l'exerc. 16.

Lorsque $\mathfrak{g}$ est isomorphe à $\mathfrak{s}$, $U(\mathfrak{g})/\mathfrak{m}_n$ est isomorphe à $\mathbf{M}_n(k)$. Lorsque $\mathfrak{g}$ n'est pas isomorphe à $\mathfrak{s}$ montrer que $U(\mathfrak{g})/\mathfrak{m}_n$ est isomorphe à $\mathbf{M}_n(k)$ si et seulement si n est impair (utiliser l'exerc. 16 *g*)).[1]

¶ 18) On suppose que $k = \mathbf{R}$, $\mathbf{C}$, ou un corps complet pour une valuation discrète à corps résiduel de caractéristique $p \neq 0$ (par exemple une extension finie du corps p-adique $\mathbf{Q}_p$).
a) Soient $\mathfrak{n}$ une algèbre de Lie nilpotente, N le groupe de Lie obtenu en munissant $\mathfrak{n}$ de la loi de Hausdorff (III, § 9, n° 5), et $\rho: \mathfrak{n} \to \mathfrak{gl}(E)$ une représentation linéaire de $\mathfrak{n}$ dans un espace vectoriel E de dimension finie. On suppose que $\rho(x)$ est nilpotent pour tout $x \in \mathfrak{n}$, et l'on pose $\pi(x) = \exp(\rho(x))$. Montrer que π est le seul homomorphisme de groupes de Lie $\varphi: N \to \mathbf{GL}(E)$ tel que $L(\varphi) = \rho$.

(Lorsque $k = \mathbf{R}$ ou $\mathbf{C}$, utiliser le fait que N est connexe. Lorsque k est ultramétrique, montrer que les valeurs propres des $\varphi(x)$, $x \in N$, sont égales à 1; pour cela on prouvera d'abord que, si k' est une extension finie de k, et si $(\lambda_1, \ldots, \lambda_n, \ldots)$ est une suite d'éléments de k' tels que $\lambda_n = \lambda_{n+1}^p$ pour tout n, et $\lambda_1 = 1$, on a $\lambda_n = 1$ pour tout n.)
b) Soit $\rho: \mathfrak{s} \to \mathfrak{gl}(E)$ une représentation linéaire de dimension finie de $\mathfrak{s}$, et soit π l'homomorphisme de $\mathbf{SL}(2, k)$ dans $\mathbf{GL}(E)$ compatible avec ρ (n° 4). Montrer que π est l'unique homomorphisme de groupes de Lie $\varphi: \mathbf{SL}(2, k) \to \mathbf{GL}(E)$ tel que $L(\varphi) = \rho$. (Utiliser *a*) pour prouver que π et φ coïncident sur les $\exp(n)$, avec n nilpotent dans $\mathfrak{s}$, et remarquer que $\mathbf{SL}(2, k)$ est engendré par les $\exp(n)$.)

§ 2

1) Soient $\mathfrak{g}$ une algèbre de Lie simple de dimension 3, et Φ sa forme de Killing (cf. § 1, exerc. 15, 16, 17).
a) Un élément $x \in \mathfrak{g}$ est régulier si et seulement si $\Phi(x, x) \neq 0$. Soit $\mathfrak{h}_x = kx$ la sous-algèbre de Cartan engendrée par un tel élément. Montrer que $\mathfrak{h}_x$ est déployante si et seulement si $2\Phi(x, x)$ est un carré dans k.
b) Montrer que:

$$\mathfrak{g} \text{ est déployable} \Leftrightarrow \mathfrak{g} \text{ est isomorphe à } \mathfrak{sl}(2, k).$$

2) Soit k_1 une extension de k de degré fini $n \geqslant 2$.
a) Montrer que la k-algèbre semi-simple $\mathfrak{sl}(2, k_1)$ n'est pas déployable.
b) Montrer que la k-algèbre simple déployable $\mathfrak{sl}(n, k)$ contient une sous-algèbre de Cartan $\mathfrak{h}_1$ qui n'est pas déployante. (Choisir un plongement de l'algèbre k_1 dans $\mathbf{M}_n(k)$, et prendre $\mathfrak{h}_1 = k_1 \cap \mathfrak{sl}(n, k)$.)

3) Soient $(\mathfrak{g}, \mathfrak{h})$ une algèbre de Lie semi-simple déployée, R son système de racines, et K la restriction à $\mathfrak{h}$ de la forme de Killing de $\mathfrak{g}$. Avec les notations de VI, § 1, n° 12, on a $K = B_{R^\vee}$ et $K = 4\gamma(R)\Phi_{R^\vee}$ si R est irréductible; si en outre toutes les racines de R ont même longueur, on a

$$K(H_\alpha, H_\alpha) = 4h \qquad \text{pour tout} \quad \alpha \in R,$$

où h est le nombre de Coxeter de W(R).

Si par exemple $\mathfrak{g}$ est simple de type E_6, E_7 ou E_8, $K(H_\alpha, H_\alpha)$ est égal à 48, 72 ou 120.

[1] Lorsque n est pair, on peut montrer que $U(\mathfrak{g})/\mathfrak{m}_n$ est isomorphe à $\mathbf{M}_{n/2}(A)$.

4) Soient $(\mathfrak{g}, \mathfrak{h})$ une algèbre de Lie semi-simple déployée, et $(X_\alpha)_{\alpha \in R}$ une famille d'éléments vérifiant les conditions du lemme 2. Si $\alpha, \beta \in R$ et si $\alpha + \beta \in R$, on définit $N_{\alpha\beta}$ par la formule $[X_\alpha, X_\beta] = N_{\alpha\beta} X_{\alpha+\beta}$; si $\alpha + \beta \notin R$, on pose $N_{\alpha\beta} = 0$. Démontrer les formules suivantes:
a) $N_{\alpha\beta} = -N_{\beta\alpha}$.
b) Si $\alpha, \beta, \gamma \in R$ sont tels que $\alpha + \beta + \gamma = 0$, on a

$$\frac{N_{\alpha\beta}}{\langle\gamma, \gamma\rangle} = \frac{N_{\beta\gamma}}{\langle\alpha, \alpha\rangle} = \frac{N_{\gamma\alpha}}{\langle\beta, \beta\rangle}.$$

c) Si $\alpha, \beta, \gamma, \delta \in R$ sont tels que $\alpha + \beta + \gamma + \delta = 0$, et si aucune de leurs sommes deux à deux n'est nulle, on a:

$$\frac{N_{\alpha\beta}N_{\gamma\delta}}{\langle\gamma + \delta, \gamma + \delta\rangle} + \frac{N_{\beta\gamma}N_{\alpha\delta}}{\langle\alpha + \delta, \alpha + \delta\rangle} + \frac{N_{\gamma\alpha}N_{\beta\delta}}{\langle\beta + \delta, \beta + \delta\rangle} = 0.$$

5) Soient $(\mathfrak{g}, \mathfrak{h})$ une algèbre de Lie semi-simple déployée, et $(X_\alpha)_{\alpha \in R}$ une famille d'éléments vérifiant les conditions du lemme 2. Soit B une base de R. Les $H_\alpha (\alpha \in B)$ et les $X_\alpha (\alpha \in R)$ forment une base de l'espace vectoriel $\mathfrak{g}$. Montrer que le discriminant de la forme de Killing de $\mathfrak{g}$ par rapport à cette base (A, IX, § 2) est un nombre rationnel, indépendant du choix de $\mathfrak{h}$, de B, et des X_α.[1] Si $n = \dim \mathfrak{g}$, en déduire que l'élément de $\wedge^n \mathfrak{g}$ défini par produit extérieur des H_α ($\alpha \in B$) et des X_α ($\alpha \in R$) est indépendant, au signe près, du choix de $\mathfrak{h}$, de B, et des X_α.

6) Soit $(X_\alpha)_{\alpha \in R}$ un système de Chevalley de l'algèbre semi-simple déployée $(\mathfrak{g}, \mathfrak{h})$. Soient $\alpha, \beta \in R$, et soit p (resp. q) le plus grand entier j tel que $\beta + j\alpha \in R$ (resp. $\beta - j\alpha \in R$), cf. lemme 4. Montrer que

$$\operatorname{ad}(X_\alpha)^k (X_{\beta - q\alpha}) = \pm\, k!\, X_{\beta + (k-q)\alpha} \quad \text{pour} \quad 0 \leqslant k \leqslant p + q.$$

En déduire que l'algèbre $\mathfrak{g}_{\mathbf{Z}}$ de la prop. 8 est stable par les $\operatorname{ad}(X_\alpha)^k/k!$ ainsi que par les $e^{\operatorname{ad}(X_\alpha)}$ (cf. § 12).

7) On suppose que k est un corps ordonné. Soit $(\mathfrak{g}, \mathfrak{h})$ une algèbre de Lie semi-simple déployée de rang l; on pose $\dim \mathfrak{g} = l + 2m$.
a) Montre que la forme de Killing Φ de $\mathfrak{g}$ est somme directe d'une forme neutre de rang $2m$ et d'une forme positive non dégénérée de rang l; en particulier, son indice est m.
b) Soit φ un automorphisme involutif de $\mathfrak{g}$ dont la restriction à $\mathfrak{h}$ est $-\mathrm{I}d$. Montrer que la forme

$$(x, y) \mapsto -\Phi(x, \varphi(y)), \qquad x, y \in \mathfrak{g},$$

est symétrique, non dégénérée, et positive.
c) Soit $k' = k(\sqrt{\alpha})$, où α est un élément < 0 de k. On note c le k-automorphisme non trivial de k'. Soit $\mathfrak{g}_c$ le k-sous-espace de $\mathfrak{g}_{(k')} = k' \otimes_k \mathfrak{g}$ formé des éléments y tels que

$$(1 \otimes \varphi).y = (c \otimes 1).y.$$

Montrer que $\mathfrak{g}_c$ est une k-sous-algèbre de Lie de $\mathfrak{g}_{(k')}$ et que l'injection de $\mathfrak{g}_c$ dans $\mathfrak{g}_{(k')}$ se prolonge en un isomorphisme de $k' \otimes_k \mathfrak{g}_c$ sur $\mathfrak{g}_{(k')}$. L'algèbre $\mathfrak{g}_c$ est semi-simple, et $\sqrt{\alpha}\,\mathfrak{h}$ en est une sous-algèbre de Cartan.
d) Montrer que la forme de Killing de $\mathfrak{g}_c$ est négative. En déduire que $\mathfrak{g}_c$ n'est pas déployable (sauf si $\mathfrak{g} = 0$).
e) Lorsque $k = \mathbf{R}$, montrer que $\operatorname{Int}(\mathfrak{g}_c)$ est compact.

8) *a*) Soient $\mathfrak{g}$ une algèbre de Lie et n un entier $\geqslant 0$. Soit $\Sigma_n(\mathfrak{g})$ le sous-ensemble de $\mathfrak{g}^n$

[1] Pour un calcul explicite de ce discriminant, voir: T. A. SPRINGER et R. STEINBERG, Conjugacy Classes (n° 4.8), Seminar on Algebraic Groups and Related Finite Groups, *Lect. Notes in Math.* 131, Springer-Verlag (1970).

formé des familles $(x_1, \ldots, x_n)$ qui engendrent $\mathfrak{g}$ comme k-algèbre. Montrer que $\Sigma_n(\mathfrak{g})$ est ouvert dans $\mathfrak{g}^n$ pour la topologie de Zariski (VII, App. I). Si k' est une extension de k, on a $\Sigma_n(\mathfrak{g}_{(k')}) \cap \mathfrak{g}^n = \Sigma_n(\mathfrak{g})$. En déduire que, si $\mathfrak{g}_{(k')}$ peut être engendrée par n éléments, il en est de même de $\mathfrak{g}$.
b) Soit $(\mathfrak{g}, \mathfrak{h})$ une algèbre de Lie semi-simple déployée. Soit x un élément de $\mathfrak{h}$ tel que $\alpha(x) \neq 0$ pour tout $\alpha \in \mathrm{R}$ et $\alpha(x) \neq \beta(x)$ pour tout couple d'éléments distincts $\alpha, \beta \in \mathrm{R}$. Pour tout $\alpha \in \mathrm{R}$, soit y_α un élément non nul de $\mathfrak{g}^\alpha$, et soit $y = \sum_{\alpha \in \mathrm{R}} y_\alpha$. Montrer que, pour tout $\alpha \in \mathrm{R}$, il existe un polynôme $\mathrm{P}_\alpha(\mathrm{T}) \in k[\mathrm{T}]$, sans terme constant, tel que $y_\alpha = \mathrm{P}_\alpha(\mathrm{ad}\, x).y$. En déduire que $\mathfrak{g}$ est engendrée par $\{x, y\}$.
c) Montrer, grâce à *a*) et *b*), que toute algèbre de Lie semi-simple peut être engendrée par deux éléments.

¶ 9) Soit G un groupe de Lie réel connexe de dimension finie. Soit $\mathfrak{g}$ son algèbre de Lie, et soit $\{x_1, \ldots, x_n\}$ une famille génératrice de l'algèbre $\mathfrak{g}$. Pour tout $m \geqslant 0$, on note Γ_m le sous-groupe de G engendré par les $\exp(2^{-m}x_i)$, $1 \leqslant i \leqslant n$. On a $\Gamma_0 \subset \Gamma_1 \subset \cdots$.
a) Montrer que la réunion des Γ_m est dense dans G.
b) Soit H_m la composante neutre de l'adhérence $\overline{\Gamma}_m$ de Γ_m. On a $\mathrm{H}_0 \subset \mathrm{H}_1 \subset \cdots$, et la famille (H_m) est stationnaire; soit H la valeur commune des H_m, pour m assez grand. Montrer que H est distingué dans G (observer que H est normalisé par tous les Γ_m), et que l'image de Γ_m dans G/H est un sous-groupe discret de G/H. La réunion de ces sous-groupes étant dense dans G/H, en déduire (cf. III, § 6, exerc. 23*d*)) que G/H est nilpotent.
c) On suppose que $\mathfrak{g} = \mathscr{D}\mathfrak{g}$. Montrer que G = H, autrement dit que Γ_m est dense dans G si m est assez grand.

10) Soit G un groupe de Lie réel connexe semi-simple. Montrer, en utilisant les exerc. 8 et 9, qu'il existe un sous-groupe dense de G engendré par deux éléments.

11) Soient R un système de racines de rang l, et Φ_R la forme bilinéaire canonique correspondante (VI, § 1, nº 12). La matrice $\Phi = (\Phi_\mathrm{R}(\alpha, \beta))_{\alpha, \beta \in \mathrm{R}}$ est de rang l, et l'on a $\Phi^2 = \Phi$. En déduire la formule $\sum_{\alpha \in \mathrm{R}} \Phi_\mathrm{R}(\alpha, \alpha) = \mathrm{Tr}\, \Phi = l$.

§ 3

1) Soient Γ un sous-groupe d'indice fini de Q(R), et $\mathrm{P} = \Gamma \cap \mathrm{R}$. L'algèbre $\mathfrak{h} + \mathfrak{g}^\mathrm{P}$ est réductive, et toute sous-algèbre réductive de $\mathfrak{g}$ contenant $\mathfrak{h}$ s'obtient de cette manière. (Utiliser VI, § 1, exerc. 6 *b*)).

2) Soit X l'ensemble des sous-algèbres réductives de $\mathfrak{g}$, distinctes de $\mathfrak{g}$, et contenant $\mathfrak{h}$. Déterminer les éléments maximaux de X, au moyen de VI, § 4, exerc. 4. Montrer que le centre d'une telle sous-algèbre maximale est de dimension 0 ou 1, suivant que l'on est dans le cas *a*) ou dans le cas *b*) de l'exercice en question.

3) Soit $\mathfrak{b}$ une sous-algèbre de Borel de $\mathfrak{g}$, et soit $l = \mathrm{rg}(\mathfrak{g})$. Montrer que le nombre minimum de générateurs de l'algèbre $\mathfrak{b}$ est l si $l \neq 1$, et 2 si $l = 1$.

4) On suppose que $k = \mathbf{R}$ ou $\mathbf{C}$. On pose $\mathrm{G} = \mathrm{Int}(\mathfrak{g})$, et on identifie l'algèbre de Lie de G à $\mathfrak{g}$. Soient $\mathfrak{b}$ une sous-algèbre de Borel de $(\mathfrak{g}, \mathfrak{h})$, et $\mathfrak{n}$ l'ensemble de ses éléments nilpotents. On note H, B, N les sous-groupes intégraux de G d'algèbres de Lie $\mathfrak{h}$, $\mathfrak{b}$, $\mathfrak{n}$ respectivement. Montrer que H, B, N sont des sous-groupes de Lie de G, que N est simplement connexe, et que B est produit semi-direct de H par N.

5) Soit $\mathfrak{m}$ une sous-algèbre parabolique d'une algèbre de Lie semi-simple $\mathfrak{a}$.
a) Soit $\mathfrak{p}$ une sous-algèbre de $\mathfrak{m}$. Pour que $\mathfrak{p}$ soit une sous-algèbre parabolique de $\mathfrak{a}$, il faut

et il suffit que $\mathfrak{p}$ contienne le radical $\mathfrak{r}$ de $\mathfrak{m}$, et que $\mathfrak{p}/\mathfrak{r}$ soit une sous-algèbre parabolique de l'algèbre semi-simple $\mathfrak{m}/\mathfrak{r}$.
b) Si $\mathfrak{m}'$ est une sous-algèbre parabolique de $\mathfrak{a}$, toute sous-algèbre de Cartan de $\mathfrak{m} \cap \mathfrak{m}'$ est une sous-algèbre de Cartan de $\mathfrak{a}$. (Se ramener au cas déployé, et appliquer la prop. 10 à des sous-algèbres de Borel contenues dans $\mathfrak{m}$ et $\mathfrak{m}'$.)

6) Deux sous-algèbres de Borel d'une algèbre de Lie semi-simple $\mathfrak{a}$ sont dites *opposées* si leur intersection est une sous-algèbre de Cartan. Montrer que, si $\mathfrak{b}$ est une sous-algèbre de Borel de $\mathfrak{a}$, et $\mathfrak{h}$ une sous-algèbre de Cartan de $\mathfrak{b}$, il existe une unique sous-algèbre de Borel de $\mathfrak{a}$ qui est opposée à $\mathfrak{b}$ et contient $\mathfrak{h}$. (Se ramener au cas déployé.)

7) Soient $\mathfrak{a}$ une algèbre de Lie semi-simple, $\mathfrak{h}$ une sous-algèbre de Cartan de $\mathfrak{a}$, et $\mathfrak{s}$ une sous-algèbre semi-simple de $\mathfrak{a}$ contenant $\mathfrak{h}$. Montrer que:

$$(\mathfrak{a}, \mathfrak{h}) \text{ est déployée} \Leftrightarrow (\mathfrak{s}, \mathfrak{h}) \text{ est déployée.}$$

Construire un exemple où $\mathfrak{a}$ est déployable, et où $\mathfrak{s}$ ne l'est pas. (Prendre $\mathfrak{a} = \mathfrak{sp}(4, k)$ et $\mathfrak{s} = \mathfrak{sl}(2, k')$, où k' est une extension quadratique de k.)

8) On choisit une base de R, d'où un ensemble R_+ de racines positives. On suppose R irréductible. Soient $\tilde{\alpha}$ la plus grande racine, S l'ensemble des racines orthogonales à $\tilde{\alpha}$, et $S_+ = S \cap R_+$.
a) Soient

$$\mathfrak{g}' = \mathfrak{g}^S \oplus \mathfrak{h}_S, \qquad \mathfrak{m}_+ = \sum_{\alpha \in S_+} \mathfrak{g}^\alpha, \qquad \mathfrak{m}_- = \sum_{\alpha \in S_+} \mathfrak{g}^{-\alpha}.$$

Alors $\mathfrak{g}'$ est semi-simple et $\mathfrak{g}' = \mathfrak{h}_S \oplus \mathfrak{m}_+ \oplus \mathfrak{m}_-$.
b) On pose:

$$\mathfrak{n}_+ = \sum_{\alpha \in R_+} \mathfrak{g}^\alpha, \qquad \mathfrak{p} = \sum_{\alpha \in R_+ - S_+} \mathfrak{g}^\alpha, \qquad \mathfrak{p}_0 = \sum_{\alpha \in R_+ - S_+ - \{\tilde{\alpha}\}} \mathfrak{g}^\alpha.$$

On a

$$\mathfrak{n}_+ = \mathfrak{m}_+ \oplus \mathfrak{p}, \qquad [\mathfrak{m}_+, \mathfrak{p}_0] \subset \mathfrak{p}_0, \qquad [\mathfrak{n}_+, \mathfrak{g}^{\tilde{\alpha}}] = 0.$$

En particulier, $\mathfrak{p}$ est un idéal de $\mathfrak{n}_+$.
c) Pour tout $\alpha \in R_+ - S_+ - \{\tilde{\alpha}\}$, il existe un unique $\alpha' \in R_+ - S_+ - \{\tilde{\alpha}\}$ tel que $\alpha + \alpha' = \tilde{\alpha}$. On peut choisir, pour tout $\alpha \in R_+ - S_+ - \{\tilde{\alpha}\}$, un élément non nul X_α de $\mathfrak{g}^\alpha$ de telle sorte que:

$$[X_\alpha, X_{\alpha'}] = \pm X_{\tilde{\alpha}} \quad \text{si} \quad \alpha \in R_+ - S_+ - \{\tilde{\alpha}\}$$
$$[X_\alpha, X_\beta] = 0 \quad \text{si} \quad \alpha, \beta \in R_+ - S_+, \beta \neq \alpha'.$$ [1]

9) Construire des exemples d'algèbres de Lie semi-simples $\mathfrak{a}$ telles que:
i) $\mathfrak{a}$ ne possède pas de sous-algèbre de Borel;
ii) $\mathfrak{a}$ possède une sous-algèbre de Borel, et n'est pas déployable.

¶ 10) Soient $\mathfrak{a}$ une algèbre de Lie semi-simple, et x un élément de $\mathfrak{a}$. On dit que x est *diagonalisable* si ad x est diagonalisable (A, VII), autrement dit s'il existe une base de $\mathfrak{a}$ formée de vecteurs propres pour ad x.
a) Soit $\mathfrak{c}$ une sous-algèbre commutative de $\mathfrak{a}$ formée d'éléments diagonalisables, et soit L l'ensemble des poids de $\mathfrak{c}$ dans la représentation $\mathrm{ad}_\mathfrak{a}$. L'ensemble L est une partie finie de $\mathfrak{c}^*$ contenant 0 (sauf si $\mathfrak{a} = 0$) et $\mathfrak{a} = \bigoplus_{\lambda \in L} \mathfrak{a}^\lambda(\mathfrak{c})$. Montrer qu'il existe une partie M de L telle que $L - \{0\}$ soit réunion disjointe de M et $-M$, et que $(M + M) \cap L \subset M$. Si M possède ces propriétés, on pose $\mathfrak{a}^M = \bigoplus_{\lambda \in M} \mathfrak{a}^\lambda(\mathfrak{c})$, et $\mathfrak{p}^M = \mathfrak{a}^0(\mathfrak{c}) \oplus \mathfrak{a}^M$. L'algèbre $\mathfrak{a}^0(\mathfrak{c})$ est le commutant de $\mathfrak{c}$ dans $\mathfrak{a}$; elle est réductive dans $\mathfrak{a}$ (VII, § 1, n° 5), et ses sous-algèbres de Cartan sont des sous-algèbres de Cartan de $\mathfrak{a}$ (VII, § 2, n° 3). Montrer que $\mathfrak{p}^M$ est une sous-algèbre parabolique de $\mathfrak{a}$, et que $\mathfrak{a}^M$ est l'ensemble des éléments nilpotents du radical de $\mathfrak{p}^M$. (Utiliser le

[1] Cet exercice nous a été communiqué par A. JOSEPH.

fait que $\mathfrak{c}$ est contenue dans une sous-algèbre de Cartan de $\mathfrak{a}$, et se ramener, par extension des scalaires, au cas où cette sous-algèbre est déployante.)

b) On conserve les hypothèses et notations de *a*), et l'on suppose en outre que $\mathfrak{a}$ est déployable. Montrer que $\mathfrak{c}$ est contenue dans une sous-algèbre de Cartan déployante de $\mathfrak{a}$. (Prendre une sous-algèbre de Cartan déployante $\mathfrak{h}$ de $\mathfrak{a}$ contenue dans $\mathfrak{p}^{\mathrm{M}}$; il existe alors une unique sous-algèbre de Cartan $\mathfrak{h}'$ de $\mathfrak{a}^0(\mathfrak{c})$ telle que $\mathfrak{h}$ soit contenue dans $\mathfrak{h}' \oplus \mathfrak{a}^{\mathrm{M}}$; on montrera que $\mathfrak{h}'$ est une sous-algèbre de Cartan déployante de $\mathfrak{a}$, et que $\mathfrak{h}'$ contient $\mathfrak{c}$.)

11) Soit $\mathfrak{a} = \Pi\mathfrak{a}_i$ un produit fini d'algèbres de Lie semi-simples. Une sous-algèbre $\mathfrak{q}$ de $\mathfrak{a}$ est une sous-algèbre parabolique (resp. de Borel) si et seulement si elle est de la forme $\mathfrak{q} = \Pi\mathfrak{q}_i$ où, pour tout i, $\mathfrak{q}_i$ est une sous-algèbre parabolique (resp. de Borel) de $\mathfrak{a}_i$.

¶ 12) Soient k' une extension finie de k, $\mathfrak{a}'$ une k'-algèbre de Lie semi-simple, et $\mathfrak{a}$ la k-algèbre de Lie sous-jacente. Montrer que les sous-algèbres paraboliques (resp. de Borel) de $\mathfrak{a}$ sont les mêmes que celles de $\mathfrak{a}'$. (Etendre les scalaires à une clôture algébrique de k, et utiliser l'exerc. 11.)

13) Soient $\mathfrak{p}$ et $\mathfrak{q}$ deux sous-algèbres paraboliques d'une algèbre de Lie semi-simple $\mathfrak{a}$, et soit $\mathfrak{n}$ le radical nilpotent de $\mathfrak{p}$. Montrer que $\mathfrak{m} = (\mathfrak{p} \cap \mathfrak{q}) + \mathfrak{n}$ est une sous-algèbre parabolique de $\mathfrak{a}$. (Se ramener au cas où $\mathfrak{a}$ est déployée et où $\mathfrak{q}$ est une sous-algèbre de Borel; choisir une sous-algèbre de Cartan $\mathfrak{h}$ contenue dans $\mathfrak{p} \cap \mathfrak{q}$, et déterminer la partie P du système de racines correspondant telle que $\mathfrak{m} = \mathfrak{h} + \mathfrak{g}^{\mathrm{P}}$.)

14) On reprend les notations de la prop. 9.

a) Soit $\alpha \in \mathrm{B}$. Montrer que $\mathfrak{n} \cap \operatorname{Ker} \operatorname{ad} X_\alpha$ est somme directe des $\mathfrak{g}^\beta$, où β parcourt l'ensemble des éléments de R_+ tels que $\alpha + \beta \notin \mathrm{R}_+$.

b) En déduire que, si $\mathfrak{g}$ est simple, le centre de $\mathfrak{n}$ est égal à $\mathfrak{g}^{\tilde{\alpha}}$, où $\tilde{\alpha}$ est la plus grande racine de R_+. Dans le cas général, la dimension du centre de $\mathfrak{n}$ est égale au nombre des composantes simples de $\mathfrak{g}$.

§ 4

Les algèbres de Lie considérées dans ce paragraphe ne sont pas nécessairement de dimension finie.

1) On reprend les notations du n° 2. Soit $\lambda \in k^{\mathrm{B}}$. A tout $\alpha \in \mathrm{B}$, on associe des endomorphismes $X^\lambda_{-\alpha}$, H^λ_α, X^λ_α de l'espace vectoriel E tels que

$$X^\lambda_{-\alpha}(\alpha_1, \ldots, \alpha_n) = (\alpha, \alpha_1, \ldots, \alpha_n)$$

$$H^\lambda_\alpha(\alpha_1, \ldots, \alpha_n) = (\lambda(\alpha) - \sum_{i=1}^{n} n(\alpha_i, \alpha))(\alpha_1, \ldots, \alpha_n).$$

Le vecteur $X^\lambda_\alpha(\alpha_1, \ldots, \alpha_n)$ est défini par récurrence sur n par la formule

$$X^\lambda_\alpha(\alpha_1, \ldots, \alpha_n) = (X^\alpha_{-\alpha_1} X^\lambda_\alpha - \delta_{\alpha,\alpha_1} H^\lambda_\alpha)(\alpha_2, \ldots, \alpha_n),$$

où δ_{α,α_1} est le symbole de Kronecker; on convient que, si $(\alpha_1, \ldots, \alpha_n)$ est le mot vide, $X^\lambda_\alpha(\alpha_1, \ldots, \alpha_n)$ est nul.

Montrer que les lemmes 1 et 2 restent vrais pour ces endomorphismes. On obtient ainsi représentation $\rho_\lambda \colon \mathfrak{a} \to \mathfrak{gl}(\mathrm{E})$ telle que

$$\rho_\lambda(x_\alpha) = X^\lambda_\alpha, \qquad \rho_\lambda(h_\alpha) = H^\lambda_\alpha, \qquad \rho_\lambda(x_{-\alpha}) = X^\lambda_{-\alpha}.$$

¶ 2) On reprend les notations du n° 3. Soit $\mathfrak{m}$ un idéal de $\mathfrak{a}$.

a) Soient α et β deux éléments distincts de B. On suppose que $(\operatorname{ad} x_\alpha)^{\mathrm{N}} x_\beta$ appartient à $\mathfrak{m}$ pour N assez grand. Montrer que l'on a $x_{\alpha\beta} \in \mathfrak{m}$. (Appliquer les résultats du § 1, n° 2 à $\mathfrak{a}/\mathfrak{m}$, muni d'une structure convenable de $\mathfrak{sl}(2, k)$-module.)

b) Montrer que $\mathfrak{n} + \theta\mathfrak{n}$ est le plus petit idéal de codimension finie de $\mathfrak{a}$. Montrer que c'est aussi le plus petit idéal contenant les $(\operatorname{ad} x_\alpha)^4 x_\beta$ et les $(\operatorname{ad} x_{-\alpha})^4 x_{-\beta}$.

3) Soient $(\mathfrak{g}, \mathfrak{h})$ une algèbre de Lie semi-simple déployée, R le système de racines correspondant, et B une base de R. Pour tout $\alpha \in B$ (resp. pour tout couple $(\alpha, \beta) \in B^2$), soit $R(\alpha)$ (resp. $R(\alpha, \beta)$) la partie close de R formée de $\pm\alpha$ (resp. la plus petite partie close de R contenant $\pm\alpha$ et $\pm\beta$). Soit $\mathfrak{g}(\alpha)$ (resp. $\mathfrak{g}(\alpha, \beta)$) l'algèbre dérivée de l'algèbre $\mathfrak{h} + \mathfrak{g}^{R(\alpha)}$ (resp. $\mathfrak{h} + \mathfrak{g}^{R(\alpha,\beta)}$), cf. § 3.

a) Montrer que $\mathfrak{g}(\alpha) = kH_\alpha \oplus \mathfrak{g}^\alpha \oplus \mathfrak{g}^{-\alpha}$; elle est isomorphe à $\mathfrak{sl}(2, k)$.

b) Montrer que $\mathfrak{g}(\alpha, \beta)$ est semi-simple, et qu'elle est engendrée par $\mathfrak{g}(\alpha)$ et $\mathfrak{g}(\beta)$. Son système de racines s'identifie à $R(\alpha, \beta)$.

c) Soit $\mathfrak{s}$ une algèbre de Lie (non nécessairement de dimension finie). Pour tout $\alpha \in B$, soit f_α un homomorphisme de $\mathfrak{g}(\alpha)$ dans $\mathfrak{s}$. On suppose que, pour tout couple (α, β), il existe un homomorphisme $f_{\alpha\beta}\colon \mathfrak{g}(\alpha, \beta) \to \mathfrak{s}$ qui prolonge à la fois f_α et f_β. Montrer qu'il existe alors un homomorphisme $f\colon \mathfrak{g} \to \mathfrak{s}$, et un seul, qui prolonge les f_α. (Utiliser la prop. 4 (i).)

4) Soient $\mathfrak{g}$ une algèbre de Lie semi-simple déployable, et σ un automorphisme de k. Soit $\mathfrak{g}_\sigma$ l'algèbre de Lie déduite de $\mathfrak{g}$ par extension des scalaires au moyen de σ. Montrer que $\mathfrak{g}_\sigma$ est isomorphe à $\mathfrak{g}$. (Utiliser le cor. de la prop. 4.)

5) *a*) Soient $\mathfrak{g}$ une algèbre de Lie simple, et k_1 le commutant de la représentation adjointe de $\mathfrak{g}$. Montrer que k_1 est un corps commutatif, extension finie de k, et que $\mathfrak{g}$ est une k_1-algèbre de Lie absolument simple.

Inversement, si k_1 est une extension finie de k, et $\mathfrak{g}$ une k_1-algèbre de Lie absolument simple, alors $\mathfrak{g}$ est une k-algèbre de Lie simple, et le commutant de sa représentation adjointe s'identifie à k_1.

b) Soit k' une extension galoisienne de k contenant k_1. Montrer que $\mathfrak{g}_{(k')}$ est produit d'algèbres absolument simples en nombre égal à $[k_1 : k]$. Lorsque $\mathfrak{g}_{(k')}$ est déployée, ces algèbres sont deux à deux isomorphes (utiliser l'exerc. 4).

6) Soit A un anneau commutatif, et soit $\mathfrak{u}$ la A-algèbre de Lie définie par la famille génératrice $\{x, y\}$ et par les relations

$$[x, [x, y]] = 0, \qquad [y, [y, [y, x]]] = 0.$$

Montrer que $\mathfrak{u}$ est un A-module libre de base:

$$\{x, y, [x, y], [y, [x, y]]\}.$$

Lorsque $A = k$, montrer que $\mathfrak{u}$ est isomorphe à l'algèbre $\mathfrak{a}_+/\mathfrak{n}$ correspondant à un système de racines de type B_2.

¶ 7) Soit A un anneau commutatif où 2 est inversible, et soit $\mathfrak{u}$ la A-algèbre de Lie définie par la famille génératrice $\{x, y\}$ et par les relations

$$[x, [x, y]] = 0, \qquad [y, [y, [y, [y, x]]]] = 0.$$

Montrer que $\mathfrak{u}$ est un A-module libre de base:

$$\{x, y, [x, y], [y, [x, y]], [y, [y, [x, y]]], [x, [y, [y, [x, y]]]]\}.$$

Lorsque $A = k$, montrer que $\mathfrak{u}$ est isomorphe à l'algèbre $\mathfrak{a}_+/\mathfrak{n}$ correspondant à un système de racines de type G_2.

§ 5

1) L'indice de $\mathrm{Aut}_0(\mathfrak{g})$ dans $\mathrm{Aut}(\mathfrak{g})$ est fini.

2) On a $\mathrm{Aut}_e(\mathfrak{g}) = \mathrm{Aut}(\mathfrak{g})$ si $\mathfrak{g}$ est déployable, simple, de type G_2, F_4 ou E_8.

3) Soient $\mathfrak{h}$ une sous-algèbre de Cartan déployante de $\mathfrak{g}$, $\mathfrak{b}$ une sous-algèbre de Borel de $(\mathfrak{g}, \mathfrak{h})$, $\mathfrak{n} = [\mathfrak{b}, \mathfrak{b}]$ et $N = \exp \mathrm{ad}_\mathfrak{g} \mathfrak{n}$. On a alors

$$\mathrm{Aut}(\mathfrak{g}) = N \,.\, \mathrm{Aut}(\mathfrak{g}, \mathfrak{h}) \,.\, N.$$

(Soit $s \in \mathrm{Aut}(\mathfrak{g})$. Appliquer la prop. 10 du § 3, n° 3 à $\mathfrak{b} \cap s(\mathfrak{b})$, puis appliquer VII, § 3, n° 4, th. 3.)

4) Soient $\mathfrak{h}$ une sous-algèbre de Cartan de $\mathfrak{g}$, et s un élément de $\mathrm{Aut}(\mathfrak{g}, \mathfrak{h})$ tel que $sH \neq H$ pour tout H non nul de $\mathfrak{h}$. Montrer que s est d'ordre fini. (Se ramener au cas où $\mathfrak{h}$ est déployante, et choisir un entier $n \geqslant 1$ tel que $\varepsilon(s)^n = 1$. Il existe alors $\varphi \in T_Q$ tel que $f(\varphi) = s^n$. Soit σ le transposé de $s \mid \mathfrak{h}$. Montrer que $1 + \sigma + \sigma^2 + \cdots + \sigma^{n-1} = 0$, et en déduire que $s^{n^2} = 1$.)

¶ 5) *a*) Soient $a \in \mathrm{Aut}(\mathfrak{g})$, et $\mathfrak{n}$ le nilespace de $a - 1$. Montrer que les conditions suivantes sont équivalentes:

(i) $\mathrm{Ker}(a - 1)$ est une sous-algèbre de Cartan de $\mathfrak{g}$.

(ii) $\mathfrak{n}$ est une sous-algèbre de Cartan de $\mathfrak{g}$, et $a \in \mathrm{Aut}_0(\mathfrak{g})$.

(iii) $\dim \mathfrak{n} = \mathrm{rg}(\mathfrak{g})$ et $a \in \mathrm{Aut}_0(\mathfrak{g})$.

b) On suppose désormais k algébriquement clos. Soient V un espace vectoriel, R un système racines dans V, T_Q le groupe $\mathrm{Hom}(Q(R), k^*)$, n un entier $\geqslant 1$, T_n le sous-groupe de T_Q formé des éléments dont l'ordre divise n. Soit ζ une racine primitive n-ème de l'unité dans k. Pour tout $H \in P(R^\vee)$, soit $\psi(H)$ l'élément $\gamma \mapsto \zeta^{\gamma(H)}$ de T_Q. L'application ψ est un homomorphisme de $P(R^\vee)$ sur T_n, de noyau $nP(R^\vee)$. Soient $t \in T_n$, et C une alcôve dans $P(R^\vee) \otimes \mathbf{R}$. Il existe $w \in W(R)$ et $H \in P(R^\vee)$ tels que $\frac{1}{n} H \in \bar{C}$ et $\psi(wH) = t$. (Utiliser VI, § 2, n° 1.)

c) Soient $\mathfrak{h}$ une sous-algèbre de Cartan de $\mathfrak{g}$, et R le système de racines de $(\mathfrak{g}, \mathfrak{h})$. Soient n, ζ, ψ comme dans *b*), et f comme au n° 2. Soit $H \in P(R^\vee)$. L'ensemble des éléments de $\mathfrak{g}$ invariants par $f(\psi(H))$ est $\mathfrak{h} \oplus \sum_{\alpha \in R'} \mathfrak{g}^\alpha$, où R′ est l'ensemble des $\alpha \in R$ tels que $\alpha(H) \in n\mathbf{Z}$, et $f(\psi(H))$ vérifie les conditions de *a*) si et seulement si $\frac{1}{n} H$ appartient à une alcôve.

d) On suppose désormais $\mathfrak{g}$ simple. Soient $\mathfrak{h}$ et R comme dans *c*), $(\alpha_1, \ldots, \alpha_l)$ une base de R, h le nombre de Coxeter de R, ζ une racine primitive h-ème de l'unité dans k, et H l'élément de $\mathfrak{h}$ tel que $\alpha_i(H) = 1$ pour $i = 1, \ldots, l$. Démontrer les propriétés suivantes:

(i) L'homomorphisme $\gamma \mapsto \zeta^{\gamma(H)}$ de Q(R) dans k^* définit un élément de $\mathrm{Aut}(\mathfrak{g}, \mathfrak{h})$ qui vérifie les conditions de *a*), et est d'ordre h. (Utiliser *c*) ainsi que VI, § 2, prop. 5 et VI, § 1, prop. 31.)

(ii) Tout automorphisme d'ordre fini de $\mathfrak{g}$ qui vérifie les conditions de *a*) est d'ordre $\geqslant h$. (Utiliser *b*) et *c*).)

(iii) Les automorphismes d'ordre h de $\mathfrak{g}$ qui vérifient les conditions de *a*) forment une classe de conjugaison dans $\mathrm{Aut}_e(\mathfrak{g})$. (Utiliser la prop. 5 du n° 3.)

e) Soient $\mathfrak{h}$ et R comme dans *c*), et soit w une transformation de Coxeter de W(R). Soit $s \in \mathrm{Aut}(\mathfrak{g}, \mathfrak{h})$ tel que $\varepsilon(s) = w$. Montrer que s vérifie les conditions de *a*), et est d'ordre h. (Utiliser VI, § 1, prop. 33, V, § 6, n° 2 et VII, § 4, prop. 9.)

f) Si, $s \in \mathrm{Aut}(\mathfrak{g})$, les conditions suivantes sont équivalentes:

(i) s vérifie les conditions de *a*), et est d'ordre h;

(ii) il existe une sous-algèbre de Cartan $\mathfrak{h}$ de $\mathfrak{g}$ stable par s telle que $s \mid \mathfrak{h}$ soit une transformation de Coxeter du groupe de Weyl de $(\mathfrak{g}, \mathfrak{h})$. (Utiliser *d*) et *e*).)

g) Le polynôme caractéristique de l'automorphisme de *d*) (i) est:

$$A(T) = (T - 1)^l \prod_{\alpha \in R} (T - \zeta^{\alpha(H)}).$$

Celui de l'automorphisme s de *e*) est:

$$B(T) = (T^h - 1)^l \prod_{i=1}^{l} (T - \zeta^{m_i}) \qquad (m_i \text{ exposants de R}).$$

(Utiliser la prop. 33 (iv) de VI, § 1, n° 11.) De la relation $A(T) = B(T)$ déduire que, pour tout $j \geqslant 1$, le nombre des i tels que $m_i \geqslant j$ est égal au nombre des $\alpha \in R_+$ tels que $\alpha(H) = j$; on retrouve ainsi le résultat de l'exerc. 6*c*) de VI, § 4.[1]

[1] Pour plus de détails sur cet exercice, voir: B. KOSTANT, The principal three-dimensional subgroup and the Betti numbers of a complex simple Lie group, *Amer. J. of Maths.*, t. LXXXI (1959), p. 973–1032.

6) On suppose que $k = \mathbf{R}$ ou $\mathbf{C}$. Soit G le groupe de Lie $\mathrm{Aut}_0(\mathfrak{g})$. Montrer qu'un élément $a \in G$ est régulier (au sens de VII, § 4, n° 2) si et seulement si il satisfait aux conditions de l'exerc. 5 *a*).

7) On suppose $\mathfrak{g}$ déployable. Soit $B(\mathfrak{g})$ la base canonique de la sous-algèbre de Cartan canonique de $\mathfrak{g}$ (n° 3, Rem. 2). Si $s \in \mathrm{Aut}(\mathfrak{g})$, s induit une permutation de $B(\mathfrak{g})$; notons $\mathrm{sgn}(s)$ la signature de cette permutation. Montrer que s opère sur $\wedge^n \mathfrak{g}$ (avec $n = \dim \mathfrak{g}$) par

$$x \mapsto \mathrm{sgn}(s).x.$$

¶ 8) Soient $\bar{k}$ une clôture algébrique de k, et $\bar{\mathfrak{g}} = \bar{k} \otimes_k \mathfrak{g}$. Le groupe de Galois $\mathrm{Gal}(\bar{k}/k)$ opère de façon naturelle sur $\bar{\mathfrak{g}}$, sur la sous-algèbre de Cartan canonique de $\bar{\mathfrak{g}}$ (n° 3, Rem. 2), ainsi que son système de racines $\bar{R}$ et sa base canonique $\bar{B}$. On obtient ainsi un homomorphisme continu (i.e. à noyau ouvert)

$$\pi : \mathrm{Gal}(\bar{k}/k) \to \mathrm{Aut}(\bar{R}, \bar{B}).$$

Montrer que $\mathfrak{g}$ est déployée si et seulement si les deux conditions suivantes sont satisfaites:
(i) L'homomorphisme π est trivial.
(ii) $\mathfrak{g}$ possède une sous-algèbre de Borel $\mathfrak{b}$.
(On montrera qu'une sous-algèbre de Cartan $\mathfrak{h}$ contenue dans $\mathfrak{b}$ est déployante si et seulement si π est trivial.)

9) Soient R un système de racines réduit, B une base de R, et $(\mathfrak{g}_0, \mathfrak{h}_0, B, (X_\alpha)_{\alpha \in B})$ une algèbre de Lie semi-simple épinglée correspondante (§ 4). Soient $\bar{k}$ une clôture algébrique de k, et $\rho : \mathrm{Gal}(\bar{k}/k) \to \mathrm{Aut}(R, B)$ un homomorphisme continu (cf. exerc. 8) ; si $\sigma \in \mathrm{Gal}(\bar{k}/k)$, on note ρ_σ l'automorphisme $\bar{k}$-linéaire de $\bar{\mathfrak{g}}_0 = \bar{k} \otimes_k \mathfrak{g}_0$ tel que $\rho_\sigma(X_\alpha) = X_{\rho(\sigma)\alpha}$. On prolonge d'autre part l'action naturelle de $\mathrm{Gal}(\bar{k}/k)$ sur $\bar{k}$ en une action sur $\bar{\mathfrak{g}}_0$. Soit $\mathfrak{g}$ le sous-ensemble de $\bar{\mathfrak{g}}_0$ formé des éléments x tels que $\rho_\sigma(x) = \sigma^{-1}.x$ pour tout $\sigma \in \mathrm{Gal}(\bar{k}/k)$.
a) Montrer que $\mathfrak{g}$ est une k-sous-algèbre de Lie de $\bar{\mathfrak{g}}_0$, et que l'injection de $\mathfrak{g}$ dans $\bar{\mathfrak{g}}_0$ se prolonge en un isomorphisme de $\bar{k} \otimes_k \mathfrak{g}$ sur $\bar{\mathfrak{g}}_0$. En particulier, $\mathfrak{g}$ est semi-simple.
b) Soit $\mathfrak{b}_0$ la sous-algèbre de $\mathfrak{g}_0$ engendrée par $\mathfrak{h}_0$ et les X_α. On pose:

$$\bar{\mathfrak{b}}_0 = \bar{k} \otimes_k \mathfrak{b}_0, \qquad \mathfrak{b} = \mathfrak{g} \cap \bar{\mathfrak{b}}_0, \qquad \bar{\mathfrak{h}}_0 = \bar{k} \otimes_k \mathfrak{h}_0, \qquad \mathfrak{h} = \mathfrak{g} \cap \bar{\mathfrak{h}}_0.$$

Montrer que $\bar{k} \otimes_k \mathfrak{b} = \bar{\mathfrak{b}}_0$, $\bar{k} \otimes_k \mathfrak{h} = \bar{\mathfrak{h}}_0$, de sorte que $\mathfrak{b}$ est une sous-algèbre de Borel de $\mathfrak{g}$, et $\mathfrak{h}$ en est une sous-algèbre de Cartan.
c) Montrer que l'homomorphisme π associé à l'algèbre $\mathfrak{g}$ (cf. exerc. 8) est égal à ρ.

¶ 10) Soient $\mathfrak{h}$ une sous-algèbre de Cartan déployante de $\mathfrak{g}$, et $(X_\alpha)_{\alpha \in R}$ un système de Chevalley de $(\mathfrak{g}, \mathfrak{h})$, cf. § 2, n° 4. Si $\alpha \in R$, on pose

$$\theta_\alpha = e^{\operatorname{ad} X_\alpha} e^{\operatorname{ad} X_{-\alpha}} e^{\operatorname{ad} X_\alpha},$$

et l'on note $\overline{W}$ le sous-groupe de $\mathrm{Aut}_e(\mathfrak{g}, \mathfrak{h})$ engendré par les θ_α.
a) Montrer que $\varepsilon(\overline{W}) = W(R)$.
b) Soit $s \in \overline{W}$, et soit $w = \varepsilon(s)$. Montrer que

$$s(X_\alpha) = \pm X_{w(\alpha)} \qquad \text{pour tout} \quad \alpha \in R.$$

(Utiliser l'exerc. 5 du § 2.)
c) Soit M le noyau de $\varepsilon : \overline{W} \to W(R)$. Montrer que M est contenu dans le sous-groupe de $f(T_Q)$ formé des éléments $f(\varphi)$ tels que $\varphi^2 = 1$. Montrer que M contient les éléments $f(\varphi_\alpha)$ définis par $\varphi_\alpha(\beta) = (-1)^{\langle \beta, \alpha^\vee \rangle}$ (remarquer que $\theta_\alpha^2 = f(\varphi_\alpha)$).
d) *Soit $\varphi \in \mathrm{Hom}(Q, \{\pm 1\})$. Montrer que $f(\varphi)$ appartient à M si et seulement si φ est prolongeable en un homomorphisme de P dans $\{\pm 1\}$. (La suffisance provient ce que M contient les $f(\varphi_\alpha)$. Pour prouver la nécessité, se ramener au cas où $k = \mathbf{Q}$, et utiliser le fait

que M est contenu dans $f(\mathrm{T_Q}) \cap \mathrm{Aut}_e(\mathfrak{g}) = \mathrm{Im}(\mathrm{T_P})$, cf. § 7, exerc. 26 *d*).) En déduire que M est isomorphe au dual du groupe $\mathrm{Q}/(\mathrm{Q} \cap 2\mathrm{P})$.[1]$_*$

11) Les notations étant celles du n° 2, on suppose *k localement compact* non discret, donc isomorphe à **R**, **C**, ou une extension finie de $\mathbf{Q}_p$ (AC, VI, § 9, n° 3). Pour tout $n \geqslant 1$, le quotient k^*/k^{*n} est fini (cf. AC, VI, § 9, exerc. 3 pour le cas ultramétrique). En déduire que les quotients $\mathrm{T_Q}/\mathrm{Im}(\mathrm{T_P})$ et $\mathrm{Aut}(\mathfrak{g})/\mathrm{Aut}_e(\mathfrak{g})$ sont finis.

Lorsque $k = \mathbf{R}$, montrer que $\mathrm{T_Q}/\mathrm{Im}(\mathrm{T_P})$ est isomorphe au dual du $\mathbf{F}_2$-espace vectoriel $(\mathrm{Q} \cap 2\mathrm{P})/2\mathrm{Q}$. Lorsque $k = \mathbf{C}$, on a $\mathrm{T_Q} = \mathrm{Im}(\mathrm{T_P})$: c'est le sous-groupe intégral du groupe de Lie $\mathrm{Aut}(\mathfrak{g})$ d'algèbre de Lie $\mathfrak{h}$.

¶ 12) Soient $\mathfrak{h}$ une sous-algèbre de Cartan déployante de $\mathfrak{g}$, A une partie de $\mathfrak{h}$, et $s \in \mathrm{Aut}(\mathfrak{g})$ tel que $s\mathrm{A} = \mathrm{A}$. Montrer qu'il existe $t \in \mathrm{Aut}(\mathfrak{g}, \mathfrak{h})$ tel que $t \mid \mathrm{A} = s \mid \mathrm{A}$ et $ts^{-1} \in \mathrm{Aut}_e(\mathfrak{g})$. (Soit $\mathfrak{a}$ le commutant de A dans $\mathfrak{g}$; c'est une sous-algèbre réductive dans $\mathfrak{g}$, dont $s\mathfrak{h}$ et $\mathfrak{h}$ sont des sous-algèbres de Cartan déployantes ; en déduire l'existence de $u \in \mathrm{Aut}_e(\mathfrak{a})$ tel que $us\mathfrak{h} = \mathfrak{h}$; montrer qu'il existe $v \in \mathrm{Aut}_e(\mathfrak{g})$ prolongeant u tel que $v \mid \mathrm{A} = \mathrm{Id_A}$; prendre $t = vs$.) En déduire que, si $s \in \mathrm{Aut}_0(\mathfrak{g})$, il existe $w \in \mathrm{W(R)}$ tel que $w \mid \mathrm{A} = s \mid \mathrm{A}$.

¶ 13) Soient $(\mathfrak{g}, \mathfrak{h}, \mathrm{B}, (X_\alpha)_{\alpha \in \mathrm{B}})$ une algèbre de Lie semi-simple épinglée, R le système de racines de $(\mathfrak{g}, \mathfrak{h})$, Δ le graphe de Dynkin correspondant, et Φ un sous-groupe de

$$\mathrm{Aut(R, B)} = \mathrm{Aut}(\Delta).$$

Si $s \in \Phi$, on prolonge s en un automorphisme de $\mathfrak{g}$ par les conditions

$$s(X_\alpha) = X_{s\alpha} \quad \text{et} \quad s(H_\alpha) = H_{s\alpha} \quad \text{pour tout} \quad \alpha \in \mathrm{B}, \text{ cf. prop. 1.}$$

On identifie ainsi Φ à un sous-groupe de $\mathrm{Aut}(\mathfrak{g}, \mathfrak{h})$; on note $\tilde{\mathfrak{g}}$ (resp. $\tilde{\mathfrak{h}}$) la sous-algèbre de $\mathfrak{g}$ (resp. $\mathfrak{h}$) formée des éléments invariants par Φ.

a) Soit $\alpha \in \mathrm{B}$, et soit $\mathrm{X} = \Phi . \alpha$. Montrer, en utilisant les Planches de VI, que deux cas seulement sont possibles :

(i) tout élément de X distinct de α est orthogonal à α ;

(ii) il existe un élément α' et un seul de $\mathrm{X} - \{\alpha\}$ qui n'est pas orthogonal à α, et l'on a $n(\alpha, \alpha') = n(\alpha', \alpha) = -1$.

b) Soit i l'application de restriction $\mathfrak{h}^* \to \tilde{\mathfrak{h}}^*$, et soit $\tilde{\mathrm{B}} = i(\mathrm{B})$; l'application $\mathrm{B} \to \tilde{\mathrm{B}}$ identifie $\tilde{\mathrm{B}}$ à B/Φ. Montrer que $\tilde{\mathfrak{g}}$ est une algèbre de Lie semi-simple, que $\tilde{\mathfrak{h}}$ en est une sous-algèbre de Cartan déployante, et que $\tilde{\mathrm{B}}$ est une base de $\mathrm{R}(\tilde{\mathfrak{g}}, \tilde{\mathfrak{h}})$. (Observer que $\tilde{\mathrm{B}}$ est contenu dans $\mathrm{R}(\tilde{\mathfrak{g}}, \tilde{\mathfrak{h}})$, et que tout élément de $\mathrm{R}(\tilde{\mathfrak{g}}, \tilde{\mathfrak{h}})$ est combinaison linéaire à coefficients entiers de même signe des éléments de $\tilde{\mathrm{B}}$.) Si $\tilde{\alpha} \in \tilde{\mathrm{B}}$, la racine inverse $H_{\tilde{\alpha}} \in \tilde{\mathfrak{h}}$ correspondante est donnée par :

$$H_{\tilde{\alpha}} = \sum_{i(\alpha) = \tilde{\alpha}} H_\alpha \qquad \text{dans le cas (i) de } a)$$

$$H_{\tilde{\alpha}} = 2 \sum_{i(\alpha) = \tilde{\alpha}} H_\alpha \qquad \text{dans le cas (ii) de } a),$$

où la sommation porte sur les éléments $\alpha \in \mathrm{B}$ tels que $i(\alpha) = \tilde{\alpha}$. Si $\beta \in \mathrm{B}$ a pour image $\tilde{\beta} \in \tilde{\mathrm{B}}$, on a

$$n(\tilde{\beta}, \tilde{\alpha}) = \sum_{i(\alpha) = \tilde{\alpha}} n(\beta, \alpha) \qquad \text{dans le cas (i)}$$

$$n(\tilde{\beta}, \tilde{\alpha}) = 2 \sum_{i(\alpha) = \tilde{\alpha}} n(\beta, \alpha) \qquad \text{dans le cas (ii).}$$

En déduire la détermination du graphe de Dynkin de $\mathrm{R}(\tilde{\mathfrak{g}}, \tilde{\mathfrak{h}})$ à partir du couple (Δ, Φ).

c) Montrer que, si $\mathfrak{g}$ est simple, il en est de même de $\tilde{\mathfrak{g}}$.

[1] Pour plus de détails sur cet exercice, voir : J. TITS, Normalisateurs de tores. I. Groupes de Coxeter étendus, *J. of Algebra*, t. IV (1966), p. 96–116.

Si $\mathfrak{g}$ est de type A_l, $l \geqslant 2$, et Φ d'ordre 2, $\tilde{\mathfrak{g}}$ est de type $B_{l/2}$ si l est pair, et de type $C_{(l+1)/2}$ si l est impair.

Si $\mathfrak{g}$ est de type D_l, $l \geqslant 4$, et Φ d'ordre 2, $\tilde{\mathfrak{g}}$ est de type B_{l-1}.

Si $\mathfrak{g}$ est de type D_4, et Φ d'ordre 3 ou 6, $\tilde{\mathfrak{g}}$ est de type G_2.

Si $\mathfrak{g}$ est de type E_6, et Φ d'ordre 2, $\tilde{\mathfrak{g}}$ est de type F_4.

§ 6

1) Montrer que l'on peut définir $Z(\lambda)$ comme un quotient de la représentation ρ_λ du § 4, exerc. 1.

2) Soit μ un poids de $Z(\lambda)$ (resp. de $E(\lambda)$). Montrer qu'il existe une suite de poids $\mu_0, \ldots, \mu_n$ de $Z(\lambda)$ (resp. de $E(\lambda)$) telle que $\mu_0 = \lambda$, $\mu_n = \mu$, et $\mu_{i-1} - \mu_i \in B$ pour $1 \leqslant i \leqslant n$.

3) On suppose $\mathfrak{g}$ simple, et on note $\tilde{\alpha}$ la plus grande racine de R. Le module $E(\tilde{\alpha})$ est isomorphe à $\mathfrak{g}$, muni de la représentation adjointe. Si C est l'élément de Casimir associé à la forme de Killing de $\mathfrak{g}$, l'image de C dans End $E(\tilde{\alpha})$ est l'identité (cf. I, § 3, n° 7, prop. 12). En déduire, grâce au cor. à la prop. 7, que

$$\Phi_R(\tilde{\alpha}, \tilde{\alpha} + 2\rho) = 1,$$

où Φ_R est la forme bilinéaire canonique de $\mathfrak{h}^*$ (VI, § 1, n° 12).

4) On utilise les notations du n° 4.

a) Soit $m \in \mathbf{N}$. On ordonne $\mathbf{N}^m$ par l'ordre produit. Montrer que, pour toute partie S de $\mathbf{N}^m$, l'ensemble des éléments minimaux de S est fini.

b) Soient $\alpha_1, \ldots, \alpha_m$ les éléments de R deux à deux distincts, $X_i \in \mathfrak{g}^{\alpha_i} - \{0\}$, S l'ensemble des suites non nulles $(p_i) \in \mathbf{N}^m$ telles que $\sum p_i\alpha_i = 0$, M l'ensemble des éléments minimaux de S. Alors $\mathfrak{h}$ et les $X_1^{p_1} \ldots X_m^{p_m}$, où $(p_1, \ldots, p_m) \in M$, engendrent l'algèbre U^0.

c) Montrer que U^0 est une algèbre noethérienne à gauche et à droite. (Munir U^0 de la filtration induite par celle de $U(\mathfrak{g})$, et montrer, en utilisant *a*) et *b*), que gr U^0 est commutative de type fini.)

d) Montrer que, pour tout $\lambda \in \mathfrak{h}^*$, U^λ est un U^0-module à gauche (resp. à droite) de type fini.

e) Soit V un $\mathfrak{g}$-module simple tel que $V = \bigoplus_{\lambda \in \mathfrak{h}^*} V_\lambda$. Si l'un des $V_\lambda \neq 0$ est de dimension finie, tous les V_λ sont de dimension finie. (Utiliser *d*).)

5) Montrer que, si $\mathfrak{g} = \mathfrak{sl}(2, k)$, les modules $Z(\lambda)$ de ce paragraphe sont isomorphes aux modules $Z(\lambda)$ du § 1, exerc. 2.

§ 7

Tous les $\mathfrak{g}$-modules considérés (à part ceux des exerc. 14 et 15) sont supposés de dimension finie.

1) Soit $\omega \in P_{++}$; notons $S(\omega)$ l'ensemble des poids de $E(\omega)$, autrement dit le plus petit sous-ensemble R-saturé de P contenant ω (prop. 5). Si $\lambda \in S(\omega)$, on a $\lambda \equiv \omega$ (mod. Q). Inversement, soit $\lambda \in P$ tel que $\lambda \equiv \omega$ (mod. Q); prouver l'équivalence des propriétés suivantes:

(i) $\lambda \in S(\omega)$;

(ii) $\omega - w\lambda \in Q_+$ pour tout $w \in W$;

(iii) λ appartient à l'enveloppe convexe de $W \cdot \omega$ dans $\mathfrak{h}^*_{\mathbf{R}}$.

(Pour prouver que (iii) $\Rightarrow$ (ii), remarquer que $\omega - w\omega$ est combinaison linéaire à coefficients $\geqslant 0$ des éléments de R_+; en déduire, par convexité, que $\omega - w\lambda$ jouit de la même propriété; comme $\omega - w\lambda$ appartient à Q, cela entraîne $\omega - w\lambda \in Q_+$. Pour prouver que (ii) $\Rightarrow$ (i), choisir w tel que $w\lambda \in P_{++}$, et appliquer le cor. 2 à la prop. 3. L'implication (i) $\Rightarrow$ (iii) est immédiate.)

2) Soit $(R_i)_{i \in I}$ la famille des composantes irréductibles de R, et $\mathfrak{g} = \prod_{i \in I} \mathfrak{g}_i$ la décomposition correspondante de $\mathfrak{g}$ en produit d'algèbres simples. On identifie P au produit des $P(R_i)$, et on munit chaque $P(R_i)$ de la relation d'ordre définie par la base $B_i = B \cap R_i$.

a) Soit $\omega = (\omega_i)_{i \in I}$ un élément de $P_{++} = \prod_{i \in I} P_{++}(R_i)$. Montrer que le $\mathfrak{g}$-module simple $E(\omega)$ est isomorphe au produit tensoriel des $\mathfrak{g}_i$-modules simples $E(\omega_i)$.

b) Soit $\mathcal{M}$ (resp. $\mathcal{M}_i$) l'ensemble des éléments de P_{++} (resp. de $P_{++}(R_i)$) qui possèdent les propriétés équivalentes (i), (ii), (iii), (iv) des prop. 6 et 7. Montrer que $\mathcal{M} = \prod_{i \in I} \mathcal{M}_i$, autrement dit que $\omega \in \mathcal{M}$ si et seulement si, pour tout $i \in I$, ω_i est, soit nul, soit un poids minuscule de R_i. En déduire que $\mathcal{M}$ est un système de représentants dans P des éléments de P/Q.

c) Soient E un $\mathfrak{g}$-module simple, et $\mathscr{X}$ l'ensemble de ses poids. Montrer que $\mathscr{X}$ contient un élément de $\mathcal{M}$ et un seul, et que la multiplicité de cet élément est égale à la borne supérieure des multiplicités des éléments de $\mathscr{X}$.

3) a) Soit E un $\mathfrak{g}$-module. Montrer l'équivalence des conditions:
(i) Le rang du produit semi-direct de $\mathfrak{g}$ par E est strictement plus grand que celui de $\mathfrak{g}$.
(ii) 0 est un poids de E.
(iii) Il existe un poids de E qui est radiciel (i.e. appartient à Q).
b) On suppose E simple. Montrer que (i), (ii), (iii) équivalent à:
(iv) Le plus grand poids de E est radiciel.
   Si ces conditions sont réalisées, il n'existe sur E aucune forme bilinéaire alternée invariante non nulle. (Utiliser la prop. 12 et la prop. 1 (ii) du § 6.)

4) Soient k' une extension de k, et $\mathfrak{g}' = \mathfrak{g}_{(k')}$. Montrer que tout $\mathfrak{g}'$-module provient, par extension des scalaires, d'un $\mathfrak{g}$-module, qui est unique à isomorphisme près.

5) Soit E un $\mathfrak{g}$-module. Montrer l'équivalence des conditions:
(i) E est fidèle (i.e. l'application canonique de $\mathfrak{g}$ dans $\mathfrak{gl}(E)$ est injective).
(ii) Toute racine de $\mathfrak{g}$ est différence de deux poids de E.

¶ 6) Soit φ un automorphisme involutif de $\mathfrak{g}$ dont la restriction à $\mathfrak{h}$ est $-\mathrm{Id}$. Montrer que, si E est un $\mathfrak{g}$-module, il existe sur E une forme bilinéaire symétrique non dégénérée Ψ telle que

$$\Psi(x \cdot a, b) + \Psi(a, \varphi(x) \cdot b) = 0 \qquad \text{pour} \quad x \in \mathfrak{g}, \quad a, b \in E.$$

(Se ramener au cas où E est simple. Montrer que le transformé par φ de E est isomorphe au dual E^* de E, d'où l'existence d'une forme bilinéaire non dégénérée Ψ satisfaisant à la condition ci-dessus. Montrer ensuite que, si e est un vecteur primitif de E, on a $\Psi(e, e) \neq 0$. En déduire que Ψ est symétrique.)

7) Si $\lambda \in P_{++}$, on note $\rho_\lambda \colon U(\mathfrak{g}) \to \mathrm{End}(E(\lambda))$ la représentation définie par le module simple $E(\lambda)$. On a $\mathrm{Im}(\rho_\lambda) = \mathrm{End}(E(\lambda))$; on pose $\mathfrak{m}_\lambda = \mathrm{Ker}(\rho_\lambda)$.
a) Montrer que les $\mathfrak{m}_\lambda$ sont deux à deux distincts, et que ce sont les seuls idéaux bilatères $\mathfrak{m}$ de $U(\mathfrak{g})$ tels que $U(\mathfrak{g})/\mathfrak{m}$ soit une k-algèbre simple de dimension finie.
b) Si I est une partie finie de P_{++}, on pose $\mathfrak{m}_I = \bigcap_{\lambda \in I} \mathfrak{m}_\lambda$. Montrer que l'application canonique $U(\mathfrak{g})/\mathfrak{m}_I \to \prod_{\lambda \in I} U(\mathfrak{g})/\mathfrak{m}_\lambda$ est un isomorphisme, et que tout idéal bilatère de codimension finie de $U(\mathfrak{g})$ est égal à un des $\mathfrak{m}_I$, et à un seul.
c) Montrer que l'antiautomorphisme principal de $U(\mathfrak{g})$ transforme $\mathfrak{m}_\lambda$ en $\mathfrak{m}_{\lambda*}$, où $\lambda^* = -w_0 \lambda$ (cf. prop. 11).

¶ 8) Soit $\mathfrak{g}$ une algèbre de Lie semi-simple; exceptionnellement, dans cet exercice, on ne suppose pas $\mathfrak{g}$ déployée. Soient $\bar{k}$ une clôture algébrique de k, et

$$\pi \colon \mathrm{Gal}(\bar{k}/k) \to \mathrm{Aut}(\bar{R}, \bar{B})$$

l'homomorphisme défini au § 5, exerc. 8. On fait opérer $\mathrm{Gal}(\bar{k}/k)$, au moyen de π, sur l'ensemble $\bar{\mathrm{P}}_{++}$ des poids dominants de $\bar{\mathrm{R}}$ relativement à $\bar{\mathrm{B}}$; soit Ω un système de représentants des éléments du quotient $\bar{\mathrm{P}}_{++}/\mathrm{Gal}(\bar{k}/k)$.

a) On pose $\bar{\mathfrak{g}} = \bar{k} \otimes_k \mathfrak{g}$. Si I est une partie finie de $\bar{\mathrm{P}}_{++}$ stable par $\mathrm{Gal}(\bar{k}/k)$, l'idéal bilatère $\bar{\mathfrak{m}}_{\mathrm{I}}$ de $\mathrm{U}(\bar{\mathfrak{g}})$ associé à I (cf. exerc. 7) est de la forme $\bar{k} \otimes_k \mathfrak{m}_{\mathrm{I}}$, où $\mathfrak{m}_{\mathrm{I}}$ est un idéal bilatère de $\mathrm{U}(\mathfrak{g})$. Montrer que l'on obtient ainsi, une fois et une seule, tous les idéaux bilatères de codimension finie de $\mathrm{U}(\mathfrak{g})$.

b) Soient $\omega \in \Omega$, $\mathrm{I}(\omega)$ son orbite par $\mathrm{Gal}(\bar{k}/k)$, et G_ω le stabilisateur de ω; soit k_ω la sous-extension de $\bar{k}$ correspondant à G_ω par la théorie de Galois. Montrer que $\mathrm{U}(\mathfrak{g})/\mathfrak{m}_{\mathrm{I}(\omega)}$ est une algèbre simple dont le centre est isomorphe à k_ω. Tout idéal bilatère $\mathfrak{m}$ de $\mathrm{U}(\mathfrak{g})$ tel que $\mathrm{U}(\mathfrak{g})/\mathfrak{m}$ soit une algèbre simple de dimension finie est égal à un des $\mathfrak{m}_{\mathrm{I}(\omega)}$ et à un seul.

c) Le groupe $\mathrm{Gal}(\bar{k}/k)$ opère, grâce à π, sur l'anneau $\mathrm{R}(\bar{\mathfrak{g}})$; notons $\mathrm{R}(\bar{\mathfrak{g}})^{\mathrm{inv}}$ le sous-anneau de $\mathrm{R}(\bar{\mathfrak{g}})$ formé des éléments invariants par $\mathrm{Gal}(\bar{k}/k)$. Montrer que l'application $[\mathrm{E}] \mapsto [\bar{k} \otimes_k \mathrm{E}]$ se prolonge en un homomorphisme injectif de $\mathrm{R}(\mathfrak{g})$ dans $\mathrm{R}(\bar{\mathfrak{g}})^{\mathrm{inv}}$ dont le conoyau est un groupe de torsion; c'est un isomorphisme si et seulement si, pour tout $\omega \in \Omega$, $\mathrm{U}(\mathfrak{g})/\mathfrak{m}_{\mathrm{I}(\omega)}$ est une algèbre de matrices sur k_ω; on montrera que c'est le cas lorsque $\mathfrak{g}$ possède une sous-algèbre de Borel.[1]

9) Soient $\mathfrak{a}_1$ et $\mathfrak{a}_2$ des algèbres de Lie. Montrer qu'il existe un homomorphisme

$$f\colon \mathrm{R}(\mathfrak{a}_1) \otimes_{\mathbf{Z}} \mathrm{R}(\mathfrak{a}_2) \to \mathrm{R}(\mathfrak{a}_1 \times \mathfrak{a}_2)$$

et un seul tel que $f([\mathrm{E}_1] \otimes [\mathrm{E}_2]) = [\mathrm{E}_1 \otimes \mathrm{E}_2]$ si E_i est un $\mathfrak{a}_i$-module ($i = 1, 2$). Montrer que f est injectif, et qu'il est bijectif si $\mathfrak{a}_1$ ou $\mathfrak{a}_2$ est semi-simple déployable.

10) Soit Γ un sous-groupe de P contenant Q. Un tel sous-groupe est stable par W.

a) Montrer que, si $\lambda \in \mathrm{P}_{++} \cap \Gamma$, tous les poids de $\mathrm{E}(\lambda)$ appartiennent à Γ.

b) Soit $\mathrm{R}_\Gamma(\mathfrak{g})$ le sous-groupe de $\mathrm{R}(\mathfrak{g})$ de base les $[\lambda]$, avec $\lambda \in \mathrm{P}_{++} \cap \Gamma$. Si E est un $\mathfrak{g}$-module, on a $[\mathrm{E}] \in \mathrm{R}_\Gamma(\mathfrak{g})$ si et seulement si tous les poids de E appartiennent à Γ. En déduire que $\mathrm{R}_\Gamma(\mathfrak{g})$ est un sous-anneau de $\mathrm{R}(\mathfrak{g})$.

c) Montrer que l'homomorphisme $\mathrm{ch}\colon \mathrm{R}_\Gamma(\mathfrak{g}) \to \mathbf{Z}[\Gamma]$ est un isomorphisme de $\mathrm{R}_\Gamma(\mathfrak{g})$ sur le sous-anneau de $\mathbf{Z}[\Gamma]$ formé des éléments invariants par W. (Utiliser le th. 2 (ii).)

d) Expliciter $\mathrm{R}(\mathfrak{g})$ et $\mathrm{R}_\Gamma(\mathfrak{g})$ lorsque $\mathfrak{g} = \mathfrak{sl}(2, k)$ et $\Gamma = \mathrm{Q}$.

¶ 11) Les notations sont celles du n° 7. Pour tout entier $m \geqslant 1$, on note Ψ^m l'endomorphisme de $\mathbf{Z}[\Delta]$ qui transforme e^λ en $e^{m\lambda}$. On a $\Psi^1 = \mathrm{Id}$ et $\Psi^m \circ \Psi^n = \Psi^{mn}$.

Soit E un espace vectoriel gradué de type Δ, de dimension finie. Pour tout $n \geqslant 0$, on note $a_n\mathrm{E}$ (resp. $s_n\mathrm{E}$) la puissance extérieure (resp. symétrique) n-ème de E, munie de sa graduation naturelle.

a) Montrer que l'on a

$$n\,\mathrm{ch}(s_n\mathrm{E}) = \sum_{m=1}^{n} \Psi^m(\mathrm{ch}(\mathrm{E}))\,\mathrm{ch}(s_{n-m}\mathrm{E})$$

et

$$n\,\mathrm{ch}(a_n\mathrm{E}) = \sum_{m=1}^{n} (-1)^{m-1}\Psi^m(\mathrm{ch}(\mathrm{E}))\,\mathrm{ch}(a_{n-m}\mathrm{E}).$$

En déduire que $\mathrm{ch}(s_n\mathrm{E})$ et $\mathrm{ch}(a_n\mathrm{E})$ peuvent s'exprimer comme polynômes à coefficients rationnels en les $\Psi^m(\mathrm{ch}(\mathrm{E}))$, $1 \leqslant m \leqslant n$. On a par exemple:

$$\mathrm{ch}(s_2\mathrm{E}) = \tfrac{1}{2}\,\mathrm{ch}(\mathrm{E})^2 + \tfrac{1}{2}\Psi^2(\mathrm{ch}(\mathrm{E}))$$
$$\mathrm{ch}(a_2\mathrm{E}) = \tfrac{1}{2}\,\mathrm{ch}(\mathrm{E})^2 - \tfrac{1}{2}\Psi^2(\mathrm{ch}(\mathrm{E})).$$

[1] Pour plus de détails sur cet exercice, voir: J. TITS, Représentations linéaires irréductibles d'un groupe réductif sur un corps quelconque, *J. de Crelle*, t. CCXLVII (1971), p. 196–220.

b) Démontrer les identités suivantes (dans l'algèbre des séries formelles en une variable T, à coefficients dans $\mathbf{Q}[\Delta]$) :

$$\sum_{n=0}^{\infty} \mathrm{ch}(s_n \mathrm{E})\mathrm{T}^n = \exp\left\{\sum_{m=1}^{\infty} \Psi^m(\mathrm{ch}(\mathrm{E}))\mathrm{T}^m/m\right\}$$

et

$$\sum_{n=0}^{\infty} \mathrm{ch}(a_n \mathrm{E})\mathrm{T}^n = \exp\left\{\sum_{m=1}^{\infty} (-1)^{m-1}\Psi^m(\mathrm{ch}(\mathrm{E}))\mathrm{T}^m/m\right\}.$$

c) On suppose que Δ est un groupe, ce qui permet de définir les Ψ^m pour tout $m \in \mathbf{Z}$. Montrer que, si E^* est le dual gradué de E, on a

$$\mathrm{ch}(\mathrm{E}^*) = \Psi^{-1}(\mathrm{ch}(\mathrm{E})).$$

d) On identifie $\mathrm{R}(\mathfrak{g})$, au moyen de ch, à un sous-anneau de $\mathbf{Z}[\mathrm{P}]$. Montrer que $\mathrm{R}(\mathfrak{g})$ est stable par les Ψ^m, $m \in \mathbf{Z}$, et qu'il en est de même des sous-anneaux $\mathrm{R}_\Gamma(\mathfrak{g})$ définis dans l'exercice précédent.

12) Soient $\lambda \in \mathrm{P}_{++}$ et $\mathscr{X}_\lambda$ l'ensemble des poids de $\mathrm{E}(\lambda)$. Montrer qu'on n'a pas

$$\mathscr{X}_\lambda \subset \lambda - \mathrm{P}_{++}$$

en général. (Considérer par exemple la représentation adjointe de $\mathfrak{sl}(3, k)$.)

13) Soit $\lambda = \sum_{\alpha \in \mathrm{B}} a_\alpha \alpha$ un élément de P_{++}. Pour $n = 0, 1, \ldots$ on note $\mathscr{X}_n$ l'ensemble des poids μ de $\mathrm{E}(\lambda)$ tels que $\lambda - \mu$ soit somme de n éléments de B. Soit s_n la somme des multiplicités des éléments de $\mathscr{X}_n$ (comme poids de $\mathrm{E}(\lambda)$). Soit $\mathrm{T} = 2 \sum_{\alpha \in \mathrm{B}} a_\alpha$. Montrer que:

a) T est un entier $\geqslant 0$.
b) $s_n = 0$ pour $n > \mathrm{T}$, et $s_{\mathrm{T}-n} = s_n$.
c) Si r est la partie entière de $\mathrm{T}/2$, on a $s_1 \leqslant s_2 \leqslant \cdots \leqslant s_{r+1}$.

¶ 14) Soient $\lambda \in \mathrm{P}_{++}$, F_λ le plus grand sous-module propre de $\mathrm{Z}(\lambda)$ et v un élément primitif de poids λ de $\mathrm{Z}(\lambda)$, cf. § 6, n° 3. Montrer que:

$$\mathrm{F}_\lambda = \sum_{\alpha \in \mathrm{B}} \mathrm{U}(\mathfrak{g}) X_{-\alpha}^{\lambda(H_\alpha)+1} v = \sum_{\alpha \in \mathrm{B}} \mathrm{U}(\mathfrak{n}_-) X_{-\alpha}^{\lambda(H_\alpha)+1} v.$$

15) Soient $\lambda \in \mathfrak{h}^*$ et v (resp. v') un élément primitif de poids λ de $\mathrm{Z}(\lambda)$ (resp. de $\mathrm{E}(\lambda)$). Soit I (resp. I′) l'annulateur de v (resp. v') dans $\mathrm{U}(\mathfrak{g})$.

a) On a $\mathrm{I} = \mathrm{U}(\mathfrak{g})\mathfrak{n}_+ + \sum_{h \in \mathfrak{h}} \mathrm{U}(\mathfrak{g})(h - \lambda(h))$.
b) I′ est le plus grand idéal à gauche de $\mathrm{U}(\mathfrak{g})$ distinct de $\mathrm{U}(\mathfrak{g})$ et contenant I.
c) Si $\lambda \in \mathrm{P}_{++}$, on a

$$\mathrm{I}' = \mathrm{I} + \sum_{\alpha \in \mathrm{B}} \mathrm{U}(\mathfrak{g}) X_{-\alpha}^{\lambda(H_\alpha)+1} = \mathrm{I} + \sum_{\alpha \in \mathrm{B}} \mathrm{U}(\mathfrak{n}_-) X_{-\alpha}^{\lambda(H_\alpha)+1}.$$

(Utiliser l'exercice précédent.)

¶ 16) Soient V et V′ deux $\mathfrak{g}$-modules. On dit que V′ est *subordonné* à V s'il existe une application linéaire f: V → V′ telle que:

α) f est surjective; β) l'image par f d'un élément primitif de V est, soit 0, soit un élément primitif de V′; γ) f est un $\mathfrak{n}_-$-homomorphisme.

a) Soit f: V → V′ vérifiant α), β), γ). Soit v un élément primitif de V. Alors l'image par f du sous-$\mathfrak{g}$-module engendré par v est le sous-$\mathfrak{g}$-module engendré par $f(v)$.
b) Soit f: V → V′ vérifiant α), β), γ). Soit W un sous-$\mathfrak{g}$-module de V. Alors $f(\mathrm{W})$ est un sous-$\mathfrak{g}$-module de V′ qui est subordonné à W.
c) Soient $\mathrm{V} = \mathrm{E}_1 \oplus \cdots \oplus \mathrm{E}_s$ et $\mathrm{V}' = \mathrm{E}'_1 \oplus \cdots \oplus \mathrm{E}'_{s'}$, des décompositions de V et V′ en sommes de modules simples. Pour que V′ soit subordonné à V, il faut et il suffit que $s' \leqslant s$ et qu'il existe $\sigma \in \mathfrak{S}_s$ tel que E'_i soit subordonné à $\mathrm{E}_{\sigma(i)}$ pour $i = 1, \ldots, s'$.

d) Si V′ est subordonné à V, et si V est simple, V′ est simple ou réduit à 0.
e) On suppose V et V′ simples. Soient λ et λ' leurs plus grands poids. Pour que V′ soit subordonné à V, il faut et il suffit que $\lambda'(H_\alpha) \leqslant \lambda(H_\alpha)$ pour tout $\alpha \in B$. (Pour la suffisance, utiliser l'exercice précédent.)

17) Soient $\lambda, \mu \in P_{++}$ et $\alpha \in B$ tels que $\lambda(H_\alpha) \geqslant 1$ et $\mu(H_\alpha) \geqslant 1$. Soit $F = E(\lambda) \otimes E(\mu)$.
a) Montrer que $\dim F^{\lambda+\mu} = 1$ et $\dim F^{\lambda+\mu-\alpha} = 2$.
b) Montrer que $X_\alpha : F^{\lambda+\mu-\alpha} \to F^{\lambda+\mu}$ est surjectif, et que les éléments non nuls de son noyau sont primitifs (remarquer que, si $\beta \in B$ est distinct de α, $\lambda + \mu - \alpha + \beta$ n'est pas un poids de F).
c) En déduire que $E(\lambda) \otimes E(\mu)$ contient un sous-module et un seul isomorphe à

$$E(\lambda + \mu - \alpha).$$

d) Montrer que $S^2(E(\lambda))$ (resp. $\wedge^2 E(\lambda)$) contient un sous-module et un seul isomorphe à $E(2\lambda)$ (resp. à $E(2\lambda - \alpha)$).

¶ 18) On choisit sur $\mathfrak{h}_{\mathbf{R}}^*$ une forme bilinéaire symétrique positive non dégénérée $(\cdot \mid \cdot)$ invariante par W. Soit $\lambda \in P_{++}$.
a) Soit μ un poids de $E(\lambda)$. Écrivons $\lambda - \mu$ sous la forme $\sum_{\alpha \in B} k_\alpha \alpha$. Soit $\alpha \in B$ tel que $k_\alpha \neq 0$. Montrer qu'il existe $\alpha_1, \ldots, \alpha_n \in B$ tels que $(\lambda \mid \alpha_1) \neq 0$, $(\alpha_1 \mid \alpha_2) \neq 0, \ldots, (\alpha_{n-1} \mid \alpha_n) \neq 0$, $(\alpha_n \mid \alpha) \neq 0$.
b) Soit v un élément primitif de $E(\lambda)$, et soient $\alpha_1, \ldots, \alpha_n \in B$ vérifiant les conditions suivantes:
(i) $(\alpha_i \mid \alpha_{i+1}) \neq 0$ pour $i = 1, 2, \ldots, n-1$;
(ii) $(\alpha_i \mid \alpha_j) = 0$ pour $j > i + 1$;
(iii) $\lambda(H_{\alpha_1}) \neq 0$ et $\lambda(H_{\alpha_2}) = \cdots = \lambda(H_{\alpha_n}) = 0$.
Montrer que $X_{-\alpha_n} X_{-\alpha_{n-1}} \ldots X_{-\alpha_1} v \neq 0$. (Observer que, pour $1 \leqslant s \leqslant n$,

$$\lambda - \alpha_1 - \cdots - \alpha_{s-1} + \alpha_n$$

n'est pas un poids de $E(\lambda)$, et en déduire, par récurrence sur s, que $X_{\alpha_s} X_{-\alpha_s} X_{-\alpha_{s-1}} \ldots X_{-\alpha_1} v \neq 0$.) Si $\sigma \in \mathfrak{S}_n$ et $\sigma \neq 1$, on a $X_{-\alpha_{\sigma(n)}} X_{-\alpha_{\sigma(n-1)}} \ldots X_{-\alpha_{\sigma(1)}} v = 0$. (Soit r le plus petit entier tel que $\sigma(r) \neq r$. Utiliser *a*) pour montrer que $\lambda - \alpha_{\sigma(1)} - \cdots - \alpha_{\sigma(r)}$ n'est pas un poids de $E(\lambda)$.)
c) Soit $\lambda' \in P_{++}$. On appelle *chaîne* joignant λ à λ' une suite $(\alpha_1, \ldots, \alpha_n)$ d'éléments de B tels que $n \geqslant 1$, $(\lambda \mid \alpha_1) \neq 0$, $(\alpha_1 \mid \alpha_2) \neq 0, \ldots, (\alpha_{n-1} \mid \alpha_n) \neq 0$, $(\alpha_n \mid \lambda') \neq 0$. Une telle chaîne est dite *minimale* si aucune sous-suite stricte de $(\alpha_1, \ldots, \alpha_n)$ ne joint λ à λ'. On a alors $(\alpha_i \mid \alpha_j) = 0$ si $|j - i| \geqslant 2$, $(\lambda \mid \alpha_i) = 0$ si $i \geqslant 2$ et $(\lambda' \mid \alpha_i) = 0$ si $i \leqslant n - 1$.
d) Soit $(\alpha_1, \ldots, \alpha_n)$ une chaîne minimale joignant λ à λ'. Si v' est un vecteur primitif de $E(\lambda')$, on pose:

$$v_s = X_{-\alpha_s} X_{-\alpha_{s-1}} \ldots X_{-\alpha_1} v \qquad (s = 0, 1, \ldots, n)$$
$$v'_s = X_{-\alpha_{s+1}} X_{-\alpha_{s+2}} \ldots X_{-\alpha_n} v' \qquad (s = 0, 1, \ldots, n)$$

$a_0 = (\lambda \mid \alpha_1)$, $a_n = (-1)^n (\lambda' \mid \alpha_n)$, $a_s = (-1)^{s+1} (\alpha_s \mid \alpha_{s+1})$, $1 \leqslant s \leqslant n - 1$. Montrer que

$$\sum_{s=0}^{n} a_s v_s \otimes v'_s$$

est un élément primitif de poids $\lambda + \lambda' - \alpha_1 - \cdots - \alpha_n$ de $E(\lambda) \otimes E(\lambda')$, et que c'est le seul, à homothétie près.

(Utiliser *b*) et *c*) pour montrer que tout élément de $E(\lambda) \otimes E(\lambda')$ de poids

$$\lambda + \lambda' - \alpha_1 - \cdots - \alpha_n$$

est combinaison linéaire des $v_s \otimes v'_s$. Exprimer ensuite qu'une telle combinaison linéaire est un vecteur primitif.)

En déduire que $E(\lambda) \otimes E(\lambda')$ contient un sous-$\mathfrak{g}$-module et un seul isomorphe à

$$E(\lambda + \lambda' - \alpha_1 - \cdots - \alpha_n).$$

(Lorsque $n = 1$ on retrouve l'exerc. 17.)

e) Soit w un élément primitif de $E(\lambda) \otimes E(\lambda')$. On suppose que le poids ν de w est distinct de $\lambda + \lambda'$. Montrer qu'il existe une chaîne $(\alpha_1, \ldots, \alpha_n)$ joignant λ à λ' telle que

$$\nu \leqslant \lambda + \lambda' - \alpha_1 - \cdots - \alpha_n.$$

(Soit C l'ensemble des $\alpha \in B$ tels que la coordonnée d'indice α de $\lambda + \lambda' - \nu$ soit $\neq 0$. Soit D (resp. D') l'ensemble des $\alpha \in C$ tels qu'il existe $\gamma_1, \ldots, \gamma_t \in C$ vérifiant $(\lambda \mid \gamma_1) \neq 0$ (resp. $(\lambda' \mid \gamma_1) \neq 0$), $(\gamma_1 \mid \gamma_2) \neq 0, \ldots, (\gamma_{t-1} \mid \gamma_t) \neq 0$, $(\gamma_t \mid \alpha) \neq 0$. Soit Y (resp. Y') l'ensemble des poids de $E(\lambda)$ (resp. de $E(\lambda')$) de la forme $\lambda - \sum_{\alpha \in C} k_\alpha \alpha$ $\left(\text{resp. } \lambda' - \sum_{\alpha \in C} k_\alpha \alpha\right)$, avec $k_\alpha \in \mathbf{N}$. Montrer que w appartient à $\left(\sum_{\mu \in Y} E(\lambda)^\mu\right) \otimes \left(\sum_{\mu' \in Y'} E(\lambda')^{\mu'}\right)$. Utilisant *a*) et le fait que $\nu \neq \lambda + \lambda'$, montrer que $D \cap D' \neq \emptyset$.)

f) Montrer l'équivalence des propriétés suivantes:

(i) $E(\lambda) \otimes E(\lambda')$ est isomorphe à $E(\lambda + \lambda')$.

(ii) $E(\lambda) \otimes E(\lambda')$ est un module simple.

(iii) Il n'existe pas de chaîne joignant λ à λ'.

(iv) R est somme directe de deux systèmes de racines R_1 et R'_1 tels que $\lambda \in P(R_1)$ et $\lambda' \in P(R'_1)$.

(v) $\mathfrak{g}$ est produit de deux idéaux $\mathfrak{s}$ et $\mathfrak{s}'$ tels que $\mathfrak{s}'.E(\lambda) = 0$ et $\mathfrak{s}.E(\lambda') = 0$.

(Utiliser *d*) pour prouver l'équivalence de (ii) et (iii).)[1]

19) On reprend les notations de la prop. 10. Soit $\bar{k}$ une clôture algébrique de k. Si $x \in \mathfrak{g}$, on note $\mathscr{X}_E(x)$ (resp. $\mathscr{X}_F(x)$, resp. $\mathscr{X}_G(x)$) l'ensemble des valeurs propres de x_E (resp. x_F, resp. x_G) dans $\bar{k}$. Montrer que $\mathscr{X}_G(x) = \mathscr{X}_E(x) + \mathscr{X}_F(x)$ pour tout $x \in \mathfrak{g}$, et que, lorsque E et F sont donnés, cette propriété caractérise le $\mathfrak{g}$-module simple G à isomorphisme près.

20) On suppose que $k = \mathbf{R}$ ou $\mathbf{C}$. Soit Γ un groupe de Lie simplement connexe d'algèbre de Lie $\mathfrak{g}$. Soient λ, μ, E, F, G comme dans la prop. 10. Soit $(e_1, \ldots, e_n)$ (resp. $(f_1, \ldots, f_p)$) une base de E (resp. F) formée d'éléments qui sont vecteurs propres pour $\mathfrak{h}$, avec en outre $e_1 \in E^\lambda$ et $f_1 \in F^\mu$. On peut considérer E, F, G comme des Γ-modules. Si $\gamma \in \Gamma$, notons $a_i(\gamma)$ la coordonnée d'indice i de $\gamma.e_1$, et $b_j(\gamma)$ la coordonnée d'indice j de $\gamma.f_1$. Montrer que la fonction $a_i b_j$ sur Γ n'est pas identiquement nulle. En déduire que, pour tout (i, j), il existe un élément de $G \subset E \otimes F$ dont la coordonnée d'indice (i, j) est $\neq 0$, d'où, pour $k = \mathbf{R}$ ou $\mathbf{C}$, une nouvelle démonstration de la prop. 10. Passer de là au cas où $k = \mathbf{Q}$, puis au cas d'un corps quelconque, cf. exerc. 4.

21) Soient $\lambda, \mu \in P_{++}$. Soient E, F, G des $\mathfrak{g}$-modules simples de plus grands poids λ, μ, $\lambda + \mu$, et soit n un entier $\geqslant 1$. Si ω est un poids de E de multiplicité n, alors $\omega + \mu$ est un poids de G de multiplicité $\geqslant n$. (On a $G^{\omega+\mu} \subset \bigoplus_{\nu+\sigma=\omega+\mu} E^\nu \otimes F^\sigma$. Si $\dim G^{\omega+\mu} < n$, la projection de $G^{\omega+\mu}$ sur $E^\omega \otimes F^\mu$ est de la forme $E' \otimes F^\mu$, avec E' strictement contenu dans E^ω. Tirer de là une contradiction en choisissant des bases adaptées de E et de F, et en imitant la démonstration de la prop. 10.)

22) On suppose $\mathfrak{g}$ simple, autrement dit R irréductible. Montrer qu'il existe un poids dominant $\lambda \neq 0$ et un seul tel que l'ensemble des poids de $E(\lambda)$ soit $W.\lambda \cup \{0\}$: on a $\lambda = \alpha$, où $\alpha \in R$ est tel que H_α soit la plus grande racine de $R^\vee$. Lorsque toutes les racines ont même longueur (cas A_l, D_l, E_6, E_7, E_8), on a $\lambda = \tilde{\alpha}$; c'est la seule racine qui soit un poids dominant; la représentation correspondante est la représentation adjointe de $\mathfrak{g}$. Dans les autres cas, λ est la seule racine de longueur minimum qui soit un poids dominant; avec les notations de VI, *Planches*, on a: $\lambda = \varpi_1$ (type B_l); $\lambda = \varpi_2$ (type C_l); $\lambda = \varpi_4$ (type F_4); $\lambda = \varpi_1$ (type G_2).

[1] Pour plus de détails, cf. E. B. DYNKIN, Les sous-groupes maximaux des groupes classiques [en russe], *Trudy Moskov. Mat. Obšč.*, t. I (1952), p. 39–166 (= Amer. Math. Transl., vol. 6 (1957), p. 245–374).

23) Soit U^0 le commutant de $\mathfrak{h}$ dans $U(\mathfrak{g})$ (cf. § 6, nº 4).

a) Soit V un $\mathfrak{g}$-module (de dimension finie). Montrer que les V^λ, $\lambda \in P$, sont stables par U^0, et que, si V est simple et $V^\lambda \neq 0$, V^λ est un U^0-module simple (utiliser la décomposition $U(\mathfrak{g}) = \bigoplus U^\lambda$, *loc. cit.*)

b) Montrer que, pour tout élément $c \neq 0$ de U^0, il existe une représentation simple de dimension finie ρ de U^0 telle que $\rho(c) \neq 0$. (Utiliser *a*), ainsi que I, § 7, exerc. 3 *a*).)

24) Soient U une algèbre associative unifère et M l'ensemble de ses idéaux bilatères de codimension finie.

a) Soit U^* l'espace vectoriel dual de U. Si $\theta \in U^*$, montrer l'équivalence des propriétés suivantes:

(i) il existe $\mathfrak{m} \in M$ tel que $\theta(\mathfrak{m}) = 0$;

(ii) il existe deux familles finies (θ'_i) et (θ''_i) d'éléments de U^* telles que

$$\theta(xy) = \sum_i \theta'_i(x)\theta''_i(y) \quad \text{quels que soient} \quad x, y \in U.$$

Les éléments θ ayant ces propriétés forment un sous-espace U' de U^*, qui coïncide avec celui noté B' dans A, III, p. 202, exerc. 27. Il existe sur U' une structure de cogèbre et une seule dont le coproduit $c: U' \to U' \otimes U'$ est donné par

$$c(\theta) = \sum_i \theta'_i \otimes \theta''_i,$$

où $\theta'_i, \theta''_i \in U'$ sont tels que $\theta(xy) = \sum_i \theta'_i(x)\theta''_i(y)$ quels que soient $x, y \in U$, cf. (ii).

La cogèbre U' est réunion filtrante croissante des sous-espaces $(U/\mathfrak{m})^*$, $\mathfrak{m} \in M$, qui sont de dimension finie. Le dual de U' s'identifie à l'algèbre $\hat{U} = \varprojlim U/\mathfrak{m}$; si l'on munit $\hat{U}$ de la topologie limite projective des topologies discrètes des $U/\mathfrak{m}$, $\mathfrak{m} \in M$, les formes linéaires continues sur $\hat{U}$ sont données par les éléments de U'.

b) Soit E un U-module à gauche de dimension finie. Son annulateur $\mathfrak{m}_E$ appartient à M; le composé $\hat{U} \to U/\mathfrak{m}_E \to \mathrm{End}(E)$ munit E d'une structure de $\hat{U}$-module à gauche. Si F est un U-module à gauche de dimension finie, une application linéaire $f: E \to F$ est un U-homomorphisme si et seulement si c'est un $\hat{U}$-homomorphisme. Si $a \in E$, $b \in E^*$, la forme linéaire $\theta_{a,b}: x \mapsto \langle xa, b\rangle$ appartient à U', et l'on a

$$\langle x, \theta_{a,b}\rangle = \langle xa, b\rangle \quad \text{pour tout} \quad x \in \hat{U}.$$

Les $\theta_{a,b}$ (pour E, a, b variables) engendrent le k-espace vectoriel U'.

c) Soit X_U l'ensemble des classes d'isomorphisme de U-modules à gauche de dimension finie. Pour tout $E \in X_U$, soit u_E un endomorphisme k-linéaire de E; on suppose que

$$f \circ u_E = u_F \circ f \quad \text{quels que soient } E, F \in X_U \text{ et } f \in \mathrm{Hom}_U(E, F).$$

Montrer qu'il existe une élément $x \in \hat{U}$ et un seul tel que $x_E = u_E$ pour tout $E \in X_U$. (Se ramener au cas où U est de dimension finie.)

¶ 25) Soient $\mathfrak{a}$ une algèbre de Lie et U son algèbre enveloppante. On applique les définitions et résultats de l'exerc. 24 à l'algèbre U. On a en particulier $U' \subset U^*$, et le dual de U' s'identifie à l'algèbre $\hat{U} = \varprojlim U/\mathfrak{m}$; l'application canonique $U \to \hat{U}$ est injective (I, § 7, exerc. 3).

a) La structure de cogèbre de U (II, § 1, nº 4) définit sur son dual U^* une structure d'algèbre (cf. II, § 1, nº 5, prop. 10, ainsi que A, III, p. 28). Si E, F sont des $\mathfrak{a}$-modules de dimension finie, on a

$$\theta_{a,b} \cdot \theta_{c,d} = \theta_{a\otimes c, b\otimes d} \quad \text{pour} \quad a \in E,\ b \in E^*,\ c \in F,\ d \in F^*.$$

En déduire que U' est une sous-algèbre de U^*. Les structures de cogèbre et d'algèbre de U' en font une *bigèbre* commutative (A, III, p. 148).

b) Soit x un élément de $\hat{U}$; on identifie x à une forme linéaire $U' \to k$. Démontrer l'équivalence des propriétés suivantes:

(i) x est un homomorphisme d'algèbres de U' dans k.

(ii) $x_{E\otimes F} = x_E \otimes x_F$ quels que soient les $\mathfrak{a}$-modules E et F de dimension finie.

(On montrera d'abord que (ii) équivaut à

(ii') $x(\theta_{a\otimes c, b\otimes d}) = x(\theta_{a,b})x(\theta_{c,d})$ si $a \in E, b \in E^*, c \in F, d \in F^*$,

et on utilisera le fait que les $\theta_{a,b}$ engendrent U'.)

c) Soit x un élément de $\hat{U}$ vérifiant les conditions (i) et (ii) de *b*). Montrer l'équivalence des conditions:

(iii) x transforme l'élément unité de U' en l'élément unité de k.

(iv) $x \neq 0$.

(v) Si l'on munit k de la structure de $\mathfrak{a}$-module triviale, on a $x_k = \mathrm{Id}$.

(vi) x_E est inversible quel que soit E.

(L'équivalence (iii) $\Leftrightarrow$ (iv) résulte de ce que x est un homomorphisme d'algèbres. D'autre part, on a $x_k = \lambda\,\mathrm{Id}$, avec $\lambda \in k$. Utilisant le $\mathfrak{a}$-isomorphisme $k \otimes E \to E$, on en déduit que $\lambda x_E = x_E$ pour tout E et en particulier $\lambda^2 = \lambda$, en prenant $E = k$. Le cas $\lambda = 1$ correspond à $x \neq 0$, d'où (iv) $\Leftrightarrow$ (v), et (vi) $\Rightarrow$ (v). Pour prouver que (v) $\Rightarrow$ (vi), on montrera que, si F est le dual de E, on a ${}^t x_F \circ x_E = \lambda\,\mathrm{Id}_E$.)

d) Soit G l'ensemble des éléments de $\hat{U}$ vérifiant les conditions (i) à (vi) ci-dessus. Montrer que G est un sous-groupe du groupe des éléments inversibles de $\hat{U}$.

Soit $x \in G$. Si E est un $\mathfrak{a}$-module de dimension finie, on a $x_E \in \mathbf{GL}(E)$. Ceci s'applique notamment à $E = \mathfrak{a}$, muni de la représentation adjointe; d'où un élément $x_{\mathfrak{a}} \in \mathbf{GL}(\mathfrak{a})$. Montrer que $x_{\mathfrak{a}}$ est un automorphisme de $\mathfrak{a}$ (utiliser le $\mathfrak{a}$-homomorphisme $\mathfrak{a} \otimes \mathfrak{a} \to \mathfrak{a}$ donné par le crochet). On obtient ainsi un homomorphisme $v\colon G \to \mathrm{Aut}(\mathfrak{a})$. Si E est un $\mathfrak{a}$-module de dimension finie, on a

$$x_E(y.e) = v(x)(y).x_E(e) \quad \text{si} \quad y \in \mathfrak{a}, e \in E$$

(utiliser le $\mathfrak{a}$-homomorphisme $\mathfrak{a} \otimes E \to E$ donné par l'action de $\mathfrak{a}$ sur E).

e) L'antiautomorphisme principal σ de U s'étend par continuité à $\hat{U}$. Son transposé laisse stable U' et induit sur U' une inversion (A, III, p. 198, exerc. 4). Si $x \in G$, on a $\sigma(x) = x^{-1}$.

f) On suppose $\mathfrak{a}$ semi-simple[1]. Soit n un élément nilpotent de $\mathfrak{a}$. Il existe alors un élément e^n, et un seul, de G tel que $(e^n)_E = \exp(n_E)$ pour tout $\mathfrak{a}$-module E de dimension finie. On a $v(e^n) = \exp(\mathrm{ad}\,n) \in \mathrm{Aut}(\mathfrak{a})$, d'où $\mathrm{Aut}_e(\mathfrak{a}) \subset v(G)$.

Si $\mathfrak{b}$ est une sous-algèbre de $\mathfrak{a}$ formée d'éléments nilpotents, montrer que l'on a

$$e^n \,.\, e^m = e^{H(n,m)} \quad \text{pour} \quad n, m \in \mathfrak{b},$$

où H désigne la série de Hausdorff (II, § 6).

¶ 26) On applique les notations et résultats de l'exerc. 25 au cas où $\mathfrak{a} = \mathfrak{g}$ (cas déployé).

a) Soient $x \in G$ et $\sigma = v(x)$ son image dans $\mathrm{Aut}(\mathfrak{g})$. Si ρ est une représentation de $\mathfrak{g}$, ρ et $\rho \circ \sigma$ sont équivalentes. En déduire (cf. n° 2, Rem. 1) que σ appartient à $\mathrm{Aut}_0(\mathfrak{g})$. Etendre ce résultat aux algèbres semi-simples quelconques.

b) Soit $\varphi \in T_P = \mathrm{Hom}(P, k^*)$, où $P = P(R)$. Si E est un $\mathfrak{g}$-module, soit φ_E l'endomorphisme de E dont la restriction à chaque E^λ ($\lambda \in P$) est l'homothétie de rapport $\varphi(\lambda)$. Montrer qu'il existe un élément $t(\varphi) \in G$ et un seul tel que $t(\varphi)_E = \varphi_E$ pour tout E. (Utiliser l'exerc. 24 *c*), ainsi que les caractérisations (ii) et (vi) de l'exerc. 25.) On obtient ainsi un homomorphisme $t\colon T_P \to G$. Montrer que t est injectif. On l'utilisera pour identifier T_P à un sous-groupe de G. Le composé $T_P \to G \to \mathrm{Aut}(\mathfrak{g})$ est l'homomorphisme noté $f \circ q$ au § 5, n° 2.

c) Soit $x \in G$ tel que $\sigma = v(x)$ appartienne au sous-groupe $f(T_Q)$ de $\mathrm{Aut}_0(\mathfrak{g})$ (§ 5, n° 2), autrement dit opère trivialement sur $\mathfrak{h}$; on note ψ l'élément de $T_Q = \mathrm{Hom}(Q, k^*)$ correspondant à x. On se propose de montrer que x appartient à T_P. On prouvera successivement:

c_1) Si E est un $\mathfrak{g}$-module, x_E est un $\mathfrak{h}$-endomorphisme de E.

(Utiliser le $\mathfrak{g}$-homomorphisme $\mathfrak{g} \otimes E \to E$, et le fait que x opère trivialement sur $\mathfrak{h}$.) En particulier, les E^μ sont stables par x_E.

[1] *Dans ce cas, on peut montrer que U' est la bigèbre du groupe algébrique semi-simple simplement connexe A d'algèbre de Lie $\mathfrak{a}$, et que G est le groupe des k-points de A.*

c_2) Il existe $\varphi \in T_P$ tel que, pour tout $\mathfrak{g}$-module E, et tout élément primitif e de E, de poids λ, on ait $x_E e = \varphi(\lambda)e$.

(Choisir φ de telle sorte que cette relation soit vraie lorsque E est un module fondamental $E(\varpi_\alpha)$. En déduire le cas des $E(\lambda)$, $\lambda \in P_{++}$, en utilisant le plongement d'un tel module dans un produit tensoriel des $E(\varpi_\alpha)$. Passer de là au cas général.)

c_3) On choisit φ comme dans c_2). Soit E un $\mathfrak{g}$-module simple de plus grand poids λ, et soit μ un poids de E; on a $\lambda - \mu \in Q$. Montrer que la restriction de x_E à E^μ est l'homothétie de rapport $\varphi(\lambda)\psi(\mu - \lambda)$. (Même méthode que pour c_1).)

c_4) Si $\lambda, \mu \in P_{++}$, et si $\alpha \in B$ n'est orthogonal ni à λ ni à μ, on a

$$\varphi(\lambda + \mu - \alpha) = \varphi(\lambda + \mu)\psi(-\alpha),$$

d'où $\varphi(\alpha) = \psi(\alpha)$. (Utiliser c_2), c_3), et le plongement de $E(\lambda + \mu - \alpha)$ dans $E(\lambda) \otimes E(\mu)$, cf. exerc. 17.)

c_5) Déduire de c_4) que $\varphi \mid Q = \psi$, et utiliser c_3) pour en déduire que $x = t(\varphi)$.

d) On identifie T_Q au moyen de f à un sous-groupe de $\mathrm{Aut}_0(\mathfrak{g})$. On a, d'après *a*),

$$\mathrm{Aut}_e(\mathfrak{g}) \subset v(G) \subset \mathrm{Aut}_0(\mathfrak{g})$$

et, d'après *c*), $v(G) \cap T_Q = \mathrm{Im}(T_P)$. En déduire (cf. § 5, n° 3) que $\mathrm{Aut}_e(\mathfrak{g}) \cap T_Q = \mathrm{Im}(T_P)$ et que $f(G) = \mathrm{Aut}_e(\mathfrak{g})$. L'application canonique

$$\iota\colon T_Q/\mathrm{Im}(T_P) \to \mathrm{Aut}_0(\mathfrak{g})/\mathrm{Aut}_e(\mathfrak{g})$$

est donc un isomorphisme.

e) Le noyau de $v\colon G \to \mathrm{Aut}_e(\mathfrak{g})$ est égal au noyau de $T_P \to T_Q$; il est isomorphe à

$$\mathrm{Hom}(P/Q, k^*);$$

c'est un groupe abélien fini, contenu dans le centre de G, et son ordre divise $(P:Q)$; si k est algébriquement clos, il est isomorphe au dual de P/Q (A, VII, § 4, n° 8).

f) Soient $\alpha \in R$, $X_\alpha \in \mathfrak{g}^\alpha$ et $X_{-\alpha} \in \mathfrak{g}^{-\alpha}$ tels que $[X_\alpha, X_{-\alpha}] = -H_\alpha$, et soit ρ_α la représentation correspondante de $\mathfrak{sl}(2, k)$ dans $\mathfrak{g}$. Si E est un $\mathfrak{g}$-module, on en déduit (§ 1, n° 4) une représentation de $\mathbf{SL}(2, k)$ dans E, d'où (exerc. 25 *b*), *c*)) un homomorphisme

$$\varphi_\alpha\colon \mathbf{SL}(2, k) \to G.$$

Montrer que $\mathrm{Im}(\varphi_\alpha)$ contient les éléments de T_P de la forme $\lambda \mapsto t^{\lambda(H_\alpha)}$, $t \in k^*$. En déduire que les $\mathrm{Im}(\varphi_\alpha)$, $\alpha \in B$, engendrent G (on montrera d'abord que le groupe qu'ils engendrent contient T_P). En particulier, G est engendré par les e^n, avec $n \in \mathfrak{g}^\alpha$, $\alpha \in B \cup -B$. Le groupe dérivé de G est égal à G.

g) Si un sous-groupe G′ de G est tel que $v(G') = \mathrm{Aut}_e(\mathfrak{g})$, on a $G' = G$ (utiliser *f*)).

h) Soit E un $\mathfrak{g}$-module fidèle, et soit Γ le sous-groupe de P engendré par les poids de E. On a $P \supset \Gamma \supset Q$, cf. exerc. 5. Montrer que le noyau de l'homomorphisme canonique $G \to \mathbf{GL}(E)$ est égal au sous-groupe de T_P formé des éléments φ dont la restriction à Γ est triviale. Si en particulier $\Gamma = P$, l'homomorphisme $G \to \mathbf{GL}(E)$ est injectif. Si $\Gamma = Q$, cet homomorphisme se factorise en $G \xrightarrow{v} \mathrm{Aut}_e(\mathfrak{g}) \to \mathbf{GL}(E)$, et l'homomorphisme $\mathrm{Aut}_e(\mathfrak{g}) \to \mathbf{GL}(E)$ est injectif.

27) Soit $\Omega = P/Q$. Si $\omega \in \Omega$, et si E est un $\mathfrak{g}$-module, on note E_ω la somme directe des E^λ, pour $\lambda \in \omega$. On a $E = \bigoplus_{\omega \in \Omega} E_\omega$.

a) Montrer que E_ω est un sous-$\mathfrak{g}$-module de E. On a $(E^*)_\omega = (E_{-\omega})^*$ et

$$(E \otimes F)_\omega = \bigoplus_{\alpha + \beta = \omega} E_\alpha \otimes F_\beta$$

si F est un autre $\mathfrak{g}$-module.

b) Soit $\chi \in \mathrm{Hom}(\Omega, k^*) = \mathrm{Ker}(T_P \to T_Q)$. On identifie χ à un élément du noyau de $f\colon G \to \mathrm{Aut}_e(\mathfrak{g})$, cf. exerc. 26 *e*). Montrer que l'action de χ sur E_ω est l'homothétie de rapport $\chi(\omega)$.

c) Que sont les E_ω lorsque $\mathfrak{g} = \mathfrak{sl}(2, k)$?

§ 8

1) Soit f une fonction polynomiale invariante sur $\mathfrak{g}$. Montrer que f est invariante par $\mathrm{Aut}(\mathfrak{g})$ si et seulement si $f \mid \mathfrak{h}$ est invariante par $\mathrm{Aut}(\mathrm{R})$. En déduire que, si le graphe de Dynkin de R a un automorphisme non trivial, il existe une fonction polynomiale invariante sur $\mathfrak{g}$ qui n'est pas invariante par $\mathrm{Aut}(\mathfrak{g})$.

2) On prend $\mathfrak{g} = \mathfrak{sl}(3, k)$. Montrer que $x \mapsto \det(x)$ est une fonction polynomiale invariante sur $\mathfrak{g}$ qui n'est pas invariante par $\mathrm{Aut}(\mathfrak{g})$ (utiliser l'automorphisme $x \mapsto -{}^t x$).

3) Soient $\mathfrak{a}$ une algèbre de Lie semi-simple, et $s \in \mathrm{Aut}(\mathfrak{a})$. Montrer l'équivalence de:
(i) $s \in \mathrm{Aut}_0(\mathfrak{a})$.
(ii) s opère trivialement sur le centre de $\mathrm{U}(\mathfrak{a})$.
(iii) Pour tout $x \in \mathfrak{a}$, il existe $t \in \mathrm{Aut}_0(\mathfrak{a})$ tel que $tx = sx$.
(Utiliser la prop. 6 pour montrer que (iii) $\Rightarrow$ (i).)

4) Montrer que, dans le cor. 2 de la prop. 2, et dans le th. 1 (ii), on peut se borner aux représentations ρ dont les poids sont radiciels (remarquer que la prop. 1 reste valable lorsqu'on remplace $k[\mathrm{P}]^{\mathrm{W}}$ par $k[\mathrm{Q}]^{\mathrm{W}}$, où Q est le groupe des poids radiciels).

5) On reprend les notations des §§ 6, 7. Soit $\lambda \in \mathfrak{h}^*$. Si, pour tout $w \in \mathrm{W}$, $w \neq 1$, on a $(\lambda + \rho) - w(\lambda + \rho) \notin \mathrm{Q}_+$, alors $\mathrm{Z}(\lambda)$ est simple.
(Utiliser le cor. 1 (ii) du th. 2.)

6) Soient $\mathfrak{a}$ une algèbre de Lie, f une fonction polynomiale sur $\mathfrak{a}$, et x, y deux éléments de $\mathfrak{a}$. On pose $f_y = \theta^*(y)f$ (cf. n° 3), et on note $\mathrm{D}_x f$ l'application linéaire tangente à f en x (VII, App. I, n° 2). Montrer que $f_y(x) = (\mathrm{D}_x f)([x, y])$. En déduire que $\mathrm{D}_x f$ s'annule sur $\mathrm{Im}\,\mathrm{ad}(x)$ lorsque f est invariante.

7) *Soient $d_1, \ldots, d_l$ les degrés caractéristiques de l'algèbre $\mathrm{I}(\mathfrak{g})$, cf. V, § 5, n° 1. Pour tout entier $n \geqslant 0$, on note r_n le nombre d'éléments de degré n d'une base homogène de $\mathrm{S}(\mathfrak{g})$ sur $\mathrm{I}(\mathfrak{g})$ (cf. n° 3, Rem. 2), et on pose $r(\mathrm{T}) = \sum_{n=0}^{\infty} r_n \mathrm{T}^n$. Montrer que

$$r(\mathrm{T}) = (1 - \mathrm{T})^{-\mathrm{N}} \prod_{i=1}^{i=l} (1 - \mathrm{T}^{d_i}), \qquad \text{où} \quad \mathrm{N} = \dim(\mathfrak{g}).$$*

8) On pose $l = \mathrm{rg}(\mathfrak{g})$, $\mathrm{N} = \dim(\mathfrak{g})$. Si $x \in \mathfrak{g}$, on définit $a_i(x)$, $0 \leqslant i \leqslant \mathrm{N}$, par la formule

$$\det(\mathrm{T} + \mathrm{ad}\, x) = \sum_{i=0}^{\mathrm{N}} \mathrm{T}^{\mathrm{N}-i} a_i(x).$$

La fonction a_i ainsi définie est polynomiale homogène de degré i, et invariante par $\mathrm{Aut}(\mathfrak{g})$. Si $x \in \mathfrak{h}$ et $i \leqslant \mathrm{N} - l$, $a_i(x)$ est la i-ème fonction symétrique élémentaire des $\alpha(x)$, $x \in \mathrm{R}$; en particulier, on a $a_{\mathrm{N}-l}(x) = \prod_{\alpha \in \mathrm{R}} \alpha(x)$. Construire un exemple où les a_i n'engendrent pas l'algèbre des fonctions polynomiales sur $\mathfrak{g}$ invariantes par $\mathrm{Aut}(\mathfrak{g})$.

9) Les notations sont celles du n° 5. Soient $\lambda \in \mathfrak{h}^*$, $z \in \mathrm{Z}$, z' l'image de z par l'antiautomorphisme principal de $\mathrm{U}(\mathfrak{g})$, et w_0 l'élément de W qui transforme B en $-$B. Montrer que $\chi_\lambda(z) = \chi_{-w_0\lambda}(z')$.
(Il suffit de le prouver pour $\lambda \in \mathrm{P}_{++}$. Considérer alors l'action de z dans $\mathrm{E}(\lambda)$ et $\mathrm{E}(\lambda)^*$; utiliser la prop. 11 du § 7.)

10) (Dans cet exercice, ainsi que dans les trois suivants, on reprend les notations du § 6.) Soit $\lambda \in \mathfrak{h}^*$.
a) Soient N, N′ des sous-$\mathfrak{g}$-modules de $\mathrm{Z}(\lambda)$ tels que $\mathrm{N}' \subset \mathrm{N}$ et que N/N' soit simple. Montrer qu'il existe $\mu \in \lambda - \mathrm{Q}_+$ tel que N/N' soit isomorphe à $\mathrm{E}(\mu)$ (appliquer le th. 1 du § 6), et que $\mu + \rho \in \mathrm{W}.(\lambda + \rho)$ (appliquer le cor. 1 du th. 2).

b) Montrer que $Z(\lambda)$ admet une suite de Jordan-Hölder. (Appliquer *a*) et le fait que les poids de $Z(\lambda)$ sont de multiplicité finie.)

11) Soient $\lambda \in \mathfrak{h}^*$ et V un sous-$\mathfrak{g}$-module non nul de $Z(\lambda)$. Montrer qu'il existe $\mu \in \mathfrak{h}^*$ tel que V contienne un sous-$\mathfrak{g}$-module simple isomorphe à $Z(\mu)$.

(Soit A l'ensemble des $\nu \in \mathfrak{h}^*$ tels que V contienne un sous-$\mathfrak{g}$-module isomorphe à $Z(\nu)$. En utilisant la prop. 6 du § 6, montrer d'abord que $A \neq \emptyset$. Puis montrer que A est fini, et considérer un élément μ de A tel que $(\mu - Q_+) \cap A = \{\mu\}$.)

¶ 12) *a*) Soient $\lambda, \mu \in \mathfrak{h}^*$. Tout $\mathfrak{g}$-homomorphisme non nul de $Z(\mu)$ dans $Z(\lambda)$ est injectif. (Utiliser la prop. 6 du § 6.)
b) Soient $r \in \mathbf{N}$, A une partie finie de $\mathbf{N}^r$, $m = \mathrm{Card}(A)$. Pour tout $\xi \in \mathbf{N}^r$, soient $s(\xi)$ la somme des coordonnées de ξ, et $\mathfrak{P}_A(\xi)$ le nombre de familles $(n_\alpha)_{\alpha \in A}$ d'entiers $\geqslant 0$ tels que $\xi = \sum_{\alpha \in A} n_\alpha \alpha$. Alors $\mathfrak{P}_A(\xi) \leqslant (s(\xi) + 1)^m$ pour tout $\xi \in \mathbf{N}^r$. (Raisonner par récurrence sur *m*.)
c) Soient $\lambda, \mu \in \mathfrak{h}^*$. Montrer que $\dim \mathrm{Hom}_{\mathfrak{g}}(Z(\mu), Z(\lambda)) \leqslant 1$. (Soient φ_1 et φ_2 des $\mathfrak{g}$-homomorphismes $\neq 0$ de $Z(\mu)$ dans $Z(\lambda)$. Si $\mathrm{Im}(\varphi_1) = \mathrm{Im}(\varphi_2)$, φ_1 et φ_2 sont linéairement dépendants d'après la prop. 1 (iii) du § 6. Supposons $\mathrm{Im}(\varphi_1) \neq \mathrm{Im}(\varphi_2)$. Si $Z(\mu)$ est simple, la somme $\mathrm{Im}(\varphi_1) + \mathrm{Im}(\varphi_2)$ est directe; en déduire que $\mathfrak{P}(\xi + \lambda - \mu) \geqslant 2\mathfrak{P}(\xi)$ pour tout $\xi \in \mathfrak{h}^*$, d'où contradiction avec *b*). Dans le cas général, utiliser l'exerc. 11.)

Lorsque $\dim \mathrm{Hom}_{\mathfrak{g}}(Z(\mu), Z(\lambda)) = 1$, on écrit $Z(\mu) \subset Z(\lambda)$ par abus de notation.
d) Soit $\nu \in \mathfrak{h}^*$. L'ensemble des $\lambda \in \mathfrak{h}^*$ tels que $Z(\lambda - \nu) \subset Z(\lambda)$ est fermé dans $\mathfrak{h}^*$ pour la topologie de Zariski.

¶ 13) *a*) Soient $\mathfrak{a}$ une algèbre de Lie nilpotente, $x \in \mathfrak{a}$, $n \in \mathbf{N}$, $p \in \mathbf{N}$. Il existe $l \in \mathbf{N}$ tel que $x^l y_1 \ldots y_n \in U(\mathfrak{a})x^p$ quels que soient $y_1, \ldots, y_n \in \mathfrak{a}$.
b) Soient $\lambda, \mu \in \mathfrak{h}^*$, et $\alpha \in B$ tels que

$$Z(s_\alpha\mu - \rho) \subset Z(\mu - \rho) \subset Z(\lambda - \rho).$$

On suppose $\lambda \in P$. Soit $p = \lambda(H_\alpha) \in \mathbf{Z}$. Montrer que:

*b*₁) Si $p \leqslant 0$, on a $Z(\lambda - \rho) \subset Z(s_\alpha\lambda - \rho)$.

*b*₂) Si $p > 0$, on a $Z(s_\alpha\mu - \rho) \subset Z(s_\alpha\lambda - \rho) \subset Z(\lambda - \rho)$.

(Utiliser *a*), et le § 6, cor. 1 de la prop. 6.)

c) Soient $\lambda \in \mathfrak{h}^*$, $\alpha \in R_+$ et $m = \lambda(H_\alpha)$. Supposons $m \in \mathbf{N}$. Montrer que

$$Z(s_\alpha\lambda - \rho) \subset Z(\lambda - \rho).$$

(Le prouver d'abord pour $\lambda \in P$ en utilisant *b*), puis dans le cas général en utilisant l'exerc. 12 *d*).)[1]

14) *Soient $\mathfrak{a}$ une algèbre de Lie semi-simple, et $Z(\mathfrak{a})$ le centre de $U(\mathfrak{a})$. Montrer que $U(\mathfrak{a})$ est un $Z(\mathfrak{a})$-module libre. (Remarquer que gr $U(\mathfrak{a})$ est isomorphe à $S(\mathfrak{a})$ et $S(\mathfrak{a}^*)$, et utiliser la Rem. 2 du nº 3.)*

¶ 15) Soient x un élément diagonalisable de $\mathfrak{g}$ (§ 3, exerc. 10), et y un élément semi-simple de $\mathfrak{g}$ tel que $f(x) = f(y)$ pour toute fonction polynomiale f invariante sur $\mathfrak{g}$. Montrer qu'il existe $s \in \mathrm{Aut}_e(\mathfrak{g})$ tel que $sy = x$. (Remarquer que ad x et ad y ont même polynôme caractéristique, cf. exerc. 8, d'où le fait que y est diagonalisable. Se ramener ensuite, grâce à l'exerc. 10 du § 3, au cas où x et y sont contenus dans $\mathfrak{h}$, et utiliser le th. 1 (i) et le lemme 6 pour prouver que x et y sont conjugués par W.)

[1] Pour plus de détails sur les exercices 10 à 13, voir: I. N. BERNSTEIN, I. M. GELFAND et S. I. GELFAND, Structure des représentations engendrées par des vecteurs de plus haut poids [en russe], *Funct. Anal. i evo prilojenie*, t. V (1971), p. 1–9.

Dans ce mémoire, il est également prouvé que, si $\lambda, \lambda' \in \mathfrak{h}^*$ sont tels que $Z(\lambda - \rho) \subset Z(\lambda' - \rho)$, il existe $\gamma_1, \ldots, \gamma_n \in R_+$ tels que $\lambda = s_{\gamma_n} \ldots s_{\gamma_2} s_{\gamma_1} \lambda'$ et $(s_{\gamma_i} \ldots s_{\gamma_1}\lambda')(H_{\gamma_{i+1}}) \in \mathbf{N}$ pour $0 \leqslant i \leqslant n$. On en déduit que $Z(\lambda - \rho)$ est simple si et seulement si $\lambda(H_\alpha) \in \mathbf{N}^*$ pour tout $\alpha \in R_+$.

16) Soient $\mathfrak{a}$ une algèbre de Lie semi-simple, x un élément de $\mathfrak{a}$, et x_s la composante semi-simple de x. Montrer que, si f est une fonction polynomiale invariante sur $\mathfrak{a}$, on a $f(x) = f(x_s)$. (Se ramener au cas où f est de la forme $x \mapsto \mathrm{Tr}\ \rho(x)^n$.)

17) On suppose k algébriquement clos, et l'on pose $\mathrm{G} = \mathrm{Aut}_e(\mathfrak{g})$. Soient $x, y \in \mathfrak{g}$. Montrer l'équivalence de:
(i) Les composantes semi-simples de x et y sont G-conjuguées.
(ii) Pour toute fonction polynomiale invariante f sur $\mathfrak{g}$, on a $f(x) = f(y)$.
(Utiliser les exerc. 15 et 16.)

18) Soient $\mathfrak{a}$ une algèbre de Lie semi-simple, $l = \mathrm{rg}(\mathfrak{a})$, I l'algèbre des fonctions polynomiales invariants sur $\mathfrak{a}$, et $\mathrm{P}_1, \dots, \mathrm{P}_l$ des éléments homogènes de I engendrant l'algèbre I. Les P_i définissent une application polynomiale $\mathrm{P}: \mathfrak{a} \to k^l$. Si $x \in \mathfrak{a}$, on note $\mathrm{D}_x\mathrm{P}: \mathfrak{a} \to k^l$ l'application linéaire tangente à P en x (VII, App. I, nº 2).
a) Soit $\mathfrak{h}$ une sous-algèbre de Cartan de $\mathfrak{a}$, et soit $x \in \mathfrak{h}$. Prouver l'équivalence de:
(i) $\mathrm{D}_x\mathrm{P} \mid \mathfrak{h}$ est un isomorphisme de $\mathfrak{h}$ sur k^l;
(ii) x est régulier.
(Se ramener au cas déployé. Choisir une base de $\mathfrak{h}$, et noter $d(x)$ le déterminant de la matrice donnant $\mathrm{D}_x\mathrm{P} \mid \mathfrak{h}$ relativement à cette base. Montrer, au moyen de la prop. 5 de V, § 5, nº 4, qu'il existe $c \in k^*$ tel que $d(x)^2 = c \prod_{\alpha \in \mathrm{R}} \alpha(x)$, où α parcourt l'ensemble R des racines de $(\mathfrak{a}, \mathfrak{h})$.)
Si ces conditions sont satisfaites, on a $\mathfrak{a} = \mathfrak{h} \oplus \mathrm{Im}\,\mathrm{ad}(x)$, et $\mathrm{Ker}\, \mathrm{D}_x\mathrm{P} = \mathrm{Im}\,\mathrm{ad}(x)$ (utiliser l'exerc. 6 pour montrer que $\mathrm{D}_x\mathrm{P}$ s'annule sur $\mathrm{Im}\,\mathrm{ad}(x)$).
b) Montrer que l'ensemble des $x \in \mathfrak{a}$ tels que $\mathrm{D}_x\mathrm{P}$ soit de rang l est un ouvert dense de $\mathfrak{a}$ pour la topologie de Zariski.

§ 9

Tous les $\mathfrak{g}$-modules considérés sont supposés de dimension finie.

1) Si m est un entier $\geqslant 0$, on a $\dim \mathrm{E}(m\rho) = (m+1)^{\mathrm{N}}$, où $\mathrm{N} = \mathrm{Card}(\mathrm{R}_+)$.

2) Montrer qu'il existe une fonction polynomiale d sur $\mathfrak{h}^*$, et une seule, telle que $d(\lambda) = \dim \mathrm{E}(\lambda)$ pour tout $\lambda \in \mathrm{P}_{++}$; son degré est $\mathrm{Card}(\mathrm{R}_+)$. On a

$$d(w\lambda - \rho) = \varepsilon(w) d(\lambda - \rho) \qquad \text{si} \quad w \in \mathrm{W}, \lambda \in \mathfrak{h}^*.$$

En particulier la fonction $\lambda \mapsto d(\lambda - \rho)^2$ est invariante par W. En déduire qu'il existe un élément et un seul u du centre de $\mathrm{U}(\mathfrak{g})$ tel que $\chi_\lambda(u) = d(\lambda)^2$ pour tout $\lambda \in \mathfrak{h}^*$ (appliquer le th. 2 du § 8, nº 5). Lorsque $\mathfrak{g} = \mathfrak{sl}(2, k)$, on a $u = \mathrm{C} + 1$, où C est l'élément défini dans l'exerc. 1 du § 1.

3) Soient $k_1, \dots, k_l$ les degrés caractéristiques de l'algèbre des invariants de W (cf. V, § 5).
a) Montrer que, pour tout $j \geqslant 1$, le nombre des i tels que $k_i > j$ est égal au nombre des $\alpha \in \mathrm{R}_+$ tels que $\langle \rho, H_\alpha \rangle = j$. (Se ramener au cas où R est irréductible, et utiliser VI, § 4, exerc. 6*c*).)(Cf. § 5, exerc. 5*g*))
b) En déduire la formule:

$$\prod_{\alpha \in \mathrm{R}_+} \langle \rho, H_\alpha \rangle = \prod_{i=1}^{i=l} (k_i - 1)!$$

¶ 4) On suppose $\mathfrak{g}$ simple, et on note γ l'élément de R_+ tel que H_γ soit la plus grande racine de $\mathrm{R}^\vee$; on écrit $H_\gamma = \sum_{\alpha \in \mathrm{B}} n_\alpha H_\alpha$. On a $\langle \rho, H_\gamma \rangle = \sum n_\alpha = h - 1$, où h est le nombre de Coxeter de R (VI, § 1, nº 11, prop. 31).
a) Soit $\alpha \in \mathrm{B}$. Montrer que, pour tout $\beta \in \mathrm{R}_+$, on a

$$\langle \varpi_\alpha + \rho, H_\beta \rangle \leqslant h + n_\alpha - 1,$$

et qu'il y a égalité si $\beta = \gamma$. En déduire que tout facteur premier de dim $E(\varpi_\alpha)$ est $\leqslant h + n_\alpha - 1$.

b) On suppose ϖ_α non minuscule, i.e. $n_\alpha \geqslant 2$. Soient $m \in [2, n_\alpha]$ et $p = h + m - 1$. Vérifier (cf. VI, *Planches*) qu'il existe $\beta \in R_+$ tel que $\langle \varpi_\alpha, H_\beta \rangle = n_\alpha$ et $\langle \rho, H_\beta \rangle = h - 1 - (n_\alpha - m)$, d'où $\langle \varpi_\alpha + \rho, H_\beta \rangle = p$. En déduire que, si p est premier p, divise dim $E(\varpi_\alpha)$. (Remarquer que p ne divise aucun des $\langle \rho, H_\beta \rangle$, pour $\beta \in R_+$, cf. exerc. 3.)

c) Lorsque $\mathfrak{g}$ est de type G_2 (resp. F_4, E_8), on a $h = 6$ (resp. 12, 30), et dim $E(\varpi_\alpha)$ est divisible par 7 (resp. 13, 31). Lorsque $\mathfrak{g}$ est de type E_6 (resp. E_7), et que ϖ_α n'est pas minuscule, dim $E(\varpi_\alpha)$ est divisible par 13 (resp. 19).

¶ 5) *a*) Soient $\alpha \in R$, $x \in \mathfrak{g}^\alpha$, $y \in \mathfrak{g}^{-\alpha}$, et soit E un $\mathfrak{g}$-module. Montrer que, pour tout $\lambda \in P$, on a

$$\mathrm{Tr}((xy)_E \mid E^\lambda) = \mathrm{Tr}((xy)_E \mid E^{\lambda+\alpha}) + \lambda([x, y]) \dim E^\lambda.$$

En déduire que

$$\sum_{\lambda \in P} \lambda([x, y]) \dim(E^\lambda) \,.\, e^\lambda = (1 - e^{-\alpha}) \sum_{\lambda \in P} \mathrm{Tr}((xy)_E \mid E^\lambda) \,.\, e^\lambda.$$

b) On munit $\mathfrak{h}^*$ d'une forme bilinéaire symétrique $\langle .\,, . \rangle$ invariante par W et non dégénérée. Soit Δ l'endomorphisme de l'espace vectoriel $k[P]$ tel que $\Delta(e^\mu) = \langle \mu, \mu \rangle e^\mu$ pour tout $\mu \in P$; si $a, b \in k[P]$, on pose

$$\Delta'(a, b) = \Delta(ab) - a\Delta(b) - b\Delta(a).$$

Prouver que

$$\begin{aligned} \Delta(J(e^\mu)) &= \langle \mu, \mu \rangle J(e^\mu) && \text{pour } \mu \in P,\\ \Delta'(e^\lambda, e^\mu) &= 2\langle \lambda, \mu \rangle e^{\lambda+\mu} && \text{pour } \lambda, \mu \in P,\\ \Delta'(ab, c) &= a\Delta'(b, c) + b\Delta'(a, c) && \text{pour } a, b, c \in k[P]. \end{aligned}$$

c) Soient $\lambda \in P_{++}$, $c_\lambda = \mathrm{ch}(E(\lambda))$ et $d = J(e^\rho)$. Prouver que

$$\Delta(c_\lambda d) = \langle \lambda + \rho, \lambda + \rho \rangle c_\lambda d.$$

(Utiliser *a*), *b*), le § 6, cor. de la prop. 7, et VI, § 3, n° 3, formule (3).)

d) Déduire de ce qui précède, et du § 7, n° 2, prop. 5 (iii), une autre démonstration de la formule de H. Weyl.

e) Pour tout $\lambda \in \mathfrak{h}^*$, on pose dim $E^\lambda = m(\lambda)$. Déduire de *a*) que

$$\mathrm{Tr}((xy)_E \mid E^\lambda) = \sum_{i=0}^{+\infty} (\lambda + i\alpha)([x, y]) m(\lambda + i\alpha)$$

$$\sum_{i=-\infty}^{+\infty} (\lambda + i\alpha)([x, y]) m(\lambda + i\alpha) = 0.$$

f) Soit $\langle .\,, . \rangle$ une forme bilinéaire symétrique invariante et non dégénérée sur $\mathfrak{g}$, dont la restriction à $\mathfrak{h}$ est l'inverse de la forme choisie plus haut. Soit Γ l'élément de Casimir correspondant. On suppose E simple; posons $\Gamma_E = \gamma . 1$, où $\gamma \in k$. Utilisant *e*) et le § 2, n° 3, prop. 6, montrer que, pour tout $\lambda \in \mathfrak{h}^*$,

$$\gamma m(\lambda) = \langle \lambda, \lambda \rangle m(\lambda) + \sum_{\alpha \in R} \sum_{i=0}^{+\infty} \langle \lambda + i\alpha, \alpha \rangle m(\lambda + i\alpha),$$

puis que

$$\begin{aligned} \gamma m(\lambda) &= \langle \lambda, \lambda \rangle m(\lambda) + \sum_{\alpha \in R_+} m(\lambda) \langle \lambda, \alpha \rangle \\ &\quad + 2 \sum_{\alpha \in R_+} \sum_{i=1}^{+\infty} m(\lambda + i\alpha) \langle \lambda + i\alpha, \alpha \rangle \\ &= \langle \lambda, \lambda + 2\rho \rangle m(\lambda) + 2 \sum_{\alpha \in R_+} \sum_{i=1}^{+\infty} m(\lambda + i\alpha) \langle \lambda + i\alpha, \alpha \rangle. \end{aligned}$$

g) On suppose toujours E simple; soit ω son plus grand poids. Déduire de *f*) que, pour tout $\lambda \in \mathfrak{h}^*$, on a

$$(\langle \omega + \rho, \omega + \rho \rangle - \langle \lambda + \rho, \lambda + \rho \rangle) m(\lambda) = 2 \sum_{\alpha \in \mathrm{R}_+} \sum_{i=1}^{+\infty} m(\lambda + i\alpha) \langle \lambda + i\alpha, \alpha \rangle.$$

(On rappelle que, d'après la prop. 5 du § 7, $\langle \omega + \rho, \omega + \rho \rangle > \langle \lambda + \rho, \lambda + \rho \rangle$ si λ est un poids de E distinct de ω. La formule précédente donne donc un procédé pour calculer les $m(\lambda)$ de proche en proche.)[1]

6) Soit $x \mapsto x^*$ l'involution de $k[\mathrm{P}]$ qui transforme e^p en e^{-p} pour tout $p \in \mathrm{P}$.

a) On pose $\mathrm{D} = d^*d = \prod_{\alpha \in \mathrm{R}} (1 - e^\alpha)$. Montrer que $d^* = (-1)^{\mathrm{N}} d$, où $\mathrm{N} = \mathrm{Card}(\mathrm{R}_+)$, d'où $\mathrm{D} = (-1)^{\mathrm{N}} d^2$.

b) On définit deux formes linéaires ε et I sur $k[\mathrm{P}]$ par les formules:

$$\varepsilon(1) = 1, \qquad \varepsilon(e^p) = 0 \quad \text{si} \quad p \in \mathrm{P} - \{0\}$$

et

$$\mathrm{I}(f) = \frac{1}{m} \varepsilon(\mathrm{D} \,.\, f), \qquad \text{où} \quad m = \mathrm{Card}(\mathrm{W}).$$

Montrer, en utilisant la formule $d = \mathrm{J}(e^\rho)$, que $\mathrm{I}(1) = 1$.

c) Soient $\lambda \in \mathrm{P}_{++}$ et $c_\lambda = \mathrm{ch}\, \mathrm{E}(\lambda) = \mathrm{J}(e^{\lambda+\rho})/d$. Montrer que $\mathrm{I}(c_\lambda) = 0$ si $\lambda \neq 0$. (Même méthode que pour *b*).)

d) Montrer que I est à valeurs entières sur la sous-algèbre $\mathbf{Z}[\mathrm{P}]^{\mathrm{W}} = \mathrm{ch}\, \mathrm{R}(\mathfrak{g})$ de $k[\mathrm{P}]$. Si E est un $\mathfrak{g}$-module, la dimension de l'espace des invariants de $\mathfrak{g}$ dans E est égale à $\mathrm{I}(\mathrm{ch}\, \mathrm{E})$. (Se ramener au cas où E est simple et utiliser *b*) et *c*).)

e) On a $\dim \mathrm{E} = \sum_{\lambda \in \mathrm{P}_{++}} \mathrm{I}(c_\lambda^* \,\mathrm{ch}\, \mathrm{E})\, d(\lambda)$, où $d(\lambda) = \dim \mathrm{E}(\lambda)$. En particulier:

$$\mathrm{I}(c_\lambda^* c_\mu) = \delta_{\lambda\mu} \qquad \text{si} \quad \lambda, \mu \in \mathrm{P}_{++}.$$

f) Si $\lambda, \mu, \nu \in \mathrm{P}_{++}$, l'entier $m(\lambda, \mu, \nu)$ de la prop. 2 est égal à $\mathrm{I}(c_\lambda c_\mu c_\nu^*)$. En déduire l'identité

$$d(\lambda) d(\mu) = \sum_{\nu \in \mathrm{P}_{++}} m(\lambda, \mu, \nu) d(\nu) \qquad \lambda, \mu, \nu \in \mathrm{P}_{++}.$$

(Appliquer *e*) au $\mathfrak{g}$-module $\mathrm{E} = \mathrm{E}(\lambda) \otimes \mathrm{E}(\mu)$.)

¶ 7) On reprend les notations de la démonstration du th. 2.

a) Montrer que

$$f_\rho(\mathrm{J}(e^\mu)) = \prod_{\alpha \in \mathrm{R}_+} (e^{(\mu|\alpha)\mathrm{T}/2} - e^{-(\mu|\alpha)\mathrm{T}/2}).$$

b) On choisit pour $(.\,|\,.)$ la forme bilinéaire canonique Φ_{R} (VI, § 1, n° 12). Montrer que

$$f_\rho(\mathrm{J}(e^\mu)) \equiv d_\mu \mathrm{T}^{\mathrm{N}}\left(1 + \frac{\mathrm{T}^2}{48} (\mu \mid \mu)\right) \qquad (\text{mod. } \mathrm{T}^{\mathrm{N}+3}\mathbf{R}[[\mathrm{T}]]),$$

où $d_\mu = \prod_{\alpha \in \mathrm{R}_+} (\mu \mid \alpha)$.

c) Déduire de *b*), et de l'égalité $\mathrm{J}(e^{\lambda+\rho}) = \mathrm{ch}(\mathrm{E}) \,.\, \mathrm{J}(e^\rho)$, la formule:

$$\sum_{\mu \in \mathrm{P}} (\mu \mid \rho)^2 \dim \mathrm{E}^\mu = \frac{\dim \mathrm{E}}{24} (\lambda \mid \lambda + 2\rho).$$

d) On suppose $\mathfrak{g}$ simple. Montre que $(\rho \mid \rho) = \dim \mathfrak{g}/24$. (Appliquer *c*) en prenant pour λ la plus grande racine de R, et utiliser l'exerc. 3 du § 6.)

[1] Pour plus de détails sur cet exercice, voir: H. FREUDENTHAL, Zur Berechnung der Charaktere der halbeinfachen Lieschen Gruppen, *Proc. Kon. Akad. Wet. Amsterdam*, t. LVII (1954), p. 369-376.

¶ 8) Soit ψ une fonction polynomiale sur $\mathfrak{h}^*$, de degré r. Montrer qu'il existe une fonction polynomiale Ψ sur $\mathfrak{h}^*$, et une seule, qui est invariante par W, de degré $\leqslant r$, et telle que

$$\sum_{\mu \in P} \psi(\mu) \dim E^\mu = \Psi(\lambda + \rho) \dim E$$

pour tout $\mathfrak{g}$-module simple E de plus grand poids λ.

(Traiter d'abord le cas où $\psi(\mu) = (\mu \mid \nu)^r$, où $\nu \in P$ n'est orthogonal à aucune racine; utiliser pour cela l'homomorphisme f_ν de la démonstration du th. 2, ainsi que V, § 5, nº 4, prop. 5 (i).)

9) On utilise les notations de VI, planche I, dans le cas d'une algèbre $\mathfrak{g}$ de type A_2. Soient n, p des entiers $\geqslant 0$.

a) On a $\mathfrak{P}(n\alpha_1 + p\alpha_2) = 1 + \inf(n, p)$.

b) Soit $\lambda = n\varpi_1 + p\varpi_2$. On a $\dim E(\lambda) = \frac{1}{2}(n + 1)(p + 1)(n + p + 2)$. La multiplicité du poids 0 dans $E(\lambda)$ est 0 si λ n'est pas radiciel, i.e. si $n \not\equiv p$ (mod. 3); si λ est radiciel, c'est $1 + \inf(n, p)$.

10) On utilise les notations de VI, planche II, dans le cas d'une algèbre de type B_2. Soient n, p des entiers $\geqslant 0$.

a) On a

$$\mathfrak{P}(n\alpha_1 + p(\alpha_1 + 2\alpha_2)) = 1 + \tfrac{1}{2}p(p + 3)$$
$$\mathfrak{P}(n\alpha_2 + p(\alpha_1 + \alpha_2)) = [p^2/4] + p + 1$$
$$\mathfrak{P}(n(\alpha_1 + \alpha_2) + p(\alpha_1 + 2\alpha_2)) = [n^2/4] + n + 1 + np + \tfrac{1}{2}p(p + 3).$$

b) Soit $\lambda = n(\alpha_1 + \alpha_2) + p(\alpha_1 + 2\alpha_2)$. La multiplicité du poids 0 dans $E(\lambda)$ est

$$[n/2] + 1 + np + p.$$

11) On suppose que $\mathfrak{g}$ n'est pas produit d'algèbres de rang 1. Soit $n \in \mathbf{N}$. Montrer qu'il existe un $\mathfrak{g}$-module simple dont l'un des poids a une multiplicité $\geqslant n$. (Supposer le résultat inexact. Soit E_λ le module simple de plus grand poids $\lambda \in P_{++}$. Comparer $\dim E_\lambda$ et le nombre de poids distincts de E_λ quand $(\lambda \mid \lambda) \to \infty$ (notations du th. 2).

12) Soit U^0 le commutant de $\mathfrak{h}$ dans $U(\mathfrak{g})$. Si $\mathfrak{g}$ est de rang 1, U^0 est commutative. Si $\mathfrak{g}$ est de rang $\geqslant 2$, U^0 admet des représentations simples de dimension finie arbitrairement grande. (Utiliser l'exerc. 11 ainsi que l'exerc. 23 *a*) du § 7.)

13) Soit R un système de racines dans un espace vectoriel V. Deux éléments v_1, v_2 de V sont dits *disjoints* si R est somme directe de deux systèmes de racines R_1 et R_2 (VI, § 1, nº 2) tels que v_i appartienne au sous-espace vectoriel de V engendré par R_i, $i = 1, 2$. Montrer que deux éléments de $V_{\mathbf{R}}$ qui appartiennent à une même chambre de R sont disjoints si et seulement si ils sont orthogonaux.

¶ 14) *a*) Soient $\mu, \nu \in P_{++}$ et γ un poids de $E(\mu)$. Soit ρ_μ la représentation de $\mathfrak{g}$ dans $E(\mu)$. Soient $X_\alpha \in \mathfrak{g}^\alpha - \{0\}$, $Y_\alpha \in \mathfrak{g}^{-\alpha} - \{0\}$. Si $\alpha \in B$, on pose $\nu_\alpha = \nu(H_\alpha)$, et

$$E^+(\mu, \gamma, \nu) = E(\mu)^\gamma \cap \bigcap_{\alpha \in B} \operatorname{Ker} \rho_\mu(X_\alpha)^{\nu_\alpha + 1},$$
$$E^-(\mu, \gamma, \nu) = E(\mu)^\gamma \cap \bigcap_{\alpha \in B} \operatorname{Ker} \rho_\mu(Y_\alpha)^{\nu_\alpha + 1},$$
$$d^+(\mu, \gamma, \nu) = \dim E^+(\mu, \gamma, \nu), \qquad d^-(\mu, \gamma, \nu) = \dim E^-(\mu, \gamma, \nu).$$

Pour tout $\lambda \in \mathfrak{h}^*$, on pose $\lambda^* = -w_0\lambda$, où w_0 est l'élément de W qui transforme B en $-$B. Montrer que

$$d^+(\mu, \gamma, \nu) = d^-(\mu, -\gamma^*, \nu^*).$$

b) Soient $\lambda_1, \lambda_2 \in P_{++}$, V le $\mathfrak{g}$-module $\operatorname{Hom}_k(E(\lambda_1^*), E(\lambda_2))$, U l'ensemble des $\varphi \in V$ tels que $Y_\alpha \cdot \varphi = 0$ pour tout $\alpha \in B$, et w un vecteur primitif de $E(\lambda_1^*)$. Montrer que $\varphi \mapsto \varphi(w)$ est un isomorphisme de U sur l'ensemble des $v \in E(\lambda_2)$ tels que $Y_\alpha^{\lambda^*_1(H_\alpha)+1} \cdot v = 0$ pour tout $\alpha \in B$. (Pour prouver la surjectivité, utiliser l'exerc. 15 du § 7.)

c) Avec les notations de la prop. 2, prouver que, pour $\lambda_1, \lambda_2, \lambda \in P_{++}$, on a

$$\begin{aligned} m(\lambda_1, \lambda_2, \lambda) &= d^+(\lambda, \lambda_2 - \lambda_1^*, \lambda_1^*) = d^-(\lambda, \lambda_1 - \lambda_2^*, \lambda_1) \\ &= d^+(\lambda_1, \lambda - \lambda_2, \lambda_2) = d^-(\lambda_1, \lambda_2^* - \lambda^*, \lambda_2^*). \end{aligned}$$

(Observer que $m(\lambda_1, \lambda_2, \lambda)$ est la dimension de l'espace des éléments $\mathfrak{g}$-invariants de

$$E(\lambda)^* \otimes E(\lambda_1) \otimes E(\lambda_2),$$

donc est égal à $m(\lambda_1^*, \lambda, \lambda_2)$.)

d) Soient $\lambda_1, \lambda_2 \in P_{++}$, et soit λ l'unique élément de $P_{++} \cap W.(\lambda_1 - \lambda_2^*)$. On a

$$m(\lambda_1, \lambda_2, \lambda) = 1.$$

(Utiliser *c*).) En déduire que $E(\lambda_1) \otimes E(\lambda_2)$ contient un sous-module et un seul isomorphe à $E(\lambda)$.

e) On conserve les notations de *d*). Montrer l'équivalence des conditions suivantes:

(i) $\lambda = \lambda_1 + \lambda_2$

(ii) $\|\lambda\| = \|\lambda_1 + \lambda_2\|$

(iii) λ_1 et λ_2^* sont orthogonaux

(iv) λ_1 et λ_2^* sont disjoints (exerc. 13)

(v) λ_1 et λ_2 sont disjoints.

En conclure que $E(\lambda_1) \otimes E(\lambda_2)$ n'est un module simple que si λ_1 et λ_2 sont disjoints (d'où une autre démonstration de l'exerc. 18 *f*) du § 7).

15) On pose $N = \mathrm{Card}(R_+)$, $c = \prod_{\alpha \in R_+} \langle \rho, H_\alpha \rangle$, et $d(\lambda) = \dim E(\lambda)$ si $\lambda \in P_{++}$. Montrer que, pour tout nombre réel $s > 0$, on a

$$\sum_{\lambda \in P_{++}} d(\lambda)^{-s} \leqslant \frac{1}{c}\left(\sum_{m=1}^{\infty} m^{-s}\right)^N.$$

En déduire que $\sum_{\lambda \in P_{++}} d(\lambda)^{-s} < +\infty$ si $s > 1$.

¶ 16) *a*) On prend $\mathfrak{g}$ de type F_4, et l'on utilise les notations du chap. VI, planche VIII. Si $i = 1, 2, 3, 4$, on pose

$$\mathscr{X}_i = P_{++} \cap (\varpi_i - Q_+).$$

L'ensemble des poids de $E(\varpi_i)$ est la réunion disjointe des $W\omega$, où ω parcourt $\mathscr{X}_i$ (cf. § 7, prop. 5 (iv)). On a:

$$\begin{aligned} \mathscr{X}_1 &= \{0, \varpi_1, \varpi_4\}; \\ \mathscr{X}_2 &= \{0, \varpi_1, \varpi_2, \varpi_3, \varpi_4, \varpi_1 + \varpi_4, 2\varpi_4\}; \\ \mathscr{X}_3 &= \{0, \varpi_1, \varpi_3, \varpi_4\}; \\ \mathscr{X}_4 &= \{0, \varpi_4\}. \end{aligned}$$

b) Montrer, au moyen du th. 2, qu'on a:

$\dim E(\varpi_1) = 52$, $\dim E(\varpi_2) = 1274$, $\dim E(\varpi_3) = 273$, $\dim E(\varpi_4) = 26$.

c) En utilisant le chap. V, § 3, prop. 1, et les planches du chap. VI, montrer que

$$\mathrm{Card}(W\varpi_1) = 2^7 3^2 2^{-3} (3!)^{-1} = 24.$$

Calculer de même $\mathrm{Card}(W\varpi_2), \ldots, \mathrm{Card}(W.2\varpi_4)$. En déduire que le nombre des poids de $E(\varpi_2)$ est 553; comme ce nombre est strictement inférieur à $\dim E(\varpi_2)$, l'un de ces poids est de multiplicité $\geqslant 2$.

d) Faire des calculs analogues pour $\varpi_1, \varpi_3, \varpi_4$. En déduire, en utilisant l'exerc. 21 du § 7, que, si ρ est une représentation simple non nulle de $\mathfrak{g}$, ρ admet un poids de multiplicité $\geqslant 2$.

e) Démontrer le même résultat pour une algèbre simple de type E_8.

f) Soit $\mathfrak{a}$ une algèbre de Lie simple déployable. Déduire de *d*), *e*), et des prop. 7 et 8 du § 7 l'équivalence des propriétés suivantes:

(i) $\mathfrak{a}$ admet une représentation simple non nulle dont tous les poids sont de multiplicité 1;

(ii) $\mathfrak{a}$ n'est ni de type F_4, ni de type E_8.

§ 10

1) Soient $\mathfrak{s} = \mathfrak{sl}(2, k)$ et $\mathfrak{g} = \mathfrak{sl}(3, k)$. On identifie $\mathfrak{s}$ à une sous-algèbre de $\mathfrak{g}$ au moyen d'une représentation irréductible de degré 3 de $\mathfrak{s}$. Montrer que tout sous-espace de $\mathfrak{g}$ contenant $\mathfrak{s}$ et stable par $\mathrm{ad}_{\mathfrak{g}}\,\mathfrak{s}$ est égal à $\mathfrak{s}$ ou à $\mathfrak{g}$; en déduire que $\mathfrak{s}$ est maximale parmi les sous-algèbres de $\mathfrak{g}$ distinctes de $\mathfrak{g}$.

2) Soit $m = \frac{1}{2}(\dim(\mathfrak{g}) + \mathrm{rg}(\mathfrak{g}))$. Toute sous-algèbre résoluble de $\mathfrak{g}$ est de dimension $\leqslant m$; si elle est de dimension m, c'est une sous-algèbre de Borel. (Se ramener au cas algébriquement clos, et utiliser le th. 2.)

3) On suppose que k est $\mathbf{R}$, $\mathbf{C}$, ou un corps ultramétrique complet non discret. On munit la grassmannienne $\mathbf{G}(\mathfrak{g})$ des sous-espaces vectoriels de $\mathfrak{g}$ de sa structure naturelle de variété analytique sur k (FRV, 5.2.6). On considère les sous-ensembles de $\mathbf{G}(\mathfrak{g})$ formés par:
(i) les sous-algèbres
(ii) les sous-algèbres résolubles
(iii) les sous-algèbres nilpotentes
(iv) les sous-algèbres formées d'éléments nilpotents
(v) les sous-algèbres de Borel.
Montrer que ces ensembles sont fermés (pour (v), utiliser l'exerc. 2). En déduire que ces ensembles sont compacts lorsque k est localement compact.

Montrer par des exemples que les sous-ensembles de $\mathbf{G}(\mathfrak{g})$ formés par:
(vi) les sous-algèbres de Cartan
(vii) les sous-algèbres réductives dans $\mathfrak{g}$
(viii) les sous-algèbres semi-simples
(ix) les sous-algèbres scindables
ne sont pas nécessairement fermés, même lorsque $k = \mathbf{C}$.

4) On suppose que $k = \mathbf{C}$. Soit $\mathrm{G} = \mathrm{Int}(\mathfrak{g}) = \mathrm{Aut}_0(\mathfrak{g})$, et soit B un sous-groupe intégral de G dont l'algèbre de Lie $\mathfrak{b}$ soit une sous-algèbre de Borel de $\mathfrak{g}$. Montrer que B est le normalisateur de $\mathfrak{b}$ dans G (utiliser l'exerc. 4 du § 3 et l'exerc. 11 du § 5). En déduire, au moyen de l'exerc. 3, que G/B est compact.

¶ 5) On suppose $\mathfrak{g}$ déployable. Si $\mathfrak{h}$ est une sous-algèbre de Cartan déployante de $\mathfrak{g}$, on note $\mathrm{E}(\mathfrak{h})$ le sous-groupe de $\mathrm{Aut}_e(\mathfrak{g})$ engendré par les $e^{\mathrm{ad}\,x}$, $x \in \mathfrak{g}^{\alpha}(\mathfrak{h})$, $\alpha \in \mathrm{R}(\mathfrak{g}, \mathfrak{h})$, cf. VII, § 3, nº 2.
a) Soit $\mathfrak{b}$ une sous-algèbre de Borel de $\mathfrak{g}$ contenant $\mathfrak{h}$, et soit $\mathfrak{h}_1$ une sous-algèbre de Cartan de $\mathfrak{b}$. Montrer que $\mathfrak{h}_1$ est conjuguée de $\mathfrak{h}$ par un élément de $\mathrm{E}(\mathfrak{h})$. En déduire que $\mathrm{E}(\mathfrak{h}) = \mathrm{E}(\mathfrak{h}_1)$.
b) Soit $\mathfrak{h}'$ une sous-algèbre de Cartan déployante de $\mathfrak{g}$. Montrer que $\mathrm{E}(\mathfrak{g}) = \mathrm{E}(\mathfrak{h}')$. (Si $\mathfrak{b}'$ est une sous-algèbre de Borel contenant $\mathfrak{h}'$, choisir une sous-algèbre de Cartan $\mathfrak{h}_1$ de $\mathfrak{b} \cap \mathfrak{b}'$ et appliquer *a*) pour montrer que $\mathrm{E}(\mathfrak{h}) = \mathrm{E}(\mathfrak{h}_1) = \mathrm{E}(\mathfrak{h}')$.)
c) Soit x un élément nilpotent de $\mathfrak{g}$. Montrer que $e^{\mathrm{ad}\,x} \in \mathrm{E}(\mathfrak{h})$. (Se ramener, grâce à *b*) et au cor. 2 du th. 1, au cas où $x \in [\mathfrak{b}, \mathfrak{b}]$.) En déduire que $\mathrm{E}(\mathfrak{h}) = \mathrm{Aut}_e(\mathfrak{g})$.

6) *a*) Montrer l'équivalence des propriétés:
(i) $\mathfrak{g}$ n'a pas d'élément nilpotent $\neq 0$.
(ii) $\mathfrak{g}$ n'a pas de sous-algèbre parabolique $\neq \mathfrak{g}$.
(Utiliser le cor. 2 au th. 1)

Une telle algèbre est dite *anisotrope*.
b) Soient $\mathfrak{p}$ une sous-algèbre parabolique minimale de $\mathfrak{g}$, $\mathfrak{r}$ le radical de $\mathfrak{p}$, et $\mathfrak{s} = \mathfrak{p}/\mathfrak{r}$. Montrer que $\mathfrak{s}$ est anisotrope. (Remarquer que, si $\mathfrak{q}$ est une sous-algèbre parabolique de $\mathfrak{s}$, l'image réciproque de $\mathfrak{q}$ dans $\mathfrak{p}$ est une sous-algèbre parabolique de $\mathfrak{g}$, cf. § 3, exerc. 5 *a*).)

¶ 7) *a*) Montrer que les propriétés suivantes de k sont équivalentes:
(i) Toute k-algèbre de Lie semi-simple anisotrope (exerc. 6) est réduite à 0.
(ii) Toute k-algèbre de Lie semi-simple possède une sous-algèbre de Borel.
(Utiliser l'exerc. 6 pour prouver que (i) $\Rightarrow$ (ii).)

b) Montrer que (i) et (ii) entraînent[1]:

(iii) Toute k-algèbre de dimension finie qui est un corps est commutative. (Ou encore: le groupe de Brauer de toute extension algébrique de k est réduit à 0.)

(Utiliser l'algèbre de Lie des éléments de trace réduite nulle d'une telle algèbre.)

c) Montrer que (i) et (ii) sont entraînées par:

(iv) Pour toute famille finie de polynômes homogènes $f_\alpha \in k[(X_\iota)_{\iota\in I}]$ de degrés $\geqslant 1$ telle que $\sum_\alpha \deg f_\alpha < \operatorname{Card}(I)$, il existe des éléments $x_\iota \in k$ non tous nuls tels que $f_\alpha((x_\iota)_{\iota\in I}) = 0$ pour tout α.

(Utiliser la prop. 5 du § 8.)

§ 11

1) Soit $\mathfrak{g} = \mathfrak{sl}(2, k)$. On pose $G = \operatorname{Aut}_e(\mathfrak{g})$; ce groupe s'identifie à $\mathbf{PSL}_2(k)$, cf. VII, § 3, nº 1, Rem. 2.

a) Tout élément nilpotent de $\mathfrak{g}$ est G-conjugué à $\begin{pmatrix} 0 & \lambda \\ 0 & 0 \end{pmatrix}$ pour un $\lambda \in k$. Un tel élément est principal si et seulement si il est non nul.

b) Les éléments $\begin{pmatrix} 0 & \lambda \\ 0 & 0 \end{pmatrix}$, $\begin{pmatrix} 0 & \mu \\ 0 & 0 \end{pmatrix}$, où $\lambda, \mu \in k^*$, sont G-conjugués si et seulement si $\lambda^{-1}\mu$ est un carré dans k.

c) Tout élément simple de $\mathfrak{g}$ est G-conjugué de $\begin{pmatrix} 1 & 0 \\ 0 & -1 \end{pmatrix}$.

2) Soient $A = \begin{pmatrix} 0 & 1 \\ 0 & 0 \end{pmatrix}$, $B = \begin{pmatrix} 0 & 0 \\ 1 & 0 \end{pmatrix}$. Alors A est nilpotente, AB ne l'est pas, et

$$[A, [A, B]] = \begin{pmatrix} 0 & -2 \\ 0 & 0 \end{pmatrix}.$$

En déduire que le lemme 5 ne s'étend pas aux corps de caractéristique 2.

3) Soient $\mathfrak{r}$ le radical de $\mathfrak{g}$, et $\mathfrak{s} = \mathfrak{g}/\mathfrak{r}$. Montrer l'équivalence de:

(i) $\mathfrak{g}$ ne contient pas de $\mathfrak{sl}_2$-triplet;

(ii) $\mathfrak{s}$ ne contient pas de $\mathfrak{sl}_2$-triplet;

(iii) $\mathfrak{s}$ est anisotrope (§ 10, exerc. 6);

(iv) $\mathfrak{s}$ ne contient pas d'élément diagonalisable $\neq 0$ (§ 3, exerc. 10).

(Utiliser la prop. 2, ainsi que l'exerc. 10 *a*) du § 3.)

4) Soient V un espace vectoriel de dimension $n \geqslant 2$, $\mathfrak{g} = \mathfrak{sl}(V)$ et $G = \mathbf{PGL}(V)$, identifié à un groupe d'automorphismes de $\mathfrak{g}$. Un $\mathfrak{sl}_2$-triplet dans $\mathfrak{g}$ munit V d'une structure de $\mathfrak{sl}(2, k)$-module fidèle, et inversement une telle structure provient d'un $\mathfrak{sl}_2$-triplet; un $\mathfrak{sl}_2$-triplet est principal si et seulement si le $\mathfrak{sl}(2, k)$-module correspondant est simple; deux $\mathfrak{sl}_2$-triplets sont G-conjugués si et seulement si les $\mathfrak{sl}(2, k)$-modules correspondants sont isomorphes. En déduire que les classes de G-conjugaison de $\mathfrak{sl}_2$-triplets de $\mathfrak{g}$ correspondent bijectivement aux familles $(m_1, m_2, \ldots)$ d'entiers $\geqslant 0$ telles que

$$m_1 + 2m_2 + 3m_3 + \cdots = n \qquad \text{et} \qquad m_1 < n.$$

¶ 5) On suppose $\mathfrak{g}$ semi-simple. Soit $\mathfrak{a}$ une sous-algèbre de $\mathfrak{g}$, réductive dans $\mathfrak{g}$, de même rang que $\mathfrak{g}$, et contenant un $\mathfrak{sl}_2$-triplet principal de $\mathfrak{g}$. Montrer que $\mathfrak{a} = \mathfrak{g}$.

[1] En fait, (iii) est *équivalente* à (i) et (ii). Voir là-dessus: R. STEINBERG, Regular elements of semi-simple algebraic groups, *Publ. Math. I.H.E.S.*, t. XXV (1965), p. 49–80.

¶ 6) On suppose $\mathfrak{g}$ absolument simple, et on note h son nombre de Coxeter. Soit x un élément nilpotent de $\mathfrak{g}$. Montrer que $(\operatorname{ad} x)^{2h-1} = 0$ et que $(\operatorname{ad} x)^{2h-2} \neq 0$ si et seulement si x est principal. (Se ramener au cas où $\mathfrak{g}$ est déployée, et x contenu dans la sous-algèbre $\mathfrak{n}_+$ de la prop. 10. Reprendre la démonstration de la prop. 10.)

¶ 7) On suppose $\mathfrak{g}$ semi-simple. Soit x un élément nilpotent de $\mathfrak{g}$. Pour que x soit principal, il faut et il suffit que x soit contenu dans une sous-algèbre de Borel de $\mathfrak{g}$, et dans une seule. (Se ramener au cas où k est algébriquement clos. Utiliser la prop. 10, ainsi que la prop. 10 du § 3, n° 3.)

8) Pour qu'une algèbre de Lie semi-simple possède un $\mathfrak{sl}_2$-triplet principal, il faut et il suffit qu'elle soit $\neq 0$ et qu'elle possède une sous-algèbre de Borel.

9) On suppose $\mathfrak{g}$ semi-simple. Soit N (resp. P) l'ensemble des éléments nilpotents (resp. nilpotents principaux) de $\mathfrak{g}$.

a) Montrer que P est une partie ouverte de N pour la topologie de Zariski (utiliser l'exerc. 6).

b) On suppose $\mathfrak{g}$ déployable. Montrer que P est dense dans N. (Utiliser la prop. 10, ainsi que le cor. 2 au th. 1 du § 10.)

10) On suppose $\mathfrak{g}$ semi-simple déployable. Soit (x, h, y) un $\mathfrak{sl}_2$-triplet de $\mathfrak{g}$.

a) Montrer qu'il existe une sous-algèbre de Cartan déployante $\mathfrak{h}$ de $\mathfrak{g}$ contenant h. (Utiliser l'exerc. 10 *b*) du § 3.)

b) On choisit $\mathfrak{h}$ comme dans *a*). Montrer que l'on a alors $h \in \mathfrak{h}_{\mathbf{Q}}$ et qu'il existe une base B de $R(\mathfrak{g}, \mathfrak{h})$ telle que $\alpha(h) \in \{0, 1, 2\}$ pour tout $\alpha \in B$ (cf. prop. 5). L'élément x appartient à la sous-algèbre de $\mathfrak{g}$ engendrée par les $\mathfrak{g}^\alpha$, $\alpha \in B$.

c) Déduire de *a*) et *b*), et du théorème de Jacobson-Morozov, une nouvelle démonstration du fait que tout élément nilpotent de $\mathfrak{g}$ est contenu dans une sous-algèbre de Borel (cf. § 10, cor. 2 au th. 1).

¶ 11) Soit (x, h, y) un $\mathfrak{sl}_2$-triplet principal de l'algèbre de Lie semi-simple $\mathfrak{g}$. On munit $\mathfrak{g}$ de la structure de $\mathfrak{sl}(2, k)$-module définie par ce triplet. Montrer que le module ainsi défini est isomorphe à $\bigoplus_{i=1}^{l} V(2k_i - 2)$, où les k_i sont les degrés caractéristiques de l'algèbre des fonctions polynomiales invariantes sur $\mathfrak{g}$. (Se ramener au cas où $\mathfrak{g}$ est simple déployable. Utiliser le cor. 1 au th. 1 du § 8, n° 3, ainsi que VI, § 4, exerc. 6 *c*).)[1]

¶ 12) On suppose $\mathfrak{g}$ semi-simple. Soient $x \in \mathfrak{g}$ et s (resp. n) la composante semi-simple (resp. nilpotente) de x. Soit $\mathfrak{a}_x$ (resp. $\mathfrak{a}_s$) le commutant de x (resp. s) dans $\mathfrak{g}$.

a) Montrer que n est un élément nilpotent de l'algèbre semi-simple $\mathscr{D}(\mathfrak{a}_s)$, et que le commutant de n dans $\mathfrak{a}_s$ est égal à $\mathfrak{a}_x$. En déduire que $\dim \mathfrak{a}_x < \dim \mathfrak{a}_s$ si $n \neq 0$, i.e. si x n'est pas semi-simple.

b) Montrer que $\dim \mathfrak{a}_x = \operatorname{rg}(\mathfrak{g})$ si et seulement si n est un élément nilpotent principal de $\mathscr{D}(\mathfrak{a}_s)$.

c) On pose $G = \operatorname{Aut}_e(\mathfrak{g})$. Montrer que, pour tout $\lambda \in k$, il existe $\sigma_\lambda \in G$ tel que $\sigma_\lambda x = s + \lambda^2 n$ (Si $n \neq 0$, montrer qu'il existe un $\mathfrak{sl}_2$-triplet de $\mathfrak{a}_s$ dont la première composante est n, et en déduire un homomorphisme $\varphi\colon \mathbf{SL}(2, k) \to G$; prendre pour σ_λ l'image par φ d'un élément diagonal convenable de $\mathbf{SL}(2, k)$.) En déduire que s appartient à l'adhérence de $G.x$ pour la topologie de Zariski.

d) Montrer que, si x n'est pas semi-simple, x n'appartient pas à l'adhérence de $G.s$ pour la topologie de Zariski (utiliser l'inégalité $\dim \mathfrak{a}_x < \dim \mathfrak{a}_s$, cf. *a*)).

e) On suppose k algébriquement clos. Prouver l'équivalence des propriétés suivantes:

(i) x est semi-simple;

[1] Pour plus de détails sur les exercices 6 à 11, voir: B. KOSTANT, The principal three-dimensional subgroup and the Betti numbers of a complex simple Lie group, *Amer. J. of Maths.*, t. LXXXI (1959), p. 973–1032.

(ii) $G.x$ est fermée dans $\mathfrak{g}$ pour la topologie de Zariski.
(L'implication (ii) ⇒ (i) résulte de *c*). Si (i) est vérifiée, et si x' est adhérent à $G.x$, l'exerc. 15 du § 8 montre que la composante semi-simple s' de x' appartient à $G.x$, de sorte que x' est adhérent à $G.s'$; conclure en appliquant *d*) à x' et s'.)
f) On suppose k algébriquement clos. Soit F_x l'ensemble des éléments $y \in \mathfrak{g}$ tels que $f(x) = f(y)$ pour toute fonction polynomiale f invariante sur $\mathfrak{g}$; on a $y \in F_x$ si et seulement si la composante semi-simple de y est G-conjuguée à s (§ 8, exerc. 17). Montrer que F_x est réunion d'un nombre fini d'orbites de G, et que ce nombre est $\leqslant 3^{l(x)}$, où $l(x)$ est le rang de $\mathscr{D}(\mathfrak{a}_s)$. Parmi ces orbites, une seule est fermée: celle de s; une seule est ouverte dans F_x: celle formée des éléments $y \in F_x$ tels que $\dim \mathfrak{a}_y = \operatorname{rg}(\mathfrak{g})$.

13) On suppose $\mathfrak{g}$ semi-simple.
a) Soit (x, h, y) un $\mathfrak{sl}_2$-triplet principal de $\mathfrak{g}$, et soit $\mathfrak{b}$ la sous-algèbre de Borel contenant x (exerc. 7). Montrer que $\mathfrak{b}$ est contenue dans $\operatorname{Im} \operatorname{ad} x$.
b) On suppose k algébriquement clos. Montrer que, pour tout élément z de $\mathfrak{g}$, il existe $x, t \in \mathfrak{g}$, avec x nilpotent principal, tels que $z = [x, t]$ (appliquer *a*) à une sous-algèbre de Borel contenant z).

14) On suppose $\mathfrak{g}$ semi-simple. Soit $\mathfrak{p}$ une sous-algèbre parabolique de $\mathfrak{g}$, et soient f_1 et f_2 deux homomorphismes de $\mathfrak{g}$ dans une algèbre de Lie de dimension finie. Montrer que $f_1 \mid \mathfrak{p} = f_2 \mid \mathfrak{p}$ entraîne $f_1 = f_2$. (Se ramener au cas où $\mathfrak{g}$ est déployée, puis au cas où $\mathfrak{g} = \mathfrak{sl}(2, k)$, et utiliser le lemme 1 du n° 1.)

¶ 15) On suppose $\mathfrak{g}$ semi-simple.
a) Soit x un élément nilpotent de $\mathfrak{g}$. Montrer que x est contenu dans $\operatorname{Im}(\operatorname{ad} x)^2$ (utiliser la prop. 2). En déduire que $(\operatorname{ad} x)^2 = 0$ entraîne $x = 0$.
b) Soit (x, h, y) un $\mathfrak{sl}_2$-triplet de $\mathfrak{g}$, et soit $\mathfrak{s} = kx \oplus kh \oplus ky$. Démontrer l'équivalence des conditions suivantes:
(i) $\operatorname{Im}(\operatorname{ad} x)^2 = k.x$;
(ii) le $\mathfrak{s}$-module $\mathfrak{g}/\mathfrak{s}$ est somme de modules simples de dimension 1 ou 2;
(iii) les seules valeurs propres de $\operatorname{ad}_{\mathfrak{g}} h$ distinctes de 0, 1 et -1 sont 2 et -2, et leur multiplicité est égale à 1.
c) On suppose $\mathfrak{g}$ simple déployable. Soient $\mathfrak{h}$ une sous-algèbre de Cartan déployante de $\mathfrak{g}$, B une base de $R(\mathfrak{g}, \mathfrak{h})$, et γ la plus grande racine de $R(\mathfrak{g}, \mathfrak{h})$ relativement à B. Soit (x, h, y) un $\mathfrak{sl}_2$-triplet tel que $h \in \mathfrak{h}_{\mathbf{Q}}$ et $\alpha(h) \geqslant 0$ pour tout $\alpha \in B$ (cf. prop. 5). Montrer que les conditions (i), (ii), (iii) de *b*) sont satisfaites si et seulement si $h = H_\gamma$, auquel cas on a $x \in \mathfrak{g}^\gamma$ et $y \in \mathfrak{g}^{-\gamma}$.
d) On conserve les hypothèses de *c*), et l'on pose $G = \operatorname{Aut}_0(\mathfrak{g})$. Montrer que les $\mathfrak{sl}_2$-triplets satisfaisant à (i), (ii) et (iii) sont G-conjugués (utiliser l'exerc. 10). Si x est un élément nilpotent non nul de $\mathfrak{g}$ satisfaisant à (i), montrer que l'adhérence de $G.x$ pour la topologie de Zariski est égale à $\{0\} \cup G.x$.

16) Soit (x, h, y) un $\mathfrak{sl}_2$-triplet de $\mathfrak{g}$. Montrer que, si -2 est un carré dans k, les éléments $x - y$ et h sont conjugués par un élément de $\operatorname{Aut}_e(\mathfrak{g})$ (se ramener au cas où $\mathfrak{g} = \mathfrak{sl}(2, k)$). En déduire que, si $\mathfrak{g}$ est semi-simple, $x - y$ est semi-simple, et est régulier si et seulement si h l'est.

¶ 17) Soit (x, h, y) un $\mathfrak{sl}_2$-triplet principal de l'algèbre semi-simple $\mathfrak{g}$. Pour tout $i \in \mathbf{Z}$, on note $\mathfrak{g}_i$ le sous-espace propre de $\operatorname{ad} h$ relatif à la valeur propre i; on a $\mathfrak{g} = \bigoplus_{i \in \mathbf{Z}} \mathfrak{g}_i$, et $\mathfrak{g}_i = 0$ si i est impair. La somme directe $\mathfrak{b}$ des $\mathfrak{g}_i$, $i \geqslant 0$, est une sous-algèbre de Borel de $\mathfrak{g}$, et $\mathfrak{g}_0$ en est une sous-algèbre de Cartan.
a) Montrer que, pour tout $z \in \mathfrak{b}$, le commutant de $y + z$ dans $\mathfrak{g}$ est de dimension $l = \operatorname{rg}(\mathfrak{g})$.
b) Soient I l'algèbre des fonctions polynomiales invariantes sur $\mathfrak{g}$, et $P_1, \ldots, P_l$ des éléments homogènes de I engendrant I; on pose $\deg(P_i) = k_i = m_i + 1$. Montrer que le commutant $\mathfrak{c}$ de x dans $\mathfrak{g}$ a une base $x_1, \ldots, x_l$ avec $x_i \in \mathfrak{g}_{2m_i}$ (cf. exerc. 11).

c) Soit $i \in [1, l]$, et soit J_i (resp. K_i) l'ensemble des $j \in [1, l]$ tels que $m_j = m_i$ (resp. $m_j < m_i$). Soit $f_i \in k[X_1, \ldots, X_l]$ le polynôme tel que

$$f_i(a_1, \ldots, a_l) = P_i(y + \sum_{j=1}^{j=l} a_j x_j) \qquad \text{pour} \quad (a_j) \in k^l.$$

Montrer que f_i est somme d'une forme linéaire L_i en les X_j, $j \in J_i$, et d'un polynôme en les X_j, $j \in K_i$. (Si $t \in k^*$, l'automorphisme de $\mathfrak{g}$ qui est égal à t^i sur $\mathfrak{g}_i$ appartient à $\mathrm{Aut}_0(\mathfrak{g})$ et transforme y en $t^{-2}y$ et x_j en $t^{2m_j}x_j$. Utiliser l'invariance de P_i par cet automorphisme.)

d) Soit P l'application de $\mathfrak{g}$ dans k^l définie par les P_i. Si $z \in \mathfrak{g}$, on note $D_zP \colon \mathfrak{g} \to k^l$ l'application linéaire tangente à P en z (VII, App. I, n° 2).

Montrer que $\mathfrak{c} \cap \mathrm{Im}\, \mathrm{ad}(y - x) = 0$ (décomposer $\mathfrak{g}$ en somme directe de sous-modules simples relativement à la sous-algèbre engendrée par le $\mathfrak{sl}_2$-triplet donné). En déduire que la restriction de $D_{y-x}P$ à $\mathfrak{c}$ est un isomorphisme de $\mathfrak{c}$ sur k^l (utiliser l'exercice précédent, ainsi que l'exerc. 18 *a*) du § 8). Montrer, en utilisant ce résultat, que le déterminant des formes linéaires L_i définies en *c*) est $\neq 0$, d'où les résultats suivants:

d_1) les polynômes $f_1, \ldots, f_l$ sont algébriquement indépendants et engendrent $k[X_1, \ldots, X_l]$;

d_2) l'application $z \mapsto P(y + z)$ de $\mathfrak{c}$ dans k^l est polynomiale bijective, et l'application réciproque est polynomiale;

d_3) pour tout $z \in y + \mathfrak{c}$, l'application linéaire $D_zP|\mathfrak{c}$ est de rang l.

En particulier, l'application $P \colon \mathfrak{g} \to k^l$ est surjective.

e) Si k est algébriquement clos, tout élément de $\mathfrak{g}$ dont le commutant est de dimension l est conjugué par $\mathrm{Aut}_0(\mathfrak{g})$ d'un élément et d'un seul de $y + \mathfrak{c}$.

f) Donner un exemple d'algèbre de Lie simple qui ne possède pas de $\mathfrak{sl}_2$-triplet principal, et pour laquelle l'application P n'est pas surjective (prendre $k = \mathbf{R}$ et $l = 1$).

§ 13

1) Les dimensions $\leqslant 80$ des algèbres de Lie simples déployables sont:

3 ($A_1 = B_1 = C_1$), 8 (A_2), 10 ($B_2 = C_2$), 14 (G_2), 15 ($A_3 = D_3$), 21 (B_3 et C_3), 24 (A_4), 28 (D_4), 35 (A_5), 36 (B_4 et C_4), 45 (D_5), 48 (A_6), 52 (F_4), 55 (B_5 et C_5), 63 (A_7), 66 (D_6), 78 (B_6, C_6 et E_6), 80 (A_8).

2) Soient $(\mathfrak{g}, \mathfrak{h})$ une algèbre de Lie simple déployée, et B une base de $R(\mathfrak{g}, \mathfrak{h})$. Les $\mathfrak{g}$-modules simples $E(\lambda)$, $\lambda \in P_{++} - \{0\}$, de dimension minimum sont ceux où λ est l'un des poids fondamentaux suivants:

ϖ_1 (A_1); ϖ_1 et ϖ_l (A_l, $l \geqslant 2$); ϖ_1 (B_l et C_l, $l \geqslant 2$); ϖ_1, ϖ_3 et ϖ_4 (D_4); ϖ_1 (D_l, $l \geqslant 5$); ϖ_1 et ϖ_6 (E_6); ϖ_7 (E_7); ϖ_8 (E_8); ϖ_4 (F_4); ϖ_1 (G_2).

Deux tels modules sont transformables l'un en l'autre par un automorphisme de $\mathfrak{g}$.

Le type E_8 est le seul pour lequel la représentation adjointe soit de dimension minimum.

3) *a*) Définir un isomorphisme de $\mathfrak{sl}(4, k)$ sur l'algèbre orthogonale $\mathfrak{o}_S(6, k)$. (Utiliser le fait que la représentation $\wedge^2\sigma$ du n° 1 (V) est orthogonale de dimension 6.) Les deux types de représentations irréductibles de degré 4 de $\mathfrak{sl}(4, k)$ correspondent aux deux représentations semi-spinorielles de $\mathfrak{o}_S(6, k)$.

b) Définir un isomorphisme de $\mathfrak{sp}(4, k)$ sur l'algèbre orthogonale $\mathfrak{o}_S(5, k)$. (Utiliser le fait que la représentation σ_2 du n° 3 (V) est orthogonale de dimension 5.) La représentation irréductible de degré 4 de $\mathfrak{sp}(4, k)$ correspond à la représentation spinorielle de $\mathfrak{o}_S(5, k)$.

c) Définir un isomorphisme $\mathfrak{sl}(2, k) \times \mathfrak{sl}(2, k) \to \mathfrak{o}_S(4, k)$ en utilisant le produit tensoriel des représentations identiques des deux facteurs $\mathfrak{sl}(2, k)$. Retrouver ce résultat au moyen de I, § 6, exerc. 26.

4) Soit S la matrice carrée d'ordre n

$$(\delta_{i,n+1-i}) = \begin{pmatrix} 0 & 0 & \dots & 0 & 1 \\ 0 & 0 & \dots & 1 & 0 \\ \cdot & \cdot & \cdot & \cdot & \cdot \\ 0 & 1 & \dots & 0 & 0 \\ 1 & 0 & \dots & 0 & 0 \end{pmatrix}.$$

Les éléments de $\mathfrak{o}_S(n, k)$ sont les matrices (a_{ij}) qui sont anti-symétriques par rapport à la deuxième diagonale:

$$a_{i,j} = -a_{n+1-j,n+1-i} \qquad \text{pour tout couple } (i, j).$$

L'algèbre $\mathfrak{o}_S(n, k)$ est simple déployable de type $D_{n/2}$ si n est pair $\geqslant 6$, et de type $B_{(n-1)/2}$ si n est impair $\geqslant 5$. Les éléments diagonaux (resp. triangulaires supérieurs) de $\mathfrak{o}_S(n, k)$ en forment une sous-algèbre de Cartan déployante (resp. une sous-algèbre de Borel).

5) Les notations sont celles du nº 1 (IV), type A_l. Si n est $\geqslant 0$, montrer que $S^n\sigma$ est une représentation irréductible de $\mathfrak{sl}(l + 1, k)$ de plus grand poids $n\varpi_1$. (Réaliser $S^n\sigma$ dans l'espace des polynômes homogènes de degré n en $X_0, \dots, X_l$ et observer que le seul polynôme f tel que $\partial f/\partial X_i = 0$ pour $i \geqslant 1$ est X_0^n, à homothétie près.) Montrer que tous les poids de cette représentation sont de multiplicité 1.

6) Les notations sont celles du nº 2 (IV), type B_l. Si $1 \leqslant r \leqslant l - 1$, montrer que la dimension de $E(\varpi_r)$ est $\binom{2l+1}{r}$, et en déduire une autre démonstration du fait que $\wedge^r\sigma$ est une représentation fondamentale de plus grand poids ϖ_r.

7) Les notations sont celles du nº 2 (VII), type B_l. Montrer que $\mathbf{O}_0^+(\Psi)$ est le groupe des commutateurs de $\mathbf{SO}(\Psi)$. (Remarquer que $\mathbf{O}(\Psi)$ est égal à $\{\pm 1\} \times \mathbf{SO}(\Psi)$, donc a même groupe des commutateurs que $\mathbf{SO}(\Psi)$, et appliquer A, IX, § 9, exerc. 11*b*).) En déduire que $\mathrm{Aut}_e(\mathfrak{g}) = \mathbf{O}_0^+(\Psi)$.

8) Les notations sont celles du nº 3 (IV), type C_l $(l \geqslant 1)$. Montrer que $S^2\sigma$ est équivalente à la représentation adjointe de $\mathfrak{g}$.

9) Les notations sont celles du nº 3 (VII), type C_l $(l \geqslant 1)$. En particulier, on identifie $\mathrm{Aut}_e(\mathfrak{g})$ à un sous-groupe de $\mathbf{Sp}(\Psi)/\{\pm 1\}$. Montrer que l'image dans $\mathbf{Sp}(\Psi)/\{\pm 1\}$ d'une transvection symplectique (A, IX, § 4, exerc. 6) appartient à $\mathrm{Aut}_e(\mathfrak{g})$. En déduire que $\mathrm{Aut}_e(\mathfrak{g}) = \mathbf{Sp}(\Psi)/\{\pm 1\}$ (A, IX, § 5, exerc. 11), et que $\mathrm{Aut}(\mathfrak{g})/\mathrm{Aut}_e(\mathfrak{g})$s 'identifie à k^*/k^{*2}.

¶ 10) Les notations sont celles du nº 4 (IV), type D_l $(l \geqslant 2)$.
a) Soient x et y les éléments de $\wedge^l V$ définis par:

$$x = e_1 \wedge \cdots \wedge e_{l-1} \wedge e_l \quad \text{et} \quad y = e_1 \wedge \cdots \wedge e_{l-1} \wedge e_{-l}.$$

L'élément x est primitif de poids $2\varpi_l$ et y est primitif de poids $2\varpi_{l-1}$. Le sous-module X (resp. Y) de $\wedge^l V$ engendré par x (resp. y) est isomorphe à $E(2\varpi_l)$ (resp. $E(2\varpi_{l-1})$). Montrer, par un calcul de dimensions, que $\wedge^l V = X \oplus Y$; en particulier, $\wedge^l V$ est somme de deux modules simples non isomorphes.
b) Soient $e = e_1 \wedge \cdots \wedge e_l \wedge e_{-1} \wedge \cdots \wedge e_{-l} \in \wedge^{2l} V$, et Ψ_l l'extension de Ψ à $\wedge^l V$. Soit $z \in \wedge^l V$. Démontrer les équivalences:

$$z \in X \Leftrightarrow z \wedge t = \Psi_l(z, t)e \qquad \text{pour tout } t \in \wedge^l V$$
$$z \in Y \Leftrightarrow z \wedge t = -\Psi_l(z, t)e \qquad \text{pour tout } t \in \wedge^l V.$$

(Si l'on note X′ et Y′ les sous-espaces définis par les membres de droite, on prouvera d'abord que X′ et Y′ sont stables par $\mathfrak{g}$ et contiennent respectivement x et y.)
c) On suppose que z est *pur* (A, III, p. 170), et l'on note M_z le sous-espace de dimension l

de V qui lui est associé. Montrer que M_z est totalement isotrope si et seulement si z appartient à X ou à Y. (Lorsque M_z est totalement isotrope, utiliser le fait qu'il existe une transformation orthogonale le transformant en M_x; lorsque M_z n'est pas totalement isotrope, construire un l-vecteur t tel que $z \wedge t = 0$, $\Psi_l(z, t) = 1$, et appliquer *b*) ci-dessus.) Lorsque $z \in$ X (resp. $z \in$ Y), la dimension de $M_x/(M_x \cap M_z)$ est un entier pair (resp. impair), cf. A, IX, § 6, exerc. 18 *d*).

d) Soit s une similitude directe (resp. inverse) de V. Montrer que $\wedge^l s$ laisse stables X et Y (resp. échange X et Y).

11) Les notations sont celles du n° 4 (VII), type D_l ($l \geqslant 3$). Montrer que $\mathbf{O}_0^+(\Psi)$ est le groupe des commutateurs de $\mathbf{SO}(\Psi)$. (Appliquer A, IX, § 6, exerc. 17 *b*) et A, IX, § 9, exerc. 11 *b*).) En déduire que $\mathrm{Aut}_e(\mathfrak{g})$ est égal à l'image de $\mathbf{O}_0^+(\Psi)$ dans $\mathbf{SO}(\Psi)/\{\pm 1\}$. Pour que -1 appartienne à $\mathbf{O}_0^+(\Psi)$, il faut et il suffit que l soit pair, ou que -1 soit un carré dans k (A, IX, § 9, exerc. 11 *c*)).

12) La forme de Killing de $\mathfrak{sl}(n, k)$ est $(X, Y) \mapsto 2n\,\mathrm{Tr}(XY)$. Celle de $\mathfrak{sp}(n, k)$, n pair, est $(X, Y) \mapsto (n + 2)\mathrm{Tr}(XY)$. Celle de $\mathfrak{o}_S(n, k)$ où S est symétrique non dégénérée de rang n, est $(X, Y) \mapsto (n - 2)\mathrm{Tr}(XY)$.

13) L'algèbre des fonctions polynomiales invariantes sur $\mathfrak{g}$ est engendrée:
a) dans le cas A_l, par les fonctions $X \mapsto \mathrm{Tr}(X^i)$, $2 \leqslant i \leqslant l + 1$;
b) dans le cas B_l, par les fonctions $X \mapsto \mathrm{Tr}(X^{2i})$, $1 \leqslant i \leqslant l$;
c) dans le cas C_l, par les fonctions $X \mapsto \mathrm{Tr}(X^{2i})$, $1 \leqslant i \leqslant l$;
d) dans le cas D_l, par les fonctions $X \mapsto \mathrm{Tr}(X^{2i})$, $1 \leqslant i \leqslant l - 1$, et par l'une des deux fonctions polynomiales $\tilde{f}$ telles que $\tilde{f}(X)^2 = (-1)^l \det(X)$.

14) *a*) Soit G le groupe associé à $\mathfrak{g} = \mathfrak{sl}(n, k)$ par le procédé du § 7, exerc. 26. La structure naturelle de $\mathfrak{g}$-module de k^n donne naissance à un homomorphisme $\varphi\colon \mathrm{G} \to \mathbf{GL}(n, k)$. Utiliser *loc. cit. h*) pour prouver que φ est injectif, et *loc. cit. f*) pour prouver que

$$\mathrm{Im}(\varphi) = \mathbf{SL}(n, k).$$

b) Soient E un $\mathfrak{sl}(n, k)$-module de dimension finie, et ρ la représentation correspondante de $\mathfrak{sl}(n, k)$. Montrer qu'il existe une représentation $\pi\colon \mathbf{SL}(n, k) \to \mathbf{GL}(\mathrm{E})$ et une seule telle que $\pi(e^x) = e^{\rho(x)}$ pour tout élément nilpotent x de $\mathfrak{sl}(n, k)$ (utiliser *a*)). On dira que ρ et π sont *compatibles*. Généraliser les résultats démontrés pour $n = 2$ au § 1, n° 4.

c) On suppose que k est $\mathbf{R}$, $\mathbf{C}$, ou un corps complet pour une valuation discrète à corps résiduel de caractéristique $\neq 0$. Montrer que ρ et π sont compatibles si et seulement si π est un homomorphisme de groupes de Lie tel que $\mathrm{L}(\pi) = \rho$ (même méthode que dans l'exerc. 18 *b*) du § 1).

d) Démontrer des résultats analogues pour $\mathfrak{sp}(2n, k)$ et $\mathbf{Sp}(2n, k)$.

¶ 15) Soient V un espace vectoriel de dimension finie $\geqslant 2$, $\mathfrak{g}$ une sous-algèbre de Lie de End(V) et θ un élément de $\mathfrak{g}$. On fait les hypothèses suivantes:
(i) V est un $\mathfrak{g}$-module semi-simple;
(ii) θ est de rang 1 (i.e. $\dim \mathrm{Im}(\theta) = 1$);
(iii) la droite $\mathrm{Im}(\theta)$ engendre le $\mathrm{U}(\mathfrak{g})$-module V.

a) Montrer que ces hypothèses sont vérifiées (pour un choix convenable de θ) lorsque $\mathfrak{g} = \mathfrak{sl}(\mathrm{V})$, lorsque $\mathfrak{g} = \mathfrak{gl}(\mathrm{V})$, ou lorsqu'il existe sur V une forme bilinéaire alternée non dégénérée Ψ telle que $\mathfrak{g} = \mathfrak{sp}(\Psi)$ ou $\mathfrak{g} = k.1 \oplus \mathfrak{sp}(\Psi)$. Dans chacun de ces cas, on peut prendre pour θ un élément nilpotent; dans le second cas (et seulement dans celui-là) on peut prendre pour θ un élément semi-simple.

b) On se propose de prouver que les quatre cas ci-dessus sont les seuls possibles. On se ramène aussitôt au cas où k est algébriquement clos. Montrer que V est alors un $\mathfrak{g}$-module simple, et que $\mathfrak{g} = \mathfrak{c} \oplus \mathfrak{s}$, où $\mathfrak{s}$ est semi-simple, et $\mathfrak{c} = 0$ ou $\mathfrak{c} = k.1$; montrer que V n'est pas isomorphe à un produit tensoriel de $\mathfrak{g}$-modules de dimension $\geqslant 2$; en déduire que $\mathfrak{s}$ est simple.

c) On choisit une sous-algèbre de Cartan $\mathfrak{h}$ de $\mathfrak{s}$, ainsi qu'une base B de $R(\mathfrak{s}, \mathfrak{h})$. Soit λ le plus grand poids (par rapport à B) du $\mathfrak{s}$-module V, et soit e un élément non nul de V de poids λ. Le plus grand poids du module dual V^* est $\lambda^* = -w_0\lambda$ (§ 7, n° 5); soit e^* un élément non nul de V^* de poids λ^*. On identifie à la manière habituelle $V \otimes V^*$ à End(V). Montrer qu'il existe $x \in V$, $y \in V^*$ tels que $x \otimes y \in \mathfrak{g}$ et $\langle x, e^* \rangle \neq 0$, $\langle e, y \rangle \neq 0$ (prendre le conjugué de θ par e^n, où n est un élément nilpotent convenable de $\mathfrak{g}$). Utiliser le fait que $\mathfrak{g}$ est un sous-$\mathfrak{h}$-module de $V \otimes V^*$ pour en conclure que $\mathfrak{g}$ contient $e \otimes e^*$. En déduire que $\lambda + \lambda^* = \tilde{\alpha}$, où $\tilde{\alpha}$ est la plus grande racine de $\mathfrak{s}$.
d) Montrer que $\mathfrak{s}$ n'est pas de type B_l ($l \geqslant 2$), D_l ($l \geqslant 4$), E_6, E_7, E_8, F_4, G_2 (d'après VI, *Tables*, $\tilde{\alpha}$ serait un poids fondamental, et ne pourrait donc être de la forme $\lambda + \lambda^*$ comme ci-dessus). En déduire que $\mathfrak{s}$ est, soit de type A_l, soit de type C_l, et que dans le premier cas on a $\lambda = \varpi_1$ ou $\varpi_l = \varpi_1^*$, et dans le second cas $\tilde{\alpha} = 2\varpi_1 = \varpi_1 + \varpi_1^*$; comme $\mathfrak{c} = 0$ ou $k.1$, cela donne bien les quatre possibilités de *a*)[1].

¶ 16) Soient $\mathfrak{g}$ une algèbre de Lie absolument simple de type A_l ($l \geqslant 2$), $\bar{k}$ une clôture algébrique de k, et π: $\mathrm{Gal}(\bar{k}/k) \rightarrow \mathrm{Aut}(\bar{R},\bar{B})$ l'homomorphisme défini dans l'exerc. 8 du § 5.
a) On suppose que π est trivial. Montrer qu'il existe deux idéaux bilatères $\mathfrak{m}$ et $\mathfrak{m}'$ de $U(\mathfrak{g})$, et deux seulement, tels que $D = U(\mathfrak{g})/\mathfrak{m}$ et $D' = U(\mathfrak{g})/\mathfrak{m}'$ soient des algèbres simples centrales de dimension $(l+1)^2$ (utiliser l'exerc. 8 du § 7). L'anti-automorphisme principal de $U(\mathfrak{g})$ échange $\mathfrak{m}$ et $\mathfrak{m}'$; en particulier, D' est isomorphe à l'opposée de D. La composée $\mathfrak{g} \rightarrow U(\mathfrak{g}) \rightarrow D$ identifie $\mathfrak{g}$ à la sous-algèbre de Lie $\mathfrak{sl}_D$ de D formée des éléments de trace nulle. Pour que $\mathfrak{g}$ soit déployable (donc isomorphe à $\mathfrak{sl}(l+1, k)$), il faut et il suffit que D soit isomorphe à $\mathbf{M}_{l+1}(k)$.

Inversement, si Δ est une algèbre centrale simple de dimension $(l+1)^2$, l'algèbre de Lie $\mathfrak{sl}_\Delta$ est absolument simple de type A_l, et l'homomorphisme π correspondant est trivial. Deux telles algèbres $\mathfrak{sl}_\Delta$ et $\mathfrak{sl}_{\Delta'}$ sont isomorphes si et seulement si Δ et Δ' sont isomorphes ou anti-isomorphes.
b) On suppose π non trivial. Comme $\mathrm{Aut}(\bar{R},\bar{B})$ a deux éléments, le noyau de π est un sous-groupe ouvert d'indice 2 de $\mathrm{Gal}(\bar{k}/k)$, qui correspond par la théorie de Galois à une extension quadratique k_1 de k. On note $x \mapsto \bar{x}$ l'involution non triviale de k_1.

Montrer qu'il existe un idéal bilatère $\mathfrak{m}$ de $U(\mathfrak{g})$ et un seul tel que $D = U(\mathfrak{g})/\mathfrak{m}$ soit une algèbre simple de dimension $2(l+1)^2$ dont le centre est une extension quadratique de k (même méthode). On peut identifier le centre de D à k_1. L'idéal $\mathfrak{m}$ est stable par l'anti-automorphisme principal de $U(\mathfrak{g})$; ce dernier définit par passage au quotient un antiautomorphisme involutif σ de D tel que $\sigma(x) = \bar{x}$ pour tout $x \in k_1$. L'application composée $\mathfrak{g} \rightarrow U(\mathfrak{g}) \rightarrow D$ identifie $\mathfrak{g}$ à la sous-algèbre de Lie $\mathfrak{su}_{D,\sigma}$ de D formée des éléments x tels que $\sigma(x) = -x$ et $\mathrm{Tr}_{D/k_1}(x) = 0$. Inversement, si Δ est une k_1-algèbre centrale simple de dimension $(l+1)^2$, munie d'un antiautomorphisme involutif σ dont la restriction à k_1 est $x \mapsto \bar{x}$, l'algèbre de Lie $\mathfrak{su}_{\Delta,\sigma}$ est absolument simple de type A_l, et l'homomorphisme π correspondant est celui associé à k_1. Pour que deux telles algèbres $\mathfrak{su}_{\Delta,\sigma}$ et $\mathfrak{su}_{\Delta',\sigma'}$ soient isomorphes, il faut et il suffit qu'il existe un k-isomorphisme f: $\Delta \rightarrow \Delta'$ tel que $\sigma' \circ f = f \circ \sigma$.

Lorsque $D = \mathbf{M}_{l+1}(k_1)$, montrer qu'il existe une matrice hermitienne inversible H de degré $l+1$, et une seule à multiplication près par un élément de k^*, telle que

$$\sigma(x) = H \,.\, {}^t\bar{x} \,.\, H^{-1}$$

pour tout $x \in \mathbf{M}_{l+1}(k_1)$; l'algèbre $\mathfrak{g}$ s'identifie alors à l'algèbre $\mathfrak{su}(l+1, H)$ formée des matrices x telles que $x \,.\, H + H \,.\, {}^t\bar{x} = 0$ et $\mathrm{Tr}(x) = 0$.

¶ 17) Soit $\mathfrak{g}$ une algèbre de Lie absolument simple de type B_l (resp. C_l, D_l), avec $l \geqslant 2$ (resp. $l \geqslant 3$, $l \geqslant 4$). Lorsque $\mathfrak{g}$ est de type D_4, on suppose en outre que l'image de l'homomorphisme π: $\mathrm{Gal}(\bar{k}/k) \rightarrow \mathrm{Aut}(\bar{R},\bar{B})$ défini dans l'exerc. 8 du § 5 est d'ordre $\leqslant 2$. Montrer

[1] Pour plus de détails sur cet exercice, voir: V. W. GUILLEMIN, D. QUILLEN et S. STERNBERG, The classification of the irreducible complex algebras of infinite type, *J. Analyse Math.*, t. XVII (1967), p. 107–112.

qu'il existe alors une algèbre simple centrale D de dimension $(2l+1)^2$ (resp. $4l^2$, $4l^2$) et un antiautomorphisme involutif σ de D tels que $\mathfrak{g}$ soit isomorphe à la sous-algèbre de Lie de D formée des éléments x tels que $\sigma(x) = -x$ et $\mathrm{Tr}_{\mathrm{D}}(x) = 0$ (même méthode que dans l'exerc. 16 *a*)).[1]

18) Soient V un espace vectoriel de dimension finie, Q une forme quadratique non dégénérée sur V, et Ψ la forme bilinéaire symétrique associée à Q. On note $\mathfrak{g}$ l'algèbre de Lie $\mathfrak{o}(\Psi)$ et Ψ_2 l'extension de Ψ à $\wedge^2(\mathrm{V})$.

a) Montrer qu'il existe un isomorphisme d'espaces vectoriels $\theta : \wedge^2(\mathrm{V}) \to \mathfrak{g}$ caractérisé par les propriétés équivalentes suivantes:

(i) Pour a, b et x dans V, on a $\theta(a \wedge b).x = a.\Psi(x, b) - b.\Psi(x, a)$.

(ii) Pour x, y dans V et u dans $\wedge^2(\mathrm{V})$ on a $\Psi_2(x \wedge y, u) = \Psi(x, \theta(u).y)$.

Soit σ la représentation identique de $\mathfrak{g}$ dans V; alors θ est un isomorphisme de $\wedge^2(\sigma)$ avec la représentation adjointe de $\mathfrak{g}$.

b) Définissons l'application linéaire $f : \mathfrak{g} \to \mathrm{C}^+(\mathrm{Q})$ comme dans le lemme 1 du n° 2. Montrer que l'on a $f\theta(a \wedge b) = \frac{1}{2}(ab - ba)$ pour a, b dans V, et en déduire une nouvelle démonstration des assertions (iii), (iv) et (v) du lemme 1 du n° 2.

c) Les notations l, F, F′, e_0, N, λ et ρ sont celles du n° 2. On choisit $e \neq 0$ dans $\wedge(\mathrm{F}')$ et l'on définit la forme bilinéaire Φ sur N par

$$x \wedge y = (-1)^{p(p+1)/2}\Phi(x, y).e \quad (x \in \wedge^p(\mathrm{F}'), y \in \mathrm{N}).$$

Montrer que l'on a $\Phi(\lambda(a).x, y) + \Phi(x, \lambda(a).y) = 0$ pour x, y dans N et a dans $\mathrm{F} \oplus \mathrm{F}'$. En déduire que Φ est invariante pour la représentation ρ de $\mathfrak{g}$ (remarquer que l'algèbre de Lie $\rho(\mathfrak{g})$ est engendrée par $\lambda(\mathrm{F} \oplus \mathrm{F}')$ d'après *a*) et *b*) ci-dessus).

19) Soient V un espace vectoriel de dimension finie et $\mathrm{E} = \mathrm{V} \oplus \mathrm{V}^*$. On définit sur E une forme bilinéaire non dégénérée Φ par

$$\Phi((x, x^*), (y, y^*)) = \langle x, y^* \rangle + \langle y, x^* \rangle.$$

On pose $\mathrm{N} = \wedge(\mathrm{V})$ et $\mathrm{Q}(x) = \frac{1}{2}\Phi(x, x)$ pour $x \in \mathrm{E}$. Comme au n° 2 (IV), on note $\lambda : \mathrm{C}(\mathrm{Q}) \to \mathrm{End}(\mathrm{N})$ la représentation spinorielle, $f : \mathfrak{o}(\Phi) \to \mathrm{C}^+(\mathrm{Q})$ est défini comme dans le lemme 1 du n° 2, et ρ est la représentation linéaire $\lambda \circ f$ de l'algèbre $\mathfrak{o}(\Phi)$ dans N.

a) A tout endomorphisme u de V, on associe l'endomorphisme $\tilde{u}$ de E par la formule $\tilde{u}(x, x^*) = (u(x), -{}^t u(x^*))$. Montrer que $u \mapsto \tilde{u}$ est un homomorphisme d'algèbres de Lie de $\mathfrak{gl}(\mathrm{V})$ dans $\mathfrak{o}(\Phi)$; de plus, pour u dans $\mathfrak{gl}(\mathrm{V})$, $\rho(\tilde{u})$ est l'unique dérivation de l'algèbre $\wedge(\mathrm{V}) = \mathrm{N}$ qui coïncide avec u sur V.

b) Soient Ψ une forme bilinéaire alternée non dégénérée sur V et $\gamma : \mathrm{V} \to \mathrm{V}^*$ l'isomorphisme défini par $\Psi(x, y) = \langle x, \gamma(y) \rangle$ pour x, y dans V. Montrer que les endomorphismes $\tilde{X}_+$ et $\tilde{X}_-$ de E définis par

$$\tilde{X}_+(x, x^*) = (\gamma^{-1}(x^*), 0), \quad \tilde{X}_-(x, x^*) = (0, -\gamma(x))$$

appartiennent à $\mathfrak{o}(\Phi)$. Posons $\tilde{H} = (-1)^{\sim}$. Montrer que $(\tilde{H}, \tilde{X}_+, \tilde{X}_-)$ est un $\mathfrak{sl}_2$-triplet de l'algèbre de Lie $\mathfrak{o}(\Phi)$.

c) Montrer que ρ transforme les éléments $\tilde{H}$, $\tilde{X}_+$, $\tilde{X}_-$ de $\mathfrak{o}(\Phi)$ en les endomorphismes de N notés respectivement H, X_+ et X_- au n° 3 (IV). En déduire que (H, X_+, X_-) est un $\mathfrak{sl}_2$-triplet de l'algèbre de Lie $\mathfrak{gl}(\mathrm{N})$.

[1] Pour plus de détails sur les exercices 16 et 17, voir: N. JACOBSON, *Lie Algebras*, Interscience Publ. (1962), chap. X et G. B. SELIGMAN, *Modular Lie Algebras*, Springer-Verlag (1967), chap. IV.

INDEX DES NOTATIONS

Les chiffres de référence indiquent successivement le chapitre, le paragraphe et le numéro.

k: VII.Conventions
$V_\lambda(S)$, $V_\lambda(s)$, $V^\lambda(S)$, $V^\lambda(s)$: VII.1.1
$\mathfrak{g}_\lambda(\mathfrak{h})$, $\mathfrak{g}^\lambda(\mathfrak{h})$: VII.1.3
$a_i(x)$, $\mathrm{rg}(\mathfrak{g})$: VII.2.2
$\mathrm{Aut}(\mathfrak{g})$, $\mathrm{Aut}_e(\mathfrak{g})$: VII.3.1
$\mathscr{C}^\infty\mathfrak{g} = \bigcap \mathscr{C}^n\mathfrak{g}$: VII.3.4
r_ρ, r_ρ^0: VII.4.1
$e(\mathfrak{g})$: VII.5.2
A_V: VII.App.I.1
Df: VII.App.I.2
H, X_+, X_- : VIII.1.1
$V(m)$: VIII.1.3
$h(t)$, $\theta(t)$: VIII.1.5
$\mathfrak{g}$, $\mathfrak{h}$, $R(\mathfrak{g}, \mathfrak{h}) = R$: VIII.2.2
$\mathfrak{g}^\alpha$, $\mathfrak{h}_\alpha$, $\mathfrak{s}_\alpha$, H_α, h_α, $\theta_\alpha(t)$, s_α : VIII.2.2
$\mathfrak{h}_\mathbf{Q}$, $\mathfrak{h}^*_\mathbf{Q}$, $\mathfrak{h}_\mathbf{R}$, $\mathfrak{h}^*_\mathbf{R}$: VIII.2.2
$N_{\alpha\beta}$: VIII.2.4
$\mathfrak{g}^P$, $\mathfrak{h}_P$: VIII.3.1
$n(\alpha, \beta)$, X^0_α, H^0_α, $X^0_{-\alpha}$: VIII.4.2
θ, $\mathfrak{a}$, $\mathfrak{a}_+$, $\mathfrak{a}_-$: VIII.4.2
$x_{\alpha\beta}$, $y_{\alpha\beta}$, $\mathfrak{n}$: VIII.4.3
$\mathrm{Aut}(\mathfrak{g}, \mathfrak{h})$, $A(R)$: VIII.5.1
T_P, T_Q, $\mathrm{Aut}_0(\mathfrak{g})$, $\mathrm{Aut}_0(\mathfrak{g}, \mathfrak{h})$, $\mathrm{Aut}_e(\mathfrak{g}, \mathfrak{h})$: VIII.5.2
$(\mathfrak{g}, \mathfrak{h})$, R, W, B, R_+, R_-, $\mathfrak{n}_+$, $\mathfrak{n}_-$, $\mathfrak{b}_+$, $\mathfrak{b}_-$, X_α, Y_α, H_α: VIII.6.Conventions
V^λ: VIII.6.1
$Z(\lambda)$, $E(\lambda)$: VIII.6.3
P, P_+, P_{++}, Q, Q_+, ρ: VIII.7.Conventions
w_0: VIII.7.2
$[E]$, $[E]^*$, $\mathscr{R}(\mathfrak{a})$: VIII.7.6
$\mathbf{Z}[\Delta]$, e^λ, $\mathrm{ch}(E)$: VIII.7.7

$\exp(\lambda)$: VIII.8.1
$\theta(a)$, $\theta^*(a)$, $I(\mathfrak{g})$, $I(\mathfrak{g}^*)$, $S(\mathfrak{g})$, $S(\mathfrak{g}^*)$: VIII.8.3
$u^\natural$, χ_λ, η, δ, θ, φ: VIII.8.5
$\mathfrak{P}(\nu)$, K, d: VIII.9.1
$J(e^\mu)$: VIII.9.2
(x, h, y) : VIII.11.1
$x^{(n,d)}$, $x^{(n)}$, $\binom{x}{n}$: VIII.12.2
$\mathbf{x}^{(n)}$, $[n]$, c_r, $\mathscr{G}$: VIII.12.3
$\mathscr{H}$, $\mathscr{U}_+$, $\mathscr{U}_-$, $\mathscr{U}_0$, $\mathscr{L}$, $\mathscr{G}$: VIII.12.6
$\mathfrak{o}(\Psi)$: VIII.13.2
$\mathfrak{sp}(\Psi)$: VIII.13.3

INDEX TERMINOLOGIQUE

Les chiffres de référence indiquent successivement le chapitre, le paragraphe et le numéro.

absolument simple (algèbre de Lie —) : VIII.3.2
adjointe (représentation — de **SL**(2, k)) : VIII.1.4
admissible (réseau —) : VIII.12.8
anneau des représentations (d'une algèbre de Lie) : VIII.7.6
biordre (d'une $\mathscr{L}$-bigèbre) : VIII.12.1
Borel (sous-algèbre de —) : VIII.3.3, VIII.3.5
canonique (sous-algèbre de Cartan —, système de racines —, base —) : VIII.5.3
caractère (d'un $\mathfrak{g}$-module) : VIII.7.7
Cartan (sous-algèbre de —) : VII.2.1
central (caractère — d'un module) : VIII.6.1
Chevalley (ordre de —) : VIII.12.7
Chevalley (système de —) : VIII.2.4
classique (algèbre de Lie simple déployable —) : VIII.3.2
Clebsch-Gordan (formule de —) : VIII.9.4
compatibles (représentations —) : VII.3.1, VIII.1.4
composante nilpotente (d'un élément) : VII.1.3
composante semi-simple (d'un élément) : VII.1.3
condition (PC) : VII.1.1
déployable (algèbre de Lie réductive —) : VIII.2.1
déployante (sous-algèbre de Cartan —) : VIII.2.1
déployée (algèbre de Lie réductive —) : VIII.2.1
dominante (application polynomiale —) : VII.App.I.2
drapeau : VIII.13.1
élémentaire (automorphisme —) : VII.3.1
enveloppe scindable (d'une sous-algèbre de $\mathfrak{gl}(V)$) : VII.5.2
épinglage (d'une algèbre de Lie semi-simple déployée) : VIII.4.1
épinglée (algèbre de Lie semi-simple —) : VIII.4.1
exceptionnelle (algèbre de Lie simple déployable —) : VIII.3.2
exponentielle : VIII.8.1
facette (associée à une partie parabolique) : VIII.3.4

famille génératrice (définie par un épinglage) : VIII.4.1
Fitting (décomposition de — d'un module) : VII.1.1
fondamentales (représentations —) : VIII.7.2
fondamentaux ($\mathfrak{g}$-modules simples —) : VIII.7.2
Harish-Chandra (homomorphisme de —) : VIII.6.4
Hermann Weyl (formule de —) : VIII.9.1
invariante (fonction polynomiale —) : VIII.8.3
involution canonique de $\mathfrak{sl}(2, k)$: VIII.1.1
isotrope (drapeau —) : VIII.13.2, VIII.13.3
isotypique (composante — de plus grand poids λ) : VIII.7.2
Jacobson-Morozov (théorème de —) : VIII.11.2
minuscule (poids —) : VIII.7.3
multiplicité d'un poids (dans un module) : VIII.6.1
nilespace : VII.1.1
ordre (d'une **Q**-algèbre) : VIII.12.1
orthogonale (algèbre de Lie —) : VIII.13.2
orthogonale (représentation irréductible —) : VIII.7.5
parabolique (sous-algèbre —) : VIII.3.4, VIII.3.5
partition (en racines positives) : VIII.9.1
permis (réseau —) : VIII.12.6
poids (d'un module) : VII.1.1, VIII.1.2, VIII.6.1
poids (groupe des — d'une algèbre déployée) : VIII.2.2
primaire (sous-espace —) : VII.1.1
primitif (élément — d'un module) : VIII.1.2, VIII.6.1
principal (élément nilpotent —, élément simple —) : VIII.11.4
principal ($\mathfrak{sl}_2$-triplet —) : VIII.11.4
propre (sous-espace —) : VII.1.1
propre (valeur —) : VII.1.1
propre (vecteur —) : VII.1.1
quasi-maximal (drapeau isotrope —) : VIII.13.4
racine (de $(\mathfrak{g}, \mathfrak{h})$) : VIII.2.2
rang (d'une algèbre de Lie) : VII.2.2
régulier (élément — d'une algèbre de Lie) : VII.2.2
régulier (élément — d'un groupe de Lie) : VII.4.2
régulier (élément — pour une représentation linéaire) : VII.4.1
réseau (d'un **Q**-espace vectoriel) : VIII.12.1
R-extrémal (élément —) : VIII.7.2
R-saturé (sous-ensemble —) : VIII.7.2
scindable (sous-algèbre de Lie —) : VII.5.1, VIII.10
semi-spinorielle (représentation —) : VIII.13.4
simple (élément) : VIII.11.3
$\mathfrak{sl}_2$-triplet : VIII.11.1

spinorielle (représentation —) : VIII.13.2, VIII.13.4
symplectique (algèbre de Lie —) : VIII.13.3
symplectique (représentation irréductible —) : VIII.7.5
tangente (application linéaire — à une application polynomiale) : VII.App.I.2
Weyl (groupe de — d'une algèbre déployée) : VIII.2.2
Witt (base de —) : VIII.13.2, VIII.13.3, VIII.13.4
Zariski (topologie de —) : VII.App.I.1

Résumé de quelques propriétés importantes des algèbres de Lie semi-simples

Dans ce résumé, $\mathfrak{g}$ désigne une algèbre de Lie semi-simple sur k.

Sous-algèbres de Cartan

1) Soit E l'ensemble des sous-algèbres commutatives de $\mathfrak{g}$ qui sont réductives dans $\mathfrak{g}$; c'est aussi l'ensemble des sous-algèbres commutatives de $\mathfrak{g}$ dont tous les éléments sont semi-simples. Les sous-algèbres de Cartan de $\mathfrak{g}$ sont les éléments maximaux de E.

2) Soit x un élément régulier de $\mathfrak{g}$. Alors x est semi-simple. Il existe une sous-algèbre de Cartan de $\mathfrak{g}$ et une seule qui contient x; c'est le commutant de x dans $\mathfrak{g}$.

3) Soit x un élément semi-simple de $\mathfrak{g}$. Alors x appartient à une sous-algèbre de Cartan de $\mathfrak{g}$. Pour que x soit régulier, il faut et il suffit que la dimension du commutant de x soit égale au rang de $\mathfrak{g}$.

4) Soit $\mathfrak{h}$ une sous-algèbre de Cartan de $\mathfrak{g}$. On dit que $\mathfrak{h}$ est déployante si, pour tout $x \in \mathfrak{h}$, $\mathrm{ad}_{\mathfrak{g}}\, x$ est trigonalisable. On dit que $\mathfrak{g}$ est déployable si $\mathfrak{g}$ possède une sous-algèbre de Cartan déployante (c' est le cas si k est algébriquement clos). On appelle algèbre de Lie semi-simple déployée un couple $(\mathfrak{g}, \mathfrak{h})$ où $\mathfrak{g}$ est une algèbre de Lie semi-simple et où $\mathfrak{h}$ est une sous-algèbre de Cartan déployante de $\mathfrak{g}$.

Dans la suite de ce résumé, $(\mathfrak{g}, \mathfrak{h})$ désigne une algèbre de Lie semi-simple déployée.

Systèmes de racines

5) Pour tout élément α du dual $\mathfrak{h}^*$ de $\mathfrak{h}$, soit $\mathfrak{g}^\alpha$ l'ensemble des $x \in \mathfrak{g}$ tels que $[h, x] = \alpha(h)x$ pour tout $h \in \mathfrak{h}$. Si $\alpha = 0$, on a $\mathfrak{g}^\alpha = \mathfrak{h}$. On appelle racine de $(\mathfrak{g}, \mathfrak{h})$ tout $\alpha \in \mathfrak{h}^* - \{0\}$ tel que $\mathfrak{g}^\alpha \neq 0$. On note $R(\mathfrak{g}, \mathfrak{h})$ (ou simplement R) l'ensemble

des racines de $(\mathfrak{g}, \mathfrak{h})$. C'est un système de racines réduit dans $\mathfrak{h}^*$ au sens de VI, § 1, nº 4. Pour que $\mathfrak{g}$ soit simple, il faut et il suffit que R soit irréductible.

6) Pour tout $\alpha \in \mathrm{R}$, $\mathfrak{g}^\alpha$ est de dimension 1. L'espace vectoriel $[\mathfrak{g}^\alpha, \mathfrak{g}^{-\alpha}]$ est contenu dans $\mathfrak{h}$, de dimension 1, et possède un élément H_α et un seul tel que $\alpha(H_\alpha) = 2$; on a $H_\alpha = \alpha^\vee$ (VI, § 1, nº 1); l'ensemble des H_α, pour $\alpha \in \mathrm{R}$, est le système de racines $\mathrm{R}^\vee$ inverse de R.

7) On a $\mathfrak{g} = \mathfrak{h} \oplus \bigoplus_{\alpha \in \mathrm{R}} \mathfrak{g}^\alpha$. Il existe une famille $(X_\alpha)_{\alpha \in \mathrm{R}}$ telle que, pour tout $\alpha \in \mathrm{R}$, on ait $X_\alpha \in \mathfrak{g}^\alpha$ et $[X_\alpha, X_{-\alpha}] = -H_\alpha$. Tout $x \in \mathfrak{g}$ s'écrit de manière unique sous la forme

$$x = h + \sum_{\alpha \in \mathrm{R}} \lambda_\alpha X_\alpha, \qquad \text{où} \quad h \in \mathfrak{h}, \quad \lambda_\alpha \in k.$$

Le crochet de deux éléments se calcule au moyen des formules:

$$\begin{aligned} [h, X_\alpha] &= \alpha(h) X_\alpha \\ [X_\alpha, X_\beta] &= 0 && \text{si} \quad \alpha + \beta \notin \mathrm{R} \cup \{0\} \\ [X_\alpha, X_{-\alpha}] &= -H_\alpha \\ [X_\alpha, X_\beta] &= \mathrm{N}_{\alpha\beta} X_{\alpha+\beta} && \text{si} \quad \alpha + \beta \in \mathrm{R}, \end{aligned}$$

les $\mathrm{N}_{\alpha\beta}$ étant des éléments non nuls de k.

8) Soit B une base de R. L'algèbre $\mathfrak{g}$ est engendrée par les X_α et les $X_{-\alpha}$ pour $\alpha \in \mathrm{B}$. On a $[X_\alpha, X_{-\beta}] = 0$ si $\alpha, \beta \in \mathrm{B}$ et $\alpha \neq \beta$. Soit $(n(\alpha, \beta))_{\alpha, \beta \in \mathrm{B}}$ la matrice de Cartan de R (relativement à B). On a $n(\alpha, \beta) = \alpha(H_\beta)$. Si $\alpha, \beta \in \mathrm{B}$ et $\alpha \neq \beta$, $n(\alpha, \beta)$ est un entier négatif, et l'on a

$$(\mathrm{ad}\, X_\beta)^{1-n(\alpha,\beta)} X_\alpha = 0 \quad \text{et} \quad (\mathrm{ad}\, X_{-\beta})^{1-n(\alpha,\beta)} X_{-\alpha} = 0.$$

9) Si $\alpha, \beta, \alpha + \beta \in \mathrm{R}$, soit $q_{\alpha\beta}$ le plus grand entier j tel que $\beta - j\alpha \in \mathrm{R}$. On peut choisir la famille $(X_\alpha)_{\alpha \in \mathrm{R}}$ de 7) de telle sorte que $\mathrm{N}_{\alpha,\beta} = \mathrm{N}_{-\alpha,-\beta}$ si $\alpha, \beta, \alpha + \beta \in \mathrm{R}$. On a alors $\mathrm{N}_{\alpha\beta} = \pm(q_{\alpha\beta} + 1)$. Il existe un automorphisme involutif θ de $\mathfrak{g}$ qui transforme X_α en $X_{-\alpha}$ pour tout $\alpha \in \mathrm{R}$; on a $\theta(h) = -h$ pour tout $h \in \mathfrak{h}$. Le sous-**Z**-module $\mathfrak{g}_{\mathbf{Z}}$ de $\mathfrak{g}$ engendré par les H_α et les X_α est une sous-**Z**-algèbre de Lie de $\mathfrak{g}$, et l'application canonique $\mathfrak{g}_{\mathbf{Z}} \otimes_{\mathbf{Z}} k \to \mathfrak{g}$ est un isomorphisme.

Le couple $(\mathfrak{g}, \mathfrak{h})$ se déduit par extension des scalaires d'une **Q**-algèbre de Lie semi-simple déployée.

10) Le groupe de Weyl, le groupe des poids, ... de R s'appellent le groupe de Weyl, le groupe des poids, ... de $(\mathfrak{g}, \mathfrak{h})$. Le groupe de Weyl sera noté W dans ce qui suit. On le considère comme opérant, non seulement sur $\mathfrak{h}^*$, mais aussi sur $\mathfrak{h}$ (par transport de structure). Si $\mathfrak{h}_{\mathbf{Q}}$ (resp. $\mathfrak{h}^*_{\mathbf{Q}}$) désigne le sous-**Q**-espace vectoriel de $\mathfrak{h}$ (resp. $\mathfrak{h}^*$) engendré par les H_α (resp. les α), alors $\mathfrak{h}$ (resp. $\mathfrak{h}^*$) s'identifie canoniquement à $\mathfrak{h}_{\mathbf{Q}} \otimes_{\mathbf{Q}} k$ (resp. $\mathfrak{h}^*_{\mathbf{Q}} \otimes_{\mathbf{Q}} k$), et $\mathfrak{h}^*_{\mathbf{Q}}$ s'identifie au dual de $\mathfrak{h}_{\mathbf{Q}}$. Quand

on parle des chambres de Weyl de R, on se place dans $\mathfrak{h}_{\mathbf{R}} = \mathfrak{h}_{\mathbf{Q}} \otimes_{\mathbf{Q}} \mathbf{R}$ ou dans $\mathfrak{h}^*_{\mathbf{R}} = \mathfrak{h}^*_{\mathbf{Q}} \otimes_{\mathbf{Q}} \mathbf{R}$.

11) Soit Φ la forme de Killing de $\mathfrak{g}$. Si $\alpha + \beta \neq 0$, $\mathfrak{g}^\alpha$ et $\mathfrak{g}^\beta$ sont orthogonaux pour Φ. La restriction de Φ à $\mathfrak{g}^\alpha \times \mathfrak{g}^{-\alpha}$ est non dégénérée. Si $x, y \in \mathfrak{h}$, alors $\Phi(x, y) = \sum_{\alpha \in \mathrm{R}} \alpha(x)\alpha(y)$. On a $\Phi(H_\alpha, H_\beta) \in \mathbf{Z}$. La restriction de Φ à $\mathfrak{h}$ est invariante par W et non dégénérée; sa restriction à $\mathfrak{h}_{\mathbf{Q}}$ est positive.

12) Le système de racines de $(\mathfrak{g}, \mathfrak{h})$ ne dépend, à isomorphisme près, que de $\mathfrak{g}$, et non de $\mathfrak{h}$. Par abus de langage, le groupe de Weyl, le groupe des poids, ... de $(\mathfrak{g}, \mathfrak{h})$ s'appellent aussi le groupe de Weyl, le groupe des poids, ... de $\mathfrak{g}$.

Si R_1 est un système de racines réduit, il existe une algèbre de Lie semi-simple déployée $(\mathfrak{g}_1, \mathfrak{h}_1)$ telle que $\mathrm{R}(\mathfrak{g}_1, \mathfrak{h}_1)$ soit isomorphe à R_1; elle est unique, à isomorphisme près.

La classification des algèbres de Lie semi-simples déployables est ainsi ramenée à celle des systèmes de racines.

Sous-algèbres

13) Si $\mathrm{P} \subset \mathrm{R}$, on pose $\mathfrak{g}^{\mathrm{P}} = \bigoplus_{\alpha \in \mathrm{P}} \mathfrak{g}^\alpha$ et $\mathfrak{h}_{\mathrm{P}} = \sum_{\alpha \in \mathrm{P}} kH_\alpha$. Soient $\mathrm{P} \subset \mathrm{R}$, $\mathfrak{h}'$ un sous-espace vectoriel de $\mathfrak{h}$, et $\mathfrak{a} = \mathfrak{h}' \oplus \mathfrak{g}^{\mathrm{P}}$. Pour que $\mathfrak{a}$ soit une sous-algèbre de $\mathfrak{g}$, il faut et il suffit que P soit une partie close de R, et que $\mathfrak{h}'$ contienne $\mathfrak{h}_{\mathrm{P} \cap (-\mathrm{P})}$. Pour que $\mathfrak{a}$ soit réductive dans $\mathfrak{g}$, il faut et il suffit que $\mathrm{P} = -\mathrm{P}$. Pour que $\mathfrak{a}$ soit résoluble, il faut et il suffit que $\mathrm{P} \cap (-\mathrm{P}) = \emptyset$.

14) Soient P une partie close de R, et $\mathfrak{b} = \mathfrak{h} \oplus \mathfrak{g}^{\mathrm{P}}$. Les conditions suivantes sont équivalentes:

(i) $\mathfrak{b}$ est une sous-algèbre résoluble maximale de $\mathfrak{g}$;

(ii) $\mathrm{P} \cap (-\mathrm{P}) = \emptyset$ et $\mathrm{P} \cup (-\mathrm{P}) = \mathrm{R}$;

(iii) il existe une chambre C de R telle que $\mathrm{P} = \mathrm{R}_+(\mathrm{C})$ (cf. VI, § 1, n° 6).

On appelle sous-algèbre de Borel de $(\mathfrak{g}, \mathfrak{h})$ une sous-algèbre de $\mathfrak{g}$ contenant $\mathfrak{h}$ et satisfaisant aux conditions ci-dessus. Une sous-algèbre $\mathfrak{b}$ de $\mathfrak{g}$ est appelée une sous-algèbre de Borel de $\mathfrak{g}$ s'il existe une sous-algèbre de Cartan déployante $\mathfrak{h}'$ de $\mathfrak{g}$ telle que $\mathfrak{b}$ soit une sous-algèbre de Borel de $(\mathfrak{g}, \mathfrak{h}')$; si k est algébriquement clos, cela équivaut à dire que $\mathfrak{b}$ est une sous-algèbre résoluble maximale de $\mathfrak{g}$.

Soit $\mathfrak{b} = \mathfrak{h} \oplus \mathfrak{g}^{\mathrm{R}_+(\mathrm{C})}$ une sous-algèbre de Borel de $(\mathfrak{g}, \mathfrak{h})$. Le plus grand idéal nilpotent de $\mathfrak{b}$ est $[\mathfrak{b}, \mathfrak{b}] = \mathfrak{g}^{\mathrm{R}_+(\mathrm{C})}$. Soit B la base de R associée à C; l'algèbre $[\mathfrak{b}, \mathfrak{b}]$ est engendrée par les $\mathfrak{g}^\alpha$ pour $\alpha \in \mathrm{B}$.

Si $\mathfrak{b}$, $\mathfrak{b}'$ sont des sous-algèbres de Borel de $\mathfrak{g}$, il existe une sous-algèbre de Cartan de $\mathfrak{g}$ contenue dans $\mathfrak{b} \cap \mathfrak{b}'$; une telle sous-algèbre est déployante.

15) Soient P une partie close de R, et $\mathfrak{p} = \mathfrak{h} \oplus \mathfrak{g}^P$. Les conditions suivantes sont équivalentes:

(i) $\mathfrak{p}$ contient une sous-algèbre de Borel de $(\mathfrak{g}, \mathfrak{h})$;

(ii) $P \cup (-P) = R$;

(iii) il existe une chambre C de R telle que $P \supset R_+(C)$.

On appelle sous-algèbre parabolique de $(\mathfrak{g}, \mathfrak{h})$ une sous-algèbre de $\mathfrak{g}$ contenant $\mathfrak{h}$ et satisfaisant aux conditions ci-dessus. Une sous-algèbre $\mathfrak{p}$ de $\mathfrak{g}$ est dite parabolique s'il existe une sous-algèbre de Cartan déployante $\mathfrak{h}'$ de $\mathfrak{g}$ telle que $\mathfrak{p}$ soit une sous-algèbre parabolique de $(\mathfrak{g}, \mathfrak{h}')$.

Soient $\mathfrak{p} = \mathfrak{h} \oplus \mathfrak{g}^P$ une sous-algèbre parabolique de $(\mathfrak{g}, \mathfrak{h})$, Q l'ensemble des $\alpha \in P$ tels que $-\alpha \notin P$, et $\mathfrak{s} = \mathfrak{h} \oplus \mathfrak{g}^{P \cap (-P)}$. Alors $\mathfrak{p} = \mathfrak{s} \oplus \mathfrak{g}^Q$, $\mathfrak{s}$ est réductive dans $\mathfrak{g}$, $\mathfrak{g}^Q$ est le plus grand idéal nilpotent de $\mathfrak{p}$, et le radical nilpotent de $\mathfrak{p}$. Le centre de $\mathfrak{p}$ est 0.

Automorphismes

16) Le sous-groupe de $\mathrm{Aut}(\mathfrak{g})$ engendré par les $e^{\mathrm{ad}\, x}$, avec x nilpotent, est le groupe $\mathrm{Aut}_e(\mathfrak{g})$ des automorphismes élémentaires de $\mathfrak{g}$; c'est un sous-groupe distingué de $\mathrm{Aut}(\mathfrak{g})$; il est égal à son groupe dérivé.

Si $\bar{k}$ est une clôture algébrique de k, le groupe $\mathrm{Aut}(\mathfrak{g})$ se plonge de façon naturelle dans $\mathrm{Aut}(\mathfrak{g} \otimes_k \bar{k})$. On pose

$$\mathrm{Aut}_0(\mathfrak{g}) = \mathrm{Aut}(\mathfrak{g}) \cap \mathrm{Aut}_e(\mathfrak{g} \otimes_k \bar{k});$$

c'est un sous-groupe distingué de $\mathrm{Aut}(\mathfrak{g})$, indépendant du choix de $\bar{k}$. On a

$$\mathrm{Aut}_e(\mathfrak{g}) \subset \mathrm{Aut}_0(\mathfrak{g}) \subset \mathrm{Aut}(\mathfrak{g}).$$

Le groupe dérivé de $\mathrm{Aut}_0(\mathfrak{g})$ est $\mathrm{Aut}_e(\mathfrak{g})$. Pour la topologie de Zariski, $\mathrm{Aut}(\mathfrak{g})$ et $\mathrm{Aut}_0(\mathfrak{g})$ sont fermés dans $\mathrm{End}_k(\mathfrak{g})$, $\mathrm{Aut}_0(\mathfrak{g})$ est la composante connexe de l'élément neutre de $\mathrm{Aut}(\mathfrak{g})$, et $\mathrm{Aut}_e(\mathfrak{g})$ est dense dans $\mathrm{Aut}_0(\mathfrak{g})$.

Soient B une base de R, et Aut(R, B) le groupe des automorphismes de R qui laissent stable B. Alors $\mathrm{Aut}(\mathfrak{g})$ est produit semi-direct d'un sous-groupe isomorphe à Aut(R, B) et de $\mathrm{Aut}_0(\mathfrak{g})$; en particulier, $\mathrm{Aut}(\mathfrak{g})/\mathrm{Aut}_0(\mathfrak{g})$ est isomorphe à Aut(R, B), lui-même isomorphe au groupe des automorphismes du graphe de Dynkin de $\mathfrak{g}$.

17) On appelle épinglage de $\mathfrak{g}$ un triplet $(\mathfrak{h}', B, (X_\alpha)_{\alpha \in B})$, où $\mathfrak{h}'$ est une sous-algèbre de Cartan déployante de $\mathfrak{g}$, B une base de $R(\mathfrak{g}, \mathfrak{h}')$, et où, pour tout $\alpha \in B$, X_α est un élément $\neq 0$ de $\mathfrak{g}^\alpha$. Le groupe $\mathrm{Aut}_0(\mathfrak{g})$ opère de façon simplement transitive sur l'ensemble des épinglages de $\mathfrak{g}$.

Le groupe $\mathrm{Aut}_e(\mathfrak{g})$ opère transitivement sur l'ensemble des couples $(\mathfrak{t}, \mathfrak{b})$ où $\mathfrak{t}$ est une sous-algèbre de Cartan déployante de $\mathfrak{g}$, et $\mathfrak{b}$ une sous-algèbre de Borel de $(\mathfrak{g}, \mathfrak{t})$.

18) On note $\mathrm{Aut}(\mathfrak{g}, \mathfrak{h})$ l'ensemble des $s \in \mathrm{Aut}(\mathfrak{g})$ tels que $s(\mathfrak{h}) = \mathfrak{h}$. On pose

$$\mathrm{Aut}_e(\mathfrak{g}, \mathfrak{h}) = \mathrm{Aut}_e(\mathfrak{g}) \cap \mathrm{Aut}(\mathfrak{g}, \mathfrak{h}), \qquad \mathrm{Aut}_0(\mathfrak{g}, \mathfrak{h}) = \mathrm{Aut}_0(\mathfrak{g}) \cap \mathrm{Aut}(\mathfrak{g}, \mathfrak{h}).$$

Si $s \in \mathrm{Aut}(\mathfrak{g}, \mathfrak{h})$, l'application contragrédiente de $s \mid \mathfrak{h}$ est un élément du groupe $A(R)$ des automorphismes de R; on note cet élément $\varepsilon(s)$; l'application ε est un homomorphisme de $\mathrm{Aut}(\mathfrak{g}, \mathfrak{h})$ sur $A(R)$. On a $\mathrm{Aut}_0(\mathfrak{g}) = \mathrm{Aut}_e(\mathfrak{g}).\mathrm{Ker}\,\varepsilon$, et

$$\varepsilon(\mathrm{Aut}_0(\mathfrak{g}, \mathfrak{h})) = \varepsilon(\mathrm{Aut}_e(\mathfrak{g}, \mathfrak{h})) = W.$$

Soient $T_P = \mathrm{Hom}(P(R), k^*)$, $T_Q = \mathrm{Hom}(Q(R), k^*)$. L'injection de $Q(R)$ dans $P(R)$ définit un homomorphisme de T_P dans T_Q; soit $\mathrm{Im}(T_P)$ son image. Si $t \in T_Q$, soit $f(t)$ l'endomorphisme de $\mathfrak{g}$ tel que, pour tout $\alpha \in R \cup \{0\}$, $f(t) \mid \mathfrak{g}^\alpha$ soit l'homothétie de rapport $t(\alpha)$; on a $f(t) \in \mathrm{Aut}_0(\mathfrak{g}, \mathfrak{h})$ et f est un homomorphisme injectif de T_Q dans $\mathrm{Aut}_0(\mathfrak{g}, \mathfrak{h})$. Les suites:

$$\{1\} \to T_Q \xrightarrow{f} \mathrm{Aut}(\mathfrak{g}, \mathfrak{h}) \xrightarrow{\varepsilon} A(R) \to \{1\}$$

et

$$\{1\} \to T_Q \xrightarrow{f} \mathrm{Aut}_0(\mathfrak{g}, \mathfrak{h}) \xrightarrow{\varepsilon} W \to \{1\}$$

sont exactes. On a $f(\mathrm{Im}(T_P)) \subset \mathrm{Aut}_e(\mathfrak{g}, \mathfrak{h})$; par passage au quotient, f définit un homomorphisme surjectif[1] $T_Q/\mathrm{Im}(T_P) \to \mathrm{Aut}_0(\mathfrak{g})/\mathrm{Aut}_e(\mathfrak{g})$. Pour la topologie de Zariski, $f(T_Q)$ est fermé dans $\mathrm{Aut}(\mathfrak{g})$, et $f(\mathrm{Im}(T_P))$ est dense dans $f(T_Q)$.

Modules de dimension finie

19) Soit V un $\mathfrak{g}$-module de dimension finie. Pour tout $\mu \in \mathfrak{h}^*$, soit V^μ l'ensemble des $v \in V$ tels que $h.v = \mu(h)v$ pour tout $h \in \mathfrak{h}$. La dimension de V^μ s'appelle la multiplicité de μ dans V; si elle est $\geqslant 1$, i.e. si $V^\mu \neq 0$, on dit que μ est un poids de V. On a $V = \bigoplus_{\mu \in \mathfrak{h}^*} V^\mu$. Tout poids de V appartient à $P(R)$. Si μ est un poids de V, et si $w \in W$, $w\mu$ est un poids de V de même multiplicité que μ. Si $v \in V^\mu$ et $x \in \mathfrak{g}^\alpha$, on a $x.v \in V^{\mu+\alpha}$.

20) Soit B une base de R. La donnée de B définit une relation d'ordre sur $\mathfrak{h}^*_{\mathbf{Q}}$: les éléments $\geqslant 0$ de $\mathfrak{h}^*_{\mathbf{Q}}$ sont les combinaisons linéaires des éléments de B à coefficients rationnels $\geqslant 0$. On note $Q_+(R)$ (resp. R_+) l'ensemble des éléments positifs de $Q(R)$ (resp. de R).

Soit V un $\mathfrak{g}$-module simple de dimension finie. Alors V possède un plus grand poids λ. Ce poids est de multiplicité 1, et c'est un poids dominant: si $\alpha \in R_+$, $\lambda(H_\alpha)$ est un entier $\geqslant 0$. On a $\mathfrak{g}^\alpha V^\lambda = 0$ si $\alpha \in R_+$. Tout poids de V est de la forme $\lambda - \nu$, avec $\nu \in Q_+(R)$; inversement, si un poids dominant est de la forme $\lambda - \nu$, avec $\nu \in Q_+(R)$, c'est un poids de V.

[1] Cet homomorphisme est en fait bijectif (§ 7, exerc. 26*d*)).

21) Deux $\mathfrak{g}$-modules simples de dimension finie qui ont le même plus grand poids sont isomorphes. Tout poids dominant est le plus grand poids d'un $\mathfrak{g}$-module simple de dimension finie.

Tout $\mathfrak{g}$-module simple de dimension finie est absolument simple.

22) Soient Φ la forme de Killing de $\mathfrak{g}$, $C \in U(\mathfrak{g})$ l'élément de Casimir correspondant, $\langle . , . \rangle$ la forme inverse de $\Phi \mid \mathfrak{h} \times \mathfrak{h}$ sur $\mathfrak{h}^*$, et $\rho = \frac{1}{2} \sum_{\alpha \in R_+} \alpha$. Soit V un $\mathfrak{g}$-module simple de dimension finie, de plus grand poids λ. Alors C_V est l'homothétie de rapport $\langle \lambda, \lambda + 2\rho \rangle$.

23) Soient V un $\mathfrak{g}$-module de dimension finie, et V^* son dual. Pour que $\mu \in \mathfrak{h}^*$ soit un poids de V^*, il faut et il suffit que $-\mu$ soit un poids de V, et la multiplicité de μ dans V^* est égale à la multiplicité de $-\mu$ dans V. Si V est simple de plus grand poids λ, V^* est simple de plus grand poids $-w_0\lambda$, où w_0 est l'élément de W qui transforme B en $-B$.

24) Soient V un $\mathfrak{g}$-module simple de dimension finie de plus grand poids λ, et $\mathscr{B}$ l'espace vectoriel des formes bilinéaires $\mathfrak{g}$-invariantes sur V. Soit m l'entier $\sum_{\alpha \in R_+} \lambda(H_\alpha)$, et soit $w_0 \in W$ comme dans 23). Si $w_0\lambda \neq -\lambda$, V et V^* ne sont pas isomorphes, et $\mathscr{B} = 0$. Si $w_0\lambda = -\lambda$, on a $\dim \mathscr{B} = 1$, et tout élément non nul de $\mathscr{B}$ est non dégénéré; si m est pair (resp. impair), tout élément de $\mathscr{B}$ est symétrique (resp. alterné).

25) Soit $\mathbf{Z}[P]$ l'algèbre du groupe $P = P(R)$ à coefficients dans $\mathbf{Z}$. Si $\lambda \in P$, on note e^λ l'élément correspondant de $\mathbf{Z}[P]$; les e^λ, $\lambda \in P$, forment une $\mathbf{Z}$-base de $\mathbf{Z}[P]$, et l'on a $e^\lambda e^\mu = e^{\lambda+\mu}$ pour $\lambda, \mu \in P$.

Soit V un $\mathfrak{g}$-module de dimension finie. On appelle caractère de V, et l'on note ch V, l'élément $\sum_{\mu \in P} (\dim V^\mu) e^\mu$ de $\mathbf{Z}[P]$; cet élément appartient à la sous-algèbre $\mathbf{Z}[P]^W$ de $\mathbf{Z}[P]$ formée des éléments invariants par W. On a

$$\operatorname{ch}(V \oplus V') = \operatorname{ch} V + \operatorname{ch} V' \quad \text{et} \quad \operatorname{ch}(V \otimes V') = (\operatorname{ch} V).(\operatorname{ch} V').$$

Deux $\mathfrak{g}$-modules de dimension finie de même caractère sont isomorphes.

Pour tout $\alpha \in B$, soit V_α un $\mathfrak{g}$-module simple de plus grand poids le poids fondamental ϖ_α correspondant à α. Les éléments ch V_α, $\alpha \in B$, sont algébriquement indépendants, et engendrent la $\mathbf{Z}$-algèbre $\mathbf{Z}[P]^W$.

26) Soit ρ la demi-somme des racines $\geqslant 0$. Pour tout $w \in W$, soit $\varepsilon(w)$ le déterminant de w, égal à ± 1. Si V est un $\mathfrak{g}$-module simple de dimension finie, de plus grand poids λ, on a

$$\Big(\sum_{w \in W} \varepsilon(w)\, e^{w\rho}\Big).\operatorname{ch} V = \sum_{w \in W} \varepsilon(w)\, e^{w(\lambda+\rho)},$$

et

$$\dim V = \prod_{\alpha \in R_+} \frac{\langle \lambda + \rho, H_\alpha \rangle}{\langle \rho, H_\alpha \rangle}.$$

27) Pour tout $\nu \in P$, soit $\mathfrak{P}(\nu)$ le nombre de familles $(n_\alpha)_{\alpha \in R_+}$, où les n_α sont des entiers $\geqslant 0$ tels que $\nu = \sum_{\alpha \in R_+} n_\alpha \alpha$. Soit V un $\mathfrak{g}$-module simple de dimension finie, de plus grand poids λ. Si $\mu \in P$, la multiplicité de μ dans V est

$$\sum_{w \in W} \varepsilon(w)\mathfrak{P}(w(\lambda + \rho) - (\mu + \rho)).$$

28) Soient V, V′, V″ des $\mathfrak{g}$-modules simples de dimension finie, λ, μ, ν leurs plus grands poids. Dans $V \otimes V'$, la composante isotypique de type V″ a pour longueur

$$\sum_{w, w' \in W} \varepsilon(ww')\mathfrak{P}(w(\lambda + \rho) + w'(\mu + \rho) - (\nu + 2\rho)).$$

En particulier, si $\nu = \lambda + \mu$, la composante isotypique en question est simple, et engendrée par $(V \otimes V')^{\lambda+\mu} = V^\lambda \otimes V'^\mu$.

Fonctions polynomiales invariantes

29) L'algèbre des fonctions polynomiales sur $\mathfrak{g}$ s'identifie à l'algèbre symétrique $S(\mathfrak{g}^*)$ de $\mathfrak{g}^*$, donc est de manière canonique un $\mathfrak{g}$-module; d'où la notion de fonction polynomiale invariante sur $\mathfrak{g}$. Soit $f \in S(\mathfrak{g}^*)$. Pour que f soit invariante, il faut et il suffit que $f \circ s = f$ pour tout $s \in \mathrm{Aut}_0(\mathfrak{g})$, ou que $f \circ s = f$ pour tout $s \in \mathrm{Aut}_e(\mathfrak{g})$.

30) Soient $I(\mathfrak{g}^*)$ l'algèbre des fonctions polynomiales invariantes sur $\mathfrak{g}$, et $S(\mathfrak{h}^*)^W$ l'algèbre des fonctions polynomiales W-invariantes sur $\mathfrak{h}$. Soit

$$i: S(\mathfrak{g}^*) \to S(\mathfrak{h}^*)$$

l'homomorphisme de restriction. L'application $i \mid I(\mathfrak{g}^*)$ est un isomorphisme de $I(\mathfrak{g}^*)$ sur $S(\mathfrak{h}^*)^W$. Si l est le rang de $\mathfrak{g}$, il existe l éléments homogènes de $I(\mathfrak{g}^*)$ qui sont algébriquement indépendants, et engendrent l'algèbre $I(\mathfrak{g}^*)$.

31) Pour qu'un élément a de $\mathfrak{g}$ soit nilpotent, il faut et il suffit que $f(a) = 0$ pour tout élément homogène f de $I(\mathfrak{g}^*)$ de degré >0.

32) Soit $s \in \mathrm{Aut}(\mathfrak{g})$. Pour que s appartienne à $\mathrm{Aut}_0(\mathfrak{g})$, il faut et il suffit que $f \circ s = f$ pour tout $f \in I(\mathfrak{g}^*)$.

$\mathfrak{sl}_2$-triplets

33) On appelle $\mathfrak{sl}_2$-triplet de $\mathfrak{g}$ une suite (x, h, y) d'éléments de $\mathfrak{g}$ distincte de $(0, 0, 0)$ et telle que $[h, x] = 2x$, $[h, y] = -2y$, $[x, y] = -h$. Alors x, y sont nilpotents dans $\mathfrak{g}$, et h est semi-simple dans $\mathfrak{g}$.

34) Soit x un élément nilpotent non nul de $\mathfrak{g}$. Il existe $h, y \in \mathfrak{g}$ tels que (x, h, y) soit un $\mathfrak{sl}_2$-triplet.

35) Soient (x, h, y) et (x', h', y') des $\mathfrak{sl}_2$-triplets de $\mathfrak{g}$. Les conditions suivantes sont équivalentes:
a) il existe $s \in \mathrm{Aut}_e(\mathfrak{g})$ tel que $sx = x'$;
b) il existe $s \in \mathrm{Aut}_e(\mathfrak{g})$ tel que $sx = x'$, $sh = h'$, $sy = y'$.

36) Si k est algébriquement clos, les conditions *a*) et *b*) de 35) équivalent à:
c) il existe $s \in \mathrm{Aut}_e(\mathfrak{g})$ tel que $sh = h'$.
De plus, le nombre de classes de conjugaison, relativement à $\mathrm{Aut}_e(\mathfrak{g})$, d'éléments nilpotents non nuls de $\mathfrak{g}$, est au plus égal à 3^l, où l est le rang de $\mathfrak{g}$.

37) Un élément nilpotent x de $\mathfrak{g}$ est dit principal si le centralisateur de x est de dimension égale au rang de $\mathfrak{g}$. Il existe dans $\mathfrak{g}$ des éléments nilpotents principaux. Si k est algébriquement clos, les éléments nilpotents principaux de $\mathfrak{g}$ sont conjugués par $\mathrm{Aut}_e(\mathfrak{g})$.

TABLE DES MATIÈRES

CHAPITRE VII. — SOUS-ALGÈBRES DE CARTAN. ÉLÉMENTS RÉGULIERS 7

§ 1. *Décomposition primaire des représentations linéaires* 7
1. Décomposition d'une famille d'endomorphismes 7
2. Cas d'une famille linéaire d'endomorphismes 12
3. Décomposition des représentations d'une algèbre de Lie nilpotente 13
4. Décomposition d'une algèbre de Lie relativement à un automorphisme 16
5. Invariants d'une algèbre de Lie semi-simple relativement à une action semi-simple 17

§ 2. *Sous-algèbres de Cartan et éléments réguliers d'une algèbre de Lie* 18
1. Sous-algèbres de Cartan 18
2. Éléments réguliers d'une algèbre de Lie 21
3. Sous-algèbres de Cartan et éléments réguliers 23
4. Sous-algèbres de Cartan des algèbres de Lie semi-simples 25

§ 3. *Théorèmes de conjugaison* 26
1. Automorphismes élémentaires 26
2. Conjugaison des sous-algèbres de Cartan 28
3. Applications de la conjugaison 29
4. Conjugaison des sous-algèbres de Cartan des algèbres de Lie résolubles 31
5. Cas des groupes de Lie 32

§ 4. *Éléments réguliers d'un groupe de Lie* 33
1. Éléments réguliers pour une représentation linéaire 33
2. Éléments réguliers d'un groupe de Lie 35
3. Relations avec les éléments réguliers de l'algèbre de Lie 37
4. Application aux automorphismes élémentaires 39

§ 5. *Algèbres de Lie linéaires scindables* ... 40
1. Algèbres de Lie linéaires scindables ... 40
2. Enveloppe scindable ... 42
3. Décompositions des algèbres scindables ... 43
4. Algèbres de Lie linéaires d'endomorphismes nilpotents ... 45
5. Caractérisations des algèbres de Lie scindables ... 48

Appendice I. — *Applications polynomiales et topologie de Zariski* ... 51
1. Topologie de Zariski ... 51
2. Applications polynomiales dominantes ... 52

Appendice II. — *Une propriété de connexion* ... 53

Exercices du § 1 ... 55
Exercices du § 2 ... 58
Exercices du § 3 ... 60
Exercices du § 4 ... 63
Exercices du § 5 ... 64
Exercices de l'Appendice I ... 66
Exercices de l'Appendice II ... 66

Chapitre VIII. — ALGÈBRES DE LIE SEMI-SIMPLES DÉPLOYÉES 68

§ 1. *L'algèbre de Lie* $\mathfrak{sl}(2, k)$ *et ses représentations* ... 68
1. Base canonique de $\mathfrak{sl}(2, k)$ ... 68
2. Éléments primitifs des $\mathfrak{sl}(2, k)$-modules ... 69
3. Les modules simples $V(m)$ ... 71
4. Représentations linéaires du groupe $\mathbf{SL}(2, k)$ ... 72
5. Quelques éléments de $\mathbf{SL}(2, k)$ ... 74

§ 2. *Système de racines d'une algèbre de Lie semi-simple déployée* ... 75
1. Algèbres de Lie semi-simples déployées ... 75
2. Racines d'une algèbre de Lie semi-simple déployée ... 76
3. Formes bilinéaires invariantes ... 81
4. Les coefficients $N_{\alpha\beta}$ ... 82

§ 3. *Sous-algèbres des algèbres de Lie semi-simples déployées* ... 84
1. Sous-algèbres stables par ad $\mathfrak{h}$ ... 84
2. Idéaux ... 88
3. Sous-algèbres de Borel ... 88
4. Sous-algèbres paraboliques ... 91
5. Le cas non déployé ... 93

§ 4. *Algèbre de Lie semi-simple déployée définie par un système de racines réduit* 93
1. Algèbres de Lie semi-simples épinglées 93
2. Une construction préliminaire 94
3. Théorème d'existence 98
4. Théorème d'unicité 102

§ 5. *Automorphismes d'une algèbre de Lie semi-simple* 104
1. Automorphismes d'une algèbre de Lie semi-simple épinglée . 104
2. Automorphismes d'une algèbre de Lie semi-simple déployée . 105
3. Automorphismes d'une algèbre de Lie semi-simple déployable 109
4. Topologie de Zariski sur Aut($\mathfrak{g}$) 111
5. Cas des groupes de Lie 113

§ 6. *Modules sur une algèbre de Lie semi-simple déployée* 113
1. Poids et éléments primitifs 113
2. Modules simples ayant un plus grand poids 116
3. Théorème d'existence et d'unicité 117
4. Commutant de $\mathfrak{h}$ dans l'algèbre enveloppante de $\mathfrak{g}$ 119

§ 7. *Modules de dimension finie sur une algèbre de Lie semi-simple déployée* .. 121
1. Poids d'un $\mathfrak{g}$-module simple de dimension finie 121
2. Plus grand poids d'un $\mathfrak{g}$-module simple de dimension finie .. 123
3. Poids minuscules 127
4. Produits tensoriels de $\mathfrak{g}$-modules 129
5. Dual d'un $\mathfrak{g}$-module 131
6. Anneau des représentations 133
7. Caractères des $\mathfrak{g}$-modules 136

§ 8. *Invariants symétriques* 137
1. Exponentielle d'une forme linéaire 138
2. L'injection de k[P] dans S($\mathfrak{h}$)* 139
3. Fonctions polynomiales invariantes 140
4. Propriétés de Aut_0 144
5. Centre de l'algèbre enveloppante 145

§ 9. *La formule de Hermann Weyl* 148
1. Caractères des $\mathfrak{g}$-modules de dimension finie 148
2. Dimension des $\mathfrak{g}$-modules simples 151
3. Multiplicité des poids des $\mathfrak{g}$-modules simples 152
4. Décomposition du produit tensoriel de deux $\mathfrak{g}$-modules simples 153

§ 10. *Sous-algèbres maximales des algèbres de Lie semi-simples* 154

§ 11. *Classes d'éléments nilpotents et* $\mathfrak{sl}_2$*-triplets* 159
1. Définition des $\mathfrak{sl}_2$-triplets 159
2. Les $\mathfrak{sl}_2$-triplets dans les algèbres semi-simples 161
3. Éléments simples 163
4. Éléments principaux 166

§ 12. *Ordres de Chevalley* 169
1. Réseaux et ordres 169
2. Puissances divisés dans une bigèbre 169
3. Une variante entière du théorème de Poincaré–Birkhoff–Witt 170
4. Exemple: polynômes à valeurs entières 172
5. Quelques formules 173
6. Biordres dans l'algèbre enveloppante d'une algèbre de Lie réductive déployée 176
7. Ordres de Chevalley 180
8. Réseaux admissibles 182

§ 13. *Algèbres de Lie déployables classiques* 185
1. Algèbres de type A_l ($l \geqslant 1$) 185
2. Algèbres de type B_l ($l \geqslant 1$) 191
3. Algèbres de type C_l ($l \geqslant 1$) 200
4. Algèbres de type D_l ($l \geqslant 2$) 206

Table 1 213

Table 2 214

Exercices du § 1 215
Exercices du § 2 220
Exercices du § 3 222
Exercices du § 4 224
Exercices du § 5 225
Exercices du § 6 229
Exercices du § 7 229
Exercices du § 8 238
Exercices du § 9 240
Exercices du § 10 245
Exercices du § 11 246
Exercices du § 13 249

Index des notations 254

Index terminologique.. 256

Résumé de quelques propriétés importantes des algèbres de Lie semi-simples 259